建筑工程施工手册：图解版

吴斌成　编著

北京希望电子出版社
Beijing Hope Electronic Press
www.bhp.com.cn

内容简介

本书共十六章，内容包括施工准备、施工测量、土方工程、爆破工程、地基与基础工程、脚手架与垂直运输工程、砌体工程、钢筋混凝土工程、预应力混凝土工程、结构安装工程、防水工程、防腐蚀工程、保温隔热工程、装饰装修工程、季节性施工和施工管理，包括从施工前的准备工作到一系列的施工技术，再到最后的施工管理和监理。

本书可供工程技术人员和相关岗位人员学习参考，也可作为施工人员操作的参考书籍。

图书在版编目（CIP）数据

建筑工程施工手册：图解版 / 吴斌成编著. —北京：北京希望电子出版社，2020.8

ISBN 978-7-83002-788-9

Ⅰ. ①建… Ⅱ. ①吴… Ⅲ. ①建筑工程－工程施工－技术手册 Ⅳ. ①TU7－62

中国版本图书馆 CIP 数据核字（2020）第 121013 号

出版：北京希望电子出版社
地址：北京市海淀区中关村大街 22 号中科大 A 座 10 层
邮编：100190
网址：www.bhp.com.cn
电话：010–62978181（总机）转发行部
010–82626237（邮购）
传真：010–62543892
经销：各地新华书店

封面：杨　莹
编辑：周卓琳　龙景楠
校对：李　萌
开本：710mm×1000mm 1/16
印张：32.75
字数：700 千字
印刷：北京军迪印刷有限责任公司
版次：2020 年 10 月 1 版 1 次印刷

定价：98.00 元

前　言

随着我国经济与社会的不断发展，工程建设的速度与规模逐渐扩大，如何保证工程施工的质量，确保施工人员的安全，提高工程建设的效率，降低工程建设的成本，成为贯穿建设工程的核心问题。《建筑工程施工手册：图解版》从施工准备工作和施工测量开始讲起，介绍了土方工程、爆破工程、地基与基础工程、脚手架与垂直运输工程、砌体工程、钢筋混凝土工程、预应力混凝土工程、结构安装工程、防水工程、防腐蚀工程、保温隔热工程、装饰装修工程、季节性施工，最后还详细介绍了施工管理。

本书具有以下特点：

(1) 全面性。内容全面，包括施工准备、施工工艺、质量标准、成品保护、应注意的质量问题等内容。

(2) 针对性。针对设备安装的特点，运用最有效的施工方法，提高劳动生产率，保证工程质量、安全生产和文明施工。

(3) 可操作性。工艺流程严格按照施工工序编写，操作工艺简明扼要，满足材料、机具、人员等资源和施工条件的要求，在施工过程中可直接引用。

(4) 知识性。在编写过程中，对新材料、新产品、新技术、新工艺进行了较为全面的介绍，淘汰已经落后的、不常用的施工工艺和方法。

本书是根据现行的施工标准、规范进行编写的，在编写过程中承蒙有关高等院校、建设主管部门、建设单位、工程咨询单位、设计单位、施工单位等领域的领导、工程技术人员、管理人员的帮助。在此对提供宝贵意见和建议的学者和专家表示由衷的感谢！书中参考了许多相关教材、规范、图集等文献资料，谨向这些文献的作者致以诚挚的敬意。

由于作者水平有限，书中若出现疏漏或不妥之处，敬请读者批评指正，以便改进。

编　者

目　　录

第一章　施工准备

第一节　技术准备

一、审查施工图纸

1. 熟悉并审查施工图纸的依据

（1）建设单位和设计单位提供的初步设计或扩大初步设计（技术设计）、施工图设计、建筑总平面、土方竖向设计和城市规划等资料文件。

（2）调查、搜集的原始资料。

（3）设计、施工验收规范和有关技术规定。

2. 熟悉并审查设计图纸的目的

（1）能够按照设计图纸的要求顺利地进行施工，最终生产出符合设计要求的建筑产品（建筑物或构筑物）。

（2）在拟建工程开工之前，便于从事建筑施工技术和经营管理的工程技术人员充分地了解和掌握设计图纸的设计意图、结构与构造特点和技术要求。

（3）通过审查发现设计图纸中存在的问题和错误，使其在施工开始之前改正，为拟建工程的施工提供一份准确、齐全的设计图纸。

3. 熟悉并审查设计图纸的内容

（1）审查拟建工程的地点、建筑总平面图同国家、城市或地区规划是否一致，以及建筑物或构筑物的设计功能和使用要求是否符合卫生、防火及美化城市方面的要求。

（2）审查设计图纸是否完整、齐全，以及设计图纸和资料是否符合国家有关工程建设的设计、施工方面的方针和政策。

（3）审查设计图纸与说明书在内容上是否一致，以及设计图纸与其各组成部分之间有无矛盾和错误。

（4）审查建筑总平面与其他结构图在几何尺寸、坐标、标高、说明等方面是否一致，技术要求是否正确。

（5）审查工业项目的生产工艺流程和技术要求，掌握配套投产的先后次序和相互关系，以及设备安装图纸与其相配合的装饰施工图纸在坐标、标高上是否一致，掌握装饰施工质量是否满足设备安装的要求。

(6) 审查地基处理与基础设计同拟建工程地点的工程水文、地质等条件是否一致，以及建筑物或构筑物与地下建筑物或构筑物、管线之间的关系。

(7) 明确拟建工程的结构形式和特点，复核主要承重结构的强度、刚度和稳定性是否满足要求。审查设计图纸中工程复杂、施工难度大和技术要求高的分部分项工程或新结构、新材料、新工艺，检查现有施工技术水平和管理水平能否满足工期和质量要求，并能否采取可行的技术措施加以保证。

(8) 明确建设期限、分期分批投产或交付使用的顺序和时间，以及工程所用的主要材料、设备的数量、规格、来源和供货日期；明确建设、设计和施工等单位之间的协作、配合关系，以及建设单位可以提供的施工条件。

4. 熟悉并审查设计图纸的程序

熟悉并审查设计图纸的程序通常分为自审阶段、会审阶段和现场签证三个阶段。

(1) 设计图纸的自审阶段。施工单位收到拟建工程的设计图纸和有关技术文件后，应尽快组织有关工程技术人员熟悉和自审图纸，写出自审图纸的记录。自审图纸的记录应包括对设计图纸的疑问和对设计图纸的有关建议。

(2) 设计图纸的会审阶段。一般由建设单位主持，设计单位和施工单位参加，三方进行设计图纸的会审。图纸会审时，首先，由设计单位的工程主设计人向与会者说明拟建工程的设计依据、意图和功能要求，并对特殊结构、新材料、新工艺和新技术提出设计要求；然后，施工单位依据自审记录以及对设计意图的了解，提出对设计图纸的疑问和建议；最后，在统一认识的基础上，对所探讨的问题逐一做好记录，形成“图纸会审纪要”，由建设单位正式行文，参加单位共同会签、盖章。图纸会审纪要作为与设计文件同时使用的技术文件和指导施工的依据，以及建设单位与施工单位进行工程结算的依据。

(3) 设计图纸的现场签证阶段。在拟建工程施工的过程中，如果发现施工的条件与设计图纸的条件不符，或者发现图纸中仍然有错误，或者因为材料的规格、质量不能满足设计要求，或者因为施工单位提出了合理化建议，需要对设计图纸进行及时修订时，应遵循技术核定和设计变更的签证制度，进行图纸的施工现场签证。如果设计变更的内容对拟建工程的规模、投资影响较大时，要报请项目的原批准单位批准。在施工现场进行图纸修改、技术核定和设计变更的资料，都要有正式的文字记录，归入拟建工程施工档案，作为指导施工、竣工验收和工程结算的依据。

二、原始资料的调查分析

(1) 建设地区自然条件的调查分析。主要内容有：地区水准点和绝对标高等情况；地质构造、土的性质和类别、地基土的承载力、地震级别和裂度等情况；河流流量和水质、最高洪水和枯水期的水位等情况；地下水位的高低变化等情况，含水层的厚度、流向、流量和水质等情况；气温、雨、雪、风和雷电等情况；土的冻结深度和冬雨季的期限等情况。

(2) 建设地区技术、经济条件的调查分析。主要内容有：地方建筑施工企业的状况；施工现场的动迁状况；当地可利用的地方材料状况；国拨材料供应状况；地方能源和交通运输状况；地方劳动力和技术水平状况；当地生活供应、教育和医疗卫生状况；当地消防、治安状况和参加施工单位的力量状况。

原始资料的调查研究

扫码观看本视频

三、编制施工组织设计

建筑施工生产活动的全过程是非常复杂的物质财富再创造的过程，为了正确处理人与物、主体与辅助、工艺与设备、专业与协作、供应与消耗、生产与储存、使用与维修以及它们在空间布置、时间排列之间的关系，必须根据拟建工程的规模、结构特点和建设单位的要求，在原始资料调查分析的基础上，编制出一份能切实指导该工程全部施工活动的科学方案。

施工准备阶段监理工作的程序：审查施工组织设计→组织设计技术交底和图纸会审→下达工程开工令→检查落实施工条件→检查承建单位质保体系→审查分包单位→测量控制网点移交施工复测→开工项目的设计图纸提供→进场材料的质量检验→进场施工设备的检查→业主提供条件检查→组织人员设备→测量、试验资质→监理审图意见→承建单位审图意见→业主审图意见→汇总交设计单位→四方形成会议纪要。

施工监理工作的总程序：签订委托监理合同→组织项目监理机构→进行监理准备工作→施工准备阶段的监理→召开第一次工地会议、施工→监理交底会→审批《工程动工报审表》→签署审批意见→施工过程监理→组织竣工验收→参加竣工验收→在单位工程验收纪录上签字→签发《竣工移交证书》→监理资料归档→编写监理工作总结→协助建设单位组织施工招投标、评标和优选中标单位→承包单位提交工程保修书→建设单位向政府监督部门审办竣工备案。

四、编制施工图预算和施工预算

(1) 编制施工图预算。施工图预算是技术准备工作的主要组成部分之一，它是按照施工图确定的工程量、施工组织设计所拟定的施工方法、建筑工程预算定额及其取费标准，由施工单位编制的确定建筑安装工程造价的经济文件。施工图预算是施工企业签订工程承包合同、工程结算、建设银行拨付工程价款、进行成本核算、加强经营管理等方面工作的重要依据。

(2) 编制施工预算。施工预算是根据施工图预算、施工图纸、施工组织设计或施工方案、施工定额等文件进行编制的，它直接受施工图预算的控制。施工预算是施工企业内部控制各项成本支出、考核用工、“两算”对比、签发施工任务单、限额领料、基层进行经济核算的依据。

五、劳动力与物资准备

1. 劳动力准备

（1）劳动力准备根据工程情况分为基础工程、主体工程、装饰工程三个阶段。

（2）根据工期和分段流水施工计划，确定劳动组织和劳动计划。

（3）所有施工班组均由经验丰富、技术过硬、责任心强的正式工带班，施工人员均为技术熟练的合同工。

（4）劳动力进场前必须进行专门培训及进场教育，然后持证上岗。

（5）制定劳动力安排计划表。

2. 物资准备

（1）制定完善的材料管理制度，对材料的入库、保管、防火、防盗制定出切实可行的管理办法，加强对材料的验收管理，包括质量与数量的验收。

（2）根据工程进度的实际情况，对建筑材料分批组织进场。

（3）现场材料严格按照施工平面布置图的位置堆放，以减少二次搬运，便于排水与装卸。做到堆放整齐、插好标牌，以便识别、清点、使用。

（4）根据安全防护及劳动保护的要求，制定出安全防护用品需用量计划。

（5）组织安排施工机具的分批进场及安装就位。

（6）组织施工机具的调试及维修保养。

（7）施工机具的用量充足。

第二节　现场准备

一、施工现场准备工作的内容

（1）做好施工场地的控制网测量。按照设计单位提供的建筑总平面图及给定的永久性经纬坐标控制网和水准控制基桩，进行厂区施工测量，设置厂区的永久性经纬坐标桩，水准基桩和建立厂区工程测量控制网。

（2）搞好“三通一平”的工作。

1）路通：拟建工程开工前，必须按照建筑施工总平面图的要求，修好施工现场的永久性道路（包括厂区铁路、厂区公路）以及必要的临时性道路，形成完整畅通的运输网络，为建筑材料进场、堆放创造有利条件。

2）水通：拟建工程开工之前，必须按照建筑施工总平面图的要求，接通施工用水和生活用水的管线，使其尽可能与永久性的给水系统结合起来，做好地面排水系统，为施工创造良好的环境。

3）电通：拟建工程开工前，要按照建筑施工组织设计的要求，接通电力和电信设施，做好其他能源（如蒸汽、压缩空气）的供应，确保施工现场动力设备和通信设备的正常运行。

4）平整场地：按照建筑施工总平面图的要求，先拆除场地上妨碍施工的建筑物或构筑物，然后根据建筑总平面图规定的标高和土方竖向设计图纸，进行挖（填）土方的工程量计算，确定平整场地的施工方案，实施平整场地的工作。

（3）做好施工现场的补充勘探。对施工现场做补充勘探是为了进一步寻找枯井、防空洞、古墓、地下管道、暗沟和枯树根等隐蔽物，以便及时拟定处理隐蔽物的方案，并予以实施，为基础工程施工创造有利条件。

（4）建造临时设施。按照建筑施工总平面图的布置，建造临时设施，为正式开工准备好生产、办公、生活、居住和储存等临时用房。

（5）安装、调试施工机具。按照施工机具需要量计划，组织施工机具进场，根据施工总平面图将施工机具安置在规定的地点或仓库。对于固定的机具要做到就位、搭棚、接电源、保养和调试等工作。对所有施工机具都必须在开工之前进行检查和试运转。

（6）做好建筑构（配）件、制品和材料的储存和堆放。按照建筑材料、构（配）件和制品的需要量组织进场，根据建筑施工总平面图规定的地点和指定的方式进行储存和堆放。

（7）及时提供建筑材料的试验申请计划。按照建筑材料的需要量，及时提供建筑材料的试验申请计划。如钢材的机械性能和化学成分等试验；混凝土或砂浆的配合比和强度等试验。

（8）做好冬雨季施工安排。按照施工组织设计的要求，落实冬雨季施工的临时设施和技术措施。

（9）进行新技术项目的试制和试验。按照设计图纸和施工组织设计的要求，认真进行新技术项目的试制和试验。

（10）设置消防、保安设施。按照施工组织设计的要求，根据施工总平面图的布置，建立消防。按照保安等组织机构和有关的规章制度，安排并布置好消防、保安等措施。

二、临时设施准备

1. 工地临时房屋设施

（1）工地搭建临时房屋的一般要求。

1）结合施工现场具体情况，统筹规划，合理布置。

布点要适应施工生产需要，方便职工工作和生活，但不能占据正式工程位置，要留出生产用地和交通道路。布点尽量靠近已有交通线路，或即将修建的正式或临时交通线路。选址应注意避开有洪水、泥石流、滑坡等自然灾害的区域，必要时应采取相应的安全防护措施。

2）认真执行国家严格控制非农业用地的政策，尽量少占或不占农田，充分利用山地、荒地、空地或劣地。

3）尽量利用施工现场或附近已有的建筑物。

4）必须搭设的临时建筑，应因地制宜，利用当地材料和旧料，尽量降低费用。

5）必须符合安全防火要求。

（2）临时房屋设施的分类。

1）生产性临时设施。生产性临时设施是直接为生产服务的，如临时加工厂、现场作业棚、机修间等。

2）物质储存临时设施。物资储存临时设施专为某一项工程服务。要保证施工的正常需要，又不宜贮存过多，以免加大仓库面积，积压资金。

3）行政生活福利临时设施。如办公室、宿舍、食堂、俱乐部、医务室等，都属于行政生活福利临时设施。

2. 临时道路

临时道路的路面强度应满足要求，混凝土强度等级不小于C20。为保证混凝土路面的耐用性，应设置防止路面温度收缩及不均匀沉降的变形缝。

临时道路的参考指标如表1-1～表1-4所示。

表1-1　公路技术要求表

指标名称	单位	技术标准
设计车速	km/h	≤20
路基宽度	m	双车道6～6.5；单车道4.4～5；困难地段3.5
路面宽度	m	双车道5～5.5；单车道3～3.5
平面曲线最小半径	m	平原、丘陵地区20；山区15；回头弯道12
最大纵坡	%	平原地区6；丘陵地区8；山区9
纵坡最短长度	m	平原地区100；山区50
桥面宽度	m	木桥4～4.5
桥涵载重等级	t	木桥涵7.8～10.4（汽－6～汽－8）

表1-2　各类车辆要求路面最小允许曲线半径

车辆类型	路面内侧最小曲线半径/m			备注
	无拖车	有一辆拖车	有两辆拖车	
小客车、三轮汽车	6	—	—	
一般二轴载重汽车：单车道	9	12	15	
双车道	7	—	—	
三轴载重汽车、重型载重汽车、公共汽车	12	15	18	
超重型载重汽车	15	18	21	

表 1-3　临时道路路面种类和厚度

路面种类	特点及其使用条件	路基土	路面厚度/cm	材料配合比
级配砾石路面	雨天照常通车，可通行较多车辆，但材料级配要求严格	砂质土	10～15	体积比： 黏土：砂：石子＝1：0.7：3.5 质量比： ①面层：黏土 13%～15%，砂石料 85%～87% ②底层：黏土 10%，砂石混合料 90%碎（砾）
		黏质土或黄土	14～18	
石路面	雨天照常通车，碎（砾）石本身含土较多，不加砂	砂质土	10～18	碎（砾）石＞65%，当地土壤含量≤35%
		砂质土或黄土	15～20	
碎砖路面	可维持雨天通车，通行车辆较少	砂质土	13～15	垫层：砂或炉渣 4～5cm 底层：7～10cm 碎砖 面层：2～5cm 碎砖
		黏质土或黄土	15～18	
炉渣或矿渣路面	可维持雨天通车，通行车辆较少（当附近有此项材料可利用时）	一般土	10～15	炉渣或矿渣 75%，当地土 25%
		较松软时	15～30	
砂土路面	雨天停车，通行车辆较少（当附近不产石料而只有砂时）	砂质土	15～20	粗砂 50%，细砂、粉砂和黏质土 50%
		黏质土	15～30	
风化石屑路面	雨天不通车，通行车辆较少（当附近有石屑可利用时）	一般土壤	10～15	石屑 90%，黏土 10%
石灰土路面	雨天停车，通行车辆少（当附近产石灰时）	一般土壤	10～13	石灰 10%，当地土壤 90%

表 1-4　路边排水沟最小尺寸

边沟形状	最小尺寸/m		边坡坡度	适用范围
	深	底宽		
梯形	0.4	0.4	1：1～1：1.5	土质路基
三角形	0.3	—	1：2～1：3	岩石路基
方形		0.3	1：0	岩石路基

第二章 施工测量

第一节 常用施工测量仪器

一、水准仪

水准测量所使用的仪器为水准仪，工具为水准尺和尺垫。水准仪按精度分，有DS_{10}、DS_3、DS_1、DS_{05}等几种不同等级的仪器。“D”表示大地测量仪器，“S”表示“水准仪”，下标中的数字表示仪器能达到的观测精度——每千米往返测量高差中数的中误差（毫米）。例如，DS_3型水准仪的精度为“±3mm”，DS_{05}型水准仪的精度为“±0.5mm”。DS_{10}和DS_3属普通水准仪，而DS_1和DS_{05}属精密水准仪。另外，从水准仪获得水平视线的方式来看，又可分为微倾式水准仪和自动安平水准仪。本节主要介绍常用的DS_3型微倾式水准仪。

1. DS_3型微倾式水准仪的构造

DS_3型微倾式水准仪主要由望远镜、水准器和基座三个基本部分组成，如图2-1所示。

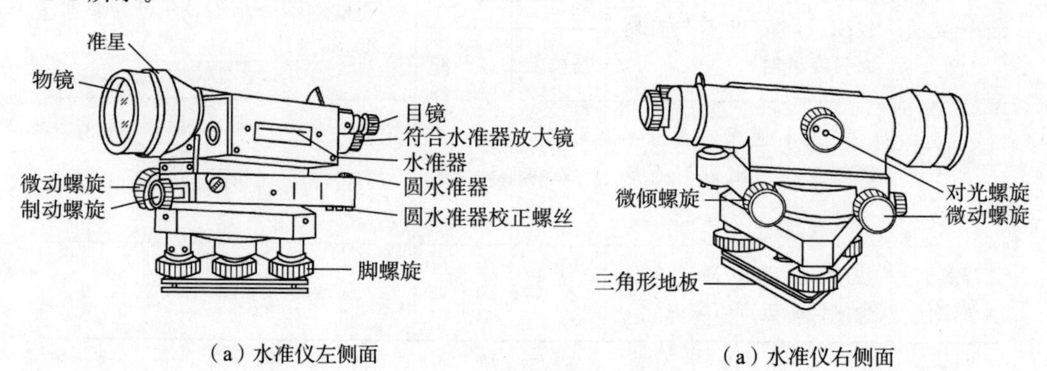

（a）水准仪左侧面　　（a）水准仪右侧面

图 2-1　DS_3型微倾式水准仪

（1）望远镜。望远镜主要由物镜、目镜、十字丝分划板和调焦透镜等部件组成。图2-2是DS_3型水准仪内对光望远镜构造图。

物镜是由几个光学透镜组成的复合透镜组，其作用是将远处的目标在十字丝分划板附近形成缩小而明亮的实像。物镜的光心与十字丝交点的连线称为视准轴，用CC表示。视准轴的延长线即为视线，水准测量就是在视准轴水平时，用

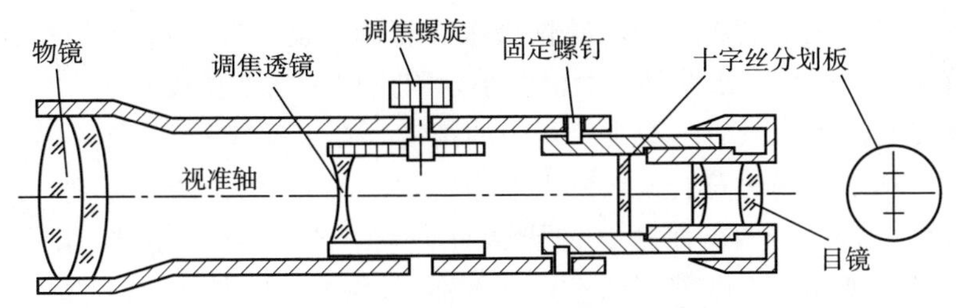

图 2-2　DS_3型水准仪内对光望远镜构造图

十字丝的中丝在水准尺上截取读数的。

目镜由复合透镜组组成，其作用是将物镜所成的实像与十字丝一起进行放大，它所成的像是虚像。

十字丝分划板是一块圆形的刻有分划线的平板玻璃片，安装在金属环内。十字丝是刻在玻璃片上相互垂直的细丝，是瞄准目标和读数的重要部件。竖直的一根称为纵丝（亦称竖丝），中间横的一根称为横丝（亦称中丝、水平丝）。横丝上下两根对称的短丝称为视距丝，分为上丝和下丝，主要用于粗略测量水准仪到水准尺之间的水平距离。

调焦透镜是安装在物镜与十字丝分划板之间的凹透镜。当旋转调焦螺旋，前后移动凹透镜时，可以改变由物镜与调焦透镜组成的复合透镜的等效焦距，从而使目标的影像正好落在十字丝分划板平面上，再通过目镜的放大作用，就可以清晰地看到放大了的目标影像及十字丝。

（2）水准器。借助于水准器才能使视准轴处于水平位置。水准器分为管水准器和圆水准器，管水准器又称为水准管。

1）管水准器（水准管）。如图 2-3 所示，水准管的构造是将玻璃管纵向内壁磨成圆弧，管内装酒精和乙醚的混合液，加热熔封而成，冷却后在管内形成一个气泡，在重力作用下，气泡位于管内最高位置。水准管圆弧中心为水准管零点，通过零点的水准管圆弧纵切线称为水准管轴，用 LL' 表示，水准管轴也是水准仪的重要轴线。当水准管零点与气泡中心重合时，称为气泡居中。气泡居中时，水准管轴 LL' 处于水平位置；否则，LL' 处于倾斜位置。由于水准管轴与水准仪的视准轴平行，便可以根据水准管气泡是否居中来判断视准轴是否处于水平状态。

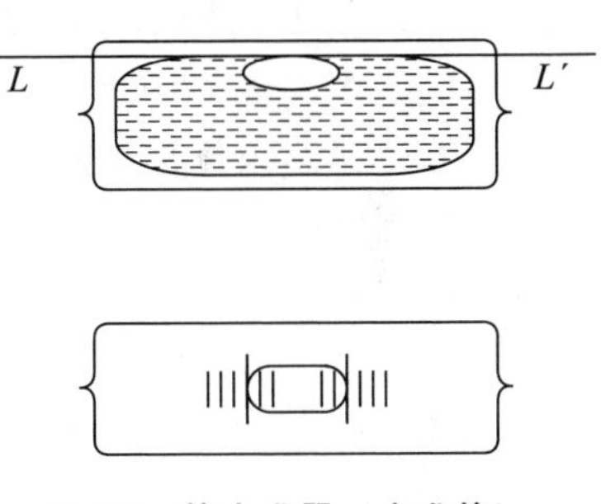

图 2-3　管水准器（水准管）

为便于确定气泡居中，在水准管上刻有间距为 2mm 的分划线，分划线对称于零点，当气泡两端点距水准管两端刻划的格数相等时，即表示水准管气泡居中。水准管上相邻两分划线间的圆弧（弧长 2mm）所对的圆心角，称为水准管分划值，用 r 表示。r 值的大小与水准管圆弧半径 R 成反比，半径 R 越大，r 值越小，则水准管灵敏度越高。水准仪上水准管圆弧的半径一般为 7～20m，所对应的 r 值为 20″～60″。水准管的 r 值较小，因而用于精平视线。

为了提高观察水准管气泡是否居中的精度，在水准管上方装有符合棱镜，如图 2-4（a）所示。通过符合棱镜的反射作用，把气泡两端的半边影像反映到望远镜旁的观察窗内。当两端半边气泡影像符合在一起构成 U 形时，则气泡居中，如图 2-4（b）所示。若成错开状态，则气泡不居中，如图 2-4（c）所示。这种设有符合棱镜的水准管，称为符合水准器。

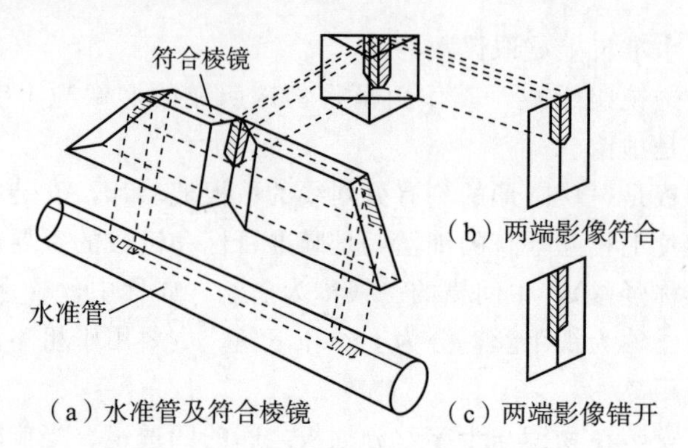

图 2-4　符合水准器

2）圆水准器。如图 2-5 所示，圆水准器顶面内壁是球面，正中刻有一圆圈，圆圈中心为圆水准器零点。过零点的球面法线称为圆水准器轴，用 $L'L'$ 表示。当气泡居中时，圆水准器轴处于竖直位置。不居中时，气泡中心偏离零点 2mm，所对应的圆水准器轴倾斜角值称为圆水准器分划值，DS_3 水准仪一般为 8′～10′。由于它的精度较低，故只用于仪器的粗略整平。

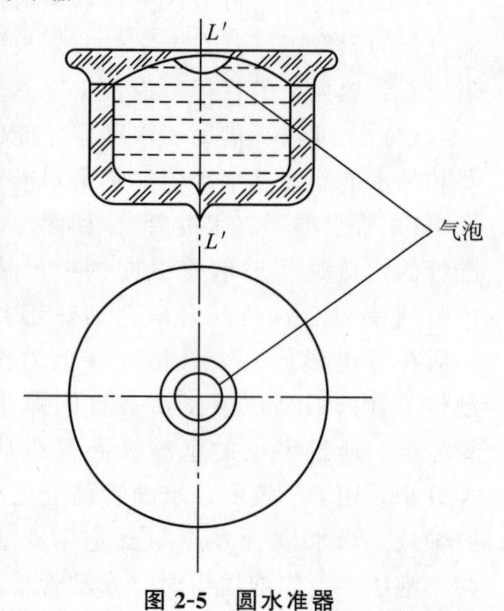

图 2-5　圆水准器

（3）基座。基座由轴座、脚螺旋和底板等构成，其作用是支撑仪器的上部并与三脚架相连。轴座用于仪器的竖轴在其内旋转，脚螺旋用于调整圆水准器气泡居中，底板用于整个仪器与下部三脚架连接。

2. 水准仪的操作方法、检验与校正

水准仪的操作方法、检验与校正

扫码观看本视频

（1）水准仪的操作。在一个测站上，水准仪的使用包括仪器的架设、粗略整平、瞄准水准尺、精确整平与读数四个操作步骤。

1）仪器的架设。

首先，打开三脚架，调节架腿至适当的高度，并调整架头使其大致水平，检查脚架伸缩螺旋是否拧紧。然后，将水准仪置于三脚架头上。注意，需要一手扶住仪器，另一手用中心连接螺旋，将仪器牢固地连接在三脚架上，以防仪器从架头滑落。

2）粗略整平。

首先，将脚架的两架脚踏实，操纵另一架脚左右、前后缓缓移动，使圆水准气泡基本居中，再将此架脚踏实。然后，调节脚螺旋使气泡完全居中。调节脚螺旋的方法如图 2-6 所示。在整平过程中，气泡移动的方向与左手（右手）大拇指转动方向一致（相反），有时，要按上述方法反复调整脚螺旋，才能使气泡完全居中。

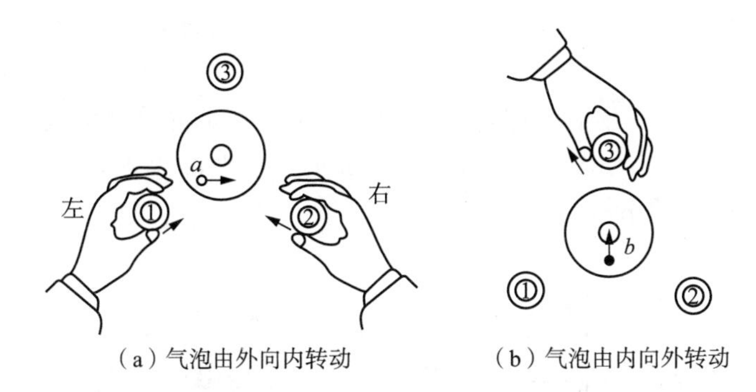

（a）气泡由外向内转动　　（b）气泡由内向外转动

图 2-6　圆水准气泡整平

3）瞄准水准尺。

①目镜对光：将望远镜对着明亮背景，转动目镜调焦螺旋使十字丝成像清晰。

②粗略照准：松开制动螺旋，转动望远镜，用望远镜筒上部的准星和照门大致对准水准尺后，拧紧制动螺旋。

③精确照准：从望远镜内观察目标，调节物镜调焦螺旋，使水准尺成像清晰。最后用微动螺旋转动望远镜，使十字丝的竖丝对准水准尺的中间稍偏一点，以便进行读数。

④消除视差：在物镜调焦后，当眼睛在目镜端上下稍微移动时，有时会出现十字丝与目标有相对运动的现象，这种现象称为视差。产生视差的原因是目标通过物镜所成的像没有与十字丝平面重合，如图 2-7 所示。由于视差的存在会影响观测结果的准确性，因此必须加以消除。

消除视差的方法是仔细地反复进行目镜和物镜调焦，直至眼睛上下移动，读数不变为止。此时，从目镜端所见到的十字丝与目标的像都十分清晰。

4）精确整平与读数。

精确整平是在读数前调节微倾螺旋至气泡居中，使得水准仪视准轴得到精

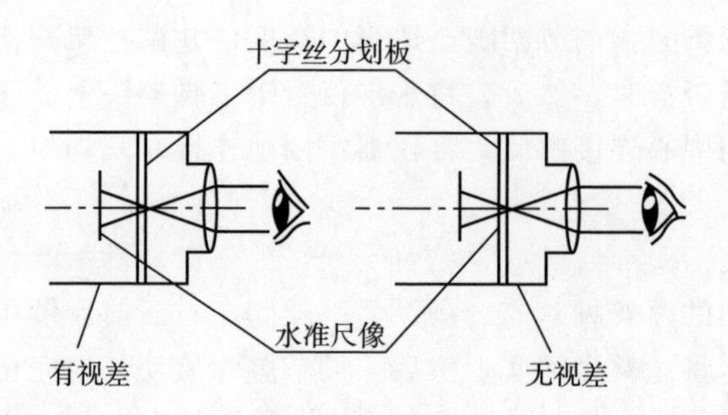

图 2-7 视差现象

确的水平视线。精平时，由于气泡移动的惯性，需要轻轻转动微倾螺旋。只有符合气泡两端影像完全吻合且稳定不动后，才表示水准仪视准轴处于精确水平位置。

符合水准器气泡居中后，即可读取十字丝中丝在水准尺上的读数。直接读出米、分米和厘米，估读出毫米，如图 2-8 所示。现在的水准仪多采用倒像望远镜，因此读数时应从小到大，即从上往下读。采用正像望远镜的，读数与此相反。

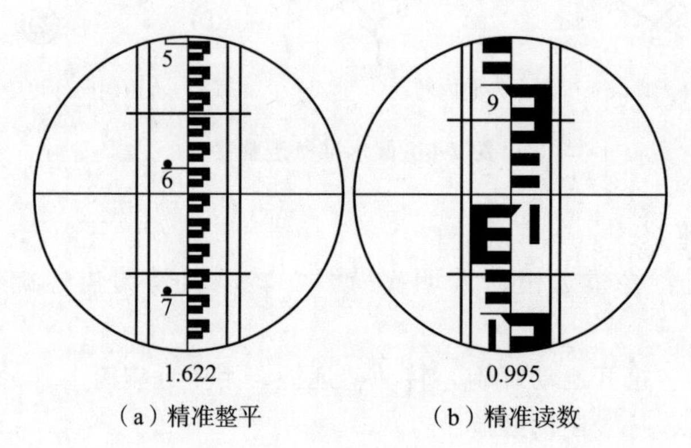

（a）精准整平　（b）精准读数

图 2-8 精平后读数

在水准测量的实施过程中，通常将精确整平与读数两项操作视为一体。读数后还要检查管水准气泡是否完全符合，只有这样，才能取得准确的读数。当改变望远镜的方向做另一次观测时，管水准气泡可能偏离中央，必须再次调节微倾螺旋，使气泡吻合才能读数。

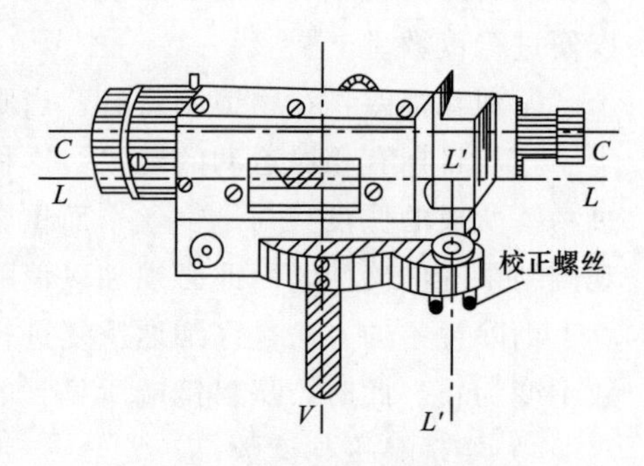

图 2-9 水准仪的主要轴线

(2) 水准仪的检验与校正。

水准仪的主要轴线包括视准轴、水准

管轴、仪器竖轴和圆水准器轴，以及十字丝横丝，如图 2-9 所示。根据水准测量原理，水准仪必须提供一条水平视线，才能正确地测出两点间的高差。

1）圆水准器轴的检验与校正。

①检验方法。安置水准仪后，转动脚螺旋使圆水准器气泡居中，如图 2-10（a）所示。此时，圆水准器轴处于铅垂。然后，将望远镜绕竖轴旋转 180°，如气泡仍居中，表示此项条件满足要求；若气泡偏离中心，如图 2-10（b）所示，则应进行校正。

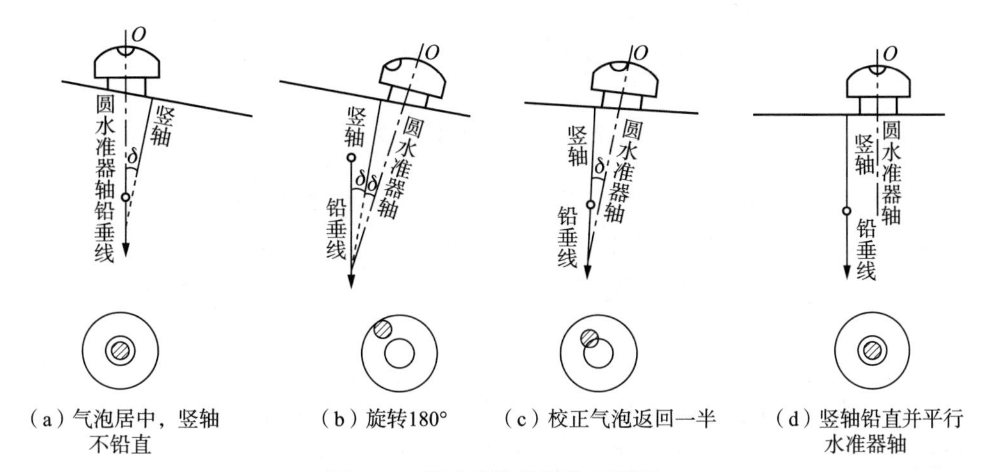

图 2-10　圆水准器检验校正原理

②校正方法。校正时，用脚螺旋使气泡向零点方向移动偏离长度的一半，这时竖轴处于铅垂位置，如图 2-10（c）所示。再用校正针调整圆水准器下面的三个校正螺丝，使气泡居中。这时，圆水准器轴平行于仪器竖轴，如图 2-10（d）所示。

校正螺丝位于圆水准器的底部，如图 2-11 所示。校正时，需要反复进行，直到仪器旋转到任何位置圆水准器气泡都居中为止。校正完毕后，应拧紧固定螺钉。

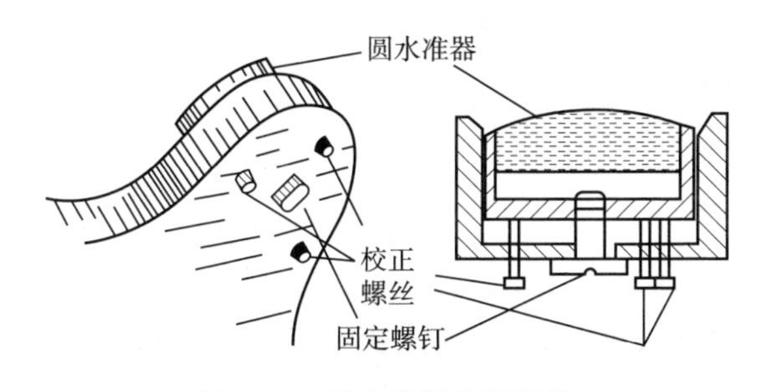

图 2-11　圆水准器校正螺丝

2）十字丝的检验与校正。

①检验方法。整平仪器后，用十字丝横丝的一端对准一个清晰的固定点 M，

如图 2-12（a）所示，然后，拧紧制动螺旋，再用微动螺旋使望远镜缓慢移动。如果 M 点始终在横丝上移动，如图 2-12（b）所示，说明条件满足；若 M 点移动的轨迹离开了横丝，如图 2-12（c）、（d）所示，则需要校正。

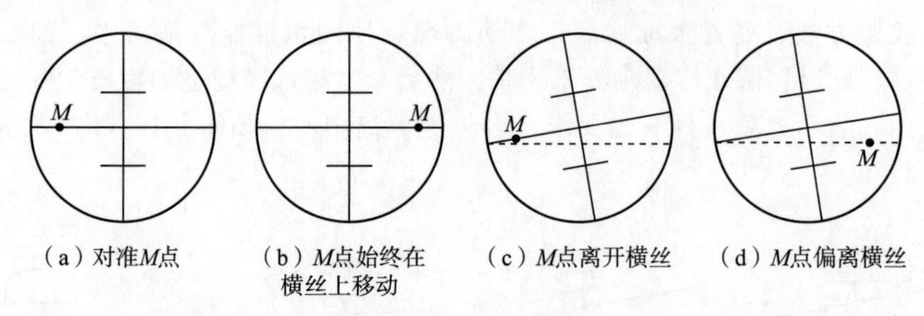

图 2-12　十字丝的检验

②校正方法。拧下十字丝护罩，松开十字丝分划板座固定螺钉，微转动十字丝环，使横丝水平，将固定螺钉拧紧，再拧上护罩。

3）水准管轴的检验与校正。

①检验方法。在较为平坦的地面上选择相距 70～80m 左右的 A、B 两点，打入木桩或安放尺垫，如图 2-13 所示。将水准仪安置在 A、B 两点的中点 O 处，使得 $OA=OB$。用变仪器高法（或双面尺法）测出 A、B 两点高差，两次测量高差之差小于 3mm 时，取其平均值 h_{AB} 作为最后结果。

由于仪器距 A、B 两点等距离，不论水准管轴是否平行视准轴，在 O 点处测出的高差 h_{AB} 都是正确的高差，如图 2-13（a）所示。由于距离相等，两轴不平行误差 ΔH 可在高差计算中自动消除，故高差 h_{AB} 不受视准轴误差的影响。

将仪器搬至距 A 点 2～3m 的 O' 处，将视准轴精平后，分别读取 A 点和 B 点的中丝读数 a_1 和 b_1，如图 2-13（b）所示。因仪器距 A 很近，水准管轴不平行视准轴引起的读数误差可忽略不计，故可计算出仪器在 O' 处时，B 点尺上水平视线的正确读数为

$$b'_1=a_1-h_{AB}$$

如果实际测出的 b' 与计算得到的 b'_1 相等，则表明水准管轴平行视准轴；否则，两轴不平行，其夹角为

$$i=\frac{b'-b'_1}{h_{AB}}\rho$$

式中：$\rho=206\ 265''$。

对于 DS_3 型微倾式水准仪，i 角不得大于 20″，否则需要对水准仪进行校正。

②校正方法。仪器在 O' 处，调节微倾螺旋，使中丝在 B 点尺上的中丝读数移到 b'_1，这时视准轴处于水平位置，但水准管气泡不居中（符合气泡不吻合）。用校正针拨动水准管一端的上、下两个校正螺钉，先松一个，再紧另一个，将水准管一端升高或降低，使符合气泡吻合，如图 2-14 所示。再拧紧上、下两个校

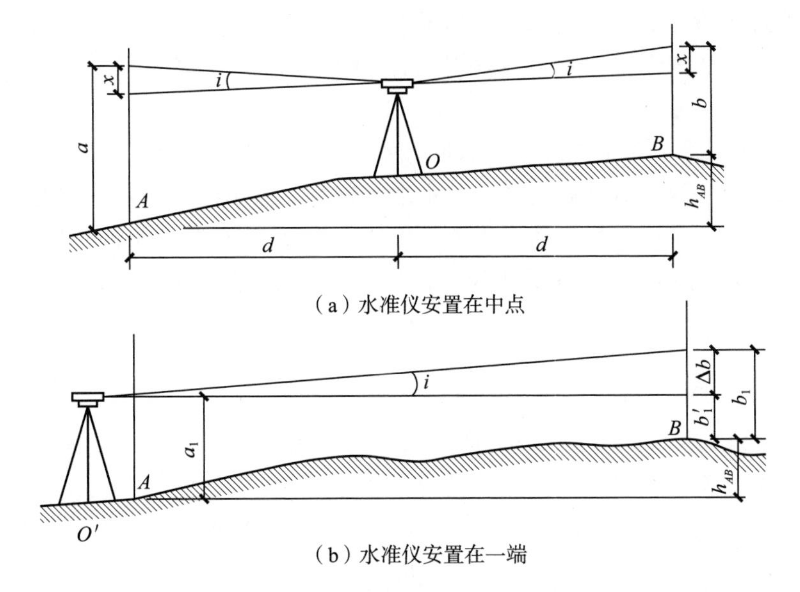

图 2-13　水准管轴平行视准轴的检验

正螺钉。此项校正要反复进行，直到 i 角小于 20″为止。

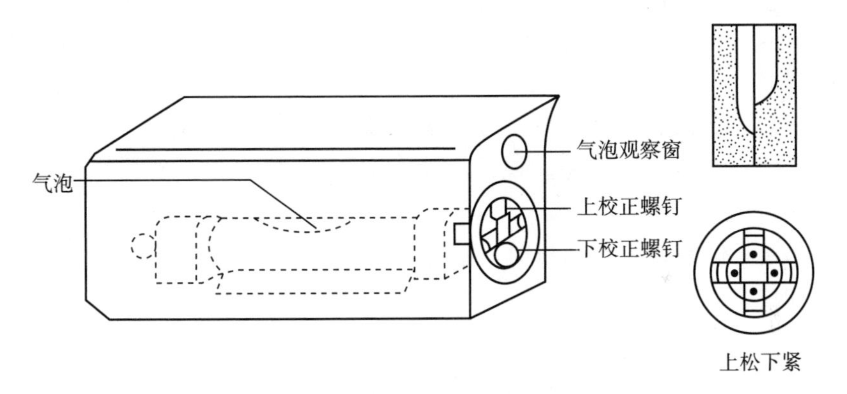

图 2-14　水准管的校正

3. 水准测量的误差及注意事项

(1) 仪器误差。

1) 望远镜视准轴与水准管轴不平行误差。仪器经过校正后，仍然存在少量误差，因而使读数产生误差；仪器长期使用或受振动，也会使两轴不平行，这属于系统误差，这项误差与仪器至立尺点的距离成正比。在测量中，只要使前视、后视距离相等，在高差计算中就可消除或减少该项误差的影响。

2) 水准尺误差。水准尺误差包括尺长误差、分划误差和零点误差。由于水准尺刻划不准确、尺长变化、弯曲等影响，都会影响水准测量的精度，因此，水准尺须经过检验才能使用。水准尺的零点误差在成对使用水准尺时，可采取设置偶数测站的方法来消除，也可在前视、后视中使用同一根水准尺来消除。

（2）观测误差。

1）整平误差。在水准尺上读数时，水准管轴应处于水平位置，如果精平仪器时，水准管气泡没有精确居中，则水准管轴有一微小倾角，从而引起视准轴倾斜而产生误差。水准管气泡居中误差一般为$\pm0.15\tau$（τ为水准管分划值），采用符合水准器时，气泡居中精度可提高1倍，故由气泡居中误差引起的读数误差为

$$m_{\tau}=\frac{0.15\tau}{2\rho}D$$

式中：D——水准仪到水准尺的距离。

2）读数误差。估读毫米数时产生的误差与人眼分辨能力、望远镜放大率以及视线长度有关，所以要求望远镜的放大倍率在20倍以上，视线长度一般不得超过100m。通常按下式计算：

$$m_{V}=\frac{60''}{V}\times\frac{D}{\rho}$$

式中：V——望远镜放大率；

$60''$——人眼能分辨的最小角度。

为保证估读数的精度，各等级水准测量对仪器望远镜的放大率和最大视线长都有相应规定。

3）视差。当仪器十字丝平面与水准尺影像不重合，眼睛观察位置的不同导致读数的不同，这就是视差。视差会直接产生读数误差，操作中应避免出现视差。

4）水准尺倾斜误差。测量时，水准尺应扶直。若水准尺倾斜，读数会高于尺子竖直时的读数，且视线越高，水准尺倾斜引起的误差就越大。

（3）外界条件的影响。

1）仪器下沉。由于测站处土质松软使仪器下沉，视线降低，便会引起高差误差。减小这种误差的办法有三种。

①尽可能将仪器安置在坚硬的地面处，并将脚架踏实。

②加快观测速度，尽量缩短前视、后视读数的时间差。

③采用“后、前、前、后”的观测程序。

2）转点下沉。仪器搬至下一站尚未读后视读数的一段时间内，如果转点处尺垫下沉，会使下一站后视读数增大，引起高差误差，所以转点应设置在坚硬的地方并将尺垫踏实，或采取往返观测的方法，取其成果的平均值，可以消减其影响。

3）地球曲率差的影响。水准测量时，水平视线在尺上的读数b，理论上应改算为相应水准面截于水准尺的读数b'，两者的差值c，称为地球曲率差：

$$c=\frac{D^2}{2R}$$

式中：D——水准仪到水准尺的距离；

R——地球半径，取 6 371km。

水准测量中，当前视、后视距离相等时，通过高差计算可消除该误差对高差的影响，如图 2-15 所示。

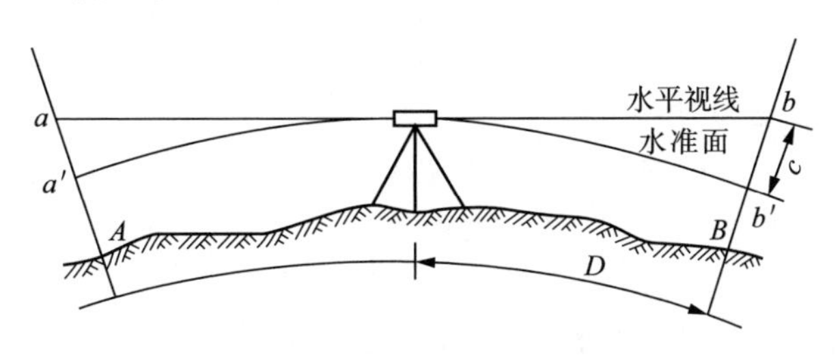

图 2-15　地球曲率差的影响

4）大气折光影响。因为大气层密度不同，光线发生折射，视线产生弯曲，从而使水准测量产生误差。因而水准测量中，实际读数不是水平视线的读数，而是向下弯曲视线的读数。两者之差称为大气折光差，用 γ 表示。在稳定的气象条件下，大气折光差约为地球曲率差的 1/7，即

$$\gamma=\frac{1}{7}c=0.07\frac{D^2}{R}$$

水准测量中，当前视、后视距离相等时，通过高差计算可消除该误差对高差的影响。精密水准测量还应选择良好的观测时间（一般认为在日出后或日落前 2h 为好），并控制视线高出地面一定距离，以避免视线发生不规则折射引起的误差。

地球曲率差和大气折光差是同时存在的，两者对读数的共同影响可用下式计算：

$$f=c-\gamma=0.43\frac{D^2}{R}$$

5）温度的影响。温度的变化不仅会引起大气折光变化，造成水准尺影像在望远镜内十字丝面内上、下跳动，难以读数。当烈日直晒仪器时也会影响水准管气泡居中，造成测量误差。因此，水准测量时，应撑伞保护仪器，选择有利的观测时间。

（4）注意事项。

为杜绝测量成果中存在错误，提高观测成果的精度，水准测量还应注意以下事项。

1）安置仪器要稳，防止下沉，防止碰动，安置仪器时尽量使前、后视距相等。

2）观测前必须对仪器进行检验和校正。

3）观测过程中，手不要扶脚架。在土质松软地区作业时，转点处应该使用尺垫。搬站时要保护好尺垫，不得碰动，避免引起高差误差。

4）要确保读数时气泡严格居中，视线水平。

5）每个测站记录和计算的内容必须当站完成，测站校核无误后，方可迁站。做到随观测、随记录、随计算、随校核。

经纬仪的构造及使用方法

扫码观看本视频

二、经纬仪

1. 经纬仪的构造及使用方法

在普通测量中，常用的是 DJ_6 型和 DJ_2 型光学经纬仪，其中 DJ_6 型经纬仪属普通经纬仪，DJ_2 型经纬仪属精密经纬仪。下面将以 DJ_6 型经纬仪为主介绍光学经纬仪的构造。

各种型号的光学经纬仪，主要由基座、水平度盘、照准部三大部分组成，如图 2-16 所示。

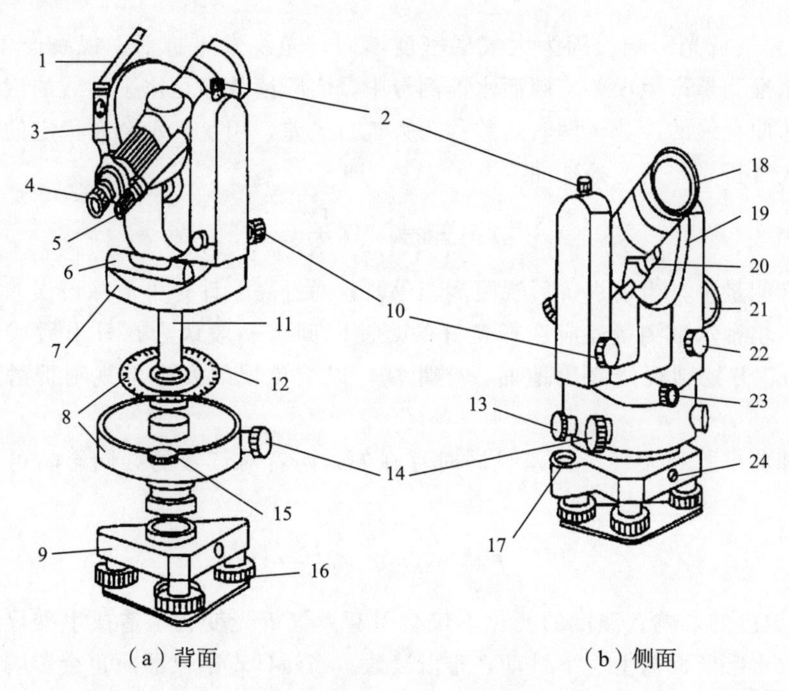

1—竖盘指标水准管反光镜；2—望远镜制动螺旋；3—竖直度盘；4—目镜；5—读数显微镜；6—照准部水准管；7—照准部部分；8—水平度盘部分；9—基座部分；10—望远镜微动螺旋；11—内轴；12—水平度盘；13—照准部制动螺旋；14—照准部微动螺旋；15—度盘配置手轮；16—脚螺旋；17—圆水准器；18—物镜；19—竖直度盘；20—粗瞄准器；21—反光镜；22—竖盘指标水准管微动螺旋；23—光学对中器；24—轴座固定螺钉。

图 2-16 DJ_6 型光学经纬仪构造

（1）基座。

1）基座——就是仪器的底座，用来支承仪器。

2）基座连接螺旋——用来连接基座与脚架。连接螺旋下方备有挂垂球的挂钩，以便悬挂垂球，利用它使仪器中心与被测角的顶点位于同一铅垂线上，称为垂球对中。现代的经纬仪一般还可利用光学对中器来实现仪器对中，这种经纬仪连接螺旋的中心是空的，以便仪器上光学对中器的视线能穿过连接螺旋看见地面点标志。

3）轴座固定螺旋——用来连接基座和照准部。

4）脚螺旋——用来整平仪器，共三个。

5）圆水准器——用来粗略整平仪器。

（2）水平度盘。

水平度盘是用光学玻璃制成的圆盘，上面刻有0°～360°顺时针注记的分划线，用来测量水平角。水平度盘是固定在空心的外轴上，并套在筒状的轴座外面，绕竖轴旋转，而竖轴则插入基座的轴套内，用轴座固定螺旋与基座连接在一起。

水平角测量过程中，水平度盘与照准部分离，照准部旋转时，水平度盘不动，指标所指读数随照准部的转动而变化，从而根据两个方向的不同读数计算水平角。如需瞄准第一个方向时，变换水平度盘读数为某个指定的值（如0°00′00″），可打开“度盘配置手轮”的护盖或保护扳手，拨动手轮，把水平度盘读数变换到需要的读数上。

（3）照准部。

照准部是光学经纬仪的重要组成部分，主要包括望远镜、照准部水准管、圆水准器、光学光路系统、读数测微器以及用于竖直角观测的竖直度盘和竖盘指标水准管等。照准部可绕竖轴在水平面内转动。

1）望远镜——望远镜构造与水准仪望远镜相同，它与横轴连在一起，当望远镜绕横轴旋转时，视线可扫出一个竖直面。

2）望远镜制动、微动螺旋——望远镜制动螺旋用来控制望远镜在竖直方向上的转动，望远镜微动螺旋是当望远镜制动螺旋拧紧后，用此螺旋使望远镜在竖直方向上作微小转动，以便精确对准目标。

3）照准部制动、微动螺旋——照准部制动螺旋控制照准部在水平方向的转动。照准部微动螺旋是当照准部制动螺旋拧紧后，可利用此螺旋使照准部在水平方向上作微小转动，以便精确对准目标。利用制动与微动螺旋，可以方便准确地瞄准任何方向的目标。

有的DJ_6型光学经纬仪的水平制动螺旋与微动螺旋是同轴套在一起的，方便了照准操作，一些较老的经纬仪的制动螺旋是采用扳手式的，使用时要注意制动的力度，以免损坏。

4）照准部水准管——亦称管水准器，用来精确整平仪器。

5）竖直度盘——竖直度盘和水平度盘一样，是光学玻璃制成的带刻划的圆盘，读数为0°～360°，它固定在横轴的一端，随望远镜一起绕横轴转动，用来测量竖直角。竖盘指标水准管用来正确安置竖盘读数指标的位置。竖直指标水准管微动螺旋用来调节竖盘指标水准管气泡居中。

另外，照准部还有反光镜、内部光路系统和读数显微镜等光学部件，用来精确地读取水平度盘和竖直度盘的读数。有些经纬仪还带有测微轮、换像手轮等部件。

2. 光学经纬仪的读数方法

光学经纬仪上的水平度盘和竖直度盘都是用光学玻璃制成的圆盘，整个圆周划分为360°，每度都有注记。DJ_6型经纬仪一般每隔1°或30′有一条分划线，DJ_2型经纬仪一般每隔20′有一条分划线。度盘分划线通过一系列棱镜和透镜成像于望远镜旁的读数显微镜内，观测者用显微镜读取度盘的读数。各种光学经纬仪因读数设备不同，读数方法也不一样。

(1) 分微尺测微器及其读数方法。

目前DJ_6型光学经纬仪一般采用分微尺测微器读数法，分微尺测微器读数装置结构简单，读数方便且迅速。外部光线经反射镜从进光孔进入经纬仪后，通过仪器的光学系统，将水平度盘和竖直度盘的影像分别成像在读数窗的上半部和下半部，在光路中各安装了一个具有60个分格的尺子，其宽度正好与度盘上1°分划的影像等宽，用来测量度盘上小于1°的微小角值，该装置称为测微尺。

如图2-17所示，在读数显微镜中可以看到两个读数窗：注有“水平”（或“H”）的是水平度盘读数窗；注有“竖直”（或“V”）的是竖直度盘读数窗。每个读数窗上刻有60个小格的分微尺，其长度等于度盘间隔1°的两分划线之间放大后的影像宽度，因此分微尺上一小格的分划值为1′，可估读到0.1′，即最小读数为6″。

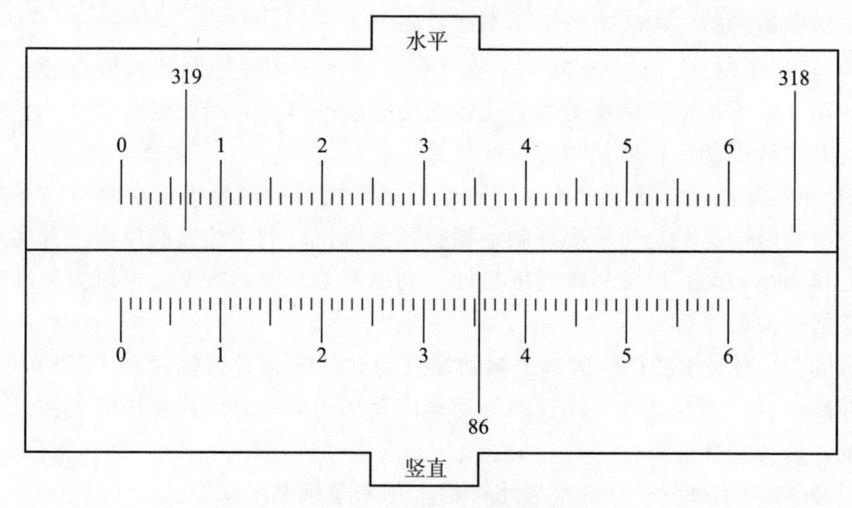

图2-17　分微尺测微器读数窗

读数时，先调节进光窗反光镜的方向，使读数窗光线充足，再调节读数显微镜的目镜，使读数窗内度盘的影像清晰。读出位于分微尺中的度盘分划线的注记度数，再以度盘分划线为指标，在分微尺上读取不足1°的分数，最后估读秒数，三者相加即为度盘读数。图2-17中，水平度盘读数为319°06′42″，竖直度盘读数为86°35′24″。

（2）对径分划线测微器及其读数方法。

在DJ_2型光学经纬仪中，一般都采用对径分划线测微器来读数。DJ_2型光学经纬仪的精度较高，用于测量精度要求高的测量工作，图2-18是苏州第一光学仪器厂生产的DJ_2型光学经纬仪的外形图，其各部件的名称如图所注。

对径分划线测微器是将度盘上相对180°的两组分划线，经过一系列棱镜的反射与折射，同时反映在读数显微镜中，并分别位于一条横线的上、下方，成为正像和倒像。这种装置利用度盘对径相差180°的两处位置读数，可消除度盘偏心误差的影响。

这种类型的光学经纬仪，在读数显微镜中，只能看到水平度盘或竖直度盘的一种影像，通过转动变换手轮（图2-18之9），使读数显微镜中出现需要读的度盘的影像。

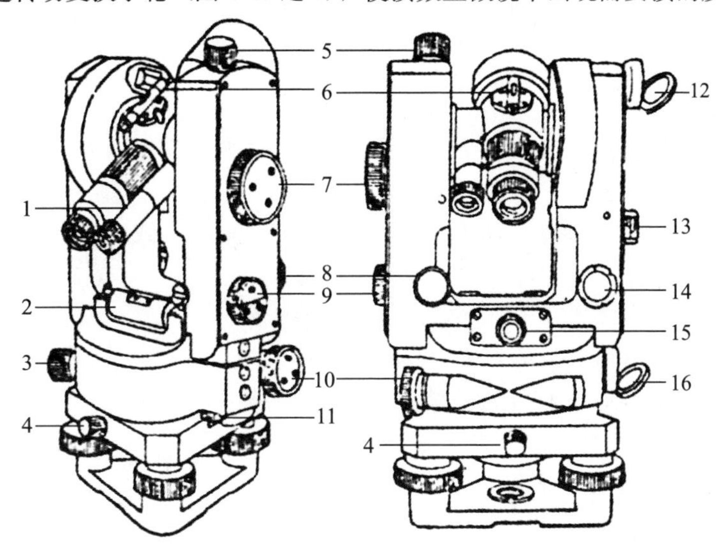

1—读数显微镜；2—照准部水准管；3—照准部制动螺旋；4—轴座固定螺旋；5—望远镜制动螺旋；6—光学瞄准器；7—测微手轮；8—望远镜微动手轮；9—度盘变换手轮；10—照准部微动手轮；11—水平度盘变换手轮；12—竖盘照明镜；13—竖盘指标水准管观察镜；14—竖盘指标水准管微动手轮；15—光学对中器；16—水平度盘照明镜。

图2-18　DJ_2型光学经纬仪构造

图2-19所示为照准目标时读数显微镜中的影像，上部读数窗中的数字为度数，突出小方框中所注数字为整10′数，左下方为测微尺读数窗，右下方为对径分划线重合窗，此时对径分划不重合，不能读数。

先转动测微手轮，使分划线重合窗中的上下分划线重合，如图2-20所示，然后在上部读数窗中读出度数“227°”，在小方框中读出整10′数“50′”，在测微尺读数窗内读出分、秒数“3′14.8″”，三者相加即为度盘读数，即读数为227°53′14.8″。

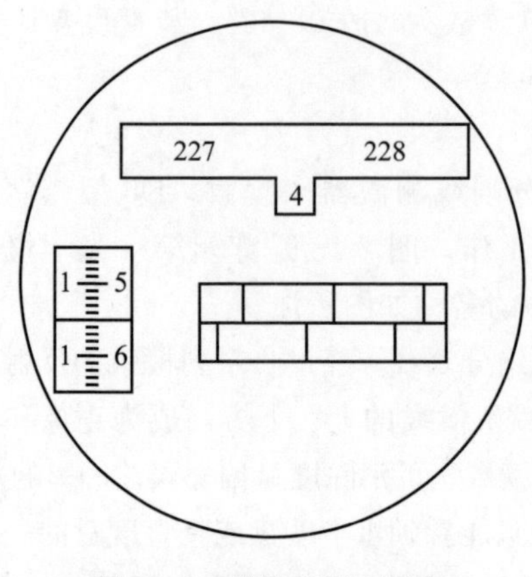

图 2-19　对径分划不重合

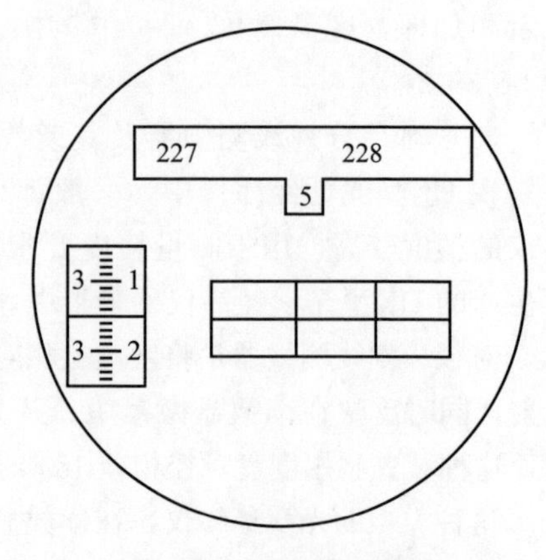

图 2-20　对径分划重合

3. 经纬仪的使用方法

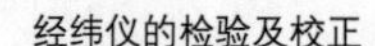

扫码观看本视频

(1) 安置经纬仪。

光学对中器构造如图 2-21 所示。使用光学对中器安置仪器的操作步骤如下所述。

1) 打开三脚架，使架头大致水平，并使架头中心大致对准测站点标志中心。

2) 安放经纬仪并拧紧中心螺钉，先将经纬仪的三个角螺旋旋转到大致等高的位置上，再转动光学对中器螺旋，使对中器分划清晰，然后伸缩光学对中器，使地面标志点影像清晰。

3) 固定三脚架的一条腿于适当位置，两手分别握住另外两个架腿，前后左右移动经纬仪（尽量不要转动），同时观察光学对中器分划中心与地面标志点是否对上，当分划中心与地面标志点接近时，慢慢放下脚架，踏稳三个脚架。

4) 对中：转动基座脚螺旋，使对中器分划中心精确对准地面标志中心。

5) 粗平：通过伸缩三脚架，使圆水准器气泡居中，此时经纬仪粗略水平。注意，这步操作中不能使脚架位置移动，因此在伸缩脚架时，最好用脚轻轻踏住脚架。检查地面标志点是否还与对

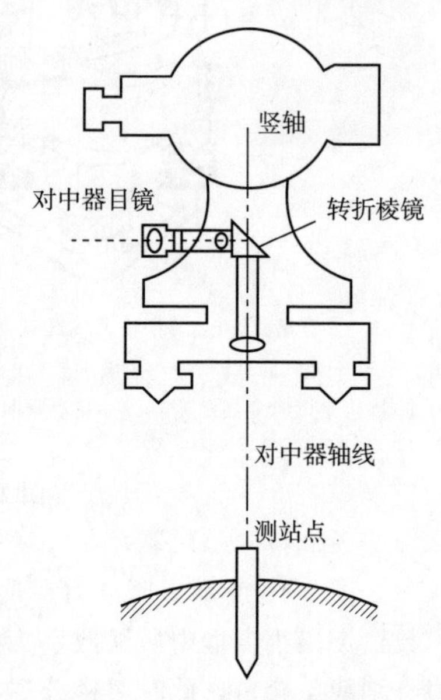

图 2-21　光学对中器构造

中器分划中心对准，若偏离较大，转动基座脚螺旋，使对中器分划中心重新对准地面标志，然后重复本操作；若偏离不大，可进行下一步操作。

6）精平：转动照准部，使照准部水准管平行于任意两个脚螺旋的连线方向，如图 2-22（a）所示。两手同时向内或向外旋转 1 和 2 这两个脚螺旋，使气泡居中（气泡移动的方向与转动脚螺旋时左手大拇指运动方向相同），再将照准部旋转 90°，旋转第 3 个脚螺旋使气泡居中，如图 2-22（b）所示。按这个步骤反复进行整平，直至水准管在任何方向气泡均居中为止。

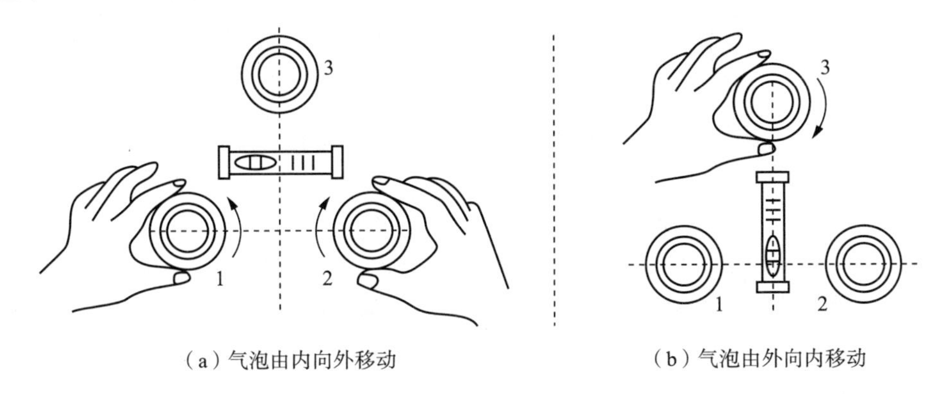

（a）气泡由内向外移动　　（b）气泡由外向内移动

图 2-22　精确整平水准仪

检查对中器分划中心是否偏离地面标志点，若测站点标志中心不在对中器分划中心且偏移量较小，可松开基座与脚架之间的中心螺旋，在脚架头上平移仪器，使光学对中器分划中心精确对准地面标志点，然后旋紧中心螺旋。如偏离量过大，重复 4）、5）、6）步操作，直至对中和整平均达到要求为止。

（2）照准目标。照准的操作步骤如下所述。

1）调节目镜调焦螺旋，使十字丝清晰。

2）松开望远镜制动螺旋和照准部制动螺旋，利用望远镜上的照门和准星（或瞄准器）瞄准目标，使望远镜内能够看到目标物像，然后旋紧上述两个制动螺旋。

3）转动物镜调焦螺旋，使目标影像清晰，并注意消除视差。

4）旋转望远镜和照准部微动螺旋，精确地照准目标。

照准时应注意：观测水平角时，照准是指用十字丝的纵丝精确照准目标的中心。当目标成像较小时，为了便于观察和判断，一般用双丝夹住目标，使目标在中间位置。为了避免因目标在地面点上不垂直引起的偏心误差，瞄准时尽量照准目标的底部，如图 2-23（a）所示。观测竖直角时，照准是指用十字丝的横丝精确地切准目标的顶部，为了减小十字丝横丝不水平引起的误差，瞄准时尽量用横丝的中部照准目标，如图 2-23（b）所示。

（3）读数。

照准目标后，打开反光镜，并调整其位置，使读数窗内进光明亮均匀；然后

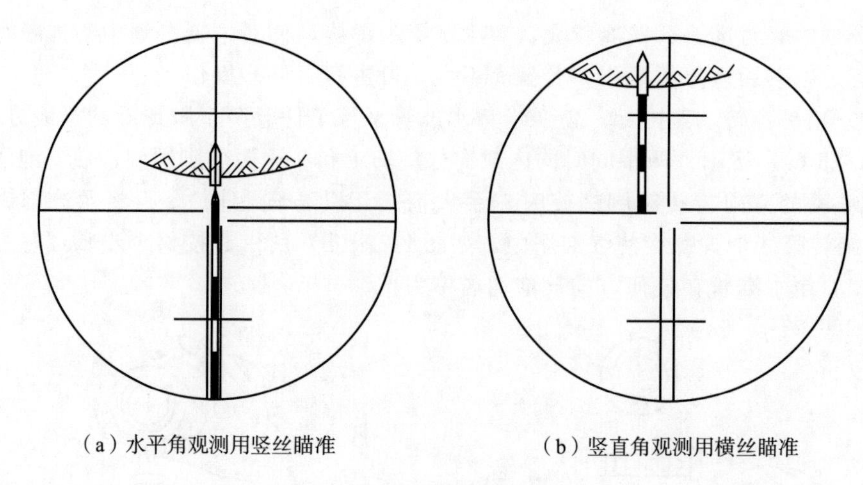

（a）水平角观测用竖丝瞄准　　（b）竖直角观测用横丝瞄准

图 2-23　照准目标

进行读数显微镜调焦，使读数窗分划清晰，并消除视差。如是观测水平角，此时即可按光学经纬仪的读数方法进行读数；如是观测竖直角，则要先调竖盘指标水准管气泡居中后再读数。

4. 经纬仪的检验及校正

经纬仪的主要轴线有竖轴 VV'、横轴 HH'、视准轴 CC' 和水准管轴 LL'。经纬仪各轴线之间应满足的主要条件如下所述。

①照准部的水准管轴应垂直于竖轴。需利用水准管整平仪器后，竖轴才可以精确地位于铅垂位置。

②圆水准器轴应平行于竖轴。利用圆水准器整平仪器后，仪器竖轴才可粗略地位于铅垂位置。

③十字丝中的竖丝应垂直于横轴。当横轴水平时，竖丝位于铅垂位置。这一方面可利用它检查照准的目标是否倾斜，另一方面也可利用竖丝的任一部位照准目标，以便于工作。

④视线应垂直于横轴。在视线绕横轴旋转时，可形成一个垂直于横轴的平面。

⑤横轴应垂直于竖轴。当仪器整平后，横轴即水平，视线绕横轴旋转时，可形成一个铅垂面。

⑥光学对中器的视线应与竖轴的旋转中心线重合。利用光学对中器对准后，使竖轴旋转中心位于过地面点的铅垂线上。

⑦视线水平时竖盘读数应为 90°或 270°。如果有指标差存在，会给竖直角的计算带来不便。

（1）照准部水准管的检验与校正。

检验目的：使照准部水准管轴垂直于仪器的竖轴，这样可以利用调整照准部水准管气泡居中的方法使竖轴铅垂，从而整平仪器；否则，将无法整平仪器。

①检验方法。架设仪器并将其大致整平，转动照准部，使水准管平行于任意两个脚螺旋的连线，旋转这两个脚螺旋，使水准管气泡居中，此时水准管轴水平。将照准部旋转 180°，若水准管气泡仍然居中，表明条件满足，不用校正；若水准管气泡偏离中心，表明两轴不垂直，需要校正。

②校正方法。转动上述的两个脚螺旋，使气泡中心向圆圈中心移动偏离值的一半，此时竖轴处于铅垂位置，而水准管轴倾斜。用校正针拨动水准管一端的校正螺丝，使气泡居中，此时水准管轴水平，竖轴铅垂，即水准管轴满足垂直于仪器竖轴的条件。

校正后，应再次将照准部旋转 180°，若气泡仍不居中，应按上述方法再进行校正。如此反复，直至照准部在任意位置时，气泡均居中为止。

（2）十字丝的检验与校正。

检验目的：使竖丝垂直于横轴。这样观测水平角时，可用竖丝的任何部位照准目标；观测竖直角时，可用横丝的任何部位照准目标。显然，这将给观测带来方便。

①检验方法。整平仪器后，用十字丝交点照准一个固定的、明显的点状目标，固定照准部和望远镜，旋转望远镜的微动螺旋，使望远镜的物镜上下微动。若从望远镜内观察到该点始终沿竖丝移动，则条件满足，不用校正；否则，目标点偏离十字丝竖丝移动，说明十字丝竖丝不垂直于横轴，应进行校正，如图 2-24（a）所示。

②校正方法。卸下位于目镜一端的十字丝护盖，旋松 4 个固定螺丝，如图 2-24（b）所示，微微转动十字丝环，再次检验，重复校正，直至条件满足，然后拧紧固定螺丝，装上十字丝护盖。

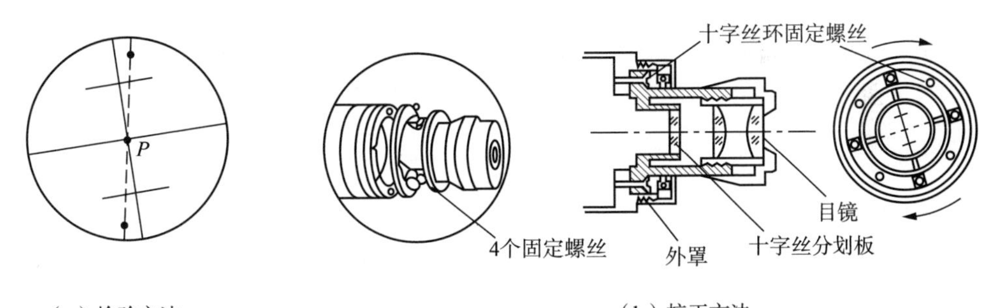

（a）检验方法　　（b）校正方法

图 2-24　十字丝的检验与校正

（3）视准轴的检验与校正。

检验目的：使视准轴垂直于横轴，这样才能使视准面成为平面，为其成为铅垂面奠定基础；否则，视准面将成为锥面。

①检验方法。视准轴是物镜光心与十字丝交点的连线。仪器的物镜光心是固

定的，而十字丝交点的位置是可以变动的。所以，视准轴是否垂直于横轴，取决于十字丝交点是否处于正确位置。当十字丝交点偏向一边时，视准轴与横轴不垂直，形成视准轴误差。即视准轴与横轴间的交角与 90°的差值，称为视准轴误差，通常用 c 表示。

如图 2-25 所示，在一平坦场地上，选择一直线 AB，长约 100m。经纬仪安置在 AB 的中点 O 上，在 A 点竖立一标志，在 B 点横置一根刻有毫米分划的小尺，并使其垂直于 AB。仪器以盘左位置精确瞄准 A 点的标志，倒转望远镜瞄准横放于 B 点的小尺，并读取尺上读数 B_1。旋转照准部，再次以盘右位置精确瞄准 A 点的标志，倒转望远镜瞄准横放于 B 点的小尺，并读取尺上读数 B_2。如果 B_1 与 B_2 相等（重合），表明视准轴垂直于横轴，否则应进行校正。

②校正方法。由图 2-25 可以明显看出，由于视准轴误差 c 的存在，盘左瞄准 A 点到镜后视线偏离 AB 直线的角度为 $2c$，而盘右瞄准 A 点到镜后视线偏离 AB 直线的角度亦为 $2c$，但偏离方向与盘左相反，因此 B_1 与 B_2 两个读数之差所对的角度为 $4c$。为了消除视准轴误差 c，只需在小尺上定出一点 B_3，该点与盘右读数 B_2 的距离为 $1/4B_1B_2$ 的长度。用校正针拨动十字丝左右两个校正螺钉，拨动时应先松一个再紧一个，使读数由 B_2 移至 B_3，然后固紧两个校正螺钉。此项校正亦需反复进行，直至 c 值不大于 10″为止。

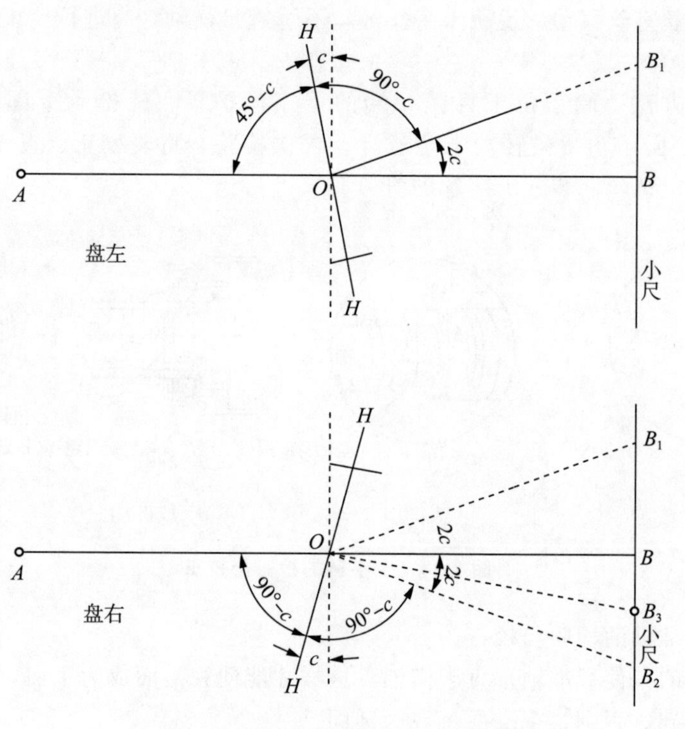

图 2-25　视准轴误差的检验与校正

(4) 横轴的检验与校正。

检验目的：使横轴垂直于竖轴，当仪器整平后竖轴铅垂、横轴水平、视准面为一个铅垂面；否则，视准面将成为倾斜面。

①检验方法。

在离高墙约 20～30m 处安置经纬仪，用盘左照准高处的一明显点 M（仰角宜在 30°左右），固定照准部，然后将望远镜大致放平，指挥另一人在墙上标出十字丝交点的位置，设为 m_1，如图 2-26（a）所示。

将仪器变换为盘右，再次照准目标 M 点，大致放平望远镜后，用上述方法再次在墙上标出十字丝交点的位置，设为 m_2，如图 2-26（b）所示。

如过 m_1、m_2 两点不重合，说明横轴不垂直于竖轴，即存在横轴误差，需要校正。

②校正方法。取 m_1 和 m_2 的中点 m，并以盘右或盘左照准 m 点，固定照准部，向上抬起望远镜，此时的视线必然偏离了目标点 M，即十字丝交点与 M 点发生了偏移，如图 2-26（c）所示。调节横轴偏心板，使其一端抬高或降低，则十字丝交点与 M 点即可重合，如图 2-26（d）所示，横轴误差被消除。

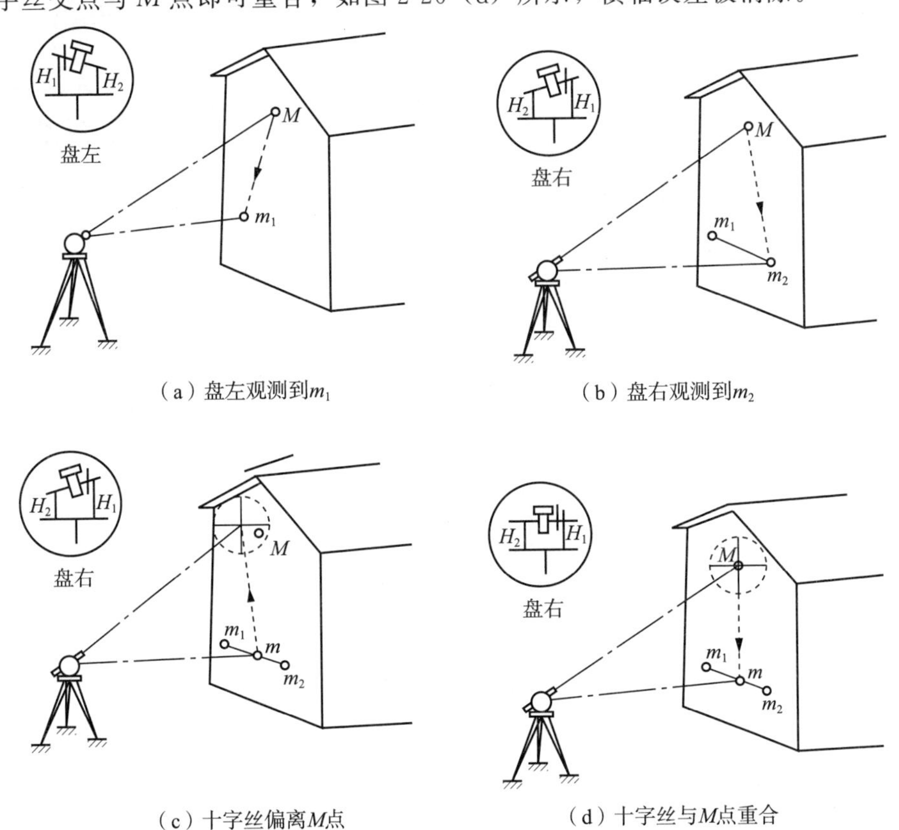

图 2-26　横轴的检验与校正

需要注意的是，光学经纬仪的横轴是密封的，一般仪器均能保证横轴垂直于竖轴，若发现较大的横轴误差，一般应送仪器检修部门校正。

（5）光学对中器的检验与校正。

校检目的：使光学对中器的视准轴经棱镜折射后与仪器的竖轴重合，否则会产生对中误差。

①检验方法。经纬仪严格整平后，在光学对中器下方的地面上放一张白纸，将对中器的刻划圈中心投绘在白纸上，设为 a_1 点；旋转照准部 180°，再次将对中器的刻划圈中心投绘在白纸上，设为 a_2 点；若 a_1 与 a_2 两点重合，说明条件满足，不用校正，反之说明条件不满足，需要校正。

②校正方法。在白纸上定出 a_1 与 a_2 连线的中心点 a，打开两支架间的圆形护盖，转动光学对中器的校正螺旋，使对中器的刻划圈中心前后、左右移动，直至对中器的刻划圈中心与 a 点重合为止，此项校正亦需反复进行。

需要注意的是，光学对中器的校正螺旋随仪器类型而异，有些需校正的是使视线转向的折射棱镜，有些则是分划板。

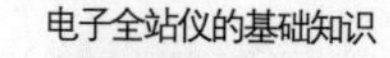

扫码观看本视频

三、全站仪

1. 全站仪的构造

全站仪主要分为基座、照准部、手柄三大部分。图 2-27 为 Topcon GTS 330N 全站仪，其中照准部包括望远镜（测距部包含在此部分）、显示屏、微动螺旋等。

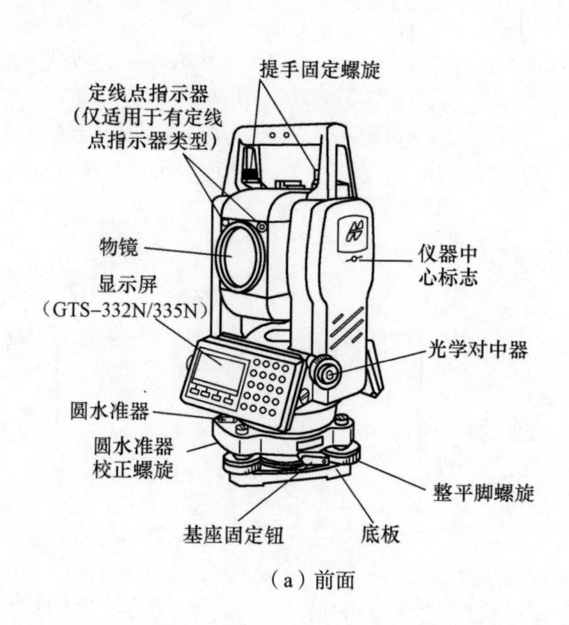

（a）前面

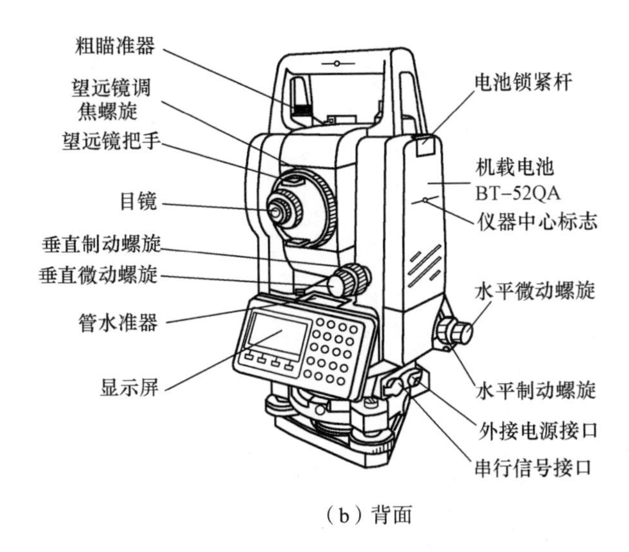

（b）背面

图 2-27　Topcon GTS 330N 全站仪外观及各部件名称

（1）全站仪的望远镜。

全站仪测距部位于望远镜部分，因此全站仪的望远镜体积比较大，其光轴（视准轴）一般采用和测距光轴完全同轴的光学系统，即望远镜视准轴、测距红外光发射光轴、接收回光光轴三轴同轴，一次照准就能同时测出距离和角度，如图 2-28 所示。因此，全站仪望远镜的检验和校正比普通光学经纬仪要复杂得多。

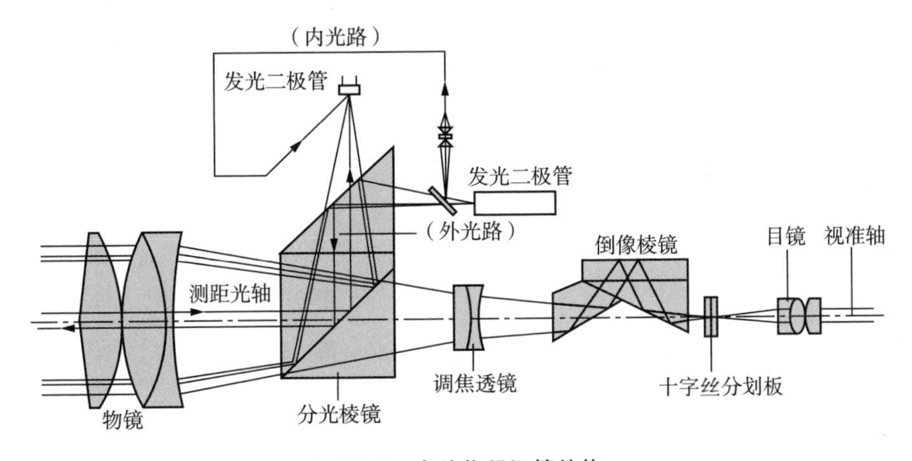

图 2-28　全站仪望远镜结构

（2）全站仪的度盘。

全站仪采用电子度盘读数，电子度盘原理常采用三种测角方法，即绝对编码度盘、增量光栅度盘和综合以上两种方法的动态度盘。

①编码度盘测角系统。绝对编码度盘是在玻璃圆盘上刻划 n 个同心圆环，每个同心圆环为码道，n 为码道数，外环码道圆环等分为 $2n$ 个透光与不透光相间

扇形区——编码区。每个编码所包含的圆心角“$\delta=360/2n$”为角度分辨率，即为编码度盘能区分的最小角度，向着圆心方向，其余 $n-1$ 个码道圆环分别被等分为 $2n-1$、$2n-2$ 等 21 个编码道，其作用是确定当前方向位于外环码道的绝对位置。当 $n=4$ 时，$2^4=16$，角度分辨率 $\delta=360/16=22°30'$；向着圆心方向，其余 3 个编码道的编码数依次为 $2^3=8$、$2^2=4$、$2^1=2$。每个编码道安置一行发光二极管，另一侧对称安置一行光敏二极管，发光二极管光线通过透光编码被光敏二极管接收到时，即为逻辑 0；光线被不透光编码遮挡时，即为逻辑 1，获得该方向的二进制代码。图 2-29 为 4 码道编码度盘。4 码道编码度盘 16 个方向值的二进制代码如表 2-1 所示。

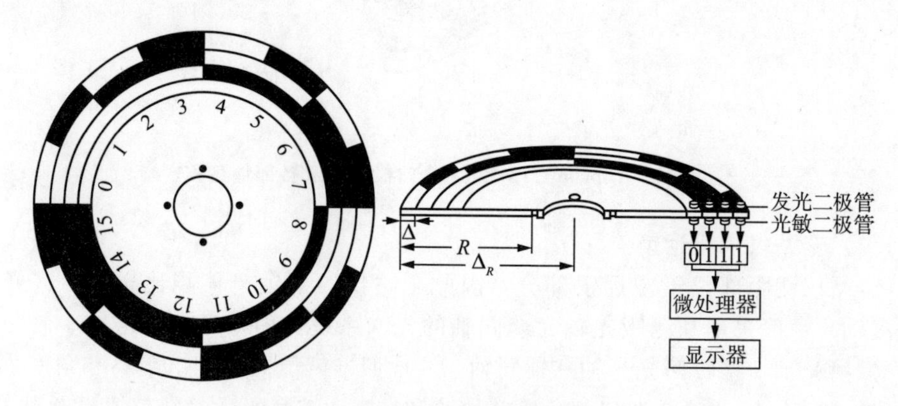

图 2-29 4 码道绝对编码度盘

表 2-1 4 码道编码度盘 16 个方向值的二进制代码

方向序号	编码道图形				二进制码	方向值	方向序号	编码道图形				二进制码	方向值
	2^4	2^3	2^2	2^1				2^4	2^3	2^2	2^1		
0					0000	00°00′	8	■				1000	180°00′
1				■	0001	22°30′	9	■			■	1001	202°30′
2			■		0010	45°00′	10	■		■		1010	225°00′
3			■	■	0011	67°30′	11	■		■	■	1011	247°30′
4		■			0100	90°00′	12	■	■			1100	270°00′
5		■		■	0101	112°30′	13	■	■		■	1101	292°30′
6		■	■		0110	135°00′	14	■	■	■		1110	315°00′
7		■	■	■	0111	157°30′	15	■	■	■	■	1111	337°30′

4 码道编码度盘的圆心角 $\delta=22°30'$，精度太低，实际可通过提高码道数来减小圆心角，如 $n=16$，$\delta=360/216=0°00'19.78''$，但在度盘半径不变时增加码道数 n，将减小码道的径向宽度。拓普康 GTS－330N 全站仪的 $R=35.5$mm、$n=$

16 时，可求出 $\Delta R=2.22\text{mm}$，如果无限次增加高码道，码道的径向宽度会越来越小。因此，多码道编码度盘不易达到较高的测角精度。现在多使用单码道编码度盘。在度盘外环刻划无重复码段的二进制编码，发光二极管照射编码度盘时，通过接收管获取度盘位置的编码信息，传送微处理器译码换算为实际角度值并传送显示屏显示。

②光栅度盘测角系统。如图 2-30 所示，光栅度盘是在玻璃圆盘径向均匀刻划交替的透明与不透明辐射状条纹，度盘上设置一个指示光栅，指示光栅的密度与度盘光栅相同，但其刻线与度盘光栅刻线倾斜一个小角 θ，在光栅度盘旋转时，会观察到明暗相间的条纹——莫尔条纹。当指示光栅固定，光栅度盘随照准部转动时，形成莫尔条纹，照准部转动一条刻线距离时，莫尔条纹则向上或向下移动一个周期。光敏二极管产生按正弦规律变化的电信号，将此电信号整形，变成矩形脉冲信号，对矩形脉冲信号计数，求得度盘旋转的角值，通过译码器换算为度、分、秒传送显示窗显示。倾角 θ 与相邻明暗条纹间距 ω 的关系为 $\omega=d\rho/\theta$，$\rho=206\ 265''$，$\theta=20'$，$\omega=172d$，条纹间距 ω 比栅距 d 大 172 倍，进一步细分条纹间距 ω，可以提高测角精度。

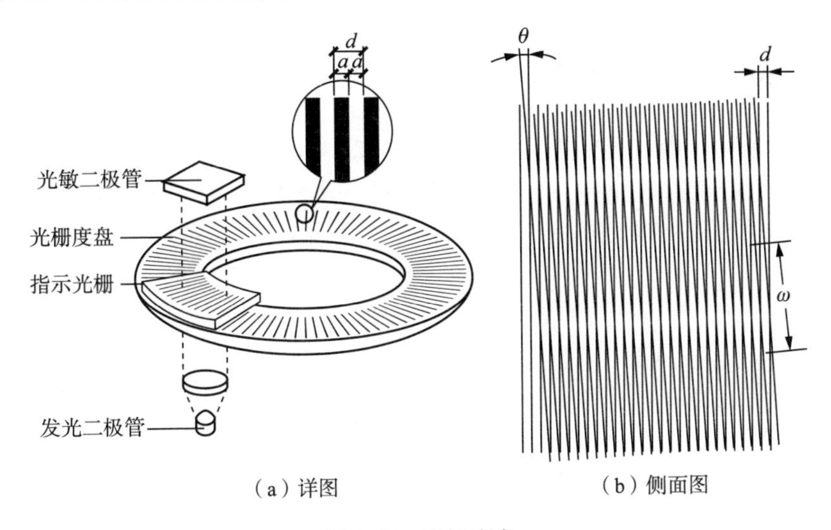

（a）详图　　（b）侧面图

图 2-30　光栅度盘

③竖轴倾斜的自动补偿器。图 2-31 为摆式液体补偿器，其工作原理为：由发光二极管发出的光，经发射物镜发射到硅油，全反射后，又经接收物镜聚焦至接收二极管阵列（图 2-31 中的 2）上。一方面将光信号转变为电信号；另一方面可以探测出光落点的位置。光电二极管阵列可分为 4 个象限，其原点为竖轴竖直时光落点的位置。倾斜时（在补偿范围内），光电接收器（接收二极管阵列）接收到的光落点位置就发生了变化，其变化量即反映了竖轴在纵向（沿视准轴方向）上的倾斜分量和横向（沿横轴方向）上的倾斜分量。位置变化信息传输到内

部的微处理器处理，对所测的水平角和竖直角自动加以改正（补偿）。全站仪安装精确的竖轴补偿器，使仪器整平到3′范围以内，其自动补偿精度可达0.1″。

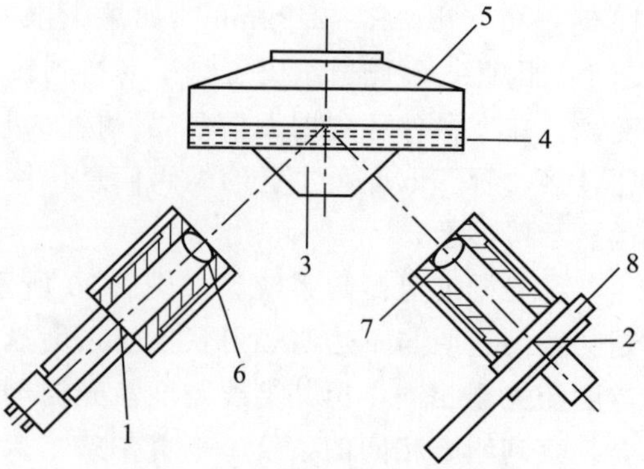

1—发光二极管；2，8—接收二极管阵列；3—棱镜；4—硅油；5—补偿器液体盒；6—发射物镜；7—接收物镜。

图 2-31 摆式液体补偿器

2. 全站仪的功能及使用方法

(1) 全站仪的功能。

全站仪的基本功能如下所述。

1) 测角功能：测量水平角、竖直角或天顶距。

2) 测距功能：测量平距、斜距或高差。

3) 跟踪测量：即跟踪测距和跟踪测角。

4) 连续测量：角度或距离分别连续测量或同时连续测量。

5) 坐标测量：在已知点上架设仪器，根据测站点和定向点的坐标或定向方位角，对任一目标点进行观测，获得目标点的三维坐标值。

6) 悬高测量［REM］：可将反射镜立于悬物的垂点下，观测棱镜，再抬高望远镜瞄准悬物，即可得到悬物到地面的高度。

7) 对边测量［MLM］：可迅速测出棱镜点到测站点的平距、斜距和高差。

8) 后方交会：仪器测站点坐标可以通过观测两坐标值存储于内存中的已知点求得。

9) 距离放样：可将设计距离与实际距离进行差值比较，迅速将设计距离放到实地。

10) 坐标放样：已知仪器点坐标、后视点坐标或已知仪器点坐标、后视方位角，即可进行三维坐标放样，需要时也可进行坐标变换。

11) 预置参数：可预置温度、气压、棱镜常数等参数。

12) 测量的记录、通信传输功能。

有的全站仪除了上述功能外，还具有免棱镜测量功能，有些还具有自动跟踪照准功能，被喻为测量机器人。

Topcon GTS 330N 全站仪按键功能表如表 2-2 所示。

表 2-2 Topcon GTS 330N 全站仪按键功能表

键	名称	功能
★	星键	星键模式用于如下项目的设置或显示： ①显示屏对比度；②十字丝照明；③背景光；④倾斜改正；⑤定线点指示器（仅适用于有定线点指示器类型）；⑥设置音响模式

续表

键	名称	功能
⇱	坐标测量键	坐标测量模式
◢	距离测量键	距离测量模式
ANG	角度测量键	角度测量模式
POWER	电源键	电源开关
MENU	菜单键	在菜单模式和正常测量模式之间切换，在菜单模式下可设置应用测量、照明调节、仪器系统误差改正
ESC	退出键	①返回测量模式或上一层模式；②从正常测量模式直接进入数据采集模式或放样模式；③可作为正常测量模式下的记录键
ENT	确认输入键	在输入值末尾按此键
F1～F4	软键（功能键）	对应于显示的软键功能信息

各种品牌的全站仪其符号所代表的意义不同，但有一些符号的含义一般是相同的，具体如表 2-3 所示。

表 2-3　Topcon GTS 330N 全站仪屏幕显示符号的含义

显示	内容	显示	内容
V	垂直角（坡度显示）	*	EDM（电子测距）正在进行
HR	水平角（右角）	m	以米为单位
HL	水平角（左角）	f	以英寸为单位
HD	水平距离		
VD	高差		
SD	倾斜距离		
N	北向坐标		
E	东向坐标		
Z	高程		

电子全站仪的功能及使用方法

扫码观看本视频

（2）全站仪的使用方法。

①测量准备工作。

安装内部电池。测量前应检查内部电池的充电情况，如电力不足要及时充电，充电方法及时间要按使用说明书进行，不要超过规定的时间。测量前装上电池，测量结束应卸下。

安置仪器。安装仪器的操作方法和步骤与经纬仪类似，包括对中和整平。若全站仪具备激光对中和电子整平功能，在把仪器安装到三脚架上之后，应先开机，然后选定对中或整平模式后再进行相应的操作。

②全站仪的基本操作。

角度测量。Topcon GTS 330N全站仪开机后显示为默认角度测量模式，如图2-32所示，也可按“ANG”键进入角度测量模式，其中“V”为垂直角数值，“HR”为水平角数值。“F1”键对应“置零”功能，“F2”键对应“锁定”功能，“F3”键对应“置盘”功能。通过按“P1↓”或“F4”键进行功能转换，“F1”“F2”“F3”键分别对应“倾斜、H—蜂鸣”“复测、R/L”“V%、竖角”功能。

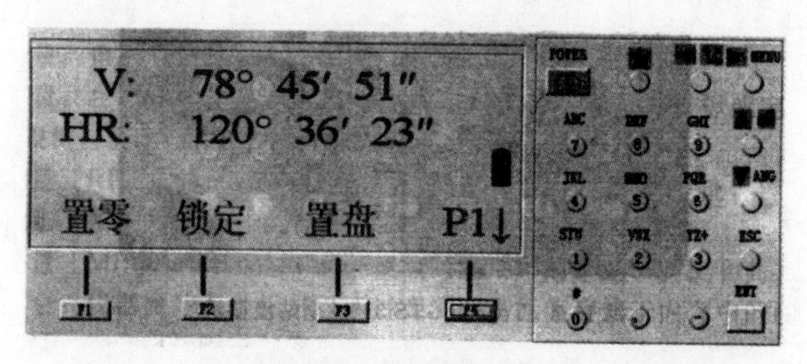

图2-32 角度测量模式

距离测量。按“◢”键进入距离测量模式，如图2-33所示，其中“SD”为斜距，可通过按“◢”键在斜距、平距（HD）、垂距（VD）之间进行转换。

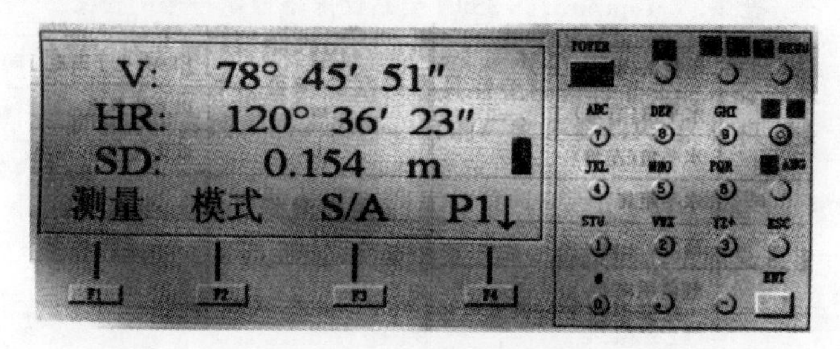

图2-33 距离测量模式

坐标测量。通过按“↯”键进入坐标测量模式，如图2-34所示。N、E、Z分别表示北坐标、东坐标、高程，“F1”键对应“测量”功能，“F2”键对应“模式”功能，“F3”键对应“S/A”功能。通过按“P1↓”或“F4”键进行功能转换，“F1”“F2”“F3”分别对应“镜高、偏心”“仪高、—（无）”“测站、m/f/i”功能。

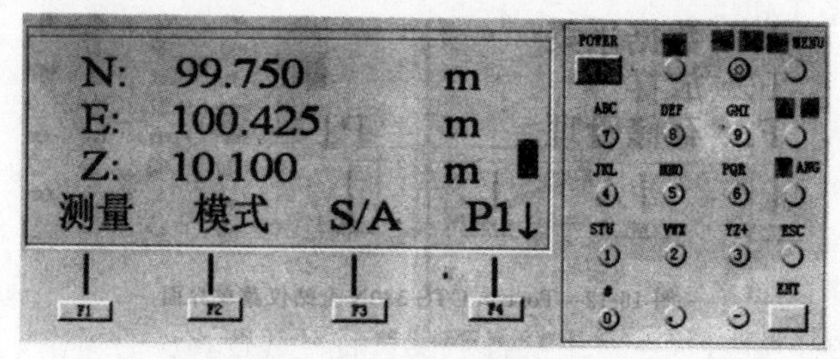

图2-34 坐标测量模式

常用设置。通过按“★”键进入常用设置模式，如图 2-35 所示。“F1”“F2”“F3”分别对应各种设置功能，如表 2-4 所示。

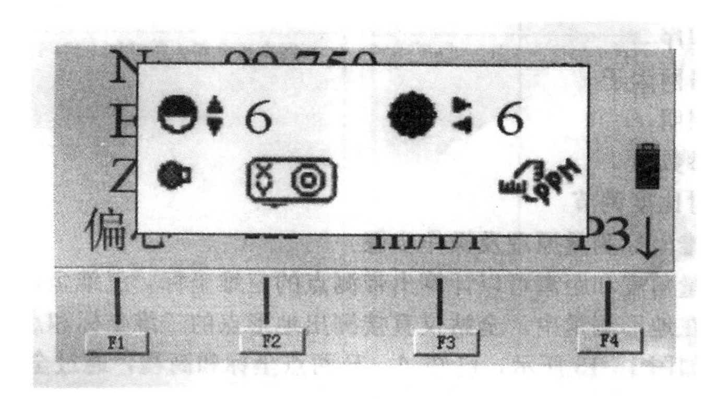

图 2-35 常用设置模式

表 2-4 常用设置模式功能对应的操作键

键	显示符号	功能
F1		显示屏背景光开关
F2		设置倾斜改正，若设置为开，则显示倾斜改正值
F3		定线点指示器开关（仅适用于有定线点指示器类型）
F4	PPM	显示 EDM 回光信号强度（信号）、大气改正值（PPM）和棱镜常数值（棱镜）
▲或▼		调节显示屏对比度（0～9 级）
◀或▶		调节十字丝照明亮度（1～9 级） 十字丝照明开关和显示屏背景光开关是连通的

（3）全站仪的高级功能。

1）全站仪的菜单结构。按“MENU”键进入主菜单界面，如图 2-36 所示，主菜单界面共分三页，通过按“P↓”或“F4”进行翻页，可进行数据采集（坐标测量）、坐标放样、程序执行、内存管理、参数设置等功能。

各页菜单如下。

第 1 页
- F1：数据采集
- F2：放样
- F3：内存管理

第 2 页
- F1：程序
- F2：格网因子
- F3：照明

第 3 页 $\begin{cases}\text{F1：参数组 1}\\ \text{F2：对比度调节}\end{cases}$

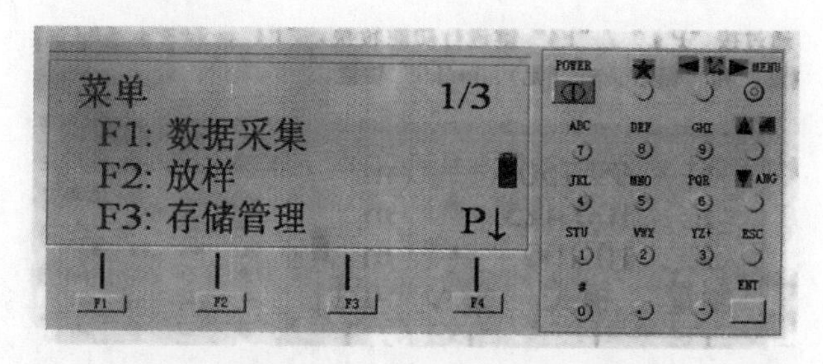

图 2-36　Topcon GTS 330N 全站仪菜单界面

2）全站仪三维坐标测量原理及操作步骤。

全站仪通过测量角度和距离可以计算出带测点的三维坐标，三维坐标功能在实际工作中使用率较高，尤其在地形测量中，全站仪能直接测出地形点的三维坐标和点号，并记录在内存中，供室内作业成图。如图 2-37 所示，已知 A、B 两点坐标和高程，通过全站仪测出 P 点的三维坐标。其做法是将全站仪安置于测站点 A 上，按“MENU”键，进入主菜单，选择“F1”，进入数据采集界面，首先输入站点的三维坐标值（x_A，y_A，H_A）、仪器高 i、目标高 v；然后输入后视点照准 B 的坐标，再照准 B 点，按测量键设定方位角，以上过程称设置测站。测站设置成功的标志是照准后视点时，全站仪的水平度盘读数为 A、B 两点的方位角 α_{AB}。再照准目标点上安置的反射棱镜，按下坐标测量键，仪器就会利用自身内存的计算程序自动计算并瞬时显示出目标点 P 的三维坐标值（x_P，y_P，H_P），计算公式如下：

$$\begin{cases}x_P=x_A+S\cos\alpha\cos\theta\\ y_P=y_A+S\cos\alpha\sin\theta\\ H_P=H_A+S\sin\alpha+i-v\end{cases}$$

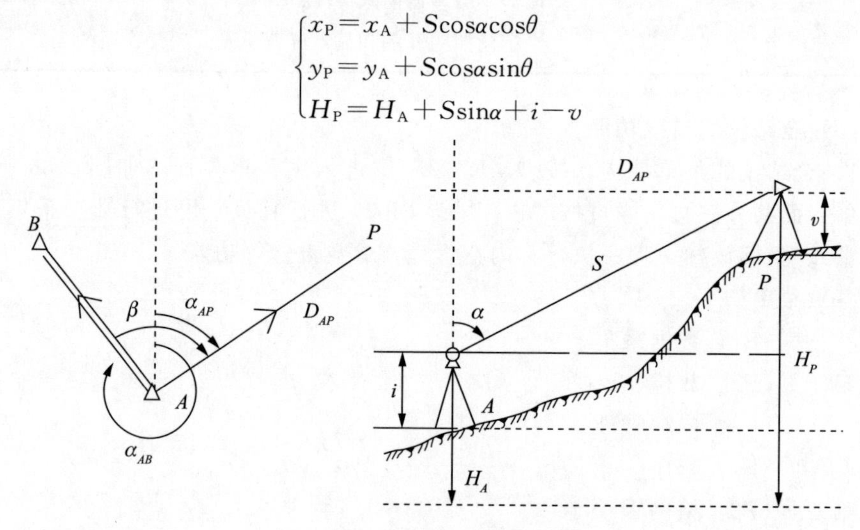

图 2-37　三维坐标测量示意图

式中：S——仪器至反射棱镜的斜距，单位为 m；

α——仪器至反射棱镜的竖直角；

θ——仪器至反射棱镜的方位角。

三维坐标测量时应考虑棱镜常数、大气改正值的设置。

（4）全站仪的放样。

1）全站仪角度放样。安置全站仪于放样角度的端点上，盘左照准起始边的另一端点，按“置零”键，使起始方向为 0°，转动望远镜，使度盘读数为放样角度值后，在地面上做好标记，然后用盘右再放样一次，取两次的平均位置即可。为省去计算麻烦，盘右时也可照准起始方向，把度盘置零。

2）全站仪距离放样。利用全站仪进行距离放样时，首先安置仪器于放样边的起始点上，对中调平，然后开机，进入距离测量模式。Topcon GTS 330N 全站仪距离放样的操作步骤如表 2-5 所示。

表 2-5　Topcon GTS 330N 全站仪距离放样的操作步骤

操作过程	操作	显示
①在距离测量模式下按“F4”（↓）键，进入第 2 页功能	[F4]	HR：120°30′40″ HD＊　123.456 m VD：　5.678 m 测量模式 S/A P1↓ ------ 偏心 放样 m/f/i P2↓
②按“F2”（放样）键，显示出上次设置的数据	[F2]	放样： HD：　0.000 m 平距　高差　斜距 …
③通过选择“F1”～“F3”键确定测量模式	[F1]	放样： HD　0.000 m 输入　回车 ------ … … [CLR] [ENT]
④输入放样距离	[F1] 输入数据 [F4]	放样： HD：　100.000 m 输入…　…回车

续表

操作过程	操作	显示
⑤照准目标（棱镜）测量开始，显示测量距离与放样距离之差	照准 P	HR： 120°30′40″ dHD＊［r］ ≪m VD： m 测量模式 S/A P1↓
⑥移动目标棱镜，直至距离差等于 0 m为止		HR：120°30′40″ dHD＊［r］23.456 m VD： 5.678 m 测量 模式 S/A P1↓

(2) 全站仪坐标放样。利用全站仪坐标放样的原理，先在已知点上设置测站，设站方法同全站仪三维坐标测量原理。把待放样点的坐标输入全站仪中，全站仪计算出该点的放样元素（极坐标），如图 2-38 所示。执行放样功能后，全站仪屏幕显示角度差值，旋转望远镜至角度差值接近于 0°左右，把棱镜放置在此方向上，然后望远镜先瞄准棱镜（先不考虑方向的准确性），测量距离，这时得到距离差值，根据距离差值指挥棱镜向前或向后移动，并旋转望远镜，使角度差值为 0°。同时，控制棱镜移动的方向在望远镜十字丝的竖丝方向上，然后测量距离，直到角度差值和距离差值都为 0°（或在放样精度允许的范围内）时，即可确定放样点的位置。

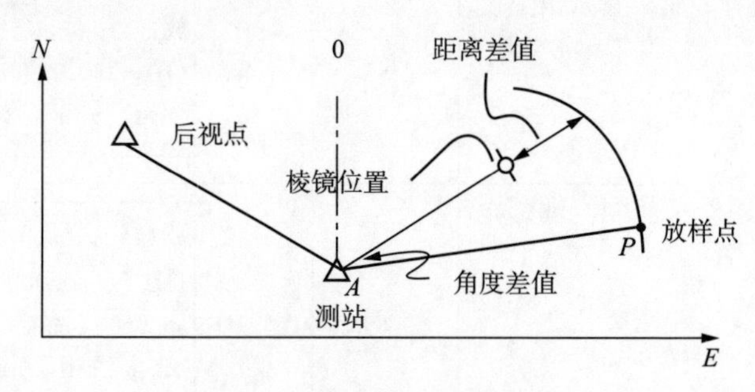

图 2-38　点的坐标放样示意图

3. 全站仪的数据通信

(1) 与电脑交换数据。

1) 在电脑上用文本编辑软件（如 Windows 附件的“写字板”程序），输入点的坐标数据，格式为“点名，Y，X，H”；保存类型为“文本文档”，如图 2-39 所示。

图 2-39　编辑上传的数据文件

2）用“写字板”程序打开文本格式的坐标数据文件，并打开 T-COM 程序，将坐标数据文件复制到 T-COM 的编辑栏中。

3）用通信电缆将全站仪的“SIG”口与电脑的串口（如 COM1）相连，在全站仪上，按“MENU”｜“MEMORY MGR.”｜“DATA TRANSFER”，进入数据传输，先在“COMM. PARAMETER”（通信参数）中分别设置“PROTOCOL”（议协）为“ACK/NAK”，“BAUD RATE”（波特率）为“9600”，“CHAR. /PARITY”（校检位）为“8/NONE”，“STOP BITS”（停止位）为“1”。

4）在电脑上的 T-COM 软件中单击按钮“ ”，弹出“Current data are saved as：030624. pts”对话框，单击“OK”按钮，弹出“通信参数设置”对话框，如图 2-40 所示。按全站仪上的相同配置进行设置并选择“Read text file”后，单击“GO”按钮后选择刚才保存的文件 030624. pts，将其打开，弹出“Point Details”（点描述）对话框。

5）回到全站仪主菜单，选择“MEMORY MGR.”｜“DATA TRANSFER”｜“LOAD DATA”｜“COORD. DATA”。用“INPUT”为上传（上载）的坐标数据文件输入一个文件名［如 ZBSJWJ（坐标数据文件）］后，单击“YES”按钮，使全站仪处于等待数据状态（Waiting Data），再在电脑“Point Details”对话框中单击“OK”按钮。

6）若使用“COM-USB 转换器”将线缆与电脑 USB 接口相连时，要通过计算机管理中的端口管理来查看接口是否是 COM1 或 COM2，不是则要将其改为 COM1 或 COM2。具体操作如图 2-41、图 2-42 所示，即“我的电脑”｜(右键)｜“管理”｜“设备管理器”｜“端口”｜（双击）｜“端口设置”（参数与全站仪

相同，即“每位秒数”为 9 600，“数据位”为 8，“奇偶校验”为无，“停止位”为 1，“流控制”为无）|“高级”|选择“COM2”或“COM1”。

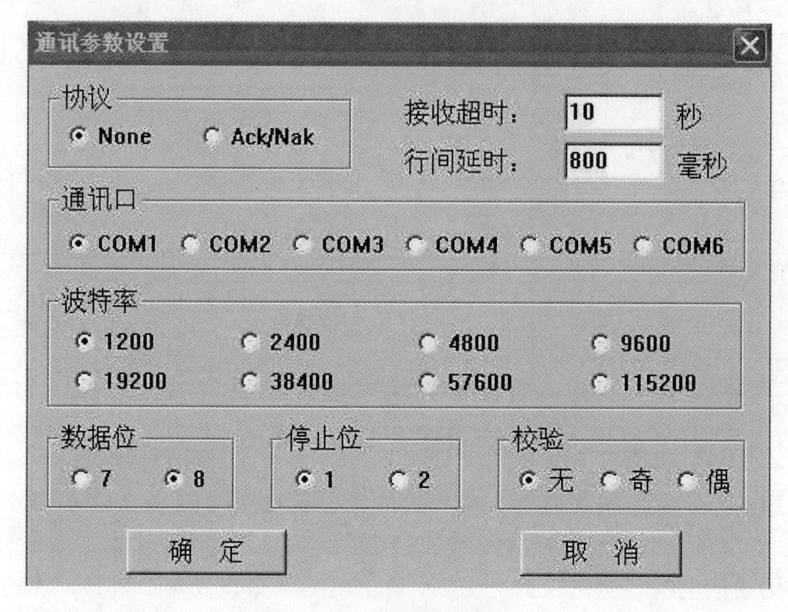

图 2-40　上传的数据文件

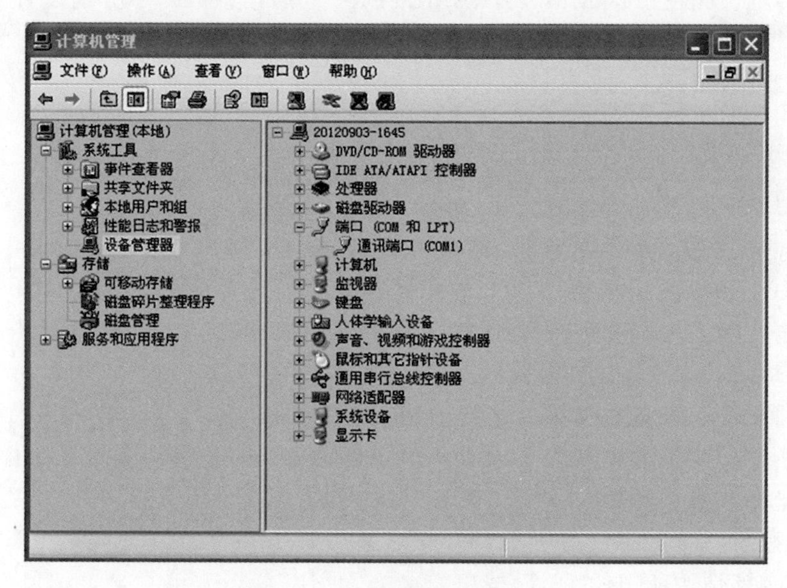

图 2-41　上传文件具体步骤（一）

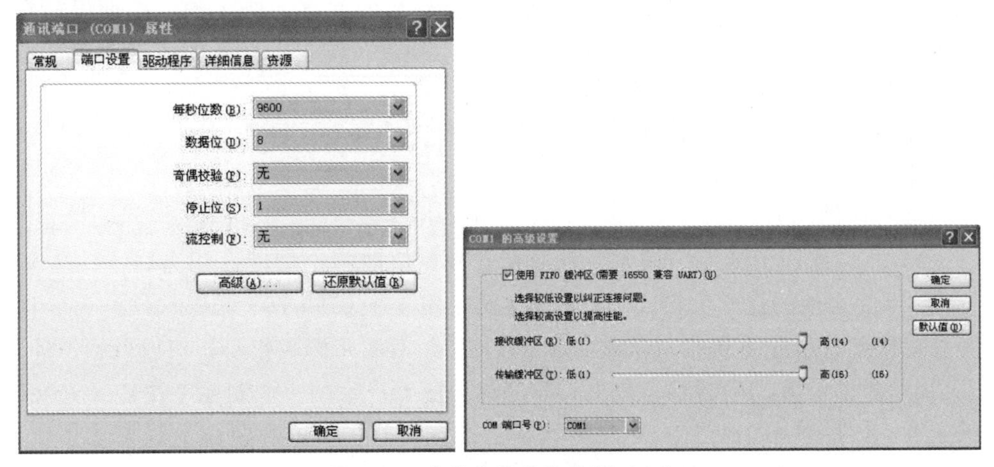

图 2-42　上传文件具体步骤（二）

（2）数据下载。

与电脑交换数据一样，进行电缆连接和通信参数的设置。单击按钮“”，设置通信参数并选择“Write text file”后，再在全站仪中选择“MEMORY MGR.”｜“DATA TRANS－FER”｜“SEND DATA”｜“MEAS. DATA”（选择下载数据文件类型中的“测量数据文件”）。先在电脑上单击“GO”按钮，处于等待状态，再在全站仪上单击“YES”按钮，即可将全站仪中的数据下载至电脑。出现“Current data are saved as 03062501. gt6”及“是否转换”对话框时，单击“Cancel”按钮。单击按钮“”，将下载的数据文件取名并保存，如“数据采集 1 班 1 组. gt6”（保存时，下载的测量数据文件及坐标数据文件均要加上扩展名“gt6”）。

4. 全站仪的测量误差分析

按照全站仪测距的原理，分析测距过程，全站仪测距误差可分为两类：一类是与所测距离远近无关的误差，称为固定误差，如测相误差和仪器加常数误差；另一类是与所测距离成比例的误差，称为比例误差，如光速误差、频率误差和大气折射率误差。

（1）固定误差。

1）测相误差。测相误差就是测定相位差的误差。测相精度是影响测距精度的主要因素之一，因此应尽量减小此项误差。

2）仪器加常数误差。仪器加常数在出厂前都经过检测，已预置于仪器中，对所测距离自动进行改正。但仪器在搬运和使用过程中，加常数可能会发生变化，因此应定期进行检测，将所测加常数的新值置于仪器中，以取代原先的值。

3）仪器和棱镜的对中误差。精密测距时，测前应对光学对中器进行严格校正，观测时应仔细对中，对中误差一般小于 2mm。

4）周期误差。周期误差是由仪器内部电信号的串扰而产生的。周期误差在仪器的使用过程中也可能发生变化，所以应定期进行测定，必要时可对测距结果进行改正。如果周期误差过大，须送厂检修。

现在生产的全站仪均采用了大规模集成电路，并有良好的屏蔽，因此周期误差很小。

（2）比例误差。

1）真空光速值的测定误差。现在真空光速值的测定精度已相当高，1975 年 8 月，国际大地测量学会第 16 届全会建议采用 $c_0=(299\ 792\ 458+1.2)$ m/s 计算相对误差，由此算得相对误差为 $1/25\times10^7$，对测距影响很小，可以忽略不计。

2）频率误差。调制频率是由石英晶体振荡器产生的。调制频率决定“光尺”的长度，因此频率误差对测距的影响是系统性的。它与所测距离的长度成正比。频率误差的产生有两方面的原因：一是振荡器设置的调制频率有误差；二是由于温度变化、晶体老化等原因使振荡器的频率发生漂移。对于前者可选用高精度的频率计校准；对于后者应使用高质量的石英晶体，并采用恒温装置及稳定的电源，以减小频率误差。

3）大气折射率误差。大气折射率误差主要来源于测定气温和气压的误差，这就要求选用好的温度计和气压计。要使测距精度达到一百万分之一，测定温度的误差应小于 1℃；测定气压的误差应小于 3.3hPa。对于精密的测量，在测前应对所用气象仪表进行检验。此外，所测定的气温、气压应能准确代表测线的气象条件，这是一个较为复杂的问题，通常可以采取以下措施。

①在测线两端分别量取温度和气压，然后取平均值。

②选择有利的观测时间，一天中上午日出后 0.5h 至 1.5h，下午日落前 3h 至 0.5h 为最佳观测时间，阴天、有微风时，全天都可以观测。

③测线应远离地面，离开地面的高度不应小于 2m。

5. 全站仪的检验与校正

（1）检验与校正项目。

1）光电测距部分的检验与校正。测距部分的检验项目及方法主要有发射、接收、照准三轴关系正确性检验，周期误差检验，仪器常数检验，精测频率检验和测程检验等。

2）电子测角部分的检验与校正。大部分检校项目与光学经纬仪类似，主要有照准部水准管轴垂直于仪器竖轴的检验与校正，望远镜的视准轴垂直于横轴的检验与校正，横轴垂直于仪器竖轴的检验与校正，竖盘指标差的检验与校正等。

3）系统误差补偿的检验与校正。目前许多全站仪自身提供了对竖轴误差、视准轴误差、竖直角零基准的补偿功能，对其补偿的范围和精度也要进行相应的检校。

（2）检验方法。

1）照准部水准器的检验与校正。与普通经纬仪照准部水准器检校相同，即水准管轴垂直于竖轴的检校。

2）圆水准器的检验与校正。照准部水准器校正后，使用照准部水准器仔细地整平仪器，检查圆水准气泡的位置，若气泡偏离中心，则转动其校正螺旋，使气泡居中。注意，应使三个校正螺旋的松紧程度相同。

3）十字丝竖丝与横轴垂直的检验与校正。十字丝竖丝与横轴垂直的检查方法与普通经纬仪的此项检查方法相同。

校正方法：旋开望远镜分划板校正盖，用校正针轻微地松开垂直和水平方向的校正螺旋，将一小片塑料片或木片垫在校正螺旋顶部的一端作为缓冲器，轻轻地敲动塑料片或木片，使分划板微微地转动，使照准点返回偏离十字丝量的一半，使十字丝竖丝垂直于水平轴，最后以同样紧的程度旋紧校正螺旋。

4）十字丝位置的检验与校正。在距离仪器 50～100m 处，设置一个清晰的目标，精确整平仪器。打开开关，设置垂直和水平度盘指标，盘左照准目标，读取水平角 a_1 和垂直度盘读数 b_1，用盘右再照准同一目标，读取水平角 a_2 和垂直度盘读数 b_2。计算 a_2-a_1，此差值在 $180°\pm20''$ 以内；计算 b_2+b_1，此和值在 $360°\pm20''$ 以内，说明十字丝位置正确，否则应校正。

校正方法：先计算正确的水平角和垂直度盘读数 A 和 B，$A=(a_2+a_1)/2+90°$，$B=(b_2+b_1)/2+180°$。仍在盘右位置照准原目标，用水平和垂直微动螺旋，将显示的角值调整为上述计算值。观察目标已偏离十字丝，旋下分划板盖的固定螺钉，取下分划板盖，用左右分划板校正螺旋，向着中心移动竖丝，再使目标位于竖丝上；然后用上下校正螺钉，再使目标置于水平丝上。注意：要将竖丝移向右（或左），先轻轻地旋松左（或右）的校正螺钉，然后以同样的程度旋紧右（或左）的校正螺钉。水平丝上（下）移动，也是先松后紧。重复检校，直至十字丝照准目标，最后旋上分划板校正盖。

5）测距轴与视准轴同轴的检查。

①将仪器和棱镜面对面地安置在相距约 2m 的地方，如图 2-43 所示，使全站仪处于开机状态。

②通过目镜照准棱镜并调焦，将十字丝瞄准棱镜中心。

③设置为测距或音响模式。

④将望远镜顺时针旋转调焦到无穷远，通过目镜可以观测到一个红色光点（闪烁）。如果十字丝与光点在竖直和水平方向上的偏差均不超过光点直径的1/5，则无须校正；若上述偏差超过 1/5，再检查仍如此，应交专业人员修理。

6）光学对中器的检验与校正。

整平仪器：将光学对中器十字丝的中心精确地对准测点（地面标志），转动照准部 180°，若测点仍位于十字丝中心，则无须校正；若偏离中心，则应进行校正。

校正方法：用脚螺旋校正偏离量的一半，旋松光学对中器的调焦环，用四个

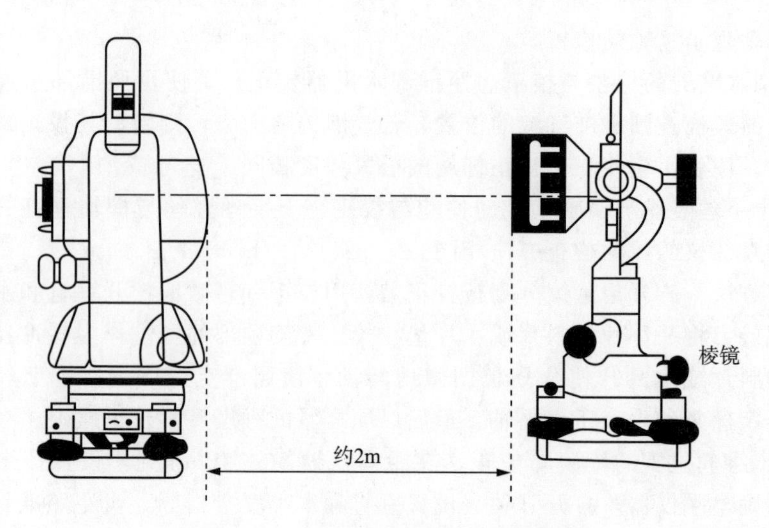

图 2-43　测距轴与视准轴同轴的检查

校正螺钉校正剩余一半的偏差，使十字丝中心精确地与测点吻合。另外，当测点看上去有一个绿色（灰色）区域时，轻轻地松开上（下）校正螺钉，以同样程度旋紧下（上）螺钉；若测点看上去位于绿线（灰线）上，应轻轻地旋转右（左）螺钉，以同样程度旋紧左（右）螺钉。

四、垂准仪

工程中常用的垂准仪为激光垂准仪，主要用于高耸建筑物内部铅垂线的放样控制。激光垂准仪分为一般垂准仪和全自动激光垂准仪。

1. 激光垂准仪的构造

激光垂准仪的构造如图 2-44 所示。

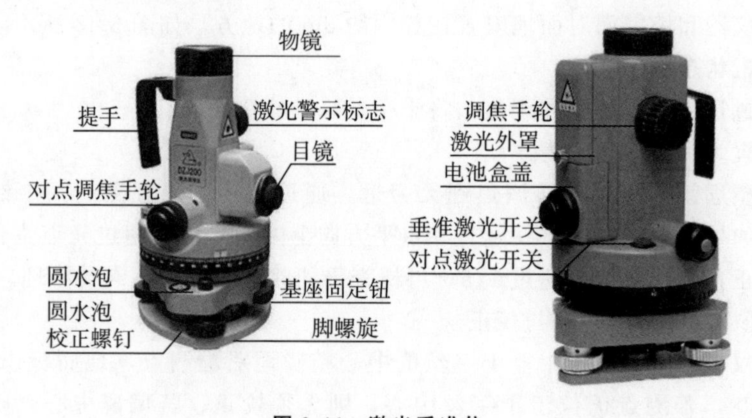

图 2-44　激光垂准仪

2. 仪器的操作

（1）对中、整平：对中、整平同经纬仪。

（2）照准：在目标处放置网格激光靶，转动望远镜目镜使分划板十字照清晰可见，转动调焦手轮使激光靶在分划板上成像清晰，反复调整消除视差。

图 2-45 是与激光垂准仪配套使用的网格激光靶，该靶为边长 100mm 的方形玻璃板，网络间距 10mm。

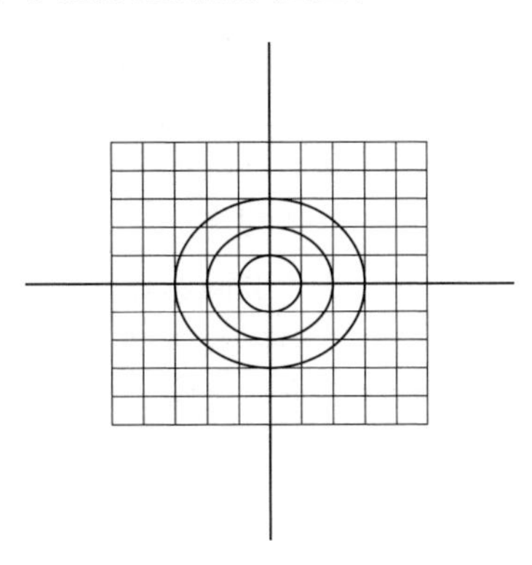

图 2-45　网格激光靶

（3）向上垂准。

1）光学垂准。仪器对中、整平好后，指挥持靶人员将网格激光靶靶心置于十字丝交点上，然后利用通过网络靶心的延长线将点投测到目标平面上。为提高垂准精度，应将仪器照准部旋转 180°，通过望远镜观测第二个点，取两点连线的中点为测量值。

2）激光垂准。打开激光垂准开关，激光从望远镜中射出，聚焦在激光靶上，光斑中心即为测设点。指挥持靶人员将网格激光靶靶心置于光斑中心，然后利用通过网格靶心的延长线将点投测到目标平面上。同时旋转照准部，采用对称测设的方法提高垂准精度。通过望远镜目镜观测时一定要在目镜外装上滤色片，避免激光对人眼造成伤害。

（4）全自动激光垂准仪。

全自动激光垂准仪只需居中圆水准器即可，精平由自动安平补偿器完成。它能提供向上或向下的激光铅垂线，向上和向下的垂准测量标准偏差为1/100 000。上、下激光的有效射程均为 150m，距激光出口 100m 处的光斑直径不大于 20mm。

3. 激光垂准仪的检验与校正

（1）管水准器的检验与校正。

将仪器安置在脚架或校正台上，先整平，转动仪器照准部使管水准器平行于任意两个脚螺旋的中心连线。以相反或相对方向等量旋转两个螺旋，使气泡居中，转动照准部 90°，旋转第三个脚螺旋使气泡居中。再转动照准部 90°，此时气泡偏离量的一半用脚螺旋校正，另一半用校正针转动管水准器校正旋具。重复以上步骤，直至仪器转到任意位置管水准器气泡都居中为止。

（2）圆水准器圆水泡的检验与校正。

保持上述仪器不动，用校正旋具转动圆水准器下面的两个校正螺钉，使气泡居中。

（3）望远镜视准轴与竖轴不重合的检验。

使用过程中如发现仪器照准部旋转 180°后，目标影像偏离了望远镜十字丝中心，说明望远镜视准轴与竖轴不重合，需要调整。

（4）激光束同焦的检验。

用望远镜照准目标并精确调焦后打开激光垂准开关，目标处的光斑直径应最小，否则说明激光束与望远镜光学系统不同焦，需要调整。

（5）激光束同心的调整。

激光光斑中心与望远镜光孔中心重合称为同心，在仪器上方 2～3m 高度放置一张白纸，打开激光垂准开关，旋动调焦手轮使白纸上的激光斑最大。此时光斑应圆整，亮度均匀，否则需要调整。

（6）激光束同轴的检验。

若激光聚焦后光斑不在望远镜分划扳的十字丝中，说明激光轴与望远镜视准轴不重合，需要调整。

第二节　测量的基本工作

施工测量的方法

扫码观看本视频

一、点位的测设

点的平面位置测设方法有很多种，包括直角坐标法、极坐标法、角度交会法、距离交会法、方向线交会法、正倒镜投点法等，常用方法是前四种。在实际工作中，应根据控制网的形式、现场情况、精度要求等因素来选择。

1. 直角坐标法

直角坐标法是根据直角坐标原理，利用纵横坐标之差测设点的平面位置。直角坐标法适用于施工控制网为建筑方格网或建筑基线的形式，且量距方便的建筑施工场地。该方法计算简单，操作方便，应用广泛。具体操作步骤如图 2-46 所示。

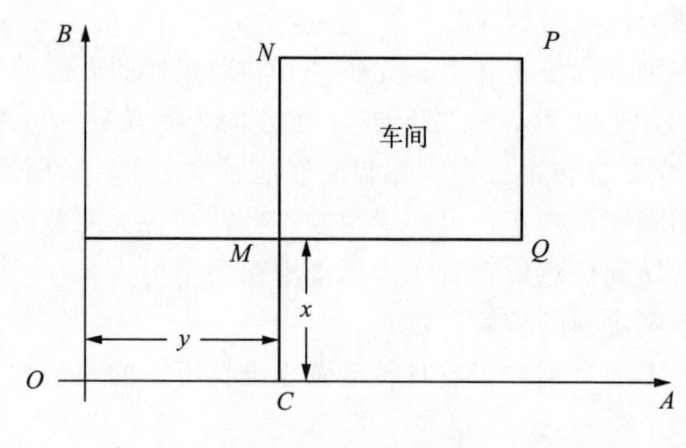

图 2-46　直角坐标法

(1) 设 O 点为坐标原点，M 点的坐标 (y, x) 已知。

(2) 先在 O 点安置经纬仪，瞄准 A 点，沿 OA 方向从 O 点向 A 测设距离 y 得 C 点。

(3) 将经纬仪搬至 C 点，仍瞄准 A 点，向左测设 90°角，沿此方向从 C 点测设距离 x，即得 M 点，沿此方向测设 N 点。

(4) 同法测设出 Q 点和 P 点。

(5) 应检查建筑物的四角是否等于 90°角，各边是否等于设计长度，误差是否在允许范围内。

2. 极坐标法

极坐标法是根据一个水平角和一段水平距离，测设点的平面位置。极坐标法适用于量距方便，且待测设点距控制点较近的建筑施工场地。

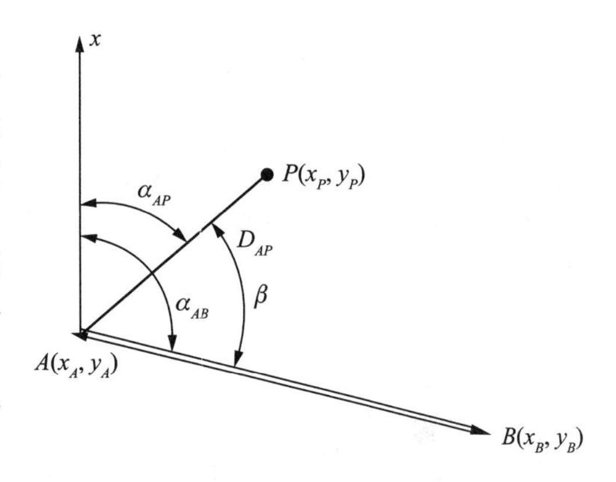

图 2-47　极坐标法

如图 2-47 所示，A、B 为已知测量控制点，P 为放样点，测设数据计算如下：

(1) 计算 AB、AP 边的坐标方位角：

$$\alpha_{AB} = \arctan \frac{\Delta y_{AB}}{\Delta x_{AB}}$$

$$\alpha_{AP} = \arctan \frac{\Delta y_{AP}}{\Delta x_{AP}}$$

(2) 计算 AP 与 AB 之间的夹角：

$$\beta = \alpha_{AB} - \alpha_{AP}$$

(3) 计算 A、P 两点间的水平距离：

$$D_{AP} = \sqrt{(x_P - x_A)^2 + (y_P - y_A)^2} = \sqrt{\Delta x_{AP}^2 + \Delta y_{AP}^2}$$

测设过程如下：

(1) 将经纬仪安置在 A 点，按顺时针方向测设 $\angle BAP = \beta$，得到 AP 方向。

(2) 由 A 点沿 AP 方向测设距离 D_{AP}，即可得到 P 点的平面位置。

3. 角度交会法

角度交会法是在两个或多个控制点上安置经纬仪，通过测设两个或多个已知水平角角度，交会出未知点的平面位置。此法适用于受地形限制或量距困难的地区测设点的平面位置测设。

如图 2-48 所示，A、B、C 为已知测量控制点，P 为放样点，测设过程如下：

(1) 按坐标反算公式，分别计算出 α_{AB}、α_{AP}、α_{BP}、α_{CB}、α_{CP}。

(2) 计算水平角 β_1、β_2、β_3 的值。

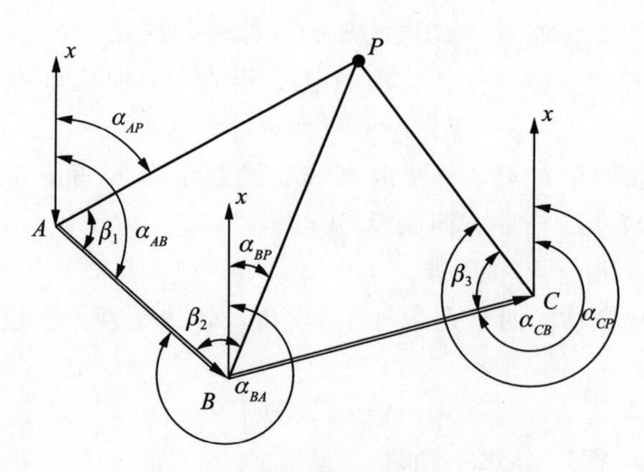

图 2-48　角度交会法

（3）将经纬仪安置在控制点 A 上，后视点为 B，根据已知水平角 β_1 盘左、盘右取平均值放样出 AP 方向线；同理，将仪器架在 B、C 点，分别放样出方向线 BP 和 CP。

4. 距离交会法

距离交会法是由两个控制点测设两段已知水平的距离，交会定出未知点的平面位置。距离交会法适用于待测设点至控制点的距离不超过一尺段长，且地势平坦、量距方便的建筑施工场地。

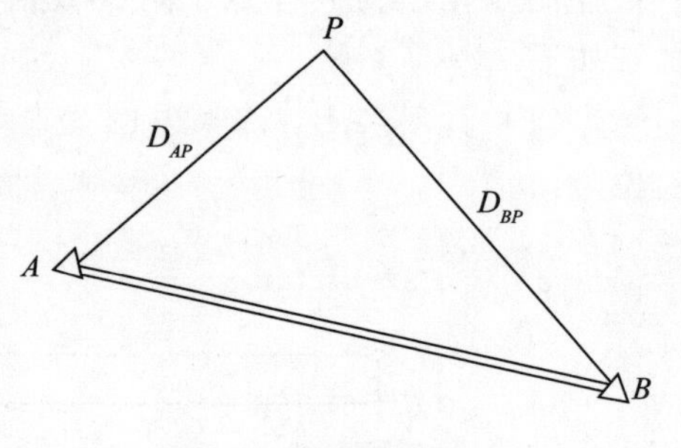

图 2-49　距离交会法

如图 2-49 所示，A、B 为已知测量控制点，P 为放样点，测设过程如下。

（1）根据 P 点的设计坐标和控制点 A、B 的坐标，先计算放样数据 D_{AP} 与 D_{BP}。

（2）放样时，至少需要三人，甲、乙分别拉两根钢尺零端并对准 A 与 B，丙拉两根钢尺使 D_{AP} 与 D_{BP} 长度分划重叠，三人同时拉紧，在丙处插一测钎，即求得 P 点。

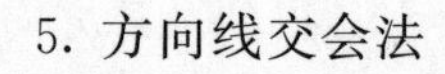

5. 方向线交会法

如图 2-50 所示，根据厂房矩形控制网上相对应的柱中心线端点，以经纬仪定向，用方向线交会法测设柱基础定位桩。在施工过程中，各柱基础中心线则可以随时将相应的定位桩拉上线绳，恢复其位置。

6. 正倒镜投点法

如图 2-51 所示，设 A、C 两点不通视，在 A、C 两点之间选定任意一点 B'，使之与 A、C 通视，B' 应靠近 AC 线。在 B' 点处安置经纬仪，分别以正倒镜照准 A，倒转望远镜前视 C。由于仪器误差的影响，十字丝交点不落于 O 点，而落于 O'、O''。为了将仪器移置于 AC 线上，取 $O'O''/2$，定出 O 点，若 O 点在 C 点左边，则将仪器由 B'点向右移动 $B'B$ 距离，反之亦然。$B'B$ 按下式计算：

$$B'B=\frac{AB}{AC}\times CO$$

重复上述操作，直到 O'和 O''点落于 C 点的两侧，当 $CO'=CO''$时，仪器就恰好位于 AC 直线上了。

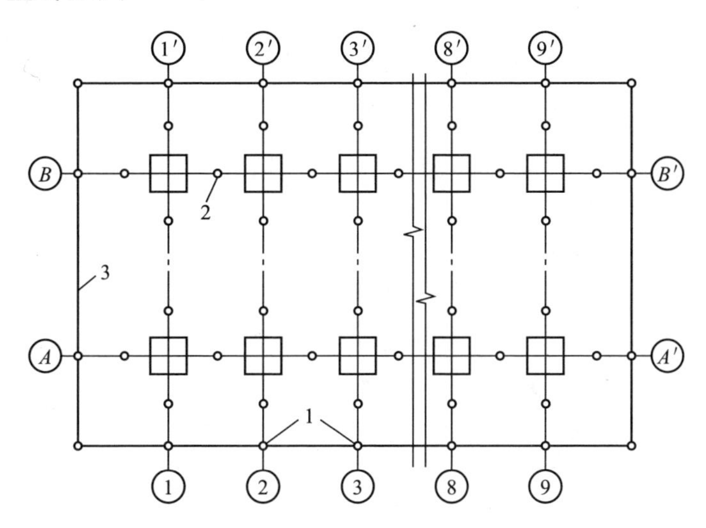

1—柱中心线端点；2—柱基础定位桩；3—厂房控制网。

图 2-50　方向线交会图

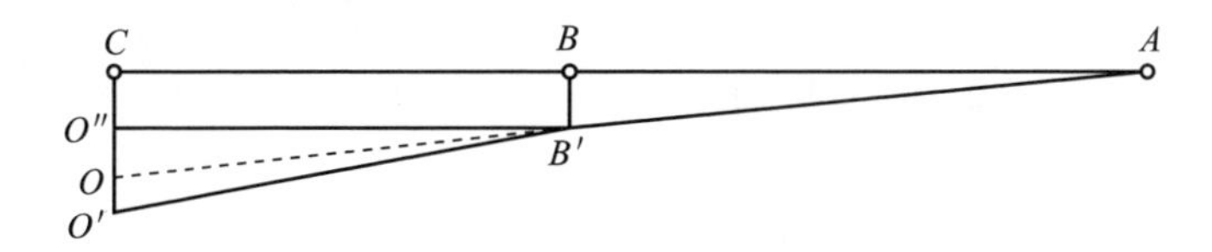

图 2-51　正倒镜投点法

二、水平距离的测设

1. 钢尺测设

（1）一般方法。

当测设精度要求已知方向在现场已用直线标定，且测设的已知水平距离小于钢卷尺的长度时，水平距离测设的一般方法很简单，只需将钢尺的零端与已知始点对齐，沿已知方向水平拉紧钢尺，在钢尺上读数等于已知水平距离的位置定点即可。为了校核和提高测设精度，可将钢尺移动 10～20cm，用钢尺始端的另一个读数对准已知始点，再测设一次，定出另一个端点，若两次点位的相对误差在限差（1/3 000～1/5 000）以内，则取两次端点的平均位置作为端点的最后位置。

若已知方向在现场已用直线标定，且已知水平距离大于钢尺的长度，则沿已知方向依次水平丈量若干个尺段，在尺段读数之和等于已知水平距离处定点即可。为了校核和提高测设精度，应进行两次测设，然后取中间值，方法同上。

当已知方向没有在现场标定出来，只是在较远处给出另一定向点时，则要先定线再量距。对建筑工程来说，若始点与定向点的距离较短，可用拉一条细线绳的方法定线；若始点与定向点的距离较远，则应用经纬仪定线。将经纬仪安置在 A 点上，对中整平，照准远处的定向点，固定照准部，望远镜视线即为已知方向，沿此方向定线、量距，使终点至始点的水平距离等于要测设的水平距离，如图 2-52 所示。

(2) 精密方法。

当测设精度要求较高时，应使用检定过的钢尺，用经纬仪定线。如图 2-53 所示，根据已知水平距离 D，经过尺长改正 Δl_d、温度改正 Δl_t 和倾斜改正 Δl_h 后，用下式计算出实地测设长度：

$$L=D-\Delta l_d-\Delta l_t-\Delta l_h$$

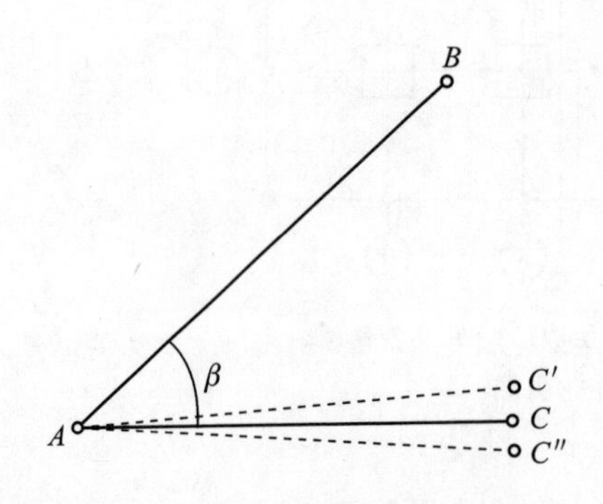

图 2-52　水平距离测设的一般方法

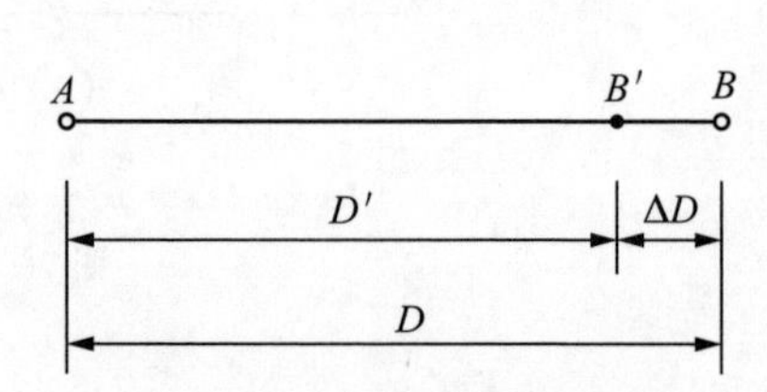

图 2-53　水平距离测设的精密方法

2. 光电测距仪测设法

当测设精度要求较高时，通常采用光电测距仪测设法，如图 2-54 所示。

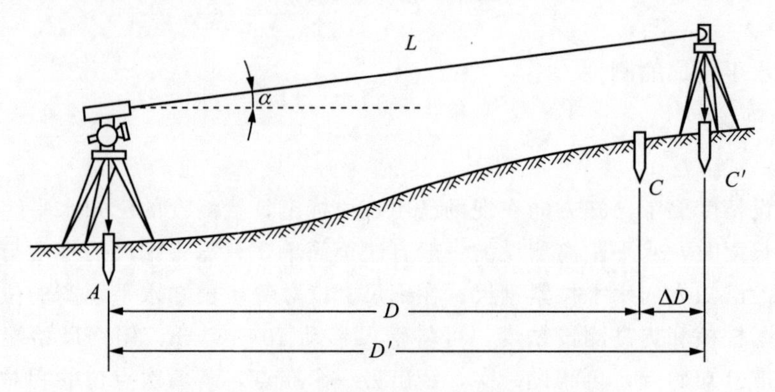

图 2-54　用光电测距仪测设已知水平距离

在 A 点安置光电测距仪，反光棱镜在已知方向上前后移动，使仪器示值略大于测设的距离，定出 C' 点。在 C 点安置反光棱镜，测出垂直角 a 及斜距 L（必要时加测气象改正），计算水平距离 $D=L\cos a$，求出 D' 与应测设的水平距离 D 之差 $\Delta D=D-D'$。根据 ΔD 的数值在实地用钢尺沿测设方向将 C' 改正至 C 点，并用木桩标定其点位。将反光棱镜安置于 C 点，再实测 AC 距离，其不符值应在限差之内，否则应再次进行改正，直至符合限差为止。

三、水平角度的测设

1. 一般方法

当测设水平角的精度要求不高时，可采用盘左、盘右分中的方法测设，如图 2-55 所示。

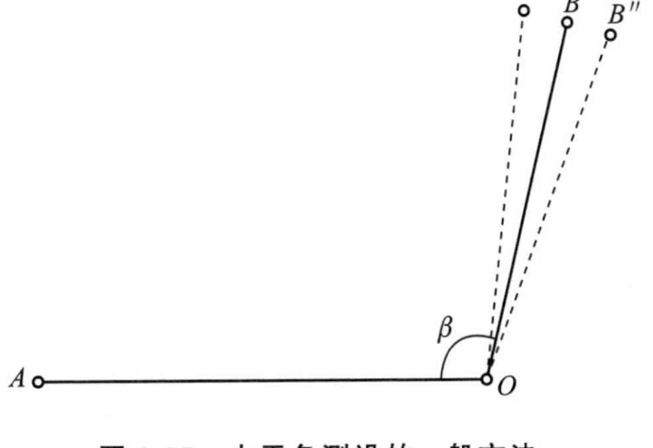

图 2-55　水平角测设的一般方法

设地面已知方向为 OA，O 为角顶，β 为已知水平角角值，OB 为欲定的方向线。测设方法如下：

（1）在 O 点安置经纬仪，对中整平；盘左位置瞄准 A 点，使水平度盘读数略大于 $0°00'00''$。

（2）转动照准部，当水平度盘读数恰好为 β 值时，固定照准部，在此视线上定出 B' 点。

（3）盘右位置，重复上述步骤，再测设一次，定出 B'' 点。

（4）取 B' 和 B'' 的中点 B，则 $\angle AOB$ 就是要测设的 β 角。

2. 精密方法

当测设精度要求较高时，应采用做垂线改正的方法，如图 2-56 所示。

（1）先用一般方法测设出 B' 点。

（2）用测回法对 $\angle AOB'$ 观测若干个测回（测回数根据要求的精度而定），求出各测回平均值 β_1，并计算出 $\Delta\beta=\beta-\beta_1$。

（3）量取 OB' 的水平距离。

（4）计算改正距离：

$$BB'=OB'\tan\Delta\beta\approx OB'\frac{\Delta\beta}{\rho}$$

式中：$\rho=206265''$。

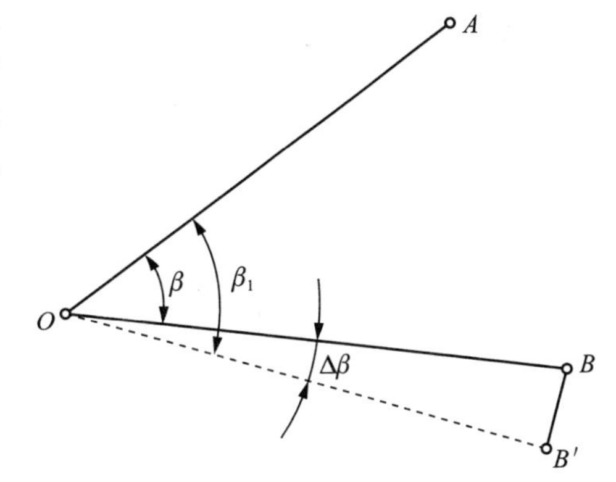

图 2-56　水平角测设的精密方法

（5）自 B' 点沿 OB' 的垂直方向量出距离 BB'，确定出 B 点，则 $\angle AOB$ 就是要测设的角度。量取改正距离时，若 $\Delta\beta$ 为正，则沿 OB' 的垂直方向向外量取；若 $\Delta\beta$ 为负，则沿 OB' 的垂直方向向内量取。

四、高程的测设

1. 高程视线法

如图 2-57 所示，根据某水准点的高程 H_R，测设 A 点，使其高程为设计高程 H_A。则 A 点在尺上应读的前视读数为

$$b_{应}=(H_R+a)-H_A$$

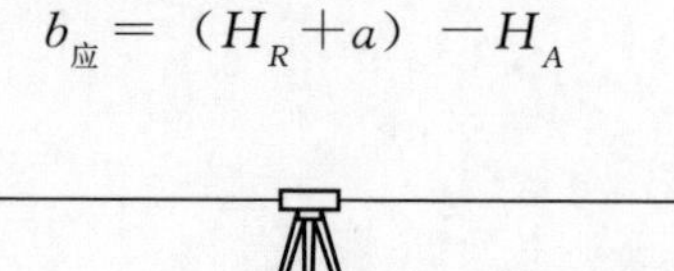
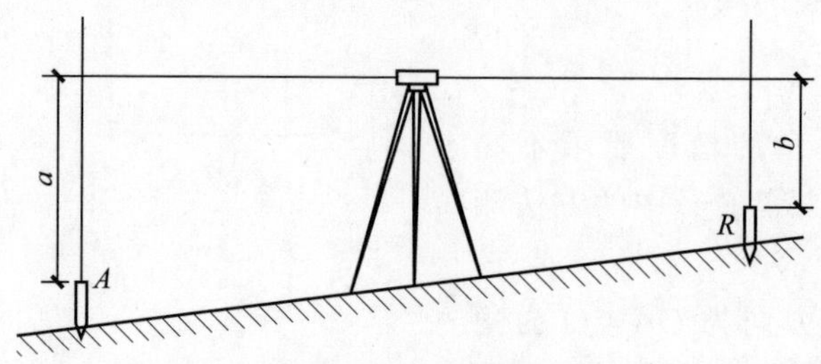

图 2-57 高程视线法

测设方法如下：

(1) 安置水准仪在 R 与 A 中间，整平仪器。

(2) 后视水准点 R 上的立尺，读得后视读数为 a，则仪器的视线高 $H_i=H_R+a$。

(3) 将水准尺紧贴 A 点木桩侧面上下移动，直至前视读数为 $b_{应}$ 时，在桩侧面沿尺底画一横线，此线即为室内地坪±0.000 的位置。

2. 高程传递法

如图 2-58 所示，为深基坑的高程传递。将钢尺悬挂在坑边的木杆上，下端挂 10kg 重锤，在地面上和坑内各安置一台水准仪，分别读取地面水准点 A 和坑内水准点 P 的水准尺读数 a_1 和 a_2，并读取钢尺读数 b_1 和 b_2，根据已知地面水准点 A 的高程 H_A，按下式求得临时水准点 P 的高程 H_P：

$$H_P=H_A+a_1-(b_1-b_2)-a_2$$

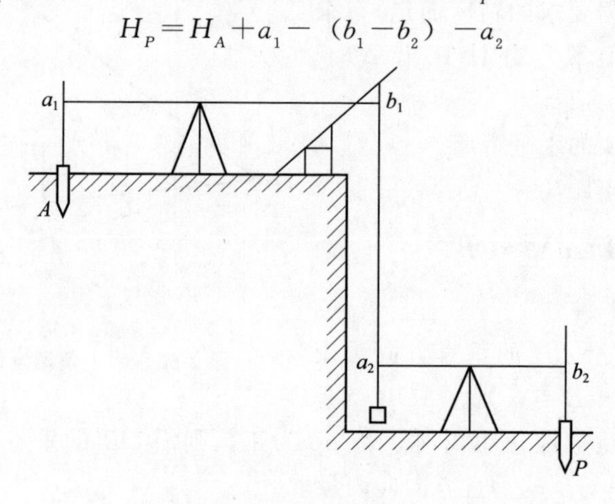

图 2-58 高程传递法（一）

为了进行检核，可将钢尺位置变动 10～20cm，用上述方法再次读取这四个数，两次高程相差不得大于 3mm。

从低处向高处测设高程的方法与此类似，如图 2-59 所示。已知低处水准点 A 的高程 H_A，需测设高处 P 的设计高程 H_P，应在低处安置水准仪，读取读数 a_1 和 b_1，在高处安置水准仪，读取读数 a_2，则高处水准尺的读数 b_2 为：

$$b_2 = H_A + a_1 + (a_2 - b_1) - H_P$$

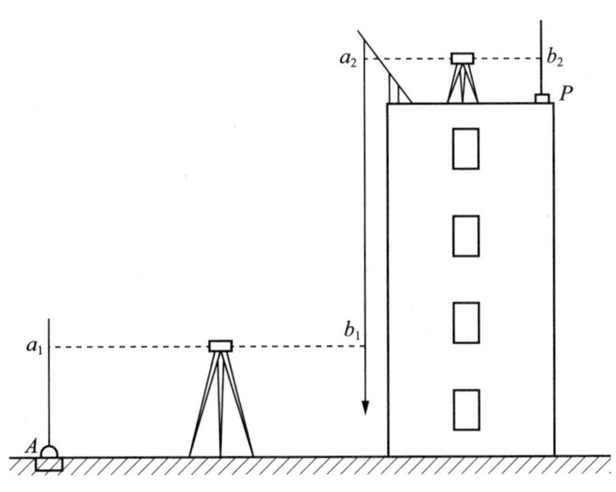

图 2-59　高程传递法（二）

第三节　控制测量

一、定位

1. 施工控制网的特点

（1）控制范围小，控制点的密度大，精度要求高。

（2）受施工干扰较大，使用频繁。

2. 建筑定位的基本方法

（1）根据控制点定位。

已知待定位建筑物的定位点设计坐标，且附近有导线测量控制点和三角测量控制点可供利用时，可根据实际情况选用极坐标法、角度交会法或距离交会法来测设定位点。其中，极坐标法适用性最强，是用得最多的一种定位方法。

（2）根据建筑方格网定位。

建筑方格网的布设应根据总平面图上各种已建和待建的建筑物、道路及各种管线的布置情况，结合现场的地形条件来确定。方格网的形式有正方形、矩形两种。当场地面积较大时，常分两级布设，首级可采用“十”字形、“口”字形或

“田”字形，然后再加密方格网。

建筑方格网适用于按矩形布置的建筑群或大型建筑场地。建筑方格网的轴线与建筑物轴线平行或垂直，因此，可用直角坐标法对建筑物定位，测设较为方便，且精度较高。由于建筑方格网必须按总平面图的设计来布置，测设工作量成倍增加，其点位缺乏灵活性，易被破坏，因此在全站仪逐步普及的条件下，正逐步被导线或三角网所取代。建筑方格网设置时，首先应根据设计总图上各建（构）筑物位置，选定方格网的主轴线，然后再布设其他格网点。

在建筑场地上，如果已建立建筑方格网，且设计建筑物轴线与方格网边线平行或垂直，则可根据设计的建筑物拐角点和附近方格网点的坐标，用直角坐标法在现场测设。

（3）根据与原有建筑物红线或原建筑物的关系定位。

设计图上若未能提供建筑物定位点的坐标，周围又没有测量控制点、建筑方格网和建筑基线可供利用，而只给出新建筑物与附近原有建筑物或道路的相互关系，则可根据原有建筑物的边线或道路中心线，将新建筑物的定位点测设出来。

在现场先找出原有建筑物的边线或道路中心线，再用经纬仪和钢尺将其延长、平移、旋转或相交，得到新建筑物的一条定位轴线；然后根据这条定位轴线，用经纬仪测设角度（一般是直角），用钢尺测设长度，得到其他定位轴线或定位点；最后检核四个大角和四条定位轴线长度是否与设计值一致。下面分两种情况说明具体测设的方法。

1）根据与原有建筑物的关系定位。如图 2-60（a）所示，拟建建筑物的外墙边线与原有建筑的外墙边线在同一条直线上，两栋建筑物的间距为 10m，拟建建筑物四周长轴为 40m，短轴为 18m，轴线与外墙边线间距为 0.12m，可按下述方法测设其四个轴线交点：

①沿原有建筑物的两侧外墙拉线，用钢尺顺线从墙角往外量一段较短的距离（这里设为 2m），在地面上定出 T_1 和 T_2 两个点，T_1 和 T_2 的连线即为原有建筑物的平行线。

②在 T_1 点安置经纬仪，照准 T_2 点，用钢尺从 T_2 点沿视线方向量 10m＋0.12m，在地面上定出 T_3 点，再从 T_3 点沿视线方向量 40m，在地面上定出 T_4 点。T_3 和 T_4 的连线即为拟建建筑物的平行线，其长度等于长轴尺寸。

③在 T_3 点安置经纬仪，照准 T_4 点，逆时针测设 90°，在视线方向上量 2m＋0.12m，在地面上定出 P_1 点，再从 P_1 点沿视线方向量 18m，在地面上定出 P_4 点。同理，在 T_4 点安置经纬仪，照准 T_3 点，顺时针测设 90°，在视线方向上量 2m＋0.12m，在地面上定出 P_2 点，再从 P_2 点沿视线方向量 18m，在地面上定出 P_3 点。P_1、P_2、P_3 和 P_4 点则为拟建建筑物的四个定位轴线点。

④在 P_1、P_2、P_3 和 P_4 点上安置经纬仪，检核四个大角是否为 90°，用钢尺丈量四条轴线的长度，检核长轴是否为 40m，短轴是否为 18m。

如图 2-60（b）所示，在得到原有建筑物的平行线并延长到 T_3 点后，应在 T_3 点测设 90°并量距，定出 P_1 和 P_2 点，得到拟建建筑物的一条长轴；再分别在 P_1 和 P_2 点测设 90°并量距，定出另一条长轴上的 P_4 和 P_3 点。注意不能先定短轴的两个点（例如 P_1 和 P_4 点），再在这两个点上设站，测设另一条短轴上的两个点（例如 P_2 和 P_3 点），否则误差容易超限。

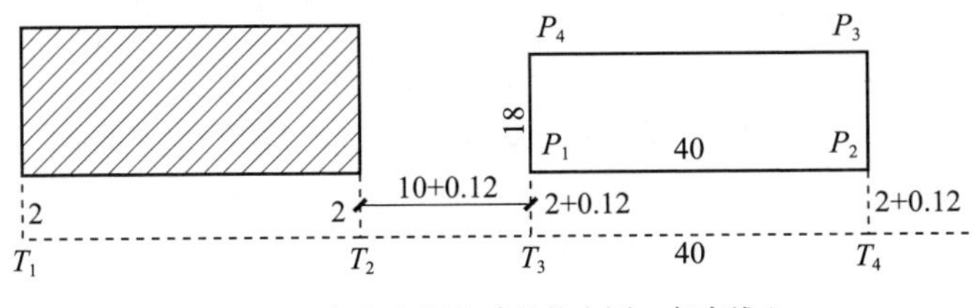

（a）与原有建筑物在同一条直线上

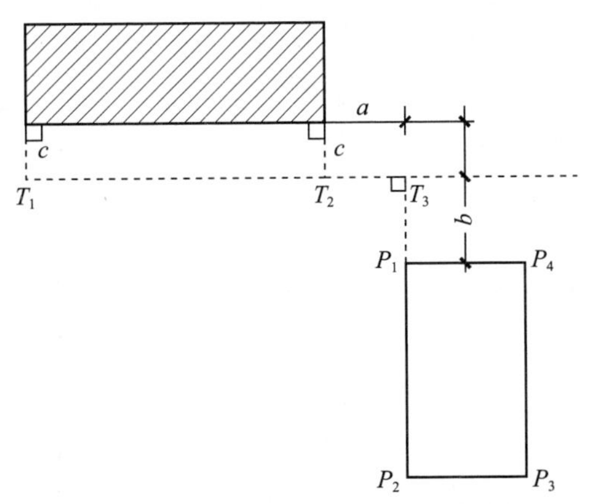

（b）与原有建筑物不在同一条直线上

图 2-60　与原有建筑物的关系定位

2）根据与原有道路的关系定位。如图 2-61 所示，拟建建筑物的轴线与道路中心线平行，轴线与道路中心线的距离如图所示，测设方法如下：

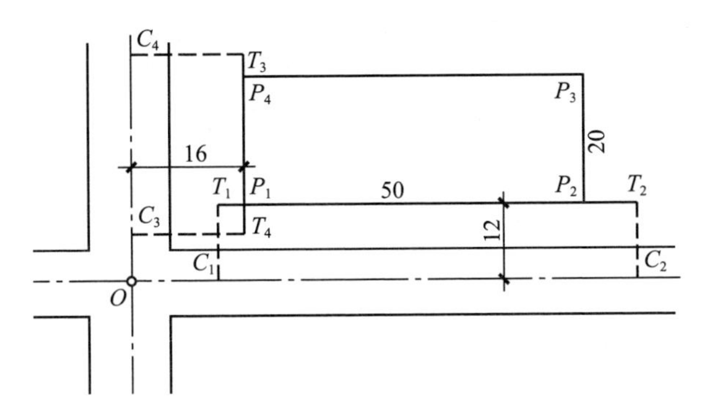

图 2-61　与原有道路的关系定位

①在每条道路上选两个合适的位置，分别用钢尺测量该处道路宽度，其宽度的1/2处即为道路中心点，如此得到C_1点和C_2点，同理得到C_3点和C_4点。

②分别在路一的两个中心点上安置经纬仪，测设90°，用钢尺测设水平距离16m，在地面上得到路一的平行线T_1T_2，同理做出路二的平行线T_3T_4。

③用经纬仪内延或外延这两条线，其交点即为拟建建筑物的第一个定位点P_1，再从P_1沿长轴方向平行延长50m，得到第二个定位点P_2。

④分别在P_1和P_2点安置经纬仪，测设直角和水平距离20m，在地面上定出P_3和P_4点。在P_1、P_2、P_3和P_4点上安置经纬仪，检核角度是否为90°，用钢尺丈量四条轴线的长度，检核长轴是否为50m，短轴是否为20m。

二、放线

1. 测设细部轴线交点

如图2-62所示，A轴、E轴、①轴和⑦轴是建筑物的四条外墙主轴线，其交点A_1、A_7、E_1和E_7，是建筑物的定位点，这些定位点已在地面上测设完毕并打好桩点，各主次轴线间隔见图，需要测设次要轴线与主轴线的交点。

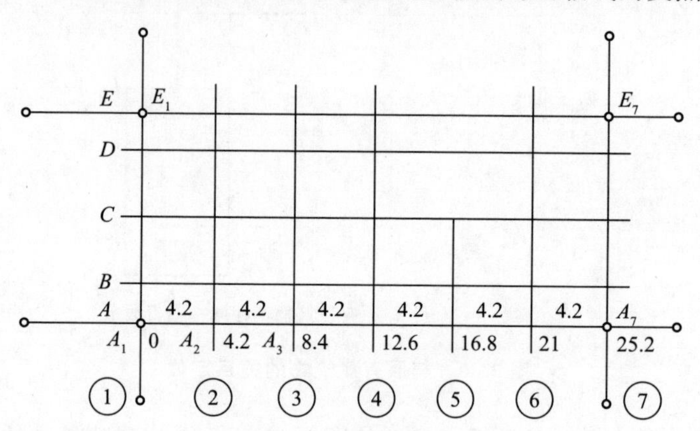

图 2-62　测设细部轴线交点

在A_1点安置经纬仪，照准A_7点，把钢尺的零端对准A_1点，沿视线方向拉钢尺，在钢尺上读数等于①轴和②轴间距（4.2m）的地方打下木桩，打的过程中要经常用仪器检查桩顶是否偏离视线方向，并不时拉一下钢尺，钢尺读数是否还在桩顶上，如有偏移要及时调整。打好桩后，用经纬仪视线指挥在桩顶上画一条纵线，再拉好钢尺，在读数等于轴间距处画一条横线，两线交点即A轴与②轴的交点A_2。

在测设A轴与③轴的交点A_3时，方法同上，注意仍然要将钢尺的零端对准A_1点，并沿视线方向拉钢尺，而钢尺读数应为①轴和③轴间距（8.4m），这种做法可以减小钢尺对点误差，避免轴线总长度增长或减短。如此依次测设A轴与其他有关轴线的交点。测设完最后一个交点后，用钢尺检查各相邻轴线桩的间距是否等于设计值，相对误差应小于 1/3 000。

测设完 A 轴上的轴线点后，用同样的方法测设 E 轴、①轴和⑦轴上的轴线点。如果建筑物尺寸较小，也可用拉细线绳的方法代替经纬仪定线，然后沿细线绳拉钢尺量距。此时要注意细线绳不要碰到物体，风大时不宜作业。

2. 引测轴线

引测轴线是将各轴线延长到开挖范围以外的地方并作好标志，开挖后再通过这些引测轴线准确恢复到原来的位置。引测轴线用于应对基槽或基坑开挖时，定位桩和细部轴线桩被挖掉的情况，包括设置龙门板和轴线控制桩两种形式。通常情况下，轴线控制桩离基槽外边线的距离可取 2～4m，并用木桩作点位标志。

（1）龙门板法。

如图 2-63 所示，在建筑物四角和中间隔墙的两端，距基槽边线约 2m 以外，牢固地埋设大木桩，称为龙门桩，并使桩的一侧平行于基槽。

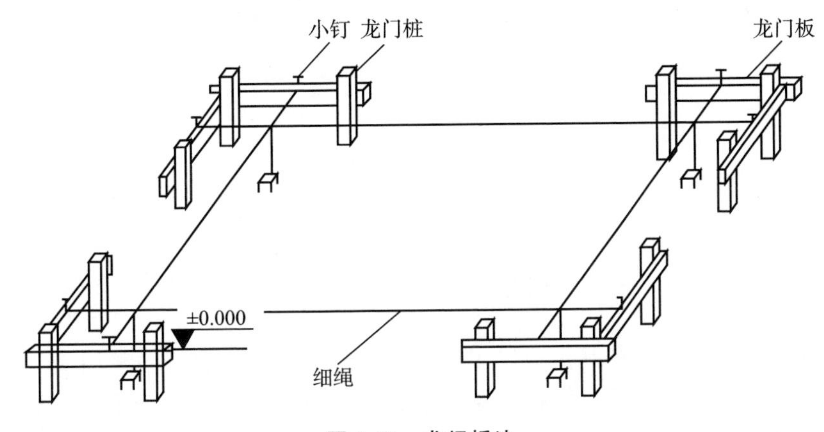

图 2-63　龙门板法

1）根据水准控制点，用水准仪将±0.000 标高测设在每个龙门桩的外侧上，并做好标志。如果现场条件不允许，也可测设比±0.000 高或低一定数值的标高线，同一建筑物尽量使用一个标高，如确需使用两个标高时，一定要标注清楚，避免混淆。

2）在相邻两龙门桩上，沿±0.000 高程线钉设的水平木板，称为龙门板，龙门板顶面标高的误差应在±5mm 以内。

3）用经纬仪将各轴线投测到龙门板的顶面，并钉上小钉作为轴线标志，称为轴线钉。如事先已打好龙门板，可在测设细部轴线的同时钉设轴线钉，以减少重复安置仪器的工作量。

4）用钢尺沿龙门板顶面检查轴线钉的间距，其相对误差不应超过 1/3 000。

5）恢复轴线时，将经纬仪安置在一个轴线钉上方，照准相应的另一个轴线钉，其视线即为轴线方向，往下转动望远镜，便可将轴线投测到基槽或基坑内；

也可用白线将相对的两个轴线钉连接起来，借助于垂球，将轴线投测到基槽或基坑内。

（2）轴线控制桩法。

由于龙门板需要较多木料，而且占用场地，使用机械开挖时容易被破坏，因此也可以在基槽或基坑外各轴线的延长线上测设轴线控制桩，作为以后恢复轴线的依据。即使采用了龙门板，为了防止被碰动，对主要轴线也应测设轴线控制桩，如图 2-64 所示。

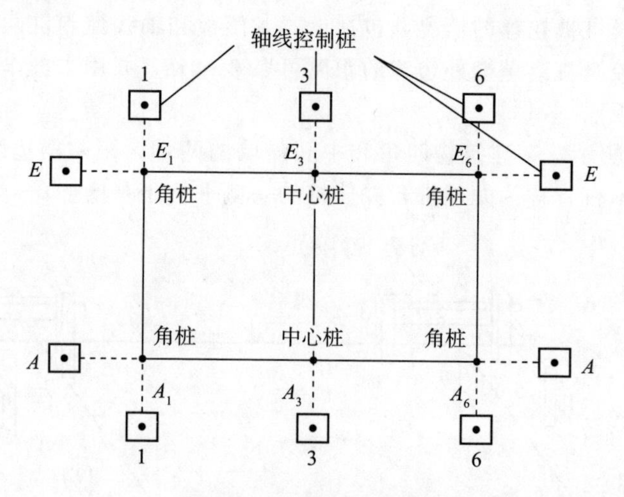

图 2-64　轴线控制桩法

轴线控制桩一般设在开挖边线 4m 以外的地方，并用水泥砂浆加固。最好是附近有固定建筑物和构筑物，这时应将轴线投测到这些物体上，使轴线更容易得到保护，但每条轴线至少应有一个控制桩是设在地面上的，以便今后能安置经纬仪来恢复轴线。

轴线控制桩的引测主要采用经纬仪法，当引测到较远的地方时，要注意采用盘左和盘右两次投测取中法来引测，以减少引测误差和避免错误的出现。

三、平面控制测量

1. 三角测量

如图 2-65 所示，在控制点上，用精密仪器将三角形的三个内角测定出来，并测定其中一条边长，根据三角形公式解出各点的坐标。用三角测量方法确定的平面控制点，称为三角点。

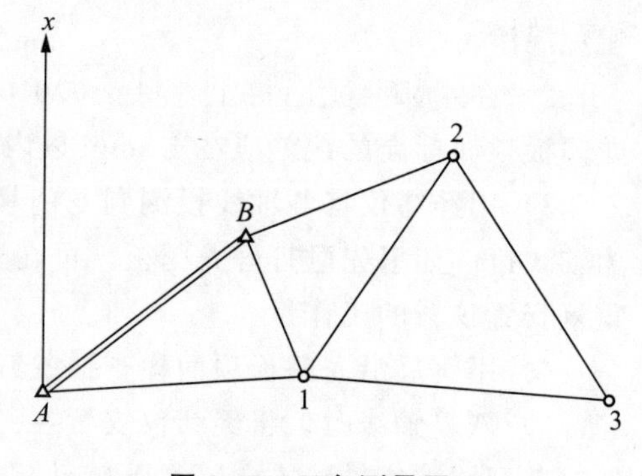

图 2-65　三角测量网

2. 导线测量

如图 2-66 所示，在控制点上用精密仪器依次测定所有折线的边长和转折角，根据解析几何的知识解出各点的坐标。用导线测量方法确定的平面控制点，称为导线点。

导线测量的方法是利用经纬仪测得转折角，用钢尺丈量边长，根据起点的已知坐标和起始边的方位角，求得导线点的平面坐标。

（1）导线布设。

导线是将测区内的相邻控制点用直线连接而构成的连续折线。这些控制点即为导线点。导线测量就是依次测量各导线边的长度和转折角，然后根据起算边的方位角和起算点的坐标，推算各导线点的坐标。

导线的布设主要有以下几种形式：

1）闭合导线。从一个已知点 B 出发，经过若干个导线点 1、2、3、4 后，回到原已知点 B 上，形成一个闭合多边形，称为闭合导线，如图 2-67 所示。

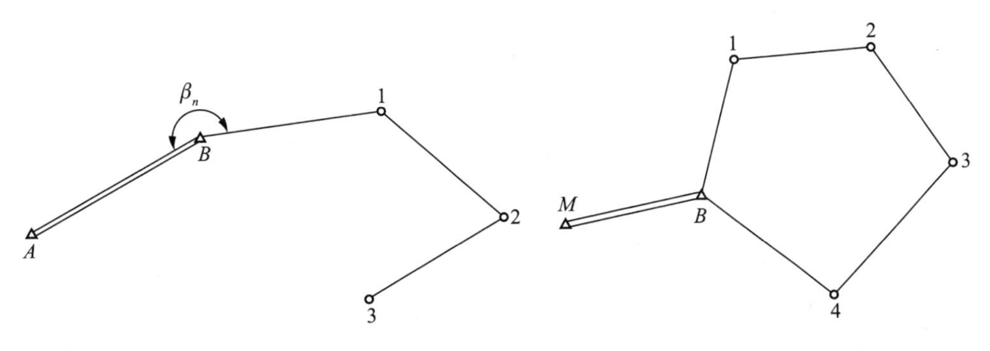

图 2-66　导线测量　　**图 2-67　闭合导线**

2）附合导线。从一个已知点 B 和已知方向 AB 出发，经过若干个导线点 1、2、3，最后附合到另一个已知点 C 和已知方向 CD 上，称为附合导线，如图 2-68 所示。

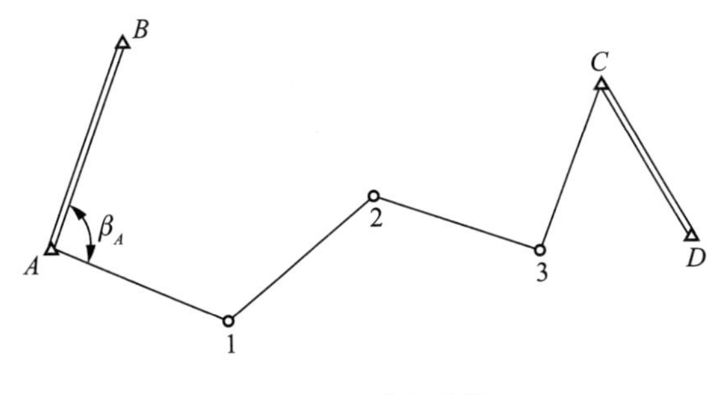

图 2-68　附合导线

3）支导线。导线从一个已知点出发，经过 1～2 个导线点既不回到原已知点上，也不附合到另一已知点上，称为支导线。由于支导线无检核条件，故导线点不宜超过 2 个，如图 2-69 所示。

4）无定向附合导线。由一个已知点 A 出发，经过若干个导线点 1、2、3，最后附合到另一个已知点 B 上，但起始边方位角不知道，且起、终两点 A、B 不通视，只能假设起始边方位角，称为无定向附合导线。其适用于狭长地区，如图 2-70 所示。

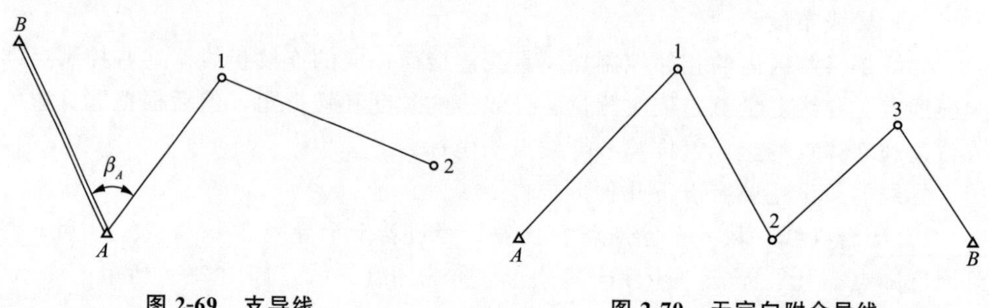

图 2-69　支导线　　　图 2-70　无定向附合导线

（2）技术要求。

1）公路工程的导线按精度由高到低的顺序划分为：三等、四等、一级、二级和三级导线，其主要技术指标，见表 2-6。

表 2-6　导线测量的技术指标

等级	附合导线长度（km）	平均边长（km）	每边测距中误差（mm）	测角中误差（″）	导线全长相对闭合差	方位角闭合差（″）	测回数		
							DJ_1	DJ_2	DJ_6
三等	30	2.0	13	1.8	1/55 000	$\pm3.6\sqrt{n}$	6	10	—
四等	20	1.0	13	2.5	1/35 000	$\pm5.0\sqrt{n}$	4	6	—
一级	10	0.5	17	5.0	1/15 000	$\pm10\sqrt{n}$	—	2	4
二级	6	0.3	30	8.0	1/10 000	$\pm16\sqrt{n}$	—	1	2
三级	—	—	—	20.0	1/2 000	$\pm30\sqrt{n}$	—	1	2

2）钢尺量距图根导线测量的技术要求，见表 2-7。

表 2-7　钢尺量距图根导线测量的技术要求

比例尺	附合导线长度（m）	平均边长（m）	导线相对闭合差	测角中误差/（″）		测回数 DJ_6	方位角闭合差/（″）	
				一般	首级控制		一般	首级控制
1∶500	500	75	≤1/2 000	±30	±20	1	$\pm60\sqrt{n}$	$\pm40\sqrt{n}$
1∶1 000	1 000	120						
1∶2 000	2 000	200						

注：n 为测站数。

3. 小区域平面控制测量

小区域平面控制网应由高级到低级分级建立。首级控制与图根控制的关系，见表 2-8。

表 2-8　首级控制与图根控制的关系

测区面积/km²	首级控制	图根控制
1～10	一级小三角或一级导线	两级图根
0.5～2	二级小三角或二级导线	两级图根
0.5 以下	图根控制	

图根点的密度取决于地形条件和测图比例尺，见表 2-9。

表 2-9　图根点的密度

测图比例尺	1∶500	1∶1 000	1∶2 000	1∶5 000
图根点密度/（个/km²）	150	50	15	5

四、高程控制测量

1. 概述

国家高程控制网的建立主要采用水准测量的方法，其按精度分为一、二、三、四、五等。一等水准网是国家最高级的高程控制骨干，它除了用作扩展低等级高程控制的基础以外，还为科学研究提供依据；二等水准网为一等水准网的加密，是国家高程控制的全面基础；三、四等水准网是在二等网的基础上进一步加密，直接为各种测区提供必要的高程控制；五等水准网又可视为图根点，它直接用于工程测量中，其精度要求最低。

用于工程的小区域高程控制网，亦应根据工程施工的需要和测区面积的大小，采用分级建立的方法。在一般情况下，是以国家水准点为基础在整个测区建立三、四等水准路线或水准网，再以三、四等水准点为基础，测定图根水准点的高程。

对于山区或困难地区，还可以采用三角高程测量的方法建立高程控制。

2. 三、四等水准测量

小区域地形测图或施工测量中，多采用三、四等水准测量作为高程控制测量的首级控制。

（1）技术要求及其参数。

1）三、四等水准测量起算点的高程一般引自国家一、二等水准点，若测区附近没有国家水准点，也可建立独立的水准网，起算点的高程采用假设高程。三、四等水准网布设时，如果是作为测区的首级控制，一般布设成闭合环线，如果进行加密，多采用附合水准路线或支水准路线。三、四等水准路线一般沿公路、铁路或管线等坡度较小，便于施测的路线布设。点位应选在地基稳固，能长久保存标志和便于观测的地点。水准点的间距一般为1～1.5km，山岭重丘区可根据需要适当加密，一个测区一般至少埋设三个以上的水准点。

2）三、四等水准测量及等外水准测量的精度要求，见表2-10。

表2-10　水准测量的主要技术要求

等级	路线长度/km	水准仪	水准尺	观测次数		往返较差、闭合差	
				与已知点联测	附合或环线	平地/mm	山地/mm
三等	≤	DS_1	铟钢尺	往返各一次	往一次	$\pm12\sqrt{L}$	$\pm4\sqrt{L}$
		DS_2	双面		往返各一次		
四等	≤16	DS_3	双面	往返各一次	往一次	$\pm20\sqrt{L}$	$\pm4\sqrt{n}$
等外	≤5	DS_3	单面	往返各一次	往一次	$\pm40\sqrt{L}$	$\pm12\sqrt{n}$

注：L为路线长度（km）；n为测站数。

3）三、四等水准测量一般采用双面尺法观测，其在一个测站上的技术要求见表2-11。

表2-11　水准观测的主要技术要求

等级	水准仪的型号	视线长度/m	前后视较差/m	前后视累积差/m	视线离地面最低高度/m	黑红面读数较差/mm	黑红面高差较差/mm
三等	DS_1	100	3	6	0.3	1.0	1.5
	DS_3	75				2.0	3.0
四等	DS_3	100	5	10	0.2	3.0	5.0
等外	DS_3	100	大致相等	—	—	—	

（2）观测程序。

1）三等水准测量每/测站（观测站）照准标尺分划顺序。

①后视标尺黑面，精平，读取上、下、中丝读数，记为（A）、（B）、（C）。

②前视标尺黑面，精平，读取上、下、中丝读数，记为（D）、（E）、（F）。

③前视标尺红面，精平，读取中丝读数，记为（G）。

④后视标尺红面，精平，读取中丝读数，记为（H）。

三等水准测量测站观测顺序简称为："后—前—前—后"（或黑—黑—红—红），其优点是可消除或减弱仪器和尺垫下沉所引起的误差的影响。

2）四等水准测量每/测站（观测站）照准标尺分划顺序。

①后视标尺黑面，精平，读取上、下、中丝读数，记为（A）、（B）、（C）。

②后视标尺红面，精平，读取中丝读数，记为（D）。

③前视标尺黑面，精平，读取上、下、中丝读数，记为（E）、（F）、（G）。

④前视标尺红面，精平，读取中丝读数，记为（H）。

四等水准测量测站观测顺序简称为："后—后—前—前"（或黑—红—黑—红）。

（3）测站计算与校核。

1）视距计算。

后视距离：　$(I)=[(A)-(B)]\times 100$

前视距离：　$(J)=[(D)-(E)]\times 100$

前、后视距差：　$(K)=(I)-(J)$

前、后视距累积差：　本站(L)=本站(K)+上站(L)

2）同一水准尺黑、红面中丝读数校核。

前尺：　$(M)=(F)+K_1-(G)$

后尺：　$(N)=(C)+K_2-(H)$

3）高差计算及校核。

黑面高差：　$(O)=(C)-(F)$

红面高差：　$(P)=(H)-(G)$

校核计算：红、黑面高差之差　$(Q)=(O)-[(P)\pm 0.100]$或$[(Q)=(N)-(M)]$

高差中数：　$(R)=[(O)+(P)\pm 0.100]/2$

在测站上，当后尺红面起点为4.687m，前尺红面起点为4.787m时，取+0.100 0；反之，取−0.100 0。

4）每页计算校核。

①高差部分。每页后视红、黑面读数总和与前视红、黑面读数总和之差，应等于红、黑面高差之和，且应为该页平均高差总和的两倍，即：

对于测站数为偶数的页为：

$$\sum[(C)+(H)]-\sum[(F)+(G)]=\sum[(O)+(P)]=2\sum(R)$$

对于测站数为奇数的页为：

$$\sum[(C)+(H)]-\sum[(F)+(G)]=\sum[(O)+(P)]=2\sum(R)\pm 0.100$$

②视距部分。末站视距累积差值：

$$末站(L)=\sum(I)-\sum(J)$$

$$总视距=\sum(I)+\sum(J)$$

（4）成果计算与校核。

在每个测站计算无误后，且各项数值都在相应的限差范围之内时，根据每个测站的平均高差，利用已知点的高程，计算出各水准点的高程。

3. 三角高程测量

（1）测量原理。三角高程测量是根据两点间的水平距离和竖直角计算两点的高差，计算得出所求点的高程。

如图 2-71 所示，在 M 点安置仪器，用望远镜中丝瞄准 N 点觇标的顶点，测得竖直角 a，并量取仪器高 i 和觇标高 v，若测出 M、N 两点间的水平距离 D，则可求得 M、N 两点间的高差，即：

$$h_{MN}=D\tan\alpha+i-v$$

N 点高程为：

$$H_N=H_M+D\tan\alpha+i-v$$

三角高程测量一般应采用对向观测法，如图 2-71 所示，即由 M 向 N 观测称为直觇，再由 N 向 M 观测称为反觇，直觇和反觇称为对向观测。采用对向观测的方法可以减弱地球曲率和大气折光的影响。对向观测所求得的高差较差不应大于 0.1 D（D 为水平距离，以 km 为单位，结果以 m 为单位）。取对向观测的高差中数为最后结果，即

$$h_{中}=1/2\ (h_{MN}-h_{NM})$$

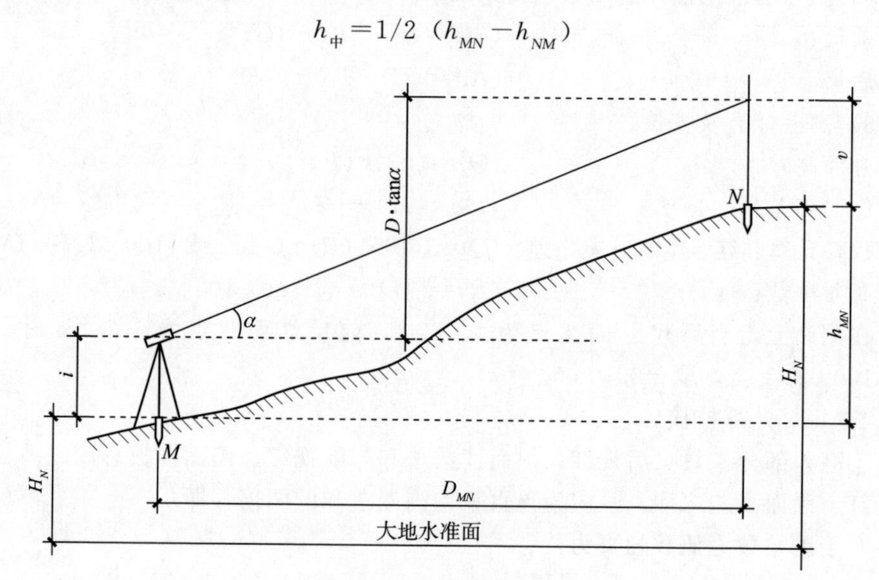

图 2-71　三角高程测量原理

上述公式适用于 M、N 两点距离较近（小于 300m）的三角高程测量，此时水准面可看成平面，视线视为直线。当距离超过 300m 时，应考虑地球曲率及观测视线受大气折光的影响。

（2）观测与计算。

1）安置仪器于测站上，量出仪器高 i；觇标立于测点上，量出觇标高 v。

2）用经纬仪或测距仪采用测回法观测竖直角 a，取其平均值为最后观测结果。

3）采用对向观测，其方法同前两步。

4）根据公式计算出高差和高程。

4. 图根水准测量

图根水准测量用于测定测区首级平面控制点和图根点的高程。图根水准测量可将图根点布设成附合路线或闭合路线。图根水准测量的主要技术要求见表2-12。

表 2-12　图根水准测量主要技术要求

仪器类型	1km 高差中误差/mm	附合路线长度/km	视线长度/m	观测次数		往返较差附合或环线闭合差/mm	
				与已知点连测	附合或闭合路线	平地	山地
DS_{10}	20	≤5	≤100	往返各一次	往返一次	$40\sqrt{L}$	$12\sqrt{n}$

注：L 为往返测段、附合或环线的水准路线的长度（km）。

n 为测站数。

五、交会法测量

1. 前方交会

如图 2-72 所示，为前方交会基本图形。已知 O 点坐标为（x_A，y_A），M 点坐标为（x_B，y_B），在 O、M 两点上设站，观测出 a、β，通过三角形的余切公式求出加密点 P 的坐标，这种方法称为测角前方交会法，简称前方交会。

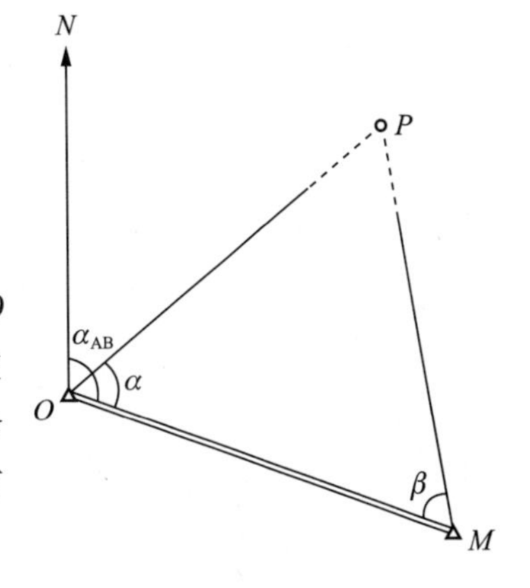

图 2-72　前方交会法基本图形

按导线计算公式，由图 2-72 可知：

因：

$$x_p = x_o + \Delta x_{om} = x_o + D_{op} \cdot \cos\alpha_{op}$$

而：

$$\alpha_{op} = \alpha_{om} - \alpha$$

$$D_{op} = D_{om} \cdot \sin\beta / \sin(\alpha + \beta)$$

则：

$$x_p = x_o + D_{op} \times \cos\alpha_{op} = x_o + \frac{D_{om} \times \sin\beta\cos(\alpha_{om} - \alpha)}{\sin(\alpha + \beta)}$$

$$= x_o + \frac{(x_m - x_o)\cot\alpha + (y_m - y_o)}{\cot\alpha + \cot\beta}$$

同理得：

$$\begin{cases} x_p = \dfrac{x_o\cot\beta + x_m\cot\alpha + (y_m - y_o)}{\cot\alpha + \cot\beta} \\ y_p = \dfrac{y_o\cot\beta + y_m\cot\alpha + (x_o - x_m)}{\cot\alpha + \cot\beta} \end{cases}$$

在实际工作中，为校核和提高 P 点坐标的精度，常采用三个已知点的前方交会图形，如图 2-73 所示。在三个已知点 1、2、3 上设站，测定 a_1、β_1 和 a_2、β_2，构成两组前方交会，按上式分别解出两组 P 点坐标。由于测角有误差，因此解算得两组 P 点坐标不可能相等。如果两组坐标较差不大于两倍比例尺精度时，取两组坐标的平均值作为 P 点最后的坐标。即

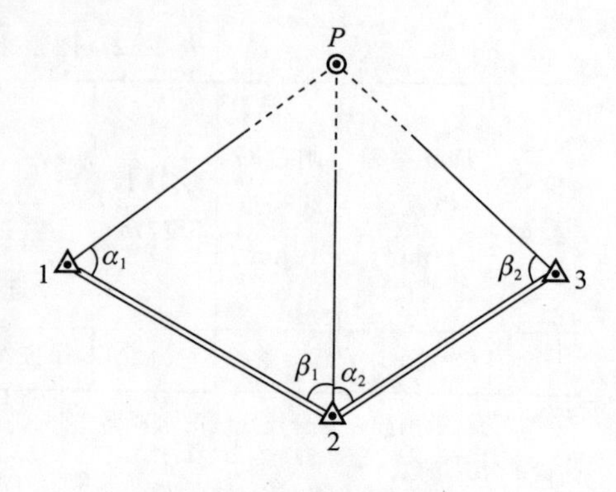

图 2-73　三点前方交会

$$f_D = \sqrt{\delta_x^2 + \delta_y^2} \leqslant f_{容} = 2 \times 0.1M\ (\text{mm})$$

式中：δ_x、δ_y——两组 x_p、y_p 坐标值差；

M——测图比例尺分母。

2. 后方交会

图 2-74 为后方交会基本图形。1、2、3、D 为已知点，在待定点 P 上设站，分别观测已知点 1、2、3，观测出 a 和 β 角，根据已知点的坐标计算 P 点的坐标，这种方法称为测角后方交会，简称后方交会。

P 点位于 1、2、3 三点组成的三角形之外时，可用下列公式求得：

$$a = (x_1 - x_2) + (y_1 - y_2)\cot\alpha$$

$$b = (y_1 - y_2) - (x_1 - x_2)\cot\alpha$$

$$c = (x_3 - x_2) - (y_3 - y_2)\cot\beta$$

$$d = (y_3 - y_2) + (x_3 - x_2)\cot\beta$$

$$k = \tan\alpha_{3P} = \frac{c - a}{b - d}$$

$$\Delta x_{3P} = \frac{a + b \cdot k}{1 + k^2}$$

$$\Delta x_{3P} = k \cdot \Delta x_{3P}$$

$$\left.\begin{array}{l} x_P = x_3 + \Delta x_{3P} \\ y_P = y_3 + \Delta y_{3P} \end{array}\right\}$$

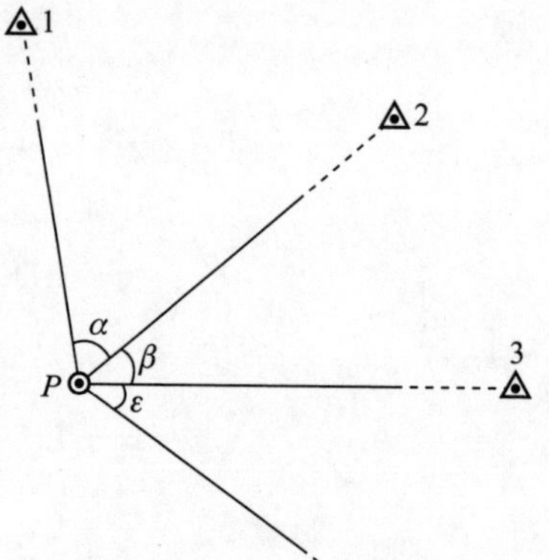

图 2-74　后方交会基本图形

为了保证 P 点坐标的精度，后方交会还应该用第四个已知点进行检核。在 P 点观测 1、2、3 点的同时，还应观测 D 点，测定检核 $\varepsilon_{测}$，计算出 P 点坐标后，可求出 a_{3P} 与

a_{PD}，由此得 $\varepsilon_{测}=a_{PD}-a_{3P}$。若角度观测和计算无误时，则 $\varepsilon_{测}=\varepsilon_{计}$。

第四节　施工测量

一、混凝土结构施工测量

民用建筑施工测量

扫码观看本视频

1. 现浇混凝土柱基础施工测量

现浇混凝土柱基中线投点、抄平、挖土、浇筑混凝土、弹中线等过程与杯形基础相同，只是没有杯口，基础上配有钢筋，拆模后在露出的钢筋上抄出标高点，以供柱身支模板时定标高用。基础定位如图 2-75 所示。

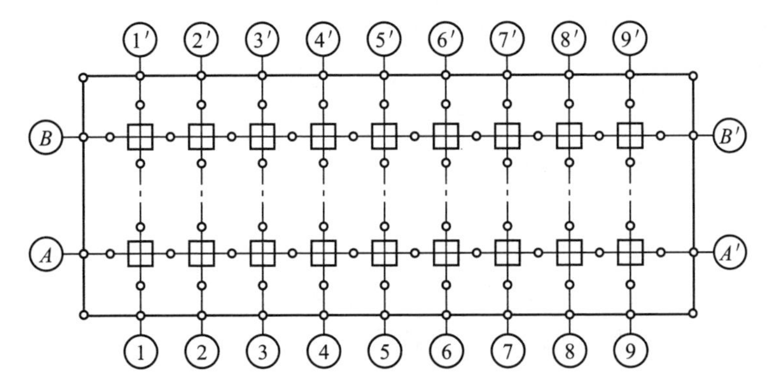

图 2-75　基础定位

2. 钢柱基础施工测量

（1）垫层中线投点和抄平。

垫层混凝土凝固后，应进行中线点投测。由于基坑较深，投测中线时经纬仪必须置于基坑旁，照准矩形控制网上基础中心线的两端点。用正倒镜法，先将经纬仪中心导入中心线内；而后进行投点，并弹出墨线，绘出地脚螺栓固定架的位置，然后在固定架外框四角处测出四点标高，以便用来检查并整平垫层混凝土面，使之符合设计标高，便于固定架的安装。如基础过深，从地面上引测基础底面标高，标尺不够长时可采用挂钢尺法。

（2）固定架中线投点和抄平。

固定架是用钢材制作的，用来固定地脚螺栓及其他埋设件的框架，如图 2-76 所示。根据垫层上的中心线和所画的位置将其安置在垫层上，然后根据在垫层上测定的标高点找平地脚，将高的地方的混凝土凿去一些，低的地方垫上小块钢板并与底层钢筋网焊牢，使其符合设计标高。

固定架安置好后，用水准仪测出四根横梁的标高，容差为－5mm，满足要求后，应将固定架与底层钢筋网焊牢，并加焊钢筋支撑。若为深基固定架则应在其脚下浇灌混凝土，使其稳固。然后再用经纬仪将中线投点于固定架横梁上，并做

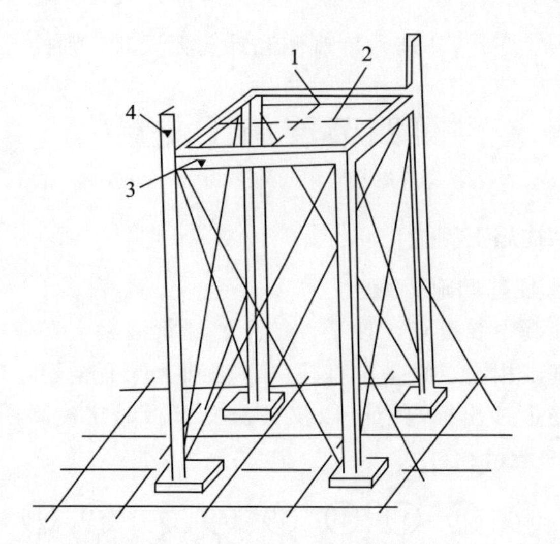

1—固定架中心投点；2—拉线；3—横梁抄平位置；4—标高点。

图 2-76　固定架安置

好标志，其容差为±1～±2mm。

（3）地脚螺栓安装和标高测量。

为了准确测设地脚螺栓的标高，在固定架的斜对角焊两根小角钢，引测同一数值的标高点并刻绘标志，其高度略低于地脚螺栓设计的标高，然后在两角钢的标点处拉一细钢丝，便于控制螺栓的安置高度。安好螺栓后，测螺栓第一丝扣的标高，允许偏高 5～25mm。

（4）支模和浇筑混凝土的测量。

支模测量与混凝土杯形基础相同。浇筑混凝土时，应保证地脚螺栓位置及标高的正确，若发现问题，应及时处理。

3. 设备基础施工测量

（1）基础定位。

中小型设备基础定位的测设方法与厂房基础定位相同；大型设备基础定位，应先根据设计图纸编绘中心线测设图，然后据此施测。

（2）基坑开挖与基础底层放线。

测量工作和容差按下列要求进行：根据厂房控制网或场地上其他控制点测定挖土范围线，测量容差为±5cm；标高根据附近水准点测设，容差为±3cm；在基坑挖土中应经常配合检查挖土标高，接近设计标高 1m 时，应全面测设标高，容差为±3cm；挖土竣工后，应实测挖土标高，容差为±2cm。设备基础底层放线的坑底抄平和垫层中线投点的测设方法同前。测设成果可供安装固定架、地脚螺栓和支模用。

（3）设备基础上层放线。

固定架投点、地脚螺栓安装抄平及模板标高等测设工作方法同前。大型设备基础应先绘制地脚螺栓图，如图 2-77 所示。绘制出地脚螺栓中心线，将同类的螺栓分区编号，并在图旁附上地脚螺栓标高表，注明螺栓号码、数量、标高和混凝土标高，作为施测的依据，见表 2-13。

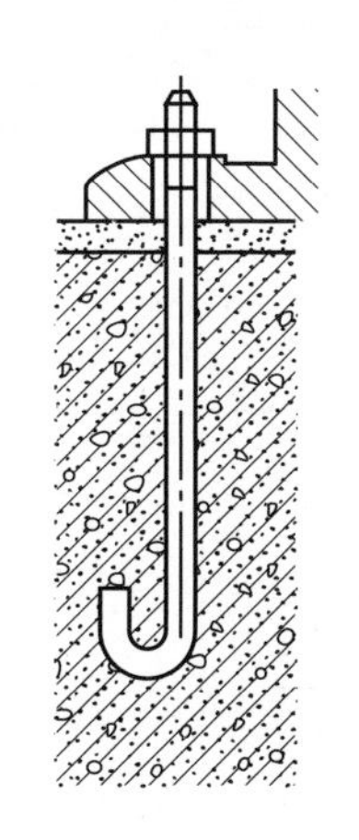

（a）固定式地脚螺栓

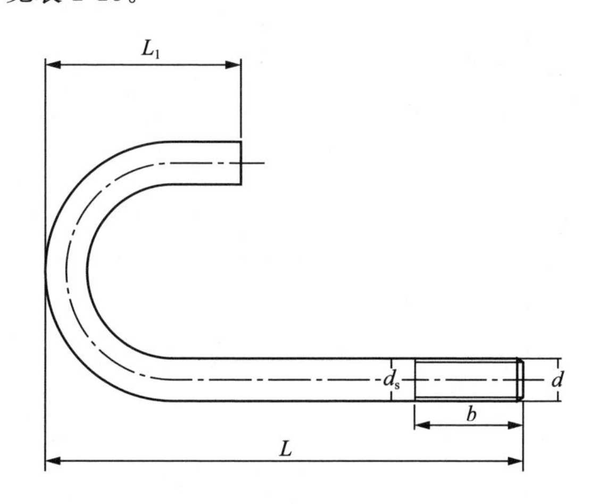

（b）地脚螺栓图

图 2-77　地脚螺栓示意图

表 2-13　地脚螺栓型号表　　单位：mm

公称直径 d	ds		b		长度 L_1
	max	min	max	min	
M_{10}	10.4	9.6	31.3	25	45
M_{12}	12.4	11.6	40	32	56
M_{16}	16.5	15.5	48	40	71
M_{20}	20.5	19.5	58	50	90
M_{24}	24.5	23.5	73	63	112
M_{30}	30.6	29.4	90	80	140
M_{36}	36.7	35.3	100	90	160
M_{42}	42.8	41.2	121	112	200
M_{48}	48.9	47.1	137.5	125	224

（4）设备基础中心线标板的埋设与投点。

标板的形式和埋设如图 2-78 所示，在基础混凝土未凝固前，将标板埋设在中心线位置，且露出基础面 3～5mm，至基础的边缘 50～80mm；若设备中心线通过基础凹形部分或地沟时，则埋设 50mm×50mm 的角钢或 100mm×50mm 的槽钢。设备中线投点与柱基中线投点的方法相同。

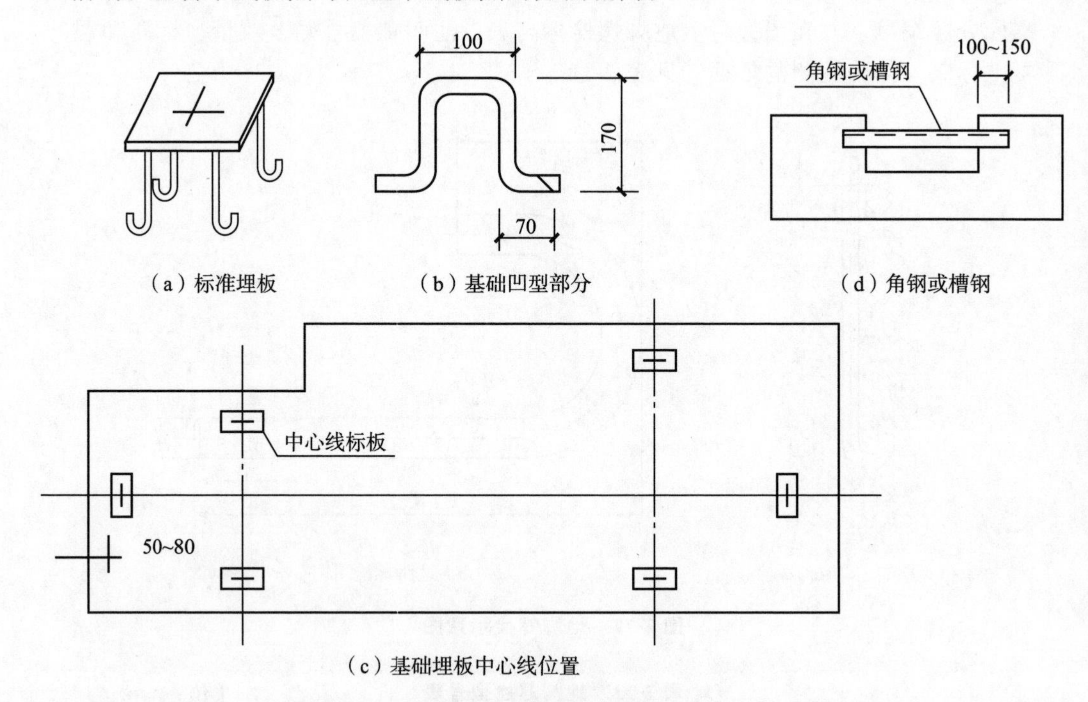

图 2-78 设备基础中心线标板的埋设（单位：mm）

4. 现浇混凝土柱的施工测量

(1) 柱子垂直度测量。

施测步骤：先在柱子模板上弹出中心线，然后根据柱中心控制点 A、B 测设 AB 平行线 $A'B'$，其间距为 1～1.5m，将经纬仪安置在 B'点照准 A'。此时由一人在柱模上端持木尺，将木尺横放，使尺的零点水平地对正模板上端中心线，如图 2-79 所示，纵向转动望远镜仰视木尺，若十字丝正好对准 1m 或 1.5m 处，则柱子模板正好垂直，否则应调整模板，直至垂直为止。

柱子模板校正后，选择不同行列的两三根柱子，从柱子下面已测好的标高点，用钢尺沿柱身往上量距，引测两三个同一高程的点于柱子上端模板上，然后在平台模板上设置水准仪，以引上的任一标高为后视，施测柱顶模板标高，再闭合于另一标高点以资校核。平台模板支好后，必须用水准仪检查平台模板的标高和水平情况，其操作方法与柱顶模板抄平相同。

(2) 柱中心线投点与高层标高引测。

中线引测方法：将经纬仪安置于柱中心线端点上，照准柱子下端的中心线点，仰视向上投点。若经纬仪与柱子之间距离过近，仰角大而不便投点时，可将中线端点用正倒镜法向外延长至便于测设的地方。

纵横中心线投点容差：当柱高在 5m 以下时为±3mm，5m 以上时为±5mm。

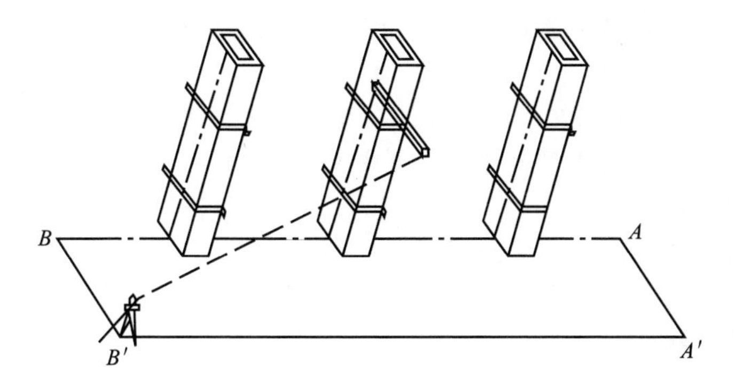

图 2-79　现浇柱垂直校正

标高引测方法：用钢尺沿柱身量距向上引测，标高测量容差为±5mm。

二、钢结构安装测量

工业建筑施工测量

扫码观看本视频

1. 地脚螺栓埋设

地脚螺栓埋设要求安装精度高，其中平面误差小于 2mm，标高误差在 0～30mm 之间。

地脚螺栓施工时，根据轴线控制网，在绑扎楼板梁钢筋时，将定位控制线投测到钢筋上，再测设出地脚螺栓的中心“十”字线，用油漆作标记。拉上小线，作为安装地脚螺栓定位板的控制线。浇筑混凝土过程中，要反复测定位板是否偏移，并及时调正。地脚螺栓定位如图 2-80 所示。埋设过程中，要用水准仪抄测地脚螺栓顶标高。

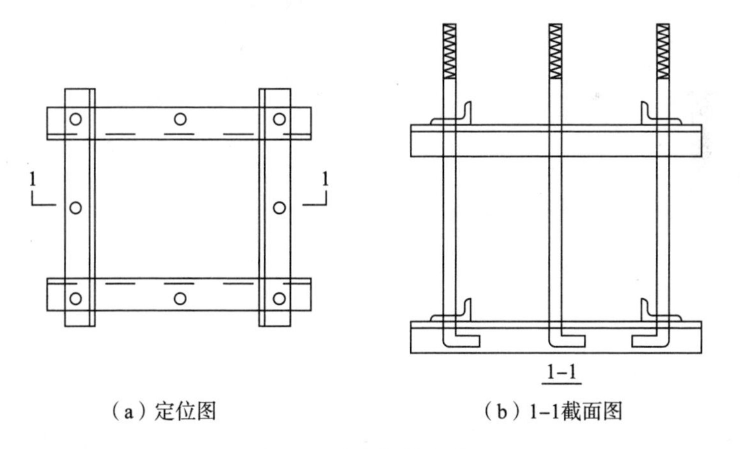

（a）定位图　（b）1–1截面图

图 2-80　地脚螺栓定位图

2. 钢柱垂直度校正

(1) 线坠法或激光垂准仪法。当单节柱子高度较低时，通过在两个互相垂直的方向悬挂两条铅垂线与立柱比较，上端水平距离与下端分别相同时，说明柱子处于垂直状态。为避免风吹铅垂线摆动，可把锤球放在水桶或油桶中。

激光垂准仪法是利用激光垂准仪的垂直光束代替线坠，量取上端和下端垂直光束到柱边的水平距离是否相等，判断柱子是否垂直，如图 2-81 所示。

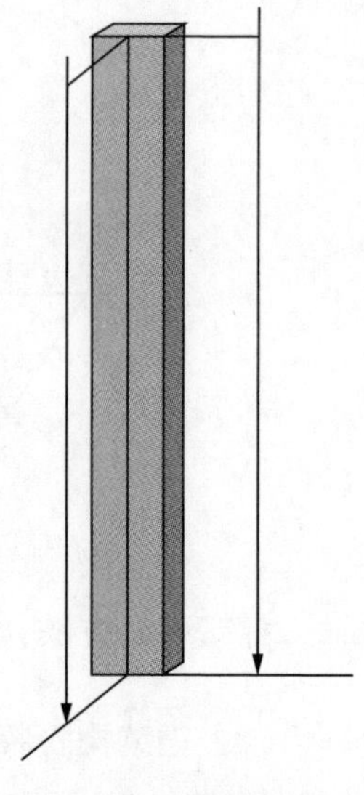

图 2-81　锤球校正钢柱垂直度

（2）经纬仪法。经纬仪法是用两台经纬仪分别架在互相垂直的两个方向上，同时对钢柱进行校正，如图 2-82 所示。此方法精度较高，是施工中常用的校正方法。

（3）全站仪法。采用全站仪校正柱顶坐标，使柱顶坐标等于柱底的坐标，钢柱就处于垂直状态。此方法适于只用一台仪器批量地校正钢柱而不用将仪器进行搬站，如图 2-83 所示。

（4）标准柱法。标准柱法是采用以上三种方法之一，校正出一根或多根垂直的钢柱作为标准柱，相邻的或同一排的柱子以此柱为基准，用钢尺、钢线来校正其他钢柱的垂直度。校正方法如图 2-84 所示，将四个角柱用经纬仪校正垂直作为标准垂直柱，其他柱子通过校正柱顶间距的距离，使之等于柱间距，然后，在两根标准柱之间拉细钢丝线，使另一侧柱边紧贴钢丝线，从而达到校正钢柱的目的。

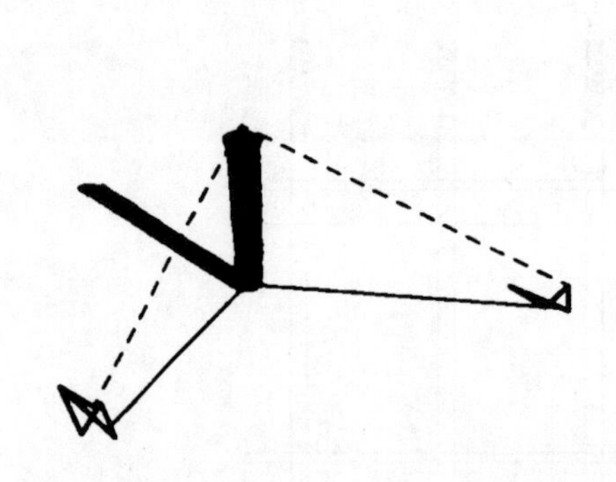

图 2-82　经纬仪校正钢柱垂直度

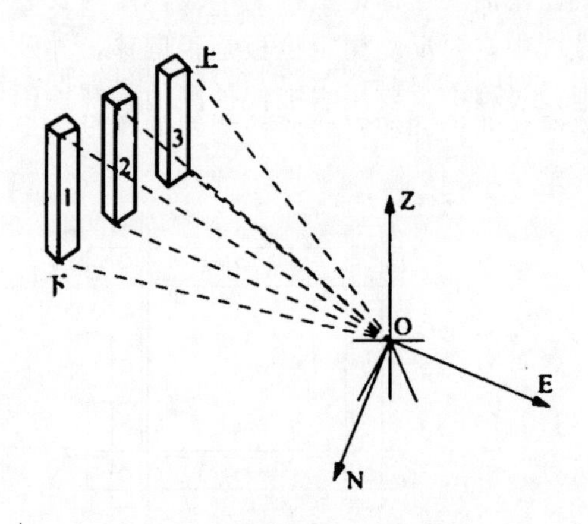

图 2-83　全站仪校正钢柱垂直度

（5）组合钢柱的垂直度校正。组合钢柱如图 2-85 所示。进行组合钢柱垂直度校正时，采用（1）～（3）的方法或多种方法同时进行校正。其中，组合钢柱结构有铅垂的构件，宜用经纬仪进行校正；若构件全为复杂异型结构，则选用全站仪法测定构件上多个关键点的坐标，从而将组合钢柱校正到位。

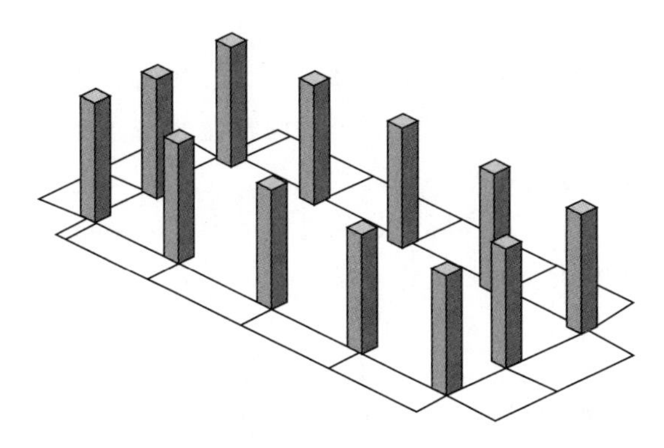

图 2-84　标准柱法校正钢柱垂直度

图 2-85　组合钢柱实体

三、装修施工测量

管道与道路施工测量

扫码观看本视频

1. 室内装饰测量

（1）楼、地面施工测量。

1）标高控制。首先引测装饰标高基准点，标高基准点应可靠、便于施工。根据装饰标高基准点，采用 DS_3 型水准仪在墙体、柱体引测出装饰用标高控制线，并用墨斗弹出控制线。等标高基准点和标高控制线引测完毕后，用水准仪对所有高程点和标高控制线进行复测。

2）平面控制。造型相对简单的地面砖铺贴，通常在排版后需要进行纵横分格线的测设和相对墙面控制线的测设。但对于造型复杂的拼花地面来说，就需要对每个拼花的控制点进行准确地放线和定位。因此在测量放线之前，首先要根据现场情况和拼花形状建立平面控制的坐标体系，一般应遵守便于测量，方便施工控制的原则，平面控制坐标系可采用极坐标系、直角坐标系或网格坐标系等。

（2）吊顶施工测量。

1）标高控制。根据室内标高控制线弹出吊顶龙骨的底边标高线，并用水准仪进行测设。根据各层标高控制线拉小白线检查机电专业已施工的管线是否影响吊顶，并对管线和标高进行调整。

标高控制线全部测设完成后，应进行复核检查验收，合格后进行下一道工序的施工。

2）平面控制。针对吊顶造型的特点和室内平面形状，建立平面坐标系，建立方法同地面平面坐标系。

建立了坐标系之后，先在图纸上找出需要进行控制的关键点，如造型的中心点、拐点、交接点、标高变化点等，通过计算得出平面内各个关键控制点的平面坐标；然后按照吊顶造型关键控制点的坐标值在地面上放线；最后用激光铅直仪将地面的定位控制点投影到顶板上，施工时再按照顶板控制点位置，吊垂线进行平面位置控制。

关键控制点的设置还应考虑吊顶上的各种设备（如灯具、风口、喷淋、烟感、扬声器、检修孔等），以便在放线时进行初步定位。施工时调整龙骨位置或采取加固措施，避免吊顶封板后设备与龙骨位置出现不合理的现象。

完成所有控制点的定位之后，根据设计图纸和实际几何尺寸进行复核，确认无误后方可进行下一步施工。在施工过程中还应随时复查，减少施工粗差。

3）综合放线。针对吊顶造型的复杂程度、特点和室内形状，可建立综合坐标系，综合坐标系可采用直角坐标、柱坐标、球坐标或它们的组合坐标系。

综合坐标系建立后，同样在图纸上找出关键点，如造型的中心点、拐点、交接点、标高变化点等关键点，计算出各个关键点的空间坐标值；再用激光铅直仪将地面放出的关键控制点投影到顶板上，并在顶板上各关键控制点的位置安装辅助吊杆。辅助吊杆安好后，根据关键点的垂直坐标值分别测设各个关键点的高度，并用油漆在辅助吊杆上做出明确标志。这样复杂吊顶的造型关键控制点的空间位置就得到了确定。

各种曲面造型的吊顶，同样根据图纸和现场实际尺寸，计算出空间坐标值之后进行定位。一般曲面施工采取折线近似法（将多段较短的直线相连，近似成曲线），通过调整关键点（辅助吊杆）的疏密来控制曲面的精确度。

（3）墙面施工测量。

1）立体造型墙面，依据建筑水平控制线（＋50 线或其他水平控制线），按照图样控制点在网格中的相对位置，用钢尺进行定位。同时标示出造型与墙体基层大面的凹凸关系（即出墙或进墙尺寸），便于施工时控制安装造型骨架。所标示的凹凸关系尺一般为成活面出墙或进墙尺寸。

2）平面内造型墙面，关键控制点一般确定为造型中心或造型的四个角。放线时先将关键控制点定位在墙面基层上，再根据网格按 1∶1 尺寸进行绘图即可。也可将设计好的图样用计算机或手工按 1∶1 的比例绘制在大幅面的专用绘图纸上，然后在绘制好的图纸上用粗针沿图案线条刺小孔，再将刺好孔的图纸按照关键控制点固定到墙面上，最后用色粉包在图纸上擦抹，取下图纸，图案线条就清晰地印到墙面基底上了。还可采用传统方法，将绘制好的 1∶1 的图纸按关键控制点固定在需要放线的墙面上，然后用针沿绘好的图案线条刺扎，直接在墙面上刺出坑点作为控制线。

完成所有控制点的定位之后，根据设计图纸进行复核，确认无误后方可进行下一步施工，并在施工过程中随时进行复查，减少施工粗差。

2. 幕墙结构施工测量

（1）幕墙结构的测设方法。

1）首层基准点、基准线测设。放线之前，要通过确认主体结构的水准测量基准点和平面控型测量基准点，对水准基准点和平面控制基准点进行复核，并依据复核后的基准点进行放线。

2）投点测量实施方法。将激光垂准仪架设在底层的基准点上对中、调平，向上投点定位，定位点必须牢固可靠，如图 2-86 所示。投点完毕后进行连线，在全站仪或经纬仪监控下将墨线分段弹出。

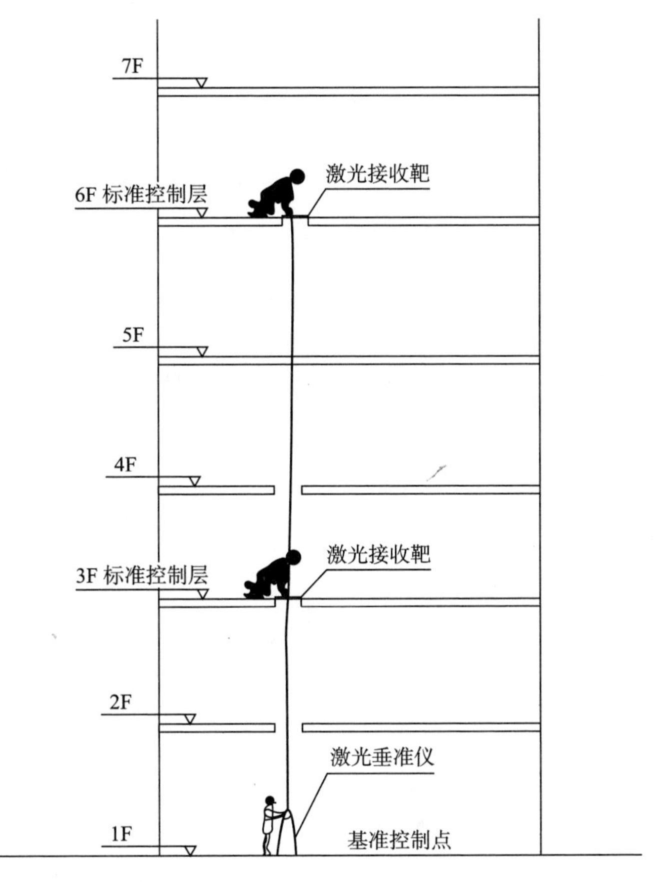

图 2-86　激光垂准仪示意图

3）内控线的测设。以主控制线为准，通常把结构控制线平移，得到幕墙内控线，内控线一般放在离结构边缘 1 000mm、避开柱子便于连线的位置，平移主控制线、弹线的过程中，应使用全站仪或经纬仪进行监控。最后检查内控线与放样图是否一致，误差是否满足要求，有无重叠现象，最终使整个楼层的内控线成封闭状。检查合格后再以内控线为基准，进行外围幕墙结构的测量。

4）钢丝控制线的设定。

用φ1.5mm 的钢丝和 5×50mm 角钢制成的钢丝固定支架挂设钢丝控制线。角钢支架的一端用 M8 膨胀螺栓固定在建筑物外立面的相应位置，而另一端钻φ1.6mm～1.8mm 的孔。支架固定时用铅垂仪或经纬仪监控，确保所有角钢支架上的小孔在同一直线上，且与控制线重合。最后把钢丝穿过孔眼，用花篮螺栓绷紧。钢丝控制线的长度较大时稳定性较差，通常水平方向的钢丝控制线应间隔15m～20m设一角钢支架，垂直方向的钢丝控制线应每隔5～7层设一角钢支架，以防钢丝晃动过大，引起不必要的施工误差，如图2-87所示。

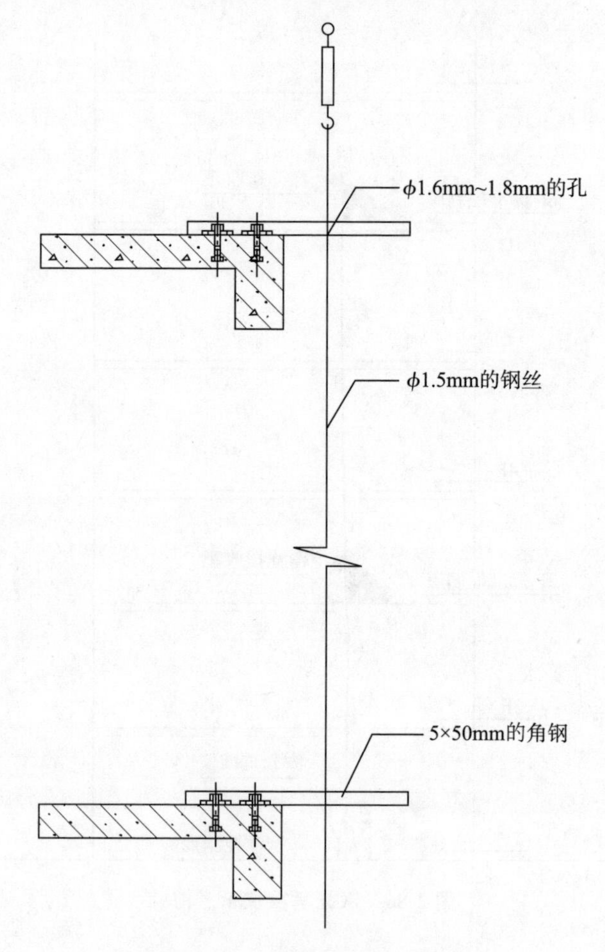

图2-87　钢丝控制线示意图

(2) 屋面装饰结构测量。

1) 首层基准点、线布置。首先，施工人员应依据基准点、线布置图，对基准点、线及原始标高点进行复核。采用全站仪对基准点轴线尺寸、角度进行检查校对，对出现的误差进行合理的分配，经检查确认后，填写轴线、控制线实测角度、尺寸、记录表。经相关负责人确认后方可进行下一道工序的施工。

首层控制线的布置同幕墙结构首层控制点、线测设方法一样。

2) 投射基准点。通常建筑工程外形幕墙基准点投测是随着幕墙施工将基准点逐步投测到各个标准控制层，直至屋面。

3）主控线弹射。基准点投射完后，在各楼层相邻两个测量孔的位置做一个与测量通视孔相同大小的聚苯板塞入孔中，聚苯板保持与楼层面一样平，以便定位墨线交点。

依据先前做好的十字线交出墨线交点，再把全站仪架在墨线交点上对每个基准点进行复查，对出现的误差进行适当的分配。

基准点复核无误后，用全站仪或经纬仪指导连线工作，并用红蓝铅笔及墨斗配合全站仪或经纬仪把两个基准点用一条直线连接起来。将仪器旋转 180°进行复测，如有误差取中间值。用同样方法对其他几条主控制线进行连接弹设。

4）屋面标高的设置。引测高程到首层便于向上竖直量尺位置，校核合格后作为起始标高线，并弹出墨线，标明高程数据，以便相互之间进行校核。

第五节　沉降与变形观测

沉降观测

扫码观看本视频

一、沉降观测

建筑物沉降观测的主要内容包括：沉降观测点的设置、沉降观测的周期、沉降观测的次数和时间、水准点的确定、观测仪器及观测方法、沉降观测的图示与记录、沉降观测的标志、沉降观测点的施测精度、沉降观测点的观测方法和技术要求、观测工作结束后应提交的成果等。

1. 沉降观测的要求

（1）沉降观测点的设置。

1）建筑物的四角大转角处及沿外墙每 10m～15m 处或每隔 2～3 根柱基上。

2）高、低层建筑物，新、旧建筑物，纵、横墙等交接处的两侧。

3）建筑物裂缝和沉降缝两侧、基础埋深相差悬殊处、人工地基与天然地基接壤处、不同结构的分界处及填挖方分界处。

4）宽度大于或等于 15m，或小于 15m 且地质复杂以及膨胀土地区的建筑物，在承重内隔墙中部设内墙点，在室内地面中心及四周设地面点。

5）邻近堆置重物处、受振动有显著影响的部位及基础下的暗浜（沟）处。

6）框架结构建筑物的每个或部分柱基上，或沿纵、横轴线设点。

7）片筏基础、箱形基础底板，或接近基础的结构部分之四角处及其中部位置。

8）重型设备基础和动力设备基础的四角，基础形式或埋深改变处以及地质条件变化处两侧。

9）电视塔、烟囱、水塔、油罐、炼油塔、高炉等高耸建筑物，沿周边在与基础轴线相交的对称位置上布点，点数不少于 4 个。

10）埋入墙体的观测点，材料应采用直径大于 12mm 的圆钢，一般埋入深度小于 12cm，钢筋外端要有 90°弯钩，并稍离墙体，以便于置尺测量。

(2) 沉降观测的标志。

可根据不同的建筑结构类型和建筑材料，采用墙（柱）标志、基础标志和隐蔽式标志（用于宾馆等高级建筑物）等形式。各类标志的立尺部位应加工成半球形或有明显的突出点，并涂上防腐剂。标志的埋设位置应避开如雨水管、窗台线、暖气片、暖水管、电气开关等有碍设标和观测的障碍物，并应视立尺需要离开墙柱面和地面一定距离。隐蔽式沉降观测点标志的埋设规格，如图 2-88～图 2-90 所示。

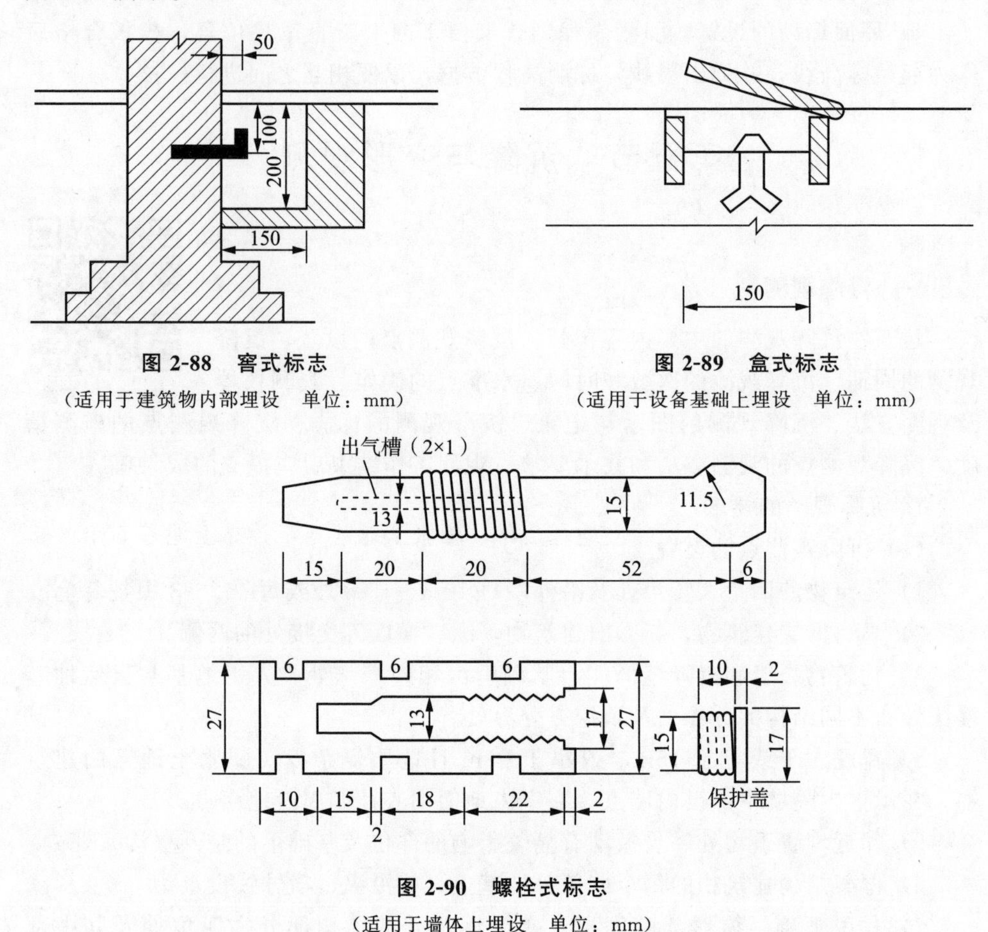

图 2-88　窨式标志

（适用于建筑物内部埋设　单位：mm）

图 2-89　盒式标志

（适用于设备基础上埋设　单位：mm）

图 2-90　螺栓式标志

（适用于墙体上埋设　单位：mm）

(3) 沉降观测点的施测精度。

沉降观测点的施测精度应符合高程测量精度等级的有关规定，未包括在水准线路上的观测点，应以所选定的测站高差中的误差作为精度要求施测。

(4) 沉降观测点观测的技术要求。

沉降观测点的观测除了应符合一般水准测量的技术要求外，还应符合下列要求。

1）对二、三级观测点，除了建筑物转角点、交接点、分界点等主要变形特征点外，可允许使用间视法进行观测，但视线长度不得大于相应等级规定的长度。

2）观测时，仪器应避免安置在有空压机、搅拌机、卷扬机等振动影响的范围内，塔式起重机等施工机械附近也不宜设站。

3）每次观测应记载施工进度、增加荷载量、仓库进货吨位、建筑物倾斜、裂缝等各种影响沉降变化和异常的情况。

每周期观测后，应及时对观测资料进行整理，计算观测点的沉降量、沉降差以及本周期平均沉降量和沉降速度。

（5）沉降观测的周期。

1）建筑物施工阶段的观测。一般建筑可在基础完工后或地下室砌完后开始观测，大型、高层建筑可在基础垫层或基础底部完成后开始观测。观测次数与间隔时间应视地基与加荷情况而定。民用建筑可每加高1～5层观测一次；工业建筑可按不同施工阶段（如回填基坑、安装柱子和屋架、砌筑墙体、设备安装等）分别进行观测。如建筑物均匀增高，应至少在增加荷载的25%、50%、75%和100%时各测一次。施工过程中如暂时停工，在停工时及重新开工时应各观测一次，停工期间可每隔2～3个月观测一次。

2）建筑物使用阶段的观测。除了有特殊要求者外，在一般情况下，可在第一年观测3～4次，第二年观测2～3次，第三年后每年1次直至稳定为止。观测期限一般不少于如下规定：砂土地基2年，膨胀土地基3年，黏土地基5年，软土地基10年。当建筑物出现下沉、上浮，不均匀沉降比较严重，或裂缝发展迅速时，应每日或数日连续观测。

在观测过程中，如有基础附近地面荷载突然增减、基础四周大量积水、长时间连续降雨等情况，均应及时增加观测次数。当建筑物突然发生大量沉降、不均匀沉降或严重裂缝时，应立即进行逐日或2～3天一次的连续观测。

3）建筑物沉降稳定标准。地基变形沉降的稳定标准应由“沉降量—时间”关系曲线判定。对重点观测和科研观测工程，若最后三个观测周期中每周期沉降量不大于$2\sqrt{2}$倍，测量中误差可认为已进入稳定阶段。

（6）沉降观测的次数和时间。

对工业厂房、公共建筑和四层及以上的砖混结构住宅建筑，第一次观测在观测点安设稳固后进行。然后，在第三层观测一次，三层以上时各层观测一次，竣工后再观测一次。框架结构的建筑物每两层观测一次，竣工后再观测一次。

（7）观测仪器及观测方法。

1）观测沉降的仪器应采用经计量部门检验合格的水准仪和钢水准尺进行。

2）观测时应固定人员，并使用固定的测量仪器和工具。

3）每次观察均需采用环形闭合方法，或往返闭合方法当场进行检查。同一观测点的两次观测值之差不得大于1mm。

（8）沉降观测的图示与记录。

完成沉降观测工作，要先绘制好沉降观测示意图并对每次沉降观测认真做好记录。

1）沉降观测示意图应画出建筑物的底层平面示意图，注明观测点的位置和编号，注明水准基点的位置、编号和标高及水准点与建筑物的距离。并在图上注明观测点所用材料、埋入墙体深度、离开墙体的距离。

2）沉降观测的记录应采用住房和城乡建设部制定的统一表格。观测的数据必须经过严格核对无误后，方可记录，不得任意更改。当各观测点第一次观测时，标高相同时要如实填写，其沉降量为零。以后每次的沉降量为本次标高与前次标高之差，累计沉降量则为各观测点本次标高与第一次标高之差。

3）房屋和构筑物的沉降量、沉降差、倾斜、局部倾斜应不大于地基允许变形值。

4）沉降观测资料应妥善保管，存档备查。

（9）观测成果的提交。

1）沉降观测成果表。

2）沉降观测点位分布图及各周期沉降展开图。

3）沉降速度、时间、沉降量曲线图。

4）荷载、时间、沉降量曲线图（视需要提交）。

5）建筑物的沉降曲线图。

6）沉降观测分析报告。

2. 布设沉降水准点

（1）布设原则。

1）基准点的布设。一般布设在建筑物四角、差异沉降量大的位置、地质条件有明显不同的区段以及沉降裂缝的两侧。埋设时注意观测点与建筑物的连接要牢靠，使得观测点的变化能真正反映建筑物的变化情况，并根据建筑物的平面设计图纸绘制沉降观测点布点图，以确定沉降观测点的位置。在工作点与沉降观测点之间要建立固定的观测路线，并在架设仪器站点与转点处做好标记桩，保证各次观测均沿着统一路线。

基准点一般分为工作基准点和基准点两级。工作基准点设置在建筑物附近的稳固位置，直接用于测定观测点的位置变化；基准点一般选在变形范围外远离建筑物的地区。沉降观测的基准点通常成组（每组三个）设置，用以检核工作基准点的稳定性。

2）工作基准点的检核。工作基准点的检核一般采用精密水准测量的方法。位移观测的工作基准点的稳定性检核通常采用三角测量法进行。由于电磁波测距仪精度的提高，变形观测中也可采用三维三边测量来检核工作基准点的稳定性。在基准线观测中，常用倒锤装置来建立基准点。这种装置是把不锈钢丝的一端固定在一个锚块上，将此锚块用钻孔的方法浇固在基岩中。不锈钢丝的另一端同一浮体相连接，钢丝被拉紧而处于竖直位置，以它作基准，用坐标仪可以测定工作基准点的位移。变形观测中设置的基准点应进行定期观测，将观测结果进行统计分析，以判断基准点本身的稳定情况。

（2）观测点的布置。

水准点包括工作水准点和永久性基本水准点两种。前者直接用作沉降观测的后视点，后者则用于检查工作水准点的稳定性。永久性基本水准点应布设在沉降影响范围以外的稳定地点，且三个为一组。工作水准点应尽量布设在靠近建筑物且受其沉降影响较小的地方，以距建筑物 20m～100m 为宜。

对于民用建筑，在墙角和纵横墙交界处，周边每隔 10m～20m 处均应布点。当房屋宽度大于 15m 时，应在房屋内部纵轴线上和楼梯间布点。对于工业建筑，应在房角、承重墙、柱子和设备基础上布点。对于烟囱和水塔等，应在其四周均匀布设三个以上的观测点。

变形观测结果的准确性以及其数据能否正确反映出建筑物的实际变形，与其变形观测点布设是否合理、全面有直接关系。

每个工程应当在施工作业范围外至少埋设三个水准点，并确保不受施工影响。每次在进行沉降观测前，须检验水准点的稳定性，只有稳定的水准点方可作为沉降观测的基准点。沉降观测点的布设应遵循以下原则。

1）通常在建筑物的四角点、中点、转角处等能反映变形特征和变形明显的部位布设沉降观测点，沉降观测点间距一般为 10m～20m。

2）对于设有后浇带及施工缝的建筑物，还应在其两侧布设沉降观测点。

3）对于新建建筑物与原有建筑物的连接处，应在其两侧的承重墙或支柱上布设沉降观测点。

4）对于一些大型工业厂房，除了按上述原则布设沉降观测点外，还应在大型设备四周的承重墙或支柱上布设沉降观测点。

（3）不同类型的水准点及其埋设规格。

各类型水准点的埋设规格，如图 2-91～图 2-96 所示。

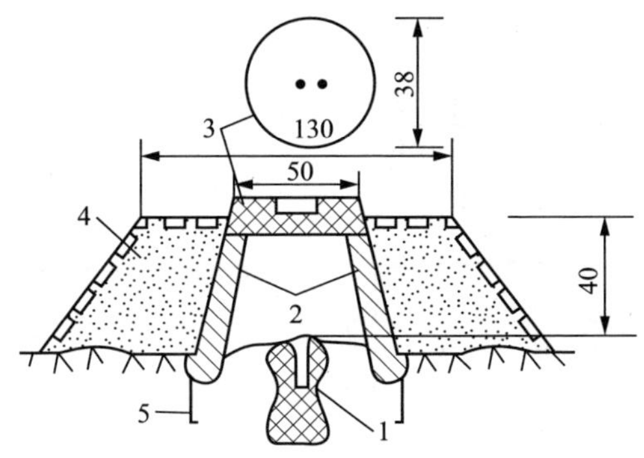

1—抗蚀的金属标志；2—钢筋混凝土井圈；
3—井盖；4—砌石土丘；5—井圈保护层。

图 2-91　岩层水准基点标石（单位：cm）

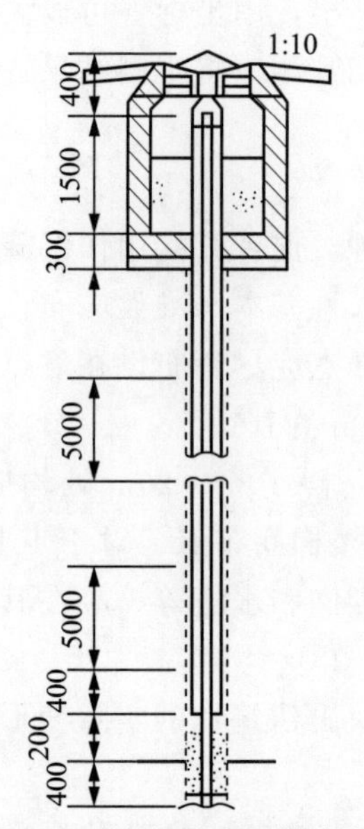

图 2-92　深埋双金属管水准基点标石（单位：mm）

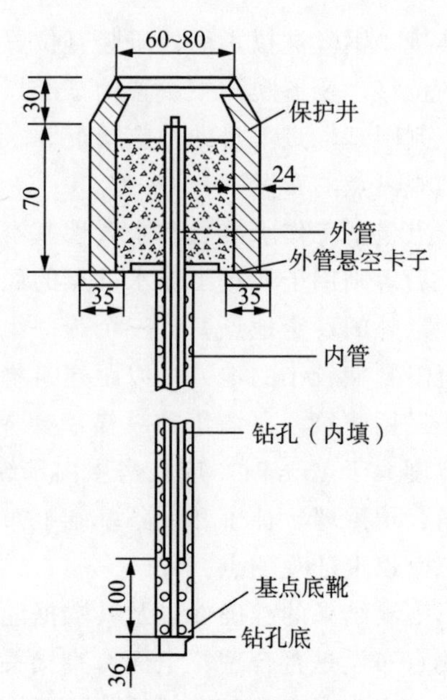

图 2-93　深埋钢管水准基点标石（单位：cm）

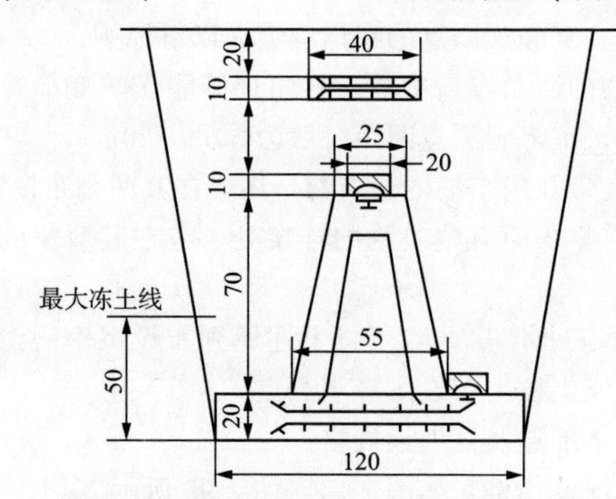

图 2-94　混凝土基本水准标石（单位：cm）

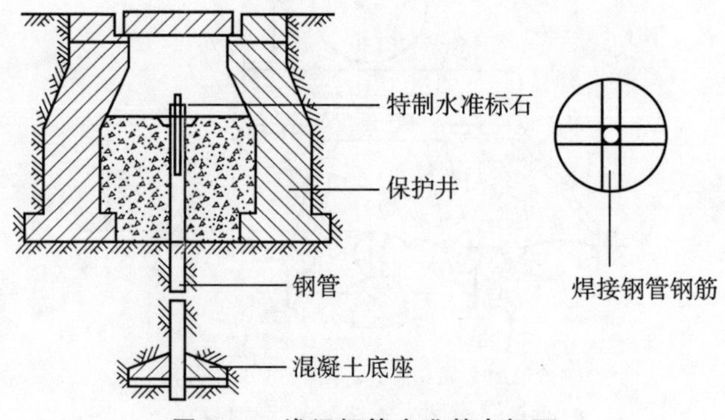

图 2-95　浅埋钢管水准基点标石

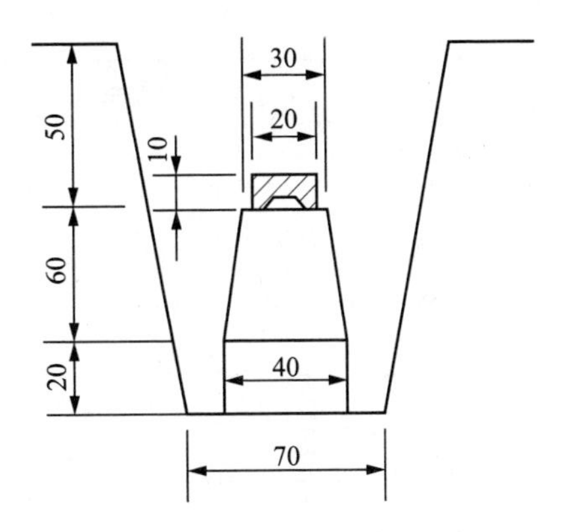

图 2-96 混凝土普通水准标石（单位：cm）

3. 沉降观测成果记录

（1）观测点。

水准点的布设要把水准点的稳定、观测方便和精度要求综合考虑，合理地埋设。一般要布设三个水准点，并且埋设在受压、受振范围以外，埋设深度在冻土线以下 0.5m，以保证水准点的稳定性，与观测点的距离不应大于 100m，以便提高观测精度。

（2）观测周期。

当基础附近地面荷重突然增加，周围大量积水及暴雨过后，或周围大量挖方等均应观测，施工中如中途停工时间较长，应在停工时及复工前进行观测。工程完工后，应连续进行观测，观测时间的间隔可按沉降量的大小及速度而定。开始时可每隔 1～2 月观测一次，以每次沉降量在 5～10mm 为限，否则需要增加观测次数。以后随着沉降速度的减慢，再逐渐延长观测周期，直至沉降稳定为止。

（3）观测成果。

在每一次观测完成后，都需要校核观测手簿中的记录数据并进行计算，计算精度是否符合要求见表 2-14。将汇总后的资料列入表中，计算两次观测之间的沉降量和累计沉降量，并注明观测日期和“沉降—荷重—时间”关系曲线图。

表 2-14 沉降观测记录手簿

日期	荷重/t	观测点											
		22			23			24			25		
		高程/m	沉降量/mm	累计沉降量/mm	高程/m	沉降量/mm	累计沉降量/mm	高程/m	沉降量/mm	累计沉降量/mm	高程/m	沉降量/mm	累计沉降量/mm
2018.03.06		76.353			76.411			76.301			76.428		
2018.04.06		76.349	4	4	76.408	3	3	76.299	2	2	76.425	3	3

续表

日期	荷重/t	观测点											
		22			23			24			25		
		高程/m	沉降量/mm	累计沉降量/mm	高程/m	沉降量/mm	累计沉降量/mm	高程/m	沉降量/mm	累计沉降量/mm	高程/m	沉降量/mm	累计沉降量/mm
2018.05.06	400	76.340	9	13	76.398	10	13	76.291	8	10	76.417	8	11
2018.06.06		76.332	8	21	76.390	8	21	76.285	6	16	76.411	6	17
2018.07.06	800	76.323	9	30	76.382	8	29	76.278	7	23	76.403	8	25
2018.08.06	1 200	76.316	7	37	76.375	7	36	76.272	6	29	76.397	6	31
2018.09.06		76.310	6	43	76.369	6	42	76.266	6	35	76.393	4	35
2018.10.06		76.305	5	48	76.363	6	48	76.262	4	39	76.389	4	39
2018.11.06		76.300	5	53	76.359	4	52	76.259	3	42	76.386	3	42
2018.12.06		76.296	4	57	76.355	4	56	76.256	3	45	76.384	2	44
2019.01.06		76.294	2	59	76.352	3	59	76.253	3	48	76.382	2	46
2019.02.06		76.292	2	61	76.349	3	62	76.251	2	50	76.380	2	48
2019.03.06		76.291	1	62	76.347	2	64	76.249	2	52	76.379	1	49
2019.04.06		76.290	1	63	76.346	1	65	76.248	1	53	76.378	1	50
2019.05.06		76.289	1	64	76.345	1	66	76.247	1	54	76.377	1	51
2019.06.06		76.289	0	64	76.345	0	66	76.247	0	54	76.377	0	51
2019.07.06		76.289	0	64	76.345	0	66	76.247	0	54	76.377	0	51

二、倾斜观测

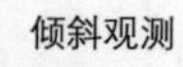

扫码观看本视频

对于倾斜度的观测，通常使用水准仪、经纬仪或其他专用仪器进行测量。对于不同的建筑物，通常使用的观测方法不同，观测的方法包括一般投点法（针对一般建筑物和锥形建筑物的倾斜观测）、倾斜仪观测法和激光铅垂仪法。根据建筑物结构的不同又分为建筑物主体倾斜观测和基础倾斜观测。

1. 一般投点法

（1）一般建筑物的倾斜观测。

如图 2-97 所示，在距离墙面大于墙高的地方选一点 A 安置经纬仪，瞄准墙顶一点 M，向下投影得点 M_1，并作标志。过一段时间，再用经纬仪瞄准同一点 M，向下投影得点 M_2。若建筑物沿侧面方向发生倾斜，点 M 已移位，则点 M_1 与点 M_2 不重合，于是量得水平偏移量 a。同时，在另一侧面也可测得偏移量 b，

以 H 代表建筑物的高度，则建筑物的倾斜度为

$$i=\sqrt{a^2+b^2}/H$$

（2）锥形建筑物的倾斜观测。

当测定圆形建筑物，如烟囱、水塔等的倾斜度时，首先要求得顶部中心 O' 点对底部中心 O 点的偏心距，如图 2-98 中的 OO'，其做法如下所述。

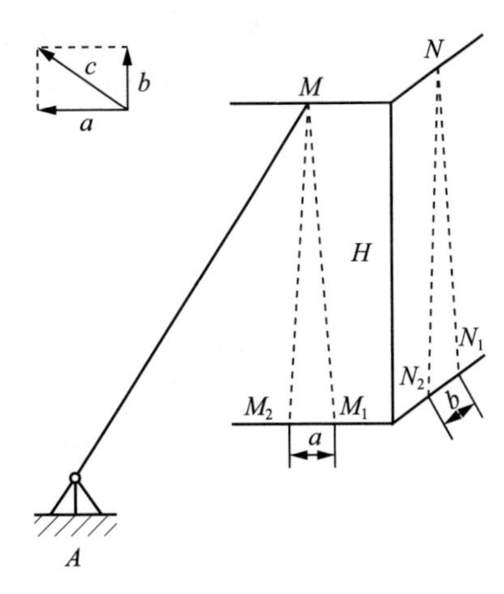

图 2-97　投点法

如图 2-98 所示，在烟囱底部边沿平放一根标尺，在标尺的垂直平分线方向上安置经纬仪，使经纬仪距烟囱的距离不小于烟囱高度的 1.5 倍。用望远镜瞄准底部边缘两点 A、A' 及顶部边缘两点 B、B'，并分别投点到标尺上，设读数为 y_1、y'_1 和 y_2、y'_2，则烟囱顶部中心 O' 点对底部中心 O 点在 y 方向的偏心距为

$$\delta_y=(y_2+y'_2)/2-(y_1+y'_1)/2$$

同法再安置经纬仪及标尺于烟囱的另一垂直方向，测得底部边缘和顶部边缘在标尺上的投点读数为 x_1、x'_1 和 x_2、x'_2，则在 x 方向上的偏心距为

$$\delta_x=(x_2+x'_2)/2-(x_1+x'_1)/2$$

烟囱的总偏心距为

$$\delta=\sqrt{\delta_x^2+\delta_y^2}$$

烟囱的倾斜方向为

$$\alpha=\arctan(\delta_y/\delta_x)$$

式中：α——以 x 轴作为标准方向线所表示的方向角。

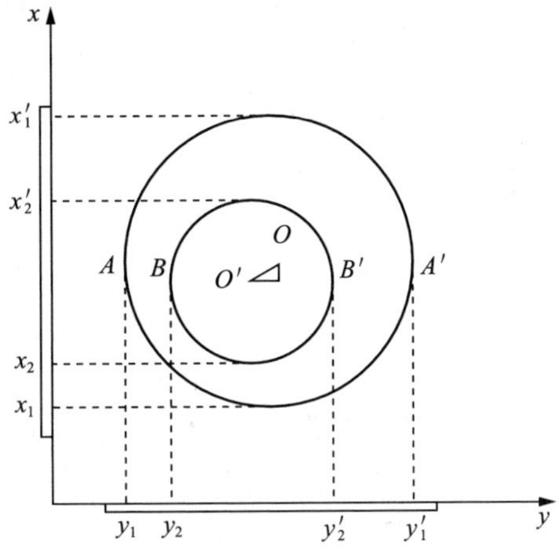

图 2-98　锥形建筑物的倾斜观测

以上观测，要求仪器的水平轴应严格水平。因此，观测前仪器应进行检验与校正，使观测误差在允许误差范围以内，观测时应用正倒镜观测两次，取其平均数。

2. 倾斜仪观测法

倾斜仪一般具有能连读数、自动记录和数字传输等特点，有较高的观测精度，因而在倾斜观测中得到了广泛应用。常见的倾斜仪有水准管式倾斜仪、气泡式倾斜仪和电子倾斜仪等。

气泡式倾斜仪由一个高灵敏度的气泡水准管 e 和一套精密的测微器组成，如图 2-99 所示。气泡水准管固定在架 a 上，可绕 c 转动，a 下面装一弹簧片 d，在底板 b 下面置放装置 m，测微器中包括测微杆 g、读数盘 h 和指标 k。将倾斜仪

安置在需要的位置上，转动读数盘，使测微杆向上（向下）移动，直至水准管气泡居中为止。此时在读数盘上读数，即可得出该处的倾斜度。

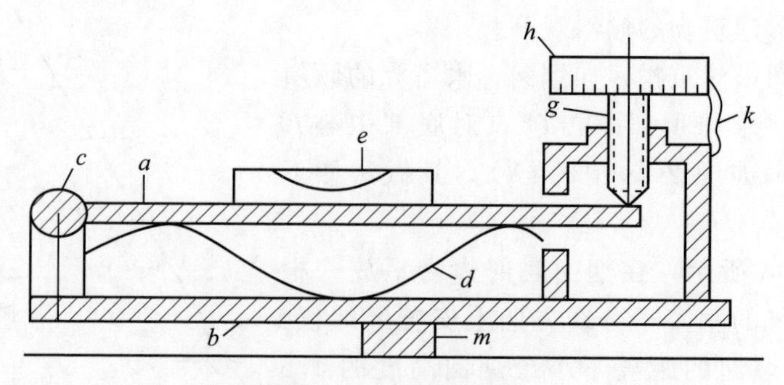

图 2-99　气泡式倾斜仪

3. 激光铅垂仪法

激光铅垂仪法是在顶部适当位置安置接收靶，在其垂线下的地面或地板上安置激光铅垂仪或激光经纬仪，按一定的周期观测，在接收靶上直接读取或量出顶部的水平位移量和位移方向，作业中仪器应严格整平、对中。

当建筑物立面上观测点数量较多或倾斜变形比较明显时，也可采用近景摄影测量的方法进行建筑物的倾斜观测。

建筑物倾斜观测的周期，可视倾斜速度的大小，每隔 1～3 个月观测一次。如遇基础附近有大量堆载物或卸载物，场地长期降雨出现大量积水而导致倾斜速度加快时，应及时增加观测次数。施工期间的观测周期与沉降观测周期取得一致。倾斜观测应避开强日照和风荷载影响大的时间段。

4. 一般建筑物主体的倾斜观测

建筑物主体的倾斜观测，应测定建筑物顶部观测点相对于底部观测点的偏移值，再根据建筑物的高度，计算建筑物主体的倾斜度，即

$$i=\tan\alpha=\frac{\Delta D}{H}$$

式中：i——建筑物主体的倾斜度；

ΔD——建筑物顶部观测点相对于底部观测点的偏移值，单位为 m；

H——建筑物的高度，单位为 m；

α——倾斜角，单位为°。

倾斜测量主要是测定建筑物主体的偏移值 ΔD。偏移值 ΔD 的测定一般采用经纬仪投影法。具体观测方法如下。

（1）如图 2-100 所示，将经纬仪安置在固定测站上，该测站到建筑物的距离为

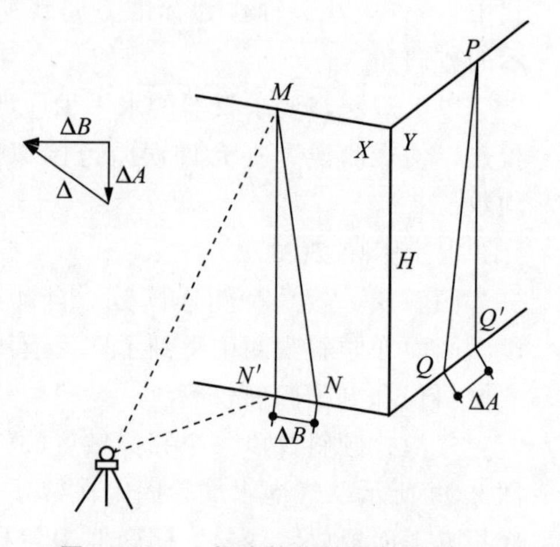

图 2-100　一般建筑物的倾斜观测

建筑物高度的 1.5 倍以上。瞄准建筑物 X 墙面上部的观测点 M，用盘左、盘右分中投点法，定出下部的观测点 N。用同样的方法，在与 X 墙面垂直的 Y 墙面上定出上观测点 P 和下观测点 Q。M、N 和 P、Q 即为所设观测标志。

(2) 相隔一段时间后，在原固定测站上，安置经纬仪，分别瞄准上观测点 M 和 P，用盘左、盘右分中投点法，得到 N' 和 Q'。如果 N 与 N'、Q 与 Q' 不重合，说明建筑物发生了倾斜。

(3) 用尺子量出在 X、Y 墙面的偏移值 ΔA、ΔB，然后用矢量相加的方法，计算出该建筑物的总偏移值 ΔD，即

$$\Delta D=\sqrt{\Delta A^2+\Delta B^2}$$

根据总偏移值 ΔD 和建筑物的高度 H 即可计算出其倾斜度 i。

5. 圆形建（构）筑物主体的倾斜观测

对圆形建（构）筑物的倾斜观测，是在互相垂直的两个方向上，测定其顶部中心对底部中心的偏移值。具体观测方法如下。

(1) 如图 2-101 所示，在烟囱底部横放一根标尺，在标尺中垂线方向上，安置经纬仪，经纬仪到烟囱的距离为烟囱高度的 1.5 倍。

(2) 用望远镜将烟囱顶部边缘两点 A、A' 及底部边缘两点 B、B' 分别投到标尺上，得读数为 y_1、y'_1 及 y_2、y'_2。烟囱顶部中心 O 对底部中心 O' 在 y 方向上的偏移值 Δy 为

$$\Delta y=\frac{y_1+y'_1}{2}-\frac{y_2+y'_2}{2}$$

(3) 用同样的方法，可测得在 x 方向上，顶部中心 O 的偏移值 Δx 为

$$\Delta x=\frac{x_1+x'_1}{2}-\frac{x_2+x'_2}{2}$$

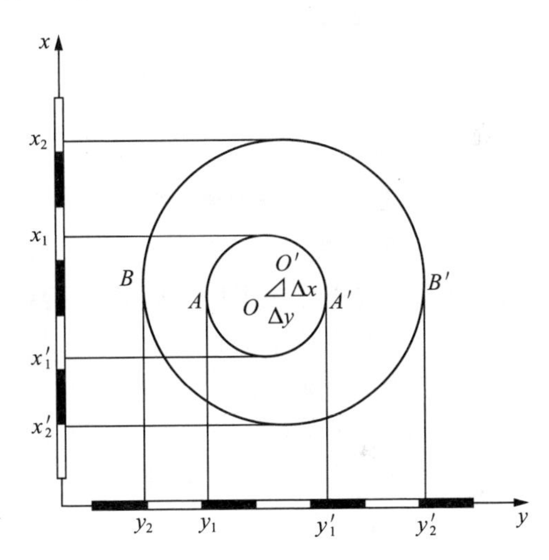

图 2-101 圆形建（构）筑物的倾斜观测

(4) 用矢量相加的方法，计算出顶部中心 O 对底部中心 O' 的总偏移值 ΔD，即

$$\Delta D=\sqrt{\Delta x^2+\Delta y^2}$$

根据总偏移值 ΔD 和圆形建（构）筑物的高度 H 即可计算出其倾斜度 i。

另外，也可采用激光铅垂仪或悬吊锤球的方法，直接测定建（构）筑物的倾斜量。

6. 建筑物基础倾斜观测

建筑物的基础倾斜观测一般采用精密水准测量的方法，定期测出基础两端点的沉降量差值 Δh，如图 2-102 以及图 2-103 所示，再根据两点间的距离 L，即可

计算出基础的倾斜度。

$$i=\frac{\Delta h}{L}$$

用精密水准测量测定建筑物基础两端点的沉降量差值 Δh，再根据建筑物的宽度 L 和高度 H，推算出该建筑物主体的偏移值 ΔD，即

$$\Delta D=\frac{\Delta h}{L}H$$

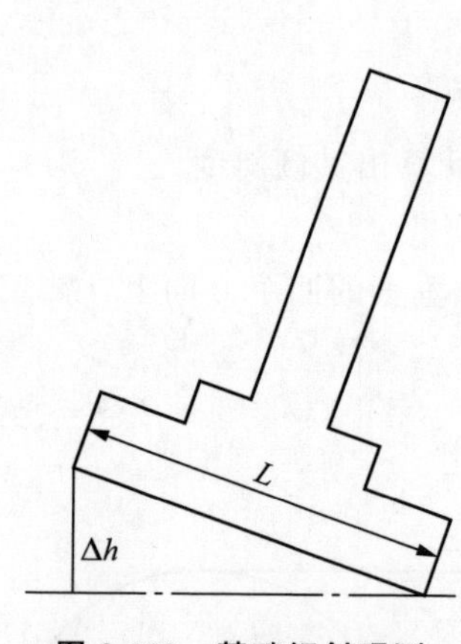

图 2-102　基础倾斜观测

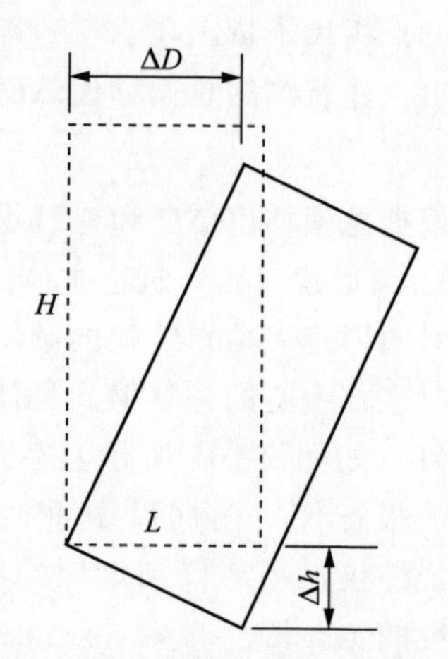

图 2-103　测定建筑物的偏移值

7. 成果整理

变形观测工作结束后，提交下列成果：

(1) 观测点位平面布置图。

(2) 观测成果表。

现场记录使用统一的表格，所有的测量数据都应保存原始测量记录，这些记录应按时间顺序归档。在测量过程中，必须完整记录现场测量结果，不允许修改记录，若有记录错误，在其上方记录正确结果并轻轻划掉错误记录，但应能看清划掉的数字。

三、裂缝观测

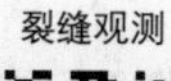

扫码观看本视频

常用的裂缝观测方法有以下两种。

(1) 石膏板标志。用厚 10mm，宽约 50mm～80mm 的石膏板（长度视裂缝大小而定），固定在裂缝的两侧。当裂缝继续发展时，石膏板也随之开裂，从而观察裂缝继续发展的情况。

(2) 白铁皮标志。根据观测裂缝的发展情况，在裂缝两侧设置观测标志，如图 2-104 所示。对于较大的裂缝，至少应在其最宽处及裂缝末端各布设一对观测标志。裂缝可直接量取或间接测定，分别测定其位置、走向、长度、宽度和深度的变化。

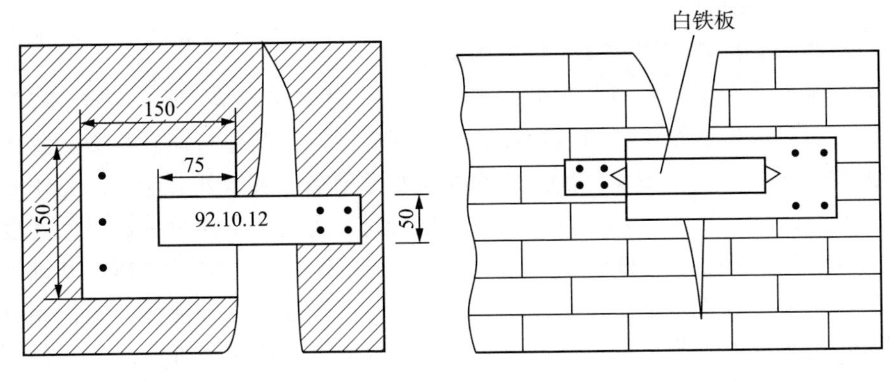

（a）使用两块白铁皮制成 （b）没有涂油漆白铁皮的变化

图 2-104 裂缝观测标志

观测标志可用两块白铁皮制成，一片为 150mm×150mm，固定在裂缝的一侧，并使其一边和裂缝边缘对齐；另一片为 50mm×200mm，固定在裂缝的另一侧，并使其一部分紧贴在 150mm×150mm 的白铁皮上，两块白铁皮的边缘应互相平行。标志固定好后，将两块白铁皮露在外面的表面涂上红色油漆，并写上编号和日期。如果裂缝在标志设置好后继续发展，白铁皮将逐渐拉开，露出正方形白铁皮上没有涂油漆的部分，它的宽度就是裂缝加大的宽度，可以用尺子直接量出。用同样的方法在可能发生裂缝处进行设置，即可获知建筑物是否发生裂缝变形以及变形程度的信息。对于裂缝深度，可拿尺子直接量测，必要时需采取相应的加固措施。

四、变形观测

1. 基准点的设置

建筑变形测量基准点和工作基点的设置原则包括：建筑沉降观测应设置高程基准点、建筑位移和特殊变形观测应设置平面基准点、当基准点离所测建筑距离较远时宜设置工作基点。

变形测量的基准点应设置在变形区域以外、位置稳定、易于长期保存的地方，并应定期复测。复测周期应视基准点所在位置的稳定情况确定，在建筑施工过程中应 1～2 个月复测一次，点位稳定后宜每季度或每半年复测一次。当观测点变形测量成果出现异常，或当测区受到地震、洪水、爆破等外界因素影响时，应及时进行复测。

变形测量基准点的标石、标志埋设后，应待其达到稳定后方可开始观测。稳定期应根据观测要求与地质条件确定，且不应少于 15 天。

当有工作基点时，每期变形观测时均应将其与基准点进行联测，然后再对观测点进行观测。

变形控制测量的精度级别应不低于沉降或位移观测的精度级别。

2. 高程基准点的选择

（1）高程基准点和工作基点位置的选择。

高程基准点和工作基点的位置应避开交通干道主路、地下管线、仓库堆栈、水源地、河岸、松软填土、滑坡地段、机器振动区以及其他可能使标石、标志易遭腐蚀和破坏的地方。高程基准点应选设在变形影响范围以外且稳定、易于长期保存的地方。在建筑区内，其点位与邻近建筑的距离应大于建筑基础最大宽度的2倍，其标石埋深应大于邻近建筑基础的深度。高程基准点也可选择在基础深且稳定的建筑上；高程基准点、工作基点之间，应便于进行水准测量。当使用电磁波测距三角高程测量方法进行观测时，应使各点周围的地形条件一致。当使用静力水准测量方法进行沉降观测时，用于联测观测点的工作基点宜与沉降观测点设在同一高程面上，偏差不应超过±1cm。当不能满足这一要求时，应设置上、下高程不同，但位置垂直对应的辅助点传递高程。

（2）高程基准点和工作基点标志的选型和埋设要求。

高程基准点的标石应埋设在基岩层或原状土层中，可根据点位所在处的不同地质条件，选择埋基岩水准基点标石、深埋双金属管水准基点标石、深埋钢管水准基点标石、混凝土基本水准标石。在基岩壁或稳固的建筑上也可埋设墙上水准标志；高程工作基点的标石可按点位不同的要求，选用浅埋钢管水准标石、混凝土普通水准标石或墙上水准标志等；特殊土地区和有特殊要求的标石、标志规格及埋设，应另行设计。

3. 平面基准点的选择

（1）平面基准点和工作基点的布设要求。

各级别位移观测的基准点（含方位定向点）不应少于三个，工作基点可根据需要设置。基准点、工作基点应便于检核校验。当使用GPS测量方法进行平面或三维控制测量时，基准点位置还应满足：便于安置接收设备和操作，视野开阔场地内障碍物的高度角不宜超过15°，离电视台、电台、微波站等大功率无线电发射源的距离不应小于200m；离高压输电线和微波无线电信号传输通道的距离不应小于50m；附近不应有强烈反射卫星信号的大面积水域、大型建筑以及热源等。通视条件好，应方便采用常规测量手段进行联测。

（2）平面基准点和工作基点标志的形式和埋设要求。

对特级、一级位移观测的平面基准点、工作基点，应建造具有强制对中装置的观测墩或埋设专门观测标石，强制对中装置的对中误差不应超过±0.1mm。照准标志应具有明显的几何中心或轴线，并应符合图像反差大、图案对称，相位差小和不变形等要求。根据点位的不同情况，可选用重力平衡球式标、旋入式杆状标、直插式觇牌、屋顶标和墙上标等形式的标志。对用作平面基准点的深埋式标志、兼作高程基准的标石和标志及特殊土地区或有特殊要求的标石、标志及其埋设，应另行设计。

（3）精度要求。

1）测角网、测边网、边角网、导线网或GPS网的最弱边边长中误差，不应大于所选级别的观测点坐标中误差。

2）工作基点相对于邻近基准点的点位中误差，不应大于所选级别的观测点点位中误差。

3）用基准线法测定偏差值的中误差，不应大于所选级别的观测点坐标中误差。

4. 水准观测的要求

（1）水准测量进行高程控制或沉降观测要求。

1）各等级水准测量使用的仪器型号和标尺类型，见表2-15。

表2-15　水准测量的仪器型号和标尺类型

级别	使用的仪器型号			标尺类型		
	DS_{05}、DSZ_{05}型	DSI、DSZ_1型	DS_3、DSZ_3型	铟钢尺	条码尺	区格式木制标尺
特级	√	×	×	√	√	×
二级	√	√	×	×	√	×
三级	√	√	√	√	√	√

注：表中“√”表示允许使用；“×”表示不允许使用。

2）使用光学水准仪和数字水准仪进行水准测量作业的基本方法应符合现行国家标准《国家一、二等水准测量规范》（GB/T 12897－2006）和《国家三、四等水准测量规范》（GB/T12898－2009）中的相关规定。

3）一、二、三级水准测量的观测方式，见表2-16。

表2-16　一、二、三级水准测量观测方式

级别	高程控制测量、工作基点联测及首次沉降观测			其他各次沉降观测		
	DS_{05}、DSZ_{05}型	DSI、DSZ_1型	DS_3、DSZ_3型	DS_{05}、DSZ_{05}型	DSI、DSZ_1型	DS_3、DSZ_3型
一级	往返测	—	—	往返测或单程双测站	—	—
二级	往返测或单程双测站	往返测或单程双测站	—	单程观测	单程双测站	—
三级	单程双测站	单程双测站	往返测或单程双测站	单程观测	单程观测	单程双测站

(2) 水准观测技术要求。

1) 水准观测的视线长度、前后视距差和视线高度，见表 2-17。

表 2-17　水准观测的视线长度、前后视距差和视线高度　　单位：mm

级别	视线长度	前后视距差	前后视距差累积	视线高度
特级	≤10	≤0.3	≤0.5	≥0.8
一级	≤30	≤0.7	≤1.0	≥0.5
二级	≤50	≤2.0	≤3.0	≥0.3
三级	≤75	≤5.0	≤8.0	≥0.2

注：1. 表中的视线高度为下丝读数。
2. 当采用数字水准仪观测时，最短视线长度不宜小于 3m，最低水平视线高度不应低于 0.6m。

2) 水准观测的限差，见表 2-18。

表 2-18　水准观测的限差　　单位：mm

级别		基辅分划读数之差	基辅分划所测高差之差	往返较差及附合或环线闭合差	单程双测站所测高差较差	检测已测测段高差之差
特级		0.15	0.2	$\leqslant 0.1\sqrt{n}$	$\leqslant 0.07\sqrt{n}$	$\leqslant 0.15\sqrt{n}$
一级		0.3	0.5	$\leqslant 0.3\sqrt{n}$	$\leqslant 0.2\sqrt{n}$	$\leqslant 0.45\sqrt{n}$
二级		0.5	0.7	$\leqslant 1.0\sqrt{n}$	$\leqslant 0.7\sqrt{n}$	$\leqslant 1.5\sqrt{n}$
三级	光学测微法	1.0	1.5	$\leqslant 3.0\sqrt{n}$	$\leqslant 2.0\sqrt{n}$	$\leqslant 4.5\sqrt{n}$
	中丝读数法	2.0	3.0			

注：1. 当采用数字水准仪观测时，对同一尺面的两次读数差不设限差，两次读数所测高差之差的限差并执行基辅分划所测高差之差的限差。
2. 表中 n 为测站数。

(3) 水准观测作业的要求。

应在标尺分划线成像清晰和稳定的条件下进行观测。不得在日出后或日落前约半小时、中午前后、风力大于四级、气温骤变时，及标尺分划线的成像跳动、难以照准时进行观测。阴天时可全天观测。

观测前半小时，应将仪器置于露天阴影下，使仪器与外界气温趋于一致。设站时，应用测伞遮挡阳光。使用数字水准仪前，还应进行预热。

使用数字水准仪时，应避免望远镜正对太阳，并避免视线被遮挡。仪器应在其生产厂家规定的温度范围内工作。振动源造成的振动消失后，才能启动测量键。当地面振动较大时，应随时增加重复测量次数。

每测段往测与返测的测站数均应为偶数，否则应加入标尺零点差改正。由往测转向返测时，两标尺应互换位置，并应重新整置仪器。在同一测站上观测时，不得进行两次调焦。转动仪器的倾斜螺旋和测微鼓时，其最后旋转方向，均应为旋进。

对各周期观测过程中发现的相邻观测点高差变动迹象、地质地貌异常、附近建筑基础和墙体裂缝等情况，应做好记录，并画草图。

5. GPS 观测的要求

(1) GPS 测量的基本技术要求。

GPS 测量的基本技术要求，见表 2-19。

表 2-19　GPS 测量的基本技术要求

级别		一级	二级	三级
卫星截止高度角/(°)		≥15	≥15	≥15
有效观测卫星数		≥6	5	≥4
观测时段长度/min	静态	30～90	20～60	15～45
	快速静态	—	—	≥15
数据采样间隔/s	静态	10～30	10～30	10～30
	快速静态	—	—	5～15
PDOP		≤5	≤6	≤6

(2) GPS 观测作业的基本要求。

1) 对于一、二级 GPS 测量，应使用零相位天线和强制对中器安置 GPS 接收机天线，对中精度应高于±0.5mm，天线应统一指向北方。

2) 作业中，应严格按规定的时间进行观测。

3) 接收机电源电缆和天线等各项连接经检查无误后，方可开机。

4) 开机后，有关指示灯与仪表经检验显示正常后，方可进行自测试，输入测站名和时段等控制信息。

5) 接收机启动前与作业过程中，应填写测量手簿中的记录项目。

6) 每时段应进行一次气象观测。

7) 每时段开始、结束时，应分别测量一次天线高，并取其平均值作为天线高。

8) 观测期间应防止接收设备振动，并防止人员和其他物体碰动天线或阻挡信号。

9) 观测期间不得在天线附近使用电台、对讲机和手机等无线电通信设备。

10) 天气寒冷时，接收机应适当保暖。天气炎热时，接收机应避免阳光直接照晒，确保接收机正常工作。雷电、风暴天气不宜进行测量。

11) 同一时段观测过程中，不得进行下列操作：接收机关闭又重新启动、进行自测试、改变卫星截止高度角、改变数据采样间隔、改变天线位置、按关闭文件和删除文件功能键。

6. 水平角观测的要求

(1) 各级水平角观测的技术要求，应符合下列规定。

1) 水平角观测宜采用方向观测法，当方向数不多于三个时，可不归零；特级、一级网点亦可采用全组合测角法。导线测量中，当导线点上只有两个方向时，应按左、右角观测；当导线点上多于两个方向时，应按方向法观测。

2) 二、三级水平角观测的测回数，见表 2-20。

表 2-20 水平角观测测回数

级别	一级	二级	三级
DJ_{05}	6	4	2
DJ_1	9	6	3
DJ_2	—	9	6

3) 对特级水平角观测及当有可靠的光学经纬仪、电子经纬仪或全站仪精度实测数据时，可按下式估算测回数：

$$n=1/\left[\left(\frac{m_\beta}{m_\alpha}\right)^2-\lambda^2\right]$$

式中：n——测回数，对全组合测角法取方向权 nm 的 1/2 为测回数（此处 m 为测站上的方向数）；

m_β——按闭合差计算的测角中误差（″）；

m_α——各测站平差后一测回方向观测中误差的平均值（″），该值可根据仪器类型、读数、照准设备、外界条件以及操作的严格与熟练程度，在下列数值范围内选取：

DJ_{05} 型仪器 0.4″～0.5″；

DJ_1 型仪器 0.8″～1.0″；

DJ_2 型仪器 1.4″～1.8″；

λ——系统误差影响系数，宜为 0.5～0.9。

按上式估算结果凑整取值时，对方向观测法与全组合测角法，应考虑光学经纬仪、电子经纬仪和全站仪观测度盘位置编制的要求；对动态式测角系统的电子经纬仪和全站仪，不需进行度盘配置；对导线观测应取偶数。当估算结果 n 小于 2 时，应取 n 等于 2。

(2) 各级别水平角观测的限差，应符合下列要求。

1) 方向观测法观测的限差，见表 2-21。

表 2-21　方向观测法限差　（单位：″）

仪器类型	两次照准目标读数差	半测回归零差	一测回内 2C 互差	同一方向值各测回互差
DJ_{05}	2	3	5	3
DJ_1	4	5	9	5
DJ_2	6	13	10	8

注：当照准方向的垂直角超过±3°时，该方向的 2C 互差可按同一观测时间段内相邻测回进行比较，其差值仍按表中规定。

2）全组合测角法观测的限差，见表 2-22。

表 2-22　全组合测角法限差

仪器类型	两次照准目标读数差	上下半测回角值互差	同一角度各测回角值互差
DJ_{05}	2	3	3
DJ_1	4	6	5
DJ_2	6	10	8

3）测角网的三角形最大闭合差，不应大于 $2\sqrt{3}m_\beta$；导线测量每测站左、右角闭合差，不应大于 $2m_\beta$；导线的方位角闭合差，不应大于 $2\sqrt{n}m_\beta$（n 为测站数）。

7. 距离测量的要求

（1）电磁波测距仪测距的技术要求。

电磁波测距仪测距的技术要求，见表 2-23。除了特级和其他有特殊要求的边长须专门设计外，对一、二、三级位移观测应符合表 2-23 的要求，并应按下列规定执行。

1）往返测或不同时间段观测值较差，应将斜距化算到同一水平面上，方可进行比较。

2）测距时应使用经检定合格的温度计和气压计。

3）气象数据应在每边观测始末时在两端进行测定，取其平均值。

4）测距边两端点的高差，对一、二级边可采用三级水准测量方法测定；对三级边可采用三角高程测量方法测定，并应考虑大气折光和地球曲率对垂直角观测值的影响。

5）测距边归算到水平距离时，应在观测的斜距中加入气象改正和加常数、乘常数、周期误差改正后，化算至测距仪与反光镜的平均高程面上。

表 2-23　电磁波测距技术要求

<table>
<tr><th rowspan="2">级别</th><th rowspan="2">仪器精度等级/mm</th><th colspan="2">每边测回数</th><th rowspan="2">一测回读数间较差限值/mm</th><th rowspan="2">单程测回间较差限值/mm</th><th colspan="2">气象数据测定的最小读数</th><th rowspan="2">往返或时段间较差限值</th></tr>
<tr><th>往</th><th>返</th><th>温度/℃</th><th>气压/mmHg</th></tr>
<tr><td>一级</td><td>≤1</td><td>4</td><td>4</td><td>1</td><td>1.4</td><td>0.1</td><td>0.1</td><td rowspan="4">$\sqrt{2}(a+b\cdot D\times10^{-6})$</td></tr>
<tr><td>二级</td><td>≤3</td><td>4</td><td>4</td><td>3</td><td>5.0</td><td>0.2</td><td>0.5</td></tr>
<tr><td rowspan="2">三级</td><td>≤5</td><td>2</td><td>2</td><td>5</td><td>7.0</td><td>0.2</td><td>0.5</td></tr>
<tr><td>≤10</td><td>4</td><td>4</td><td>10</td><td>15.0</td><td>0.2</td><td>0.5</td></tr>
</table>

注：1. 仪器精度等级系根据仪器标称精度（$a+b\times D\times10^{-6}$），以相应级别的平均边长 D 代入计算的测距中误差划分。

2. 一测回是指照准目标一次、读数 4 次的过程。

3. 时段是指测边的时间段，如上午、下午和不同的白天。要采用不同时段观测代替往返观测。

（2）电磁波测距作业应符合下列要求。

1）项目开始前，应对使用的测距仪进行检验；项目进行中，应对其定期检验。

2）测距应在成像清晰、气象条件稳定时进行。阴天、有微风时可全天观测；最佳观测时间宜为日出后 1h 和日落前 1h；雷雨前后、大雾、大风、雨、雪天和大气透明度很差时，不宜进行观测。

3）晴天作业时，应对测距仪和反光镜打伞遮阳，严禁将仪器照准头对准太阳，不宜顺、逆光观测。

4）视线离地面或障碍物宜在 1.3m 以上，测站不应设在电磁场影响范围之内。

5）当一测回中读数较差超限时，应重测该测回。当测回间较差超限时，可重测两个测回，去掉其中最大、最小两个观测值后取其平均值。如重测后测回差仍超限，应重测该测距边的所有测回。当往返测或不同时段较差超限时，应分析原因，重测单方向的距离。如重测后仍超限，应重测往返两方向或不同时段的距离。

（3）铟钢尺和钢尺丈量距离的技术要求，见表 2-24。

表 2-24　铟钢尺及钢尺丈量距离的技术要求

级别	尺子类型	尺数	丈量总次数	定线最大偏差/mm	尺段高差较差/mm	读数次数	最小估读值/mm	最小温度读数/℃	同尺各次或同段各尺的较差/mm	经各项改正后的各次或各尺全长较差/mm
一级	铟钢尺	2	4	20	3	3	0.1	0.5	0.3	$2.5\sqrt{D}$

续表

级别	尺子类型	尺数	丈量总次数	定线量大偏差/mm	尺段高差较差/mm	读数次数	最小估读值/mm	最小温度读数/℃	同尺各次或同段各尺的较差/mm	经各项改正后的各次或各尺全长较差/mm
二级	铟钢尺	1 2	4 2	30	5	3	0.1	0.5	0.5	$3.0\sqrt{D}$
	钢尺	2	8	50	5	3	0.5	0.5	1.0	
三级	钢尺	2	6	50	5	3	0.5	0.5	2.0	$5.0\sqrt{D}$

注：1. 表中 D 是以 100m 为单位计的长度；

2. 表列规定所适应的边长丈量相对中误差；一级 1/200 000，二级 1/100 000，三级 1/50 000。

除了特级和其他有特殊要求的边长须专门设计外，对一、二、三级位移观测的边长丈量，应符合表 2-24 的要求，并应按下列规定执行。

1）铟钢尺、钢尺在使用前应按规定进行检定，并在有效期内使用。

2）各级边长测量应采用往返悬空丈量方法。使用的重锤、弹簧秤和温度计，均应进行检定。丈量时，引张拉力值应与检定时相同。

3）当下雨、尺子横向有二级以上风或作业时的温度超过尺子膨胀系数检定时的温度范围时，不应进行丈量。

4）网的起算边或基线宜选成尺长的整倍数。用零尺段时，应改变拉力或进行拉力改正。

5）量距时，应在尺子的附近测定温度。

6）安置轴杆架或引张架时应使用经纬仪定线。尺段高差可采用水准仪中丝法往返测或单程双测站观测。

7）丈量结果应加入尺长、温度、倾斜改正，铟钢尺还应加入悬链线不对称、分划尺倾斜等改正。

第三章　土方工程

第一节　土方施工概述

一、土方施工特点

土方工程施工具有以下特点。

(1) 工程量大、劳动繁重。在建筑工程中，土方工程量可达几十万甚至几百万以上，劳动强度很高。因此，必须合理选择土方机械、组织施工，这样可以缩短施工日期、降低工程成本。

(2) 施工条件复杂。土方工程多为露天作业，土的种类繁多，成分复杂，在施工过程中还会受到地区、气候、水文、地质和人文历史等因素的影响，给施工带来很大的困难。因此，提前做好调研，制定合理的施工方案对施工至关重要。

(3) 施工费用低，但需投入的劳动力和时间较多。

二、土的工程分类和性质

1. 土的工程分类

土的种类繁多，分类方法也较多，工程中土可有以下几种分类方法。

(1) 根据土的颗粒级配或塑性指数可分为碎石类土（漂石土、块石土、卵石土、碎石土、圆砾土、角砾土）、砂土（砾砂、粗砂、中砂、细砂、粉砂）和黏性土（黏土、亚黏土、轻亚黏土）。

(2) 根据土的沉积年代，黏性土可分为老黏性土、一般黏性土、新近沉积黏性土。

(3) 根据土的工程特性，又可分出特殊性土，如软土、人工填土、黄土、膨胀土、红黏土、盐渍土、冻土等。不同的土，其物理、力学性质也不同，只有充分掌握各类土的特性，才能正确选择施工方法。

(4) 根据土石坚硬程度、开挖难易程度将土石分为八类，其分类见表 3-1。

表 3-1　土的分类

土的分类	土的级别	土的名称	坚实系数 f	密度 (t/m³)	开挖方法及工具
一类土（松软土）	Ⅰ	砂土、粉土、冲积砂土层、疏松的种植土、淤泥（泥炭）	0.5～0.6	0.6～1.5	用锹、锄头开挖，少许用脚蹬
二类土（普通土）	Ⅱ	粉质黏土；潮湿的黄土；夹有碎石、卵石的砂；粉质混卵（碎）石；种植土、填土	0.6～0.8	1.1～1.6	用锹、锄头开挖，少许用镐翻松
三类土（坚土）	Ⅲ	中等密实黏土；重粉质黏土、砾石土；干黄土、含有碎石卵石的黄土、粉质黏土，压实的填土	0.8～1.0	1.75～1.9	主要用镐，少许用锹、锄头挖掘，部分用撬棍
四类土（砂砾坚土）	Ⅳ	坚硬密实的黏性土或黄土；含有碎石、卵石的中等密实黏性土或黄土；粗卵石；天然级配砾石；软泥灰岩	1.0～1.5	1.9	整个先用镐、撬棍，后用锹挖掘，部分使用风镐
五类土（软石）	Ⅴ～Ⅵ	硬质黏土；中密的页岩、泥灰岩、白垩土；胶结不紧的砾岩；软石灰岩及贝壳石灰岩	1.5～4.0	1.1～2.7	用镐或撬棍、大锤挖掘，部分使用爆破方法
六类土（次坚石）	Ⅶ～Ⅸ	泥岩、砂岩、砾岩；坚硬的页岩、泥灰岩、密实的石灰岩；风化花岗岩、片麻岩及正长岩	4.0～10.0	2.2～2.9	用爆破方法开挖，部分用风镐
七类土（坚石）	Ⅹ～Ⅻ	大理岩、辉绿岩；玢岩；粗、中粒花岗岩；坚实的白云岩、片麻岩；微风化安山岩、玄武岩	10.0～18.0	2.5～3.1	用爆破方法开挖
八类土（特坚石）	XIVI～XVI	安山岩、玄武岩；花岗片麻岩；坚实的细粒花岗岩、闪长岩、石英岩、辉长岩、辉绿岩、玢岩、角闪岩	18.0～25.0 以上	2.7～3.3	用爆破方法开挖

注：1. 土的级别相当于一般 16 级土石级别；

2. 坚实系数 f 相当于普氏强度系数。

2. 土的工程性质

土的工程性质对土方工程的施工有直接影响，它的基本性质有土的可松动性、土的含水量、土的压缩性、土的渗透性等。

(1) 土的可松动性。在建筑工程上土的可松动性对土方的平衡调配，场地平整土方量的计算，基坑（槽）开挖后的留弃土方量计算以及确定土方运输工具数量等有着密切的关系。土的可松程度一般用可松性系数表示（见表 3-2），即：

$$K_s = V_2 / V_1$$

$$K_s' = V_3 / V_2$$

式中：K_s——土的最初可松动系数；

K_s'——土的最终可松动系数；

V_1——土在天然状态下的体积；

V_2——开挖后土的松散体积；

V_3——土经压实后的体积。

表 3-2 不同土的可松性系数

土的分类	可松性系数	
	K_s	K_s'
一类土（松软土）	1.08～1.17	1.01～1.04
二类土（普通土）	1.14～1.28	1.02～1.05
三类土（坚土）	1.24～1.30	1.04～1.07
四类土（砂砾坚土）	1.26～1.37	1.06～1.09
五类土（软石）	1.30～1.45	1.10～1.20
六类土（次坚石）	1.30～1.45	1.10～1.20
七类土（坚石）	1.30～1.45	1.10～1.20
八类土（特坚石）	1.45～1.50	1.20～1.30

(2) 土的含水量。土的含水量是指土中水的质量与土粒质量之比，一般用 ω 表示，即：

$$\omega = m_w / m_s$$

式中：ω——土的含水量；

m_w——土中水的质量；

m_s——土中固体颗粒的质量。

土壤含水量的测定方法有称重法、张力计法、电阻法、中子法等。

(3) 土的压缩性。土在回填后均会压缩，一般土的压缩性用压缩率表示，见表 3-3。

表 3-3　土的压缩率

土的类别	土的名称	土的压缩率（%）	每平方米压实后的体积
一、二类土	种植土	20	0.80
	一般土	10	0.90
	砂土	5	0.95
三类土	天然湿度黄土	12～17	0.85
	一般土	5	0.95
	干燥坚实黄土	5～7	0.94

（4）土的渗透性。土的渗透性是指水在土孔隙中渗透流动的性能，以渗透系数 k 表示。各类土的渗透系数见表 3-4。

表 3-4　土的渗透系数

土的名称	渗透系数 k（m/d）	土的名称	渗透系数 k（m/d）
黏土	＜0.005	中砂	5.00～20.00
粉质黏土	0.005～0.10	均质中砂	35.00～50.00
粉土	0.10～0.50	粗砂	20.00～50.00
黄土	0.25～0.50	圆砾石	50.00～100.00
粉砂	0.50～1.00	卵石	100.00～500.00
细砂	1.00～5.00	—	—

第二节　土石方工程量计算

一、基坑与基槽土石方量计算

1. 基坑土方量计算

基坑土方量可按几何中的拟柱体（由两个平行的平面做底的一种多面体）体积公式计算，如图 3-1 所示，即：

$$V=\frac{H}{6}(A_1+4A_0+A_2)$$

式中：H——基坑深度（m）；

A_1、A_2——基坑上下底面积（m^2）；

A_0——基坑中截面的面积（m^2）。

2. 基槽土方量计算

基槽、管沟和路堤的土方量可以沿长度方向分段后，再用同样方法计算，如

图 3-2 所示，即：

$$V_1=\frac{L_1}{6}\ (A_1+4A_0+A_2)$$

式中：V_1——第一段的土方量（m^3）；

L_1——第一段的长度（m）。

将各段土方量相加，即得总土方量：

$$V=V_1+V_2+\cdots+V_n$$

式中：V_1、V_2、V_n——各分段的土方量。

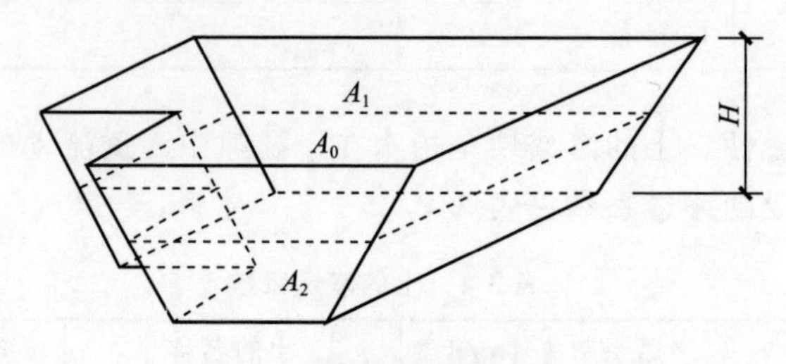

图 3-1　基坑土方量计算

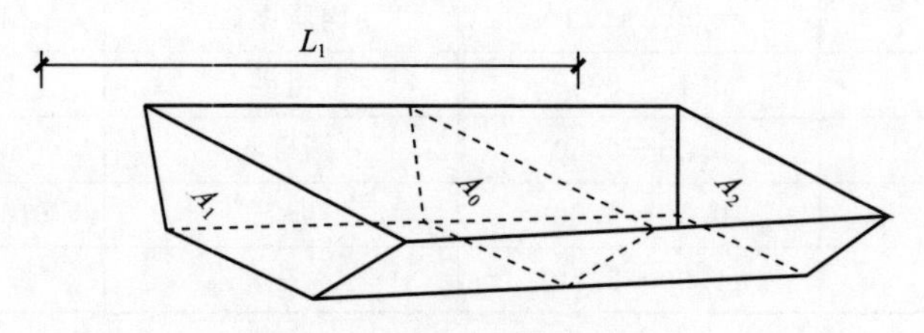

图 3-2　基槽土方量计算

二、场地平整的土石方量计算

1. 场地平整土方量的计算

场地平整土方量的计算方法主要有方格网法、断面法和等高线法。

(1) 方格网法。方格网法是将需平整的场地划分为边长相等的方格，分别计算出每个方格的土方量，最后汇总求出总土方量。方格网法计算的精确度较高，使用较为广泛。

1) 划分场地。将场地划分为边长为 10～40m 的正方形方格网，通常以 20m 居多。再将场地设计标高和自然地面标高分别标注在方格角点的右上角和右下角，场地设计标高与自然地面标高的差值即为各角点的施工高度，“＋”表示填方，“－”表示挖方。将施工高度标注于角点上，然后分别计算每一方格地填挖土方量，并算出场地边坡的土方量。将挖方区或填方区所有方格计算的土方量和边坡土方量汇总，即得场地挖方量和填方量的总土方量。

各方格角点的施工高度为：

$$h_{ij}=H_{ij}-H'_{ij}$$

式中：h_{ij}——该角点的施工高度（即填挖方高度）。“+”为填方高度，“−”为挖方高度，单位为m；

H_{ij}——该角点的设计标高，单位为m；

H'_{ij}——该角点的自然地面设计标高，单位为m。

2）确定零线。当同一个方格的四个角点的施工高度均为“+”或“−”时，说明该方格内的土方全部为填方或挖方；如果一个方格中一部分角点的施工高度为“+”，而另一部分为“−”时，说明此方格中的土方一部分为填方，一部分为挖方。这时，要先确定挖、填方的分界线，称为零线。

方格边线上的零点位置按下式计算：

$$X=\frac{ah_1}{h_1+h_2}$$

式中：h_1，h_2——相邻两角点填挖方的施工高度，单位为m。h_1为填方角点的高度，h_2为挖方角点的高度；

A——方格边长；

X——零点所划分边长的数值。

3）计算各方格土方量。全填或全挖方格土方量计算为：

$$V=\frac{a^2}{4}(h_1+h_2+h_3+h_4)$$

两挖两填方格土方量计算为：

$$V=\frac{a^2}{4}\left[\frac{h_1^2}{h_1+h_4}+\frac{h_2^2}{h_2+h_3}\right]$$

三挖一填方格土方量的填方部分计算为：

$$V_{填}=\frac{a^2}{6}\left[\frac{h_4^3}{(h_1+h_4)(h_2+h_3)}\right]$$

三挖一填方格土方量的挖方部分计算为：

$$V_{挖}=\frac{a^2}{6}(2h_1+h_2+3h_3-h_4)+V_{填}$$

一挖一填方格土方量计算为：

$$V=\frac{1}{6}a^2h$$

4）汇总。将以上计算的各方格的土方量和挖方区、填方区的土方量进行汇总后，就得到了场地平整的挖方量和填方量。

（2）断面法。断面法适用于地形起伏较大的地区，或者地形狭长、挖填深度较大、断面又不规则的地区，此方法虽计算简便，但是精确度较低。断面法的计算步骤和方法见表3-5和表3-6。

表 3-5　断面法计算步骤

示意图	计算步骤
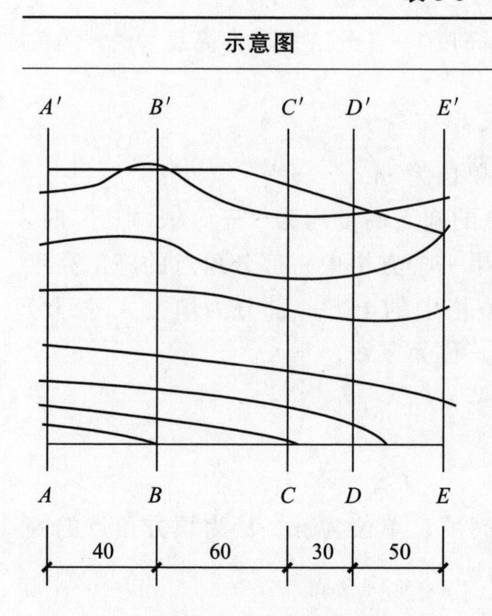 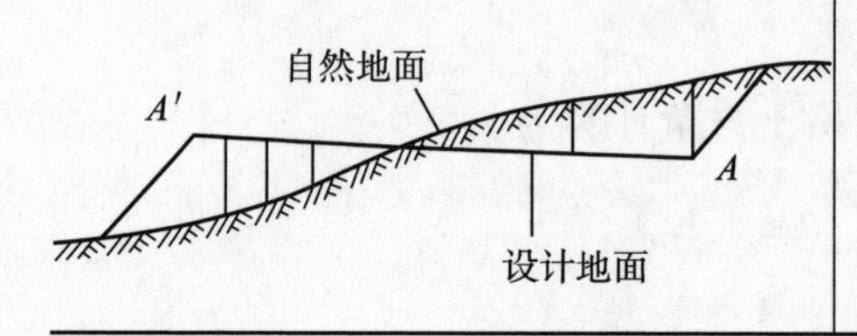	①划分横截面。根据地形图、竖向布置图或现场检测，将要计算的场地划分为若干个横截面 AA'、BB'、CC'……使截面尽量垂直等高线或建筑物边长；截面间距可不等，一般取 10m 或 20m，但最大不大于 100m ②画断面图形。按比例绘制每个横截面的自然地面和设计地面的轮廓线。自然地面轮廓线与设计地面轮廓线之间的面积，即为挖方或填方的断面面积 ③计算断面面积。按表 3-6 中面积的计算公式计算每个横截面的挖方或填方断面面积 ④计算土方工程量。根据横断面面积计算土方工程量： $V=\frac{(A_1+A_2)}{2}\cdot S$ ⑤汇总。按表 3-7 的格式汇总土方工程量

表 3-6　常用断面面积计算公式

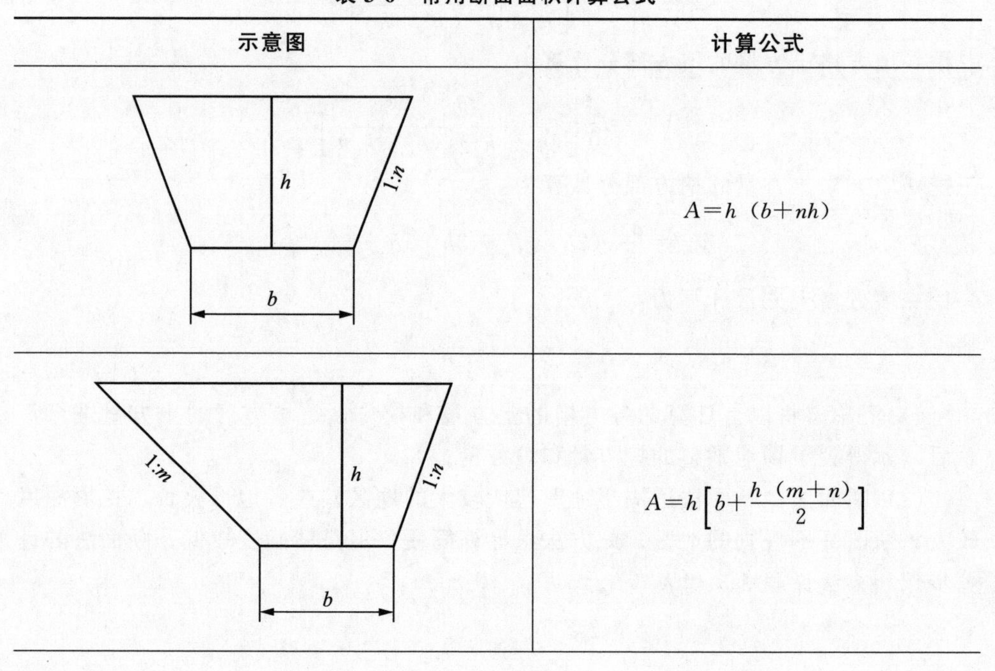

示意图	计算公式
（见上图第一行）	$A=h\ (b+nh)$
（见上图第二行）	$A=h\left[b+\frac{h\ (m+n)}{2}\right]$

续表

示意图	计算公式
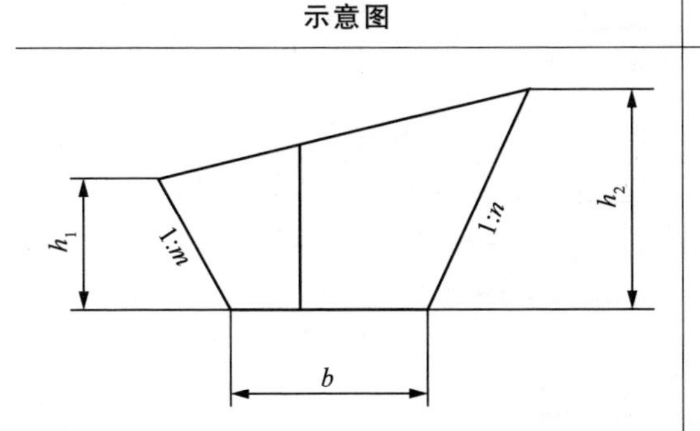	$A=b\frac{h_1+h_2}{2}+nh_1h_2$
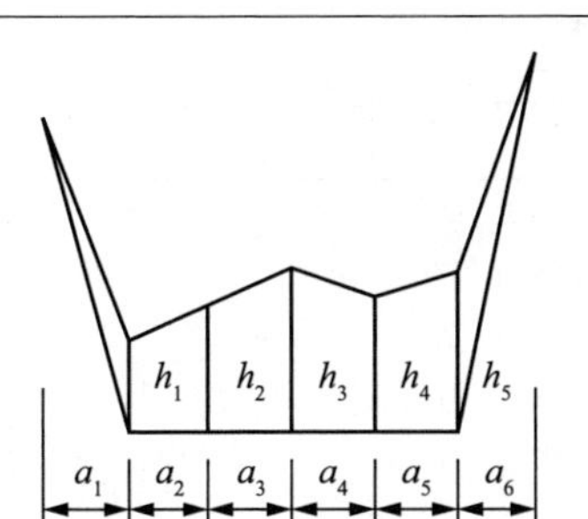	$A=h_1\frac{a_1+a_2}{2}+h_2\frac{a_2+a_3}{2}+h_3\frac{a_3+a_4}{2}$ $+h_4\frac{a_4+a_5}{2}+h_5\frac{a_5+a_6}{2}$
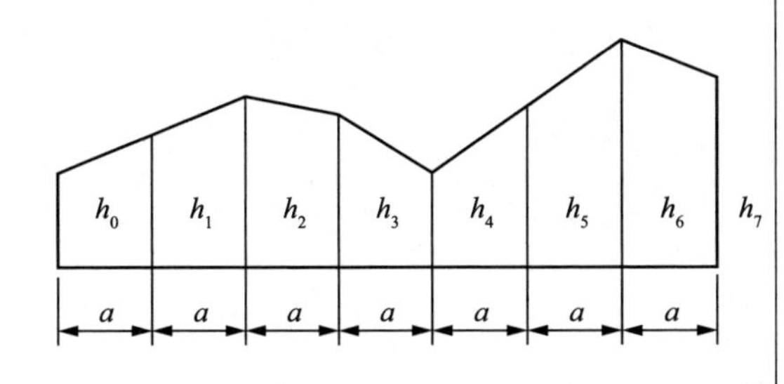	$A=\frac{a}{2}(h_0+2h+h_7)$ $h=h_1+h_2+h_3+h_4+h_5+h_6$

表 3-7　土方量汇总表

截面	填方面积（m^2）	挖方面积（m^2）	截面间距（m）	填方体积（m^3）	挖方体积（m^3）
$A-A'$					
$B-B'$					
$C-C'$					
合计					

（3）等高线法。等高线法适用于地形起伏特别大的地区，如盆地、山丘等。等高线法计算示意图如图 3-3 所示。

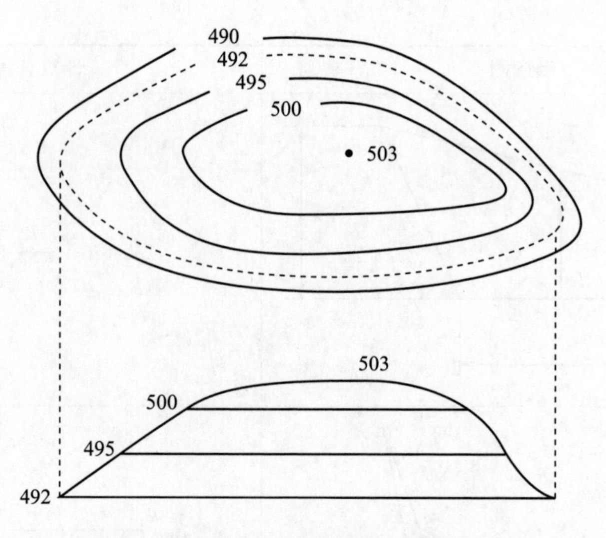

图 3-3　等高线法计算示意图（单位：m）

首先在地形图内插出高程为 492m 的等高线，再求出 492m、495m、500m 三条等高线所围成的面积 A_{492}、A_{495}、A_{500}，即可算出每层土石方的挖方量，挖方量为：

$$V_{492\sim495}=\frac{1}{2}(A_{492}+A_{495})\times3$$

$$V_{495\sim500}=\frac{1}{2}(A_{495}+A_{500})\times5$$

$$V_{500\sim503}=\frac{1}{3}A_{500}\times3$$

则总的挖方量为：$V_{总}=\sum V=V_{492\sim495}+V_{495\sim500}+V_{500\sim505}$

式中：$V_{总}$——492m、495m、500m 三条等高线围成区域的土方挖方量；

$V_{492\sim495}$——492m、495m 两条等高线围成区域的土方挖方量；

$V_{495\sim500}$——495m、500m 两条等高线围成区域的土方挖方量；

$V_{500\sim505}$——500m、505m 两条等高线围成区域的土方挖方量。

3. 边坡土方量的计算

用场地平整、修筑路基、路堑的边坡挖、填土方量计算，常用图算法。图算法是根据现场测绘，将要计算的地形图分为若干个几何形体，如图 3-4 所示。从图中可看出，图形为三角棱体和三角棱柱体，再按下列公式计算体积，最后将分段的结果相加，求出边坡土方的挖、填方量。

边坡三角棱体体积为：$V_1=F_1l_1/3$

其中 $F_1=h_2\ (h_2m)\ /2=mh'_2/2$

式中：l_1——边坡①的长度，单位为 m；

F_1——边坡①的端面积，单位为 m^2；

h_2——角点的挖土高度，单位为 m；

m——边坡的坡度系数。

边坡三角棱柱体体积为：$V_4 = (F_1 + F_2)\ l_4/2$

式中：V_4——边坡④三角棱柱体体积，单位为 m^3；

l_4——边坡④的长度，单位为 m。

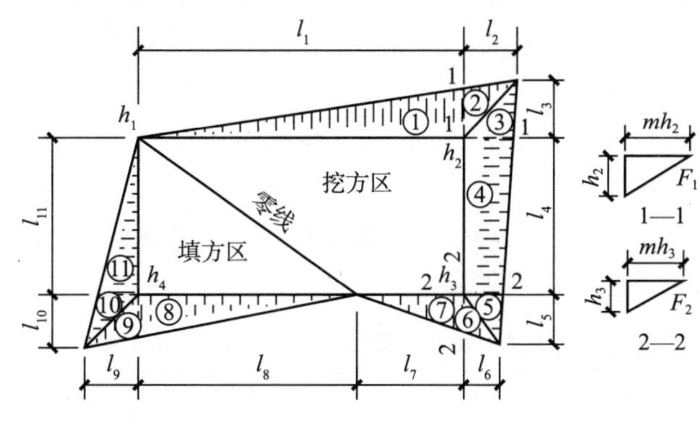

图 3-4　场地边坡示意简图

第三节　土方施工

一、施工前的准备

（1）建设单位应向施工单位提供当地实测地形图、原有的地下管线、建筑物或构筑物的竣工图、土石方施工图及工程性质、气象条件等技术资料，以便施工方进行设计，并应提供平面控制点和水准点，作为施工测量的依据。

（2）清理地面及地下的各种障碍。已有建筑物或构筑物、道路、沟渠、通信、电力设备、地上和地下管道、坟墓、树木等在施工前必须拆除；影响工程质量的软弱土层、腐殖土、大卵石、草皮、垃圾等也应进行清理，以利于施工的正常进行。

（3）排除地面水，场地内低洼地区的积水必须排除，同时应设置排水沟、截水沟和挡水土坝等，有利于雨水的排出和拦截雨水的进入，使场地地面保持干燥，保证施工顺利进行。

（4）根据规划部门测放的建筑界线、街道控制点和水准点进行土方工程施工测量及定位放线之后，方可进行土方施工。

（5）在施工前应修筑临时道路，保证机械的正常进入，并做好供水、供电等临时措施。

（6）根据土方施工设计，做好土方工程的辅助工作。如边坡固定、基坑（槽）支护、降低地下水位等工作。

二、土方开挖与运输

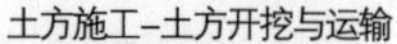

扫码观看本视频

1. 浅基坑、槽和管沟开挖

（1）浅基坑、槽开挖，应先进行测量定位（定位就是根据建筑平面图、房屋建筑平面图和基础平面图，以及设计给定的定位依据和定位条件，将拟建房屋的平面位置、高程用经纬仪和钢尺正确地标在地面上），抄平放线（放线就是根据定位控制桩或控制点、基础平面图和剖面图、底层平面图以及坡度系数和工作面等在实地用石灰洒出基坑、槽上口的开挖边线），定出开挖长度，根据土质和水文情况采取适当的部位进行开挖，以保证施工安全。

当土质为天然湿度、构造均匀、水文地质良好，且无地下水时，开挖基坑根据开挖深度的数值进行施工，见表 3-8 和表 3-9。

表 3-8　基坑（槽）和管沟不加支撑时的容许深度

土的种类	容许深度/m
密实、中密的砂子和碎石类土	1.00
硬塑、可塑的粉质黏土及粉土	1.25
硬塑、可塑的黏土及碎石类土	1.50
坚硬的黏土	2.00

表 3-9　临时性挖方边坡值

土的类别		边坡值（高：宽）
砂土（不包括细砂、粉砂）		1：1.25～1：1.50
一般黏性土	硬	1：0.75～1：1.00
	硬塑	1：1.00～1：1.25
	软	1：1.50 或更缓
碎石类土	充填坚硬、硬塑黏性土	1：0.50～1：1.00
	充填砂土	1：1.00～1：1.50

（2）当开挖基坑（槽）的土体含水量大，或基坑较深，或受到场地限制需要用较陡的边坡或直立开挖且土质较差时，应采用临时性支撑加固结构。挖土时，土壁要求平直，挖好一层，支撑一层，挡土板要紧贴土面，并用小木桩或横撑钢管顶住挡板。开挖宽度较大的基坑，当在局部地段无法放坡，或下部土方受到基坑尺寸限制不能放较大的坡度时，应在下部坡脚采取加固措施，如采用短桩与横隔板支撑或砌砖、将毛石或用编织袋装土堆砌临时矮挡土墙保护坡脚。

（3）基坑开挖尽量防止对地基土的扰动。人工挖土，基坑挖好后不能立即进行下道工序时，应预留 15～30cm 土不挖，待下道工序开始再挖至设计标高。采用机械开挖基坑时，应在基底标高以上预留 20～30cm，由人工挖掘修整。

（4）在地下水位以下挖土时，应在基坑四周或两侧挖好临时排水沟和集水井，将水位降到坑、槽以下 500mm，降水工作应持续到基础工程完成以前。

（5）雨期施工时，应在基槽两侧围上土堤或挖排水沟，以防雨水流入基坑槽。

（6）基坑开挖时，应对平面控制桩、水准点、基坑平面位置、标高、边坡坡度等经常进行检查。

（7）基坑应进行验槽，作好记录，发现问题及时与相关人员进行处理。

2. 挖方工具

（1）铲运机。操作简单灵活，不受地形限制，不需特设道路，准备工作简单，能独立进行工作。能开挖含水率 27%以下的 1～4 类土，大面积场地平整、压实和开挖大型基坑（槽）、管沟等，但不适用于砾石层、冻土地带及沼泽地区。铲运机如图 3-5 所示。

图 3-5　铲运机

铲运机主要由牵引动力机械（如拖拉机）和铲运斗两部分组成。铲运机在切土过程中，铲刀下落，边走边卸土，将土装满铲斗后提刀关闭斗门，适合较长距离的土料运输。

（2）正铲挖掘机。装车轻便灵活，回转速度快，移位方便；能挖掘坚硬土层，易控制开挖尺寸，工作效率高；能开挖工作面狭小且较深的大型管沟和基槽路堑。正铲挖掘机如图 3-6 所示。

（3）抓铲挖掘机。钢绳牵引灵活性较差，工效不高，且不能挖掘坚硬的土；可以装在简易机械上工作，使用方便；能开挖土质比较松软，施工面较狭窄的深基坑、基槽；可以在水中挖取土、清理河床。抓铲挖掘机如图 3-7 所示。

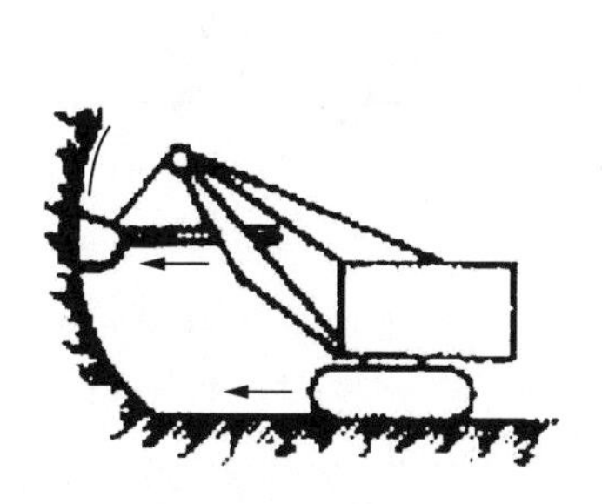

图 3-6　正铲挖掘机

图 3-7　抓铲挖掘机

3. 土方运输的要求

（1）严禁超载运输土石方，运输过程中应进行覆盖，严格控制车速，不超速、不超重，安全生产。

（2）施工现场运输道路要布置有序，避免运输混杂、交叉，影响安全及进度。

（3）土石方运输装卸过程中要有专人指挥倒车。

三、基坑边坡防护

当基坑放坡高度较大，施工期和暴露时间较长时，应保护基坑边坡的稳定。

（1）覆膜覆盖或砂浆覆盖法。

在边坡上铺塑料薄膜，在坡顶及坡脚用编织袋装土压住或用砖压住；或在边坡上抹 2～2.5cm 厚的水泥砂浆进行保护，在土中插适当锚筋连接，在坡脚设排水沟，如图 3-8（a）所示。

（2）挂网或挂网抹面法。

对施工期短，土质差的临时性基坑边坡，可在垂直坡面楔入直径 10～20mm，长 40～60cm 的插筋，纵横间距 1m，上面铺铁丝网，上下用编织袋或砂压住，然后在铁丝网上抹水泥砂浆，在坡顶坡脚设排水沟，如图 3-8（b）所示。

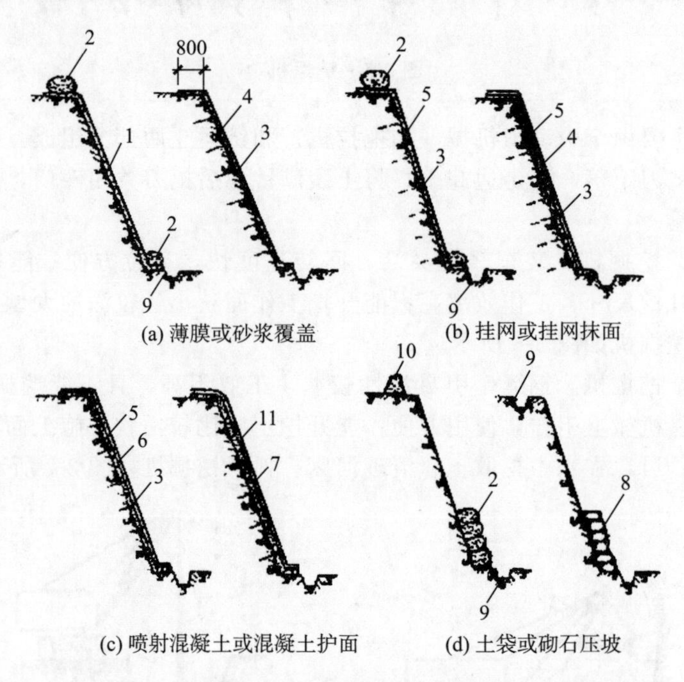

1—塑料薄膜；2—编织袋装土；3—插筋 10～12mm；4—抹水泥砂浆；5—铁丝网；6—喷射混凝土；7—细石混凝土；8—砂浆砌石；9—排水沟；10—土堤；11—钢筋瓦片。

图 3-8 基坑边坡护面方法

（3）喷射混凝土或混凝土护面法。

对邻近有建筑物的深基坑边坡，可在垂直坡面楔入直径10～12mm，长40～50cm的插筋，纵横间距1m，上面铺铁丝网，然后喷射40～60mm厚的细石混凝土到坡顶和坡脚，如图3-8（c）所示。

（4）土袋或砌石压坡法。

深度在5m以内的临时基坑边坡，在边坡下部用草袋堆砌或用砌石压住坡脚。边坡3m以内可采用单排顶砌法。在坡顶设挡水土堤或排水沟，防止冲刷坡面，在底部做排水沟，防止冲刷坡脚，如图3-8（d）所示。

四、土方回填与压实

1. 填料要求

（1）碎石、砂土（使用细、粉砂时应取得设计单位同意）和爆破石碴，可作表层以下地填料。

（2）含水量符合压实要求的黏性土，可作各层地填料。

（3）淤泥和淤泥质土不能作为填料。

（4）填土含水量的大小，直接影响到压实质量，所以在压实前应先进行试验，以得到符合密实度要求的数据。土的最优含水量和最大密实度见表3-10。

表3-10　土的最优含水量和最大密实度

序号	土的种类	变动范围	
		最优含水量/%	最大干密度/（kg/m^3）
1	砂土	8～12	1.80～1.88
2	黏土	19～23	1.58～1.70
3	粉质黏土	12～15	1.85～1.95
4	粉土	16～22	1.61～1.80

（5）含有大量有机物的土壤、石膏或水溶性硫酸盐含量大于20%的土壤，冻结或液化状态的泥炭、黏土或粉状砂质黏土等，一般不作填土之用。

2. 填方边坡

（1）填方的边坡坡度按设计规定施工，设计无规定时，可按表3-11和表3-12采用。

（2）对使用时间较长的临时性填方边坡坡度，当填方高度小于10m时，可采用1∶1.5的边坡坡度；当填方高度超过10m时可作成折线形，上部采用1∶1.5的边坡坡度，下部采用1∶1.75的边坡坡度。

表 3-11　永久性填方边坡的高度限值

<table>
<tr><th>序号</th><th>土的种类</th><th>填方高度（m）</th><th>边坡坡度</th></tr>
<tr><td>1</td><td>黏土类土，黄土、类黄土</td><td>6</td><td rowspan="5">1∶1.50</td></tr>
<tr><td>2</td><td>粉质黏土、泥灰岩土</td><td>6～7</td></tr>
<tr><td>3</td><td>中砂或粗砂</td><td>10</td></tr>
<tr><td>4</td><td>砾石或碎石土</td><td>10～12</td></tr>
<tr><td>5</td><td>易风化的岩土</td><td>12</td></tr>
<tr><td>6</td><td>轻微风化，尺寸大于 25cm 内的石料</td><td>6 以内
6～12</td><td>1∶1.33
1∶1.50</td></tr>
<tr><td>7</td><td>轻微风化，尺寸大于 25cm 的石料，边坡用最大块，分排整齐铺砌</td><td>12 以内</td><td>1∶1.50～1∶1.75</td></tr>
<tr><td>8</td><td>轻微风化，尺寸大于 40cm 内的石料，其边坡分排整齐</td><td>5 以内
5～10
>10</td><td>1∶0.50
1∶0.65
1∶1.00</td></tr>
</table>

表 3-12　压实填土的边坡允许值

<table>
<tr><th rowspan="3">填料类别</th><th rowspan="3">压实系数</th><th colspan="4">边坡允许值（高宽比）</th></tr>
<tr><th colspan="4">填料厚度 H（m）</th></tr>
<tr><th>$H \leqslant 5$</th><th>$5 < H \leqslant 10$</th><th>$10 < H \leqslant 15$</th><th>$15 < H \leqslant 20$</th></tr>
<tr><td>碎石、卵石</td><td rowspan="4">0.94～0.97</td><td rowspan="3">1∶1.25</td><td rowspan="3">1∶1.50</td><td rowspan="3">1∶1.75</td><td rowspan="3">1∶2.00</td></tr>
<tr><td>砂夹石（其中碎石、卵石占全重的 30%～50%）</td></tr>
<tr><td>土夹石（其中碎石、卵石占全重的 30%～50%）</td></tr>
<tr><td>粉质黏土，粘粒含量≥10%的粉土</td><td>1∶1.50</td><td>1∶1.75</td><td>1∶2.00</td><td>1∶2.25</td></tr>
</table>

3. 填土方法

（1）人工填土方法。

1）从场地最低部分开始，由一端向另一端自下而上分层铺填。每层虚铺厚度。用打夯机械夯实时厚度不大于 25cm。采取分段填筑，交接处应填成阶梯形。

2）墙基及管道回填在两侧，用细土同时均匀回填、夯实，防止墙基及管道中心线位移。

（2）机械填土方法。

1）推土机填土。

①填土应由下而上分层铺填，每层虚铺厚度不宜大于30cm。大坡度堆填土，不得居高临下，不分层次，一次堆填。

②推土机运土回填，可采取分堆集中，一次运送方法，分段距离为10～15m，以减少运土漏失量。

③土方推至填方部位时，应提起一次铲刀，成堆卸土，并向前行驶0.5～1.0m，利用推土机后退时将土刮平。

④用推土机来回行驶进行碾压，履带应重叠一半。

⑤填土程序宜采用纵向铺填顺序，从挖土区段至填土区段，以40～60cm距离为宜。

2）铲运机填土。

①铲运机铺土时，铺填土区段长度不宜小于20m，宽度不宜小于8m。

②铺土应分层进行，每次铺土厚度不大于30～50cm（视所在压实机械的要求而定），每层铺土后，利用空车返回时将地面刮平。

③填土程序尽量采取横向或纵向分层卸土，以便行驶时初步压实。

3）汽车填土。

①自卸汽车为成堆卸土，需配以推土机推土、摊平。

②每层的铺土厚度不大于30～50cm（随选用的压实机具而定）。

③填土可利用汽车行驶作部分压实工作，行车路线必须均匀分布于填土层上。

④汽车不能在虚土上行驶，卸土推平和压实工作必须采取分段交叉进行。

4. 填土压实方法

填土压实方法一般有碾压法、夯实法和振动法。

（1）碾压法。碾压法是利用压力压实土壤，使之达到所需的密实度。碾压机械有平滚碾（压路机）、羊足碾和气胎碾等，如图3-9所示。平滚辗适用于碾压黏性和非黏性土壤；羊足碾只用来碾压黏性土壤；气胎碾对土壤压力较为均匀，故其填土质量较好。

（a）光轮压路机

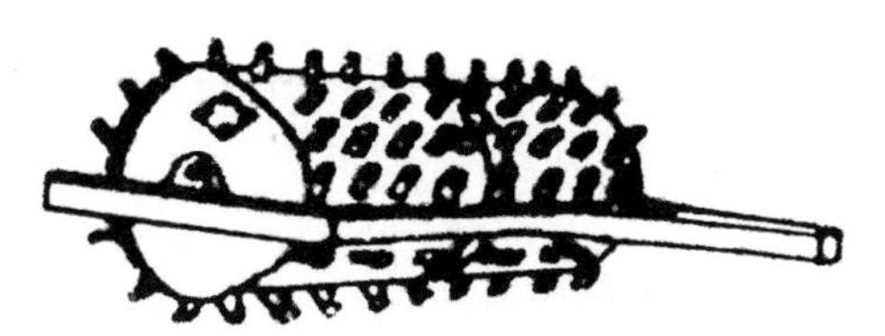

（b）羊足碾

图3-9　碾压机械

用碾压法压实填土时，铺土应均匀一致，碾压遍数要一样，碾压方向应从填土区的两边逐渐压向中心，碾迹应有15～20m的重叠宽度。碾压机械行驶速度不宜过快，一般平滚碾控制在2km/h，羊足碾控制在3km/h，否则会影响压实效果。

(2) 夯实法。夯实法分人工夯实和机械夯实两种。夯实机具的类型较多，有木夯、石硪、蛙式打夯机、火力夯以及利用挖土机或起重机装上夯板后的夯土机等。其中蛙式打夯机轻巧灵活，构造简单，在小型土方工程中应用最广。蛙式打夯机如图3-10所示。

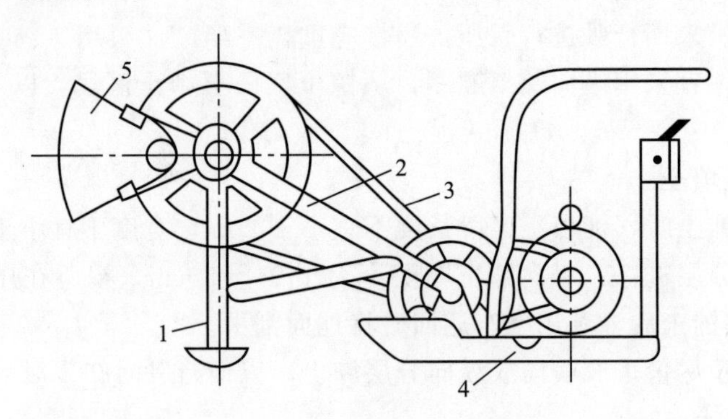

1—夯头；2—夯架；3—三角胶带；4—托盘；5—偏心块。

图3-10　蛙式打夯机

夯实法的优点是可以夯实较厚的土层，如重锤夯其夯实厚度可达1～1.5m，强力夯可夯实深层土壤，但木夯、石硪或蛙式打夯机等机具，其夯实厚度则较小，一般均在20cm以内。

(3) 振动法。振动法是将重锤放在土层的表面或内部，借助于振动设备使重锤振动，土壤颗粒即发生相对位移，达到紧密状态。此法用于振实非黏性土壤效果较好。

振动平碾适用于填料为爆破碎石渣、碎石类土、杂填土或轻亚黏土的大型填方；振动凸块碾则适用于亚黏土或黏土的大型填方。当压实爆破石渣或碎石类土时，可选用重8～15t的振动平碾，铺土厚度为0.6～1.5m，先静压、后碾压，碾压遍数由现场试验确定，一般为6～8遍。

第四节　基坑（槽）施工

一、定位和放线

1. 定位

定位一般是将钢板嵌入预先选定的内部控制点，在经纬仪的钢板上设置交点和槽口作为垂直测量轴线的基点，便于大线锤向上提。使用线锤尖端对齐轴的基点。一般是先定建筑物外墙轴线交点处的角桩。其桩顶钉入小钉，对应的钉子之间用线绳连接，即为墙的轴线。因角桩在基坑（槽）挖土时无法保留，必须将轴线延长到槽外安全的地点，并做好标志。其方法有设置龙门板和轴线控制桩（又称引桩、保险桩）两种形式。建筑物定位桩设定后，由施工单位的专业测量人员、施工现场负责人及监理共同对基础工程进行放线及测量复核（监理人员主要是旁站监督、验证），最后放出所有建筑物轴线的定位桩（根据建筑物大小也可轴线间隔放线），所有轴线定位桩是根据规划部门的定位桩（至少 4 个）及建筑物底层施工平面图进行放线的。

2. 放线

根据定位控制点或控制桩、基础平面图和剖面图、底层平面图以及坡度系数和工作面等用石灰撒出基坑（槽）上口的开挖边线。再根据基础的底面尺寸、埋置深度、土壤类别、地下水位的高低及季节性变化等不同情况，以及施工需要，确定是否需要留工作面、放坡、增加降排水设施和设置支撑。实际施工中，根据直立壁不加支撑、直立壁加支撑和留工作面以及放坡等各种情况确定出挖土边线尺寸，用经纬仪配合钢尺划出基础边线，即可进行放线工作。

放灰线时，用平尺板紧靠于线旁，用装有石灰粉末的长柄勺，沿平尺板撒灰，即为基础开挖边线。

二、基坑（槽）开挖

按规定的尺寸合理确定开挖顺序和分层开挖深度，然后进行施工。土体应有足够的强度和稳定性，土方开挖施工要求标高、断面准确，在开挖的过程中应随时检查。为防止边坡发生塌方或滑坡，根据土质情况及坑（槽）深度，一般距基坑上部边缘 2m 以内不得堆放土方和建筑材料，或沿坑边移动运输工具和机械，在此距离外堆置高度不应超过 1.5m，否则，应验算边坡的稳定性。在坑边放置有动载的机械设备时，也要远离坑边。挖出的土除预留一部分用作回填外，不得在场地内任意堆放，应把多余的土运到弃土地区，以免妨碍施工。

当开挖基坑（槽）的土体含水量大且不稳定，或边坡较陡、基坑较深、地质条件不好时，应采取加固措施。挖土应自上而下水平分段分层进行，每 3m 左右修整一次边坡，到达设计标高后，再统一进行一次修坡清底，检查底宽和标高，要求坑底凹凸不超过 2.0cm。深基坑一般采用“分层开挖，先撑后挖”的开挖原则。

基坑开挖时，应对平面控制桩、水准点、基坑平面位置、水平标高、边坡坡度等经常进行检查。深基坑开挖过程中，随着土的挖除，下层土因逐渐卸载而有可能回弹，尤其在基坑挖至设计标高后，如搁置时间过久，回弹更为明显。若弹性隆起在基坑开挖和基础工程初期发展很快，它将加大建筑物的后期沉降。因此，对深基坑开挖后的土体回弹应有适当的估计，如在勘察阶段，土样的压缩试验中应补充卸荷弹性试验等，还可以采取结构措施，在基底设置桩基等，或事先对结构下部土质进行深层地基加固。施工中减少基坑弹性隆起的一个有效方法是把土体中有效应力的改变降低到最少，具体方法有加速建造主体结构，或逐步利用基础的重量来代替被挖去土体的重量。

在软土地区开挖基坑（槽）时，还应符合下列规定。

(1) 施工前必须做好地面排水和降低地下水位工作，地下水位应降低至基坑底以下 0.5～1.0m 后，方可开挖。降水工作应持续到回填完毕。

(2) 施工机械行驶道路应填筑适当厚度的碎石或砾石，必要时应铺设工具式路基箱（板）或梢排等。

(3) 相邻基坑（槽）开挖时，应遵循先深后浅或同时进行的施工顺序，并应及时做好防止扰动基础的准备。

(4) 在密集群桩上开挖基坑时，应在打桩完成后间隔一段时间，再对称挖土。在密集群桩附近开挖基坑（槽）时，应采取措施防止桩基位移。

(5) 挖出的土不得堆放在坡顶上或建（构）筑物附近。

三、基坑（槽）检验与处理

基坑（槽）挖至基底设计标高并经清理后，施工单位必须会同勘察、设计单位、监理单位和业主共同验槽，合格后才能进行基础工程施工。

一般设计依据的地质勘察资料取自拟建建筑物地基，资料有限，无法准确反映钻孔之间的土质变化情况，只有在土方开挖后才能确切地了解。为了使建（构）筑物有一个比较均匀的下沉，即不允许建（构）筑物各部分间产生较大的不均匀沉降，必须对地基进行严格的检验。核对地质资料，检查地基土与工程地质勘察报告、设计图纸要求是否相符，检查有无破坏原状土结构或发生较大的扰动现象。如果实际土质与设计地基土不符或有局部特殊土质（如松软、太硬，有坑、沟、墓穴等）的情况，应由结构设计人提出地基处理方案，处理后经有关单位签署后归档。

验槽主要凭施工经验，以观察为主，而对于基底以下不可见部位的土层，要先辅以钎探、夯实配合完成。

1. 钎探

钎探是用锤将钢钎打入坑底以下一定深度的土层内，根据锤击次数和入土难易程度来判断土的软硬情况及有无墓穴、枯井、土洞、软弱下卧土层等。

打入钢钎分人工和机械两种。

人工打钎时，钢钎用直径 22～25mm 的钢筋制成，钎尖呈 60°尖锥状，长 2.5～3.0m（入土部分长 1.5～2.1m），每隔 30cm 有一个刻度。打钎用的锤重

8～10lb（1lb＝0.453 6kg），锤击时的自由下落高度为50～70cm。用打钎机打钎时，其锤重约10kg，锤的落距为50cm。

先绘制基坑（槽）平面图，在图上根据要求确定钎探点的平面位置，并依次编号绘制成钎探点平面布置图。按钎探点平面布置图标定的钎探点顺序号进行钎探施工。

打钎时，同一工程应钎径一致、锤重一致、用力（落距）一致。每贯入30cm（通常称为一步），记录一次锤击数，每打完一个孔，填入钎探记录表内。钎探点的记录编号应与注有轴线号的钎探点平面布置图相符。最后整理成钎探记录。

钎孔的间距、布置方式和钎探深度，应根据基坑（槽）的大小、形状、土质的复杂程度等确定，一般可参考表3-13。

表3-13　钎孔的布置

槽宽/cm	排列方式	图示	间距/m	钎探深度/m
＜80	中间一排		1.0～2.0，视地层复杂情况定	1.2
80～200	两排错开			1.5
≥200	梅花形			2.1
柱基	梅花形			≥1.5，并不浅于短边宽度

打钎完成后，要从上而下逐“步”分析钎探记录情况，再横向分析各钎孔相互之间的锤击次数，将锤击次数过多或过少的钎孔，在钎探点平面布置图上加以圈注，以备到现场重点检查。钎探后的孔要用砂灌实。

2. 观察验槽

（1）检查基坑（槽）的位置、尺寸、标高和边坡等是否符合设计要求。

（2）根据槽壁土层分布情况及走向，可初步判断全部基底是否已挖至设计所要求的土层，特别要注意观察土质是否与地质资料相符。

（3）检查槽底是否已挖至老土层（地基持力层）上，是否需要继续下挖或进行处理。

（4）对整个槽底土进行全面观察：土的颜色是否均匀一致；土的坚硬程度是否均匀一致，有无局部过软或过硬的异常情况；土的含水量情况，有无过干过湿；在槽底行走或夯拍时，有无震颤现象，有无空穴声音等。

(5) 验槽的重点应选择在柱基、墙角、承重墙下或其他受力较大的部位。如有异常部位，要会同设计等有关单位进行处理。

3. 地基局部处理

验槽时发现的各种异常，在探明原因和范围后，由工程设计人员做出处理方案，由施工单位进行处理。地基局部处理的原则是使所有地基土的硬度一致，压缩性一致，避免建筑物产生不均匀沉降。常见的处理方法可概括为“挖、填、换”三个字。

第五节　土石方工程质量标准与注意事项

一、土石方工程质量标准

(1) 柱基、基坑、基槽和管沟基底的土质必须符合设计要求，并严禁扰动基底土层。

(2) 填方的基底处理，必须符合设计要求或施工规范的规定。

(3) 平整场地的表面坡度应符合设计要求，如设计无要求时，排水沟方向的坡度不应小于2‰。平整后的场地表面应逐点检查，检查点为每100～400m^2取一点，但不应少于10点；长度、宽度和边坡均为每20m取1点，每边不应少于1点。

(4) 土方开挖工程质量检验标准参见相关验收规范。

(5) 填方、柱基、坑基、基槽、管沟回填的土料必须符合设计要求和施工规范的规定，经验收后方可填入。

(6) 土方回填前应清除基底的垃圾、树根等杂物，抽除坑穴积水、淤泥，验收基底标高。如在耕植土或松土上填方，应在基底压实后再进行。

(7) 填方、柱基、基坑、基槽、管沟的回填，必须按规定分层夯压密实。取样测定压实后土的干密度，90%以上符合设计要求，其余10%的最低值与设计值的差不应大于0.08g/cm^3，且不应集中。

土的实际干密度可用“环刀法”测定。其取样组数：柱基回填取样不少于柱基总数的10%，且不少于5个；基槽、管沟回填每层按长度20～50m取一组样；基坑和室内填土每层按100～500m^2取一组样；场地平整填土每层按400～900m^2取一组样，取样部位应在每层压实后的下半部。

(8) 填方结束后，应检查标高、边坡坡度、压实系数等，检查标准应符合验收规范中的规定。

二、土石方工程施工注意事项

1. 坑基开挖

(1) 挖方时不得在危岩、孤石的下边或贴近未加固的危险建筑物的下面进行。

（2）基坑开挖时，两人操作间距应大于 3.0m，不得对头挖土，挖土面积较大时，每人工作面不应小于 $6m^2$。挖土应由上而下，分层分段按顺序进行，严禁先挖坡脚或逆坡挖土，或采用底部掏空塌土的方法挖土。

（3）基坑开挖深度超过 1.5m 时，应根据土质和深度严格按要求放坡。不放坡开挖时，需根据水文、地质条件及基坑深度确定临时支护方案。

（4）基坑边缘堆土、堆料或沿挖方边缘移动运输工具和机械，一般应距基坑上边缘不少于 2m，弃土堆置高度不应超过 1.5m。重物距边坡距离：汽车不小于 3m，起重机不小于 4m。

（5）基坑开挖时，应随时注意土壁变动情况，如发现有边坡裂缝或部分坍塌的现象，施工人员应立即撤离操作地点，并应及时分析原因，采取有效措施进行处理。如进行支撑或放坡，要注意支撑的稳固和土壁的变化。

（6）深基坑开挖采用支护结构时，为保证操作安全，在施工中应加强观测，发现异常情况，及时进行处理，雨后更应加强检查。

（7）在雨期开挖基坑，应距坑边 1m 远处挖截水沟或筑挡水堤，防止雨水灌入基坑或冲刷边坡，造成边坡失稳塌方。当基坑底部位于地下水位以下时，基坑开挖应采取降低地下水位的措施。雨期在深坑内操作应先检查土方边坡支护措施。

（8）当基坑较深或晾槽时间很长时，为防止边坡失水疏松或地表水冲刷、浸润影响边坡稳定，应采用薄膜、砂浆覆盖、挂铁丝网、砌石、草袋装土堆压等方法保护。

（9）在冬季开挖时，可提前在土表面覆盖保温材料或在冰冻前翻松表土。翻松厚度视土质和负温情况确定，一般不得小于 0.5m，覆盖材料要保持干燥，厚度按各种材料的保温性能和土壤可能达到的冻结深度决定。

2. 机械挖土

（1）大型土方工程施工前，应编制土方开挖方案、绘制土方开挖图，确定开挖方式、顺序、边坡坡度、土方运输方式与路线、弃土堆放地点以及安全技术措施等，以保证挖掘、运输机械设备安全作业。

（2）机械行驶道路应平整、坚实，必要时底部应铺设枕木、钢板或路基箱垫道，防止作业时道路下陷；在饱和软土地段开挖土方应先降低地下水位，防止设备下陷或基土产生侧移。

（3）机械挖土应分层进行，合理放坡，防止塌方、溜坡等造成机械倾翻、掩埋等事故。

（4）多台挖掘机在同一作业面工作时，挖掘机间距应大于 10m。多台挖掘机在不同台阶同时开挖，应验算边坡稳定，上下台阶挖掘机前后应相距 30m 以上，挖掘机离下部边坡应有一定的安全距离，以防造成翻车事故。

（5）在雨期和冬季施工时，运输机械和行驶道路应采取防滑措施，以保证施工安全。

（6）遇到大风、暴雪等恶劣天气时，应立即停止作业，必要时对机械采取保护措施，保证机械安全。

（7）在施工区域内，严禁非工作人员进入，在进行土方爆破时，工作人员和机械应撤离到安全地带，以免对人员造成伤害。

3. 土方回填

（1）基坑（槽）和管沟回填前，应检查坑（槽）壁有无塌方迹象，下坑（槽）操作人员要戴安全帽。

（2）基坑回填应分层进行，基础或管道、地沟回填应防止造成两侧压力不平衡，使基础或墙体位移或倾倒。

（3）在填土夯实过程中，要随时注意边坡土的变化，对坑（槽）沟壁有松土掉落或塌方的危险时，应采取适当的支护措施。

（4）用推土机回填，铲刀不得超出坡沿，以防倾覆。陡坡地段推土需设专人指挥，严禁在陡坡上转弯。

（5）坑（槽）及室内回填，用车辆运土时，应对跳板、便桥进行检查，以保证交通道路畅通安全。车与车的前后距离不得小于 5m。用手推车运土回填时，不得放手让车自动翻转卸土。

第四章 爆破工程

第一节 爆破器材与起爆方式

一、炸药及其分类

1. 炸药基本分类

(1) 按主要化学成分分类。

1) 硝铵类炸药。如图4-1所示，导火索是主要成分为硝酸铵，加上适量的可燃剂、敏化剂及其附加剂的混合炸药均可运用到爆破工程中。它是目前国内外工程爆破中用量最大、品种最多的一类混合炸药。

图4-1 硝铵类炸药

2) 硝化甘油类炸药。主要组成部分为硝化甘油或硝化甘油与硝化乙二醇混合物的混合炸药，有粉状和胶质之分。

3) 芳香族硝基化合物类炸药。苯及其同系物以及苯胺、苯酚和萘的硝基化合物，如梯恩梯、二硝基甲苯磺酸钠等。

(2) 按使用条件分类。

1) 准许在一切地下和露天爆破工程中使用的炸药，是一种安全炸药，又叫煤矿许用炸药，包括有瓦斯和矿尘爆炸危险的矿山。

2) 准许在地下和露天爆破工程中使用的炸药，但不包括有瓦斯和矿尘爆炸危险的矿山。属于非安全炸药。

3）只准许在露天爆破工程中使用的炸药。属于非安全炸药。

（3）按炸药用途分类。

1）起爆药。如图 4-2 所示，易受外界能量激发而发生燃烧或爆炸，并能迅速形成爆轰的一类敏感炸药。

图 4-2　起爆药

2）猛炸药。敏感性高、爆炸威力大，并且安全炸药的用量较少。

3）发射药。由火焰或火花等引燃后，在正常条件下不爆炸，仅能爆燃而迅速发生高热气体，其压力足使弹头以一定速度发射出去，但又不致于破坏膛壁。

2. 常用炸药的组分及性能

（1）铵梯炸药（硝铵炸药）。由硝酸铵与梯恩梯混合组成，是战时大量使用的代用炸药，可代替梯恩梯装填炮弹、炸弹和地雷等。此类炸药因为含有易于吸潮结块的硝酸铵，在密封不严的情况下不宜长期贮存。铵梯炸药的类别和基本性能见表 4-1。

表 4-1　铵梯炸药的类别和基本性能

组分和性能	1 号露天铵梯炸药	2 号露天铵梯炸药	3 号露天铵梯炸药	2 号抗水露天铵梯炸药	2 号岩石铵梯炸药	2 号抗水岩石铵梯炸药
硝酸铵（%）	80～84.0	84.0～88.0	86.0～90.0	81.0～88.0	83.5～86.5	83.5～86.5
梯恩梯（%）	9.0～11.0	4.0～6.0	2.5～3.5	4.0～6.0	10.0～12.0	10.5～11.5
木粉（%）	7.0～9.0	8.0～10.0	8.0～10.0	7.2～9.2	3.5～4.5	2.7～3.7
抗水剂（%）	—	—	—	0.6～1.0	—	0.6～1.0
水分（%）	≤0.5	≤0.5	≤0.5	≤0.5	≤0.3	≤0.3
密度（$g \cdot cm^{-3}$）	0.85～1.1	0.85～1.10	0.85～1.1	0.85～1.10	0.95～1.10	0.95～1.10
殉爆距离（cm）	≥4	≥3	≥2	≥3	≥5	≥5

续表

组分和性能	1号露天铵梯炸药	2号露天铵梯炸药	3号露天铵梯炸药	2号抗水露天铵梯炸药	2号岩石铵梯炸药	2号抗水岩石铵梯炸药
作功能力（ml）	≥278	>288	>208	>228	>298	>298
猛度（mm）	≥11	≥8	≥5	≥8	≥12	≥12
爆速（$m \cdot s^{-1}$）	—	2100	—	2100	3200	3200
有效期（月）	4	4	4	4	6	6

（2）铵油炸药。由硝酸铵和燃料组成的一种粉状或粒状爆炸性混合物，主要适用于露天、无沼气和矿尘爆炸危险的爆破工程。铵油炸药的类别和基本性能见表 4-2。

表 4-2 铵油炸药的类别和基本性能

炸药名称	组分（%）			水分（不大于）（%）	装药密度（$g \cdot cm^{-3}$）	爆炸性能				炸药保证期（d）	炸药保证期内	
	硝酸铵	柴油	木粉			殉爆距离（不小于）（cm）	猛度（不小于）（mm）	爆力（不小于）（ml）	爆速（不小于）（$m \cdot s^{-1}$）		殉爆距离（不小于）（cm）	水分（不大于）（%）
1号铵油炸药（粉状）	92±1.5	4±1	4±0.5	0.25	0.9～1.0	5	12	300	3300	（7）15	5	0.5
2号铵油炸药（粉状）	92±1.5	1.8±0.5	6.2±1	0.8	0.8～0.9	—	18	250	3800	15	—	1.5
3号铵油炸药（粒状）	94.5±1.5	5.5±1.5	—	0.8	0.9～1.0	—	18	250	3800	15	—	1.5

（3）乳化炸药。它是借助乳化剂的作用使氧化剂盐类水溶液的微滴均匀分散在含有分散气泡或空心玻璃微珠等多孔物质的连续介质中，形成一种油包水型的乳胶状炸药。其特点是密度高、爆速大、猛度高、抗水性能好、临界直径小、起爆敏感度好，小直径情况下具有雷管敏感度。它通常不采用火炸药为敏化剂，生产安全，污染少。乳化炸药的组分和基本性能见表 4-3。

表 4-3 乳化炸药的组分和基本性能

	系列或型号	EL系列	CLH系列	RJ系列	MRY-3	岩石型	煤矿许用型
组分（%）	硝酸铵	63～75	50～70	53～80	60～65	65～86	65～80
	硝酸钠	10～15	15～30	5～15	10～15	—	—
	水	10	4～12	8～15	10～15	8～13	8～13
	乳化剂	1～2	0.5～2.5	1～3	1～2.5	0.8～1.2	0.8～1.2
	油相材料	2.5	2～8	2～5	3～6	4～6	3～5
	铝粉	2～4	—	—	3～5	—	—
	添加剂	2.1～2.2	0～4；3～15	0.5～2	0.4～1.0	1～3	5～10
	密度调整剂	0.3～0.5	—	0.1～0.7	0.1～0.5	—	—
性能	爆速（kms^{-1}）	4.5～5.0	4.5～5.5	4.5～5.4	4.5～5.2	3.9	3.9
	猛度（mm）	16～19	15～17	16～18	16～19	12～17	12～17
	爆力（ml）	—	295～330	—	—	—	—
	殉爆距离（cm）	8～12	—	＞8	8	6～8	6～8
	贮存期（月）	＞6	＞8	3	3	3～4	3～4

二、起爆器材

1. 火具

（1）导火索。如图 4-3 所示，导火索是用以引爆雷管或黑火药的绳索。用棉线或麻线包缠黑火药和心线，并将防湿剂涂在表面，从而制成导火索，通常用火柴或拉火管点燃。导火索的性能见表 4-4。

图 4-3 导火索

表 4-4　导火索的性能

构造	技术指标	质量要求	检验方法	适用范围
内部为黑火药芯，外面依次包缠棉线和黄麻（或亚麻）、涂沥青、包纸等，外面再用棉线缠紧，涂以防潮剂，索头亦涂有防潮剂	①外径：5.2～5.8mm ②药芯直径不小于 2.2mm ③燃速：100～125s/m（缓燃导火索为 180～210s/m） ④喷火强度：不低于 50mm	①粗细均匀，无折伤、变形、受潮、发霉、严重油污、剪断处散头等现象 ②包裹严密，纱线编织均匀，外观整洁，包皮无松开破损 ③在存放温度不超过 40℃、通风干燥条件下保质期为 2 年	①在 1m 深静水浸泡 4h 后，燃速和燃烧性能正常 ②燃烧时无断火、过火、外壳燃烧及爆炸声 ③使用前做燃速检查，先将原来的导火索头剪去 50～100mm，然后根据燃速将导火索剪到所需的长度，两端须平整，不得有毛头，检查两端药芯是否正常	可用无瓦斯或矿尘爆炸危险的工作面

（2）导爆索。如图 4-4 所示，是一种以黑索金或泰安为锁芯，棉线、麻线或人造纤维被覆材料的传递爆轰波的一种索状起爆器材。导爆索的性能见表 4-5。

图 4-4　导爆索

表 4-5　导爆索的性能

构造	技术指标	质量要求	适用范围
锁芯里的炸药用爆速高的烈性黑索金制成，以棉线纸条为包缠物，并涂以防潮剂，表面涂以红色。索头涂有防潮剂	①外径：4.8～6.2mm ②爆速：不低于6 500m/s ③点燃：用火焰点燃时不爆燃、不起爆（应用 8 号火雷管起爆） ④起爆性能：2m 长的导爆索能完全起爆一个 200g 的压装梯恩梯药块	①外观无破损、折伤、药粉撒出、松皮、中空现象。扭曲时不折断，炸药不散落。无油脂和油污 ②在 0.5m 深的水中浸 24h 后，仍能可靠传爆 ③在－28～50℃内不失起爆性能 ④在温度不超过 40℃、通风、干燥条件下，保质期为 2 年	用于一般爆破作业中直接起爆 2 号岩石炸药；用于深孔爆破和大量爆破药室的引爆，并可用于几个药室同时准确起爆，不用雷管。不宜用于有瓦斯、矿尘的作业面及一般炮孔法爆破

(3) 导爆管。如图 4-5 所示，是一种内壁涂有混合炸药粉末的塑料软管，外径约 3mm，内径约 1.4mm，它不同于塑料导爆索，因为它工作时炸药在管内反应，管体不爆炸，并且对环境无破坏效应。当它被激发后，管内炸药剧烈反应，产生发光的冲击波，并以 1 800～2 000m/s 的速度稳定地传递爆炸能量。它具有起爆感度高、传爆速度快，有良好的传爆、耐火、抗冲击、抗水、抗电等性能，应用普遍。导爆管的性能见表 4-6。

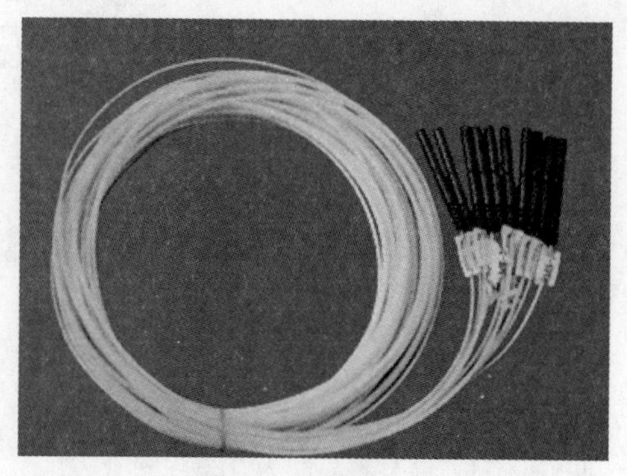

图 4-5 导爆管

表 4-6 导爆管的性能

构造	技术指标	质量要求	检验方法	传爆过程
在半透明软塑料管内壁涂薄薄一层胶装高能混合炸药（主药为黑索金或奥克托金），涂药量大概为 16mg/m	①外径：3mm 左右 ②内径：1.4mm 左右 ③爆速：1 800～2 000m/s ④抗拉力：25℃时不低于 70N；50℃时不低于 50N；－40℃时不低于 100N ⑤耐静电性能：在 30kV、30PF、极距 10cm 条件下，1min 不起爆 ⑥耐温性：50℃和 40℃左右时起爆、传爆可靠	①表面有损伤（如孔洞、裂口等）或管内有杂物者不得使用 ②传爆雷管在连接块中能同时起爆 11 根塑料导爆管 ③在火焰作用下不起爆 ④在 80m 深水处经 48h 后，起爆正常 ⑤在卡斯特落锤 10kg，150cm 落高的冲击作用下，不起爆	适用于无瓦斯、矿尘的露天、井下、深水、杂散电流大和一次起爆多数炮孔的微差爆破作业中，或上述条件下的瞬发爆破或秒延期爆破	导爆管爆炸时，粘附在管内壁的混合药粉发生快速化学反应，提供传爆能量的来源

(4) 雷管。爆破工程的主要起爆材料是雷管，其作用是产生起爆能来引爆各种炸药、导爆索及传爆管。雷管可分为火雷管和电雷管两种。

1) 火雷管。火雷管是由导火索的火焰冲能激发而引起爆炸的工业雷管。主要组成部分有管壳、加强帽和装药，装药又分为主发装药和次发装药两种。

管壳的作用是用来装填药剂，以减少其受外界的影响，同时可以增大起爆能力和提高震动安全性。主要材料由铜、铝、铝合金、钢、覆铜钢和纸等制作而成。

加强帽用以“密封”雷管药剂，以减少其受外界的影响，同时可以阻止燃烧气体从上部逸出，缩短燃烧转爆轰的时间，增大起爆能力和提高震动安全性。

主发装药，又叫第一装药、正起爆药或原发装药，它装在雷管管壳的上半部分，起到直接接受导火索火焰的作用，是首先爆轰的部分。

次发装药，又叫第二装药、副起爆药或被发装药，它装在雷管的底部，是由主发装药引爆，用以加强起爆药的威力，由它产生的爆轰来引爆炸药。

2）电雷管。又称瞬时电雷管，是在电能作用下立即起爆的电雷管。从通电到起爆时间不大于13m/s，一般为4～7m/s。其瞬时起爆的均一性取决于电雷管的全电阻和桥丝电阻。因此，产品在出厂前和使用前都应检测全电阻，全电阻的误差越小，起爆的均一性越好。

电雷管是由普通雷管和电力引火装置组成的。如图4-6（a）所示，电雷管通电后，电阻丝发热，使发火剂点燃，立即引起正在点燃爆药爆炸的为即发电雷管。如图4-6（b）所示，当电力引火装置与正在点燃爆药之间放上一段缓燃剂时为迟发电雷管，迟发电雷管又分延期电雷管和毫秒电雷管。

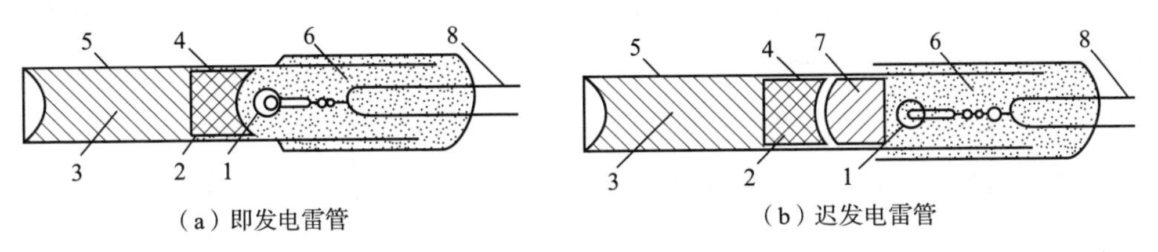

（a）即发电雷管　　（b）迟发电雷管

1—电气点火装置；2—正装药；3—副装药；4—加强帽；
5—管壳；6—密封胶和防潮涂料；7—缓燃剂；8—脚线。

图4-6　电雷管构造示意图

2. 起爆器

（1）普通起爆器。即点火机，是一种小型发电机，有电容器式和发电机式两种，用来给点火线路供电起爆电雷管。

（2）遥控起爆器。主要有靠发送无线电波或激光引爆地面装药的遥控起爆器和靠发送声波引爆水中装药的遥控起爆器，用于远距离遥控起爆装药。遥控起爆器如图4-7所示。

图4-7　遥控起爆器

3. 爆破仪表

专用起爆器，是引爆电雷管和激发笔的专用电源，主要性能与规格见表4-7。

表4-7　专用起爆器的性能与规格

型号	起爆能力	输出峰值/V	最大电阻/Ω	充电时间/s	冲击电流持续时间/ms	质量/kg	外形尺寸/mm
MFJ-50/100	50/100	960	170	＜6	3～6	—	135×92×75

续表

型号	起爆能力	输出峰值/V	最大电阻/Ω	充电时间/s	冲击电流持续时间/ms	质量/kg	外形尺寸/mm
NFJ-100	100	900	320	＜12	3～6	3	180×105×165
J20F-300-B	100/200	900	300	7～20	＜6	1.25	148×82×115
NFB-200	200	1 800	620	＜6	—	—	165×105×102
QLD-1000-C	300/1 000	500/600	400/800	15/40	—	5	230×140×190
GM-2000	最大4 000抗杂类管480	2 000	—	＜80	—	8	360×165×184
GNDF-4000	铜4 000 铁2 000	3 600	600	10～30	50	111	385×195×360

三、起爆方式

常用的起爆方式有电力起爆法、非电起爆法及无线起爆法。其中非电起爆法又包括火雷管起爆法（现已不常用）、导爆索起爆法和导爆管起爆法；无线起爆法包括电磁波起爆法和水下声波起爆法。

1. 电力起爆法

电力起爆法是利用电雷管中的电力引火剂的通电发热燃烧使雷管爆炸，从而引起药包爆炸。电力起爆改善了工作条件，减少了危险性，能同时引爆许多药包，增大了爆破范围与效果。大规模爆破及同时起爆较多炮眼时，多用电力起爆，但在有杂散电流、静电、感应电或高频电磁波等可能引起电雷管早爆的地区和雷击区爆破时，不应采用电力起爆。

2. 导爆索起爆法

导爆索起爆法是将雷管捆在导爆索一端引爆，经导爆索传播将捆在另一端的炸药起爆的方法。在单独使用时形成的网络有开口网络和复式网络等。多用于深孔爆破、硐室爆破和水下爆破等。

3. 导爆管起爆法

导爆管起爆法是指导爆管被激发后传播爆轰波引发雷管，再引爆炸药的方法。爆管应均匀地敷设在雷管周围并有胶布等捆扎用导爆索起爆导爆管时，宜采用垂直连接。

4. 电磁波起爆法

电磁波起爆法是用电磁感应原理制成遥控装置起爆的方法。在炮孔口设一起爆元件接收感应线圈，当发射天线发射交变磁场时在接收线圈内感应而形成电势，经整流变直流向电容器充电达到额定值停止，电子开关闭合时将电容器与电雷管接通引爆。此法多用于水下爆破。

电磁波起爆法原理：起爆器在合闸后向母线输出高频脉冲电流，电流通过电磁转换器的磁芯，使电雷管的环形脚线中产生感应电压而起爆雷管。这种系统由于带磁环的电雷管只接受起爆器输出的高频脉冲信号，对工频电和其他频率的交流电不发生反应，大大提高了该系统抗外来电的安全性。

第二节　爆破工程施工

一、爆破施工准备

1. 进场前后的准备

(1) 调查工地及其周围环境情况。包括邻近区域的水、电、气和通信管线路的位置、埋深、材质和重要程度；邻近的建（构）筑物、道路、设备仪表或其他设施的位置、重要程度和对爆破的安全要求；附近有无危及爆破安全的射频电源及其他产生杂散电流的不安全因素。

(2) 了解爆破区周围的居民情况。车流和人流的规律，做好施工的安民告示，消除居民对爆破存在的紧张心理。妥善解决施工噪声、粉尘等扰民问题。

(3) 对地形地貌和地质条件进行复核。对拆除爆破体的图纸、质量资料等进行校核。

(4) 组织施工方案评估，办理相关手续、证件。包括《爆炸物品使用许可证》《爆炸物品安全贮存许可证》《爆炸物品购买证》《爆炸物品运输证》等。

2. 施工现场管理

(1) 拆除爆破工程和城镇岩土爆破工程。采用封闭式施工，设置施工牌，标明工程名称、主要负责人和作业期限等，并设置警戒标志和防护屏障。

(2) 爆破前以书面形式发布爆破通告。通知当地有关部门、周围单位和居民，以布告形式进行张贴，内容包括：爆破地点、起爆时间、安全警戒范围、警戒标志、起爆信号等。

3. 施工现场准备

(1) 技术准备。要熟悉、审查施工图纸和相关设计资料，为以后的施工做好铺垫。对原始资料进行调查分析，如场地的自然条件、经济技术水平等，只有对地形、地基土、地质构造等了解透彻，才能更好地进行后续工作。要对工程进行施工图预算和施工预算，这样能节省工程费用，它是工程预算的重要内容。

(2) 物资准备。

1) 落实各种材料来源，办理定购手续；对于特殊的材料，应尽早确定货源或者安排生产。

2) 提出各种材料的运输方式、运输工具、分批按计划进入现场的数量，各种物资的交货地点、方式。

3）定购大型生产设备时，注意设备进场和安装时间上的安排要与土建施工相协调。

4）尽早提出预埋件的位置、数量；定购预制构（配）件。

5）施工设备、机械的安装与调试。

6）规划堆放材料、构件、设备的地点，对进场材料严格验收，查验有关文件。

（3）劳动组织准备。

1）建立拟建工程项目的组织机构。

2）建立干练的施工班组。

3）集结施工力量，组织劳动力进场，进行安全、防火和文明施工等方面的教育，并安排好职工的生活，将需要的生活物资、防护服装等准备齐全。

4）向施工班组、工人进行施工组织设计、计划和技术交底。

5）建立健全各项管理制度。工地的各项管理制度是否建立、健全，将直接影响各项施工活动的顺利进行。其内容通常有：工程质量检查与验收制度；工程技术档案管理制度；材料（构件、配件、制品）的检查验收制度；技术责任制度；施工图纸学习与会审制度；技术交底制度；职工考勤、考核制度；工地及班组经济核算制度；材料出入库制度；安全操作制度；机具使用保养制度等。

4. 施工现场的通信联络

为了能及时处置突发事件，确保爆破安全，有效地组织施工，项目经理部与爆破施工现场、起爆站、主要警戒哨之间应建立并保持通信联络。在有条件的施工场地，每人配备一台呼叫机，防止出现事故，无人应答。

二、爆破工艺流程

1. 拆除爆破施工工艺流程

拆除爆破工程作业程序可以分为工程准备及爆破设计、施工阶段、爆破实施阶段。流程图如图 4-8 所示。

2. 深孔爆破施工工艺流程

深孔爆破施工工艺流程如图 4-9 所示。

三、爆破现场安全技术

1. 爆破飞石的安全距离

一般抛掷爆破个别飞石安全距离可按以下公式计算：

$$R_F = K_F \times 20n'W$$

式中：R_F——个别飞石的安全距离，单位为 m；

K_F——与地形、地质、气候及药包埋置深度有关的安全系数，一般取用 1.0～1.5；定向或抛掷爆破正对最小抵抗线方向时采用 1.5；风速

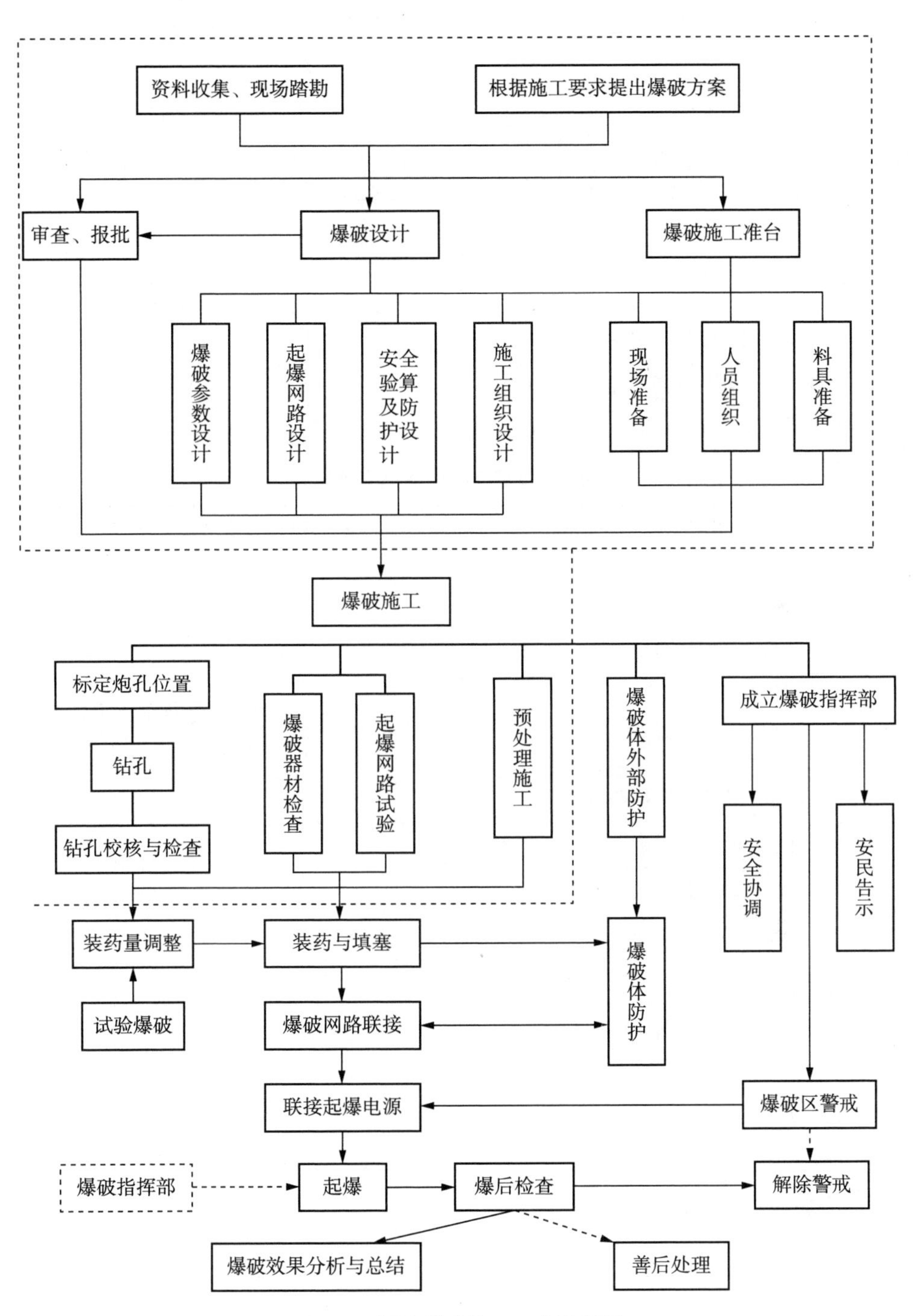

图 4-8　拆除爆破施工工艺流程图

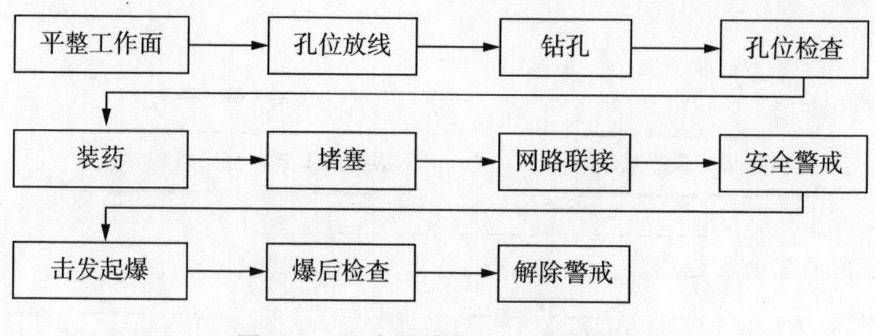

图 4-9　深孔爆破施工工艺流程图

大且顺风时，或山间、垭口地形封，采用 1.5～2.0；

n——爆破作用指数；

W——最小抵抗线长度，单位为 m。

所计算出的安全距离不得小于表 4-8 的规定。

表 4-8　爆破飞石的最小安全距离

爆破类型和方法		个别飞散物的最小安全允许距离（m）
露天土岩爆破	①破碎大块岩矿： 裸露药包爆破法； 浅孔爆破法	 400 300
	②浅孔爆破	200（复杂地质条件下或未形成台阶工作面时不小于 300）
	③浅孔药壶爆破	300
	④蛇穴爆破	300
	③深孔爆破	按设计，但不小于 200
	⑥深孔药壶爆破	按设计，但不小于 300
	⑦浅孔孔底扩壶	50
	⑧深孔孔底扩壶	50
	⑨硐室爆破	按设计，但不小于 300
爆破树墩		200
森林救火时，堆筑土壤防护带		150
爆破拆除沼泽地的路堤		100
拆除爆破、城市浅孔爆破及复杂环境深孔爆破		由设计确定

2. 爆破地震对建筑影响的安全距离

地震波强度随药量、药包埋置深度、爆破介质、爆破方式、途径以及局部的场地条件等因素的变化而不同。爆破地震波对建筑物影响的安全距离按下式计算：

$$R_C = K_C \alpha \sqrt[3]{Q}$$

式中：R_C——爆破点距建筑物的距离，单位为 m；

K_C——依据所保护的建筑物地基土而定的系数，见表 4-9；

α——依爆破作用而定的系数，见表 4-10；

Q——一次起爆的炸药总重量，单位为 kg。

表 4-9　K_C 值

被保护建筑物地基的土	K_C 值
坚硬密致的岩石	3.0
坚硬有裂隙的岩石	5.0
松软岩石	6.0
砾石、碎石土	7.0
砂土	8.0
黏土	9.0
回填土	15.0
流砂、煤层	20.0

注：药包在水中或含水土中时，K_C 值应增加 0.5～1.0 倍。

表 4-10　系数 α 的数值

爆破指数	α 值
≤0.5	1.2
1	1.0
2	0.8
≥3	0.7

注：在地面上爆破时，地面震动作用可不予考虑。

3. 殉爆安全距离

为保证不使仓库内一处贮存的炸药爆炸，而引起另一处贮存的炸药发生爆炸的殉爆安全距离，一般可按下式计算：

$$R_S = K_S \sqrt{Q}$$

式中：R_S——殉爆安全距离，单位为 m；

K_S——由炸药种类及爆破条件所决定的系数，可由表 4-11 查得；

Q——炸药重量，单位为 kg。

表 4-11　系数 K_s 的数值

主动药包		被动药包			
		硝铵类炸药		40%以上胶质炸药	
		裸露	埋藏	裸露	埋藏
硝铵类炸药	裸露	0.25	0.15	0.35	0.25
	埋藏	0.15	0.10	0.25	0.15
40%以上胶质炸药	裸露	0.50	0.30	0.70	0.50
	埋藏	0.30	0.20	0.50	0.30

注：1. 裸露安置在表面的药包，适用于储藏炸药的轻型建筑及裸露堆积于空台的炸药的情况。
2. 埋藏的药包适用于爆炸材料在防护墙内贮存的情况。
3. 当殉爆炸药由不同种类炸药组成，计算安全距离时应根据炸药中对殉爆具有最大敏感的炸药来选择 K_S 的数值。

如果仓库内种类繁多，则殉爆距离可按下式计算：

$$R_s=\sqrt{Q_1K_{s1}^2+Q_2K_{s2}^2+\cdots Q_nK_{sn}^2}$$

式中：Q_1，Q_2，…，Q_n——不同品种炸药的重量，单位为kg；
K_{s1}，K_{s2}，…，K_{sn}——由炸药种类及爆破条件所决定的系数，可由表4-12查得。

在药库中，雷管与炸药必须分开贮存，雷管仓库到炸药仓库的安全距离可按下式计算：

$$R=0.06\sqrt{n}$$

式中：R——雷管仓库到炸药仓库的安全距离，单位为m；
n——贮存雷管数目。

从表4-12～表4-14可以直接查出雷管仓库到炸药仓库、其他建筑物到炸药仓库以及运输炸药工具之间的安全距离。

表 4-12　雷管仓库到炸药仓库间的殉爆安全距离

仓库内的雷管数目	到炸药仓库的安全距离/m
1 000	2.0
5 000	4.5
10 000	6.0
15 000	7.5
20 000	8.5
30 000	10.0
50 000	13.5

续表

仓库内的雷管数目	到炸药仓库的安全距离/m
75 000	16.5
100 000	19.0
150 000	24.0
200 000	27.0
300 000	33.0
400 000	38.0
500 000	43.0

注：如条件许可时，一般安全距离不小于 25m。

表 4-13　爆破材料仓库的安全距离

项目	单位	炸药库容量/t				
		0.25	0.5	2.0	8.0	16.0
距有爆炸性的工厂	m	200	250	300	400	500
距民房、工厂、集镇、火车站	m	200	250	300	400	500
距铁路线	m	50	100	150	200	250
距公路干线	m	40	60	80	100	120

表 4-14　爆破用品运输工具相隔最小距离

运输方法	单位	汽车	马车	驮运	人力
在平坦道路	m	30	20	10	5
上下山坡	m	50	100	50	6

4. 空气冲击波的安全距离

爆破冲击波的危害作用主要表现在空气中形成的超压破坏，如空气超压最大值大于 0.005MPa 时，门窗、屋面开始部分破坏；大于 0.007MPa 时，砖混结构开始被破坏，房屋倒塌。空气冲击波的安全距离可按下式计算：

$$R_B = K_B \sqrt{Q}$$

式中：R_B——空气冲击波的安全距离，单位为 m；

K_B——与装药条件和破坏程度有关的系数，其值可见表 4-15。

Q——药包总重量，kg。

表 4-15 系数 K_B 的值

爆破破坏程度	安全级别	K_B 值	
		裸露药包	全埋入药包
安全无损	1	50～150	10～50
偶然破坏玻璃	2	10～50	5～10
玻璃全坏，门窗局部破坏	3	5～10	2～5
隔墙、门窗、板棚破坏	4	2～5	1～2
砖石和木结构破坏	5	1.5～2	0.5～1.0
全部破坏	6	1.5	—

空气冲击波的危害范围受地形因素的影响，在峡谷地形进行爆破，沿沟的纵深或沟的出口方向应增大 50%～100%的空气冲击波；在山坡一侧进行爆破对山后影响较小，可减少 30%～70%的空气冲击波。空气冲击波对建筑物的影响见表 4-16。

表 4-16 空气冲击波对建筑物的影响

破坏等级	建筑物破坏程度	冲击波超压
1	砖木结构完全破坏	<0.20
2	砖墙部分倒塌或缺裂，土房倒塌，木结构建筑物破坏	0.10～0.20
3	木结构梁柱倾斜，部分折断，砖木结构屋顶掀掉，墙部分移动或裂缝，土墙裂开或局部倒塌	0.05～0.10
4	木隔板墙破坏，木屋架折断，顶棚部分破坏	0.03～0.05
5	门窗破坏，屋面瓦大部分掀掉，顶棚部分破坏	0.015～0.03
6	门窗部分破坏、玻璃破碎，屋面瓦部分破坏，顶棚抹灰脱落	0.007～0.015
7	玻璃部分破坏，屋面瓦部分翻动，顶棚抹灰部分脱落	0.002～0.007

5. 爆破毒气的安全距离

爆破瞬间产生的炮烟含有大量有毒气体的粉尘。有毒气体的影响范围按下式计算：

$$R_g = K_g \sqrt[3]{Q}$$

式中：R_g——爆破毒气的安全距离，单位为 m；

K_g——系数，根据有关试验资料统计，一般取 K_g 的平均值为160；下风时，K_g 值乘以2；

Q——爆破总炸药量，单位为t。

6. 瞎炮处理

（1）产生瞎炮的原因。

1）电雷管变质，使用前没经过导通检查，或串联使用了不同厂家生产的雷管。

2）做引药时电雷管的位置不对，或往炮眼装药时雷管脱离了原来的位置，因此不能有效地引爆炸药。

3）使用了已经硬化的炸药，或装药时用力过猛，炮棍捣实了炸药，使炸药的起爆感度和爆轰稳定性降低。

4）在潮湿和有水的炮眼里装炸药，没使用抗水型炸药，或没有把炮眼里的水烘干，炸药一旦沾水便失效了。

5）放炮器发生了故障。

（2）处理瞎炮的方法。

1）放炮后发现瞎炮，要先检查工作面的顶板、支架和瓦斯。在安全状态下，放炮员可把瞎炮重新联好，再次通电放炮。如仍未爆炸，则应作重新打眼放炮处理。

2）重新打眼放炮时，应先弄清瞎炮的角度、深度，然后在距瞎炮炮眼0.3m处另打一个同瞎炮眼平行的新炮眼，重新装药放炮。

3）严禁用镐刨或从炮眼中取出原放置的引药或从引药中拉出电雷管；严禁将炮眼残底（无论有无残余炸药）继续加深；严禁用打眼的方法往外掏药；严禁用压风吹这些炮眼。

4）处理瞎炮的炮眼爆破后，放炮员必须详细检查炸落的煤矸，收集未爆的电雷管，下班时交回火药库。

5）在瞎炮处理完毕以前，严禁在该地点进行同处理瞎炮无关的工作。

第三节　建（构）筑物拆除爆破

一、拆除爆破的特点及范围

1. 拆除爆破的特点

（1）保证拟拆除范围塌散、破碎充分，邻近的保留部分不受损坏。

（2）控制建（构）筑物爆破后的倒塌方向和堆积范围。

（3）控制爆破时个别碎块的飞散方向和抛出距离。

（4）控制爆破时产生的冲击波、爆破振动和建筑物塌落振动的影响范围。

2. 拆除爆破的范围

（1）一类是有一定高度的建（构）筑物，如厂房、桥梁、烟囱；另一类是基础结构物、构筑物，如建筑基础、桩基。

（2）按材质分为钢筋混凝土、素混凝土、砖砌体、浆砌片石、钢结构等。

二、砖混结构楼房拆除爆破

1. 砖混结构楼房拆除爆破的特点

砖混结构楼房一般在十层以下，有的含部分钢筋混凝土柱，拆除爆破多采用定向倒塌方案或原地塌落方案。爆破楼房要往一侧倾倒时，对爆破缺口范围的柱、墙实施爆破时，一定要使保留部分的柱和墙体有足够的支撑强度，成为铰点，使楼房倾斜后向一侧塌落。

2. 砖墙爆破设计参数的选取原则

一般采用水平钻孔，W 为砖墙厚度的一半，即 $W=B/2$，炮孔水平方向。间距 a 随墙体厚度及其浆砌强度而变化，取 $a=(1.2\sim2.0)W$。排距 $b=(0.8\sim0.9)a$，砖墙拆除爆破系数，见表 4-17。

表 4-17　砖墙拆除爆破系数

墙厚（cm）	W（cm）	a（cm）	b（cm）	孔深（cm）	炸药单耗（g/m³）	单孔药量（g）
21	12	25	25	15	1 000	15
37	18.5	30	30	23	750	25
50	25	40	36	35	650	45

3. 砖混结构楼房拆除爆破施工

（1）对非承重墙和隔断墙可以进行必要的预拆除，拆除高度应与要爆破的承重墙高度一致。

（2）楼梯段影响楼房顺利坍塌和倒塌方向，爆破前预处理或布孔装药与楼房爆破时一起起爆。

三、烟囱爆破

烟囱爆破的特点是重心高、支撑面积小。

1. 砖烟囱爆破

在砖烟囱的根部，布置几排成梅花鹿形交错的炮孔，如图 4-10（a）所示。爆破范围应大于或等于筒身爆破截面处外周长 L 的 60%～75%，炮孔位置按放倒方向两侧均匀排列，高度距地面一般为 0.7～1.0m。烟囱内堆积物爆破前应予以清除。钻孔分上下两排交错排列，孔径一般为 40～50mm；孔距与孔平均装药量视砖烟囱壁厚度而定，雷管分两组引爆，相隔时间控制在 1/10s 左右，雷管为并联电路。起爆时，破坏烟囱围壁的一半以上，使重心落入被破坏空隙处，靠烟囱本身自重定向翻倒 90°塌落，散落范围约成 60°角，散落半径约等于烟囱实际放倒高度的1.2～1.3倍。

2. 钢筋混凝土烟囱爆破

钢筋混凝土烟囱爆破如图4-10（b）所示，先在烟道口的两侧开两个梯形或楔形孔洞，使筒身靠三或四块板体支撑（应做强度核算）。爆破时，在倾倒方向前侧两个板体上布孔，孔距200～300mm。爆破范围、距地面高度等要求与砖烟囱基本相同，爆破后将向一侧倾倒90°倒塌。

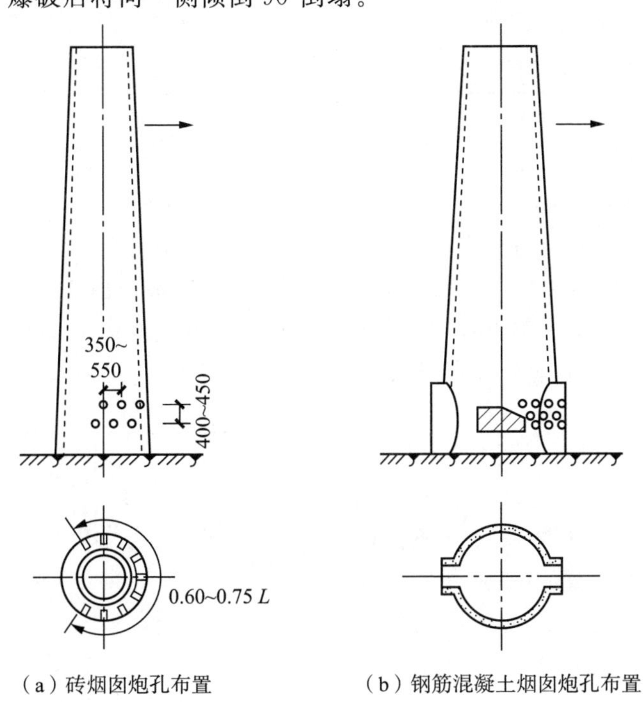

（a）砖烟囱炮孔布置　　（b）钢筋混凝土烟囱炮孔布置

图4-10　烟囱爆破（单位：mm）

四、桥梁拆除爆破

1. 设计原则

（1）一般考虑两次爆破，即墩、台和桥面为一次坍塌，桥基和翼墙作为第二次爆破。其好处是利用桥面防护墩台，可减少防护材料，防飞石，安全性好。

（2）作结构力学分析，只需把关键部位的结点约束力爆破解除。减少钻孔爆破工程量。

（3）针对清渣手段，控制解体残渣合适的块度。

（4）应当把钻孔爆破、切割爆破等爆破手段结合起来使用，根据环境情况确定一次起爆药量。

2. 基本参数

（1）最小抵抗线W，根据结构、材质及清渣方式决定。一般W=35～50cm。

（2）孔深L为自由面时L=0.6H，为实体时L=0.9H，H为爆破体高度或厚度。

(3) 排距 $b=W$，孔距 $a=(1.0\sim1.8)W$，切除爆破 $a=(0.5\sim0.8)W$。

(4) 单耗药量 q 可参照表 4-18 的数据选取。

表 4-18　混凝土桥梁拆除爆破 q 值参考表

材料种类	低强度等级混凝土	高强度等级混凝土	砌砖（石）	钢筋混凝土	密筋混凝
临空面个数	1～2	1～2	2～3	3～4	1～2
q（g/m^3）	125～150	150～180	160～200	280～340	360～420

五、水压爆破

1. 水压爆破的分类

根据水压爆破的装药和作用条件的不同，水压爆破可分为：

(1) 钻孔水压爆破。药包置于有水钻孔中进行爆破，由于介质抵抗线较大，应力波在待破坏介质中作用时间相对较长，应力波起主要作用，如图 4-11 所示。

(2) 壁体整体性运动引起介质破坏。主要是由于壁体整体性运动引起介质破坏，如容器状构筑物或建筑物。由于待破坏介质的厚度尺寸较小，荷载作用时间长于应力波通过介质的时间，波在介质中传播已造成介质的整体性运动，因而可以不考虑应力波在介质内的传播，而直接考虑介质的整体性惯性运动。

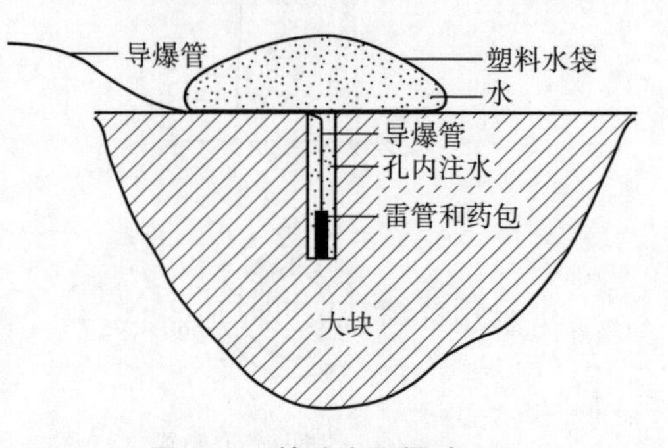

图 4-11　钻孔水压爆破

2. 水压爆破拆除施工

(1) 通常容器类结构物不是理想的贮水结构，要对其进行防漏和堵漏处理，其外侧一般是临空面。半埋式的构筑物应对周边覆盖物进行开挖，若要对其底板获得良好的效果，需挖底板下的土层。

(2) 注意有缺口的封闭处理，孔隙漏水的封堵，注水速度，排水，用防水炸药、电爆网路、导爆管网路。药包采用悬挂式或支架式，需附加配重防止上浮和移位。

(3) 水压爆破引起的地面震动比一般基础结构物爆破时大，为控制震动的影响范围，应采取开挖防震沟等隔离措施。

六、静态破碎

1. 作用原理

将一种含有钼、镁、钙、钛等元素的粉末状无机盐静态破碎剂用适量水调成流动状浆体，然后把它直接灌入钻孔中，经水化反应，使晶体变形，随时间的增长产生巨大的膨胀压力，缓慢地、静静地施加给孔壁，经过一段时间后达到最大值，这时就可以将岩石或混凝土胀裂和破碎。

2. 无声破碎剂

无声破碎剂也称静态破碎剂，主要用于宝贵矿石的开发和特殊建筑物的拆除，如大理石和花岗岩等。静态破碎剂具有污染小、噪声小、危险性小、能有效控制等特点，如图 4-12 所示。

图 4-12　静态破碎剂

3. 适用范围

（1）混凝土和砖石结构物的破碎拆除。

（2）各种岩石的切割或破碎，或二次破碎，但不适用于多孔体和高耸的建筑物。

露天爆破

扫码观看本视频

第五章 地基与基础工程

第一节 地基基础

一、地基土的工程特性

1. 地基土的物理特性

土的组成如图 5-1 所示。

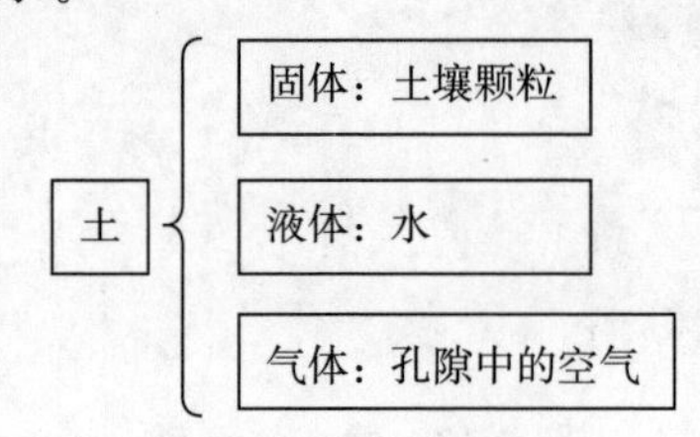

图 5-1 土的组成

土中颗粒的大小、成分及三相之间的比例关系反映出土的不同性质，如轻重、松紧、软硬等。在工程中常用的物理指标有密度、比重、含水量、孔隙比或孔隙度、饱和度等，这些指标都可通过实验取得。

碎石土、砂土、粉土物理状态的指标是密实度，《岩土工程勘察规范》[GB 50021—2001（2009 年版）] 规定：碎石土的密实度可根据重型动力触探锤击数确定，见表 5-1；砂土的密实度应根据标准贯入锤击数试验实测值 N 确定，见表 5-2；粉土的密实度应根据孔隙比确定，见表 5-3。

表 5-1 碎石土的密实度

重型动力触探锤击数 $N_{63.5}$	密实度	重型动力触探锤击数 $N_{63.5}$	密实度
$N_{63.5} \leqslant 5$	松散	$10 < N_{63.5} \leqslant 20$	中实
$5 < N_{63.5} \leqslant 10$	稍密	$N_{63.5} > 20$	密实

表 5-2 砂土的密实度

标准贯入锤击数 N	密实度	标准贯入锤击数 N	密实度
$N \leqslant 10$	松散	$15 < N \leqslant 30$	中实
$10 < N \leqslant 15$	稍密	$N > 30$	密实

表 5-3　粉土的密实度

孔隙比 e	密实度	孔隙比 e	密实度
$e<0.75$	密实	$e>0.9$	稍密
$0.75\leqslant e\leqslant 0.9$	中密		

2. 地基土的压缩性

地基土的压缩性是指在压力作用下体积缩小的性能。从理论上，土压缩变形的原因可能是：土粒本身的压缩变形；孔隙中不同形态的水和气体等流体的压缩变形；孔隙中水和气体有一部分被挤出，土的颗粒相互靠拢使孔隙体积减小。

3. 地基土的稳定性

地基土的稳定性包括承载力不足而失稳，以及地基变形过大造成建筑物失稳，还有构筑物基础在水平荷载作用下的倾覆和滑动失稳以及边坡失稳。地基土的稳定性评价是岩土工程问题分析与评价的一项重要内容。

4. 地基土的均匀性

地基土的均匀性即为分布在地基土基底以下的物理力学性质的均匀性。这体现在两个方面，一是地基承载力差异较大；二是地基土的变形性质差异较大。评价标准为：

（1）当地基持力层层面坡度大于10%时，可视为不均匀地基。

（2）建筑物基础底面跨两个以上不同的工程地质单元时为不均匀地基。

（3）建筑物基础底面位于同一地质单元、土层属于相同成因年代时，地基不均匀性用在建筑物基础平面范围内，土的最大和最小的压缩模量的当量值之比，即由地基不均匀系数 β 来判定。当 β 大于表 5-4 规定的数值时，为不均匀地基。

表 5-4　地基不均匀系数 β

压缩模量当量值 $\overline{E}_s$（MPa）	$\leqslant 4$	7.5	15	>15
地基不均匀系数 β	1.3	1.5	1.8	2.5

注：1. 土的压缩模量当量值 $\overline{E}_s$。

2. 地基不均匀系数 β 为 $\overline{E}_{smax}$ 与 $\overline{E}_{smin}$ 之比，其中 $\overline{E}_s$ 为该场地某一钻孔所代表的低级土层在压缩层深度内最大的压缩模量当量值，$\overline{E}_{smin}$ 为另一钻孔所代表的第几土层在压缩层深度内最小的压缩模量当量值。

3. 土的压缩模量按实际应力段取值。

5. 地基土的水理性

地基土的水理性是指地基土在水的作用下，工程特性发生改变的性质，施工过程中必须充分了解这种变化，避免地基土的破坏。黏性土的水理性主要包括三种性质，黏性土颗粒吸附水能力的强弱称为活性，由活性指标 A 来衡量；黏性土含水量的增减反映在体积上的变化称为胀缩性；黏性土由于浸水而发生崩解散体的特性称为崩解性，通常由崩解时间、崩解特征、崩解速度三项指标来评价。岩石的水理性包括吸水性、软化性、可溶性、膨胀性等性质。

6. 地基土的动力特性

土体在动荷载作用下的力学特性称为地基土的动力特性。动荷载作用对土的力学性质的影响可以导致土的强度减低，产生附加沉降、土的液化和触变等结果。

影响土的动力变形特性的因素包括周期压力、孔隙比、颗粒组成、含水量等，最为显著的是应变幅值的影响。应变幅值在10^{-6}～10^{-4}范围内时，土的变形特性表现为弹性性质。一般由火车、汽车的行驶以及机器基础等所产生的振动的反应都属于这种弹性范围。应变幅值在10^{-4}～10^{-2}范围内时，土的变形特性表现为弹塑性性质，在工程中，打桩、地震等产生的土体振动反应都属于这种弹性范围。当应变幅值超过10^{-2}时，土将被破坏或产生液化、压密等现象。

二、地基基础的类型

常见的地基基础的类型如图 5-2 所示。

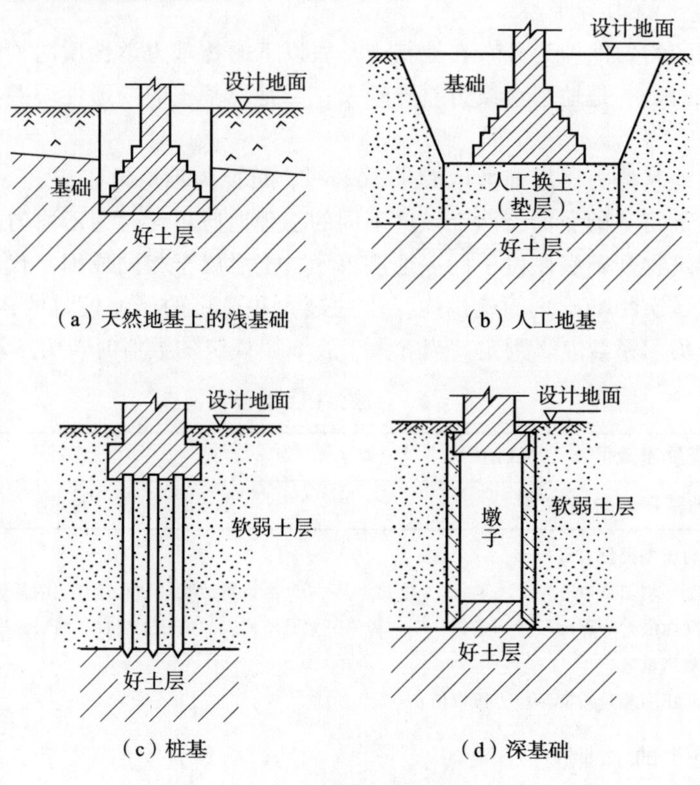

图 5-2　地基基础的类型

(1) 若地基内部都是良好土层，或上部有较厚的良好土层时，一般将基础直接做在天然土层上。当基础埋置深度较浅时，可用普通方法施工，这种地基称为

“天然地基上的浅基础”，或称为“天然地基”。

（2）对地基上部软弱土层进行加固处理，提高承载能力，减少变形，把基础做在这种经过人工加固的土层上而形成的地基，称为“人工地基”。

（3）在地基中打桩，基础做在桩上，建筑物的荷载由桩传到地基深处的坚实土层，或由桩与地基土层接触面的摩擦力承担的地基，称为“桩基础”。

（4）用特殊的施工手段和相应的基础形式（如地下连续墙、沉井、沉箱等）把基础做在地基深处承载力较高的土层上而形成的地基，称为“深基础”。

第二节　地基处理

一、地基处理方法分类和适用范围

（1）松土坑在基槽范围内，如图 5-3 所示。将坑中松软的土挖除，使坑底及四壁均见天然土为止，回填与天然土压缩性相近的材料。当天然土为砂土时，用砂或级配砂石回填；当天然土为较密实的黏性土时，用 3∶7 的灰土分层回填夯实；当天然土为中密可塑的黏性土或新近沉积黏性土时，可用 1∶9 或 2∶8 的灰土分层回填夯实，且每层厚度不大于 20cm。

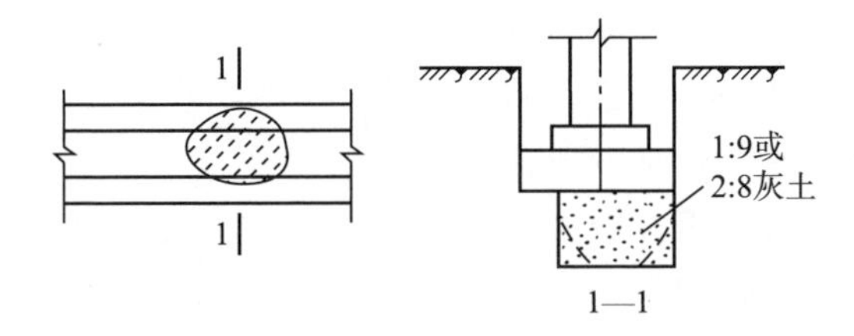

图 5-3　松土坑在基槽范围内

（2）松土坑范围较大，且超过 5m 时，如坑底土质与一般槽底土质相同，可将此部分基础加深，做 1∶2 的踏步与两端相接。每步高不大于 50cm，长度不小于 100cm，如深度较大，用灰土分层回填夯实至坑（槽）底齐平，如图 5-4 所示。

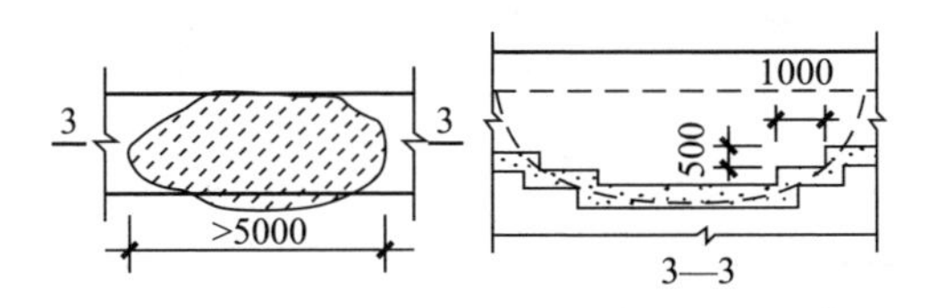

图 5-4　松土坑处理简图

（3）基础下压缩土层范围内有古墓、地下坑穴。墓坑开挖时，应沿坑边四周挖，每边加宽 50cm，加宽深入到自然地面下 50cm，重要建筑物应将开挖范围扩大，每边加宽 50cm。开挖深度：当墓坑深度小于基础压缩土层深度时，应挖到坑底；如墓坑深度大于基层压缩土层深度时，则开挖深度应不小于基础压缩土层深度，如图 5-5（a）所示。墓坑和坑穴用 3∶7 的灰土回填夯实；回填前应先打 2～3 遍底夯，回填土料宜选用粉质黏土分层回填，每层厚 20～30cm，每层夯实后应用环刀逐点取样检查，土的密度应不小于 1.55t/m³，如图 5-5（b）所示。

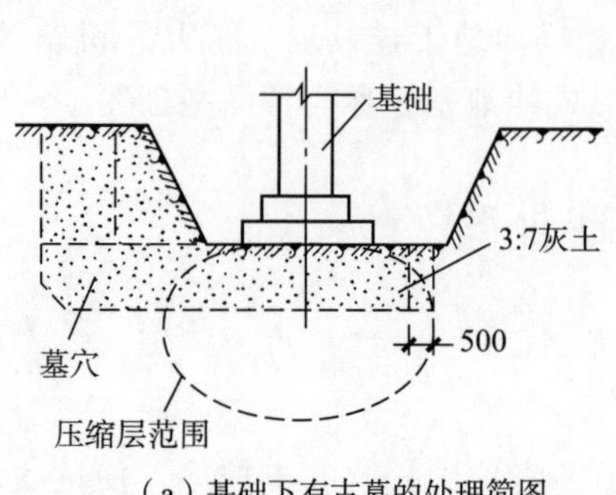

（a）基础下有古墓的处理简图

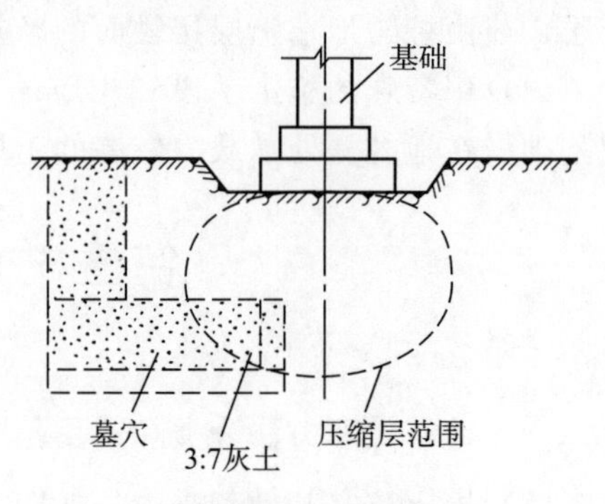

（b）地下坑穴处理简图

图 5-5　基础下有古墓、地下坑穴处理简图（单位：mm）

（4）土井或砖井在室内基础附近处理简图，如图 5-6 所示。将水位降到最低限度，用中、粗砂及块石、卵石或碎砖等回填到地下水位 50cm 以上。将四周砖圈拆至坑（槽）底 1m 以下或更深些，然后再用素土分层回填并夯实，如井已回填，但不密实或有软土，可用大块石将下面的软土挤紧，再分层回填素土夯实。

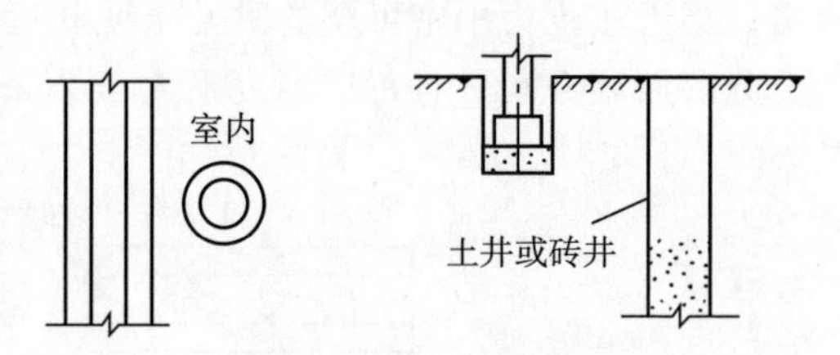

图 5-6　土井或砖井在室内基础附近处理简图

（5）软地基处理简图，如图 5-7 所示。对于一部分落在原土上，一部分落在回填土地基上的结构，应在填土部位用现场钻孔灌注桩或钻孔爆扩桩钻至原土层，使该部位上部荷载直接传至原土层，以避免地基不均匀沉降。

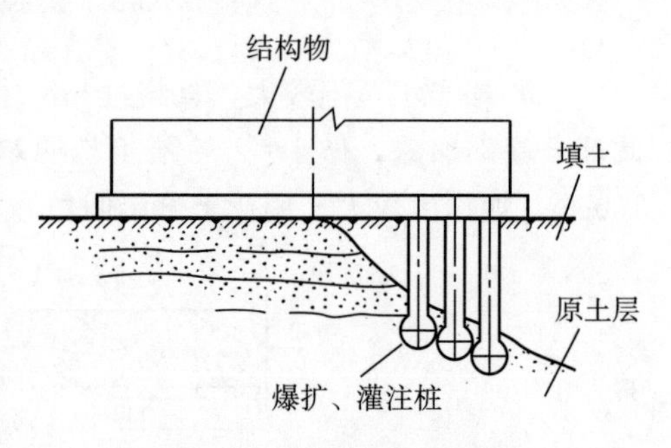

图 5-7　软地基处理简图

（6）橡皮土。当黏性土含水量很大且趋于饱和时，碾压（夯拍）后会使地基土变成踩上去有一种颤动感觉的“橡皮土”。当发现地基土（如黏土、亚黏土等）含水量趋于饱和时，要避免直接碾压（夯拍），可采用晾槽或掺石灰粉的办法降低土的含水量。有地表水时应排水，地下水位较高时应将地下水位降低至基底 0.5m 以下，然后根据具体情况选择施工方法。如果地基土已出现橡皮土，则应全部挖除，可填 3∶7 灰土、砂土或级配砂石，或插片石夯实；也可将橡皮土翻松、晾晒、风干至最优含水量范围再夯实。

(7) 管道。当管道位于基底以下时，最好拆迁或将基础局部落低，并采取防护措施，避免管道被基础压坏。当墙穿过基础墙，而基础又不允许切断时，必须在基础墙上管道周围，特别是上部留出足够尺寸的空隙（大于房屋预估的沉降量），使建筑物产生沉降后不致引起管道的变形或损坏。

另外，管道应该采取防漏的措施，以免漏水浸湿地基造成不均匀沉降，特别是当地基为填土、湿陷土或膨胀土时，尤其应该引起重视。

二、换填垫层

按换填材料的不同，将垫层分为砂垫层、砂石垫层、灰土垫层和粉煤灰垫层等。不同材料的垫层，其应力分布稍有差异，但根据实验结果及实测资料来看，垫层地基的强度和变形特性基本相似，因此可将各种材料的垫层设计都近似地按砂垫层的设计方法进行计算。

1. 砂垫层和砂石垫层

(1) 加固原理及适用范围。

砂和砂石地基（垫层）采用砂或砂砾石（碎石）混合物，经分层夯（压）实，作为地基的持力层，提高基础下部地基强度，并通过垫层的压力扩散作用，降低地基的压实力，减少变形量，同时垫层可起排水作用，地基土中孔隙水可通过垫层快速地排出，能加速下部土层的压缩和固结。

适用于处理3.0m以内的软弱、透水性强的地基土；不宜用加固湿陷性黄土地基及渗透系数小的黏性土地基。

(2) 材料要求。

砂和砂石垫层所用材料，宜采用中砂、粗砂、砾砂、碎（卵）石、石屑等。如采用其他工业废粒料作为垫层材料，检验合格方可使用。在缺少中、粗砂和砾砂的地区可采用细砂，但宜同时掺入一定数量的碎（卵）石，其掺入量应符合垫层材料含石量不大于50%的要求。所用砂石材料，不得含有草根、垃圾等有机杂物，含泥量不应超过5%（用作排水固结地基时不应超过3%），碎石或卵石最大粒径不宜大于50mm。

(3) 施工。

1) 施工设备。砂垫层一般采用平板式振动器、插入式振捣器等设备，砂石垫层一般采用振动碾、木夯或机械夯。平板式振动器如图5-8所示。

2) 施工工艺流程。验槽→垫层底面铺设、捣实→人工级配的砂石垫层拌和、铺填捣实→排水或降低地下水位。

①施工前应先行验槽。浮土应清除，边坡必须稳定，防止塌方。基坑（槽）两侧附近如有低于地基的孔洞、沟、井和墓穴等，应在未做垫层前加以填实。

②砂和砂石垫层底面宜铺设在同一标高上，如深度不同时，基土面应挖成踏

步或斜坡搭接。搭接处应注意捣实，施工应按先深后浅的顺序进行。分段铺设时，接头处应做成斜坡，每层错开0.5～1.0m，并充分捣实。

③人工级配的砂石垫层，应将砂石拌和均匀后，再行铺填捣实。捣实砂石垫层时，注意不要破坏基坑底面和侧面土的强度。在基坑底面和侧面应先铺设一层厚150～200mm的松砂，只用木夯夯实，不得使用振捣器，然后再铺砂石垫层。

④垫层应分层铺设，然后逐层振密或压实，每层铺设厚度、砂石最佳含水量及施工说明见表5-5，分层厚度可用样桩控制。施工时应将下层的密实度经检验合格后，方可进行上层施工。

⑤施工时，若地下水位高于基坑（槽）底面应采取排水或降低地下水位的措施，使基坑（槽）保持无积水状态。如用水撼法或插入振捣法施工时，以振捣棒振幅半径的1.75倍为间距插入振捣，依次捣实，以不再冒气泡为准，直至完成。冬季施工时，应注意防止砂石内水分冻结，要有效控制地注水和排水。

图5-8　平板式振动器

（4）质量标准与注意事项。

1）环刀取样法。在捣实后的砂垫层中用容积不小于200cm³的环刀取样，测定其干土密度，以不小于该砂料在中密状态时的干土密度数值为合格，中砂一般为155～160g/cm³。若系砂石垫层，可在垫层中设置存砂检查点，在同样的施工条件下取样检查。

2）贯入测定法。检查时先将表面的砂刮去30mm左右，用直径为20mm，长为1 250mm的平头钢筋距离砂层面700mm自由降落，或用水撼法使用的钢叉距离砂层面500mm自由下落。以上钢筋或钢叉的插入深度，可根据砂的控制干土密度预先进行小型试验确定。

表 5-5 砂和砂石垫层每层铺筑厚度及最优含水量

<table>
<tr><th>捣实方法</th><th>每层铺设厚度/mm</th><th>施工时最优含水量/%</th><th>施工说明</th><th>备注</th></tr>
<tr><td>平振法</td><td>200～250</td><td>15～20</td><td>用平板式振捣器往复振捣，往复次数以简易测定密实度合格为准</td><td rowspan="2">不宜使用于细砂或含泥量较大的砂所铺筑的砂垫层</td></tr>
<tr><td>插振法</td><td>振捣器插入深度</td><td>饱和</td><td>①用插入式振捣器
②插入间距可根据机械振幅大小决定
③不应插至下卧黏性土层
④插入振捣器后所留的孔洞，应用砂填实
⑤应有效控制地注水和排水</td></tr>
<tr><td>水撼法</td><td>250</td><td>饱和</td><td>①注水高度应超过每次铺筑面
②钢叉摇撼捣实，插入点间距为 100mm
③钢叉分四齿，齿的间距为 80mm，长为 300mm，木柄长为 90mm，重 40N</td><td>湿陷性黄土、膨胀土地区不得使用</td></tr>
<tr><td>夯实法</td><td>150～200</td><td>8～12</td><td>①用木夯或机械夯
②木夯重 400N，落距为 400～500mm
③一夯压半夯，全面夯实</td><td>适用于砂石垫层</td></tr>
<tr><td>碾压法</td><td>250～350</td><td>8～12</td><td>60～100kN 压路机往复碾压，碾压次数一般不少于 4 遍</td><td>适用于大面积砂垫层，不宜用于地下水位以下的砂垫层</td></tr>
</table>

3）砂和砂石地基的质量验收标准见表 5-6。

表 5-6 砂和砂石地基质量验收标准

项	序	检查项目	允许偏差或允许值		检查方法
			单位	数值	
主控项目	1	地基承载力	设计要求		载荷试验或按规定的方法
	2	配合比	设计要求		检查拌和时的体积比或质量比
	3	压实系数	设计要求		现场实测
一般项目	1	砂石料有机质含量	%	≤5	焙烧法
	2	砂石料含泥量	%	≤5	水洗法
	3	石料粒径	mm	100	筛分法
	4	含水量（与最优含水量比较）	%	±2	烘干法
	5	分层厚度（与设计要求比较）	mm	±50	水准仪

2. 灰土垫层

(1) 加固原理及适用范围。

灰土垫层是将基础底面下要求范围内的软弱土层挖去，用素土或一定比例的石灰与土，在最优含水量的情况下，充分拌和，分层回填夯实或压实而成。灰土垫层具有一定的强度、水稳性和抗渗性，施工工艺简单，费用较低，是一种应用广泛、经济、实用的地基加固方法。

适用于加固深 1～3m 厚的软弱土、湿陷性黄土、杂填土等，还可用作结构的辅助防渗层。

(2) 材料要求。

灰土地基的土料宜用粉质黏土，不宜使用块状黏土和砂质黏土，有机物含量不应超过 5%，其颗粒不得大于 15mm；石灰宜采用新鲜的消石灰，含氧化钙、氧化镁越高越好，越高其活性越大，胶结力越强。使用前 1～2 天消解并过筛，其颗粒不得大于 5mm，且不应夹有未熟化的生石灰块粒及其他杂质，也不得含有过多的水分。

(3) 施工。

1）施工设备。一般用平滚碾、振动碾或羊足碾，中小型工程也可采用蛙式夯、柴油夯。平滚碾如图 5-9 所示。

2）施工工艺流程。验槽→灰土拌和均匀、铺好夯实→灰土分层虚铺、夯实→排水、打地基、夯实。

①灰土垫层施工前须先行验槽，如发现坑（槽）内有局部软弱土层或孔穴，应挖出后用素土或灰土分层填实。

②施工时，应将灰土拌和均匀，颜色一致，并适当控制其含水量。现场检验方法是用手将灰土紧握成团，两指轻捏即碎为宜，如土料水分过多或不足时，应晾干或洒水润湿。灰土拌好后应及时铺好夯实，不得隔日夯打。

③灰土的分层虚铺厚度应按所使用的夯实机种类确定，见表5-7。每层灰土的夯打遍数，应根据设计要求的干土密度在现场试验确定。

④垫层分段施工时，不得在墙角、柱基及承重窗间墙下接缝。上下两层灰土的接缝距离不得小于500mm，接缝处的灰土应注意夯实。

⑤在地下水位以下的基坑（槽）内施工时，应采取排水措施。夯实后的灰土，在3天内不得受水浸泡。灰土地基打完后，应及时修建基础和回填基坑（槽），或作临时遮盖，防止日晒雨淋。刚打完或尚未夯实的灰土如遭受雨淋浸泡，则应将积水及松软灰土除去并补填夯实；受浸湿的灰土，应在晾干后再夯打密实。冬季施工不得用冻土或夹有冻块。

图5-9　平滚碾

表5-7　灰土的分层虚铺厚度

夯实机具种类	重量（t）	虚铺厚度（mm）	备注
石夯、木夯	0.04～0.08	200～250	人力送夯，落距为400～500mm，一夯压半夯，夯实后约为80～100mm
轻型夯实机械	0.12～0.4	200～250	蛙式夯机、柴油打夯机，夯实后厚约为100～150mm
压路机	6～10	200～300	双轮

（4）质量标准与注意事项。

1）环刀取样法。在捣实后的灰土垫层中用容积不小于200cm³的环刀取样，测定其干土密度，以不小于该砂料在中密状态时的干土密度数值为合格。灰土垫层的干土密度见表5-8。

表 5-8　灰土垫层的干密度

土料种类	粉土	粉质黏土	黏性土
灰土最小干密度/（g/cm^3）	1.55	1.50	1.45

2）灰土地基质量检验标准见表 5-9 所示。

表 5-9　灰土地基质量检验标准

项	序	检查项目	允许值或允许偏差		检查方法
			单位	数值	
主控项目	1	地基承载力	不小于设计值		静载试验
	2	配合比	设计值		检查拌和时的体积比
	3	压实系数	不小于设计值		环刀法
一般项目	1	石灰粒径	mm	≤5	筛分法
	2	土料有机质含量	%	≤5	灼烧减量法
	3	土颗粒粒径	mm	≤15	筛分法
	4	含水量	最优含水量±2%		烘干法
	5	分层厚度	mm	±50	水准测量

3. 粉煤灰垫层

（1）加固原理及适用范围。

粉煤灰压实曲线与黏性土相似，具有相对较宽的最优含水量区间，同时具有可利用的废料，施工方便、快速，质量易于控制，技术可行，经济效果显著等优点。可用作各种软弱土层换填地基的处理，以及用作大面积地坪的垫层等。

（2）材料要求。

用一般电厂Ⅲ级以上粉煤灰，含 SiO_2、Al_2O_3、Fe_2O_3。总量尽量选用高的，颗粒粒径宜为 0.001～2.0mm，烧失量宜低于 12%，含 SO_3 宜小于 0.4%，以免对地下金属管道等产生一定的腐蚀性。粉煤灰中严禁混入植物、生活垃圾及其他有机杂质。

（3）施工。

1）施工设备。一般采用平滚碾、振动碾、平板振动器、蛙式夯。振动碾如图 5-10 所示。

2）施工工艺流程。垫层分层铺设与碾压→铺筑上层、封层→降排水。

①垫层应分层铺设与碾压，并设置泄水沟或排水盲沟。垫层四周宜设置具有防冲刷功能的帷幕。虚铺厚度和碾压遍数应通过现场小型试验确定。若无试验资料时，可选用铺筑厚度为 200～300mm，压实厚度为 150～200mm。小型工程可

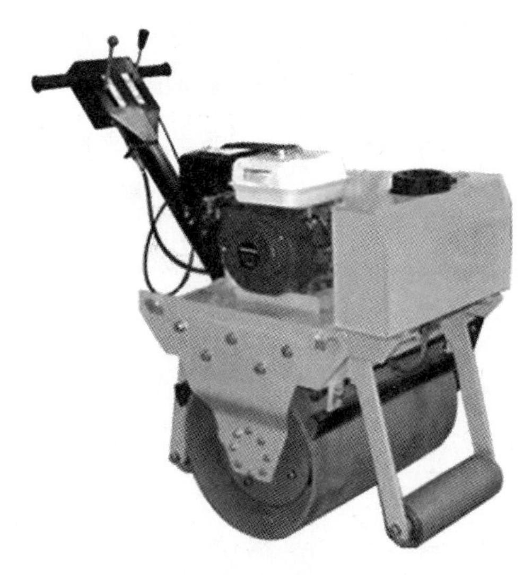

图 5-10　振动碾

采用人工分层摊铺，在整平后用平板振动器或蛙式打夯机进行压实。施工时须一板压 1/3～1/2 板，往复压实，由外围向中间进行，直至达到设计密实度的要求。大中型工程可采用机械摊铺，在整平后用履带式机具初压二遍，然后用中、重型压路机碾压。施工时须一轮压 1/3～1/2 轮，往复碾压，后轮必须超过两施工段的接缝。碾压次数一般为 4～6 遍，碾压至达到设计密实度要求。

②粉煤灰铺设含水量应控制在最优含水量±4%的范围内，如含水量过大时，需摊铺晾干后再碾压。施工时宜当天铺设，当天压实。若压实时呈松散状，应洒水湿润再压实，洒水的水质应不含油质，pH 值为 6～9；若出现“橡皮土”现象，则应暂缓压实，采取开槽、翻开晾晒或换灰等处理方法。

③每层应铺完经检测合格后，应及时铺筑上层，以防干燥、松散、起尘、污染环境，并应严禁车辆在其上行驶；全部粉煤灰垫层铺设完并经验收合格后，应及时浇筑混凝土垫层或上覆 300～500mm 土进行封层，以防日晒、雨淋后破坏。

④冬期施工，最低气温不得低于 0℃，以免粉煤灰含水冻胀。

⑤粉煤灰地基不宜采用水沉法施工，在地下水位以下施工时，应采取降排水措施，不得在饱和状态或浸水状态下施工。基底为软土时宜先铺填 200mm 左右厚的粗砂或高炉干渣。

（4）质量标准与注意事项。

1）贯入测定法。先将砂垫层表面 3cm 左右厚的粉煤灰刮去，然后用贯入仪、钢叉或钢筋以贯入度的大小来定性地检查砂垫层质量。在检验前应先根据粉煤灰垫层的控制干密度进行相关性试验，以确定贯入度值。

当使用贯入仪或钢筋检验垫层的质量时，检验点的间距应小于 4m。当取土样检验时，大基坑每 50～100m^2 不应小于一个检验点；对基槽每 10～20m 不应少于一个点；每个单独柱基不应少于一个点。

2）粉煤灰地基质量检验标准见表5-10。

表5-10 粉煤灰地基质量检验标准

项	序	检查项目	允许值或允许偏差		检查方法
			单位	数值	
主控项目	1	地基承载力	不小于设计值		静载试验
	2	压实系数	不小于设计值		环刀法
一般项目	1	粉煤灰粒径	mm	0.001～2.000	筛析法、密度计法
	2	氧化铝及二氧化硅含量	%	≥70	试验室试验
	3	烧失量	%	≤12	灼烧减量法
	4	分层厚度	mm	±50	水准测量
	5	含水量	最优含水量±4%		烘干法

三、灰土挤密桩复合地基

1. 加固原理及适用范围

土和灰土挤密桩是在桩孔中形成的，在此基础上，回填土或灰土加以夯实而成，桩间挤密土和填夯的桩体组成人工“复合地基”。

主要适用于地下水位以上深度为5～10m的湿陷性黄土、素填土或杂填土地基。

2. 构造要求

桩身直径以300～600mm为宜，具体要根据当地的常用成孔机械型号和规格确定；桩孔宜按等边三角形布置，可使桩周土的挤密效果均匀，如图5-11（a）所示。桩距D按有效挤密范围，可取桩直径的2.5～3.0倍，地基的挤密面积应每边超出基础宽度的0.2倍；桩顶一般设0.5～0.8m厚的土或灰土垫层，如图5-11（b）所示。桩孔的最少排数是土桩不少于两排，灰土桩不少于三排。

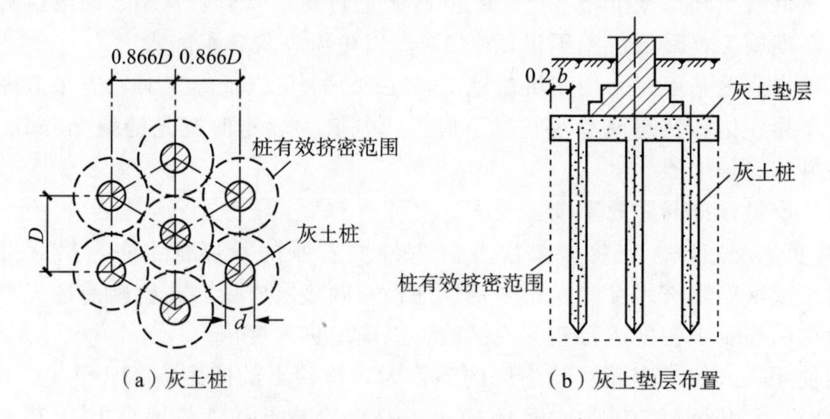

d—灰土桩径；D—桩距（2.5～3d）；b—基础宽。

图5-11 灰土桩及灰土垫层布置

3. 施工

施工工艺流程：成孔、夯填和挤密→晾干或洒水润湿填料→开挖基坑→桩的成孔→回填桩孔。

（1）施工前，应在现场进行成孔、夯填工艺和挤密效果试验，并确定分层填料的厚度、夯击次数和夯实后土的干密度等要求。

（2）土和灰土桩填料的质量及配合比要求同灰土垫层。填料的含水量如超过最佳值的±3%时，宜予晾干或洒水润湿。

（3）开挖基坑时，应预留 200～300mm 土层，然后在坑内对灰土桩进行施工，在基础施工前再将已搅动的土层挖去。

（4）桩的施工顺序应先外排后里排，同排内应间隔 1～2 孔，当成孔达到要求深度后，应立即清底夯实，夯击次数不少于 8 次，然后根据确定的分层回填厚度和夯击次数，及时逐次回填土或灰土夯实。桩的成孔可选用下列方法。

①沉管法。用柴油机或振动打桩机将带有特制桩尖的钢制桩管打入地层至设计深度，然后缓慢拔出桩管即成桩孔。

②爆扩法。用钻机或洛阳铲等打成小孔，然后装药，爆扩成孔。

③冲击法。用冲击钻机将 0.6～3.2t 的锥形锤头提升到 0.5～2.0m 的高度后自由落下，反复冲击使土层成孔，可冲成孔径 500～600mm。

（5）回填桩孔用的夯锤最大直径应比桩孔直径小 100～160mm，锤重不宜小于 1kN，锤底面静压力不宜小于 20kPa，夯锤形状宜呈抛物线锥形体或下端尖角为 30°的尖锥形，以便夯击时产生足够的水平挤压力使整个桩孔夯实。夯锤上端宜成弧形，以便填料能顺利下落。

4. 质量标准与注意事项

土和灰土桩夯填的质量，应采用随机抽样检查。抽样检查的数量不应少于桩孔数的 2%，同时每台班至少应抽查 1 根。常用的检查方法有下列几种。

（1）用轻便触探检查“检定锤击数”，检验时以实际锤击数不少于“检定锤击数”为合格。

（2）用洛阳铲在桩孔中心挖土，然后用环刀取出夯击土样，测定其干密度。必要时，可通过剖开桩身，从基底开始沿桩孔深度每隔 1m 取夯实土样，测定其干密度。测出的干密度应按表 5-11 规定检验。

表 5-11　灰土质量要求

土料种类	粉土	粉质黏土	黏性土
灰土最小干密度/（g/cm³）	1.55	1.50	1.45

四、水泥粉煤灰碎石桩复合地基

1. 加固原理及适用范围

水泥粉煤灰碎石桩是由水泥、粉煤灰、碎石、石屑和砂加水拌和形成的高粘结强度桩，和桩间土、褥垫层一起形成复合地基，并且共同承担上部结构荷载。

水泥粉煤灰碎石桩适用于处理黏性土、粉土、砂土和已自重固结的素填土等地基。对淤泥质土应按地区经验或通过现场试验确定其适用性。

2. 施工

（1）施工设备。

常用的施工设备有长螺旋钻机、振动沉管打桩机。常用的长螺旋钻机的钻头可分为四类：尖底钻头、平底钻头、耙式钻头及筒式钻头，尖底钻头长螺旋钻机如图 5-12 所示，各类钻头的适用地层见表 5-12。

表 5-12　钻头适用地层

钻头类型	适用地层
尖底钻头	黏性土层，在刃口上镶焊硬质合金刀头，可钻硬土及冻土层
平底钻头	松散土层
耙式钻头	含有大量砖瓦块的杂填土层
筒式钻头	混凝土块、条石等障碍物

图 5-12　尖底钻头长螺旋钻机

（2）施工工艺流程。

施工工艺流程：配合比试验→桩位施放→成桩→合理安排打桩顺序→开挖→剔除多余的桩头→上部断桩补救→褥垫层虚铺、洒水、碾压或夯实。

1）施工前应按设计要求由实验室进行配合比试验，施工时按配合比配制混合料。长螺旋钻孔、管内泵压混合料成桩施工的混合料坍落度宜为 160～200mm；振动沉管灌注成桩施工的混合料坍落度宜为 30～50mm。振动沉管灌注成桩后，桩顶浮浆厚度小于 200mm。

2）根据桩位平面布置图及测量基准点进行桩位施放。桩位定位点应明显且不易破坏。对满堂布桩基础，桩位偏差不应大于 0.4 倍桩径；对条形基础，桩位偏差不应大于 0.25 倍桩径，对单排布桩，桩位偏差不应大于 60mm。

3）水泥粉煤灰碎石桩复合地基施工，成桩工艺包括长螺旋钻孔灌注成桩、长螺旋钻孔、管内泵压混合料灌注成桩、振动沉管灌注成桩、泥浆护壁成孔灌注成桩、锤击或静压预制桩等。

①长螺旋钻孔灌注成桩，适用于地下水位以上的黏性土、粉土、素填土、中等密实以上的砂土。

②长螺旋钻孔、管内泵压混合料灌注成桩，适用于黏性土、粉土、砂土、粒径不大于 60mm 且土层厚度不大于 4m 的卵石（卵石含量不大于 30%），以及对

噪声或泥浆污染要求严格的场地。

③振动沉管灌注成桩，适用于粉土、黏性土及素填土地基。

④泥浆护壁成孔灌注成桩，适用土性应满足《建筑桩基技术规范》（JGJ 94—2008）的有关规定。对桩长范围和桩端有承压水的土层，应首选该工艺。

⑤锤击或静压预制桩，适用土性应满足《建筑桩基技术规范》（JGJ 94—2008）的有关规定。

4）水泥粉煤灰碎石桩复合地基施工时应合理安排打桩顺序，宜从一侧向另一侧或由中心向两边顺序施打，以避免桩机碾压已施工完成的桩，或使地面隆起，造成断桩。

5）水泥粉煤灰碎石桩施工完成后，待桩体达到一定强度后（一般为桩体设计强度的70%），方可进行开挖。开挖时，宜采用人工开挖，也可采用小型机械和人工联合开挖，但应有专人指挥，保证小型机械不碰撞桩头，同时应避免扰动桩间土。

6）挖至设计标高后，应剔除多余的桩头。剔除桩头时，应在距设计标高2～3cm的同一平面按同一角度对称放置两个或三个钢钎，用大锤同时击打，将桩头截断。桩头截断后，用手锤、钢钎剔至设计标高并凿平桩顶表面。

7）桩头剔至设计标高以下，或发现浅部断桩时，应提出上部断桩并采取补救措施。

8）褥垫层施工，如图5-13所示。当厚度大于200mm时，宜分层铺设，每层虚铺厚度 $H=h/\lambda$，其中 h 为褥垫层设计厚度，λ 为夯实度，一般取0.87～0.90。虚铺完成后宜采用静力压实至设计厚度；褥垫层铺设宜采用静力压实法，当基础底面下桩间土的含水量较小时，也可以采用动力夯实法。对较干的砂石材料，虚铺后可适当洒水再进行碾压或夯实。

图5-13　褥垫层

4. 质量标准与注意事项

（1）施工期质量检验。

1）水泥、粉煤灰、砂及碎石等原材料应符合设计要求。

2）施工中应检查施工记录、桩数、桩位偏差、混合料的配合比、坍落度、提拔钻杆速度（或提拔套管速度）、成孔深度、混合料灌入量、褥垫层厚度、夯填度和桩体试块抗压强度等。

（2）竣工后质量验收。

1）施工结束后，应对桩顶标高、桩位、桩体质量、地基承载力以及褥垫层的质量做检查。

2）水泥粉煤灰碎石桩复合地基的承载力检验应采用复合地基载荷试验，宜在施工结束28天后进行。试验数量宜为总桩数的0.5%～1%，但不应少于三处。有单桩强度检验要求时，数量为总数的0.5%～1%，且每个单体工程不应少于三点。

3）应抽取不少于总桩数的10%的桩进行低应变动力试验，检测桩身完整性。

4）褥垫层夯填度，检验数量，每单位工程不应少于三点，1 000m^2以上的工程，每100m^2至少应有1点，3 000m^2以上的工程，每300m^2至少应有1点。每一独立基础下至少应有1点，基槽每20延米应有1点。

（3）检验与验收标准。

水泥粉煤灰碎石桩复合地基的质量检验标准应符合表5-13的规定。

表5-13　水泥粉煤灰碎石桩复合地基的质量检验标准

项	序	检查项目	允许值或允许偏差		检查方法
			单位	数值	
主控项目	1	复合地基承载力	不小于设计值		静载试验
	2	单桩承载力	不小于设计值		静载试验
	3	桩长	不小于设计值		测桩管长度或用测绳测孔深
	4	桩径	mm	+50 0	用钢尺量
	5	桩身完整性	—		低应变检测
	6	桩身强度	不小于设计要求		28天试块强度
一般项目	1	桩位	条基边桩沿轴线	≤1/4D	全站仪或用钢尺量
			垂直轴线	≤1/6D	
			其他情况	≤2/5D	
	2	桩位标高	mm	±200	水准测量，最上部500mm劣质桩体不计入
	3	桩垂直度	≤1/100		经纬仪测桩管
	4	混合料坍落度	mm	160～220	落度仪
	5	混合料充盈系数	≥1.0		实际灌注量与理论灌注量之比
	6	褥垫层夯填度	≤0.9		水准测量

注：D为设计桩径（mm）。

（4）施工注意事项。

1）施工时应调整钻杆（沉管）与地面垂直，保证垂直度偏差不大于1%；桩位偏差符合前述有关规定。控制钻孔或沉管入土深度，保证桩长偏差在±100mm范围内。

2）长螺旋钻孔、管内泵压混合料成桩施工在钻至设计深度后，应掌握提拔钻杆时间，混合料泵送量应与拔管速度相配合，遇到饱和砂土或饱和粉土层时，不得停泵待料；沉管灌注成桩施工拔管速度应匀速控制，拔管速度应控制在1.2～1.5m/min左右，如遇淤泥或淤泥质土，拔管速度应适当放慢；如遇有松散饱和粉土、粉细砂、淤泥、淤泥质土，当桩距较小时，防止窜孔宜采用隔桩跳打措施。

3）施工时，桩顶标高应高出设计标高，高出长度应根据桩距、布桩形式、现场地质条件和施打顺序等综合因素确定，一般不宜小于0.5m；当施工作业面与有效桩顶标高距离较大时，宜增加混凝土灌注量，提高施工桩顶标高，防止缩径。

4）成桩过程中，抽样做混合料试块，每台机械每台班应做一组（三块）试块（边长150mm立方体），标准养护，测定其立方体28天抗压强度。施工中应抽样检查混合料坍落度。

5）冬期施工时，混合料入孔深度不得低于5℃，对桩头和桩间土应采取保温措施。

6）清土和截桩时，不得造成桩顶标高以下桩身断裂和扰动桩间土。

五、预压地基

1. 加固原理及适用范围

预压地基是对软土地基施加压力，使其排水固结来达到加固地基的目的。为加速软土的排水固结，通常可在软土地基内设置竖向排水体，铺设水平排水垫层。

预压适用于软土和冲填土地基的施工。其施工方法有堆载预压、砂井堆载预压及砂井真空降水预压等。其中，砂井堆载预压具有固结速度快、施工工艺简单、效果好等特点，使用最为广泛。

2. 材料要求

制作砂井的砂，宜用中、粗砂，含泥量不宜大于3%。排水砂垫层的材料宜采用透水性好的砂料，其渗透系数一般不低于102mm/s，同时能起到一定的反滤作用，也可在砂垫层上铺设粒径为5～20mm的砾石作为反滤层。

3. 构造要求

砂井堆载预压法如图5-14所示。砂井的直径和间距主要取决于黏土层的固结特性和工期的要求。砂井直径一般为200～500mm，间距为砂井直径的6～8

倍。袋装砂井直径一般为 70～120mm，井距一般为 1.0～2.0m。砂井深度的选择和土层分布、地基中附加应力的大小、施工工期等因素有关。当软黏土层较薄时，砂井应贯穿黏土层；当黏土层较厚但有砂层或砂透镜体时，砂井应尽可能打到砂层或透镜体；当黏土层很厚又无砂透水层时，可按地基的稳定性以及沉降所要求处理的深度来确定。砂井平面布置形式一般为等边三角形或正方形，如图 5-15 所示。

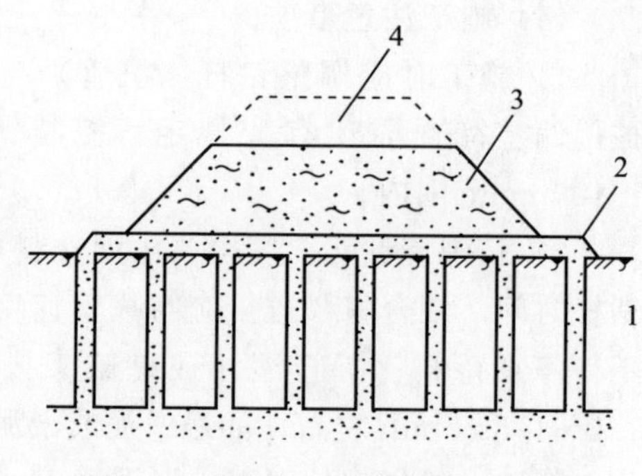

1—砂井；2—砂垫层；3—堆载；4—临时超载。

图 5-14　砂井堆载预压法

布置范围一般比基础范围稍大为好。砂垫层的平面范围与砂井范围相同，厚度一般为 0.3～0.5m，如砂料缺乏时，可采用连通砂井的纵横砂沟代替整片砂垫层，如图 5-16 所示。

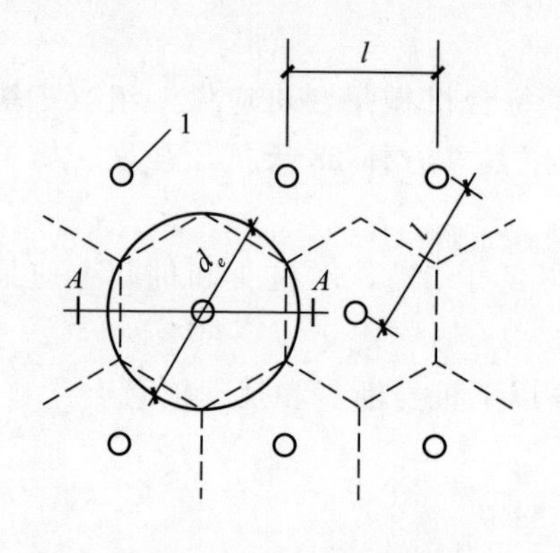

（a）等边三角形排列

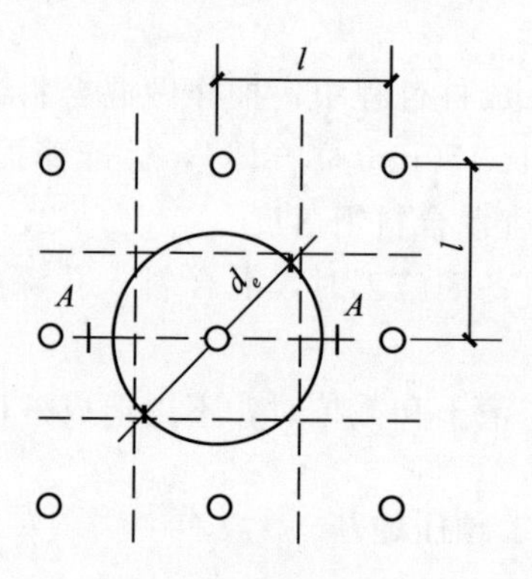

（b）正方形排列

1—砂井。

图 5-15　砂井平面布置形式

4. 施工

(1) 施工设备。砂井施工机具可采用振动锤、射水钻机、螺旋钻机等机具或选用灌注桩的成孔机具。振动锤如图 5-17 所示。

(2) 施工工艺流程。

施工工艺流程：垫层排水→砂井堆载→预压。

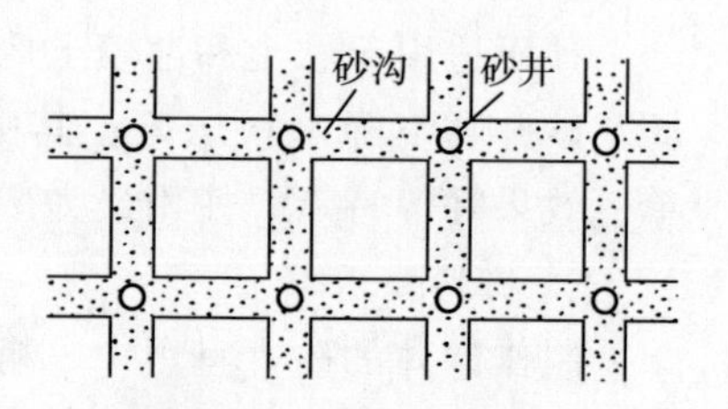

图 5-16　砂沟排水构造

图 5-17　振动锤

1）排水垫层施工方法与砂垫层和砂石垫层地基相同。当采用袋装砂井时，砂袋应选用透水性和耐水性好以及韧性较强的麻布、再生布或聚丙烯编织布制作。当桩管沉入预定深度后插入砂袋（袋内先装入 200mm 厚砂子作为压重），通过漏斗将砂子填入袋中并捣固密实，待砂灌满后扎紧袋口，往管内适量灌水后（减小砂袋与管壁的摩擦力）拔出桩管。此时袋口应高出井口 500mm，以便埋入水平排水砂垫层内，严禁砂井全部深入孔内，造成与砂垫层不连接。

2）砂井堆载预压的材料一般可采用土、砂、石和水等。堆载的顶面积不小于基础面积，堆载的底面积也应适当扩大，以保证建筑物范围内的地基得到均匀加固。

3）地基预压前，应设置垂直沉降观察点、水平位移观测桩、测斜仪以及孔隙水压力计，以控制加载速度和防止地基发生滑动。其设置数量、位置及测试方法应符合设计要求。

4）堆载应分期分级进行，并严格控制加荷速率，保证在各级荷载下地基的稳定性。对打入式砂井地基，严禁未待因打砂井而使地基减小的强度得到恢复就进行加载。

5）地基预压达到规定要求后，方可分期分级卸载，但应继续观测地基沉降和回弹的情况。

5. 质量标准与注意事项

预压地基的质量检验标准应符合表 5-14 的规定。

表 5-14　预压地基的质量检验标准

项	序	检查项目	允许值或允许偏差		检查方法
			单位	数值	
主控项目	1	地基承载力	不小于设计值		静载试验
	2	处理后地基土的强度	不小于设计值		原位测试
	3	变形指标	设计值		原位测试

续表

项	序	检查项目	允许值或允许偏差		检查方法
			单位	数值	
一般项目	1	预压荷载（真空度）	%	≥-2	高度测量（压力表）
	2	固结度	%	≥-2	原位测试（与设计要求比）
	3	沉降速度	%	±10	水准测量（与控制值比）
	4	水平位移	%	±10	用测斜仪、全站仪测量
	5	竖向排水体位置	mm	≤100	用钢尺量
	6	竖向排水体插入深度	mm	+200 0	经纬仪测量
	7	插入塑料排水带时的回带长度	mm	≤500	用钢尺量
	8	竖向排水体高出砂垫层距离	mm	≥100	用钢尺量
	9	插入塑料排水带的回带根数	%	<5	统计
	10	砂垫层材料的含泥量	%	≤5	水洗法

六、振冲地基

1. 加固原理及适用范围

振冲地基是利用振冲器水冲成孔，分批填砂石骨料使之形成一根根桩体，桩体与地基构成复合地基以提高地基的承载力，减少地基的沉降和沉降差。碎石桩还可用来提高土坡的抗滑稳定性和土体的抗剪强度。

适用于加固松散砂土地基，黏性土和人工填土地基经试验证明加固有效时也可使用。

2. 施工材料和机具

（1）施工材料。

1）桩体材料：可用含泥量不大于5%的碎石、卵石、矿渣或其他性能稳定的硬质材料，不宜使用风化易碎的石料。常用的填料粒径见表5-15。

表5-15　常用的填料粒径

振冲器类型	粒径
30kW振冲器	20～80mm
50kW振冲器	30～100mm
75kW振冲器	40～150mm

2）褥垫层材料：宜用碎石，具有良好的级配，最大粒径宜不大于50mm。

3）成桩用水：可用自来水，没有条件的地方为节约用水可使用无腐蚀性的中水，不可用污水。

（2）施工机具。

1）振冲器，如图 5-18 所示。

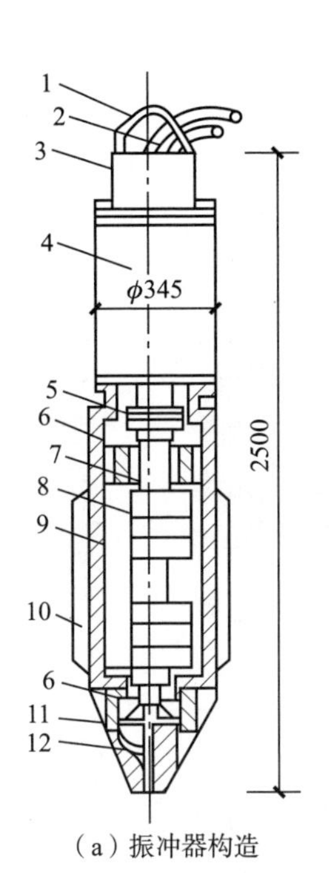

（a）振冲器构造

（b）振冲器现场施工图

1—吊具；2—水管；3—电缆；4—电机；5—联轴器；6—轴；
7—轴承；8—偏心块；9—壳体；10—切片；11—头部；12—水管。

图 5-18　振冲器

2）起吊机。可用汽车式起重机、履带式起重机或自行井架式专用车。根据施工经验，采用汽车式起重机施工比较方便，采用汽车式起重机的起吊力，用 30kW 振冲器宜大于 80kN；75kW 振冲器宜大于 160kN，起吊高度必须大于施工深度。汽车式起重机如图 5-19 所示。

3）填料机具。填料机具可用装载机或人工手推车。用装载机 30kW 振冲器配 0.5m^3 以上的为宜，75kW 振冲器配 1.0m^3 以上的为宜。

图 5-19　汽车式起重机

4）电器控制设备。目前有手控式和自控式两种控制箱。手控式施工过程中电流和留振时间是人工按电钮控制。自动控制式可设定加密电流值，当电流达到加密电流值时能自动发出信号，该控制系统还具有时间延时系统，用于留振时间控制。为保证施工质量不受人为因素影响，应选用自动控制装置。

3. 施工

振冲制桩的工艺如图 5-20 所示。

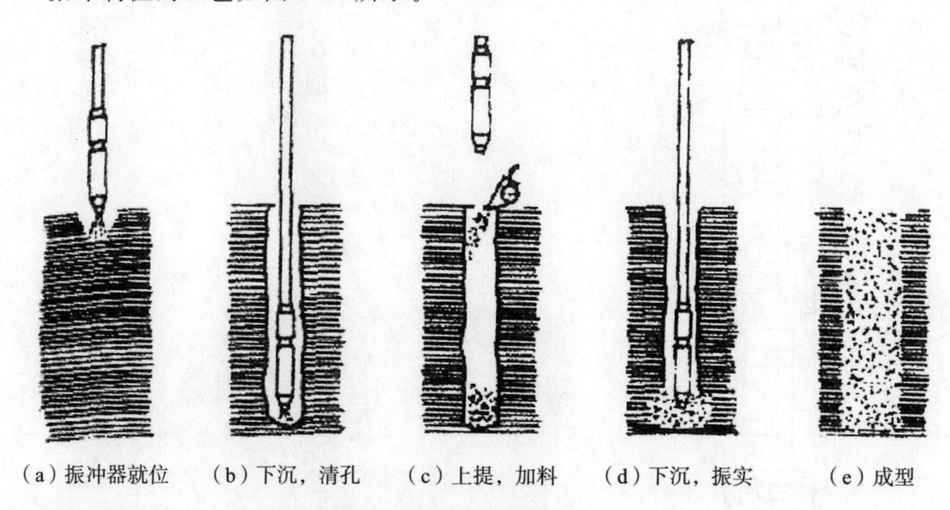

（a）振冲器就位　（b）下沉，清孔　（c）上提，加料　（d）下沉，振实　（e）成型

图 5-20　振冲制桩的工艺

(1) 桩机定位。桩机定位时，必须保持平稳，不能发生倾斜、移位。为准确控制造孔深度，应在桩架上或桩管上做出控制的标尺，以便在施工中进行观测、记录。

(2) 造孔。启动吊机使振冲器以1～2m/min 的速度在土层中徐徐下沉。每贯入 0.5～1.0m，宜悬留振冲 5～10s 扩孔，待孔内泥浆溢出时再继续贯入。当造孔接近加固深度时，振冲器应在孔底适当停留并减小射水压力，以便排除泥浆进行清孔。

(3) 清孔。造孔后，边提升振冲器边冲水至孔口，再放至孔底，重复两三次扩大孔径，并使孔内泥浆变稀，振冲孔顺直通畅，以利填料加密。

(4) 填料。一般清孔结束可将填料倒入孔中。填料方式可采用连续填料、间断填料或强迫填料。填料的密实度，以振冲器工作电流达到规定值为控制标准。如在某深度电流达不到规定值时，需提起振冲器继续往孔内倒一批填料，然后再下降振冲器继续进行振密。如此重复操作，直到该深度的电流达到规定值为止。在振密过程中，宜保持小水量补给，以降低孔内泥浆比重，有利于填料下沉，使填料在水饱和状态下，便于振捣密实。

(5) 电流控制。电流控制是指振冲器的电流达到设计确定的加密电流值。设计确定的加密电流是振冲器空载电流加某一增量电流值。在施工中由于不同振冲器的空载电流有差值，加密电流应作相应调整。30kW 振冲器加密电流宜为45～60A，75kW 振冲器加密电流宜为 70～100A。

（6）振冲施工可在原地面定位造孔，也可在基坑（槽）中定位造孔。孔位上部有硬层时，应先挖孔后振冲。振冲造孔方法可照表 5-16 选用。

表 5-16 振冲造孔方法

造孔方法	步骤	优缺点
排孔法	由一端开始，依次逐步造孔到另一端结束	易于施工，且不易漏掉孔位，但当孔位较密时，后打的桩易发生倾斜和位移
跳打法	同一排孔采取隔一孔造一孔	先后造孔影响小，易保证桩的垂直度，但要防止漏掉孔位，并应注意桩位准确
围幕法	先造外围 2～3 圈（排）孔，然后造内圈（排），采用隔圈（排）造一圈（排）或依次向中心区造孔	能减少振冲能量的扩散，振密效果好，可节约桩数 10%～15%，大面积施工常采用此法，但施工时应注意防止漏掉孔位和保证其位置准确

5. 质量标准与注意事项

（1）振冲成孔中心与设计定位中心偏差不得大于 100mm；完成后的桩顶中心与定位中心偏差不得大于 0.2 倍桩孔直径。

（2）振冲效果应在砂土地基完工半个月或黏性土地基完工一个月后检验。检验方法可采用载荷试验、标准贯入、静力触探及土工试验等方法来检验桩的承载力，以不小于设计要求的数值为合格。对于抗液化的地基，还应进行孔隙水压力试验。

（3）振冲地基的质量检查标准应符合表 5-17 的规定。

表 5-17 振冲地基的质量检查标准

项	序	检查项目	允许偏差或允许值		检查方法
			单位	数值	
主控项目	1	填料粒径	设计要求		抽样检查
	2	密实电流（黏性上） 密实电流（砂性土或粉土） （以上为功率 30kW 振冲器） 密实电流（其他类型振冲器）	A A A	50～55 40～50 （1.5～2.0）A_0	电流表读数，A_0 为空振电流
	3	地基承载力	设计要求		按规定的方法

续表

项	序	检查项目	允许偏差或允许值		检查方法
			单位	数值	
一般项目	1	填料含泥量	%	＜5	抽样检查
	2	振冲器喷水中心与孔径中心偏差	mm	≤50	用钢尺量
	3	成孔中心与设计孔位中心偏差	mm	≤100	用钢尺量
	4	桩体直径	mm	＜50	用钢尺量
	5	孔深	mm	±200	用钻杆或重锤测
	6	垂直度	%	≤1	经纬仪检查

七、强夯地基

1. 加固原理及适用范围

强夯地基是将很重的锤从高处自由落下，给地基冲击力和振动，从而提高地基土的强度并降低其压缩性，如图 5-21 所示。

图 5-21 强夯地基

强夯适用范围广，可用于碎石土、砂土、黏性土、湿陷性黄土及杂填土地基的施工。

2. 施工材料和机具

(1) 施工材料。

回填土料，应选用不含有机质、含水量较小的黏质粉土、粉土或粉质黏土。

(2) 施工机具。

1) 夯锤。用钢板做外壳，内部焊接钢筋骨架后浇筑 C30 混凝土，如图 5-22 所示。或用钢板做成组合成的夯锤，如图 5-23 所示。夯锤底面有圆形和方形两种，圆形不易旋转，定位方便，稳定性好，采用较多。

锤底面积宜按土的性质和锤重确定，锤底静压力值可取 25～40kPa。

①对于粗颗粒土（砂质土和碎石类土）选用较大值，一般锤底面积为 3～4m^2。

②对于细颗粒土（黏性土或淤泥质土）宜取较小值，锤底面积不宜小于 6m^2。

一般 10t 夯锤底面积用 4.5m^2，15t 夯锤用 6m^2 较适宜。夯锤中宜设 1～4 个直径 250～300mm 上下贯通的排气孔，以利空气迅速排出，减小起锤时锤底与土面间形成真空产生的强吸附力和夯锤下落时的空气阻力，以保证夯击能的有效作用。

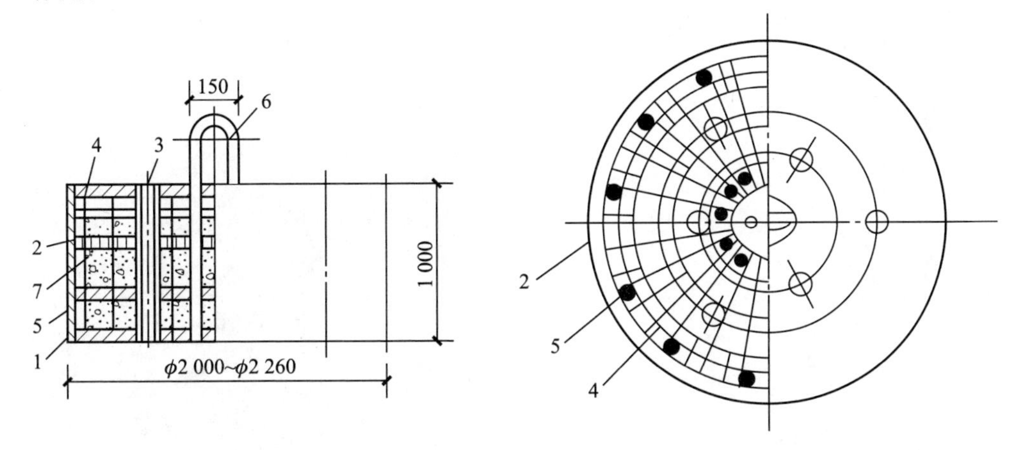

（圆柱形重 12t；方形重 8t）

1—30mm 厚钢板底板；2—18mm 厚钢板外壳；3—6×ϕ159mm 钢管；

4—水平钢筋网片，ϕ16@200mm；5—钢筋骨架，ϕ14@400mm；6—ϕ50mm 吊环；7—C30 混凝土。

图 5-22　混凝土夯锤（单位：mm）

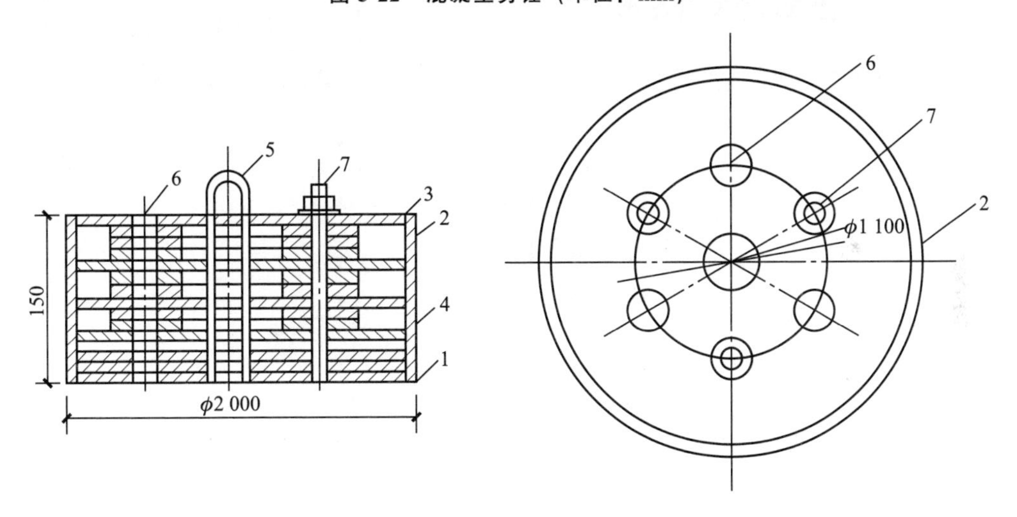

（可组合成 6t、8t、10t、12t）

1—50mm 厚钢板底板；2—15mm 厚钢板外壳；3—30mm 厚钢板顶板；

4—中间块（50mm 厚钢板）；5—ϕ50mm 吊环；6—ϕ200mm 排气孔；7—M48mm 螺栓。

图 5-23　装配式钢夯锤（单位：mm）

2）起重机宜选用起重能力在 150kN 以上的履带式起重机或其他专用起重设备，如图 5-24 所示。夯锤起吊应符合提升高度的要求并有足够的安全措施。自动脱钩装置应具有足够强度，且施工灵活。

3）脱钩装置。如图5-25所示，采用履带式起重机作强夯起重设备，常用的脱钩装置一般是自制的自动脱钩器。脱钩器由吊环、耳板、销环、吊钩等组成，由钢板焊接制成，如图5-26所示。要求有足够的强度、使用灵活、脱钩快速、安全可靠。

图5-24 履带式起重机

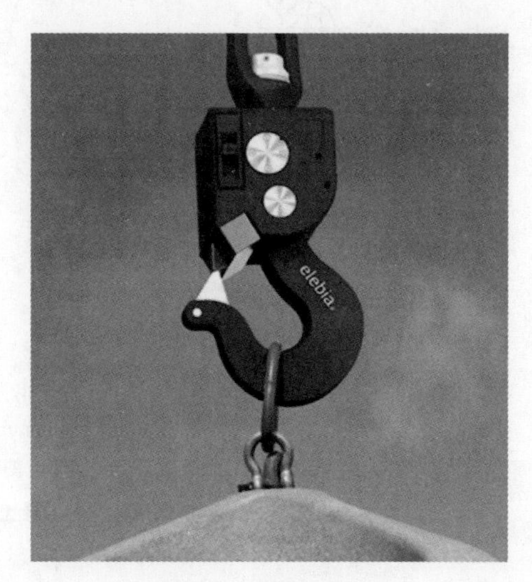

图5-25 脱钩装置

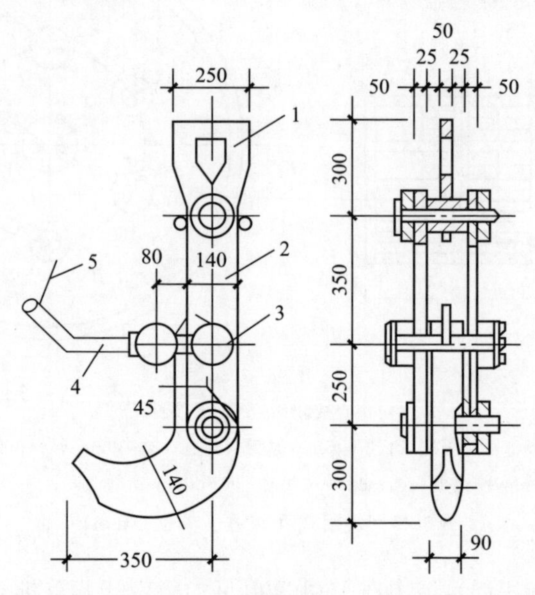

1—吊环；2—耳板；3—销环轴辊；4—销柄；5—拉绳。

图5-26 强夯自动脱钩器（单位：mm）

4）锚系装置。当用起重机起吊夯锤时，为防止在夯锤突然脱钩时发生起重臂后倾和减小臂杆的振动，一般会用一台 T_1-100 型推土机设在起重机的前方作地锚，在起重机臂杆的顶部与推土机之间用两根钢丝绳锚系，钢丝绳与地面的夹角不大于30°，如图 5-27 所示。推土机还可用于夯完后作表土推平、压实等辅助工作。

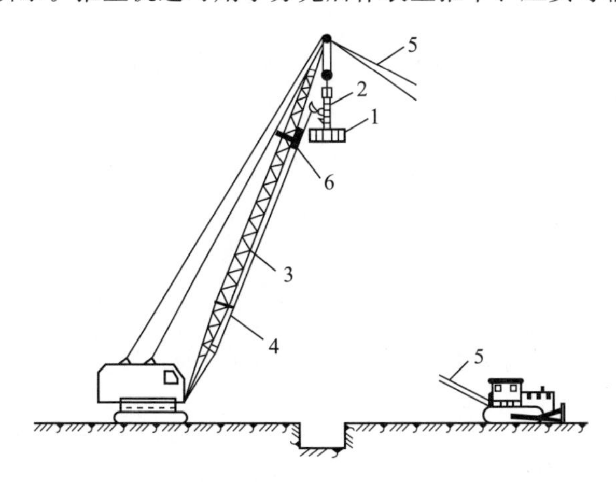

1—夯锤；2—自动脱钩装置；3—起重臂杆；4—拉绳；5—锚绳；6—废轮胎。

图 5-27　用起重机强夯

3. 施工

施工工艺流程：清理、平整场地→铺设垫层→标出夯击点的位置并测量高程→起重机夯锤对准位置→测量标高整平坑底→填平夯坑并测量高程。

（1）清理并平整施工场地。

（2）铺设垫层。在地表形成硬层，用以支承起重设备，确保机械通行和施工。

（3）标出第一遍夯击点的位置，并测量场地高程。

（4）起重机就位，使夯锤对准夯点位置。

（5）测量夯前锤顶标高。

（6）将夯锤起吊到预定高度，待夯锤脱钩自由下落后放下吊钩，测量锤顶高程；若发现因坑底倾斜而造成夯锤歪斜时，应及时将坑底整平。

（7）重复步骤（6），按设计规定的夯击次数及控制标准，完成一个夯点的夯击。

（8）重复步骤（4）～（7），完成第一遍全部夯点的夯击。

（9）用推土机将夯坑填平，并测量场地高程。

4. 质量标准与注意事项

（1）施工前应检查夯锤质量、尺寸，落距控制手段，排水设施及被夯地基的土质。

（2）施工中应检查落距、夯击遗数、夯点位置、夯击范围。

（3）施工结束后，检查被夯地基的强度并进行承载力检验。

（4）强夯地基质量检验标准应符合表 5-18 的规定。

表 5-18 强夯地基质量检查标准

项	序	检查项目	允许值或允许偏差		检查方法
			单位	数值	
主控项目	1	地基承载力	不小于设计值		静载试验
	2	处理后地基土的强度	不小于设计值		原位测试
	3	变形指标	设计值		原位测试
一般项目	1	夯锤落距	mm	±300	用钢尺量
	2	夯锤质量	kg	±100	称重
	3	夯击遍数	不小于设计值		计数法
	4	夯点顺序	设计要求		检查施工记录
	5	夯击击数	不小于设计值		计数法
	6	夯点位置	mm	±500	用钢尺量
	7	夯击范围（超出基础范围距离）	设计要求		用钢尺量
	8	前后两遍间歇时间	设计值		检查施工记录
	9	最后两击平均夯沉量	设计值		水准测量
	10	场地平整度	mm	±100	水准测量

八、水泥土搅拌桩复合地基

1. 加固原理及适用范围

水泥土搅拌桩复合地基是指利用水泥（或水泥系材料）为固化剂，通过特制的搅拌机械，在地基深处对原状土和水泥强制搅拌，形成水泥土圆柱体，与原地基土构成的地基，如图 5-28 所示。水泥土搅拌桩可作为竖向承载的复合地基，还可用于基坑工程围护挡墙、被动区加固、防渗帷幕等。加固体形状一般有柱状、壁状、格栅状或块状等。根据固化剂掺入状态的不同，可分为湿法（浆液搅拌）和干法（粉体喷射搅拌）两种。

图 5-28 水泥土搅拌桩复合地基

水泥土搅拌桩适用于处理正常固结的淤泥与淤泥质土、粉土、饱和黄土、素填土、黏性土以及无流动地下水的饱和松散砂土等地基。当地基土的天然含水量小于30%（黄土含水量小于25%）、大于70%或地下水的pH值小于4时不宜采用干法。冬期施工时，应注意负温对处理效果的影响。当用于处理泥炭土、有机质含量较高或pH值小于4的酸性土、塑性指数大于25的黏土或在腐蚀性环境中以及无工程经验的地区采用水泥土搅拌法时，必须通过现场和室内试验确定其适用性。

2. 施工

（1）施工设备。

水泥土搅拌桩的主要施工设备为深层搅拌机，可分为中心管喷浆方式的SJB-1型搅拌机和叶片喷浆方式的GZB-600型搅拌机两类。

SJB-1型深层搅拌机的外形和构造如图5-29（a）所示；GZB-600型深层搅拌机是利用进口钻机改装的单搅拌轴、叶片喷浆方式的搅拌机，其外形和构造如图5-29（b）所示。

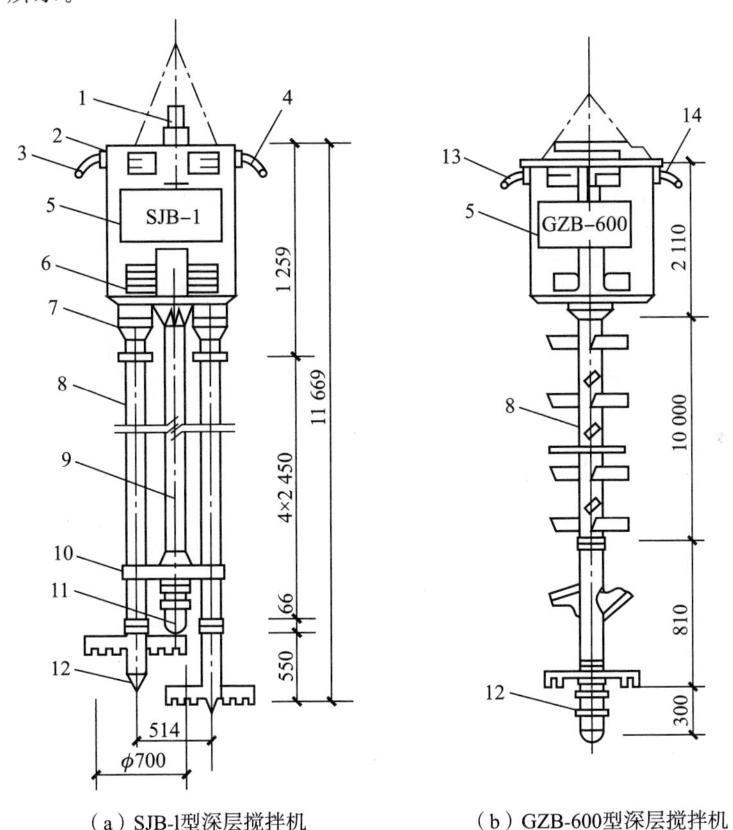

（a）SJB-1型深层搅拌机

（b）GZB-600型深层搅拌机

1—输浆管；2—外壳；3—出水口；4—进水口；5—电动机；6—导向滑块；7—减速器；8—搅拌轴；9—中心管；10—横向系板；11—球形阀；12—搅拌头；13—电缆接头；14—进浆口。

图5-29 深层搅拌机外形和构造（单位：mm）

（2）施工工艺流程。

施工工艺流程：平整、清除、抽水和清淤、回填及压实→做配比试验→工艺性试桩→搅拌机械就位、调平→预搅→关闭搅拌机→预（复）搅→干法咬合加固。

1）施工现场事先应予以平整，必须清除地上和地下的障碍物。遇有明浜、池塘及洼地时应抽水和清淤，回填土料应压实，不得回填生活垃圾。

2）在制定水泥土搅拌施工方案前，应做水泥土的配比试验，测定各水泥土的不同龄期，不同水泥土配比试块强度，确定施工时的水泥土配比。

3）水泥土搅拌桩施工前应根据设计进行工艺性试桩，数量不得少于三根，多头搅拌不得少于三组，确定水泥土搅拌施工参数及工艺。即水泥浆的水灰比、喷浆压力、喷浆量、旋转速度、提升速度、搅拌次数等。

4）搅拌机械就位、调平，为保证桩位准确使用定位卡，桩位对中偏差不大于20mm，导向架和搅拌轴应与地面垂直，垂直度的偏差不大于1.5%。

5）预搅下沉至设计加固深度后，边喷浆（粉）边搅拌提升至预定的停浆（灰）面。

6）重复钻进搅拌，按前述操作要求进行，如喷粉量或喷浆量已达到设计要求时，只需复搅不再送粉或只需复搅不再送浆。

7）根据设计要求，喷浆（粉）或仅搅拌提升直至预定的停浆（灰）面，关闭搅拌机械。

8）在预（复）搅下沉时，也可采用喷浆（粉）的施工工艺，确保全桩长上下至少再重复搅拌一次。

9）对地基土进行干法咬合加固时，如复搅困难，可采用慢速搅拌，保证搅拌的均匀性。

3. 质量标准与注意事项

（1）检验与验收标准。

水泥土搅拌桩复合地基的质量检验内容及标准应符合表5-19的要求。

表5-19 水泥土搅拌桩复合地基的质量检验内容及标准

项	序	检查项目	允许值或允许偏差		检查方法
			单位	数值	
主控项目	1	复合地基承载力	不小于设计值		静载试验
	2	单桩承载力	不小于设计值		静载试验
	3	水泥用量	不小于设计值		查看流量表
	4	搅拌叶回转直径	mm	±20	用钢尺量
	5	桩长	不小于设计值		测钻杆长度
	6	桩身强度	不小于设计值		28天试块强度或钻芯法

续表

项	序	检查项目	允许值或允许偏差		检查方法
			单位	数值	
一般项目	1	水胶比	设计值		实际用水量与水泥等胶凝材料的质量比
	2	提升速度	设计值		测机头上升距离及时间
	3	下沉速度	设计值		测机头上升距离及时间
	4	桩位	条基边桩沿轴线	$\leqslant 1/4D$	全站仪或用钢尺量
			垂直轴线	$\leqslant 1/6D$	
			其他情况	$\leqslant 2/5D$	
	5	桩顶标高	mm	±200	水准测量，最上部500mm浮浆层及劣质桩体不计入
	6	导向架垂直度	≤1/150		经纬仪测量
	7	褥垫层夯填度	≤0.9		水准测量

注：D为设计桩径。

（2）施工中的注意事项。

1）湿法施工控制要点。

①水泥浆液到达喷浆口出口的压力不应小于10MPa。

②施工前应确定灰浆泵输浆量、灰浆经输浆管到达搅拌机喷浆口的时间和起吊设备提升速度等施工参数，并根据设计要求通过工艺性成桩试验确定施工工艺。

③所使用的水泥都应过筛，制备好的浆液不得离析，泵送必须连续。拌制水泥浆液的罐数、水泥和外掺剂用量以及泵送浆液的时间等应有专人记录；喷浆量及搅拌深度必须采用经国家计量部门认证的监测仪器进行自动记录。

④搅拌机喷浆提升的速度和次数必须符合施工工艺的要求，并应有专人记录。

⑤当水泥浆液到达出浆口后，应喷浆搅拌30s，在水泥浆与桩端土充分搅拌后，再开始提升搅拌头。

⑥搅拌机预搅下沉时不宜冲水，当遇到硬土层下沉太慢时，方可适量冲水，但应考虑冲水对桩身强度的影响。

⑦施工时如因故停浆，应将搅拌头下沉至停浆点以下0.5m处，待恢复供浆时再喷浆搅拌提升。若停机超过3h，宜先拆卸输浆管路，并妥加清洗。

⑧壁状加固时，相邻桩的施工时间间隔不宜超过24h。如间隔时间太长，与相邻桩无法搭接时，应采取局部补桩或注浆等补强措施。

⑨喷浆未到设计桩顶标高（或底部桩端标高），集料斗中的浆液就已排空时，

应检查投料量、有无漏浆、灰浆泵输送浆液流量。处理方法：重新标定投料量，或者检修设备，或者重新标定灰浆泵输送流量。

⑩喷浆到设计桩顶标高（或底部桩端标高），集料斗中的浆液剩浆过多时。应检查投料量、输浆管路部分堵塞、灰浆泵输送浆液流量。处理方法：重新标定投料量，或者清洗输浆管路，或者重新标定灰浆泵输送流量。

2）干法施工控制要点。

①喷粉施工前应仔细检查搅拌机械、供粉泵、送气（粉）管路、接头和阀门的密封性、可靠性。送气（粉）管路的长度不宜大于 60m。

②水泥土搅拌法（干法）喷粉施工机械必须配置经国家计量部门确认的具有能瞬时检测并记录出粉量的粉体计量装置及搅拌深度自动记录仪。

③搅拌头每旋转一周，其提升高度不得超过 16mm。

④搅拌头的直径应定期复核检查，其磨耗量不得大于 10mm。

⑤当搅拌头到达设计桩底以上 1.5m 时，应立即开启喷粉机提前进行喷粉作业。当搅拌头提升至地面下 500mm 时，喷粉机应停止喷粉。

⑥成桩过程中因故停止喷粉，应将搅拌头下沉至停灰面以下 1m 处，待恢复喷粉时再喷粉搅拌提升。

3）搅拌机预搅下沉不到设计深度，但电流不高，可能是土质黏性大，搅拌机自重不够造成的。此时应采取增加搅拌机自重或开动加压装置。

4）搅拌钻头与混合土同步旋转，是由于灰浆浓度过大或者搅拌叶片角度不适宜造成的，可采取重新确定浆液的水灰比，或者调整叶片角度、更换钻头等措施。

九、夯实水泥土桩复合地基

1. 加固理论及适用范围

夯实水泥土桩是指利用机械成孔（挤土、不挤土）或人工挖孔，将土与不同比例的水泥拌和，然后将它们夯入孔内而形成的桩，如图 5-30 所示。由于夯实中形成的高密度及水泥土本身的强度与搅拌水泥土桩比较，夯实水泥土桩桩体有较高强度。在机械挤土成孔与夯实的同时可将桩周土挤密，提高桩间土的密度和承载力。

图 5-30　夯实水泥土桩

夯实水泥土桩法适用于处理地下水位以上的粉土、素填土、杂填土、黏性土等地基。处理深度不宜超过 10m。

2. 施工材料和机具

（1）施工材料。

1）水泥。宜用32.5级矿渣硅酸盐水泥，如图5-31所示。水泥使用前除了有出厂合格证外，还应送试验室复试，做强度及安定性等试验。

2）土。宜优先选用原位土作混合料，宜用无污染的，有机质含量不超过5%的黏性土、粉土或砂类土。使用前宜过10～20mm的网筛，如土料含水量过大，需风干或另掺加其他含水量较小的掺合料。

3）其他掺合料。可选用工业废料粉煤灰、炉渣作混合料。

（2）施工机具。

1）振动沉管打桩机。如图5-32所示，振动沉管打桩机由桩架、振动沉拔桩锤和套管组成。常用振动沉管打桩机的综合匹配性能见表5-20。

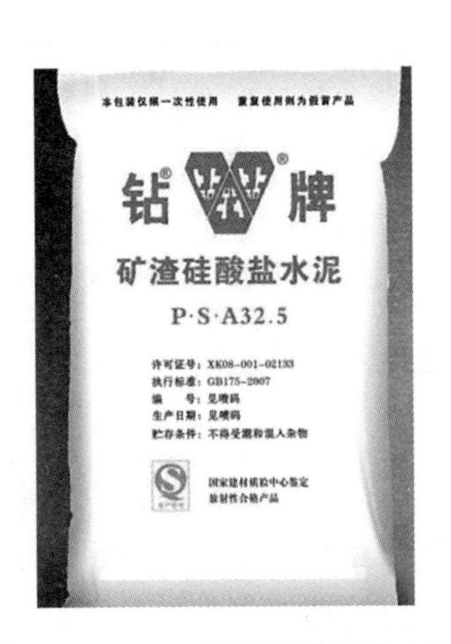

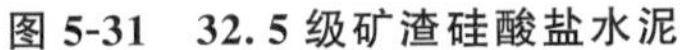
图5-31 32.5级矿渣硅酸盐水泥

图5-32 振动沉管打桩机

表5-20 常用振动沉管打桩机的综合匹配性能

振动锤激振力/kN	桩管沉入深度/m	桩管外径/mm	桩管壁厚/mm
70～80	8～10	220～273	6～8
100～150	10～15	273～325	7～10
150～200	15～20	325	10～12.5
400	20～24	377	12.5～15

2）夯实机具包括吊锤式夯实机、夹板锤式夯实机。

3）其他机械和工具包括搅拌机、粉碎机、机动翻斗车、手推车、铁锹、盖板、量孔器、料斗等。

3. 施工

施工工艺流程：凿除多余桩头→拌和水泥土桩混合料→夯实虚土→分段夯填。

(1) 应根据设计要求、现场土质、周围环境等情况选择适宜的成桩设备和夯实工艺。设计标高上的预留土层应不小于500mm，垫层施工时将多余桩头凿除，桩顶面应水平。

(2) 夯实水泥土桩混合料的拌和。夯实水泥土桩混合料的拌和可采用人工和机械两种。人工拌和不得少于三遍；机械拌和宜采用强制式搅拌机，搅拌时间不得少于1min。

(3) 采用人工或机械洛阳铲成孔在达到设计深度后要进行孔底虚土的夯实，在确保孔底虚土密实后再倒入混合料进行成桩施工。

(4) 夯实水泥土桩复合地基施工。分段夯填时，夯锤落距和填料厚度应满足夯填密实度的要求，水泥土的铺设厚度应根据不同的施工方法按表5-21选用。夯击遍数应根据设计要求，通过现场干密度试验确定。

表5-21 采用不同施工方法虚铺水泥土的厚度控制

夯实机械	机具重量（t）	虚铺厚度（cm）	备注
石夯、木夯（人工）	0.04～0.08	20～25	人工，落距60cm
轻型夯实机	1～1.5	25～30	夯实机或孔内夯实机
沉管桩机		30	40～90kW振动锤
冲击钻机	0.6～3.2	30	

4. 质量标准与注意事项

(1) 水泥及夯实用土料的质量应符合设计要求。土的质量标准中的主要指标应满足表5-22的要求。夯实水泥土桩复合地基的现场质量检验宜采用环刀取样，测定其干密度，水泥土的最小干密度应符合表5-23的要求。

表5-22 土的质量标准

部位	压实系数 λ_c	控制含水量
夯实水泥土桩	≥0.93	人工夯实 $w_{op}+(1\sim2)\%$ 机械夯实 $w_{op}-(1\sim2)\%$

表5-23 水泥土的质量标准

部位	土的类别	最小干密度
夯实水泥土桩	细砂	1.75
	粉土	1.73
	粉质黏土	1.59
	黏土	1.49

（2）施工中应检查孔位、孔深、孔径、水泥和土的配比、混合料含水量等。

（3）当采用轻型动力触探 Ni（图 5-33），或采用其他手段检验夯实水泥土桩复合地基质量时，使用前应在现场做对比试验与控制干密度对比。

图 5-33　轻型动力触探 Ni

（4）桩孔夯填质量检验应随机抽样检测，抽检的数量不应少于桩总数的 1%。其他方面的质量检测应按设计要求执行。对于干密度试验或轻型动力触探 N_{10} 质量不合格的夯实水泥桩复合地基，可开挖一定数量的桩体，检查外观尺寸，取样做无侧限抗压强度试验。如仍不符合要求，应与设计部门协商，进行补桩。

（5）夯实水泥土桩复合地基的质量检测内容及标准应符合表 5-24 的要求。

表 5-24　夯实水泥土桩复合地基的质量检验标准

项	序	检查项目	允许值		检查方法
			单位	数值	
主控项目	1	复合地基承载力	不小于设计值		静载试验
	2	桩体填料平均压实系数	≥0.97		环刀法
	3	桩长	不小于设计值		用测绳测孔深
	4	桩身强度	不小于设计要求		28 天试块强度
一般项目	1	土料有机质含量	≤5%		灼烧减量法
	2	含水量	最优含水量±2%		烘干法
	3	土料粒径	mm	≤20	筛分法
	4	桩位	条基边桩沿轴线	≤1/4D	全站仪或用钢尺量
			垂直轴线	≤1/6D	
			其他情况	≤2/5D	
	5	桩径	mm	+50 0	用钢尺量
	6	桩顶标高	mm	±200	水准测量，最上部 500mm 劣质桩体不计入
	7	桩孔垂直度	≤1/100		经纬仪测桩管
	8	褥垫层夯填度	≤0.9		水准测量

注：D 为设计桩径（mm）。

第三节 浅基础

一、刚性基础

1. 构造要求

如图 5-34 所示，刚性基础断面形式有矩形、阶梯型、锥形等。基础底面宽度应符合下式要求：

$$B \leqslant B_0 + 2H\tan\alpha$$

式中：B_0——基础顶面的砌体宽度，单位为 m；

H——基础高度，单位为 m；

$\tan\alpha$——基础台阶的宽高比，可按表 5-25 选用。

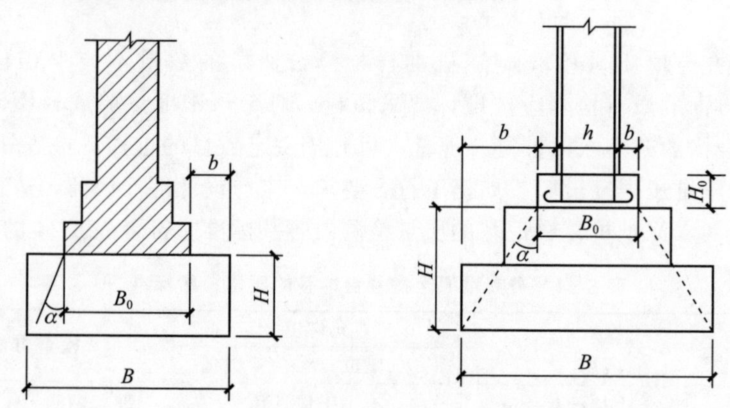

图 5-34 刚性基础构造示意图

表 5-25 刚性基础台阶的宽高比的容许值

基础材料	质量要求	台阶宽高比的允许值		
		$p_k \leqslant 100$	$100 < p_k \leqslant 200$	$200 < p_k \leqslant 300$
混凝土基础	C15 混凝土	1∶1.00	1∶1.00	1∶1.25
毛石混凝土基础	C15 混凝土	1∶1.00	1∶1.25	1∶1.50
砖基础	砖不低于 MU10、砂浆不低于 M5	1∶1.50	1∶1.50	1∶1.50
毛石基础	砂浆不低于 M5	1∶1.25	1∶1.50	—

续表

基础材料	质量要求	台阶宽高比的允许值		
		$p_k \leqslant 100$	$100 < p_k \leqslant 200$	$200 < p_k \leqslant 300$
灰土地基	体积比为 3∶7 或 2∶8 的灰土，其最小干密度： 粉土 1 500kg/m^3 粉质黏土 1 500kg/m^3 黏土 14 500kg/m^2	1∶1.25	1∶1.50	—

注：1. p_k 为作用的标准组合时基础底面处的平均压力值（kPa）。
2. 阶梯形毛石基础的每阶伸出宽度不宜大于 200mm。
3. 当基础由不同材料叠合组成时，应对接触部分作抗压验算。
4. 混凝土基础单侧扩展范围内基础底面处的平均压力值超过 300kPa 时，尚应进行抗剪验算；对基底反力集中于立柱附近的岩石地基，应进行局部受压承载力验算。

2. 施工

施工工艺流程：浇捣→随捣随安装→浇筑→覆盖和浇水养护。

（1）混凝土基础。混凝土应分层进行浇捣，对阶梯形基础，阶高内应整分浅捣层；对锥形基础，其斜面部分的模板要逐步地随捣随安装，并需注意边角处混凝土的密实。单独基础应连续浇筑完毕。浇捣完毕，水泥最终凝结后，混凝土外露部分要加以覆盖和浇水养护。

（2）毛石混凝土基础。所掺用的毛石数量不应超过基础体积的 25%。毛石尺寸不得大于所浇筑部分最小宽度的 1/3，且不大于 300mm。毛石的抗压极限强度不应低于 300kg/cm^3。施工时先铺一层 100～150mm 厚的混凝土打底，再铺毛石，每层厚 200～250mm，最上层毛石的表面应有不小于 100mm 厚的保护层。

二、条形基础

1. 构造要求

（1）混凝土强度等级不宜低于 C15。

（2）当地基软弱时，为了减小不均匀沉降的影响，基础截面可采用带肋的板，肋的纵向钢筋和箍筋按经验确定。

（3）垫层的厚度不宜小于 70mm，通常采用 100mm。

（4）条形基础梁的高度宜为柱距的 1/4～1/8。

（5）条形基础构造图如图 5-35 所示。

2. 施工

(1) 作业条件。

1) 基础模板、钢筋及预埋管线应全部安装完毕，模板内的木屑、泥土、垃圾等已清理干净；钢筋上的油污已除净，经检查合格并办完检验手续。

2) 检查复核基础轴线、标高，在槽帮或模板上标好混凝土浇筑标高；办完基槽验线验收手续。

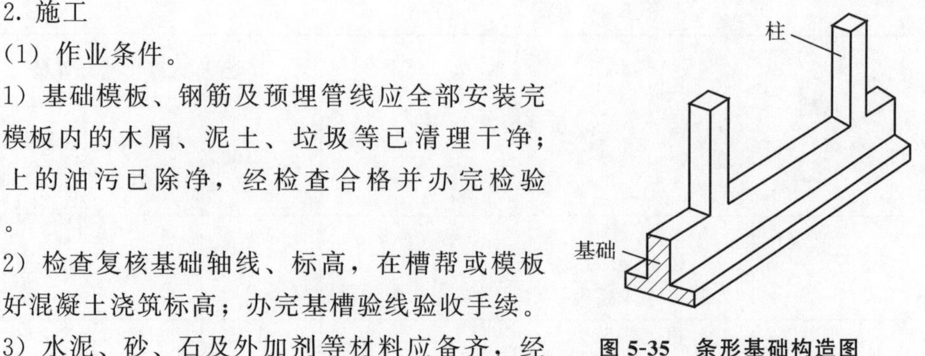

图 5-35 条形基础构造图

3) 水泥、砂、石及外加剂等材料应备齐，经检查符合要求；有混凝土配合比通知单，并已进行开盘交底和准备好试模等试验器具。

4) 混凝土搅拌、运输、浇灌和振捣机械设备经检修、试运转情况良好，可满足连续浇筑要求。

5) 浇筑混凝土的脚手架及马道搭设完成，经检查合格。

(2) 施工工艺流程。

条形基础施工工艺流程：基槽开挖及清理→混凝土垫层浇筑→钢筋绑扎及相关专业施工→支模板→清理→混凝土搅拌、浇筑、振捣、找平→混凝土养护→模板拆除。

三、杯形基础

杯形基础一般用于装配式钢筋混凝土柱下，所用材料为钢筋混凝土，如图 5-36所示。

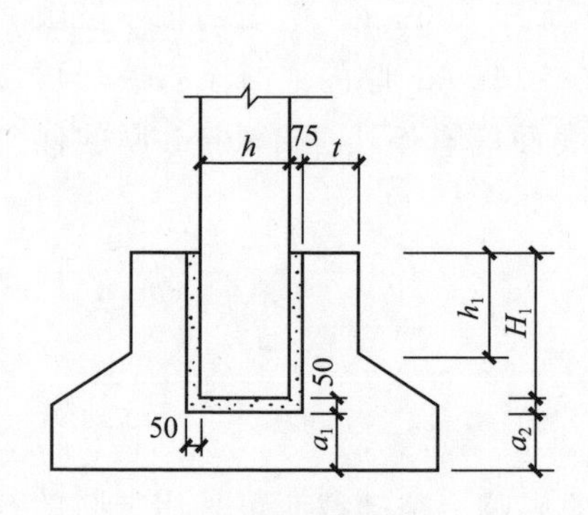

(a) 杯形基础现场施工图

(b) 杯形基础构造简图

$t \geqslant 200$（轻型柱可用 150）；$a_1 \geqslant 200$（轻型柱可用 150）；$a_2 \geqslant a_1$。

图 5-36 杯形基础

1. 构造要求

（1）柱的插入深度 H_1 应满足锚固长度的要求，一般为 20 倍的纵向受力筋的直径，同时考虑吊装时的稳定性要求，插入深度应大于 0.05 倍的柱长（吊装时的柱长）。

（2）基础的杯底、杯壁厚度可根据表 5-26 选用。

（3）杯壁配筋可按表 5-27 及图 5-37 执行。

表 5-26　基础的杯底厚度及杯壁厚度　　单位：mm

柱截面长边尺寸 h	杯底厚度 a_1	杯壁厚度 t	备注
$h<500$	≥150	150～200	①双肢柱的 a_1 值可适当加大 ②当有基础梁时，基础梁下的杯壁厚度应满足其支承宽度的要求 ③柱子插入杯口部分的表面应尽量凿毛，柱子与杯口之间的空隙应用细石混凝土（比基础混凝土标号高一级）充填密实，其强度达到基础设计标号的 70%以上时，方能进行上部吊装
$500\leqslant h<800$	≥200	≥200	
$800\leqslant h<1\,000$	≥200	≥300	
$1\,000\leqslant h<1\,500$	≥250	≥350	
$1\,500\leqslant h\leqslant 2\,000$	≥300	≥400	

表 5-27　杯壁配筋　　单位：mm

轴心或小偏心受压 $0.5\leqslant t/h_1\leqslant 0.65$			
柱截面长边尺寸	$h<1\,000$	$1\,000\leqslant h<1\,500$	$1\,500\leqslant h\leqslant 2\,000$
钢筋网直径	8～10	10～12	12～16

2. 施工

（1）杯口浇筑应注意杯口模板的位置，应从四周对称浇筑，以防杯口模板被挤向一侧。

（2）基础施工时在杯口底应留出 50mm 的细石混凝土找平层。

（3）施工高杯口基础时，由于最上一级台阶较高，可采用后安装杯口模板的方法施工。

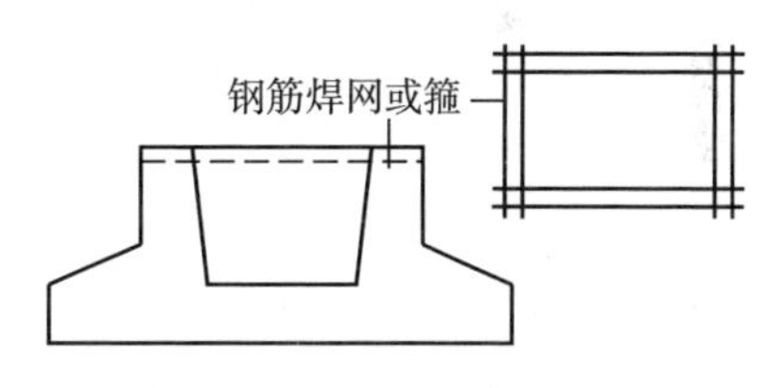

图 5-37　杯壁内配筋示意图

四、筏形基础

筏形基础由钢筋混凝土底板、梁等整体组合而成。适用于上部结构荷载较大、有地下室或地基承载力较低的情况，如图 5-38 所示。

1. 构造要求

（1）一般宜设 C10 素混凝土垫层，每边伸出基础不少于 100mm。

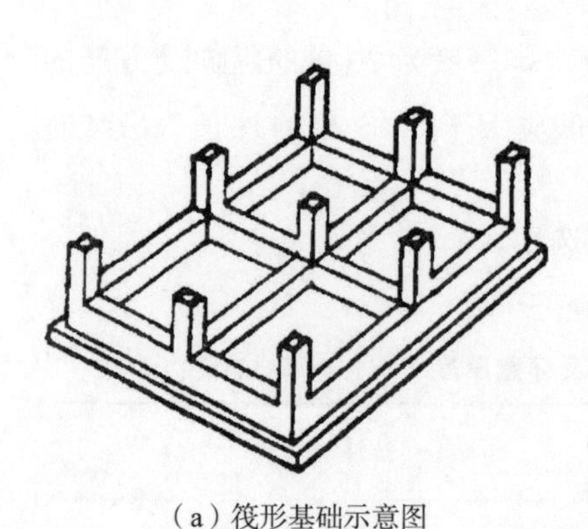

（a）筏形基础示意图

（b）筏形基础现场施工图

图 5-38　筏形基础

（2）底板厚度不小于 200mm。

（3）梁截面由计算确定，但高出底板的顶面不小于 300mm，梁宽不得小于 250mm。

2. 施工

施工工艺流程：降低水位→浇筑垫层、放轴线、定位、绑扎钢筋、支模和浇筑→止水和沉降观测。

（1）如地下水位过高时，应先采取措施降低地下水位。

（2）筏形基础的施工，应根据不同情况确定施工方案。一般是先浇筑垫层，然后放轴线，定出梁、柱位置，再绑扎底板、梁的钢筋和柱子的锚固筋，浇筑底板混凝土，在底板上再支梁模板，继续浇筑梁上部分的混凝土。

（3）做好施工缝止水和沉降观测。

（4）做好柱子的沉降工作。

五、箱形基础

1. 加固原理及适用范围

箱形基础是由钢筋混凝土底板、外墙、顶板和一定数量内隔墙构成一个封闭空间的整体箱体，基础中空部分可在隔墙开门洞做地下室，如图 5-39 所示。这种基础具有整体性好，刚度大，承受不均匀，沉降能力及抗震能力强；可减少基底处原有地基自重能力，降低总沉降量等特点。

适用于民用建筑地基面积较大，平面形状简单，荷载较大或上部结构分布不均匀的高层建筑的箱形基础工程。

2. 构造要求

（1）箱形基础高度一般取建筑物高度的 1/8～1/12，同时不宜小于其长度的 1/18。

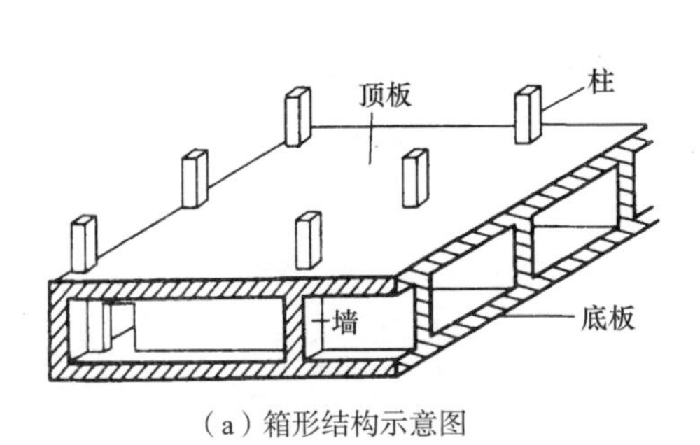

（a）箱形结构示意图

（b）箱形基础现场施工图

图 5-39　箱形基础

（2）底、顶板的厚度应满足柱或墙冲切验算要求，根据实际受力情况精确计算。

（3）箱形基础的墙体一般用双向、双层配筋，箱形基础的墙体顶部均宜配置两根以上不小于 20cm 的通长构造钢筋。

3. 施工

施工工艺流程：开挖、清理→支模、钢筋绑扎和浇筑→设置后浇带。

（1）开挖坑基应注意保持基坑上的原状结构，当采用机械开挖坑基时，在坑基底面设计标高以上 20～40mm 厚的土层，应用人工挖除并清理，如不能立即进行下道工序施工，应预留 10～15cm 厚的土层。

（2）箱形基础底板、内外墙和顶板的支模、钢筋绑扎和混凝土浇筑，可采取分块进行。

（3）当箱形基础长度超过 40m 时，为避免出现温度收缩裂缝或减轻浇灌强度，宜在中部设置贯通后浇缝带，并从两侧混凝土内伸出贯通主筋，主筋按原设计安装而不切断。

（4）钢筋绑扎应注意形状和准确位置，接头部位用闪光接触对焊或套管挤压接。

六、壳体基础

壳体基础可用于一般工业与民用建筑柱基（烟囱、水塔、料仓等）基础。它是利用壳体结构的稳定性将钢筋混凝土做成壳体，减小基础厚度加在基础底面，在提高承载力的同时，降低基础的造价。图 5-40 为常用的几种壳体形式。

1. 构造要求

（1）壳面倾角。

可根据表 5-28 和图 5-40 的数据确定壳面倾角。组合壳体内外角度的匹配可取 $a_1 \approx a-10°$；$\varphi_1 \geqslant a$。

（2）壳壁厚度。

一般按表 5-29 的数值确定，但不得小于 80mm。

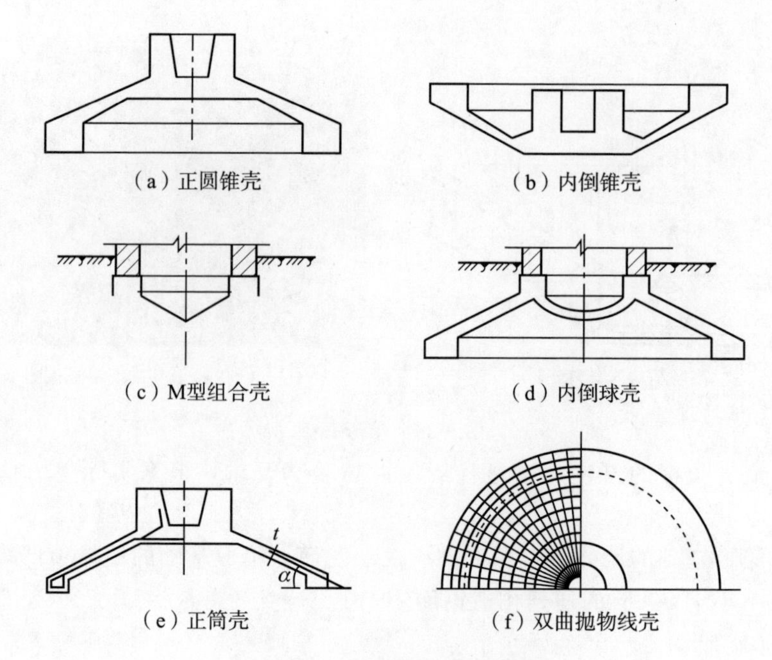

（a）正圆锥壳　（b）内倒锥壳　（c）M型组合壳　（d）内倒球壳　（e）正筒壳　（f）双曲抛物线壳

图 5-40　壳体基础构造示意图

（3）边梁截面。如图 5-41 所示，应满足下列各式的要求：

$$h \geqslant t;\ b=(1.5\sim2.5)\ t$$

$$A_h \geqslant 1.3tI_b$$

表 5-28　壳面倾角

壳体类别	α	α_1	φ_1
正圆锥壳	30°～40°		
内倒锥壳		20°～30°	
内倒球壳			30°～40°

表 5-29　壳壁厚度

壳体形式	基底水平面的最大净反力/MPa			备注
	≤150	150～200	200～250	
正圆锥壳	(0.05～0.06)R	$a \geqslant 32°$时，(0.06～0.08)R		表中正圆锥壳壳壁厚度系按不允许出现裂缝要求规定的，不能满足规定时，应根据使用要求进行抗裂度或裂缝宽度验算。R 为基础水平投影面最大半径；t 为正圆锥壳的壳壁厚度；t_1 为内倒球壳的壳厚度
内倒球壳	(0.03～0.05)r_1	(0.05～0.06)r_1	(0.06～0.07)r_1	
内倒锥壳	边缘最大厚度等于 0.75t～1t，中间厚度不小于 0.5 倍的边缘厚度			

(4) 构造钢筋的配置。一般壳体基础构造钢筋如表 5-30 所示。在壳壁厚度大于 150mm 的部位和内倒锥（或内倒球）壳距边缘不小于 $r_1/3$ 的范围内，均应配置双层构筋。内倒球壳边缘附近环向钢筋和底层径向钢筋应适当加强。

(5) 对钢筋和混凝土的要求。混凝土标号不宜低于 C20，作为建物基础时不宜低于 C30。钢筋宜采用Ⅰ、Ⅱ级钢筋，且钢筋保护层不小于 30mm。

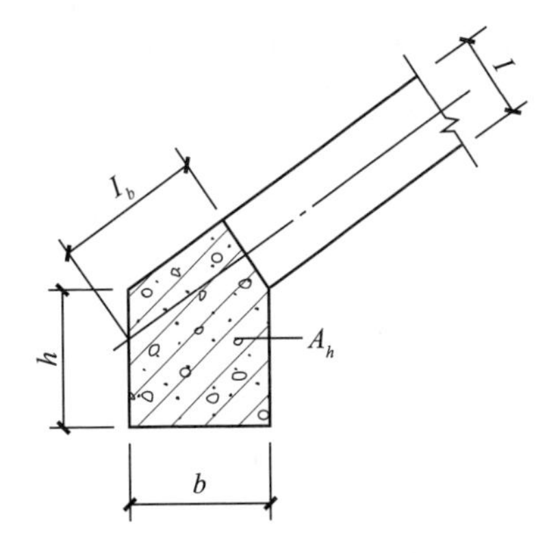

图 5-41　边梁截面示意图

表 5-30　壳体基础的构造钢筋

配筋部位		壳壁厚度/mm				备注
		<100	100～200	200～400	400～600	
正圆锥壳径向		ϕ6@200	ϕ8@250	ϕ10@250	ϕ12@300	①径向构造钢筋主端伸入杯壁或上环梁内，并满足锚固长度要求 ②内倒锥壳构造筋按边缘最大厚度选用
内倒锥壳	径向		ϕ8@200	ϕ10@200	ϕ12@250	
	环向		ϕ8@200	ϕ10@200	ϕ12@250	
内倒球壳	径向		ϕ8@200	ϕ10@200		
	环向		ϕ8@200	ϕ10@200		

2. 施工

施工工艺流程：土胎开挖→支模、绑扎钢筋→浇筑、养护。

(1) 土胎开挖施工，第一次挖平壳体顶部标高或倒壳上部边梁标高部分的土体；第二次放出壳顶及底部尺寸，然后进行开挖。施工偏差不宜超过 10～15mm。挖土后应尽快抹 10～20mm 厚的水泥砂浆垫层，如果面积较大用 50～80mm 厚的砂浆。

(2) 绑扎钢筋与支模，绑扎钢筋做木胎模，预制成罩形网以便运往现场进行安装。

(3) 混凝土的浇筑与养护，浇筑应按自上而下的顺序进行，不要东缺西漏，浇筑完后应进行养护，用草袋等盖在上方。

3. 质量标准与注意事项

壳体基础是空间结构，以薄壁、曲面的高强材料取得较大的刚度和强度，因此对施工质量更应严格要求。同时要注意几何尺寸的结构准确，加强放线的校核工作，且要保证混凝土振捣密实。

七、板式基础

板式基础一般是指柱下钢筋混凝土单独基础和墙下钢筋混凝土条形基础，如图 5-42 所示。

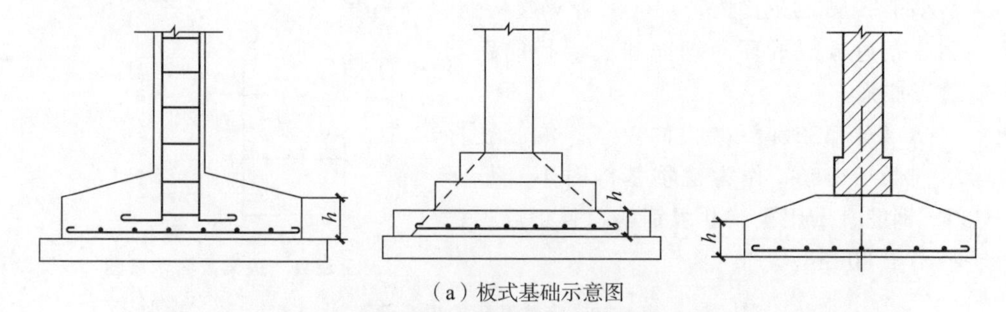

（a）板式基础示意图

（b）板式基础现场施工图

图 5-42　板式基础

1. 构造要求

（1）底板受力钢筋的最小直径不宜小于 8mm，间距不宜大于 200mm。当有垫层时钢筋保护层的厚度不宜小于 35mm，无垫层时不宜小于 70mm。插筋的数目及直径应与柱内纵向受力钢筋相同。

（2）垫层厚度一般为 10cm。

（3）混凝土标号不低于 C15。

2. 施工

施工工艺流程：振捣→浇捣。

（1）垫层混凝土宜用表面振捣器进行振捣，要求垫层表面平整，垫层干硬后弹线，铺放钢筋网，垫钢筋网的水泥块厚度应等于混凝土保护层的厚度。

（2）基础混凝土应分层浇捣。

3. 质量标准与注意事项

对于阶梯形基础，每一台阶高度内应整分浇捣层，在浇捣上台阶时，要注意防止下台阶表面混凝土溢出，每一台阶表面应基本抹平。

第四节　桩基础

一、桩与桩型的分类

1. 桩的分类

（1）按承载性状分类。

1）端承桩。如图 5-43（a）所示，在极限承载力状态下，桩顶竖向荷载全部或主要由桩端阻力承担；根据桩端阻力承担荷载的份额，端承桩又分为端承桩和摩擦端承桩。

2）摩擦桩。如图 5-43（b）所示，在极限承载力状态下，桩顶竖向荷载全部或主要由桩侧阻力承担；根据桩侧阻力承担荷载的份额，或桩端有无较好的持力层，摩擦桩又分为摩擦桩和端承摩擦桩。

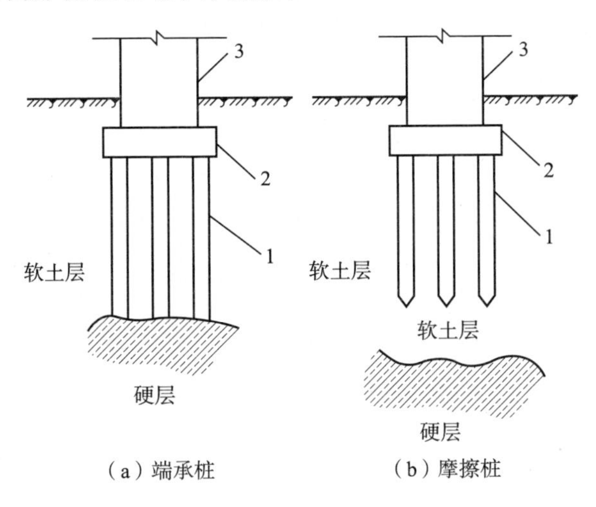

1—桩；2—承台；3—上部结构。

图 5-43　端承桩和摩擦桩

（2）按成桩方法与工艺分类。

1）非挤土桩。在成桩过程中，将与桩体积相同的土挖出，桩周围的土体较少受到扰动，但有应力松弛现象。非挤土桩主要有干作业法桩、泥浆护壁法桩、套管护壁法桩、人工挖孔桩等。

2）部分挤土桩。在成桩过程中，桩周围的土仅受到轻微的扰动。部分挤土桩主要有部分挤土灌注桩、预钻孔打入式预制桩、打入式开口钢管桩、H 型钢桩、螺旋成孔桩等。

3）挤土桩。如图 5-44 所示，在成桩过程中，桩周围的土被压密或挤开，周围土层受到严重扰动。挤土桩主要有挤土灌注桩、挤土预制混凝土桩（打入式桩、振入式桩、压入式桩）。

（3）按桩的使用功能分类。

1）竖向抗压桩。主要承受竖向荷载的桩，由桩端阻力和桩侧摩阻力共同承受。

2）竖向抗拔桩。主要承受竖向抗拔荷载的桩，其桩侧摩阻力的方向与竖向抗压桩的情况相反，单位面积的摩阻力小于抗压桩。

3）水平受荷桩。主要承受水平荷载的桩，或用于防止土体或岩体滑动的抗滑桩，桩的作用主要是抵抗水平力。

图 5-44　挤土桩

2. 桩型分类

常见桩型见表 5-31。

表 5-31　常见桩型

<table>
<tr><th>成桩方法</th><th>制桩材料或工艺</th><th colspan="2">桩身与桩尖形状</th><th colspan="2">施工工艺</th></tr>
<tr><td rowspan="7">预制桩</td><td rowspan="5">钢筋混凝土</td><td>方桩</td><td>传统桩尖
桩尖型钢加强</td><td rowspan="7">三角形桩
传统桩尖
平底</td><td rowspan="11">锤击沉柱
振动沉桩
静力压桩</td></tr>
<tr><td colspan="2">三角形桩</td></tr>
<tr><td>空心方桩</td><td rowspan="2">传统桩尖
平底</td></tr>
<tr><td>管桩</td></tr>
<tr><td>预应力管桩</td><td>尖底
平底</td></tr>
<tr><td rowspan="2">钢筋</td><td>钢管桩</td><td>开口
闭口</td></tr>
<tr><td colspan="2">H 型钢桩</td></tr>
<tr><td rowspan="5">灌注桩</td><td rowspan="4">沉管灌注桩</td><td colspan="3">直桩身-预制锥形桩</td></tr>
<tr><td rowspan="3">扩底</td><td colspan="2">内击式扩底</td></tr>
<tr><td colspan="2">无桩端夯扩</td></tr>
<tr><td colspan="2">预制平底人工扩底</td></tr>
<tr><td>钻（冲、挖）
孔灌注桩</td><td>直身桩
扩底桩
多节挤扩灌注桩
嵌岩桩</td><td colspan="2">钻孔
冲孔
人工挖孔</td><td>压浆
不压浆</td></tr>
</table>

二、混凝土预制桩

1. 混凝土预制桩的制作

（1）制作流程。

现场布置→场地整平与处理→场地地坪作三七灰土或浇筑混凝土→支模→绑扎钢筋骨架、安设吊环→浇筑混凝土→养护至30%强度拆模，再支上层模，涂刷隔离层→重叠生产浇筑第二层桩混凝土→养护至70%强度起吊→达100%强度后运输、堆放→沉桩。

（2）一般要求。

1）钢筋骨架的主筋连接宜采用对焊和电弧焊，当钢筋直径不小于20mm时，宜采用机械接头连接。主筋接头配置在同一截面内的数量，应符合下列规定。

①当采用对焊或电弧焊时，对于受拉钢筋，不得超过50%。

②相邻两根主筋接头截面的距离应大于35*dg*（*dg*为主筋直径），并不应小于500mm。

③必须符合现行行业标准《钢筋焊接及验收规程》（JGJ 18—2012）的规定。

2）预制桩钢筋骨架质量检验标准应符合表5-32的规定。

表5-32　预制桩钢筋骨架质量检验标准

项	序	检查项目	允许值或允许偏差		检查方法
			单位	数值	
主控项目	1	承载力	不小于设计值		静载试验、高应变法等
	2	桩身完整性	—		低应变法
一般项目	1	成品桩质量	表面平整，颜色均匀，掉角深度小于10mm，蜂窝面积小于总面积的0.5%		查产品合格证
	2	桩位	设计要求		全站仪或用钢尺量
	3	电焊条质量	设计要求		查产品合格证
	4	接桩：焊缝质量	设计要求		目测法
		电焊结束后停歇时间	min	≥8（3）	用表计时
		上下节平面偏差	mm	≤10	用钢尺量
		节点弯曲矢高	同桩体弯曲要求		用钢尺量
	5	收锤标准	设计要求		用钢尺量或查沉桩记录
	6	桩顶标高	mm	±50	水准测量
	7	垂直度	≤1/100		经纬仪测量

注：括号中为采用二氧化碳气体保护焊时的数值。

(3) 桩锤的选用应根据地质条件、桩型、桩的密集程度、单桩承载力及施工条件确定。

(4) 对长桩或总锤击数超过500击的桩，应符合桩体强度及28天龄期的两项条件才能锤击。

2. 质量标准与注意事项

混凝土预制桩的质量检验标准应符合表5-33的规定。

表5-33　混凝土预制桩的质量检验标准

项	序	检查项目	允许值或允许偏差		检查方法
			单位	数值	
主控项目	1	承载力	不小于设计值		静载试验、高应变法等
	2	桩身完整性	—		低应变法
一般项目	1	成品桩质量	表面平整，颜色均匀，掉角深度小于10mm，蜂窝面积小于总面积的0.5%		查产品合格证
	2	桩位	设计要求		全站仪或用钢尺量
	3	电焊条质量	设计要求		查产品合格证
	4	接桩：焊缝质量	设计要求		目测法
		电焊结束后停歇时间	min	≥8 (3)	用表计时
		上下节平面偏差	mm	≤10	用钢尺量
		节点弯曲矢高	同桩体弯曲要求		用钢尺量
	5	收锤标准	设计要求		用钢尺量或查沉桩记录
	6	桩顶标高	mm	±50	水准测量
	7	垂直度	≤1/100		经纬仪测量

注：括号中为采用二氧化碳气体保护焊时的数值。

表5-34　预制桩桩位的允许偏差　　单位：mm

项	项目		允许偏差
1	盖有基础梁的桩：	①垂直基础梁的中心线	100+0.01H
		②沿基础梁的中心线	150+0.01H

续表

项	项目		允许偏差
2	桩数为 1～3 根桩基中的桩		100
3	桩数为 4～6 根桩基中的桩		1/2 桩径或边长
4	桩数大于 16 根桩基中的桩：	①最外边的桩	1/3 桩径或边长
		②中间桩	1/2 桩径或边长

注：H 为施工现场地面标高与桩顶设计标高的距离。

桩体质量检验数量不应少于总桩数的 10%，且不应少于 10 根。每个柱子承台下不应少于 1 根。

承载力检验数量不应少于总桩数的 1%，且不应少于 3 根，当总桩数少于 50 根时，检验数量不应少于 2 根。

其他主控项目应全部检查，对一般项目可按总桩数的 20%进行抽查。

三、静力压桩

1. 加固原理及适用范围

在桩压入过程中，以桩机本身的重量（包括配重）作为反作用力，克服压桩过程中的桩侧摩阻力和桩端阻力。当预制桩在竖向静压力作用下沉入土中时，桩周土体发生急速而激烈的挤压，土中孔隙水压力急剧上升，土的抗剪强度大大降低，此时桩身很容易下沉。

静力压桩的方法有锚杆静压、液压千斤顶加压、绳索系统加压等，凡非冲击力沉桩均为静力压桩。液压千斤顶如图 5-45 所示。

图 5-45　液压千斤顶

2. 施工

(1) 压桩顺序。压桩顺序宜根据场地工程地质条件确定，并应符合下列规定。

1) 对于场地地层中局部含砂、碎石、卵石时，宜先对该区域进行压桩。

2) 当持力层埋深或桩的入土深度差别较大时，宜先施压长桩后施压短桩。

(2) 压桩程序。静压法沉桩一般都采取分段压入，逐段接长的方法。其程序为：测量定位→压桩机就位、对中、调直→压桩→接桩→再压桩→送桩→终止压桩→切桩头。

压桩的工艺程序如图 5-46 所示。

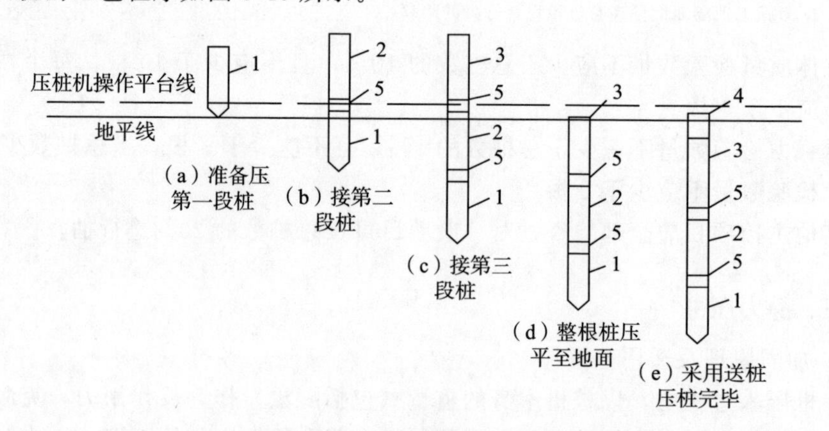

1—第一段；2—第二段；3—第三段；4—送桩；5—接桩处。

图 5-46 压桩的工艺程序

3. 质量标准与注意事项

(1) 静力压桩质量检验标准应符合表 5-35 的规定。

(2) 桩体质量检验数量不应少于总数的 20%，且不应少于 10 根。对混凝土预制桩检验数量不应少于总桩数的 10%，且不应少于 10 根。每个柱子承台下不应少于 1 根。

(3) 承载力检验数量不应少于总桩数的 1%，且不应少于 3 根，当总桩数少于 50 根时，其不应少于 2 根。

(4) 其他主控项目应全部检查，对一般项目可按总桩数的 20%进行抽查。

表 5-35 静力压桩质量检验标准

项	序	检查项目	允许值或允许偏差		检查方法
			单位	数值	
主控项目	1	承载力	不小于设计值		静载试验
	2	桩长	不小于设计值		用钢尺量

续表

<table>
<tr><th rowspan="2">项</th><th rowspan="2">序</th><th rowspan="2" colspan="3">检查项目</th><th colspan="3">允许值或允许偏差</th><th rowspan="2">检查方法</th></tr>
<tr><th>单位</th><th colspan="2">数值</th></tr>
<tr><td rowspan="13">一般项目</td><td>1</td><td colspan="3">桩位</td><td colspan="3">设计要求</td><td>全站仪或用钢尺量</td></tr>
<tr><td>2</td><td colspan="3">垂直度</td><td colspan="3">≤1/100</td><td>经纬仪测量</td></tr>
<tr><td rowspan="3">3</td><td rowspan="3">成品桩质量</td><td rowspan="2">外观、外形尺寸</td><td>钢桩</td><td colspan="3">设计要求</td><td rowspan="2">目测法</td></tr>
<tr><td>钢筋混凝土预制桩</td><td colspan="3">设计要求</td></tr>
<tr><td colspan="2">强度</td><td colspan="3">不小于设计要求</td><td>查产品合格证书或钻芯法</td></tr>
<tr><td rowspan="3">4</td><td rowspan="3">接桩</td><td colspan="2">电焊接桩焊缝质量</td><td colspan="3">设计要求</td><td>目测法</td></tr>
<tr><td colspan="2" rowspan="2">焊接结束后停歇时间</td><td rowspan="2">min</td><td>钢桩</td><td>≥1</td><td rowspan="2">用表计时</td></tr>
<tr><td>钢筋混凝土预制桩</td><td>≥6(3)</td></tr>
<tr><td>5</td><td colspan="3">电焊条质量</td><td colspan="3">设计要求</td><td>查产品合格证书</td></tr>
<tr><td>6</td><td colspan="3">压桩压力设计有要求时</td><td>%</td><td colspan="2">±5</td><td>检查压力表读数</td></tr>
<tr><td rowspan="2">7</td><td colspan="3">接桩时上下节平面偏差</td><td>mm</td><td colspan="2">≤10</td><td rowspan="2">用钢尺量</td></tr>
<tr><td colspan="3">接桩时节点弯曲矢高</td><td>mm</td><td colspan="2">≤1‰l</td></tr>
<tr><td>8</td><td colspan="3">桩顶标高</td><td>mm</td><td colspan="2">±50</td><td>水准测量</td></tr>
</table>

注：1. 接桩项括号中为采用二氧化碳气体保护焊时的数值。

2. l 为两节桩长（mm）。

四、混凝土灌注桩

1. 施工

混凝土灌注桩按其成孔方法不同，分有泥浆护壁成孔灌注桩、套管成孔灌注桩、旋挖成孔灌注桩、冲（抓）成孔灌注桩、长螺旋干作业钻孔灌注桩、人工挖孔灌注桩。泥浆护壁成孔灌注桩如图 5-47 所示。

（1）施工材料和机具。

施工前应准备好施工材料和机具，并检查机具。常用的设备有正反循环钻孔、旋挖钻孔、冲（抓）式钻孔、长螺旋钻机等。旋挖钻机如图 5-48 所示。

（2）施工顺序如图 5-49 所示。

图 5-47 泥浆护壁成孔灌注桩

图 5-48 旋挖钻机

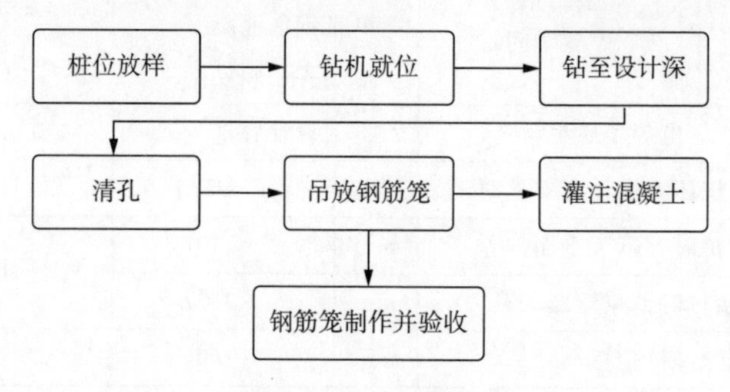

图 5-49 施工顺序

2. 质量标准与注意事项

(1) 混凝土灌注桩的桩位偏差必须符合表 5-36 的规定。柱顶标高至少要比设计标高高出 0.5m。每灌注 $50m^3$ 混凝土必须有一组试块。对砂子、石子、钢材、水泥等原材料的质量，检验项目、批量和检验方法，应符合国家有关标准的规定。

表 5-36 泥浆护壁成孔灌注桩质量验收标准

项	序	检查项目	允许值或允许偏差		检查方法
			单位	数值	
主控项目	1	承载力	不小于设计值		静载试验
	2	孔深	不小于设计值		用测绳或井径仪测量
	3	桩身完整性	—		钻芯法，低应变法，声波透射法
	4	混凝土强度	不小于设计值		28 天试块强度或钻芯法
	5	嵌岩深度	不小于设计值		取岩样或超前钻孔取样

续表

<table>
<tr><th rowspan="2">项</th><th rowspan="2">序</th><th rowspan="2" colspan="2">检查项目</th><th colspan="2">允许值或允许偏差</th><th rowspan="2">检查方法</th></tr>
<tr><th>单位</th><th>数值</th></tr>
<tr><td rowspan="23">一般项目</td><td>1</td><td colspan="2">垂直度</td><td colspan="2">设计要求</td><td>用超声波或井径仪测量</td></tr>
<tr><td>2</td><td colspan="2">孔径</td><td colspan="2">设计要求</td><td>用超声波或井径仪测量</td></tr>
<tr><td>3</td><td colspan="2">桩位</td><td colspan="2">设计要求</td><td>全站仪或用钢尺量，开挖前量护筒，开挖后量桩中心</td></tr>
<tr><td rowspan="3">4</td><td rowspan="3">泥浆指标</td><td>比重（黏土或砂性土中）</td><td colspan="2">1.10～1.25</td><td>用比重计测，清孔后在距孔底500mm处取样</td></tr>
<tr><td>含砂率</td><td>%</td><td>≤8</td><td>洗砂瓶</td></tr>
<tr><td>黏度</td><td>s</td><td>18～28</td><td>黏度计</td></tr>
<tr><td>5</td><td colspan="2">泥浆面标高(高于地下水位)</td><td>m</td><td>0.5～1.0</td><td>目测法</td></tr>
<tr><td rowspan="5">6</td><td rowspan="5">钢筋笼质量</td><td>主筋间距</td><td>mm</td><td>±10</td><td>用钢尺量</td></tr>
<tr><td>长度</td><td>mm</td><td>±100</td><td>用钢尺量</td></tr>
<tr><td>钢筋材质检验</td><td colspan="2">设计要求</td><td>抽样送检</td></tr>
<tr><td>箍筋间距</td><td>mm</td><td>±20</td><td>用钢尺量</td></tr>
<tr><td>笼直径</td><td>mm</td><td>±10</td><td>用钢尺量</td></tr>
<tr><td rowspan="2">7</td><td rowspan="2">沉渣厚度</td><td>端承桩</td><td>mm</td><td>≤50</td><td rowspan="2">用沉渣仪或重锤测</td></tr>
<tr><td>摩擦桩</td><td>mm</td><td>≤150</td></tr>
<tr><td>8</td><td colspan="2">混凝土坍落度</td><td>mm</td><td>180～220</td><td>坍落度仪</td></tr>
<tr><td>9</td><td colspan="2">钢筋笼安装深度</td><td>mm</td><td>+100
0</td><td>用钢尺量</td></tr>
<tr><td>10</td><td colspan="2">混凝土充盈系数</td><td colspan="2">≥1.0</td><td>实际灌注量与计算灌注量之比</td></tr>
<tr><td>11</td><td colspan="2">桩顶标高</td><td>mm</td><td>+30
−50</td><td>水准测量，需扣除桩顶浮浆层及劣质桩体</td></tr>
<tr><td rowspan="3">12</td><td rowspan="3">后注浆</td><td rowspan="2">注浆终止条件</td><td colspan="2">注浆量不小于设计要求</td><td>查看流量表</td></tr>
<tr><td colspan="2">注浆量不小于设计要求80%，且注浆压力达到设计值</td><td>查看流量表，检查压力表读数</td></tr>
<tr><td>水胶比</td><td colspan="2">设计值</td><td>实际用水量与水泥等胶凝材料的重量比</td></tr>
<tr><td rowspan="2">13</td><td rowspan="2">扩底桩</td><td>扩底直径</td><td colspan="2">不小于设计值</td><td rowspan="2">用井径仪测量</td></tr>
<tr><td>扩底高度</td><td colspan="2">不小于设计值</td></tr>
</table>

（2）桩的静载荷载试验根数不应少于总桩数的1%，且不应少于3根，当总桩数少于50根时，其不应少于两根。

（3）长螺旋钻孔压灌桩质量检验标准应符合表5-37的规定。

表5-37　长螺旋钻孔压灌桩质量检验标准

项	序	检查项目	允许值或允许偏差		检查方法
			单位	数值	
主控项目	1	承载力	不小于设计值		静载试验
	2	混凝土强度	不小于设计值		28天试块强度或钻芯法
	3	桩长	不小于设计值		施工中量钻杆长度，施工后钻芯法或低应变法检测
	4	桩径	不小于设计值		用钢尺量
	5	桩身完整性	—		低应变法
一般项目	1	混凝土坍落度	mm	160～220	坍落度仪
	2	混凝土充盈系数	≥1.0		实际灌注量与理论灌注量之比
	3	垂直度	≤1/100		经纬仪测量或线锤测量
	4	桩位	本标准表5.1.4		全站仪或用钢尺量
	5	桩顶标高	mm	+30 −50	水准测量
	6	钢筋笼笼顶标高	mm	±100	水准测量

五、钢桩

1. 施工

（1）钢桩可采用管型、H型或其他异型钢材。适用于码头、水中结构的高桩承台、桥梁基础、超高层公共与住宅建筑桩基、特重型工业厂房等基础结构。

（2）H型钢桩断面刚度较小，锤重不宜大于4.5t级，适用于南方较软土层，且在锤击过程中桩架前应有横向约束装置，防止横向失稳。当持力层较硬时，H型钢桩不宜送桩。当地表层遇有大块石、混凝土块等回填物时，应在插入H型钢桩前进行触探，并清除桩位上的障碍物。H型钢桩如图5-50所示。

图5-50　H型钢桩

2. 质量标准与注意事项

（1）钢桩施工的质量检验标准应符合表5-38的规定。

表 5-38　钢桩施工的质量检验标准

项	序	检查项目		允许值或允许偏差		检查方法
				单位	数值	
主控项目	1	承载力		不小于设计值		静载试验、高应变法等
	2	钢桩外径或断面尺寸	桩端	mm	≤0.5D	用钢尺量
			桩身	mm	≤0.1D	
	3	桩长		不小于设计值		用钢尺量
	4	矢高		mm	≤1‰l	用钢尺量
一般项目	1	桩位		本标准表 5.1.2		全站仪或用钢尺量
	2	垂直度		≤1/100		经纬仪测量
	3	端部平整度		mm	≤2（H 型桩≤1）	用水平尺量
	4	H 钢桩的方正度		mm	h≥300：$T+T'$≤8	用钢尺量
					h<300：$T+T'$≤6	
	5	端部平面与桩身中心线的倾斜值		mm	≤2	用水平尺量
	6	上下节桩错口	钢管桩外径≥700mm	mm	≤3	用钢尺量
			钢管桩外径<700mm	mm	≤2	用钢尺量
			H 型钢桩	mm	≤1	用钢尺量
	7	焊缝	咬边深度	mm	≤0.5	焊缝检查仪
			加强层高度	mm	≤2	焊缝检查仪
			加强层宽度	mm	≤3	焊缝检查仪
	8	焊缝电焊质量外观		无气孔，无焊瘤，无裂缝		目测法
	9	焊缝探伤检验		设计要求		超声波或射线探伤
	10	焊接结束后停歇时间		min	≥1	用表计时
	11	节点弯曲矢高		mm	<1‰l	用钢尺量
	12	桩顶标高		mm	±50	水准测量
	13	收锤标准		设计要求		用钢尺量或查沉桩记录

注：l 为两节桩长（mm），D 为外径或边长（mm）。

（2）承载力检验数量不应少于总桩数的 1%，且不应少于 3 根，当总桩数少于50根时，检验数量不应少于2根。其他主控项目应全部检查，对一般项目可按总桩数的20%进行抽查。

六、先张法预应力管桩

1. 施工

(1) 施工前应检查进入现场的成品桩，接桩用电焊条等。根据地质条件、桩型、桩的规格选用合适的桩锤。

(2) 桩打入时应符合以下规定。

1) 帽与桩周围的间隙应为5～10mm。

2) 锤与桩帽、桩帽与桩之间应加弹性衬垫。

3) 桩锤、桩帽或送桩应与桩身在同一中心线上。

4) 桩插入时的垂直度偏差不得超过0.5%。

(3) 打桩顺序应按下列规定执行。

1) 对于密集的桩群，自中间向两个方向或向四周对称施打。

2) 当一侧毗邻建筑物时，由毗邻建筑物处向另一方向施打。

3) 根据桩底标高，宜先深后浅。

4) 根据桩的规格，宜先大后小、先长后短。

(4) 桩停止锤击的控制原则。

1) 桩端，位于一般土层时，以控制桩端设计标高为主，贯入度可作参考。

2) 桩端达到坚硬、硬塑的黏性土、中密以上粉土、砂土、碎石类土、风化岩，以贯入度控制为主，桩端标高可作参考。

3) 贯入度已达到而桩端标高未达到时，应继续锤击三阵，按每阵十击的贯入度不大于设计规定的数值加以确认。

(4) 施工过程中应检查桩的贯入情况、桩顶完整状况、电焊接桩质量、桩体垂直度、电焊后的停歇时间。重要工程应对电焊接头做10%的焊缝探伤检查。

2. 质量标准与注意事项

(1) 先张法预应力管桩的质量检验标准应符合表5-39的规定。

表5-39 先张法预应力管桩的质量检验标准

项	序	检查项目	允许偏差或允许值		检查方法
			单位	数值	
主控项目	1	桩体质量检验	按《建筑基桩检测技术规范》		按《建筑基桩检测技术规范》
	2	桩位偏差	按《桩基施工规程》		用钢尺量
	3	承载力按《建筑基桩检测技术规范》	按《建筑基桩检测技术规范》		

续表

<table>
<tr><th rowspan="2">项</th><th rowspan="2">序</th><th rowspan="2" colspan="2">检查项目</th><th colspan="2">允许偏差或允许值</th><th rowspan="2">检查方法</th></tr>
<tr><th>单位</th><th>数值</th></tr>
<tr><td rowspan="9">一般项目</td><td rowspan="6">1</td><td rowspan="6">成品桩质量</td><td>外观</td><td colspan="2">无蜂窝、露筋、裂缝、色感均匀、桩顶处无孔隙</td><td>直观</td></tr>
<tr><td>桩径</td><td>mm</td><td>±5</td><td>用钢尺量</td></tr>
<tr><td>管壁厚度</td><td>mm</td><td>±5</td><td>用钢尺量</td></tr>
<tr><td>桩尖中心线</td><td>mm</td><td><2</td><td>用钢尺量</td></tr>
<tr><td>顶面平整度</td><td>mm</td><td>10</td><td>用水平尺量</td></tr>
<tr><td>桩体弯曲</td><td>—</td><td><1/1000l</td><td>用钢尺量，l 为桩长</td></tr>
<tr><td>2</td><td colspan="2">接桩：焊缝质量
电焊结束后停歇时间
上下节平面偏差
节点弯曲矢高</td><td colspan="2">按桩基施工规程
min　>1.0
mm　<10
　　<1/1000l</td><td>超声波检测
秒表测定
用钢尺量
用钢尺量，l 为桩长</td></tr>
<tr><td>3</td><td colspan="2">停锤标准</td><td colspan="2">设计要求</td><td>现场实测或查沉桩记录</td></tr>
<tr><td>4</td><td colspan="2">桩顶标高</td><td>mm</td><td>±50</td><td>水准仪</td></tr>
</table>

（2）承载力检验数量不应少于总桩数的 1%，且不应少于 3 根，当总桩数少于 50 根时，检验数量不应少于 2 根。其他主控项目应全部检查，对一般项目可按总桩数的 20%进行抽查。

（3）桩体质量检验数量不应少于总桩数的 20%，且不应少于 10 根，每个柱子承台下不应少于 1 根。

第五节　沉井

一、沉井的制作

1. 施工

（1）刃脚施工。

刃脚下应支脚模或用垫木，可按地基土承载力和沉井重量加施工荷载经计算后确定。小沉井可用砂石作垫层或在地基中挖成深 1m 左右的刃脚形槽坑，用砖砌成模，内壁用 1∶3 的水泥砂浆抹平；较重大的沉井在软土地基上常用垫木，垫木的数量按垫木底面的压力不大于 $1kg/cm^2$ 计算，如图 5-51 所示。

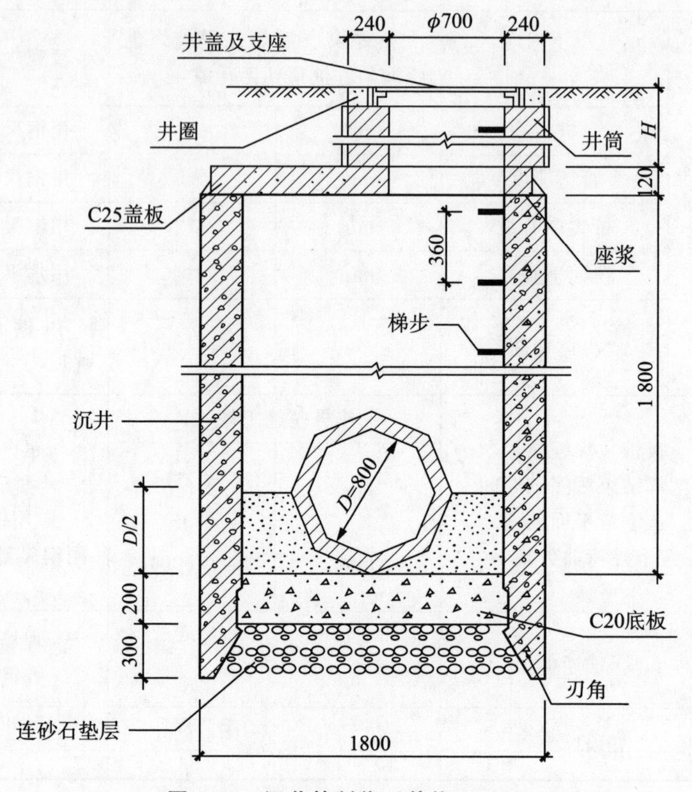

图 5-51　沉井的制作（单位：mm）

(2) 井壁施工。

1) 除高度不大的沉井外，一般井壁应分节制作。

2) 用砂石垫层或砖模的沉井，第一节混凝土的灌注高度宜为 1.5～2m，一次性灌完，并在其达到设计强度的 70%以后，才可灌注第二节混凝土。

3) 灌注混凝土时应沿着井壁四周对称进行，避免混凝土面高低相差悬殊，导致压力不均而产生基底不均匀沉陷。

2. 质量标准与注意事项

沉井外壁应平滑，砖石砌筑的外表可抹一层水泥砂浆。尺寸允许偏差见表 5-40。

表 5-40 沉井下沉允许偏差

项	序	检查项目				允许值		检查方法
						单位	数值	
主控项目	1	混凝土强度				不小于设计值		28天试块强度或钻芯法
	2	井（箱）壁厚度				mm	±15	用钢尺量
	3	封底前下沉速率				mm/8h	≤10	水准测量
	4	终沉后	刃脚平均标高	沉井		mm	±100	测量计算
				沉箱		mm	±50	
	5		刃脚中心线位移	沉井	H_3≥10m	mm	≤1%H_3	测量计算
					H_3<10m	mm	≤100	
				沉箱	H_3≥10m	mm	≤0.5%H_3	
					H_3<10m	mm	≤50	
	6		四角中任何两角高差	沉井	L_2≥10m	mm	≤1%L_2 且≤300	测量计算
					L_2<10m	mm	≤100	
				沉箱	L_2≥10m	mm	≤0.5%L_2 且≤150	
					L_2<10m	mm	≤50	
一般项目	1	平面尺寸	长度			mm	±0.5%L_1 且≤150	用钢尺量
			宽度			mm	±0.5%B 且≤50	用钢尺量
			高度			mm	±30	用钢尺量
			直径（圆形沉箱）			mm	±0.5%D_1 且≤100	用钢尺量(互相垂直)
			对角线			mm	≤0.5%线长且≤100	用钢尺量（两端中间各取一点）
	2	垂直度				≤1/100		经纬仪测量
	3	预埋件中心线位置				mm	≤20	用钢尺量
	4	预留孔（洞）位移				mm	≤20	用钢尺量
	5	下沉过程中	四角高差	沉井		≤1.5%L_1～2.0%L_1 且≤500mm		水准测量
				沉箱		≤1.0%L_1～1.5%L_1 且≤450mm		水准测量
	6		中心位移	沉井		≤1.5%H_2 且≤300mm		经纬仪测量
				沉箱		≤1%H_2 且≤150mm		经纬仪测量

注：L_1 为设计沉井与沉箱长度（mm）；L_2 为矩形沉井两角的距离，圆形沉井为互相垂直的两条直径（mm）；B 为设计沉井（箱）宽度（mm）；H_1 为设计沉井与沉箱高度（mm）；H_2 为下沉深度（mm）；H_3 为下沉总深度，系指下沉前后刃脚之高差（mm）；D_1 为设计沉井与沉箱直径（mm）；检查中心线位置时，应沿纵、横两个方向测量，并取其中较大值。

二、沉井下沉

1. 施工

(1) 一次下沉或分节下沉。

沉井深度不大时，可采用一次性下沉，以简化施工程序，缩短工期。如沉井重量大、重心高，下沉前容易引起倾斜，必须根据地基承载力进行详细验算。其最大灌注高度不宜大于12cm；分节下沉，每节的制作高度应确定，以保证沉井的稳定性，并保证有一定的重量使其顺利下沉。第一节混凝土或砌体砂浆达到其设计强度的100%以后，其余各节达到70%以后才可入土下沉。

(2) 验算沉降系数。

沉井的下沉主要靠自重来克服土对沉井外壁的摩擦阻力，不排水下沉时，沉井自重的计算应扣除水的浮力。

$$\text{沉降系数}\ K=\frac{\text{沉井重量}}{\text{摩擦阻力}+\text{支承反力}}\geqslant 1.15$$

土对沉井外壁的摩擦阻力可由试验资料确定，无试验资料时，参考表5-41。沉井在分节制作分节下沉时，其沉降系数因各层土质不同而不同，故验算应分层进行。

表5-41 沉井外壁的摩擦阻力

土的名称	摩擦阻力/(t/m²)	土的名称	摩擦阻力/(t/m²)	备注
黏性土	2.5～5.0	砂砾石	1.5～2.0	①在砾石或卵石层中不宜用泥浆润滑套 ②本表适用于30m以内的浅沉井
砂类土	1.2～2.5	软土	1.0～1.2	
砂卵石	1.8～3.0 泥浆套	0.3～0.5		

2. 质量标准与注意事项

下沉完毕的沉井，其允许偏差应符合表5-42的标准。

表5-42 沉井下沉允许偏差

项次	项目		允许偏差/mm	备注
1	刃脚平均标高		±100	H为下沉总深度；L为最高与最低两角间的距离
2	底面中心位置偏移	$H>10$m	$H/100$	
3		$H\leqslant 10$m	100	
4	刃脚底面高差	$L>10$m	L/100且不大于300	
5		$L\leqslant 10$m	100	

三、沉井封底

(1) 沉井干封底。如图5-52所示，当沉井基底土在全部挖至设计标高，检查符合下沉稳定后，将井内积水排干，清除浮土杂物，先将新老混凝土表面打毛刷净，再灌筑封底混凝土。在软土中封底宜分格分段对称进行，防止沉井不均匀下沉。为保证底板不受破坏，在封底混凝土未达到设计强度前，应从井内底板以下集水坑中不间断抽水。

图 5-52 沉井干封底

（2）沉井水下封底。如图 5-53 所示，应尽可能将井底浮泥清除干净，并铺碎石垫层，新老混凝土接触面应冲刷干净。灌筑水下混凝土应沿沉井全部面积不间断地进行，至少养护 7～10 天。当水下封底混凝土达到设计强度后，方可从井内抽水。

图 5-53 沉井水下封底

第六章　脚手架与垂直运输工程

第一节　脚手架的分类和基本要求

一、脚手架的分类

1. 按用途分类

（1）操作用脚手架。它又分为结构脚手架和装修脚手架。其架面施工荷载标准值分别规定为 $3kN/m^2$ 和 $2kN/m^2$。

（2）防护用脚手架。架面施工（搭设）荷载标准值可按 $1kN/m^2$ 计。

（3）承重一支撑用脚手架。架面荷载按实际使用值计。

2. 按搭设位置分类

（1）外脚手架。外脚手架是指搭设在外墙外面的脚手架。

（2）里脚手架。里脚手架常用于楼层上砌墙和内粉刷的施工中，使用过程中不断随楼层升高而向上移动。

3. 按构架方式分类

（1）杆件组合式脚手架。

（2）框架组合式脚手架（简称“框组式脚手架”）。它是由简单的平面框架（如门架、梯架、“日”字架和“目”字架等）与连接、撑拉杆件组合而成的脚手架，如门式钢管脚手架、梯式钢管脚手架和其他各种框式构件组装的鹰架等。门式脚手架如图 6-1 所示。

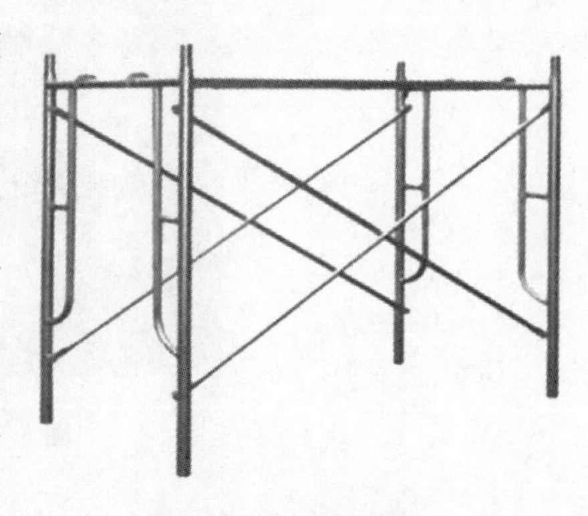

图 6-1　门式脚手架

（3）格构件组合式脚手架。它是由桁架梁和格构柱组合而成的脚手架，如桥式脚手架又分提升（降）式和沿齿条爬升（降）式两种。

（4）台架。它是具有一定高度和操作平面的平台架，多为定型产品，其本身具有稳定的空间结构，可单独使用或立拼增高与水平连接扩大，并常带有移动装置。

4. 按脚手架的设置形式分类

（1）单排脚手架。只有一排立杆，其横向平杆的一端搁置在墙体上的脚手架。

（2）双排脚手架。由内外两排立杆和水平杆构成的脚手架。

（3）满堂脚手架。按施工作业范围铺设的，纵、横两个方向各有三排以上立杆的脚手架，如图 6-2 所示。

图 6-2　满堂脚手架

（4）封圈型脚手架。沿建筑物或作业范围周边设置并相互交圈连接的脚手架。

（5）开口型脚手架。沿建筑周边非交圈设置的脚手架，其中呈直线型的脚手架为一字型脚手架。

（6）特型脚手架。具有特殊平面和空间造型的脚手架，如用于烟囱、水塔、冷却塔以及其他平面为圆形、环形、外方内圆形、多边形和上扩、上缩等特殊形式的建筑施工脚手架。

5. 按所用材料分类

（1）木脚手架。由剥皮杉杆或其他坚韧顺直的硬木等材料制成的脚手架，如图 6-3 所示。

图 6-3　木脚手架

（2）竹脚手架。采用三年以上的毛竹为材料，并用竹篾绑扎搭设的脚手架。

（3）钢管脚手架。由钢管搭设而成的脚手架。

6. 按脚手架的支固方式分类

（1）落地式脚手架。搭设（支座）在地面、楼面、墙面或其他平台结构之上的脚手架。

（2）悬挑脚手架（简称“挑脚手架”）。采用悬挑方式支固的脚手架，如图 6-4 所示。

图 6-4 悬挑脚手架

（3）附墙悬挂脚手架（简称“挂脚手架”）。在上部或（和）中部挂设于墙体挂件上的定型脚手架。

（4）悬吊脚手架（简称“吊脚手架”）。悬吊于悬挑梁或工程结构之下的脚手架。当采用篮式作业架时，称为“吊篮”。

（5）附着式升降脚手架（简称“爬架”）。搭设在一定高度且附着于工程结构上，依靠自身的升降设备和装置，可随工程结构逐层爬升或下降，具有防倾覆、防坠落装置的悬空外脚手架。

（6）整体式附着升降脚手架。有三个以上提升装置的连跨升降的附着式升降脚手架。

（7）水平移动脚手架。带行走装置的脚手架或操作平台架。

二、脚手架的基本要求

1. 脚手架的使用要求

（1）有足够的面积，能满足工人操作、材料堆置和运输的需要。

（2）具有稳定的结构和足够的承载能力，能保证施工期间在各种荷载和气候条件下不变形、不倾斜、不摇晃。

（3）搭拆简单，搬移方便，能多次周转使用。

（4）应考虑多层作业、交叉流水作业和多工种作业要求，减少多次搭拆。

2. 脚手架对基础的要求

(1) 脚手架的地基应平整夯实。

(2) 脚手架的钢立柱不能直接立于土地面上，应加设底座和垫板（木），垫板（木）厚度不小于 50mm。

(3) 遇有坑槽时，立杆应下到槽底或在槽上加设底梁（一般可用枕木或型钢梁）。

(4) 脚手架地基应有可靠的排水措施，防止积水浸泡地基。

(5) 脚手架旁有开挖的沟槽时，应控制外立杆距沟槽边的距离：当架高在 30m 以内时，不小于 1.5m；架高为 30～50m 时，不小于 2.0m；架高在 50m 以上时，不小于 2.5m。当不能满足上述距离时，应核算土坡承受脚手架的能力，不足时可加设挡土墙或其他可靠支护，避免槽壁坍塌危及脚手架安全。

(6) 位于通道处的脚手架底部垫板（木）应低于其两侧地面，并在其上加设盖板，避免扰动。

三、脚手架安全技术

1. 安全网

安全网是用麻绳、棕绳或尼龙绳编织成的。一般规格为长 6m，宽 3m，网眼 5cm 左右。每块支好的安全网应能承受不小于 160kg 的冲击荷载。

安全网的挂设方法如下。

(1) 里脚手架砌外墙：安全网如图 6-5 所示。

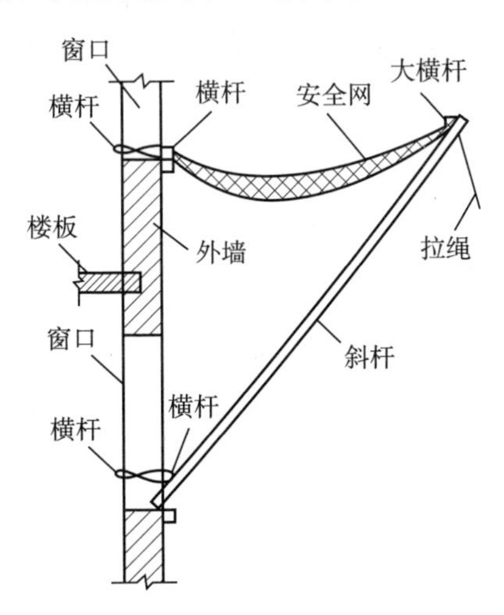

图 6-5　安全网

当墙上有窗口时，在上下两窗口处的里外侧墙面各绑一道夹墙横杆，从下窗口伸出斜杆，斜杆顶部绑一道大横杆，把安全网挂在上窗口横杆与大横杆之间，斜杆下部绑在下窗口横杆上，再在每根斜杆顶上拉一根麻绳把网绷起。

当山墙无窗口时，可事先在墙上留洞或预埋钢筋环，以支撑斜杆，斜杆间距不大于4m。木杆、竹杆或钢管均可作斜杆用。安全网的里外口大绳要与大横杆和夹墙横杆绑牢，外口要比里口高约50cm。纵向网与网之间要相互搭接，用粗麻绳或棕绳联结牢固，转角处的网，搭接要拉紧。出入口处网内应加垫草垫。

（2）外脚手架砌墙：可利用外脚手架的立杆和上下大横杆挂设拦网和兜网，并随施工操作层上升。高层建筑除了逐步上升的安全网外，还应在下面间隔3～4层的部位架设一道安全网。

架设安全网时，其伸出宽度不少于2m，外口要高于里口，两网搭接应扎接牢固，每隔一定距离应用拉绳将斜杆与地面的锚桩拉牢。施工过程中要经常对安全网进行检查和维修，严禁向安全网内扔各种物料和垃圾。

2. 防电措施

（1）钢脚手架（包括钢井架、钢龙门架、钢独杆提升架等）不得搭设在距离35kV以上的高压线路4.5m以内的地区和距离1～10kV高压线路3m以内的地区。

（2）钢脚手架在架设和使用期间，要严防与带电体接触。

（3）钢脚手架需要穿越或靠近380V以内的电力线路且距离在2m以内时，在架设和使用期间应断电或拆除电源。如不能拆除，应采取可靠的绝缘措施，对电线和钢脚手架等进行包扎隔绝，并对钢脚手架采取接地处理。

（4）在钢脚手架上施工的电焊机、混凝土振动器等，要放在干燥木板上。

（5）操作者要戴绝缘手套，穿绝缘鞋。

（6）经过钢脚手架的电线要严格检查并采取安全措施。电焊机、振动器外壳要采取接地或接零保护措施。

（7）夜间施工和深基操作的照明线通过钢脚手架时，应使用电压不超过12V的低压电源。

（8）木、竹脚手架的搭设和使用也必须符合电力安全要求。

3. 避雷

避雷装置包括接闪器、接地极、接地线。

接闪器即避雷针，可用直径25～32mm、壁厚不小于3mm的镀锌管或直径不小于12mm的镀锌钢筋制作，设置在建筑物四角的脚手架立杆上，其高度不小于1m，并应将最上层所有的横杆连通，形成避雷网路。在垂直运输架上安装接闪器时，应将一侧的中间立杆接高出顶端不小于2m，在该立杆下端设置接地线，并将卷扬机外壳接地。

接地极应尽可能采用钢材。垂直接地极可用长1.5～2.5m、直径25～30mm、壁厚不小于2.5mm的钢管、直径不小于20mm的圆钢或50×5的角钢。水平接地极可选用长度不小于3m、直径8～14mm的圆钢或厚度不小于4mm、宽25～40mm的扁钢。另外，也可以利用埋设在地下的金属管道（可燃或有爆炸介质的管道除外）、金属桩、钻管、吸水井管以及与大地有可靠连接的金属结构作为接地极。接地极按脚手架上的连续长度在 50m 之内设置一个，并应满足离接地极最远点内脚手架上的过渡电阻不超过 10Ω 的要求，接地电阻不得超过 20Ω。接地极埋入地下的最高点，应在地面下不浅于 50cm 处，埋设时应将新填土夯实。蒸汽管道或烟囱风道附近经常受热的土层内，位于地下水位以上的砖石、焦砟或砂子内，以及特别干燥的土层内都不得埋设接地极。

接地线即引下线，可采用截面不小于 $16mm^2$ 的铝导线或截面不小于 $12mm^2$ 的铜导线。为了节约有色金属，可在连接可靠的前提下，采用直径不小于 8mm 的圆钢或厚度不小于 4mm 的扁钢。接地线的连接要绝对接触可靠，连接时应将接触表面的油漆及氧化层清除，露出金属光泽，并涂中性凡士林。接地线与接地极的连接最好用焊接，焊接点的长度应为接地线直径的 6 倍以上或扁钢宽度的 2 倍以上。如用螺栓连接，接触面不得小于接地线截面积的 4 倍，拼接螺栓直径应不小于 9mm。

设置避雷装置时应注意以下几点。

（1）接地装置在设置前要根据接地电阻限值、土的湿度和导电特性等进行设计，要对接地方式和位置进行选择，要对接地极和接地线的布置、材料选用、连接方式、制作和安装要求等做出具体规定。装设完成后要用电阻表测定是否符合要求。

（2）接地极的位置应选择人们不易走到的地方，以避免和减少跨步电压的危害，防止接地线遭受机械损伤。接地极应该和其他金属或电缆之间保持 3m 或 3m 以上的距离。

（3）接地装置的使用期在 6 个月以上时，不宜在地下利用裸铝导体作为接地板或接地线。在有强腐蚀性的土壤中，应使用镀锌或镀铜的接地极。

（4）施工期间遇有雷击或阴云密布将有雷雨的天气时，钢脚手架上的操作人员应立即撤离。

4. 脚手架的维护

（1）脚手架大多在露天使用，搭拆频繁，耗损较大，因此必须加强维护和管理，及时做好回收、清理、保管、整修、防锈、防腐等工作，这样才能降低损耗率，提高周转次数，延长使用年限，降低工程成本。

（2）用完的脚手架料和构件、零件要及时回收，分类整理，分类存放。堆放地点要平坦，排水良好。堆放时下面要设支垫。钢管、角钢、钢桁架和其他钢构件最好放在室内，如果放在露天，应用毡、席盖好。扣件、螺栓及其他小零件应放在室内，并用木箱、钢筋笼、麻袋、草包等容器分类贮存。

（3）弯曲的钢杆件要调直，损坏的构件要修复，损坏的扣件、零件要更换。

（4）做好钢铁件的防锈和木制件的防腐处理。钢管外壁在相对湿度大于 75%的地区，应每年涂刷一次防锈漆，其他地区每两年涂刷一次。钢管内壁可根据地区情况，每隔 2～4 年涂刷一次。角钢、桁架和其他铁件每年涂刷一次。扣件要涂油，螺栓宜镀锌防锈，使用3～5年保护层剥落后应再次镀锌。没有镀锌条件时，应在每次使用后用煤油洗涤并涂机油防锈。

(5) 搬运长钢管、长角钢时，应采取措施防止弯曲。桁架应拆成单片装运，装卸时不得抛丢，防止损坏。

第二节　常用落地式脚手架简介

常用落地式脚手架简介

扫码观看本视频

一、扣件式钢管脚手架

1. 组成结构

扣件式钢管脚手架由钢管、扣件、底座、脚手板和连接杆组成。

(1) 钢管。脚手架钢管应采用国家标准《直缝电焊钢管》(GB/T 13793—2016) 中规定的Q235普通钢管，质量应符合《碳素结构钢》(GB/T 700—2006) 中Q235级钢的规定。一般采用外径为48mm、壁厚为3.5mm的焊接钢管或壁厚为3.5mm的无缝钢管，不得使用严重锈蚀、弯曲、压扁、折裂的钢管。扣件一般用可锻铸铁铸造而成，也可用钢板压制。螺栓用3号钢制成，并作镀锌处理。钢管长度：立杆、大横杆、十字杆和抛撑为4～6.5m，小横杆为2.1～2.3m，连墙杆为3.3～3.5m。

(2) 扣件。扣件的连接方式有：

1) 直角扣件（十字扣）。用于两根呈垂直交叉钢管的连接，如图6-6所示。

2) 旋转扣件（回转扣）。用于两根呈任意角度交叉钢管的连接，如图6-7所示。

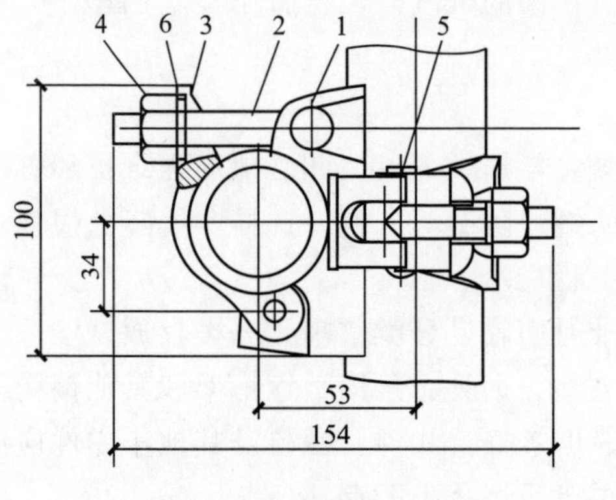

1—直角座；2—螺栓；3—盖板；4—螺栓；5—螺母；6—销钉。

图6-6　直角扣件（单位：mm）

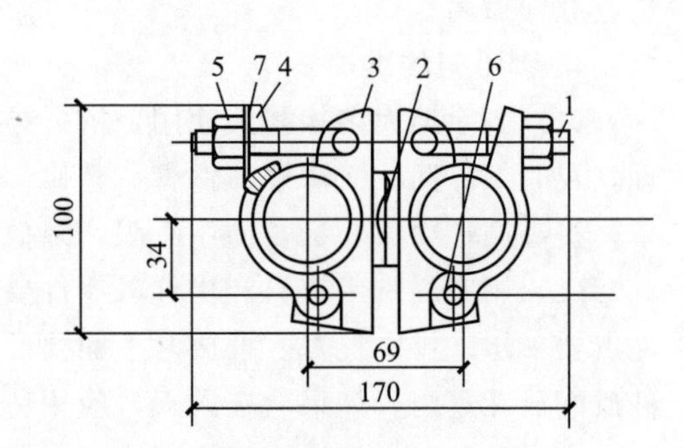

1—螺栓；2—铆钉；3—旋转座；4—螺栓；5—螺母；6—销钉；7—垫圈。

图6-7　旋转扣件（单位：mm）

3) 对接扣件（一字扣）。用于两根钢管对接连接，如图6-8所示。

(3) 底座。扣件式钢管脚手架的底座用于承受脚手架立杆传递下来的荷载，用可锻铸铁铸造的标准底座的铸造如图6-9所示。

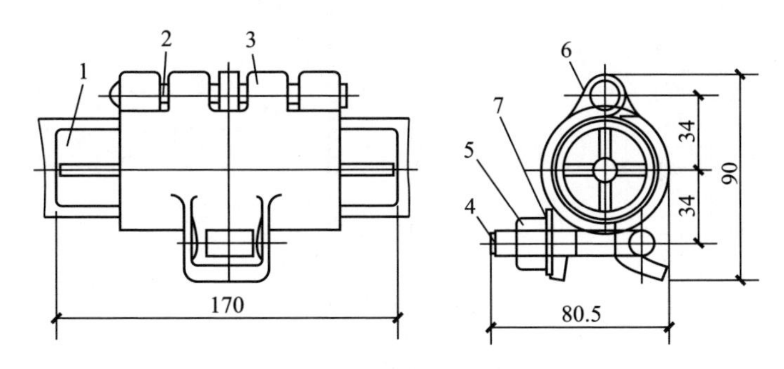

1—杆芯；2—铆钉；3—对接座；4—螺栓；5—螺母；6—对接盖；7—垫圈。

图6-8　对接扣件（单位：mm）

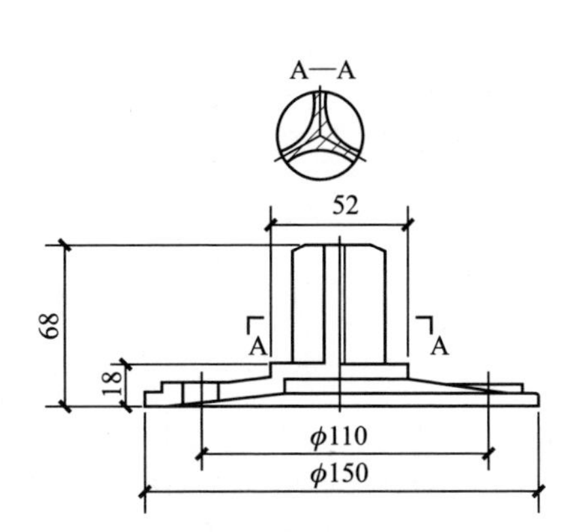

图6-9　标准底座（单位：mm）

(4) 脚手板。脚手板可采用钢、木、竹材料制作，每块质量不宜大于30kg；冲压钢脚手板的材质应符合现行国家标准《碳素结构钢》(GB/T 700)中Q235级钢的规定，并应有防滑措施。新、旧脚手板均应涂防锈漆。木脚手板应采用杉木或松木制作，其材质应符合现行国家标准《木结构设计规范》(GBJ 5)中Ⅱ级材质的规定。木脚手板的宽度不宜小于200mm，脚手板厚度不应小于50mm，两端应各设直径为4mm的镀锌钢丝箍两道，不得使用腐朽的脚手板。

(5) 连接杆。连接一般有软连接与硬连接之分。软连接是用8号或10号镀锌铁丝将脚手架与建筑物结构连接起来，软连接的脚手架在受荷载后有一定程度的晃动，其可靠性比硬连接差，故规定24m以上采用硬连接，24m以下宜采用软硬结合连接。硬连接是用钢管、杆件等将脚手架与建筑物结构连接起来，安全可靠，已为全国各地所采用。硬连接的示意如图6-10所示。

2. 扣件式钢管脚手架的种类

扣件式钢管脚手架有双排和单排两种，如图6-11所示。双排有里外两排立

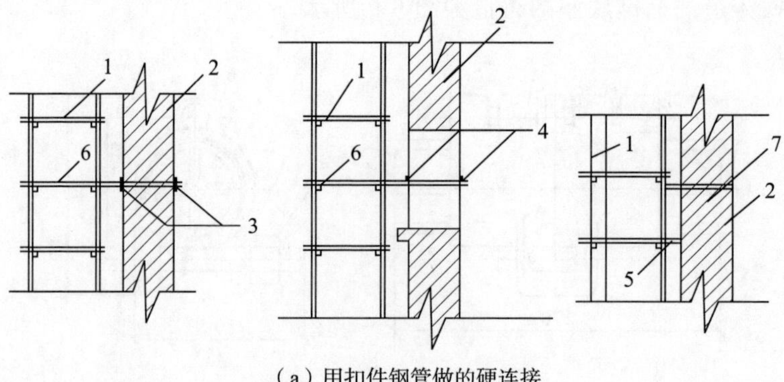

（a）用扣件钢管做的硬连接

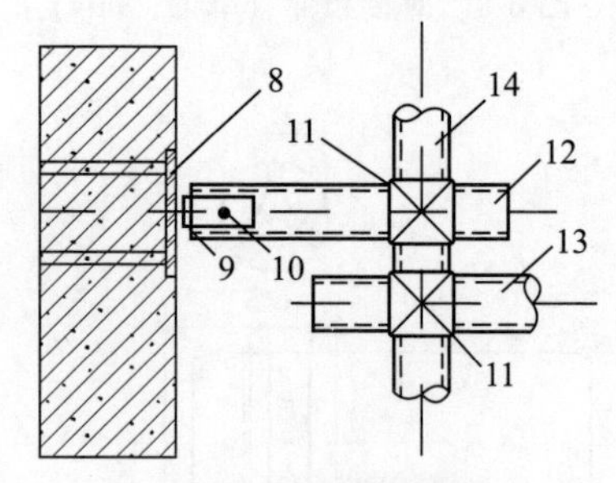

（b）预埋件式硬连接

1—脚手架；2—墙体；3—两只扣件；4—两根短管用扣件连接；5—此小横杆顶墙；6—此小横杆进墙；7—连接用镀锌钢丝，埋入墙内；8—埋件；9—连接角铁；10—螺栓；11—直角扣件；12—连接用短钢管；13—小横杆；14—立柱。

图 6-10　连接杆剖面示意图

杆和自成稳定的空间桁架；单排只有一排立杆，横杆另一端要支承在墙体上，因而增加了脚手洞的修补工作，且影响墙体质量，稳定性也不如双排架。

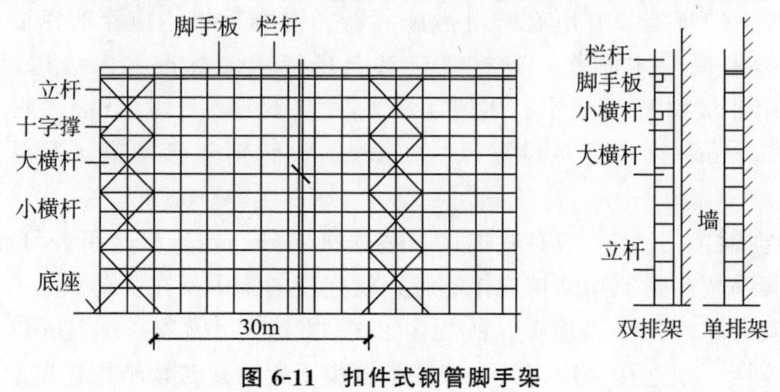

图 6-11　扣件式钢管脚手架

3. 扣件式钢管脚手架的搭设

（1）搭设程序。放置纵向扫地杆→自角部起依次向两边竖立底（第 1 根）立杆，底端与纵向扫地杆扣接固定后，装设横向扫地杆并与立杆固定（固定立杆底端前，应吊线确保立杆垂直），每边竖起3～4根立杆后，随即装设第一步纵向平杆（与立杆扣接固定）和横向平杆（小横杆，靠近立杆并与纵向平杆扣接固定）、校正立杆垂直和平杆水平使其符合要求后，按40～60N·m力矩拧紧扣件螺栓，形成构架的起始段→按上述要求依次向前延伸搭设，直至第一步架交圈完成。交圈后，再全面检查一遍构架质量和地基情况，严格确保设计要求和构架质量→设置连墙件（或加抛撑）→按第一步架的作业程序和要求搭设第二步、第三步→随搭设进程及时装设连墙件和剪刀撑→装设作业层间横杆（在构架横向平杆之间加设的、用于缩小铺板支承跨度的横杆），铺设脚手板和装设作业层栏杆、挡脚板或围护、封闭措施。

（2）扣件式钢管脚手架的搭设规定见表6-1。

表6-1 扣件式钢管脚手架搭设规定 单位：mm

项目	砌筑用		装饰用		满堂架
	单排	双排	单排	双排	
里皮立杆距墙面	—	0.5	—	0.5	0.5～0.6
立杆间距	2	2	2.2	2.2	—
里外立杆距离	1.2～1.5	1.5	1.2～1.5	1.5	2
大横杆间距	1.2～1.4	1.2～1.4	1.6～1.8	1.6～1.8	1.6～1.8
小横杆间距	0.67	1	1.1	1.1	1
小横杆悬臂长度	—	0.4～0.45	—	0.35～0.45	0.35～0.45
剪刀撑间距	≯30	≯30	≯30	≯30	四边及中间每隔四根立杆设置
连墙杆设置高度	4	4	5	5	—
连墙杆间距	10	10	11	11	—

（3）为保证脚手架的稳定与安全，七步以上的脚手架必须设置十字撑（剪刀撑），一般设置在脚手架的转角、端头及沿纵向间距不大于30m处，每档十字撑占两个跨间，从底到顶连续布置，最下一对钢管与地面呈45°～60°夹角，回转扣连接。三步以下的脚手架设置抛撑。三步以上的脚手架无法设置抛撑时，每隔三步、4～5个跨间设置一道连墙杆，如图6-12所示，不仅可防止脚手架外倾，而且可增强整体刚度。

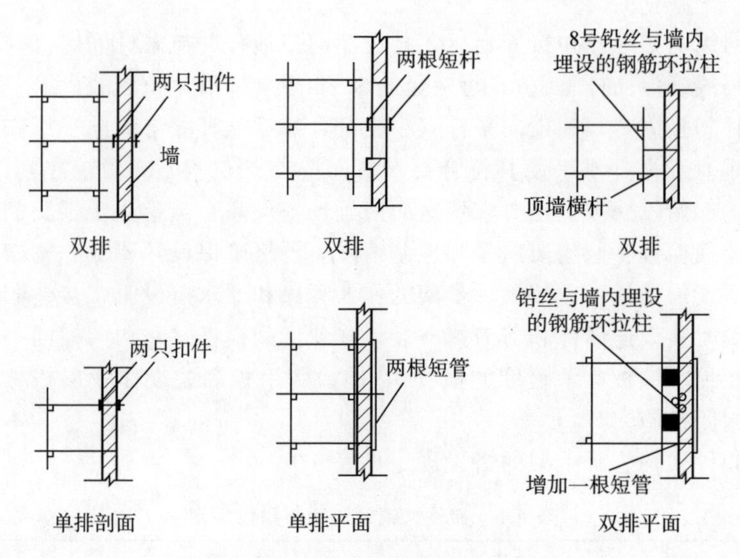

图 6-12　连墙杆的做法

二、木脚手架

木脚手架如图 6-13 所示。要求见表 6-2。立杆、大横杆的搭接长度不应小于 1.5m，绑扎时小头应压在大头上，绑扎不少于三道（压顶立杆可大头朝上）。如三杆相交时，应先绑两根，再绑第三根，不得一扣绑三根。

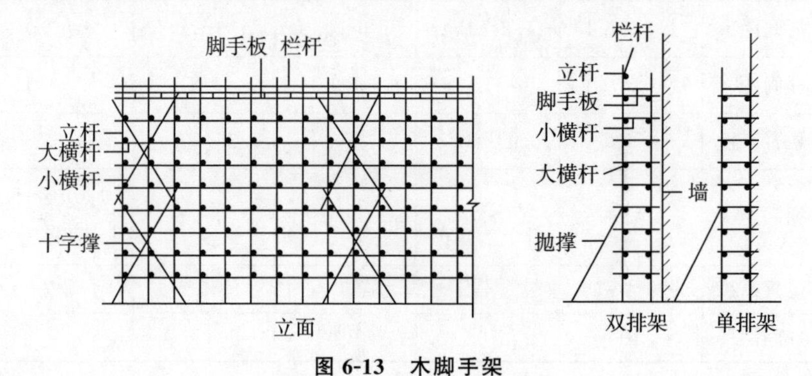

图 6-13　木脚手架

表 6-2　木脚手架技术要求

杆件名称	规格/mm	构造要求
立杆	梢径≮70	纵向间距 1.5～1.8m，横向间距 1.5～1.8m，埋深≮0.5m
大横杆	梢径≮80	绑于立杆里面，第一步离地 1.8m，以上各步间距 1.2～1.5m
小横杆	梢径≮80	绑于大横杆上，间距 0.8～1m，双排架端头离墙 5～10cm，单排架插入墙内≮24cm，外侧伸出大横杆 10cm

续表

杆件名称	规格/mm	构造要求
抛撑	梢径≮70	每隔7根立杆设一道，与地面夹角为60°，可防止架子外倾
斜撑	梢径≮70	设在架子的转角处，做法如抛撑，与地面夹角为45°角
剪刀撑	梢径≮70	三步以上架子，每隔7根立杆设一道，从底到顶，杆与地面夹角为45°～60°

三、门式组合钢管脚手架

门式组合钢管脚手架由门架组合而成，其结构如图6-14所示。

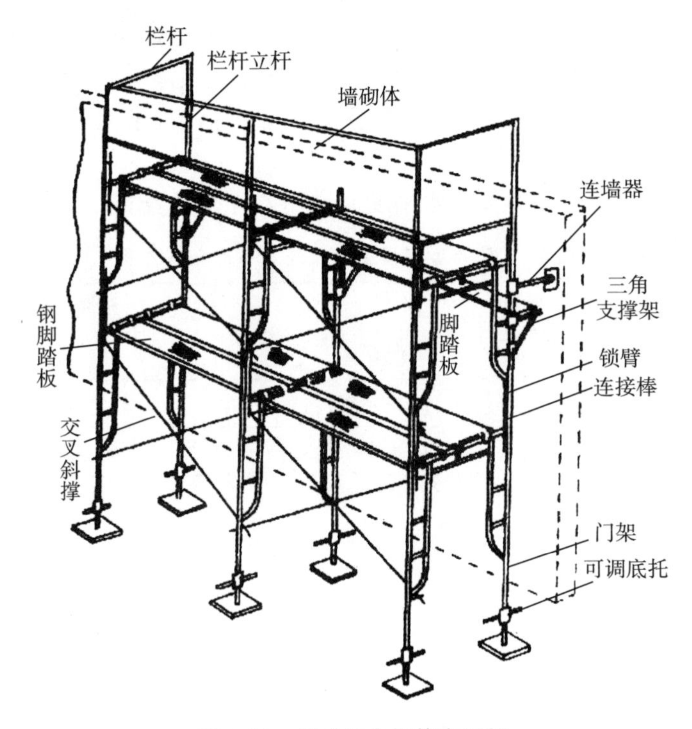

图6-14　门式组合钢管脚手架

1. 门式组合钢管脚手架的搭设

（1）搭设程序。门式钢管脚手架一般按以下程序搭设：铺放垫板（木）→拉线、放底座→自一端起立门架并随即装交叉支撑→装水平架（或脚手板）→装梯子→（需要时，装设作加强用的大横杆）装设连墙杆→按照上述步骤，逐层向上安装→装加强整体刚度的长剪刀撑→装设顶部栏杆。

在脚手架搭设前，对门架、配件、加固件应按要求进行检查和验收；并应对搭设场地进行清理、平整，做好排水措施。

（2）脚手架垂直度和水平度的调整。脚手架的垂直度（表现为门架竖管轴线的偏移）和水平度（门架平面方向和水平方向）对于确保脚手架的承载性能至关重要（特别是对于高层脚手架），其注意事项为：

1）严格控制首层门架的垂直度和水平度。在装上以后要逐片地、仔细地调整好，使门架竖杆在两个方向的垂直偏差都控制在 2mm 以内，门架顶部的水平偏差控制在 5mm 以内。随后在门架的顶部和底部用大横杆和扫地杆加以固定。

2）接门架时上下门架竖杆之间要对齐，对中的偏差不宜大于 3mm。同时，注意调整门架的垂直度和水平度。

3）及时装设连墙杆，以避免在架子横向时发生偏斜。

2. 检查与验收

（1）脚手架搭设完毕或分段搭设完毕后，应按规定对脚手架工程质量进行检查，检验合格后方可交付使用。

（2）高度在 20m 及 20m 以下的脚手架，应由单位工程负责人组织技术安全人员进行检查验收。

（3）脚手架搭设的垂直度与水平度允许偏差应符合表 6-3 的要求。

表 6-3　脚手架搭设垂直度与水平度允许偏差

项目		允许偏差（mm）
垂直度	每步架	$h/1\,000$ 及±2.0
	脚手架整体	$H/600$ 及±50
水平度	一跨距内水平架两端高差	$\pm l/600$ 及±3.0
	脚手架整体	$\pm L/600$ 及±50

注：h—步距；H—脚手架高度；l—跨距；L—脚手架长度。

四、碗扣式钢管脚手架

1. 组成结构

碗扣式钢管脚手架与扣件式钢管脚手架的结构大致相同，不同之处在于扣件改为碗扣接头，使杆件能轴心相交，无偏心距，受力合理，可比扣件钢管脚手架提高承载力 15%以上。

碗扣接头如图 6-15 所示，碗扣节点由焊与立杆上的下碗扣、焊与横杆端部的弧形插片和设立于立杆上、可滑动升降的上碗扣组成。

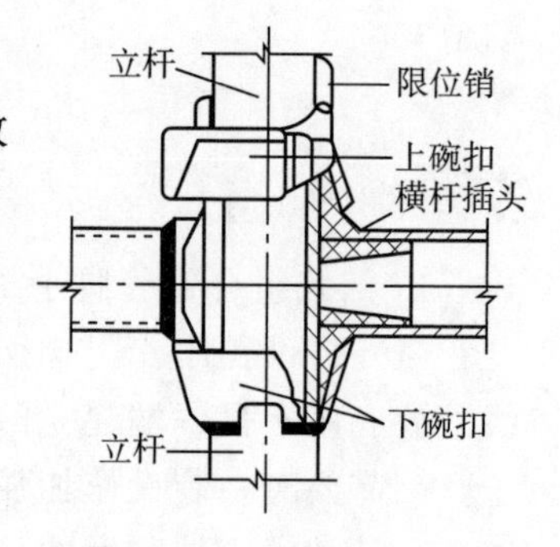

图 6-15　碗扣接头

2. 碗扣式钢管脚手架形式

（1）双排外脚手架。拼装快速省力，特别适用于搭设曲面脚手架和高层脚手架。一般分为重型架、普通架、轻型架。

（2）直线和曲线单排外脚手架。单排碗扣脚手架易进行曲线布置，特别适用于烟囱、水塔、桥墩等圆形构筑物。

3. 碗扣式钢管脚手架的搭设

（1）碗扣式钢管脚手架立柱横距为 1.2m，纵距根据脚手架荷载面可分为 1.2m、1.5m、1.8m、2.4m，步距分为 1.8m、2.4m。搭设时立杆的接长缝应错开，第一层立杆应用长 1.8m 和 3.0m 的立杆错开布置，往上均用 3.0m 长杆，至顶层再用 1.8m 和 3.0m 两种长度找平。高 30m 以下脚手架垂直度应在 1/200 以内，高 30m 以上脚手架垂直度应控制在 1/400～1/600，总高垂直度偏差应不大于 100mm。

（2）斜杆应尽量布置在框架节点上，对于高度在 30m 以下的脚手架，设置斜杆面积为整架立面面积的 1/5～1/2；对于高度超过 30m 的高层脚手架，设置斜杆的面积不小于整架面积的 1/2。在拐角边缘及端部必须设置斜杆，中间可均匀间隔设置。

（3）剪刀撑的设置，对于高度在 30m 以下的脚手架，可每隔 4～5 跨设置一组沿全高连续搭设的剪刀撑，每道跨越 5～7 根立杆，如图 6-16 所示。

（4）连墙撑的设置应尽量采用梅花方式布置。

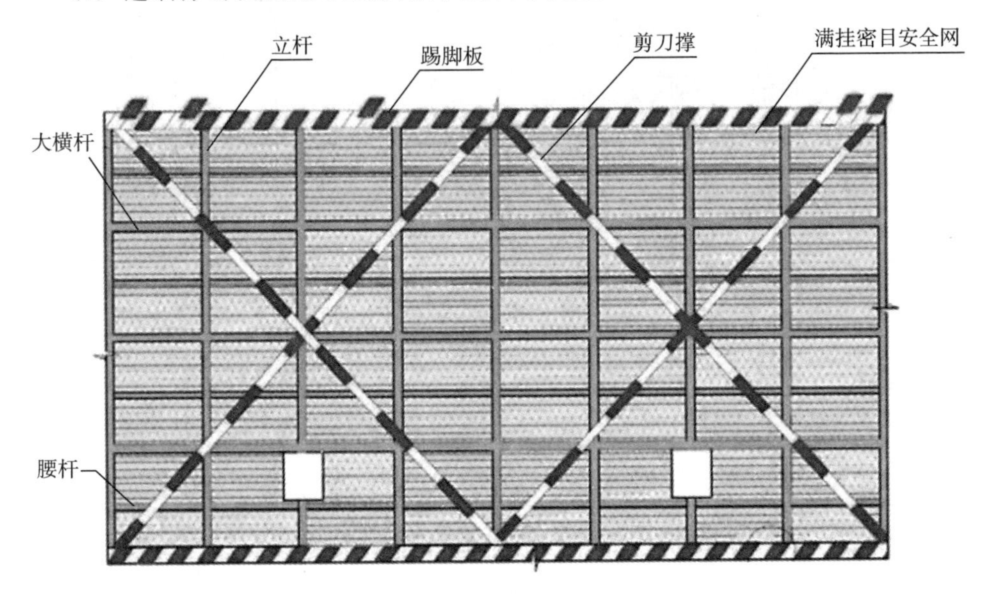

图 6-16　剪刀撑

第三节　常用非落地式脚手架简介

一、悬挑式脚手架

相对于落地式脚手架，它的优越性在于能获得良好的经济效益及节约工期。常用的悬挑式脚手架构造有钢管式悬挑脚手架、悬臂钢管式悬挑脚手架、下撑式钢梁悬挑脚手架和斜拉式钢梁悬挑脚手架。

1. 组成构造

按型钢支承架与主体结构的连接方式，常用悬挑式脚手架的形式可分为：搁置固定于主体结构层上的悬挑脚手架（图 6-17）；与主体结构面上的预埋件焊接的悬挑脚手架（图 6-18）。

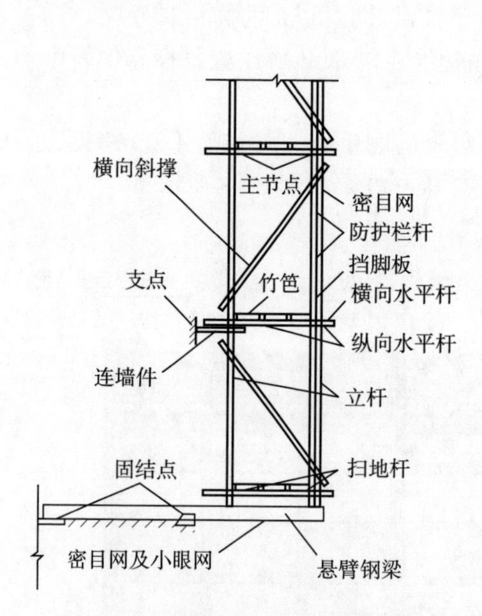

图 6-17　搁置固定于主体结构层上的悬挑脚手架（悬臂钢梁式）

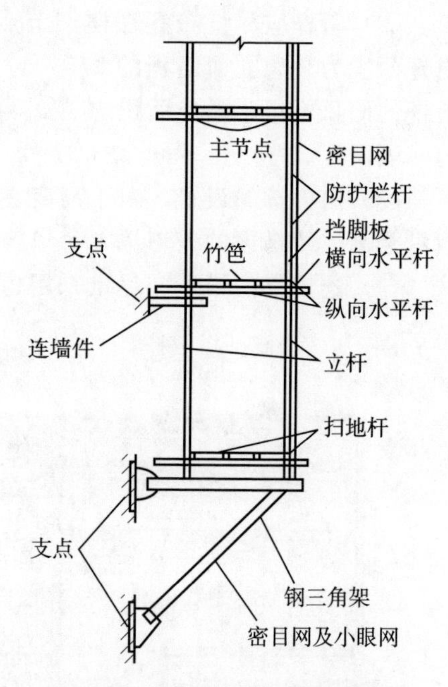

图 6-18　与主体结构面上的预埋件焊接的悬挑脚手架（附着钢三角式）

2. 搭设要求

(1) 悬挑脚手架依附的建筑结构应是钢筋混凝土结构或钢结构，不得依附在砖混结构或石结构上。在悬挑式脚手架搭设时，连墙件、型钢支承架对应的主体结构混凝土必须达到设计计算要求的强度，上部脚手架搭设时型钢支承架对应的混凝土强度不应低于 C15。

(2) 立杆接头必须采用对接扣件连接。两根相邻立杆的接头不应设置在同步内，且错开距离不应小于500mm，各接头的中心距主节点的最近距离不应大于步距的1/3。

（3）悬挑架架体应采用刚性连墙件与建筑物牢靠连接，并应设置在与悬挑梁相对应的建筑物结构上，并宜靠近主节点设置，偏离主节点的距离不应大于300mm。连墙件应从脚手架底部的第一步纵向水平杆开始设置，设置有困难时，应采用其他可靠措施固定。主体结构阳角或阴角部位，两个方向均应设置连墙件。

（4）连墙件宜采取二步二跨设置，竖向间距3.6m，水平间距3.0m。具体设置点宜优先采用菱形布置，也可采用方形、矩形布置。连墙件中的连墙杆宜与主体结构面垂直设置，当不能垂直设置时，连墙杆与脚手架连接的一端不应高于与主体结构连接的一端。在一字形、开口形脚手架的端部应增设连墙件。

（5）脚手架应在外侧立面沿整个长度和高度上设置连续剪刀撑，每道剪刀撑跨越立杆根数为5～7根，最小距离不得小于6m。剪刀撑水平夹角为45°～60°，将构架与悬挑梁（架）连成一体。

（6）剪刀撑在交接处必须采用旋转扣件相互连接，并且剪刀撑斜杆应用旋转扣件与立杆或伸出的横向水平杆进行连接，旋转扣件中心线至主节点的距离不宜大于150mm；剪刀撑斜杆接长应采用搭接方式，搭接长度不应小于1m，应采用不少于两个旋转扣件固定，端部扣件盖板的边缘至杆端距离不应小于100mm。

（7）一字形、开口形脚手架的端部必须设置横向斜撑；中间应每隔六根立杆纵距设置一道，同时该位置应设置连墙件；转角位置可设置横向斜撑予以加固。横向斜撑应由底至顶层呈之字形连续布置。

（8）悬挑式脚手架架体结构在平面转角处应采取加强措施。

二、附着式升降脚手架

附着式升降脚手架包括自升降式、互升降式、整体升降式三种类型。

1. 自升降式脚手架

（1）自升降式脚手架的升降运动是通过手动或电动倒链交替对活动架和固定架进行升降来实现的。从升降架的构造来看，活动架和固定架之间能够进行上下相对运动。当脚手架工作时，活动架和固定架均用附墙螺栓与墙体锚固，两架之间无相对运动；当脚手架需要升降时活动架与固定架中的一个架子仍然锚固在墙体上，使用倒链对另一个架子进行升降，两架之间便产生相对运动。通过活动架和固定架交替附墙，互相升降，脚手架即可沿着墙体上的预留孔逐层升降。升降式脚手架的爬升过程分为爬升活动架和爬升固定架两步，如图6-19所示，每个爬升过程提升1.5～2m。

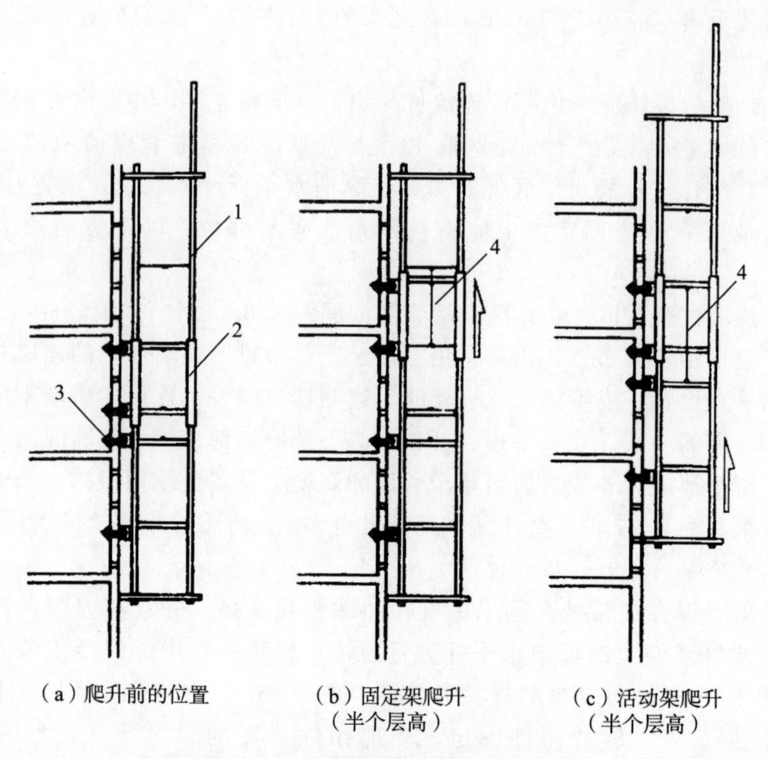

1—活动架；2—固定架；3—附墙螺栓；4—倒链。

图 6-19　自升降式脚手架爬升过程

(2) 下降过程与爬升操作顺序相反，顺着爬升时用过的墙体预留孔倒行，脚手架即可逐层下降，同时把留在墙面上的预留孔修补完毕，最后脚手架返回地面。

(3) 自升降式脚手架在拆除时应设置警戒区，由专人看护，统一指挥。先清理脚手架上的垃圾杂物，然后自上而下拆除。

(4) 在施工过程中注意预留孔的位置是否正确，如不正确应及时改正，墙面突出严重时，也应预先修平。安装过程中按照脚手架施工平面图进行，不可随意安装。

2. 互升降式脚手架

(1) 互升降式脚手架将脚手架分为甲、乙两种单元，通过倒链交替对甲、乙两单元进行升降。当脚手架需要工作时，甲单元与乙单元均用附墙螺栓与墙体锚固，两架之间无相对运动；当脚手架需要升降时，一个单元仍然锚固在墙体上，使用倒链对相邻一个架子进行升降，两架之间便产生相对运动。通过甲、乙两单元交替附墙，相互升降，脚手架即可沿着墙体上的预留孔逐层升降。

(2) 升降式脚手架的性能特点如下所述。

1) 结构简单，易于操作控制。

2）架子搭设高度低，用料省。

3）操作人员不在被升降的架体上，增加了操作人员的安全性。

4）脚手架结构刚度较大，附墙的跨度大。它适用于框架剪力墙结构的高层建筑、水坝、筒体等施工。

（3）脚手架爬升前应进行全面检查，检查的主要内容有：预留附墙连接点的位置是否符合要求，预埋件是否牢靠；架体上的横梁设置是否牢靠；提升降单元的导向装置是否可靠；升降单元与周围的约束是否解除，升降有无障碍；架子上是否有杂物；所适用的提升设备是否符合要求等。

当确认以上各项都符合要求后方可进行爬升，如图 6-20 所示，提升到位后，应及时将架子同结构固定。然后，用同样的方法对与之相邻的单元脚手架进行爬升操作，待相邻的单元脚手架升至预定位置后，将两单元脚手架连接起来，并在两单元操作层之间铺设脚手板。

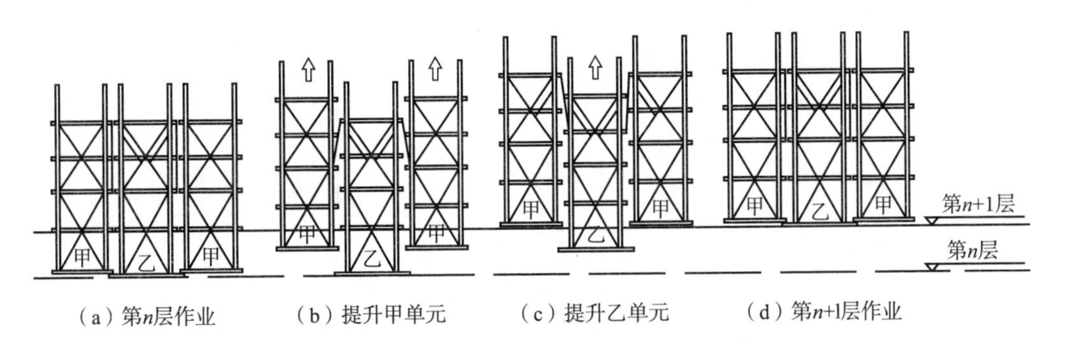

图 6-20　互升降式脚手架爬升过程

（4）在下降过程中，利用固定在墙体上的架子对相邻的单元脚手架进行下降操作，同时把留在墙面上的预留孔修补完毕，脚手架返回地面。接下来进行拆除工作，首先清理脚手架上的杂物，然后按顺序自上而下拆除。或者用起重设备将脚手架整体吊至地面拆除。

3. 整体升降式脚手架

（1）在高层主体施工中，整体升降式脚手架有明显的优越性，它结构整体好、升降快捷方便、机械化程度高、经济效益显著，是一种很有推广使用价值的超高建（构）筑外脚手架，被住房和城乡建设部列为重点推广的十项新技术之一。

整体升降式脚手架，如图 6-21 所示。是以电动倒链为提升机，使整个外脚手架沿建筑物外墙或柱整体向上爬升。搭设高度依建筑物施工层的层高而定，一般取建筑物标准层四个层高加一步安全栏的高度为架体的总高度。脚手架为双排，宽以 0.8～1m 为宜，里排杆离建筑物净距 0.4～0.6m。脚手架的横杆和立杆间距都不宜超过 1.8m，可将一个标准层高分为两步架，以此步距为基数确定架体横、立杆的间距。

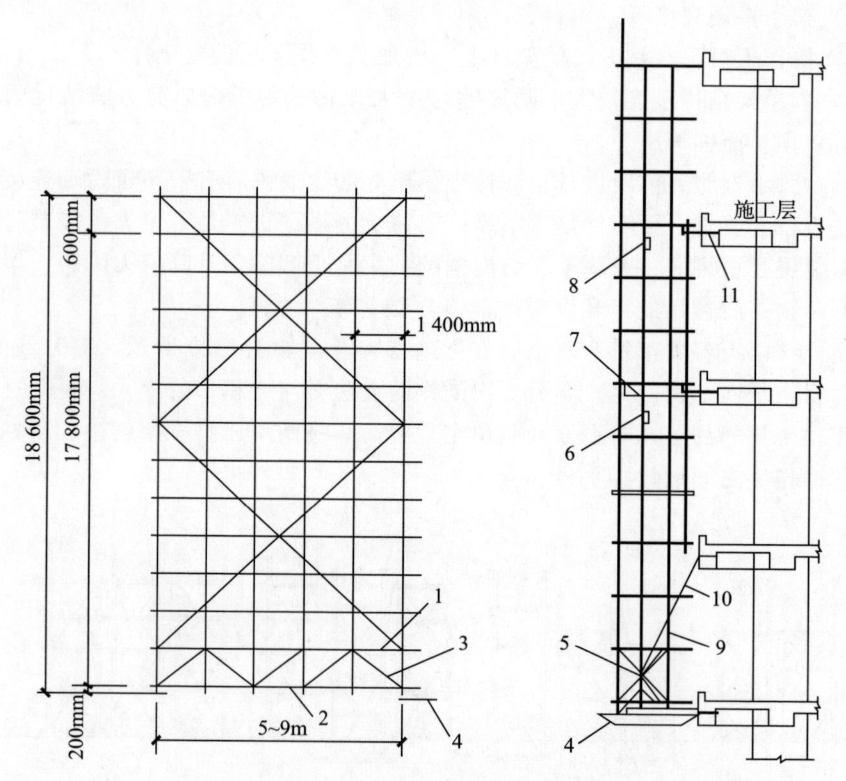

1—上弦杆；2—下弦杆；3—承力桁架；4—承力架；5—斜撑；
6—电动倒链；7—挑梁；8—倒链；9—花篮螺栓；10—拉杆；11—螺栓。

图 6-21　整体升降式脚手架

架体设计时可将架子沿建筑物外围分成若干单元，每个单元的宽度参考建筑物的开间而定，一般在 5～9m 之间。

(2) 施工前按照平面图确定承力架及电动倒链挑梁安装的位置，然后在混凝土墙上预留螺栓孔。准备好施工材料后，即可开始安装，安装过程中按照先后顺序进行搭设。搭设成功后开启电动倒链，将电动倒链与承力架之间的吊链拉紧，松开架体与建筑物的固定拉结点。松开承力架与建筑物相连的螺栓和斜拉杆，开启电动倒链慢慢开始爬升。爬升到位后，先安装承力架与混凝土边梁的紧固螺栓，将斜拉杆与上层边梁固定，最后安装架体上部与建筑物的各拉结点。检查无误后，方可使用脚手架，进行上一层的主体施工。

(3) 下降过程是利用电动倒链顺着爬升用的墙体预留孔倒行，脚手架即可逐层下降，同时把墙面上的预留孔修补完毕，脚手架可回归地面，并进行拆除工作。

三、吊篮

高处作业吊篮应用于高层建筑外墙装饰、装修、维护清洗等工程施工。

1. 吊篮的升降方式

(1) 手板葫芦升降。手扳葫芦升降携带方便、操作灵活，牵引方向和距离不受限制，如图 6-22 所示。

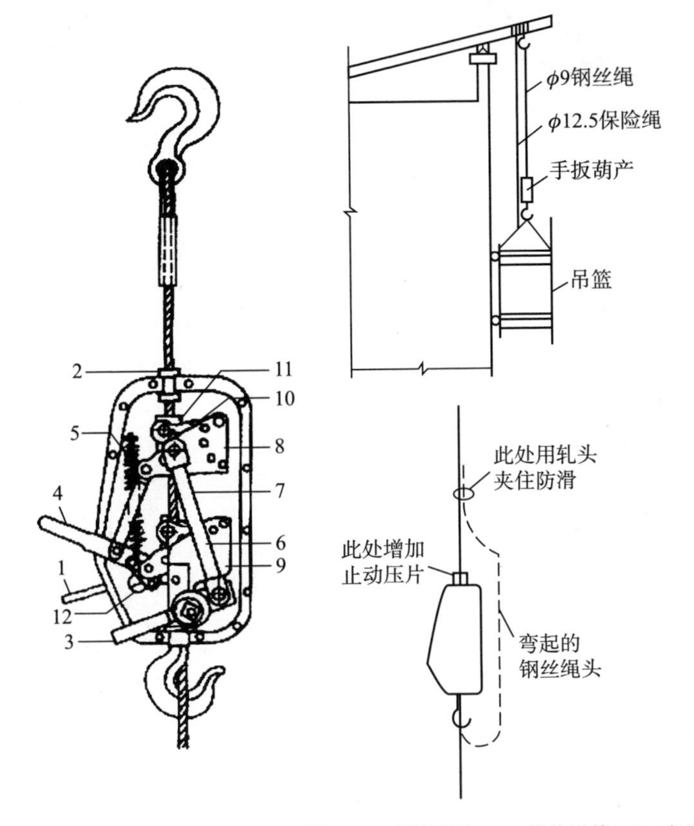

1—松卸手柄；2—导绳孔；3—前进手柄；4—倒退手柄；5—拉伸弹簧；6—左连杆；7—右连杆；8—前夹钳；9—后平钳；10—偏心板；11—夹子；12—松卸曲柄。

图 6-22　手扳葫芦构造以及升降示意图

(2) 卷扬升降。卷扬升降具有体积小，重量轻，并带有多重安全装置。卷扬提升机可设于悬吊平台的两侧，如图 6-23 所示，也可设于屋顶之上，如图 6-24 所示。

(3) 爬升升降。由不同的钢丝绳缠绕方式形成了“S”形卷绕机构、“3”形卷绕机构和“α”形卷绕机构，如图 6-25 所示。“S”形卷绕机构为一对靠齿轮合的槽轮，靠摩擦带动其槽中的钢丝绳一起旋转，并依旋转方向的改变实现提升或下降；“3”形卷绕机构只有一个轮子，钢丝绳在卷筒上缠绕四圈后从两端伸出，分别接至吊篮和排挂支架上；“α”形卷绕机构采用行星齿轮机构驱动绳轮旋转，带动吊篮沿钢丝绳升降。

图 6-23 提升机设于吊箱的卷扬式吊篮

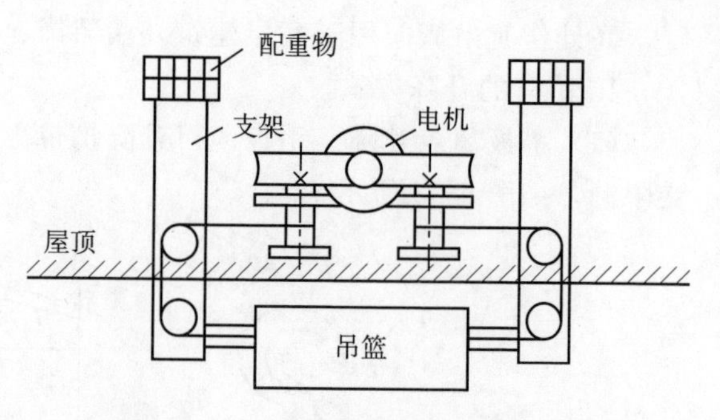

图 6-24 提升机设于屋顶的卷扬式吊篮

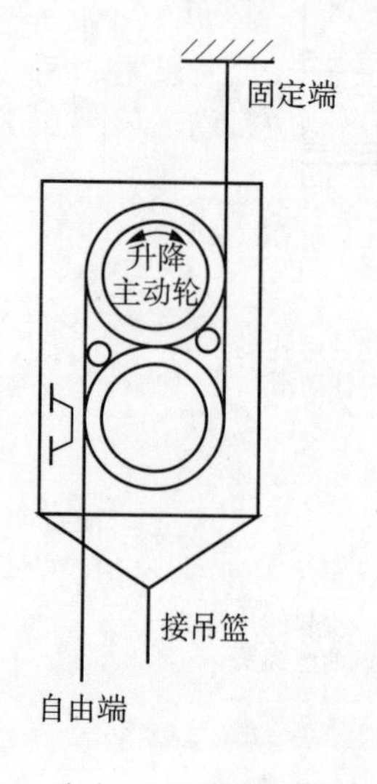

（a）“S”形卷绕机构

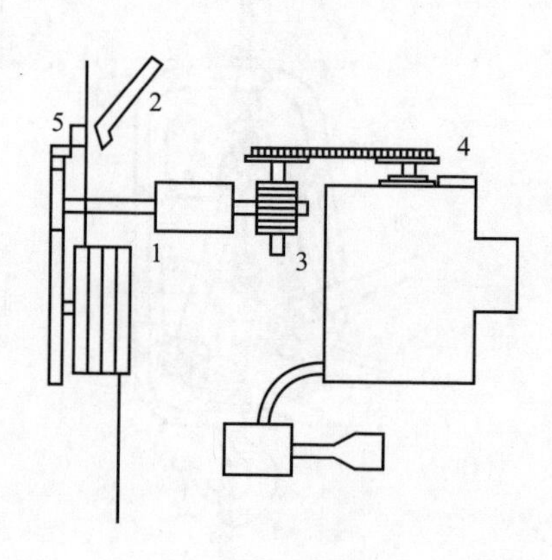

（b）“3”形卷绕机构

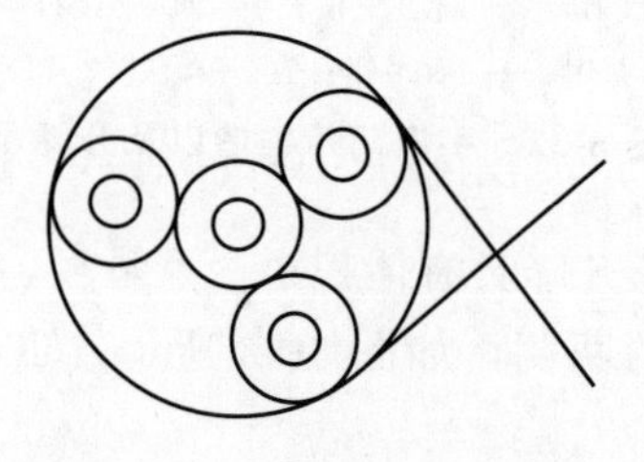

（c）“α”形卷绕机构

1—制动器；2—安全锁；3—蜗轮蜗杆减速装置；4—电机过热保护装置；5—棘爪式刹车装置。

图 6-25 爬升升降机钢丝绳缠绕方式

2. 施工工艺和注意事项

(1) 施工工艺流程：吊篮组拼→悬挂机构及配重块安装→安装起重钢丝绳及安全钢丝绳→挂配重锤→连接电源→吊篮平台就位→检查提升装置、电气控制箱及安全装置→调试及荷载试验→安装跟踪绳→投入使用→拆除。

(2) 注意事项。

1) 采用吊篮进行外装修作业时，一般应选用设备完善的吊篮产品。自行设计、制作的吊篮应达到标准要求，并严格审批制度。使用境外吊篮设备时应有中文说明书，产品的安全性能应符合我国的行业标准。

2) 进场吊篮必须具备符合要求的生产许可证或准用证、产品合格证、检测报告以及安装使用说明书、电气原理图等技术性文件。

3) 吊篮安装前，根据工程实际情况和产品性能，编制详细、合理、切实可行的施工方案，并根据施工方案和吊篮产品使用说明书，对安装及上篮操作人员进行安全技术培训。

4) 吊篮标准篮进场后按吊篮平面布置图在现场拼装成作业平台，在离使用部位最近的地点组拼，以减少人工倒运。作业平台拼装完毕后，再安装电动提升机、安全锁、电气控制箱等设备。

5) 吊架必须与建筑物连接可靠，不得摇晃。

6) 悬挂机构安装时调节支座的高度，使前梁的高度略高于女儿墙，且使悬挑梁的前端比后端高出 50～100mm。对于伸缩式悬挑梁，尽可能调至最大伸出量。配重数量应按满足抗倾覆力矩大于两倍倾覆力矩的要求确定，配重块在悬挂机构后座两侧均匀放置。放置完毕后，将配重块销轴顶端用铁线穿过并拧紧，以防止配重块被随意搬动。

7) 吊篮组拼完毕后，将起重钢丝绳和安全钢丝绳挂在挑梁前端的悬挂点上，紧固钢丝绳的马牙卡不得少于四个。从屋面向下垂放钢丝绳时，先将钢丝绳自由盘放在楼面，然后将绳头仔细抽出后沿墙面缓慢滑下。

8) 吊篮做升降运动时，不得将两个或三个吊篮放在一起升降，并且工作平台高差不得超过 150mm。

9) 将钢丝绳穿入提升机内，启动提升机，绳头应自动从出绳口内出现。再将安全钢丝绳穿入安全锁，并挂上配重锤。随后应检查安全锁动作是否灵活，扳动滑轮时应轻快，不得有卡阻现象。

10) 钢丝绳穿入后应调整起重钢丝绳与安全锁的距离，通过移动安全锁达到吊篮倾斜 300～400mm，安全锁能锁住安全钢丝绳为止。安全锁为常开式，当各种原因造成吊篮坠落或倾斜时，安全锁能够在 200mm 以内将吊篮锁在安全钢丝绳上。

第四节 垂直运输工程

一、垂直运输架

1. 木井架

常用的木井架有八柱和六柱两种，其构造如图6-26所示。八柱木井架的立杆间距小于或等于1.5m，六柱木井架的立杆间距小于或等于1.8m。横杆间距都是1.2～1.4m。井孔尺寸、八柱木井架的宽面为3.6～4.2m，窄面为2.0～2.2m；六柱木井架宽面为2.8～3.6m，窄面为1.6～2.0m。无论是八柱木井架，还是六柱木井架，都必须设剪刀撑，每3～4步设一道，上下连续。八柱木井架的起重量在1 000kg之内，附设拔杆起重量在300kg之内，搭设高度一般为20～30m。六柱木井架的起重量在800kg之内，附设拔杆起重量在300kg之内，搭设高度一般为15～20m。

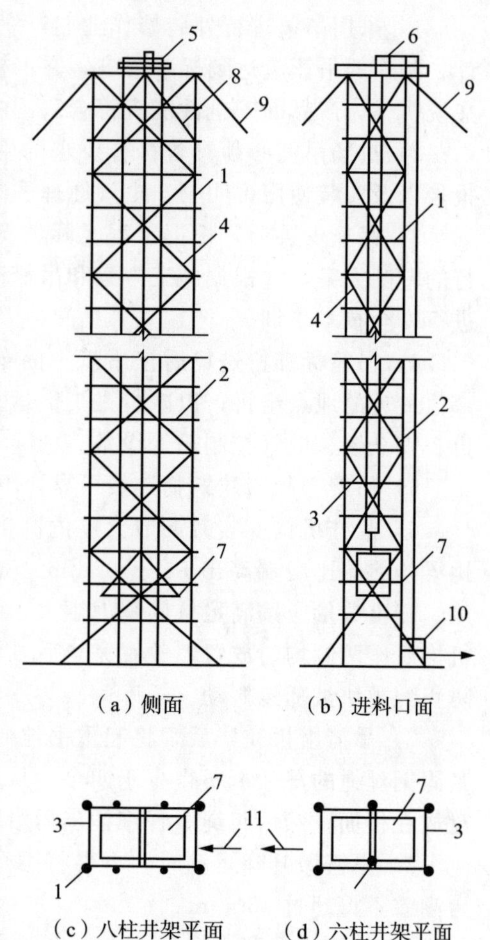

（a）侧面　（b）进料口面

（c）八柱井架平面　（d）六柱井架平面

1—立杆；2—大横杆；3—小横杆；4—剪刀撑；5—天轮梁；6—天轮；7—吊盘；8—八字撑；9—缆风绳；10—地轮；11—进料口。

图6-26 木井架构造

木井架的立杆应埋入土中，埋入深度不小于500mm，最底层的剪刀撑也必须落地。附设拔杆时，装拔杆的立杆必须绑双杆或采取其他措施。天轮梁支承处应用双横杆，加设八字撑杆，用双铅丝绑扎，顶部要铺设天轮加油用的脚手板，并绑扎牢固。整个井架的搭设要做到方正平直，导轨垂直度及间距尺寸的偏差不得超过10mm。

2. 型钢井架

型钢井架由立柱、平撑、斜撑等杆件组成，其结构如图6-27所示。

型钢井架适用于高层民用建筑砌筑、装修和屋面防水材料的垂直运输。另外，还可在井架上附设拔杆。在房屋建筑中一般都采用单孔四柱角钢井架，井架用单根角钢由螺栓连接而成。一般轻型小井架多采用在工厂组焊成一定长度的节段，然后运至工地安装。

3. 龙门架

龙门架由两立柱及天轮梁（横梁）构成。立柱由若干个格构柱用螺栓拼装而成，而格构柱是用角钢及钢管焊接而成的，或是直接用厚壁钢管构成门架。

龙门架设有滑轮、导轨、吊盘、安全装置以及起重索、缆风绳等，其构造如图 6-28 所示。龙门架构造简单，制作容易，用材少，装拆方便，起重高度一般为 15～30m，根据立柱结构不同，其起重量为 5～12kN，适用于中小型工程。

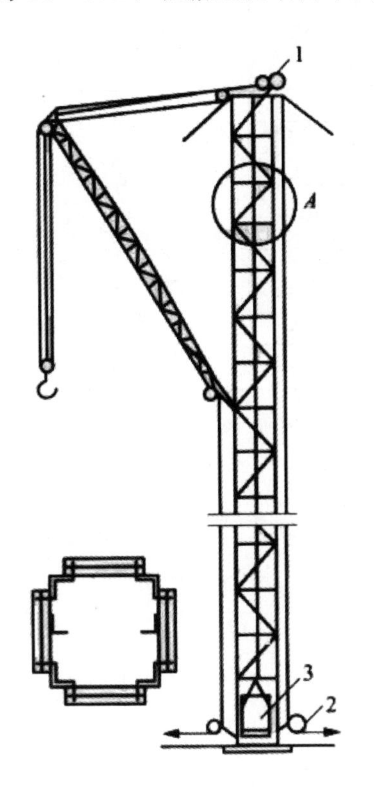

1—天轮；2—地轮；3—吊盘。

图 6-27　型钢井架构造

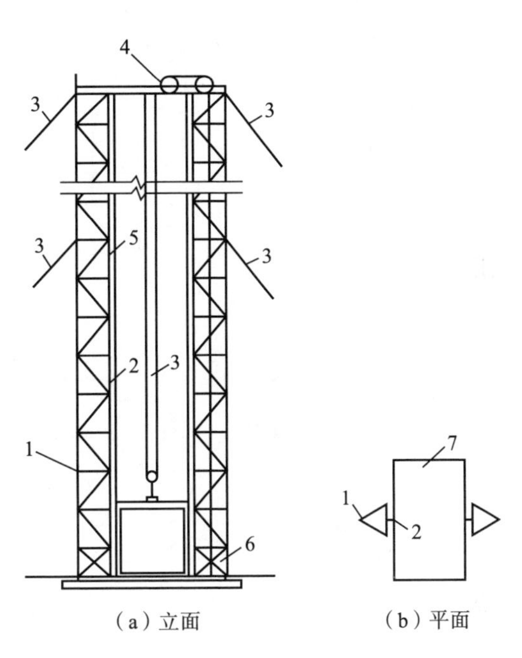

（a）立面　　（b）平面

1—立杆；2—导轨；3—缆风绳；4—天轮；5—吊盘停车安全装置；6—地轮；7—吊盘。

图 6-28　龙门架的基本构造

4. 扣件式钢管井架

扣件式钢管井架的主要杆件有底座、立杆、大横杆、小横杆、剪刀撑等。扣件式钢管井架的基本构造如图 6-29 所示。

井架高度在 10～15m 时，要在顶部设置缆风绳，超过此高度应随高而增设。缆风绳下端固定在专用地锚上，并用花篮螺栓调节松紧。严禁将缆风绳随意捆在 9.5mm 和电杆等处。缆风绳可用直径 6～8mm 的钢筋或直径不小于 9.5mm 的钢丝绳。缆风绳与输电线的安全距离应符合以下规定：电压小于 1kV 时，安全距离大于 1.5m；电压为1～35kV 时，安全距离大于 3m；电压为 35～110kV 时，安全距离大于 5m。

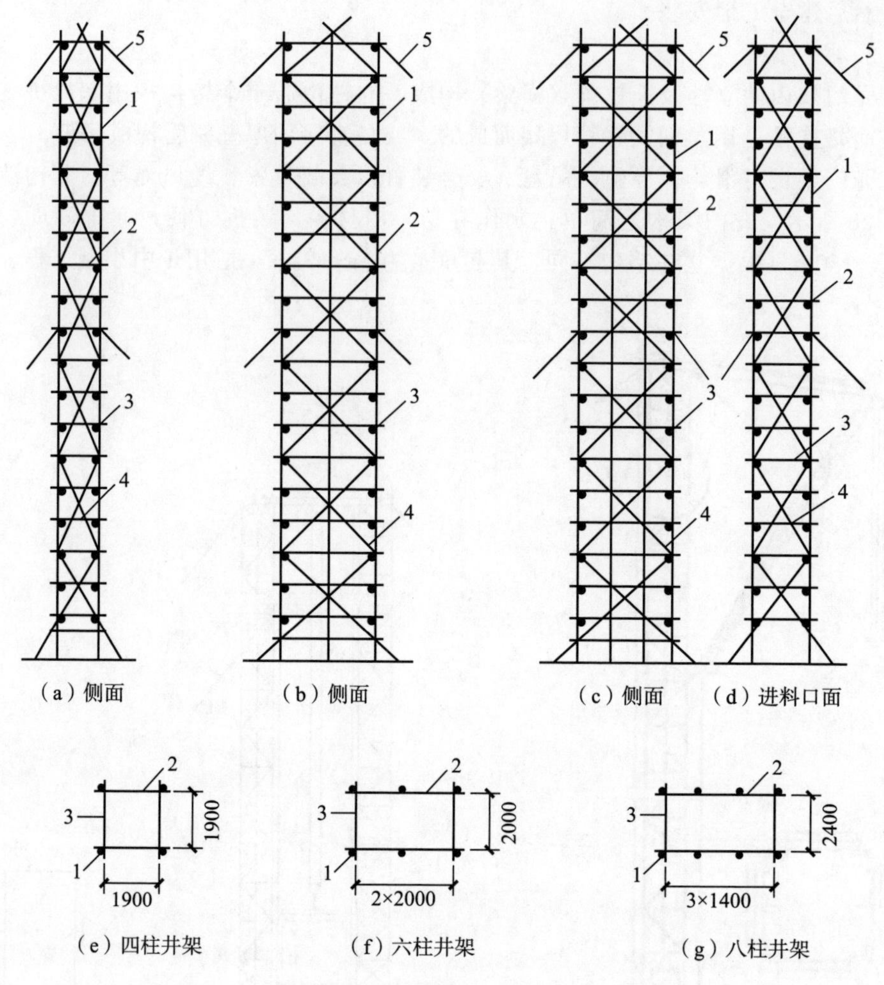

1—立杆；2—大横杆；3—小横杆；4—剪刀撑；5—缆风绳。

图 6-29　扣件式钢管井架的基本构造

井架应高出房屋 3～6m，以利于吊盘升出屋面处供料。井架如高出四周的避雷设施，必须安装避雷针设备。避雷针应高出井架最高点 3m，接地电阻不得大于 4Ω。

二、垂直运输设备

1. 建筑施工电梯

建筑施工电梯也叫施工升降机，是高层建筑施工中主要的垂直运输设备。使用时电梯附着在外墙或其他结构部位上，架设高度可达 100m 以上。它由轿厢、驱动机构、标准节、附墙、底盘、围栏、电气系统等几部分组成，施工电梯在工地上通常是配合塔吊使用，运行速度为 1～60m/min。电梯一般为人货两用梯，可载 12～15 人，载货 1～3 吨。建筑施工电梯如图 6-30 所示。

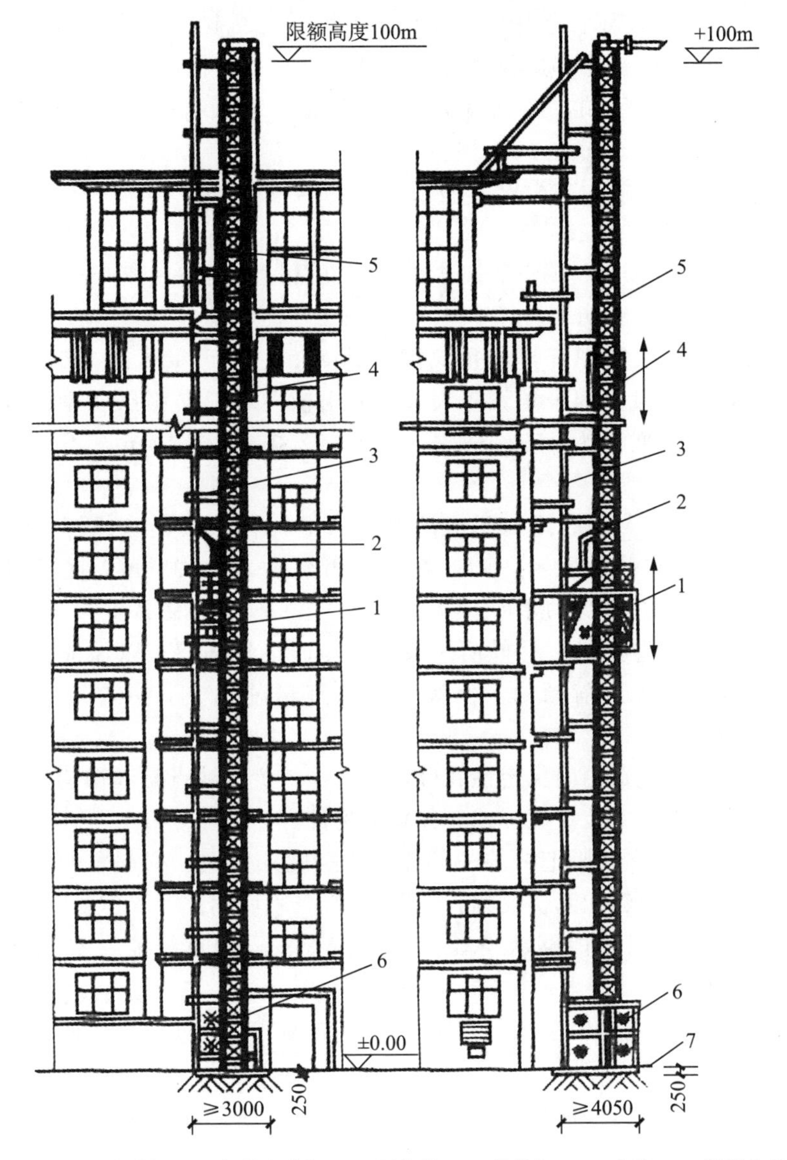

1—吊笼；2—小吊杆；3—架设安装杆；4—平衡箱；5—导轨架；6—底笼；7—混凝土基础。

图 6-30 建筑施工电梯

2. 起重设备

(1) 桅杆式起重机。桅杆式起重机具有制作简单、拆装方便、起重量大和受地形限制小等特点。但桅杆式起重机灵活性较差，移动非常不方便，所以需要较多的缆风绳，故一般适用于安装在工程量比较集中的工程。

常用的桅杆起重机有独脚把杆、人字把杆、悬臂把杆和牵缆式桅杆起重机。

1）独脚把杆。独脚把杆由把杆、起重滑轮组、卷扬机、缆风绳和锚碇等组成，如图 6-31（a）所示。使用时，把杆应保持不大于 10°的倾角，以便吊装构件时不致撞击把杆。把杆底部要设置拖子以便移动，把杆的稳定主要依靠缆风绳，绳的一端固定在桅杆顶端，另一端固定在锚碇上，缆风绳一般设 4～8 根。根据制作材料的不同分为不同类型。

①木独脚把杆，常用独根圆木做成，圆木梢径 20～32cm，起重高度一般为 8～15m，起重量为 30～100kN。

②钢管独脚把杆，常用钢管直径 200～400mm，壁厚 8～12mm，起重高度可达 30m，起重量可达 450kN。

③金属格构式独脚把杆，起重高度可达 75m，起重量可达 1 000kN 以上。格构式独脚把杆一般用四个角钢作主肢，并由横向和斜向缀条联系而成。截面多呈正方形，常用截面为 450mm×450mm～1200mm×1200mm 不等，整个把杆由多段拼成。

2）人字把杆。人字把杆由两根圆木或两根钢管以及钢丝绳绑扎或铁件铰接而成，如图 6-31（b）所示。两杆在顶部相交成 20°～30°角，底部设有拉杆或拉绳，以平衡把杆本身的水平推力。其中一根把杆的底部装有导向滑轮组，起重索通过它连到卷扬机，另外用一根钢丝绳连接到锚碇，以保证在起重时将底部稳固。人字把杆是前倾的，但倾斜度不宜超过 1/10，并在前、后面各用两根缆风绳拉结。

人字把杆的优点是侧向稳定性较好，缆风绳较少；缺点是起吊构件的活动范围小，故一般仅用于安装重型柱或其他重型构件。

3）悬臂把杆。在独脚把杆的中部或 2/3 高度处装上一根起重臂，即成悬臂把杆。起重杆可以回转和起伏变幅，如图 6-31（c）所示。

悬臂把杆的特点是能够获得较大的起重高度，起重杆能左右摆动 120°～270°，宜用于吊装高度较大的构件。

4）牵缆式桅杆起重机。在独脚把杆的下端装上一根可以 360°回转和起伏的起重杆，如图 6-31（d）所示。

牵缆式桅杆起重机的优点是有较大的起重半径，能把构件吊送到有效起重半径内的任何位置。

（2）塔式起重机。塔式起重机简称塔吊。动臂装在高耸塔身上部的旋转起重机。作业空间大，主要用于房屋建筑施工中物料的垂直和水平输送及建筑构件的安装。塔式起重机由金属结构、工作机构和电气系统三部分组成。其中金属结构包括塔身、动臂和底座等；工作机构有起升、变幅、回转和行走四部分；电气系统包括电动机、控制器、配电柜、连接线路、信号及照明装置等。

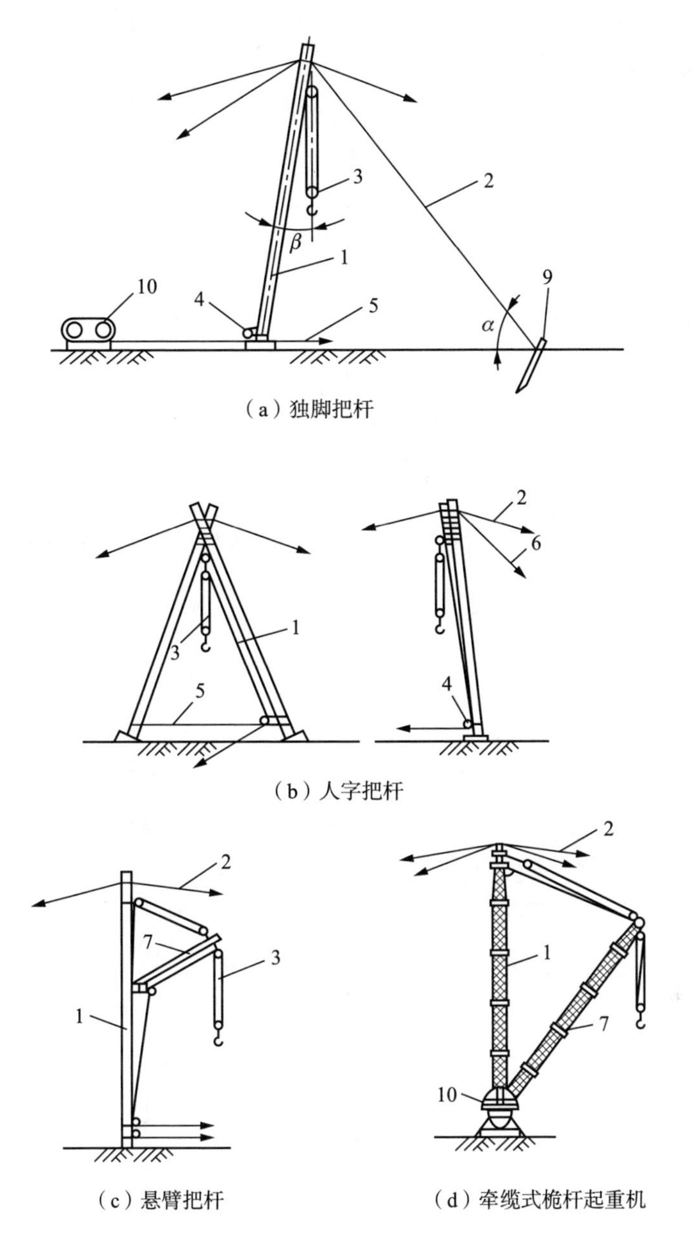

（a）独脚把杆

（b）人字把杆

（c）悬臂把杆

（d）牵缆式桅杆起重机

1—把杆；2—缆风绳；3—起重滑轮组；4—导向装置；5—拉索；
6—主缆风绳；7—起重臂；8—回转盘；9—锚碇；10—卷扬机。

图 6-31　桅杆式起重机

塔式起重机型号分类及表示方法如下：代号 QT 表示上回转式塔式起重机；QTZ 表示上回转自升式塔式起重机；QTA 表示下回转式塔式起重机；QTK 表示快速安装式塔式起重机；QTG 表示固定式塔式起重机；QTP 表示内爬式塔式起重机；QTL 表示轮胎式塔式起重机；QTQ 表示汽车式塔式起重机；QTU 表

示履带式塔式起重机。

1）一般式塔式起重机。一般式塔吊常用型号有 QT_1-6 型、QT25 型、QT60 型、QT70 型、TQ-6 型、QT-60/80 型等适用于工业与民用建筑的吊装及材料仓库装卸工作。QT_1-6 型塔式起重机如图 6-32 所示。

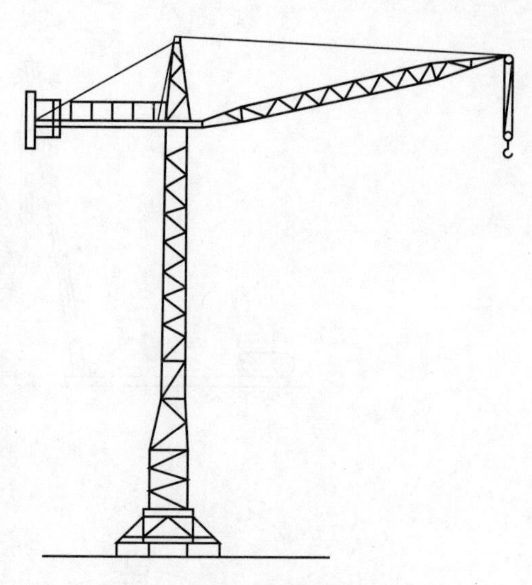

图 6-32　QT_1-6 型塔式起重机

2）自升式塔式起重机。自升式塔式起重机常用型号有 QT_4-10 型、QTZ50 型、QTZ60 型、QTZ80A 型、QTZ100 型、QTZ120 型等。QT_4-10 型多功能自升塔式起重机是一种上旋转、小车变幅自升式塔式起重机，如图 6-33 所示。

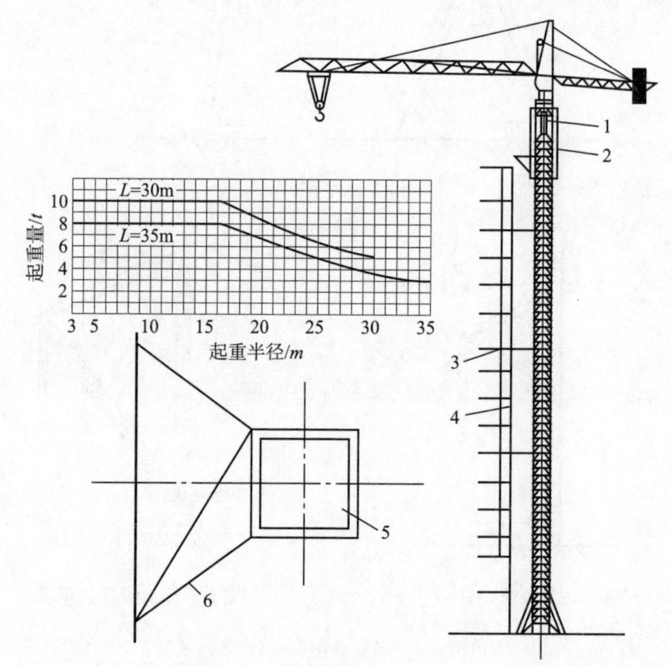

1—液压千斤顶；2—顶升套架；3—锚固装置；4—建筑物；5—塔身；6—附着杆。

图 6-33　QT_4-10 型塔式起重机

自升塔式起重机的液压顶升系统主要有顶升套架、长行程液压千斤顶、支承座、顶升横梁、引渡小车、引渡轨道及定位梢等。液压千斤顶的缸体装在塔吊上部结构的底端支承座上，活塞杆通过顶升横梁支承在塔身顶部，其顶升过程如图 6-34 所示。

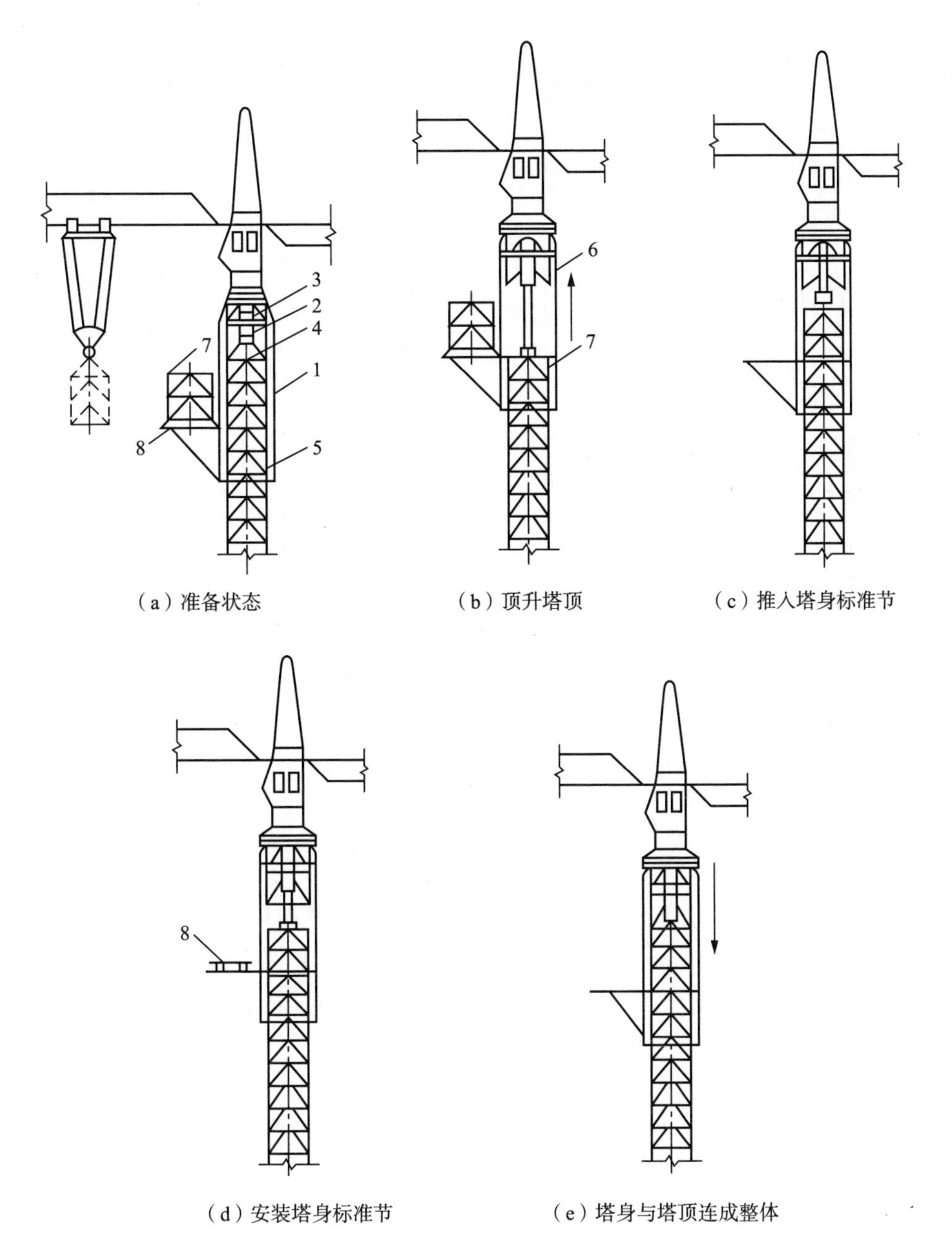

（a）准备状态　（b）顶升塔顶　（c）推入塔身标准节

（d）安装塔身标准节　（e）塔身与塔顶连成整体

1—顶升套架；2—液压千斤顶；3—支承座，4—顶升横梁；5—定位梢；

6—过渡节；7—标准节；8—摆渡小车。

图 6-34　附着式自升塔式起重机的顶升过程

3）爬升式塔式起重机。液压爬升机构的爬升过程如图 6-35 所示。

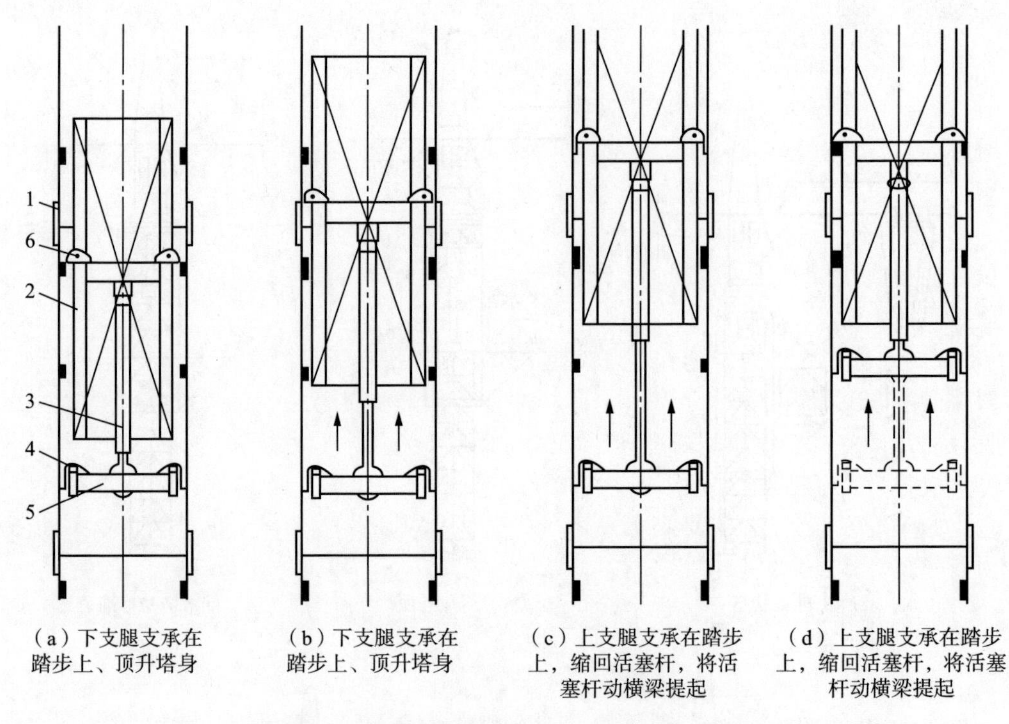

1—爬梯；2—塔身；3 液压缸；4，6—支腿；5—活动横梁。

图 6-35　液压爬升机构的爬升过程

三、垂直运输安全技术

安全保障是使用垂直运输设施中的首要问题，必须按以下方面严格操作。

(1) 首次试制加工的垂直运输设备，需经过严格的荷载和安全装置性能试验，确保达到设计要求（包括安全要求）后才能投入使用。

(2) 设备应装设在可靠的基础和轨道上。基础应具有足够的承载力和稳定性，并设有良好的排水措施。

(3) 设备在使用以前必须进行全面的检查和维修保养，确保设备完好。未经检修保养的设备不能使用。

(4) 严格遵照设备的安装程序和规定进行设备的安装（搭设）和接高工作。初次使用的设备，工程条件不能完全符合安装要求的，以及在较为复杂和困难的条件下，应制定详细的安装措施，并按规定进行安装。

(5) 起重机工作时，重物下方不得有人停留或通过，以防重物掉下砸伤人员。

(6) 确保架设过程中的安全，应注意的事项有：高空作业人员必须佩戴安全带；按规定及时设置临时支撑、缆绳或附墙拉结装置；在统一指挥下进行作业；在安装区域内停止进行有碍确保架设安全的其他作业。

（7）起重机不得靠近架空输电线路作业，如碍于现场条件，必须在线路近旁作业时，应采取安全保护措施。

（8）设备安装完毕后，应全面检查安装（搭设）的质量是否符合要求，并及时解决存在的问题。随后进行空载和负载试运行，判断试运行情况是否正常，吊索、吊具、吊盘、安全保险以及刹车装置是否安全可靠。

（9）垂直运输设施的出料口与建筑结构的进料口之间，应根据其距离的大小设置铺板或栈桥通道，通道两侧设护栏。建筑物入料口设栏杆门。小车通过之后应及时关上。

（10）位于机外的卷扬机应设置安全作业棚。操作人员的视线不得受到遮挡。当作业层较高时，观测和对话困难，应采取可靠的解决方法，如增加卷扬定位装置、对讲设备或多级联络办法等。

（11）每班作业前，应对钢丝绳所有可见部分以及钢丝绳的连接部位进行检查。钢丝绳表面磨损或腐蚀使原钢丝绳的平均直径减少7%时或在规定长度范围内断丝根数达到一般规定时应予更换。

（12）使用完毕后，应按规定程序和要求进行拆除工作。

第七章 砌体工程

第一节 砌筑砂浆

一、原材料要求

1. 水泥

水泥宜采用普通硅酸盐水泥或矿渣硅酸水泥，且应按品种、标号、出厂日期分别堆放，并保持干燥。如遇水泥标号不明或出厂日期超过三个月等情况时，应经过试验鉴定，并根据鉴定结果使用。不同品种的水泥不得混合使用。

2. 砂

砂浆用砂宜采用中砂，且应过筛，并不得含有草根等杂物。其中毛石砌体宜用粗砂。

水泥砂浆和强度等级等于或大于 M5 的水泥混合砂浆，砂的含泥量不应超过 5%；强度等级小于 M5 的水泥混合砂浆，砂的含泥量不应超过 10%；采用细砂的地区，应经试配能满足砌筑砂浆技术要求条件，砂的含泥量可经试验后酌情放大。

3. 石灰膏

生石灰熟化成石灰膏时，应用网过滤，并使其充分熟化，熟化时间不得少于 7 天，生石灰粉熟化时，熟化时间不得少于 1 天。沉淀池中贮存的石灰膏，应防止干燥、冻结和污染。严禁使用脱水硬化的石灰膏。建筑生石灰粉、消石灰粉不得替代石灰膏配制水泥石灰砂浆。

石灰膏的用量，应按稠度 120±5mm 计量，现场施工中石灰膏不同稠度的换算系数可按表 7-1 确定。

表 7-1 石灰膏不同稠度的换算系数

稠度/mm	120	110	100	90	80	70	60	50	40	30
换算系数	1.00	0.99	0.97	0.95	0.93	0.92	0.90	0.88	0.87	0.86

4. 黏土膏

采用黏土或粉质黏土制备黏土膏时，宜用搅拌机加水搅拌，通过孔径不大于3mm×3mm的网过筛。用比色法鉴定黏土中的有机物含量时应浅于标准色。

5. 粉煤灰

粉煤灰在进场使用前，应检查出厂合格证。粉煤灰是从煤粉炉烟道中收集的粉末，作为砂浆掺合料的粉煤灰成品应满足表7-2中Ⅲ级的要求。

表7-2 粉煤灰技术指标

序号	指标	级别		
		Ⅰ	Ⅱ	Ⅲ
1	细度（0.045mm方孔筛筛余）/%	≤12	≤20	≤45
2	需水量比/%	≤95	≤105	≤115
3	烧失量/%	≤5	≤8	≤15
4	含水量/%	≤1	≤1	不作规定
5	三氧化硫/%	≤3	≤3	≤3

6. 有机塑化剂

水泥石灰砂浆中掺入有机塑化剂时，石灰用量最多减少一半；水泥砂浆中掺入有机塑化剂时，砌体抗压强度较水泥混合砂浆砌体降低10%。水泥黏土砂浆中，不得掺入有机塑化剂。

7. 磨细生石灰粉

磨细生石灰粉的品质指标应符合表7-3的规定。

表7-3 磨细生石灰粉的品质指标

序号	指标		钙质生石灰粉			镁制生石灰粉		
			优等品	一等品	合格品	优等品	一等品	合格品
1	CaO+MgO含量/(%)		≤85	≤80	≤75	≤80	≤75	≤70
2	CO_2含量/(%)		≤7	≤9	≤11	≤8	≤10	≤12
3	细度	0.9mm筛筛余/(%)	≤0.5	≤0.5	≤1.5	≤0.2	≤0.5	≤1.5
		0.125mm筛筛余/(%)	≤12.0	≤12.0	≤18.0	≤7.0	≤12.0	≤18.0

8. 水

砂浆应采用不含有害物质的洁净水，其水质标准可参照现行行业标准《混凝土用水标准》的规定执行。

9. 外加剂

外加剂须根据砂浆的性能要求、施工及气候条件，结合砂浆中的材料及配合比等因素，经试验后确定外加剂的品种和用量。

二、砌筑砂浆配合比的计算

砂浆的配合比应采用重量比，最后由试验确定。如砂浆的组成材料（胶凝材料、掺和料、集料）有变更，其配合比应重新确定。

1. 计算砂浆的配制强度

试配砂浆时，应按设计强度等级提高15%，以保证砂浆强度的平均值不低于设计强度等级。

$$f_p = 1.15 f_m$$

式中：f_p——砂浆试配强度，精确至0.1MPa；

f_m——砂浆强度等级，精确至0.1MPa。

2. 计算水泥用量

根据砂浆试配强度厂，和水泥强度等级计算每立方米砂浆的水泥用量，按下式计算：

$$Q_{co} = \frac{f_p}{\alpha f_{co}} \times 1\ 000$$

式中：Q_{co}——每平方米砂浆中的水泥用量，单位为kg；

α——经验系数，其值见表7-4；

f_{co}——水泥强度等级，MPa，为水泥标号的1/10。

表7-4　经验系数α值

水泥标号	砂浆强度等级				
	M10	M7.5	M5	M2.5	M1
525	0.885	0.815	0.725	0.584	0.412
425	0.931	0.855	0.758	0.608	0.427
325	0.999	0.915	0.806	0.643	0.450
275	1.048	0.957	0.839	0.667	0.466
225	1.113	1.012	0.884	0.698	0.486

3. 计算石灰膏用量

根据计算得出的水泥用量计算每立方米砂浆中的石灰膏用量为：

$$Q_{po} = 350 - Q_{co}$$

式中：Q_{po}——每立方米砂浆中石灰膏用量，单位为kg；

350——经验系数，在保证砂浆和易性的条件下，其范围在250～350

之间。

所用石灰膏在试配时的稠度应为12cm。

4. 计算掺加料用量

砂浆的掺加料用量按下式计算：

$$Q_D = Q_A - Q_{Co}$$

式中：Q_D——每立方米砂浆的掺合料用量，单位为kg；石灰膏、黏土膏使用时的稠度为（120±5）mm；

Q_A——每立方米砂浆中水泥和掺加料的总量，单位为kg；宜在300～350kg之间；

Q_{Co}——每立方米砂浆的水泥用量。

5. 确定砂用量

含水率为0的过筛净砂，每立方米砂浆用0.9m³砂子，含水量为2%的中砂，每立方米砂浆中的用砂量为1m³。含水率大于2%的砂应酌情增加用砂量。

6. 确定水用量

通过试拌，以满足砂浆的强度和流动性要求来确定用水量。

通过以上计算所得到的配合比需经过试配进行必要的调整，得到符合要求的砂浆。这时所得到的配合比才能作为施工配合比。

7. 确定水泥砂浆材料用量

水泥砂浆的材料用量可按表7-5的数据选用。

表7-5　每立方米水泥砂浆材料用量

砂浆强度等级	每立方米砂浆水泥用量/kg	每立方米砂浆砂用量/kg	每立方米砂浆用水量/kg
M2.5、M5	200～230	1m³砂的堆积密度值	270～330
M7.5、M10	220～280		
M15	280～340		
M20	340～400		

三、砂浆的配置与使用

1. 砂浆的制备

（1）砂浆的制备必须按试验室给出的砂浆配合比进行，严格计量措施，其各组成材料的重量误差应控制在以下范围之内。

1）水泥、有机塑化剂、冬季施工中掺用的氯盐等不超过±2%。

2）砂、石灰膏、粉煤灰、生石灰粉等不超过±5%。其中，石灰膏使用时的用量，应按试配时的稠度与使用的稠度予以调整，即用计算所得的石灰用量乘以换算系数，该系数见表7-1。同时还应对砂的含水率进行测定，并考虑其对砂浆组成材料的影响。

(2) 砌筑砂浆应采用机械搅拌，搅拌时间自投料完算起应符合下列规定。

1) 水泥砂浆和水泥混合砂浆不得少于120s。

2) 水泥粉煤灰砂浆和掺用外加剂的砂浆不得少于180s。

3) 掺增塑剂的砂浆，其搅拌方式、搅拌时间应符合现行行业标准《砌筑砂浆增塑剂》的有关规定。

4) 干混砂浆及加气混凝土砌块专用砂浆宜按掺用外加剂的砂浆确定搅拌时间或按产品说明书采用。

(3) 搅拌砂浆时，应先加入水泥和砂，干拌均匀，再加入石灰膏和水，搅拌均匀即成。若砂浆中掺入粉煤灰，则应先加入水泥、砂和粉煤灰以及部分水，搅拌均匀，再加入石灰膏和水，搅拌均匀即成。

(4) 砂浆制备完成后应符合下列要求。

1) 设计要求的种类和强度等级。

2) 施工验收规范规定的稠度，见表7-6。

3) 良好的保水性能。

表7-6　砌筑砂浆的稠度

项次	砌体种类	砂浆稠度/mm
1	烧结普通砖砌体	70～90
2	轻集料混凝土小型砌块砌体	60－90
3	烧结多孔砖、空心砖砌体	60～80
4	烧结普通砖平拱式过梁 空斗墙、筒拱 普通混凝土小型空心砌块砌体 加气混凝土砌块砌体	50～70
5	石砌体	0～50

2. 砂浆的使用

砂浆拌成后和使用时，均应盛入贮灰器内。如砂浆出现泌水现象，应在砌筑前再次拌和。

砂浆应随拌随用。水泥砂浆和水泥混合砂浆必须分别在拌成后3h和4h内使用完毕；如施工期间最高气温超过30℃，必须分别在拌成后2h和3h内使用完毕。

第二节　砌砖工程

一、砌筑用砖的种类

1. 烧结普通砖

烧结普通砖按原料分为黏土砖、页岩砖、粉煤灰砖。其规格一般为240mm×115mm×53mm（长×宽×厚）。烧结普通砖的尺寸允许偏差见表 7-7，外观质量应符合表 7-8 的规定，强度应符合表 7-9 的规定。

表 7-7　烧结普通砖的尺寸允许偏差　　单位：mm

公称尺寸	优等品		一等品		合格品	
	样本平均偏差	样本极差	样本平均偏差	样本极差	样本平均偏差	样本极差
240	±2.0	≤6	±2.5	≤7	±3.0	≤8
115	±1.5	≤5	±2.0	≤5	±2.5	≤7
53	±1.5	≤4	±1.6	≤5	±2.0	≤6

表 7-8　烧结普通砖的外观质量

项目		优等品	一等品	合格品
两条面高度差		≤2	≤3	≤4
弯曲		≤2	≤3	≤4
杂质凸出高度		≤2	≤3	≤4
缺棱掉角的三个破坏尺寸		≤5	≤20	≤30
裂纹长度	a. 大面上宽度方向及其延伸至条面的长度	≤30	≤60	≤80
	b. 大面上长度方向及其延伸至顶面的长度或条顶面上水平裂纹长度	≤50	≤80	≤100
完整面不得少于		二条面和二顶面	一条面和一顶面	—
颜色		基本一致	—	—

注：装饰面施加的色差、凹凸纹、拉毛、压花等不能算做缺陷。凡有下列缺陷之一者，不得称为完整面。

1. 缺损在条面或顶面上造成的破坏面尺寸同时大于 10mm×10mm。
2. 条面或顶面上裂纹宽度大于 1mm，其长度超过 30mm。
3. 压陷、黏底、焦花在条面或顶面上的凹陷或凸出超过 2mm，区域尺寸同时大于 10mm×10mm。

表 7-9　烧结普通砖的强度　　单位：MPa

强度等级	抗压强度平均值 f 大于等于	变异系数 $\delta \leqslant 0.21$	变异系数 $\delta > 0.21$
		强度标准值 f_k 大于等于	单块最小抗压强度值 f_{min} 大于等于
MU30	30.0	22.0	25.0
MU25	25.0	18.0	22.0
MU20	20.0	14.0	16.0
MU15	15.0	10.0	12.0
MU10	10.0	6.5	7.5

2. 蒸压灰砖

蒸压灰砖的外观等级见表 7-10，强度指标见表 7-11。

表 7-10　蒸压灰砖的强度等级

项目		指标/mm	
		一等	二等
(1) 允许尺寸偏差	a. 长度	±2	±3
	b. 宽度	±2	±3
	c. 厚度	±2	±3
(2) 对应厚度差不大于		2	3
(3) 缺棱掉角的最小破坏尺寸不大于		20	30
(4) 完整面不少于		一条面和一顶面	一条面或一顶面
(5) 裂纹的长度不大于	a. 大面上宽度方向（包括延伸到条面）	50	90
	b. 大面上长度方向（包括延伸到顶面）以及条顶面上水平方向	90	120
(6) 混等率［不符合 (1) ～ (5) 项指标的砖所占的百分数］不大于		10%	15%

注：凡有下列缺陷之一者，不能称为完整面：

1. 缺棱尺寸或掉角的最小尺寸大于 8mm。
2. 灰球、黏土团、草根等杂物造成破坏面的两个尺寸同时大于 10mm×20mm。
3. 有气泡、麻面、龟裂等缺陷。

表 7-11　蒸压灰砖的强度指标

强度等级	抗压强度/MPa		抗折强度/MPa	
	十块平均值不小于	单块最小值不小于	十块平均值不小于	单块平均值不小于
MU20	20	15	4.0	2.8
MU15	15	11.5	3.1	2.1
MU10	10	7.5	2.3	1.4

3. 粉煤灰砖

粉煤灰砖是以煤渣为主要原料，掺入适量石灰、石膏，经混合、压制成型、蒸养或蒸压成实心砖。其规格一般为 240mm×115mm×53mm（长×宽×厚），粉煤灰砖的外观质量见表 7-12，强度指标见表 7-13。

表 7-12　粉煤灰砖的外观质量　　单位：mm

项目		指标		
		优等品（A）	一等品（B）	合格品（C）
（1）尺寸允许偏差	长度	±2	±3	±4
	宽度	±2	±3	±4
	高度	±1	±2	±3
（2）对应高度差		≤1	≤2	≤3
（3）缺棱掉角的最小破坏尺寸		≤10	≤15	≤20
（4）完整面不少于		二条面和一顶面或二顶面和一条面	一条面和一顶面	一条面和一顶面
（5）裂缝长度	1）大面上宽度方向的裂纹（包括延伸到条面上的长度）	≤30	≤50	≤70
	2）其他裂纹	≤50	≤70	≤100
（6）层裂		不允许	不允许	不允许

表 7-13　粉煤灰砖的强度指标

强度等级	抗压强度（MPa）		抗折强度（MPa）	
	10 块平均值大于等于	单块值大于等于	10 块平均值大于等于	单块值大于等于
MU30	30.0	24.0	6.2	5.0
MU25	25.0	20.0	5.0	4.0
MU20	20.0	16.0	4.0	3.2
MU15	15.0	12.0	3.3	2.6
MU10	10.0	8.0	2.5	2.0

4. 烧结多孔砖

烧结多孔砖以黏土、页岩、煤矸石等为主要原料，经焙烧而成的多孔砖。烧结多孔砖的外形为矩形体，其外观质量应符合表 7-14 的规定，强度指标应符合表 7-15 的规定。

表 7-14　烧结多孔砖的外观质量

项目		指标		
		优等品	一等品	合格品
(1) 颜色（一条面和一顶面）		一致	基本一致	—
(2) 完整面不得少于		一条面和一顶面	一条面和一顶面	—
(3) 缺棱掉角的三个破坏尺寸不得同时（mm）		＞15	＞20	＞30
(4) 裂纹长度（mm）	1) 大面上深入孔壁 15mm 以上宽度方向及其延伸到条面的长度	≤60	≤80	≤100
	2) 大面上深入孔壁 15mm 以上长度方向及其延伸到顶面的长度	≤60	≤100	≤120
	3) 条、顶面上的水平裂纹	≤80	≤100	≤120
(5) 杂质在砖面上造成的凸出高度（mm）		≤3	≤4	≤5

注：1. 装饰面施加的色差、凹凸纹、拉毛、压花等不算缺陷。

2. 凡有下列缺陷之一者，不能称为完整面：

①缺损在条面或顶面上造成的破坏面尺寸同时大于 20mm×30mm。

②条面或顶面上裂纹宽度大于 1mm，其长度超过 70mm。

③压陷、焦花、粘底在条面或顶面上的凹陷或凸出超过 2mm，区域尺寸同时大于 20mm×30mm。

表 7-15　烧结多孔砖的强度指标

强度等级	抗压强度平均值（MPa）f	变异系数 $\delta \leq 0.21$ 强度标准值（MPa）f_k	变异系数 $\delta > 0.21$ 单块最小抗压强度值（MPa）f_{min}
MU30	≥30.0	≥22.0	≥25.0
MU25	≥25.0	≥18.0	≥22.0
MU20	≥20.0	≥14.0	≥16.0
MU15	≥15.0	≥10.0	≥12.0
MU10	≥10.0	≥6.5	≥7.5

二、施工前的准备

(1) 选砖。用于清水墙、柱表面的砖，应边角整齐，色泽均匀。

（2）砖浇水。砖应提前1～2天浇水湿润，烧结普通砖含水率宜为10%～15%。

（3）校核放线尺寸。砌筑基础前，应用钢尺校核放线尺寸，允许偏差应符合表7-16的规定。

表7-16　放线尺寸的允许偏差

长度 L、宽度 B（m）	允许偏差（mm）	长度 L、宽度 B（m）	允许偏差（mm）
L（或 B）≤30	±5	60＜L（或 B）≤90	±15
30＜L（或 B）≤60	±10	L（或 B）＞90	±20

（4）选择砌筑方法。宜采用"三一"砌筑法，即一铲灰、一块砖、一揉压的砌筑方法。当采用铺浆法砌筑时，铺浆长度不得超过750mm，施工期间气温超过30℃时，铺浆长度不得超过500mm。

（5）设置皮数杆。在砖砌体转角处、交接处应设置皮数杆，皮数杆上标明砖皮数、灰缝厚度以及竖向构造的变化部位。皮数杆间距不应大于15m。在相对两皮数杆的砖上边线处拉准线。

（6）清理。清除砌筑部位处所残存的砂浆、杂物等。

三、砖基础施工

1. 砖基础的材料要求

砖基础用普通黏土砖与水泥混合砂浆砌成。因砖的抗冻性差，根据地区的寒冷程度和地基土的潮湿程度对砂浆与砖的强度等级有不同的要求。砖基础所用材料的最低强度应符合表7-17的规定。

表7-17　砖基础材料的最低强度等级

基土的潮湿程度	黏土砖		混凝土砌块	石材	混合砂浆	水泥砂浆
	严寒地区	一般地区				
稍潮湿的	MU10	MU10	MU5	MU20	M5	M5
很潮湿的	MU15	MU10	MU7.5	MU20	—	M5
含水饱和的	MU20	MU15	MU7.5	MU30	—	M7.5

注：1. 石材的重度不应低于18kN/m^2。
2. 地面以下或防潮层以下的砌体，不宜采用空心砖。当采用混凝空心砌块砌体时，其孔洞应采用强度等级不低于C15的混凝土灌实。
3. 各种硅酸盐材料及其他材料制作的块体，应根据相应材料标准的规定选择采用。

2. 砖基础的构造

砖基础的下部为大放脚、上部为基础墙。大放脚有等高和间隔式。等高式大放脚是每砌两皮砖，两边各收进1/4砖长（60mm）；间隔式大放脚是每砌两皮砖及一皮砖，轮流两边各收进1/4砖长（60mm），最下面应为两皮砖，其构造如图7-1所示。

大放脚的底宽应根据计算而定，各层大放脚的宽度应为半砖宽的整倍数。

大放脚下面一般需设置垫层。垫层材料可用2∶8或3∶7的灰土，也可用1∶2∶4或1∶3∶6的碎砖三合土。防潮层可用1∶2.5的水泥防水砂浆在离室内地面下一皮砖处设置，厚度约20mm。

大放脚一般采用一顺一丁砌法，即一皮顺砖与一皮丁砖相间。竖缝要错开，要注意丁字与十字接头处砖块的搭接，在这些交接处，纵横墙要隔皮砌通。大放脚的最下一皮及每层的上面一皮应以丁砌为主。

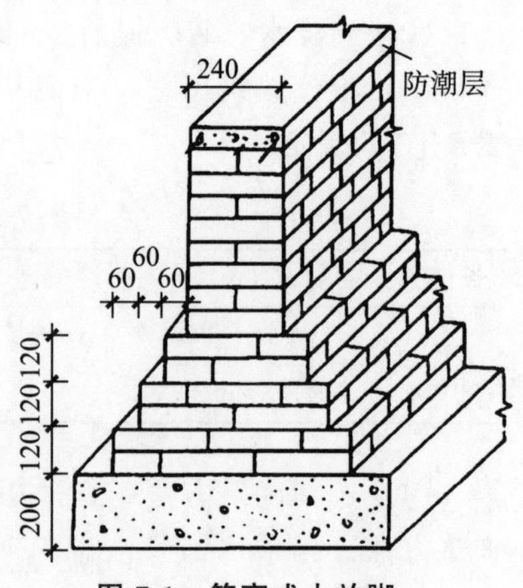

图7-1　等高式大放脚

图7-2和图7-3为二砖半底宽大放脚两皮一收的分皮砌法。

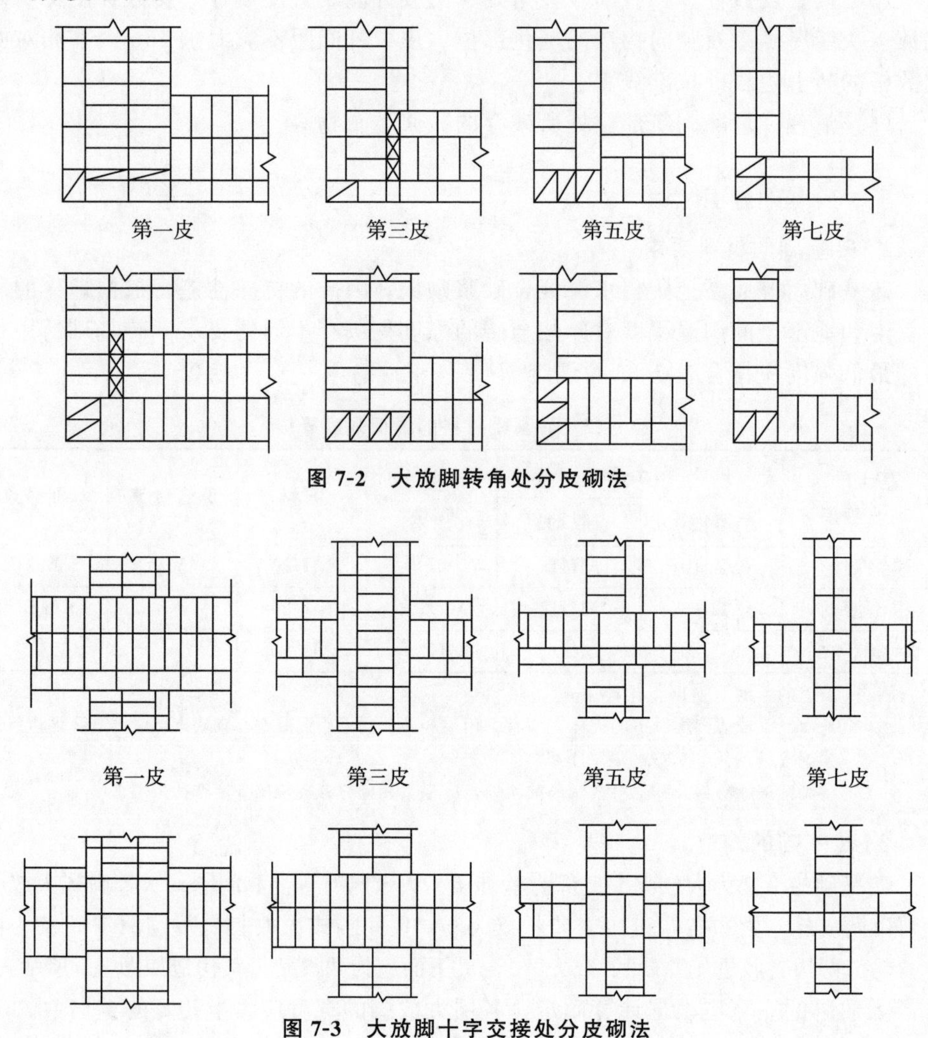

图7-2　大放脚转角处分皮砌法

图7-3　大放脚十字交接处分皮砌法

3. 施工

施工工艺流程：由高处向低处搭砌→不能同时砌起时应留置斜搓→回填、分层夯实。

（1）砖基础底标高不同时，应从低处砌起，并应由高处向低处搭砌。

（2）当设计无要求时，搭砌长度L不应小于砖基础底的高差H，搭接长度范围内下层基础应扩大砌筑，如图7-4所示。

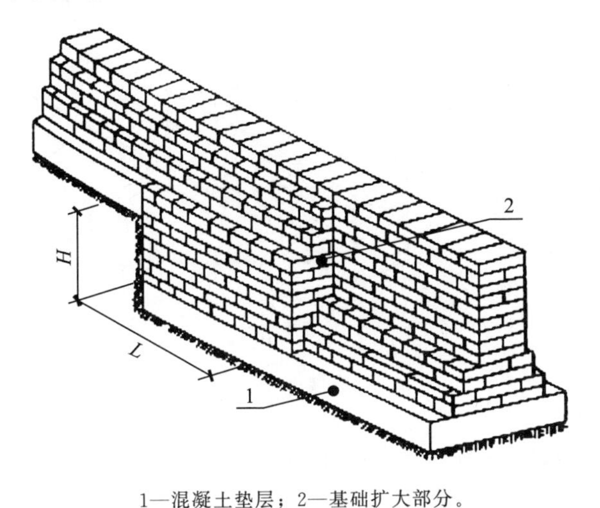

1—混凝土垫层；2—基础扩大部分。

图7-4　基底标高不同时的搭砌示意图

（3）砌基础时可先在转角及搭接处砌几层砖，然后在其间拉准线砌中间部分。内外墙砖基础应同时砌起，如不能同时砌起时应留置斜槎，斜槎长度不应小于高度的2/3。

（4）有高低台的砖基础，应从低处砌起，在其接头处由高台向低台搭接。如设计无要求，搭接长度不应小于基础扩大部分的高度。

（5）砌完基础后，应及时回填。回填土要在基础两侧同时进行，并分层夯实。

四、砖墙施工

1. 施工构造

砖墙根据其厚度不同，可采用全顺、两平一侧、全丁、一顺一丁、梅花丁或三顺一丁的砌筑形式，如图7-5所示。

全顺：各皮砖均顺砌，上下皮垂直灰缝相互错开半砖长，适合砌半砖墙。

两平一侧：两皮顺砖与一皮侧砖相间，上下皮垂直灰缝相互错开1/4砖长（60mm）以上，适合砌3/4砖厚（178mm）墙。

全丁：各皮砖均丁砌，上下皮垂直灰缝相互错开1/4砖长，适合砌一砖厚（240mm）墙。

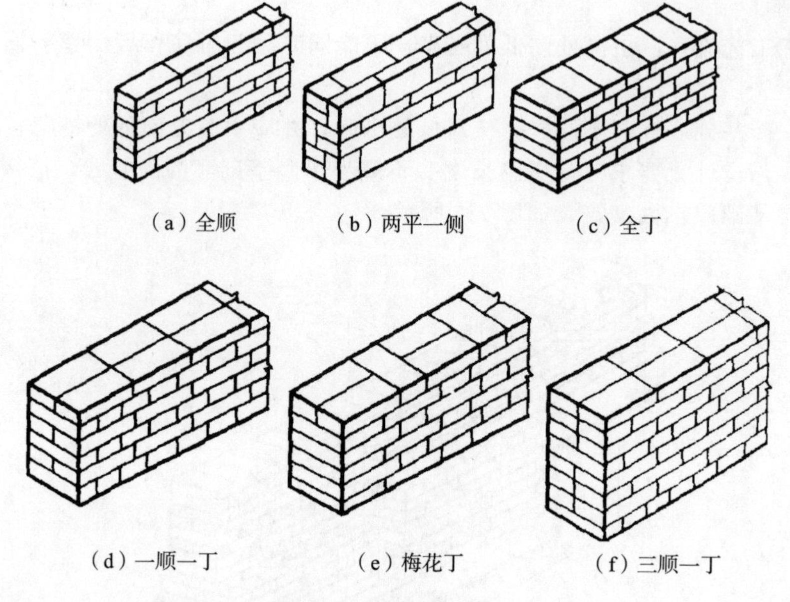

图 7-5　砖墙砌筑形式

一顺一丁：一皮顺砖与一皮丁砖相间，上下皮垂直灰缝相互错开 1/4 砖长，适合砌一砖及一砖以上的厚墙。

梅花丁：同皮中顺砖与丁砖相间，丁砖的上下均为顺砖，并位于顺砖中间，上下皮垂直灰缝相互错开 1/4 砖长，适合砌一砖厚墙。

三顺一丁：三皮顺砖与一皮丁砖相间，顺砖与顺砖上下皮垂直灰缝相互错开 1/2 砖长；顺砖与丁砖上下皮垂直灰缝相互错开 1/4 砖长。适合砌一砖及一砖以上的厚墙。

砖墙的转角处，为使各皮间竖缝相互错开，可在外角处砌 3/4 砖，如图 7-6 所示。

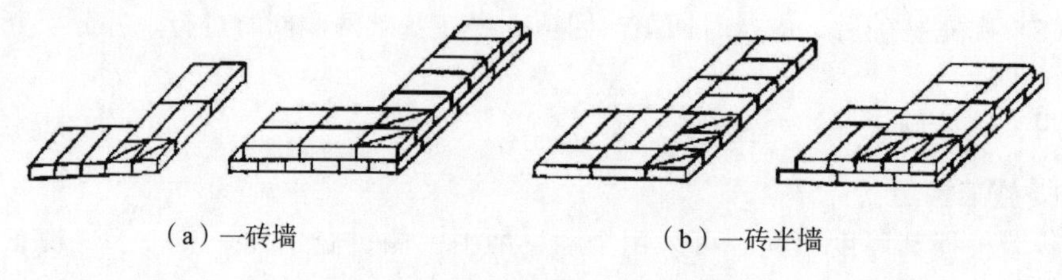

图 7-6　砖墙转角处一顺一丁砌法

在砖墙的丁字交接处，应分皮相互砌通，内角相交处竖缝错开 1/4 砖长，并在横墙端头处加砌 3/4 砖，如图 7-7 所示。

砖墙的十字交接处，应分皮相互砌通，交角处的竖缝错开 1/4 砖长，如图 7-8所示。

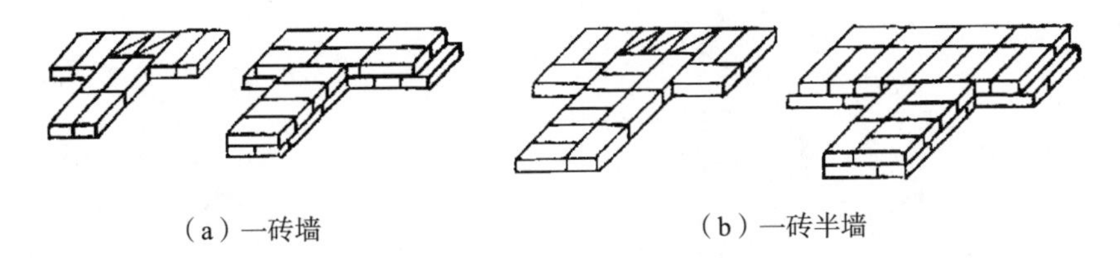

（a）一砖墙　　（b）一砖半墙

图 7-7　丁字交接处一顺一丁砌法

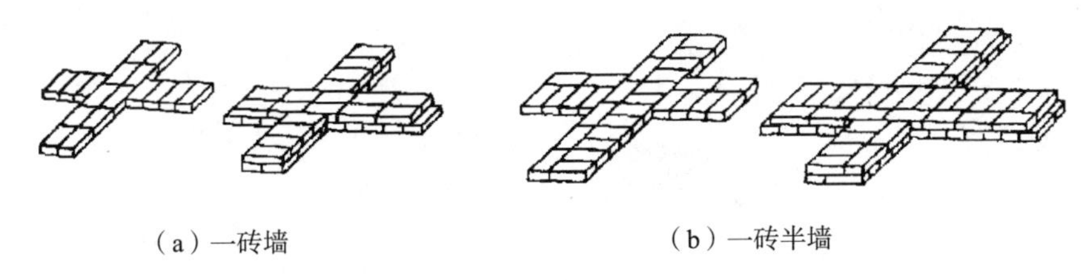

（a）一砖墙　　（b）一砖半墙

图 7-8　十字交接处一顺一丁砌法

2. 施工

施工工艺流程：定出墙身轴线及边线→留水平灰缝和竖向灰缝→留斜槎或直槎→留置临时施工洞口→设置脚手眼。

（1）砌筑前，先根据砖墙位置定出墙身轴线及边线。开始砌筑时先要进行摆砖，排出灰缝宽度。摆砖时应注意门窗位置、砖垛等对灰缝的影响，同时要考虑窗间墙的组砌方法，务必使各皮砖的竖缝相互错开。同一墙面上的砌筑方法要一致。

（2）砖墙的水平灰缝和竖向灰缝宽度一般为 10mm，但不小于 8mm。水平灰缝的砂浆饱满度不应低于 80%，竖向灰缝宜采用挤浆或加浆方法，使其砂浆饱满，严禁用水冲浆灌缝。

（3）砖墙的转角处和交接处应同时砌筑。对不能同时砌筑而又必须留置的临时间断处，应砌成斜槎，斜槎长度不小于高度的 2/3，如图 7-9 所示。如留斜槎有困难时，除转角处外，也可留直槎，如图 7-10 所示。但抗震设防地区不得留直槎。

（4）在墙上留置临时施工洞口时，其侧边离交接处墙面不应小于 500mm，洞口净宽度不应超过 1m。临时施工洞口应做好补砌。

（5）不得在下列墙体或部位设置脚手眼。

1）半砖墙。

2）砖过梁上与过梁成 60°角的三角形范围内及过梁净跨度 1/2 的高度范围内。

3）宽度小于 1m 的窗间墙。

4）梁或梁垫上下 500mm 范围内。

5）砖墙的门窗洞口两侧 180mm 和转角处 430mm 的范围内。

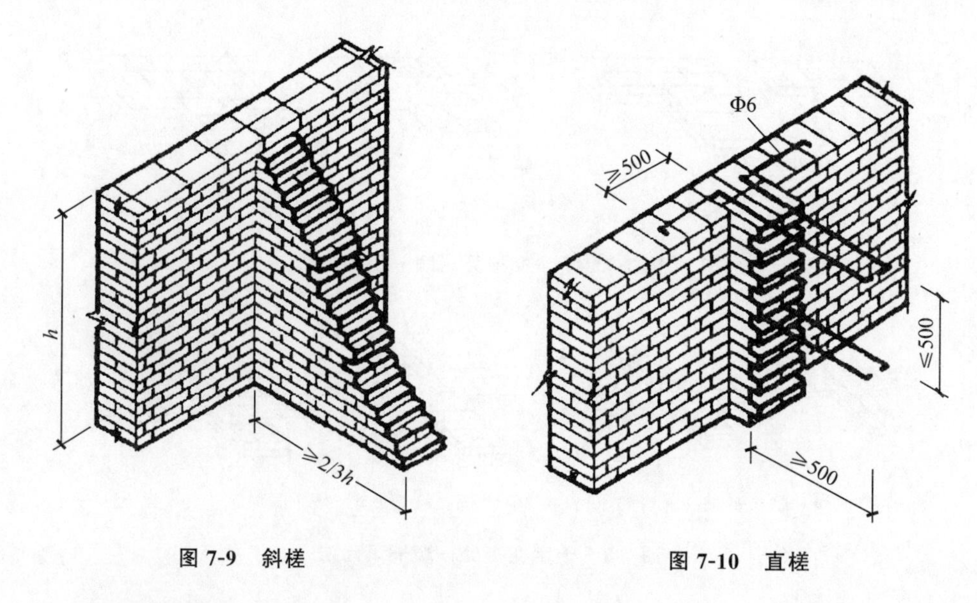

图 7-9　斜槎　　　　图 7-10　直槎

五、砖柱施工

1. 主要形式

砖柱一般砌成矩形或方形断面，主要断面尺寸为 240mm×240mm、365mm×365mm、365mm×490mm、490mm×490mm 等。砌筑形式如图 7-11 所示。

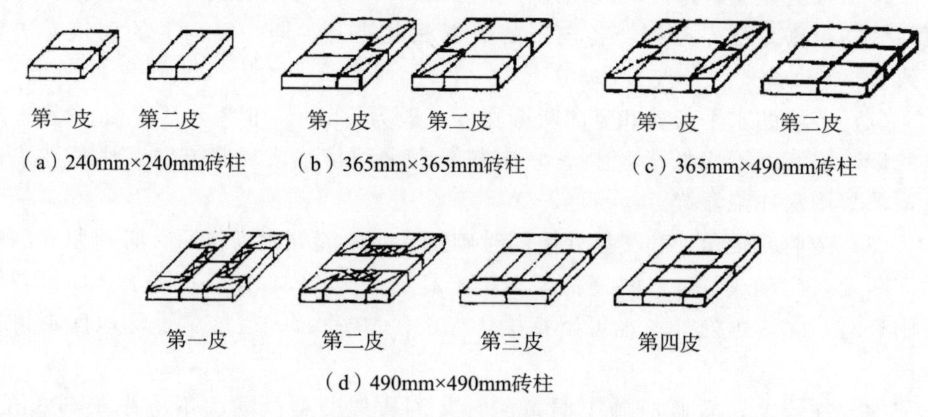

图 7-11　砖柱砌筑形式

砖柱砌筑应保证砖柱外表面上下皮垂直灰缝错开 1/4 砖长，砖柱内部少通缝，为错缝需要加砌配砖，不得采用包心砌法。

2. 施工

（1）单独的砖柱砌筑时，可立固定的皮数杆，也可用流动皮数杆检查高低情况，如图 7-12 所示。当几个砖柱在同一直线上时，可先砌两头的砖柱，然后拉通线，再依线砌中间部分的砖。

(2) 砖墙的水平灰缝和竖向灰缝宽度一般为10mm，但不小于8mm。水平灰缝的砂浆饱满度不应低于80%，竖向灰缝宜采用挤浆或加浆方法，使其砂浆饱满，严禁用水冲浆灌缝。

(3) 隔墙与柱如不同时砌筑而又不留斜槎时，可于柱中引出阳槎，或于柱灰缝中预埋拉结筋，其构造与砖墙相同，但每道不少与两根。

(4) 砖柱每天砌筑高度不宜大于1.8m，宜选用整砖砌筑。

(5) 砖柱中不得留置脚手眼。

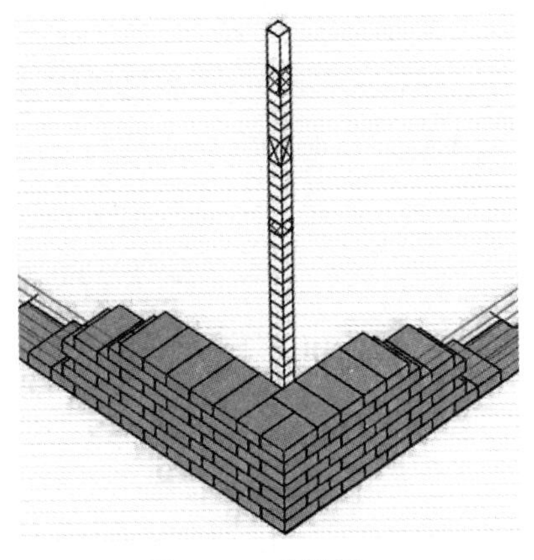

图 7-12　皮数杆

六、砖垛施工

砖垛应与所附砖墙同时砌起，砖垛与墙身应逐皮搭接，不可分离砌筑，搭砌长度不小于1/4砖长，砖垛外表面上下皮垂直灰缝应相互错开1/2砖长。一砖墙附砖垛的几种砌法如图7-13所示。

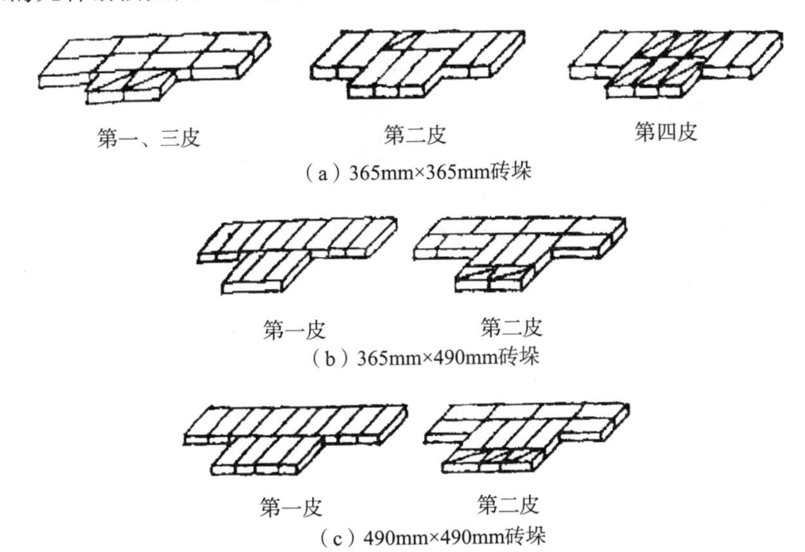

图 7-13　一砖墙附砖垛砌法

砖垛施工与砖墙施工要点相同，可参照砖墙的施工要点进行。

七、砖过梁施工

砖过梁主要分为钢筋砖过梁、平拱式过梁和弧拱式过梁。

1. 钢筋砖过梁

钢筋砖过梁的底面为砂浆层，其厚度不小于30mm。砂浆层中应配置钢筋，其直径不小于5mm，间距不大于120mm，钢筋两端深入体内的长度不宜小于240mm，并有向上的直角弯钩，如图7-14所示。

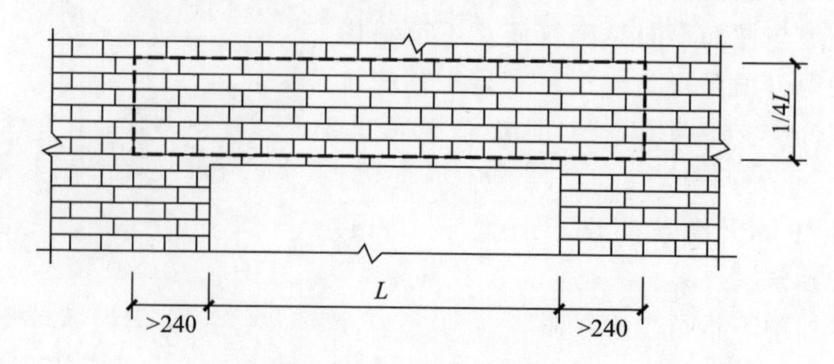

图7-14　钢筋砖过梁（单位：mm）

砌筑时，钢筋砖过梁的最下一皮砖应砌丁砌层，接着向上逐层平砌砖层。在过梁作用范围内（不少于6皮砖或1/4过梁跨度范围内）应用M5砂浆砌筑。砖过梁底部的模板应在灰缝砂浆强度达到设计强度的50%以上时，方可拆除。

2. 平拱式过梁

平拱式过梁由普通砖侧砌而成，其高度有240mm、300mm和370mm等，厚度等于墙厚。应用MU7.5以上的砖，不低于M5砂浆砌筑，如图7-15所示。

砌筑前，先在过梁处支设模板，在模板面上画出砖及灰缝位置。砌筑时，在拱脚两边的墙端应砌成斜面，斜面的斜度一般为1/4～1/6。应从两边对称向中间砌，正中一块应挤紧，拱脚下面应伸入墙内不小于20mm。灰缝砌成楔形缝，宽度不小于5mm。

3. 弧拱式过梁

弧拱式过梁的构造与平拱式过梁基本相同，只是外形呈圆弧形，如图7-16所示。施工要点也与平拱式基本类似，所不同之处在于砌筑时，模板应设计成圆弧形，灰缝成放射状。

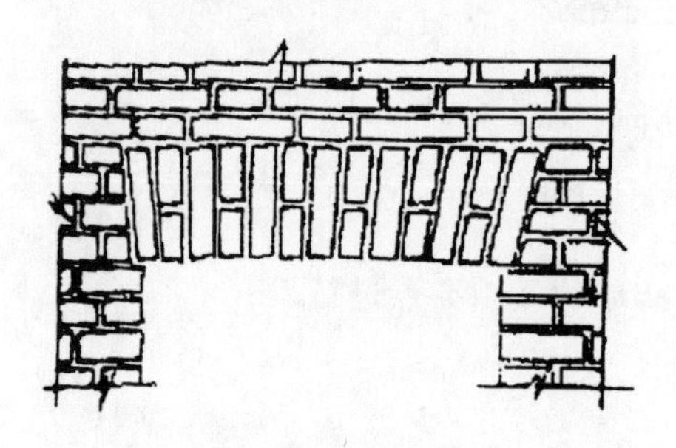

图7-15　平拱式过梁

图7-16　弧拱式过梁

第三节　砌石工程

一、砌筑用石

砌筑用石分为毛石和料石。毛石如图 7-17 所示，料石如图 7-18 所示。

毛石又分为乱毛石（指形状不规则的石块）、平毛石（指形状不规则，但有两个面大致平行的石块）。毛石砌体所用的毛石应呈块状，其中部厚度不宜小于 150mm。

图 7-17　毛石

图 7-18　料石

料石按其加工面的平整程度分为细料石、半细料石、粗料石和毛料石四种。料石各面的加工要求见表 7-18。料石加工的允许偏差见表 7-19。料石的宽度、厚度均不宜小于 200mm，长度不宜大于厚度的四倍。

表 7-18　料石各面的加工要求

项次	料石种类	外露面及相接周边的表面凹入深度	叠砌面和接砌面的表面凹入深度
1	细料石	≤2mm	≤10mm
2	半细料石	≤10mm	≤15mm
3	粗料石	≤20mm	≤20mm
4	毛料石	稍加修整	≤25mm

注：1. 相接周边的表面系指叠砌面、接砌面与外露面相接处 20～30mm 范围内的部分。

2. 对外露面有特殊要求，应按设计要求加工。

表 7-19 料石加工的允许偏差

项次	料石种类	允许偏差	
		宽度、厚度/mm	长度/mm
1	细料石、半细料石	±3	±5
2	粗料石	±5	±7
3	毛料石	±10	±15

注：如设计有特殊要求时应按设计要求加工。

二、毛石施工

1. 毛石基础的砌筑

砌筑毛石基础的第一皮石块应坐浆，并将石块的大面朝下。毛石基础的第一皮及转角处、交接处应用较大的平毛石砌筑。毛石基础断面形状有矩形、阶梯形和梯形。基础顶面宽应比墙基宽度大 200mm。阶梯形基础的每阶高度不小于 300mm，每阶伸出宽度不宜大于 200mm，如图 7-19 所示。

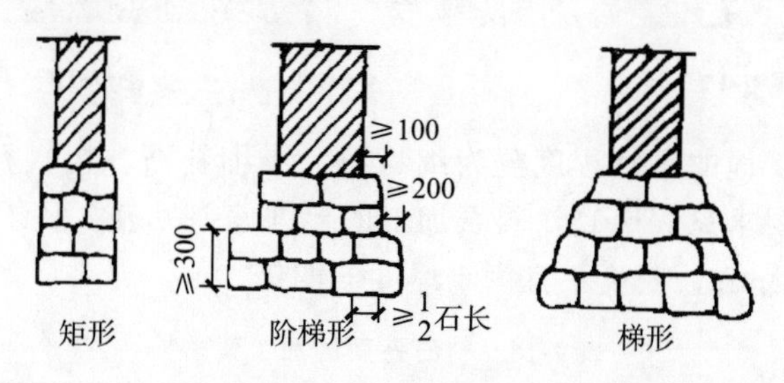

图 7-19 毛石基础

毛石基础必须设置拉结石，如图 7-20 所示。拉结石应均匀分布。毛石基础同皮内每隔 2m 左右设置一块。拉结石长度如基础宽度等于或小于 400mm 时，应与基础宽度相等。如宽度大于 400mm 时，可用两块拉结石内外搭接，长度不小于 150mm。

石块间较大的空隙应先填塞砂浆，后用碎石块嵌塞，不得采用先摆碎石块，后塞砂浆或干填碎石块的方法。阶梯形毛石基础，上阶的石块应至少压砌下阶石块的 1/2。

图 7-20 设置拉结石

2. 毛石墙的砌筑

(1) 砌筑前应根据墙的位置与厚度，在基础顶面上放线，并立皮数杆，挂上线。

(2) 从石料中选取大小适宜的石块，并有一个面作为墙面，如没有则将凸部打掉，做成一个面，然后砌入墙内。

(3) 转角处应用角边是直角的角石砌筑。交接处应选用较为平整的长方形石块，使其在纵横墙中上下皮能相互咬住槎。

(4) 毛石墙砌筑方法和要求基本与毛石基础相同，但应注意毛石基础必须设置拉结石，拉结石应均匀分布，相互错开，每隔 $0.7m^2$ 墙面至少设置一块，且同皮内的中距不应大于2m。如墙厚等于或小于400mm，拉结石的长度应等于墙厚；墙厚大于400mm，可用两块拉结石内外搭接，其长度不应小于150mm，且其中一块长度不应小于墙厚的2/3。

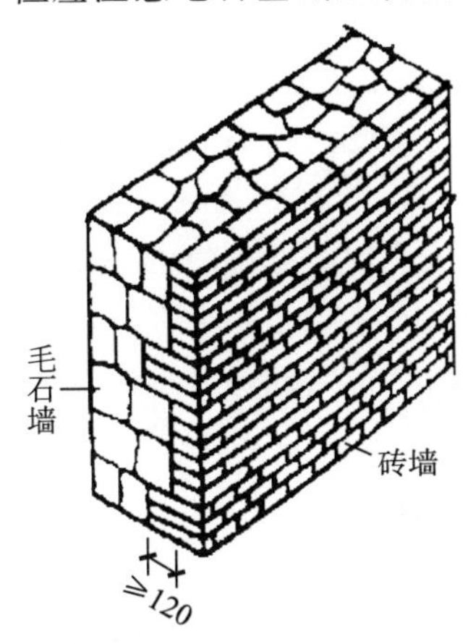

图7-21　毛石与砖墙组合

3. 毛石墙与砖墙的砌筑

毛石墙与砖的组合墙中，毛石砌体与砖砌体应同时砌筑，并每隔4～6皮砖用2～3皮丁砖与毛石砌体拉结砌合，如图7-21所示。

毛石墙和砖墙的相接转角处和交接处应同时砌筑。转角处应自纵墙每隔4～6皮砖高度引出不小于120mm与横墙（或纵墙）相接，交接处应自纵墙每隔4～6皮砖高度引出不小于120mm与横墙相接，如图7-22和图7-23所示。

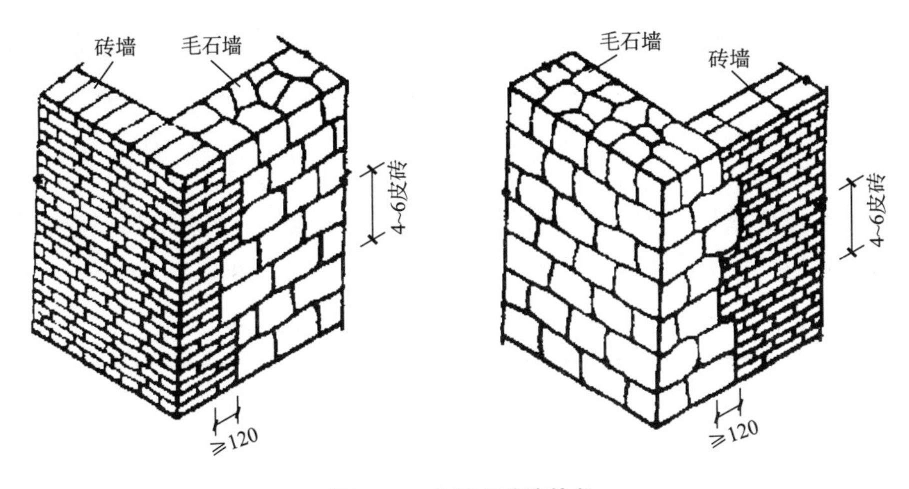

图7-22　毛石和砖墙转角

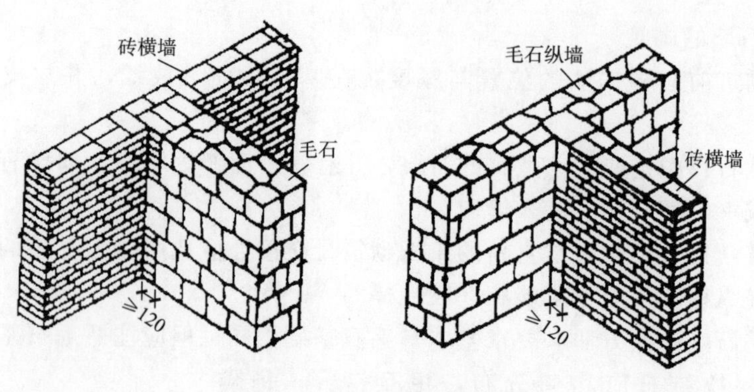

图 7-23　毛石与砖墙相交处

三、料石施工

1. 料石基础的砌筑

料石基础的第一皮料石应坐浆丁砌，以上各层料石可按一顺一丁进行砌筑。料石基础是用毛料石或粗料石与砂浆组砌而成的。其断面形式有矩形和阶梯形，阶梯形基础每阶挑出宽度不大于200mm。料石基础的组砌方法如图7-24所示。

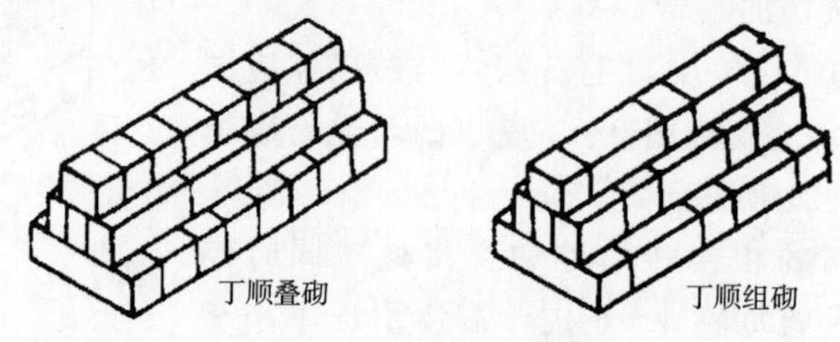

图 7-24　料石基础组砌方法

丁顺叠砌：一皮丁石与一皮顺石相互叠加组砌而成，先丁后顺，竖向灰缝错开1/4石长。

丁顺组砌：同皮石中用丁砌石和顺砌石交替相隔砌成。丁石长度为基础厚度，顺石厚度一般为基础厚度的1/3，上皮丁石应砌于下皮顺石的中部、上下皮竖向灰缝至少错1/4石长。

2. 料石墙的砌筑

料石墙厚度等于一块料石宽度，可采用全顺砌筑形式。当料石墙厚度等于两块料石宽度时，可采用两顺一丁或丁顺组砌的砌筑形式，如图7-25所示。

图 7-25　料石墙砌筑形式

两顺一丁是两皮顺石与一皮丁石相间。

丁顺组砌是同皮内顺石与丁石相间，可一块顺石与丁石相间或两块顺石与一块丁石相间。

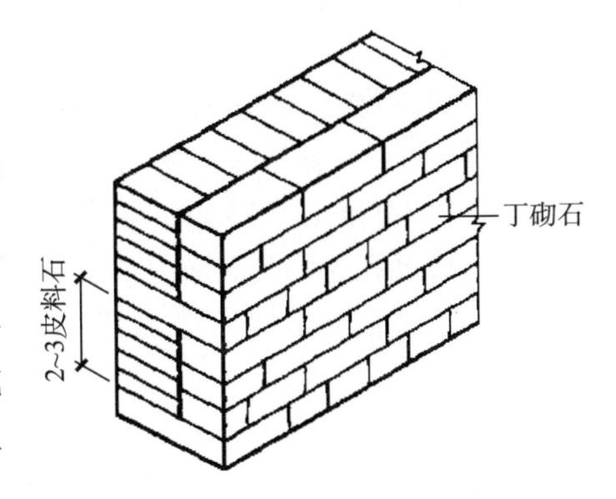

图 7-26　料石的砖的组合墙砌筑

在料石和毛石或砖的组合墙中，料石砌体和毛石砌体或砖砌体应同时砌筑，并每隔 2～3 皮料石层用丁砌层与毛石砌体或砖砌体拉结砌合。丁砌料石的长度宜与组合墙厚度相同，如图 7-26 所示。

料石墙砌筑时应注意灰缝厚度的把握，细料石墙不宜大于 5mm，半细料石墙不宜大于 10mm，粗料石和毛料石墙不宜大于 20mm。砂浆铺设厚度应略高于规定灰缝厚度，细料石、半细料石墙高出厚度宜为 3～5mm，粗料石、毛料石墙高出厚度宜为 6～8mm。

3. 料石柱的砌筑

料石柱是用半细料石或细料石与砂浆砌筑而成。料石柱有整石柱和组砌柱两种。整石柱是用与柱断面相同断面的石材上下组砌而成，组砌柱每皮由几块石材组砌而成，如图 7-27 所示。

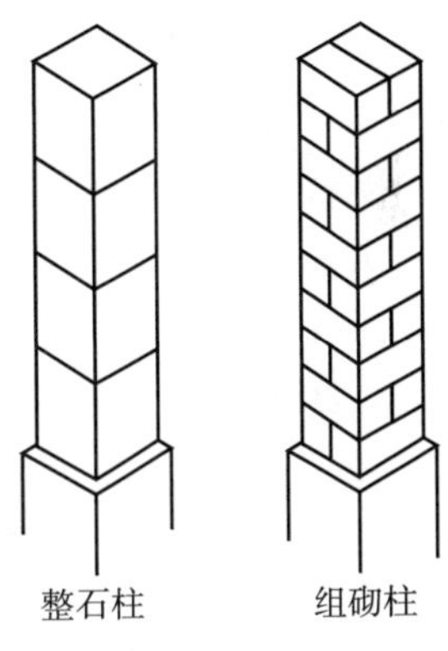

图 7-27　料石柱的组砌

砌整石柱前，先在柱基面上抹一层厚约 10mm 的砂浆，再将石块对准中心线砌好，以后各皮砌筑前均应先铺好砂浆，再将石块对准中线砌好，石块若有偏斜，可用铜片或铝片在灰缝内垫平。

砌组砌柱时，应按规定的组砌方法逐皮砌筑，竖向灰缝相互错开，不使用垫片。

细料石柱灰缝厚度不宜大于 5mm，半细料石柱灰缝厚度不宜大于 10mm，砂浆铺设厚度应略高于规定灰缝厚度 3～5mm。

四、石挡土墙施工

(1) 石挡土墙可采用毛石或料石砌筑。毛石挡土墙如图 7-28 所示。

(2) 砌筑毛石挡土墙应符合下列规定。

1) 每砌 3～4 皮毛石为一个分层高度，每个分层高度应找平一次。

2) 外露面的灰缝厚度不得大于 40mm，两个分层高度间分层处的错缝不

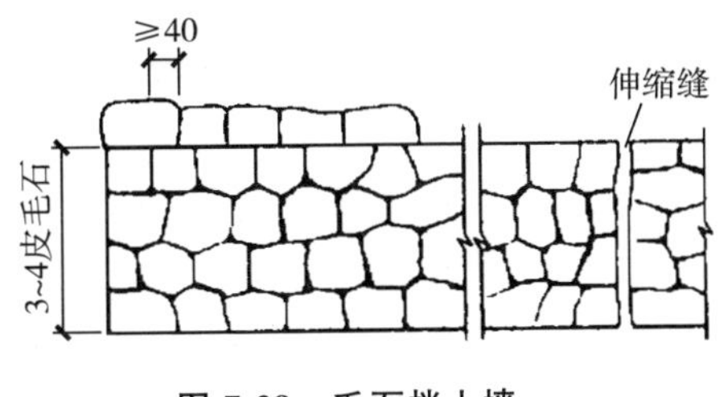

图 7-28　毛石挡土墙

得小于 80mm。

(3) 料石挡土墙宜采用丁顺组砌的砌筑形式。当中间部分用毛石填砌时，丁砌料石伸入毛石部分的长度不应小于 200mm。

(4) 当石挡土墙的泄水孔设计无规定时，施工应符合下列规定：

1) 泄水孔应均匀设置，在每米高度上间隔 2m 左右设置一个泄水孔。

2) 泄水孔与土体间铺设长宽各为 300mm、厚为 200mm 的卵石或碎石作疏水层。

(5) 挡土墙内侧回填土必须分层夯填，分层松土厚度应为 300mm。墙顶土面应有适当坡度使流水流向挡土墙外侧面。

第四节　砌块工程

一、小型砌块墙

1. 材料要求

小型砌块墙是由普通混凝土小型空心砌块为主要墙体材料，它与砂浆砌筑而成。普通混凝土小型空心砌块是以水泥、砂、碎石或卵石为主要原料，加水搅拌而成。

普通混凝土小型空心砌块的规格尺寸见表 7-20，它有两个方形孔，最小壁厚应不小于 30mm，最小肋厚应不小于 30mm，空心率应不小于 25%，如图 7-29 所示。

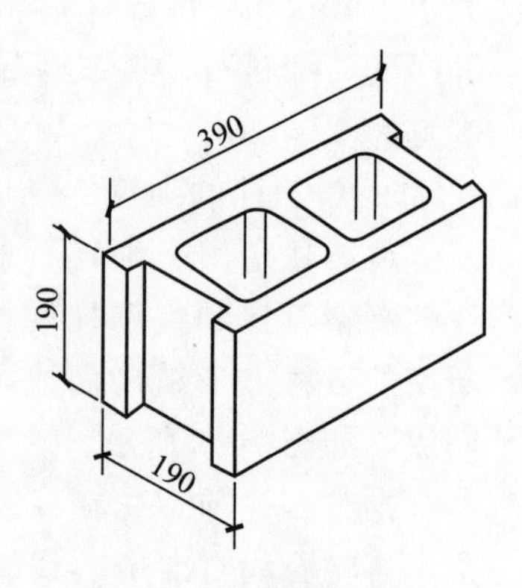

图 7-29　普通混凝土小型空心砌块

表 7-20　普通混凝土小型空心砌块的规格尺寸　　单位：mm

项次	砌块名称	外形尺寸			最小壁、肋厚度
		长	宽	高	
1	主规格砌块	390	190	190	30
2	辅助规格砌块	290	190	190	30
		190	190	190	30
		90	190	190	30

注：1. 对于非抗震设防地区，普通混凝土小型空心砌块壁、肋厚可允许采用 27mm。

2. 非承重砌块的宽度可以为 90～190mm，最小壁、肋厚度可以减少为 20mm。

3. 混凝土小型砌块的空心率、孔洞形状，是否封底或半封底以及有无端槽等，应按不同地区的具体情况而定。

普通混凝土小型空心砌块的强度指标应符合表 7-21 的规定，外观质量、尺寸允许偏差见表 7-22。

表 7-21　普通混凝土小型空心砌块的强度指标

项次	砌块类别	强度等级	抗压强度/MPa	
			五块平均值	单块最小值
1	承重砌块	MU10	≥10	≥8.0
		MU7.5	≥7.5	≥6.0
		MU5	≥5	≥4.0
		MU3.5	≥3.5	≥2.8
2	非承重砌块	MU3.0	≥3.0	≥2.5

注：砌块养护龄期不足 28 天，不应出厂。

表 7-22　普通混凝土小型空心砌块的质量指标

项次	项目		质量要求
1	干缩率（%）	用于清水外墙	<0.05
		用于承重墙	<0.06
		用于非承重内墙、隔墙	<0.08
2	抗渗性（用于清水外墙）mm		试件抗渗试验，2h 内水柱降低值小于 100
3	抗冻性（用于寒冷地区）%		经 15 次冻融循环后，试件强度损失小于 25
4	尺寸允许偏差	长度/mm	±3
		宽度/mm	±3
		高度/mm	
5	侧面凹凸/mm		<3
6	缺棱掉角/mm		长度或宽度不超过 30，深度不超过 20，且不超过两处
7	裂缝		不允许有贯穿壁、肋的竖向裂缝

2. 一般构造要求

（1）混凝土小型空心砌块砌体所用的材料，除了满足强度计算要求外，还应符合下列要求。

①对室内地面以下的砌体，应采用普通混凝土小砌块和不低于 M5 的水泥砂浆。

②五层及五层以上民用建筑的底层墙体，应采用不低于 MU5 的混凝土小砌块和 M5 的砌筑砂浆。

(2) 在墙体的下列部位，应采用强度等级不低于 C20（或 Cb20）的混凝土灌实小砌块的孔洞。

1）底层室内地面以下或防潮层以下的砌体。

2）无圈梁的楼板支承面下的一皮砌块。

3）没有设置混凝土垫块的屋架、梁等构件支承面下，高度不应小于 600mm，长度不应小于 600mm 的砌体。

4）挑梁支承面下，距离中心线每边不应小于 300mm，高度不应小于 600mm 的砌体。砌块墙与后砌隔墙交接处，应沿墙高每隔 400mm 在水平灰缝内设置焊接钢筋网片，钢筋网片伸入后砌隔墙内不应小于 600mm，如图 7-30 所示。

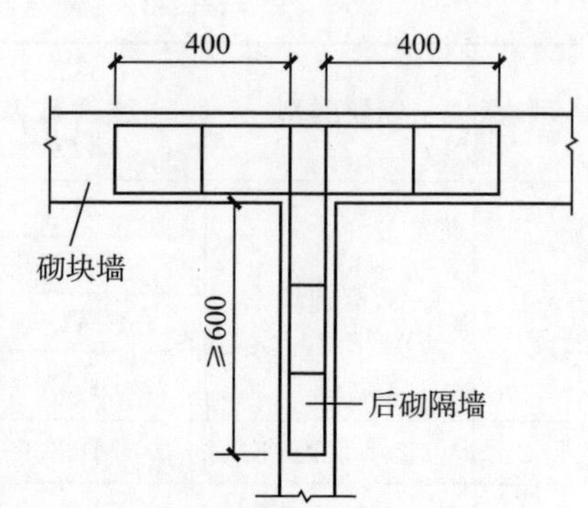

图 7-30　砌块墙与后砌隔墙交接处钢筋网片（单位：mm）

3. 施工

(1) 夹心墙施工。夹心墙由内叶墙、外叶墙及其间拉结件组成，如图 7-31 所示。内外叶墙间设保温层。

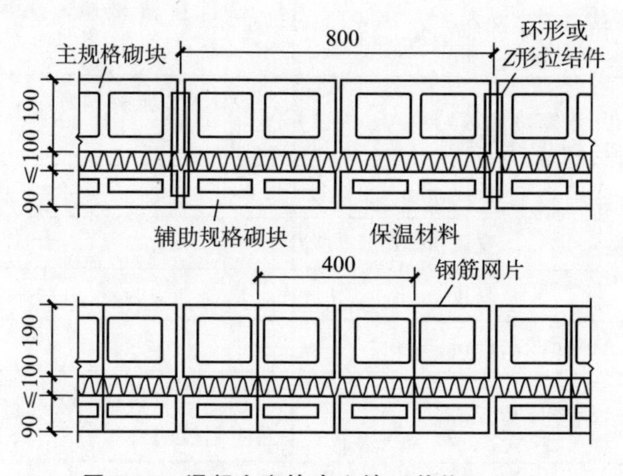

图 7-31　混凝土砌块夹心墙（单位：mm）

内叶墙采用主规格混凝土小型空心砌块，外叶墙采用辅助规格（390mm×90mm×190mm）混凝土小型空心砌块。拉结件采用环形拉结件、Z 形拉结件或钢筋网片。砌块强度等级不应低于 MU10。

当采用环形拉结件时，钢筋直径不应小于 4mm；当采用 Z 形拉结件时，钢筋直径不应小于 6mm。拉结件应沿竖向梅花形布置，拉结件的水平和竖向最大间距分别不宜大于 800mm 和 600mm；对有振动或有抗震设防要求时，其水平和竖向最大间距分别不宜大于 800mm 和 400mm。

当采用钢筋网片作拉结件，网片横向钢筋的直径不应小于 4 mm，其间距不应大于 400mm；网片的竖向间距不宜大于 600mm，对有振动或有抗震设防要求时，不宜大于 400mm。

拉结件在叶墙上的搁置长度不应小于叶墙厚度的 2/3，且不应小于 60mm。

（2）芯柱施工。如图 7-32 所示，芯柱施工应符合下列规定。

1）在楼和地面砌筑第一皮砌块时，在芯柱位置侧面应预留孔，浇灌混凝土前，必须清除芯柱孔洞内的杂物和底部毛边，并用水冲洗干净，校正钢筋位置并绑扎固定。

2）芯柱钢筋应与基础或基础梁的预埋钢筋搭接。上下楼层的钢筋可在圈梁上部搭接，搭接长度不应小于 35d（d 为钢筋直径）。

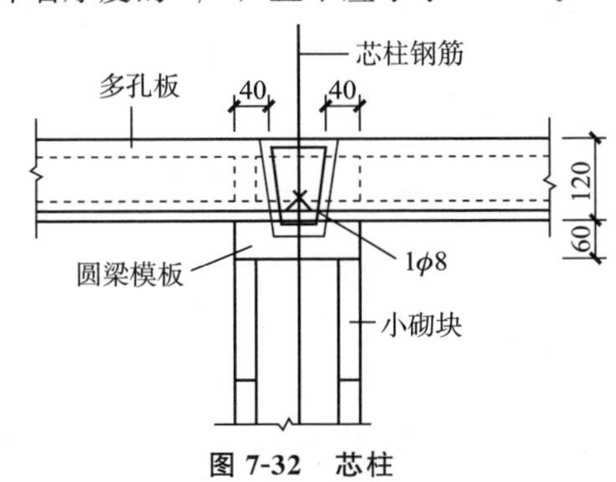

图 7-32　芯柱

3）芯柱混凝土应在砌完一个楼层高度后连续浇灌，为保证芯柱混凝土密实，浇灌前，应先注入适量的水泥浆，混凝土坍落度应不小于 50mm，并定量浇灌。每浇灌 400～500mm 高度应捣实一次，或边浇灌边捣实，不得在灌满一个楼层高度后再捣实。

4）芯柱混凝土应与圈梁同时浇灌，在芯柱位置，楼板应留缺口，以保证芯柱连成整体。

4. 质量标准与注意事项

砌体的允许偏差和质量检查标准见表 7-23。

表 7-23　砌体的允许偏差和质量检查标准

序号	项目			允许偏差/mm	检查方法
1	轴线位移			10	用经纬仪、水平仪复查或检查施工记录
2	基础或楼面标高			±15	
3	垂直度	每层		5	用吊线法检查
		全高	10m 以下	10	用经纬仪或吊线尺检查
			10m 以上	20	
4	表面平整	清水墙、柱		5	用 2m 靠尺检查
		混水墙、柱		8	
5	水平灰缝平直度	清水墙 10m 以内		7	用拉线和尺量检查
		混水墙 10m 以内		10	

续表

序号	项目	允许偏差/mm	检查方法
6	水平灰缝厚度（连续五皮砌块累加数）	±10	用尺量检查
7	垂直灰缝宽度（连续五皮砌块累计数，包括凹面深度）	±15	
8	门窗洞口宽度（后塞框）	±5	

二、中型砌块墙

1. 材料要求

中型砌块墙是以粉煤灰硅酸盐密实中型砌块和混凝土空心中型砌块为主要墙体材料和砂浆砌筑而成，也可采用其他工业废料制成密实或空心中型砌块。

粉煤灰密实砌块是以粉煤灰、石灰、石膏等为胶凝材料，以煤渣或矿渣、石子等为骨料，按一定的比例配合，加入一定量的水，经搅拌、振动成型、蒸汽养护而成。粉煤灰的强度指标见表7-24，外观质量和尺寸允许偏差见表7-25。

表7-24　粉煤灰密实砌块的强度指标

项次	项目	指标	
		MU10	MU15
1	立方体试件抗压强度/MPa	三块试件平均值不小于10，其中一块最小值不小于8	三块试件平均值不小于15，其中一块最小值不小于12
2	人工炭化后强度/MPa	不小于6	不小于9

表7-25　粉煤灰密实砌块的外观质量和尺寸允许偏差

项次	项目	指标
1	表面疏松	不允许
2	贯穿面棱的裂缝	不允许
3	直径大于50mm的灰团、空洞、爆裂和突出高度大于20mm的局部凸起部分	不允许
4	翘曲/mm	不大于10
5	条面、顶面相对两棱边高低差/mm	不大于8
6	缺棱掉角深度/mm	不大于50

续表

项次	项目		指标
7	尺寸的允许偏差	长度/mm	+5、-10
		高度/mm	+5、-10
		宽度/mm	±8

2. 砌块排列

砌块排列时，应尽量采用主规格砌块和大规格砌块，以减少吊次，提高台班产量，增加房屋的整体性。

砌块应错缝搭砌，砌块的上下皮搭缝长度不得小于块高的 1/3，且不应小于 150mm。当搭缝长度不足时，应在水平灰缝内设钢筋网片，网片两端离垂直灰缝的距离不得小于 300mm。

纵横墙的转角处和交接处如图 7-33 所示。砌块墙与后砌半砖隔墙交接处应在沿墙高每 800mm 左右的水平缝内设 2ϕ4 的钢筋网片，如图 7-34 所示。

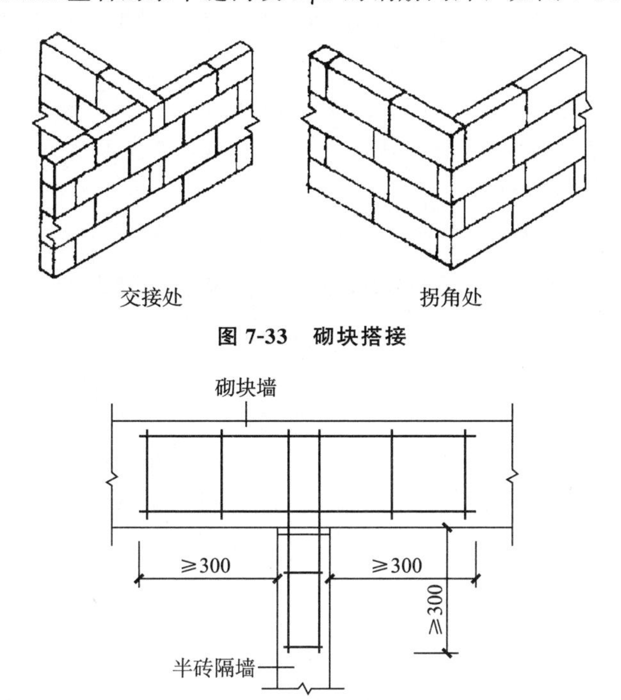

图 7-33　砌块搭接

图 7-34　砌块墙与后砌半砖隔墙交接处钢筋网片布置示意图

3. 施工

(1) 小砌块应将生产时的底面朝上反砌于墙上，小砌块墙体逐块坐浆铺设。

(2) 小砌块砌体的灰缝应横平竖直，全部灰缝均应铺填砂浆。水平灰缝的砂浆饱满度不得低于90%，竖向灰缝的砂浆饱满度不得低于80%。砌筑中不得出现瞎缝、透明缝。水平灰缝厚度和竖向灰缝宽度宜为10mm，但不宜大于8mm，也不宜大于12mm。

(3) 设计规定的洞口、沟槽、管道和预埋件等一般应于砌筑时预留或预埋。空心砌块墙体不得打凿通长沟槽。

(4) 墙体抹灰以喷涂为宜，抹灰前应将墙面清除干净，并在前一天洒水湿润；门窗框与墙的交接处应分层填嵌密实，室内墙面的阻角和门口侧壁的阻角处，如设计对护角无规定时，可用水泥混合砂浆抹出护角，高度不低于1.5m。外墙窗台、雨篷、压顶等应做好流水坡度和滴水线槽，外墙勾缝应用水泥砂浆，不宜做凸缝。

(5) 雨天施工不得使用过湿的砌块，以避免砂浆流淌，影响砌体质量；雨后施工时. 应复核砌体垂直度。

4. 质量标准与注意事项

(1) 龄期为28天，标准养护的同强度等级砂浆或细石混凝土的平均强度不得低于设计强度等级。其中任意一组试块的最低值，对于砂浆不低于设计强度等级的75%，对于细石混凝土不低于设计强度等级的85%。

(2) 组砌方法应正确，不应有通缝，转角处和交接处的斜槎应通顺，密实。

(3) 墙面应保持清洁，勾缝密实，深浅一致，横竖缝交接处应平整，预埋件、预留孔洞的位置应符合设计要求。

(4) 砌体的允许偏差和检查方法见表7-26。

表7-26　粉煤灰砌块砌体的允许偏差和检查方法

<table>
<tr><th>项次</th><th colspan="3">项目</th><th>允许偏差/mm</th><th>检查方法</th></tr>
<tr><td>1</td><td colspan="3">轴线位置</td><td>10</td><td>用经纬仪、水平仪复查或检查施工记录</td></tr>
<tr><td>2</td><td colspan="3">基础或楼面标高</td><td>±15</td><td>用经纬仪、水平仪复查或检查施工记录</td></tr>
<tr><td rowspan="3">3</td><td rowspan="3">垂直度</td><td colspan="2">每楼层</td><td>5</td><td>用吊线法检查</td></tr>
<tr><td rowspan="2">全高</td><td>10m以下</td><td>10</td><td>用经纬仪或吊线尺检查</td></tr>
<tr><td>10m以上</td><td>20</td><td>用经纬仪或吊线尺检查</td></tr>
<tr><td>4</td><td colspan="3">表面平整</td><td>10</td><td>用2m长直尺和塞尺检查</td></tr>
<tr><td rowspan="2">5</td><td rowspan="2" colspan="2">水平灰缝平直度</td><td>清水墙</td><td>7</td><td rowspan="2">灰缝上口处用10m长的线拉直并用尺检查</td></tr>
<tr><td>混水墙</td><td>10</td></tr>
<tr><td>6</td><td colspan="3">水平灰缝厚度</td><td>+10、−5</td><td>与线杆比较，用尺检查</td></tr>
</table>

续表

项次	项目	允许偏差/mm	检查方法
7	垂直缝宽度	+10、−5、大于30用细石混凝土	用尺检查
8	门窗洞口宽度	+10、−5	用尺检查
9	清水墙面游丁走缝	2	用吊线和尺检查

第五节　砌筑工程质量标准与注意事项

一、砌筑砂浆质量标准与注意事项

（1）砌筑砂浆试块强度验收时其强度合格标准应符合下列规定。

1）同一验收批砂浆试块强度平均值应大于或等于设计强度等级值的1.10倍。

2）同一验收批砂浆试块抗压强度的最小一组平均值应大于或等于设计强度等级值的85%。

抽检数量：每一检验批且不超过250m^3砌体的各类、各强度等级的普通砌筑砂浆，每台搅拌机应至少抽检一次。验收批的预拌砂浆、蒸压加气混凝土砌块专用砂浆，抽检可分为三组。

检验方法：在砂浆搅拌机出料口或在湿拌砂浆的储存容器出料口随机取样制作砂浆试块（现场拌制的砂浆，同盘砂浆只应作一组试块），试块标养28天后作强度试验。预拌砂浆中的湿拌砂浆稠度应在进场时取样检验。

（2）当施工中或验收时出现下列情况，可采用现场检验方法对砂浆或砌体强度进行实体检测，并判定其强度。

1）砂浆试块缺乏代表性或试块数量不足。

2）对砂浆试块的试验结果有怀疑或有争议。

3）砂浆试块的试验结果，不能满足设计要求。

4）发生工程事故，需要进一步分析事故原因。

二、砌砖工程质量标准与注意事项

1. 主控项目

（1）砖和砂浆的强度等级必须符合设计要求。

抽检数量：每一生产厂家，烧结普通砖、混凝土实心砖每十五万块，烧结多孔砖、混凝土多孔砖、蒸压灰砂砖及蒸压粉煤灰砖每十万块各为一验收批，不足上述数量时按一批计，抽检数量为一组。砂浆试块的抽检数量：每一检验批且不

超过 $250m^3$ 砌体的各类、各强度等级的普通砌筑砂浆，每台搅拌机应至少抽检一次。验收批的预拌砂浆、蒸压加气混凝土砌块专用砂浆，抽检可分为三组。

检验方法：查砖和砂浆试块试验报告。

(2) 砌体灰缝砂浆应密实饱满，砖墙水平灰缝的砂浆饱满度不得低于80%；砖柱水平灰缝和竖向灰缝饱满度不得低于90%。应尽量采用“三一”砌砖法，并在砌筑前将砖润好，严禁干砖上墙。

抽检数量：每检验批抽查不应少于五处。

检验方法：用百格网检查砖底面与砂浆的粘结痕迹面积，每处检测三块砖，取其平均值，如图7-35所示。

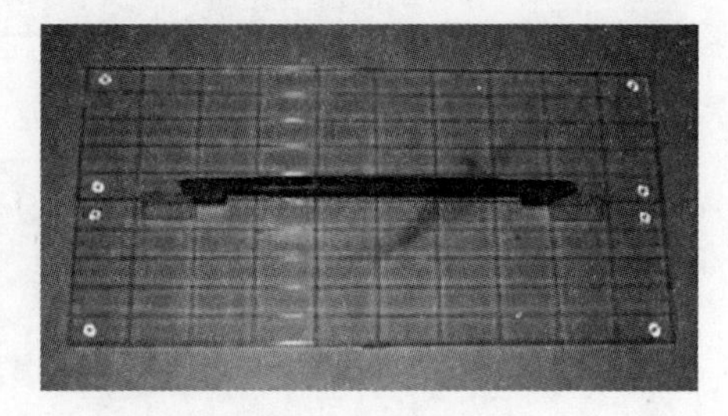

图7-35 百格网

(3) 砖砌体的转角处和交接处应同时砌筑，严禁无可靠措施的内外墙分砌施工。在抗震设防烈度为8度及8度以上的地区，对不能同时砌筑而又必须留置的临时间断处应砌成斜槎，普通砖砌体斜槎水平投影长度不应小于高度的2/3，如图7-36所示。多孔砖砌体的斜槎长高比不应小于1/2。斜槎高度不得超过一步脚手架的高度。

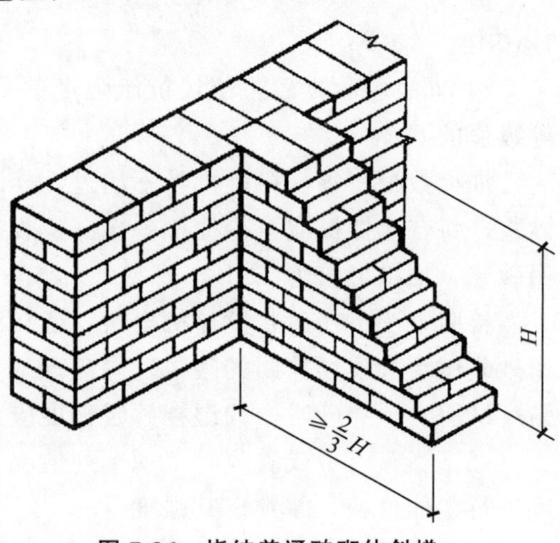

图7-36 烧结普通砖砌体斜槎

外墙转角处严禁留直槎，其他留槎处也应符合施工规范要求。为此，应在安排施工组织计划时，对留槎处做统一考虑，尽量减少留槎，留槎时严格按施工规范要求施工。

抽检数量：每检验批抽查不应少于五处。

检验方法：观察检查。

2. 一般项目

(1) 砖砌体组砌方法应正确，内外搭砌，上、下错缝。清水墙、窗间墙无通缝；混水墙中不得有长度大于300mm的通缝，长度200～300mm的通缝每间不超过三处，且不得位于同一面墙体上。砖柱不得采用包心砌法。

抽检数量：每检验批抽查不应少于五处。

检验方法：观察检查。砌体组砌方法抽检每处应为3～5m。

(2) 砖砌体的灰缝应横平竖直，厚薄均匀，水平灰缝厚度及竖向灰缝宽度应为10mm，但不应小于8mm，也不应大于12mm。

抽检数量：每检验批抽查不应少于五处。

检验方法：水平灰缝厚度用尺量十皮砖砌体高度折算；竖向灰缝宽度用尺量2m砌体长度折算。

（3）砖砌体尺寸、位置的允许偏差及检验应符合表7-27的规定。

表7-27　砖砌体尺寸和位置的允许偏差

<table>
<tr><th rowspan="2">项次</th><th rowspan="2" colspan="3">项目</th><th colspan="3">允许偏差/mm</th><th rowspan="2">检查方法</th></tr>
<tr><th>基础</th><th>墙</th><th>柱</th></tr>
<tr><td>1</td><td colspan="3">轴线位移</td><td>10</td><td>10</td><td>10</td><td>用经纬仪复查或检查施工测量记录</td></tr>
<tr><td>2</td><td colspan="3">基础顶面和楼面标高</td><td>±15</td><td>±15</td><td>±15</td><td>用水准仪复查或检查测量记录</td></tr>
<tr><td rowspan="3">3</td><td rowspan="3">墙面垂直度</td><td colspan="2">每层</td><td>—</td><td>5</td><td>5</td><td>2m托线板检查</td></tr>
<tr><td rowspan="2">全高</td><td>小于或等于10m</td><td>—</td><td>10</td><td>10</td><td rowspan="2">用经纬仪或吊线和尺检查</td></tr>
<tr><td>大于10m</td><td>—</td><td>20</td><td>20</td></tr>
<tr><td>4</td><td colspan="2">表面平整度</td><td>清水墙、柱
混水墙、柱</td><td>—
—</td><td>5
8</td><td>5
8</td><td>用2m直尺和楔形塞尺检查</td></tr>
<tr><td>5</td><td colspan="2">水平灰缝平直度</td><td>清水墙
混水墙</td><td>—
—</td><td>7
10</td><td>—
—</td><td>拉10m线和尺寸检查</td></tr>
<tr><td>6</td><td colspan="3">水平灰缝厚度（十皮砖累计数）</td><td>—</td><td>±8</td><td>—</td><td>与皮数杆比较，用尺检查</td></tr>
<tr><td>7</td><td colspan="3">清水墙游丁走缝</td><td>—</td><td>20</td><td>—</td><td>吊线和尺检查，以每层第一皮砖为准</td></tr>
<tr><td>8</td><td colspan="3">外墙上下窗口偏移</td><td>—</td><td>20</td><td>—</td><td>用经纬仪或吊线检查，以底层窗口为准</td></tr>
<tr><td>9</td><td colspan="3">门窗洞口宽度（后塞口）</td><td>—</td><td>±5</td><td>—</td><td>用尺检查</td></tr>
</table>

三、砌石工程质量标准与注意事项

砌石工程与砌砖工程相似之处很多，大致可参照砌砖工程施工。同时还应注意以下几点：

（1）进材料时就应注意拉结石的储备。砌筑时，必须保证拉结石尺寸、数量、位置符合施工规范的要求。

（2）要注意大小石块搭配使用，立缝要小，大块石间缝隙用小石块堵塞。

（3）砌筑时跟线砌筑，控制好灰缝厚度，每天砌筑高度不超过1.2m或一步架高度。

(4) 掌握好勾缝砂浆配合比，宜用中粗砂，勾缝后早期应洒水养护。

(5) 石砌体尺寸、位置的允许偏差和检验方法见表7-28。

表7-28　石砌体尺寸、位置的允许偏差和检验方法

项次	项目	允许偏差（mm）							检验方法
		毛石砌体		料石砌体					
				毛料石		粗料石		细料	
		基础	墙	基础	墙	基础	墙	墙、柱	
1	轴线位置	20	15	20	15	15	10	10	用经纬仪和尺检查，或用其他测量仪器检查
2	基础和墙砌体顶面标高	±25	±15	±25	+15	±15	±15	±10	用水准仪和尺检查
3	砌体厚度	+30	+20 −10	+30	+20 −10	+15	+10 −5	+10 −5	用尺检查
4	墙面垂直度 每层	—	20	—	20	—	10	7	用经纬仪、吊线和尺检查或用其他测量仪器检查
	墙面垂直度 全高	—	30	—	30	—	25	10	
5	表面平整度 清水墙、柱	—	—	—	20	—	10	5	细料石用2m靠尺和楔形塞尺检查，其他用两直尺垂直于灰缝拉2m线和尺检查
	表面平整度 混水墙、柱	—	—	—	20	—	15	—	
6	清水墙水平灰缝平直度	—	—	—	—	—	10	5	拉10m线和尺检查

(6) 石砌体的组砌形式应符合下列规定：

1) 内外搭砌，上下错缝，拉结石、丁砌石交错设置。

2) 毛石墙拉结石每0.7m^2墙面不应少于一块。

检查数量：每检验批抽查不应少于五处。

检验方法：观察检查。

四、砌块工程质量标准与注意事项

砌块建筑与一般砌石建筑有许多共同之处。但应符合下列要求。

(1) 小砌块和芯柱混凝土、砌筑砂浆的强度等级必须符合设计要求。

(2) 砌体水平灰缝和竖向灰缝饱满度，按净面积计算不得低于90%。

(3) 墙体转角处和纵横墙交接处应同时砌筑。临时间断处应砌成斜槎，斜槎水平投影长度不应小于斜槎高度。施工洞口可预留直槎，但在洞口砌筑和补砌时，应在直槎上下搭砌的小砌块孔洞内用强度等级不低于C20（或Cb20）的混凝土灌实。

(4) 混凝土空心小型砌块和粉煤灰砌块砌体的允许偏差见表7-29和表7-30。

表7-29 混凝土空心小型砌块砌体的允许偏差

项次	项目			允许偏差/mm	检查方法
1	轴线位移			10	用经纬仪、水平仪复查或检查施工记录
2	基础或楼面标高			±15	
3	垂直度	每层		5	用吊线法检查
		全高	10m以下	10	用经纬仪或吊线和尺检查
			10m以上	20	
4	表面平整	清水墙、柱		5	用2m靠尺检查
		混水墙、柱		8	
5	水平灰缝平直度	清水墙10m以内		7	用拉线和尺量检查
		混水墙10m以内		10	
6	水平灰缝厚度（连续五皮砌块累计数）			±10	用尺量检查
7	垂直灰缝厚度（连续五皮砌块累计数，包括凹面深度）			±15	
8	门窗洞口宽度（后塞框）			±5	用尺量检查

表7-30 粉煤灰砌块砌体的允许偏差

项次	项目			允许偏差/mm	检验方法
1	轴线位置			10	用经纬仪、水平仪复查或检查施工记录
2	基础或楼面标高			±15	用经纬仪、水平仪复查或检查施工记录
3	垂直度	每楼层		5	用吊线法检查
		全高	10m以下	10	用经纬仪或吊线尺量检查
			10m以上	20	
4	表面平整			10	用2m长直尺和塞尺检查

续表

项次	项目		允许偏差/mm	检验方法
5	水平灰缝平直度	清水墙	7	灰缝上口处用10m长的线拉直并用尺检查
		混水墙	10	
6	水平灰缝厚度		＋10、－5	与线杆比较，用尺检查
7	垂直缝宽度		＋10、－5	用尺检查
			大于30用细石混凝土	
8	门窗洞口宽度（后塞框）		＋10、－5	用尺检查
9	清水墙面游丁走缝		20	用吊线和尺检查

第八章　钢筋混凝土工程

第一节　模板工程

一、常用模板分类

1. 木模板

木模板是由白松为主的木材组成的。它制作拼装随意，尤其适用于浇筑外形复杂、数量不多的混凝土结构或构件。由于木材消耗量大、重复利用率低，现已不推广使用，其逐渐被胶合板、钢模板所代替。

（1）基础模板。

基础模板按形状一般分为阶形基础模板、杯形基础模板、条形基础模板。

1）阶形基础模板。若土质良好，阶形基础模板的最下一级可不用模板进行原槽浇筑。安装时，要保证上下模板不发生相对位移，如图 8-1 所示。

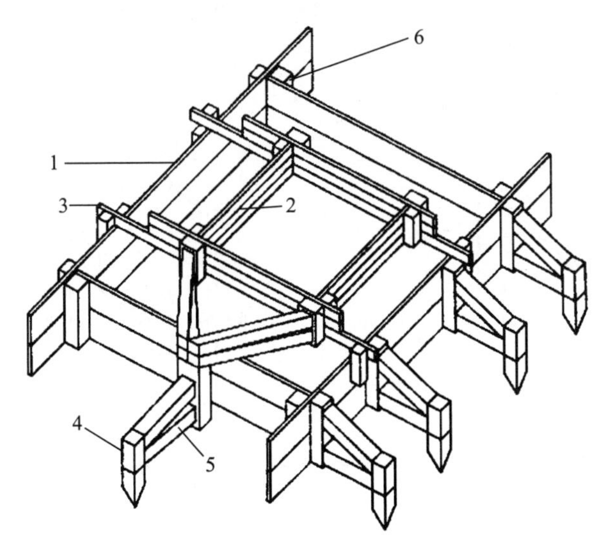

1—第一阶侧板；2—第二阶侧板；3—轿杠木；4—木桩；5—撑木；6—木档。

图 8-1　阶形基础模板

2）杯形基础模板。杯形基础模板与阶形基础模板基本相似，在模板的顶部中间装杯芯模板，如图 8-2 所示。杯芯模板分为整体式和装配式，尺寸较小的一般采用整体式，如图 8-3 和图 8-4 所示。

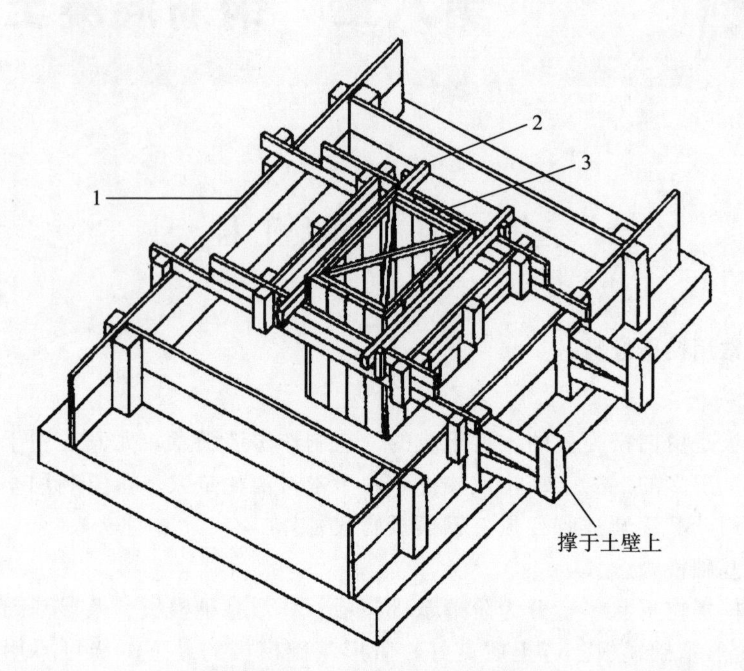

1—底阶模板；2—轿杠木；3—杯芯模板。

图 8-2 杯形基础模板

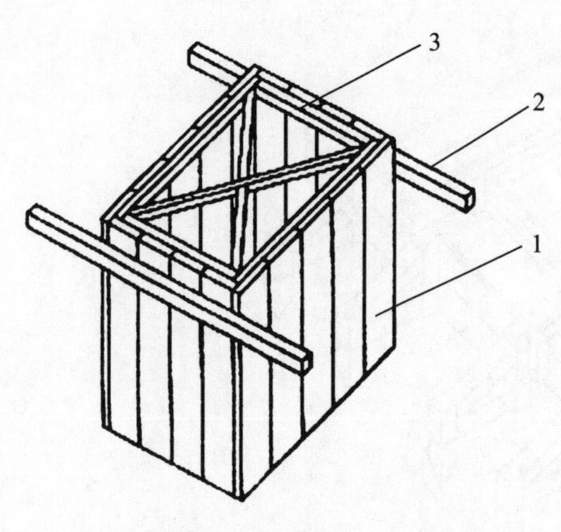

1—杯芯侧板；2—轿杠木；3—木档。

图 8-3 整体式杯芯基础

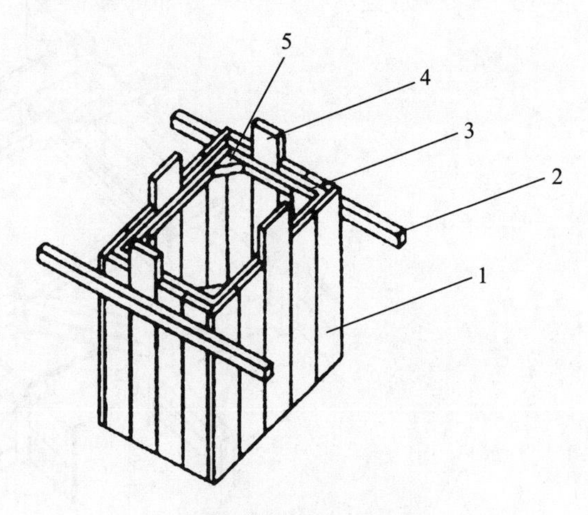

1—杯芯侧板；2—轿杠木；3—木档；4—抽芯板；5—三角板。

图 8-4 装配式杯芯基础

3）条形基础模板。根据土质的情况可分为两种情况：土质较好时，下半段利用原土削铲平整不支设模板，仅上半段采用吊模；土质较差时，其上下两段均支设模板。

（2）柱模板。

柱模板底部开有清理孔，沿高度每隔约2m开有浇筑孔。柱底一般有一钉在底部混凝土上的木框，用以固定柱模板的位置。为承受混凝土侧压力，拼板外要设柱箍，其间距与混凝土侧压力、拼板厚度有关，因而柱模板下部柱箍较密。模板顶部根据需要可开与梁模板连接的缺口，如图8-5所示。

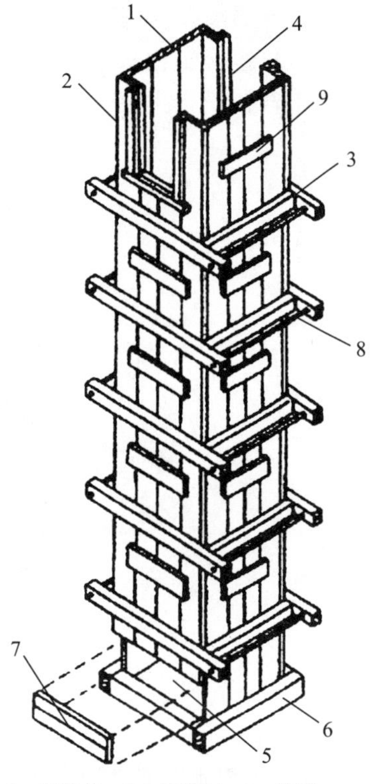

1—内拼板；2—外拼板；3—柱箍；4—梁缺口；5—清理孔；6—底部木框；7—盖板；8—拉紧螺栓；9—拼条。

图8-5 柱模板

（3）梁、楼板模板。

梁模板由底模板和侧模板组成。底模板按设计标高来调整支柱的标高，然后安装梁底模板，并拉线找平。按照设计要求或规范要求起拱，先主梁起拱，后次梁起拱。

梁侧模板承受混凝土侧压力，底部用钉在支撑顶部的夹条夹住，顶部可由支承楼板模板的格栅顶住，或用斜撑顶住。

楼板模板多用定型模板或胶合板，它支承在格栅上，格栅支承在梁侧模板外的横档上，如图8-6所示。

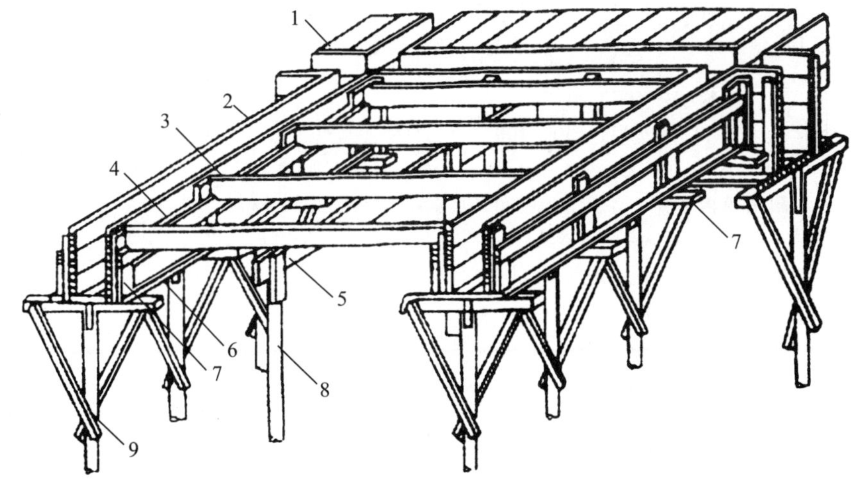

1—楼板模板；2—梁侧模板；3—格栅；4—横档；5—牵杠；6—夹条；7—短撑木；8—牵杠撑；9—支撑。

图8-6 梁、楼板模板

2. 通用组合式模板

(1) 组合钢模板。

组合钢模板主要由钢模板、连接件和支撑件三部分组成，如图 8-7 所示。

图 8-7　组合钢模板

1) 钢模板包括平面模板、阳角模板、阴角模板和连接角模。其主要规格见表 8-1。

表 8-1　钢模板材料、规格　　单位：mm

<table>
<tr><th>序号</th><th>名称</th><th>宽度</th><th>长度</th><th>肋高</th><th>材料</th></tr>
<tr><td>1</td><td>平面模板</td><td>600、550、500、450、400、350、300、250、200、150、100</td><td rowspan="4">1 800、1 500、1 200、900、750、600、450</td><td rowspan="4">55</td><td rowspan="4">Q235 钢板
δ=2.5
δ=2.75</td></tr>
<tr><td>2</td><td>阳角模板</td><td>150×150、100×150</td></tr>
<tr><td>3</td><td>阴角模板</td><td>100×100、50×50</td></tr>
<tr><td>4</td><td>连接模板</td><td>50×50</td></tr>
</table>

①平面模板。平面模板用于基础、墙体、梁、板、柱等各种结构的平面部位，它由面板和肋组成，肋上设有 U 形卡孔和插销孔，利用 U 形卡和 L 形插销等拼装成大块板，如图 8-8 所示。

②阳角模板。阳角模板主要用于混凝土构件阳角，如图 8-9 所示。

③阴角模板。阴角模板用于混凝土构件阴角，如内墙角、水池内角及梁板交接处阴角等，如图 8-10 所示。

④连接角模。连接角模主要用于平面模板做垂直连接构成阳角，如图 8-11 所示。

2）连接件。连接件的种类及用途见表 8-2 所示。

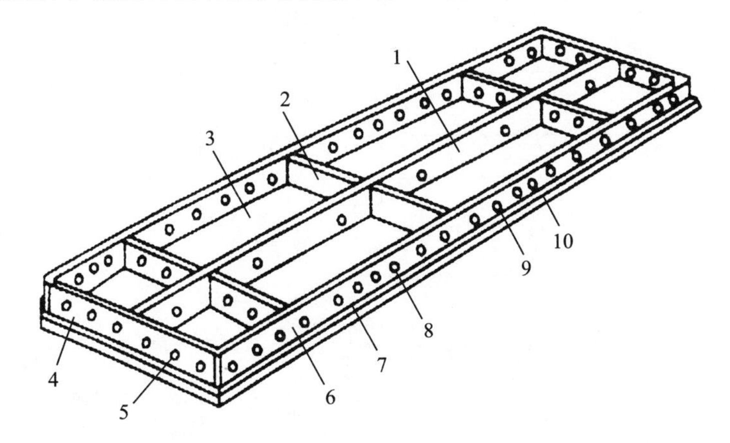

1—中纵肋；2—中横肋；3—面板；4—横肋；5—插销孔；

6—纵肋；7—凸棱；8—凸鼓；9—U 形卡孔；10—钉子孔。

图 8-8　平面模板

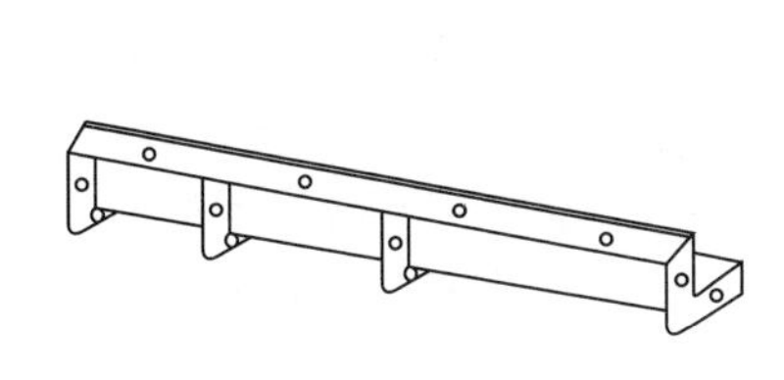

图 8-9　阳角模板

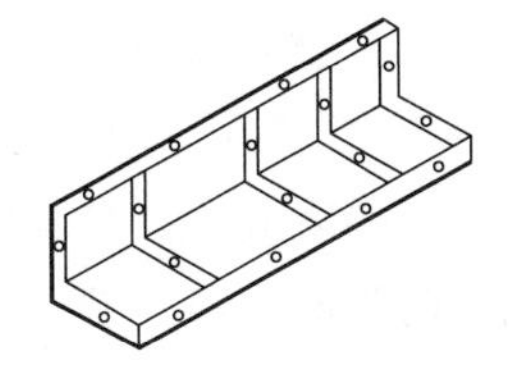

图 8-10　阴角模板

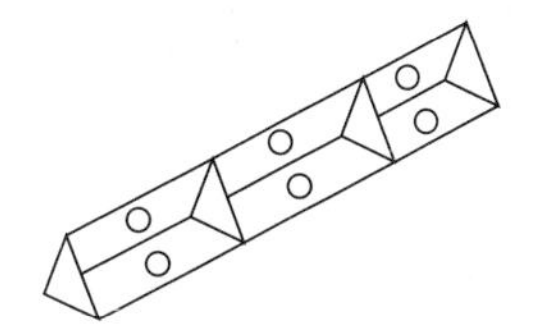

图 8-11　连接角模

表 8-2　连接件的种类及用途

序号	名称	图示	用途
1	U 形卡		主要用于相近模板的安装
2	L 形插销		用于插入两块模板纵向连接处的插销孔，以增加模板纵向接头处的刚度
3	对拉螺栓	内拉杆　顶帽　外拉杆 L　混凝土壁厚　L	用于连接墙壁两侧模板，保持墙壁厚度，承受混凝土侧压力及水平荷载，使模板不致变形

续表

序号	名称	图示	用途
4	钩头螺栓		用于模板与内、外龙骨之间的连接固定
5	紧固螺栓		用于紧固内外钢楞，增强拼接模板的整体刚度
6	扣件	碟式扣件 3形扣件	用于钢楞之间或钢楞与模板之间的扣紧，按形状分为碟形扣件和 3 型扣件

3）支承件。支承件主要由钢管脚手架、钢支柱、斜撑、钢桁架和龙骨等组成。

①钢管脚手架。主要用于荷载较大、高楼层的梁、板等水平构件模板的垂直支撑，常用的形式有扣件式钢管脚手架、门式脚手架等，如图 8-12 所示。

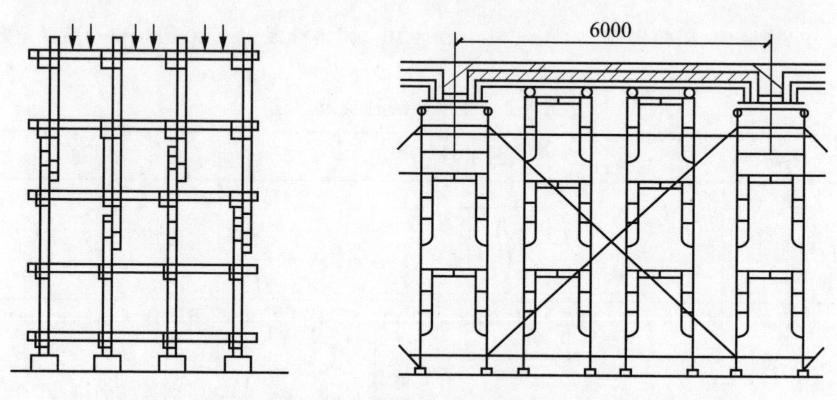

图 8-12　扣件式钢管脚手架和门式钢管脚手架（单位：mm）

②钢支柱。主要用于大梁、楼板等水平模板的垂直支撑，如图 8-13 所示。

③斜撑。由组合钢模板拼成的整片墙模或柱模，在吊装就位后，应由斜撑调整和固定其位置，如图 8-14 所示。

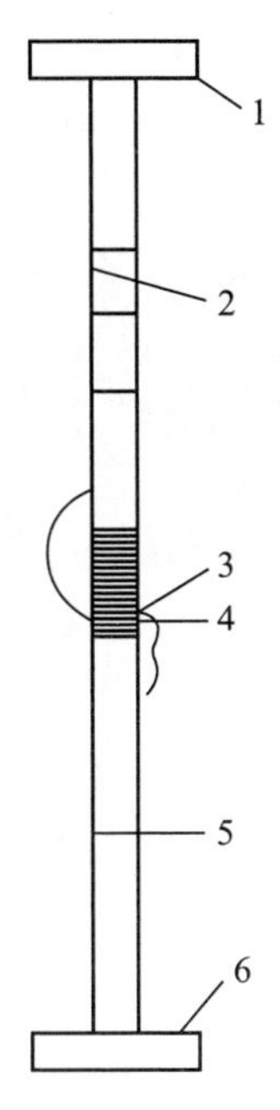

1—顶板；2—插管；3—插销；4—转盘；5—套管；6—底板。

图 8-13　钢支柱

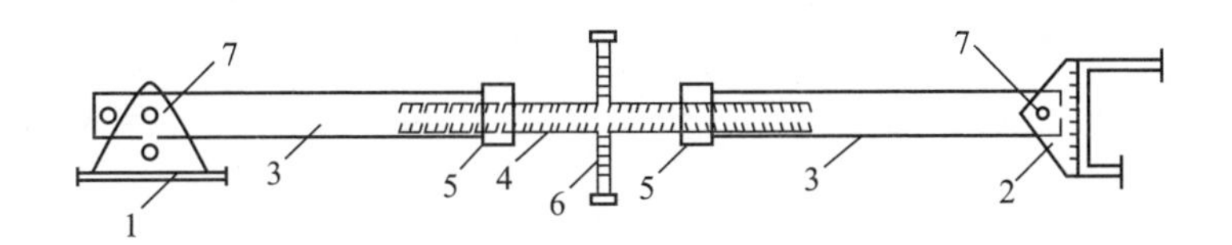

1—底座；2—顶撑；3—钢管斜撑；4—花篮螺旋；5—螺母；6—旋杆；7—销钉。

图 8-14　斜撑

④钢桁架。其两端可支承在钢筋托具、墙、梁侧模板的横档以及柱顶梁底横档上，以支承梁或板的模板，如图 8-15 所示。

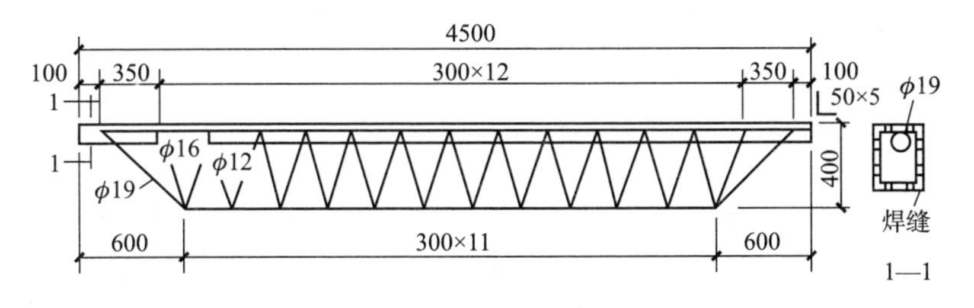

图 8-15　钢桁架（单位：mm）

⑤龙骨。龙骨包括钢楞、木楞及钢木组合楞，主要用于支承模板并加强整体刚度。

(2) 钢框木胶合板模板。

钢框木胶合板模板是由胶合板的面板与高度 75mm 的钢框构成的模板，它由平面模板、连接模板和配件组成，如图 8-16 所示。

图 8-16 钢框木胶合板模板

1）平面模板。平面模板以 600mm 为最宽尺寸，作为标准板，级差为 50mm 或其倍数，宽度小于 600mm 的为补充板。长度以 2 400mm 为最长尺寸，级差为 300mm。

2）连接模板。主要有阳角模、连接角钢和调缝角钢三种类型。平面模板的规格见表 8-3。

表 8-3 模板材料、规格　　单位：mm

序号	名称	肋高	宽度	长度	材料
1	平面模板	75	600、450、300、250、200	2 400、1 800、1 500、1 200、900	胶合板或竹胶合板、钢肋
2	阴角模		150×150、100×150	1 500、1 200、900	热轧型钢
3	阳角模		75×75		角钢
4	调缝角钢		150×150、200×200	1 500、1 200、900	角钢

3）配件。配件包括连接件和支承件两部分。

①连接件有楔形销、单双管背楞卡、L 形插销、扁杆对拉、厚度定位板等。可采用“一把榔头”或一插就能完成拼装的方式，操作快捷，安全可靠。

②支承件，有脚手架、钢管、背楞、操作平台和斜撑等。

3. 大模板

大模板可用作钢筋混凝土墙体模板，其特点是板面尺寸大（一般等于一片墙的面积），重量为 1～2t，需用起重机进行拆、装。大模板的机械化程度高，劳动消耗量低，施工进度快，但其通用性不如组合钢模，如图 8-17 所示。

常用的组合形式有组合式大模板、筒形大模板、拆装式大模板和外墙大模板。

(1) 组合式大模板。

它通过固定大模板板面的角模，能把纵横墙的模板组装在一起，房间的纵横墙体混凝土可以同时浇筑，故房屋整体性好。它还具有稳定，拆装方便，墙体阴角方正，施工质量好等特点，并可以利用模数条模板加以调整，以适应不同开间、进深尺寸的需要。

组合式大模板由板面系统、支撑系统、操作平台及附件组成，如图 8-18 所示。

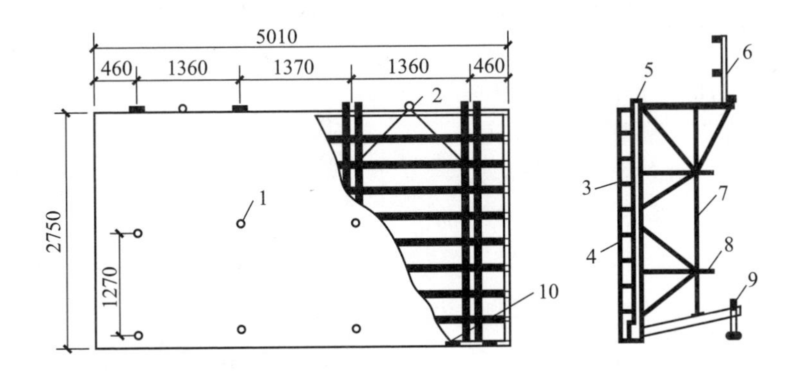

图 8-17　大模板构造示意图（单位：mm）

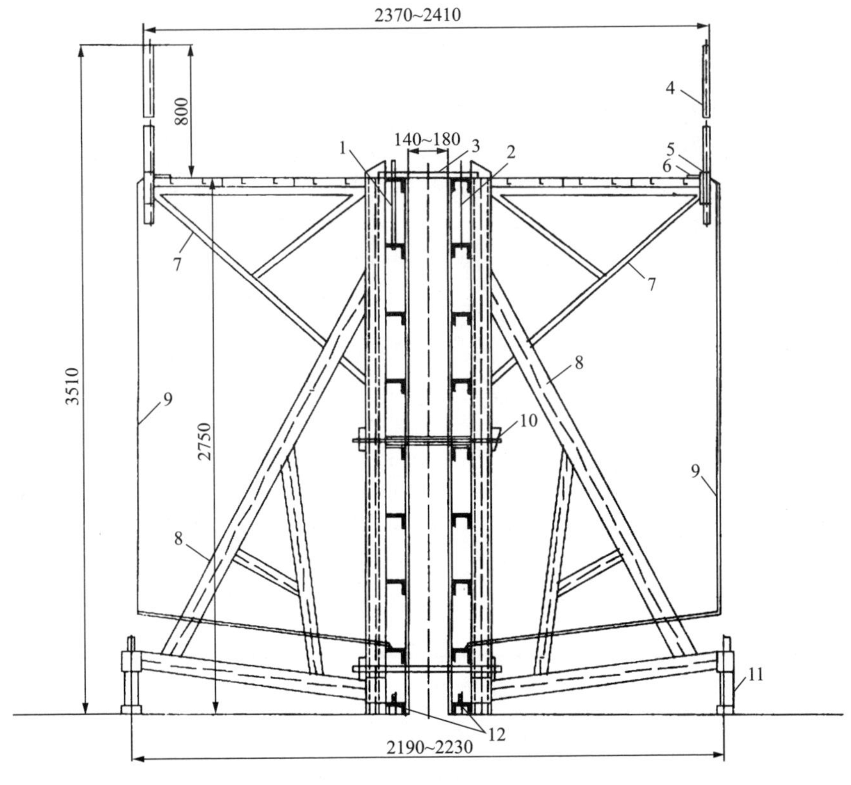

1—反向模板；2—正向模板；3—上口卡板；4—活动护身栏；5—爬梯横担；6—螺栓连接；7—操作平台斜撑；8—支撑架；9—爬梯；10—穿墙螺栓；11—地脚螺栓；12—地脚。

图 8-18　组合式大模板构造（单位：mm）

1）板面系统。板面系统由面板、竖肋、横肋以及龙骨组成。

面板通常采用 4～6mm 的钢板，面板骨架由竖肋和横肋组成，直接承受由面板传来的浇筑混凝土的侧压力。竖肋一般采用 60mm×6mm 的扁钢，间距为 400～500mm。横肋一般采用 8 号槽钢，间距为 300～350mm，保证了板面的双向受力。竖向龙骨采用 12 号槽钢成对放置，间距一般为1 000～1 400mm。

横肋与板面之间用断续焊缝焊接在一起，其焊点间距不得大于 20cm。竖肋与横肋之间要满焊，使其形成一个结构整体，且竖肋兼作支撑架的上弦。

2）支撑系统。支撑系统由支撑架和地脚螺栓组成，其功能是保持大模板在承受风荷载和水平力时的竖向稳定性，同时用以调节板面的垂直度。

支撑架一般用槽钢和角钢焊接制成，如图 8-19 所示。每块大模板设置两个以上的支撑架。支撑架通过上、下两个螺栓与大模板竖向龙骨相连接。

地脚螺栓设置在支撑架下部横杆槽钢端部，用来调整模板的垂直度和保证模板的竖向稳定。地脚螺栓的可调高度和支撑架下部横杆的长度直接影响到模板自稳角的大小。

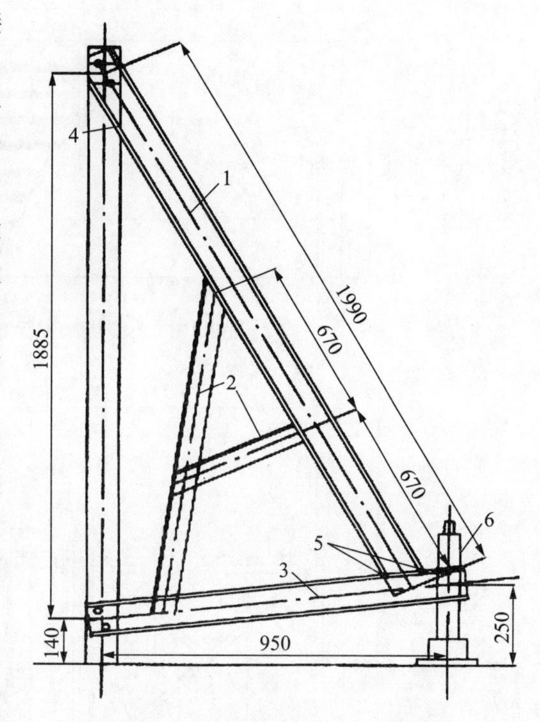

1—槽钢；2—角钢；3—下部横杆槽钢；
4—上加强板；5—下加强板；6—地脚螺栓。

图 8-19　支撑架（单位：mm）

3）操作平台。操作平台是施工人员操作的场所和运行的通道，操作平台系统由操作平台、护身栏、铁爬梯等部分组成。操作平台设置于模板上部，用三角架插入竖肋的套管内，三角架满铺脚手板。铁爬梯供操作人员上下平台使用，附设于大模板上，用钢筋焊接而成，随大模板一道起吊。

4）附件。常用的附件主要有穿墙螺栓、塑料套管和上口卡子。穿墙螺栓是承受混凝土的侧压力、加强板面结构的刚度、控制模板间距的重要配件，它把墙体两侧大模板连接为一体。在穿墙螺栓外部套一根硬质塑料管，其长度与墙厚度相同，两端顶住墙模板，这样在拆除时可保证穿墙螺栓的顺利脱出。穿墙螺栓的连接构造如图 8-20 所示。上口卡子如图 8-21 所示。

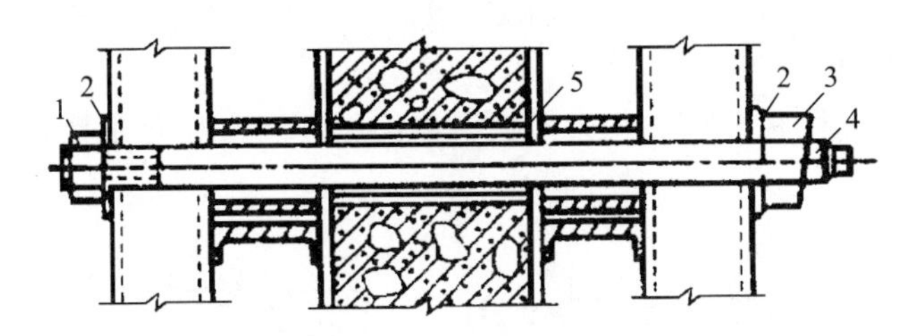

1—螺母；2—垫板；3—板销；4—螺杆；5—塑料套管。

图 8-20 穿墙螺栓的连接构造

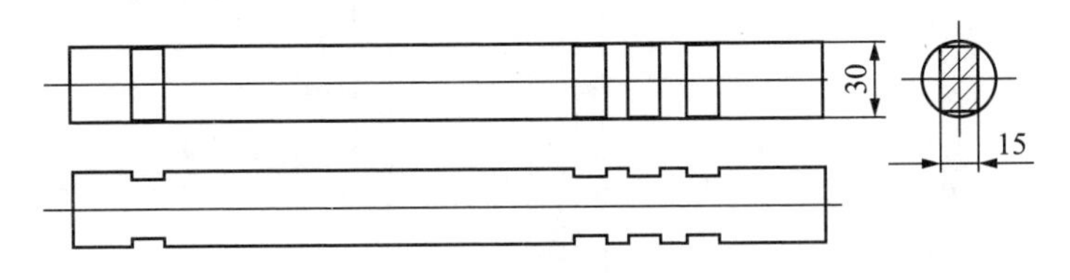

(a) 铁卡子大样

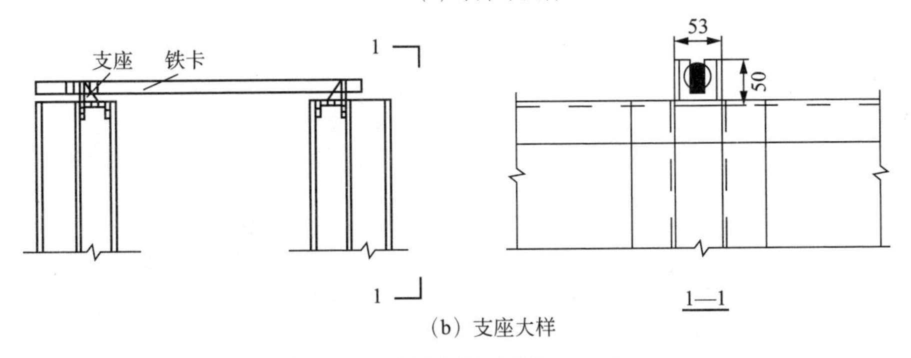

(b) 支座大样

图 8-21 上口卡子（单位：mm）

(2) 筒形大模板。

常见的筒形大模板主要有组合式铰接筒形模板、滑板平台骨架筒模、组合式提模和电梯井自升筒模。

1) 组合式铰接筒形模板。组合式铰接筒形模板由组合式模板组合成大模板、铰接式角模、脱模器、横竖龙骨、悬吊架和紧固件组成，如图 8-22 所示。

2) 滑板平台骨架筒模。滑板平台骨架筒模由装有连接定位滑板的型钢平台骨架，将井筒四周大模板组成单元筒体，通过定位滑板上的斜孔与大模板上的销钉产生相对滑动，来完成筒模的支拆工作。它由滑板平台骨架、大模板、角模和模板支撑平台组成，如图 8-23 所示。

3) 组合式提模。组合式提模由模板、定位脱模架和底盘平台组成，将电梯井内侧模板固定在一个支撑架上，如图 8-24 所示。

4）电梯井自升筒模。自升筒模由模板、托架和立柱支架提升系统两大部分组成，如图 8-25 所示。

(3) 拆装式大模板。拆装式大模板由板面、骨架、竖向龙骨和吊环组成，如图 8-26 所示。

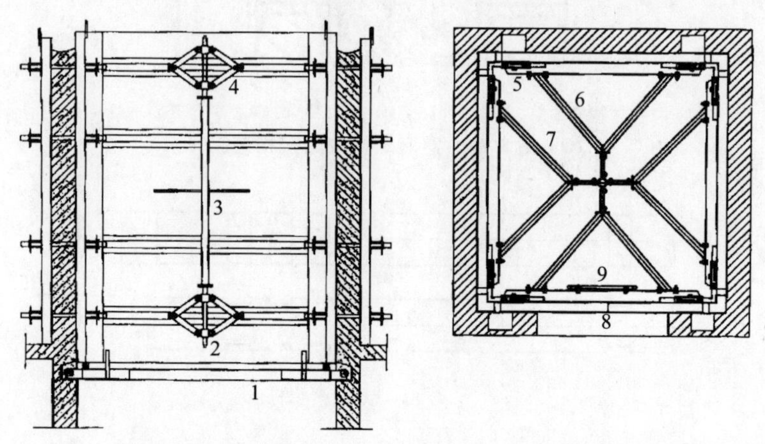

1—底盘；2—下部调节杆；3—旋转杆；4—上部调节杆；
5—角模连接杆；6—支撑架 A；7—支撑架 B；8—墙模板；9—钢爬梯。

图 8-22　组合式铰接筒形模板

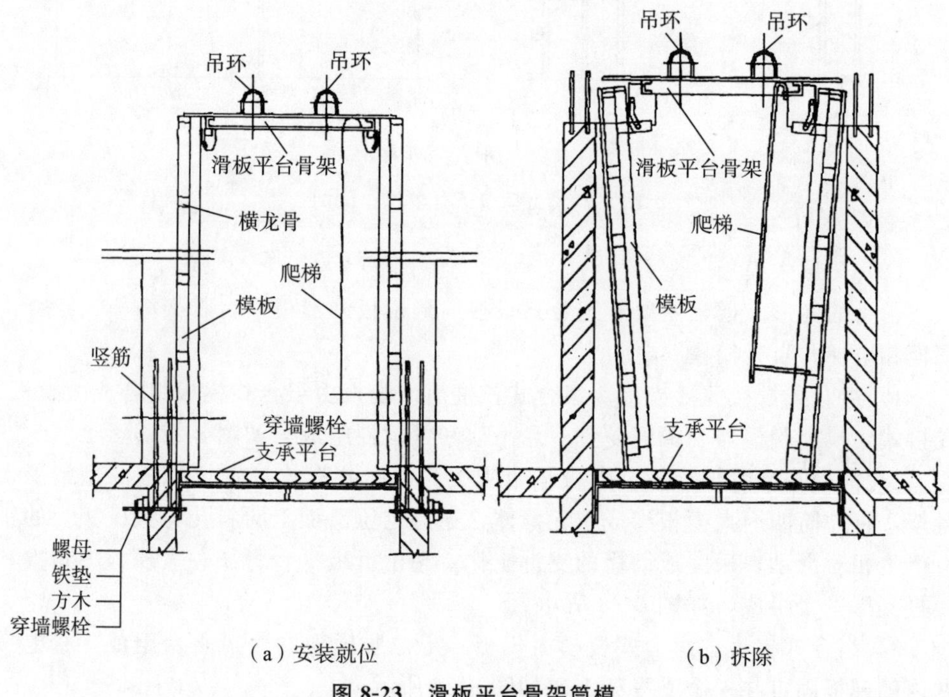

（a）安装就位　　　　（b）拆除

图 8-23　滑板平台骨架筒模

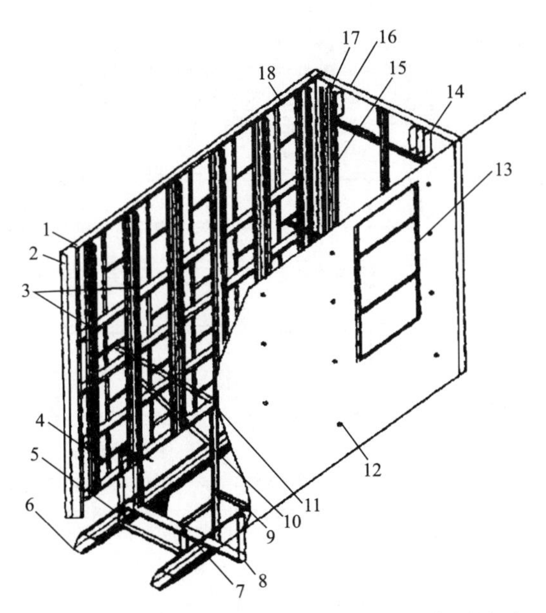

1—大模板；2—角模；3—角模骨架；4—拉杆；5—千斤顶；6—单向铰搁脚；7—底盘及钢板网；8—导向条；9—承力小车；10—门形钢架；11—可调卡具；12—拉杆螺栓孔；13—门洞；14—搁脚预留洞位置；15—角模骨架吊链；16—定位架；17—定位架压板螺杆；18—吊环。

图 8-24　组合式提模

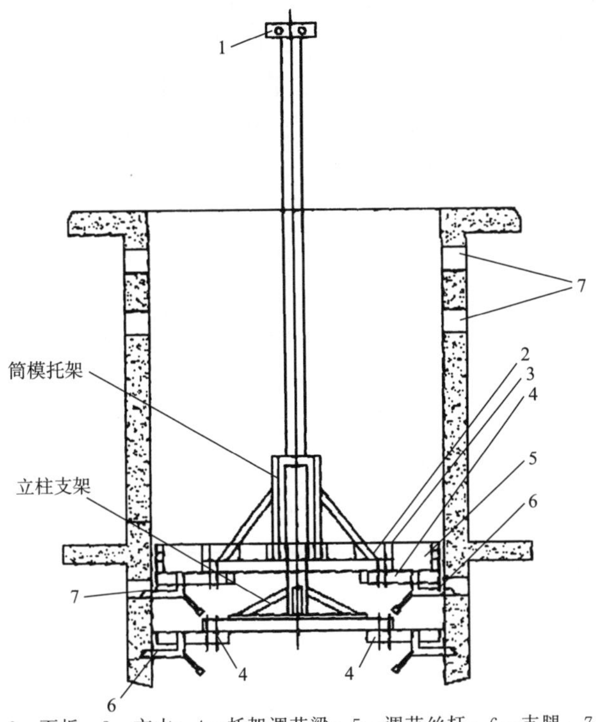

1—吊具；2—面板；3—方木；4—托架调节梁；5—调节丝杆；6—支腿；7—支腿洞。

图 8-25　电梯井自升筒模

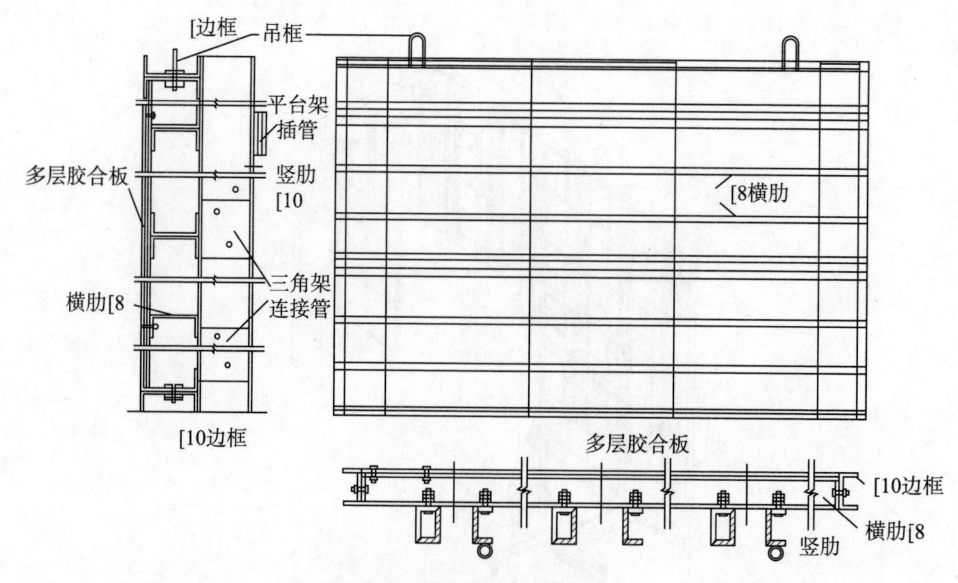

图 8-26　拆装式大模板

(4) 外墙大模板。外墙大模板的构造与组合式大模板的构造基本相同，但对于外墙面的垂直度要求较高，在设计和制作方面应注意门窗洞口的设置、外墙大角的处理和外墙外侧大模板的支设。

(5) 大模板施工。大模板的施工工艺为：抄平→弹线→绑扎→钢筋→固定门窗框→安装模板→浇筑混凝土→养护及拆模。为提高模板的周转率，使模板周转时不需中途吊至地面，以减少起重机的垂直运输工作量，减少模板在地面的堆场面积，故大模板宜采用流水分段施工。

大模板的组装顺序是：先内墙，后外墙，先以一个房间的大模板组装成敞口的闭合结构，再逐步扩大，进行相邻房间模板的安装，以提高模板的稳定性，并使模板不易产生位移。内墙模板由支承在基础或楼面相对的两块大模板组成，沿模板高度用 2～3 道穿墙螺栓拉紧。外墙的外模板可借挑梁悬挂在内墙模板上或安装在附墙脚手架上，并用穿墙螺栓与内模拉紧。

4. 滑动模板

滑动模板是一种工具式模板，用于在现场浇筑高耸的建、构筑物等，如烟囱、筒仓、竖井、沉井、双曲线冷却塔和剪力墙的高层建筑物等。滑动模板主要由模板系统、操作平台系统和液压系统组成，如图 8-27 所示。

(1) 模板系统。

模板系统包括模板、围圈和提升架等。

1) 模板又称围板。通过依赖圆圈带动其沿混凝土的表面向上滑动。模板的作用主要是承受混凝土的侧压力、冲击力和滑升时的摩阻力，并按混凝土设计的要求截面成形。

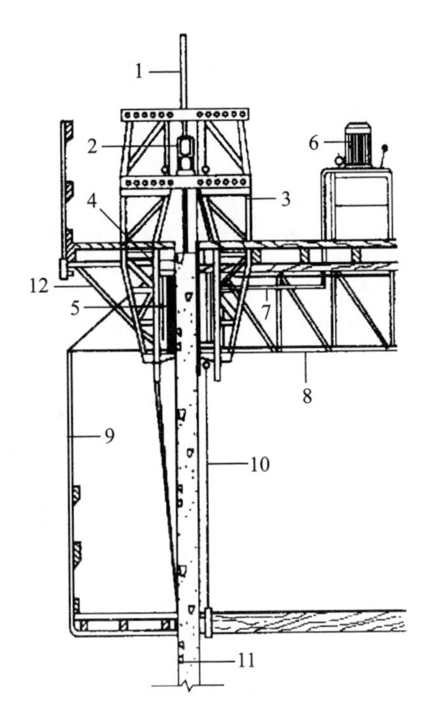

1—支承杆；2—液压千斤顶；3—提升架；4—围圈；5—模板；6—高压油泵；7—油管；
8—操作平台桁架；9—外吊架；10—内吊架；11—混凝土墙体；12—外挑架。

图 8-27　滑动模板

2）围圈又称作围檩，其构造如图 8-28 所示。围圈的主要作用是使模板保持组装的平面形状并将模板与提升架连接成一个整体。围圈在工作时，承受由模板传递来的混凝土的侧压力、冲击力及风荷载等水平荷载，滑升时的摩阻力及作用于操作平台上的静荷重和活荷重等竖向荷载，并将其传递到提升架、千斤顶和支承杆上。

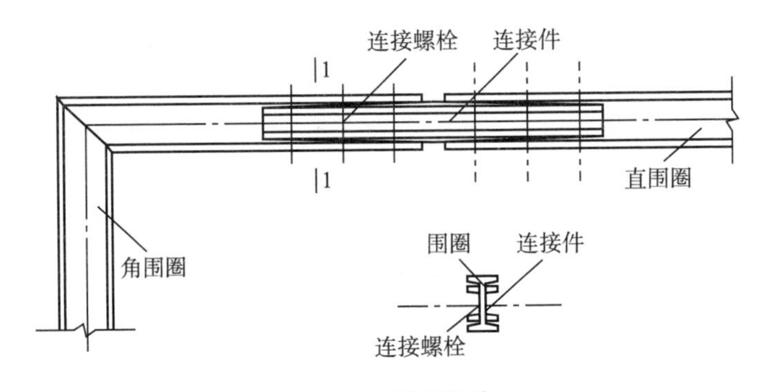

图 8-28　围圈构造

3）提升架又称千斤顶架。它是安装千斤顶，并与围圈、模板连接成整体的主要构件。提升架的主要作用是控制模板、围圈由于混凝土的侧压力和冲击力而产生的向外变形；同时承受作用于整个模板上的竖向荷载，并将上述荷载传递给千斤顶和支承杆。当提升机具工作时，通过它带动围圈、模板及操作平台等一起向上滑动。

(2) 操作平台系统。

操作平台系统是滑模施工的主要工作面，它包括主操作平台、外挑操作平台、吊脚手架等，在施工时还可设置上辅助平台，如图 8-29 所示。

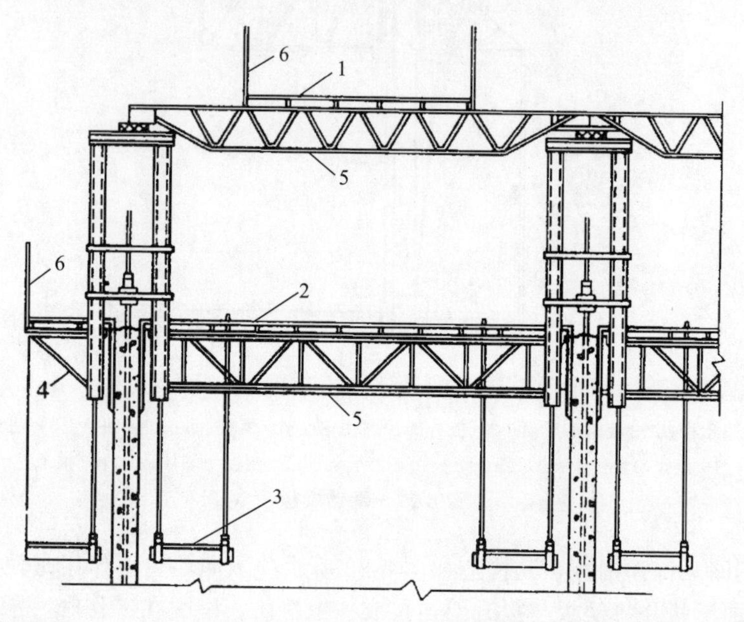

1—上辅助平台；2—主操作平台；3—吊脚手架；4—三角挑架；5—承重桁架；6—防护栏杆。

图 8-29 操作平台系统

1）主操作平台既是施工人员进行绑扎钢筋、浇灌混凝土、提升栏板等的操作场所，也是钢筋、混凝土、预埋件等材料和千斤顶、振捣器等小型备用机具的暂时存放地。

2）外挑操作平台一般由三角挑架、楞木和铺板组成。如图 8-30 所示，外挑宽度为 0.8～1.0m。为了操作的安全起见，在其外侧需设置防护栏杆。防护栏杆立柱可采用承插式固定在三角挑架上，也可作为夜间施工架设照明的灯杆。

3）吊脚手架又称下辅助平台或吊架，主要用于检查混凝土的质量和表面修饰以及模板的检修和拆卸等工作。吊脚手架主要由吊杆、横梁、脚手板和防护栏杆等构件组成。吊杆可采用直径为 16～18mm 的圆钢或 50mm×4mm 的扁钢制作。吊杆的上端通过螺栓悬吊于三脚挑架或提升架的主柱上。

(3) 液压系统。

液压系统主要包括支承杆、液压千斤顶、液压控制台和油路系统。它是使滑

图 8-30　外挑操作平台

升模板向上滑升的动力装置，如图 8-31 所示。

1）支承杆既是液压千斤顶向上爬升的轨道，又是滑升模板的承重支柱，它承受施工过程中的全部荷载，其规格要与所选用的千斤顶相适应。用钢珠作卡头的千斤顶需用 HRB400 级圆钢筋，用楔块作卡头的千斤顶，HPB235、HRB335、HRB400 钢筋皆可用，如图 8-32 所示。

图 8-31　液压系统

图 8-32　液压千斤顶

2）液压千斤顶工作原理为：施工时，将液压千斤顶安装在提升架横梁上与之联成一体，使支承杆穿入千斤顶的中心孔内。当高压油液压入它的活塞与缸盖之间时，在高压油的作用下，由于上卡头（与活塞相连）内的小钢珠（在卡头上，环形排列，共七个，支承在斜孔内的弹簧上）与支承杆产生自锁作用，使上卡头与支承杆锁紧，因而活塞不能下行。于是在油压作用下，迫使缸体连带底座和下卡头一起向上升起，由此带动提升架等整个滑模上升。当上升到下卡头紧碰着上卡头时，即完成一个工作行程，如图 8-33 所示。

3）液压控制台是液压传动系统的控制中心，是液压滑模的心脏。它主要由电动机、齿轮油泵、换向阀、溢流阀、液压分配器和油箱等组成，如图 8-34 所示。

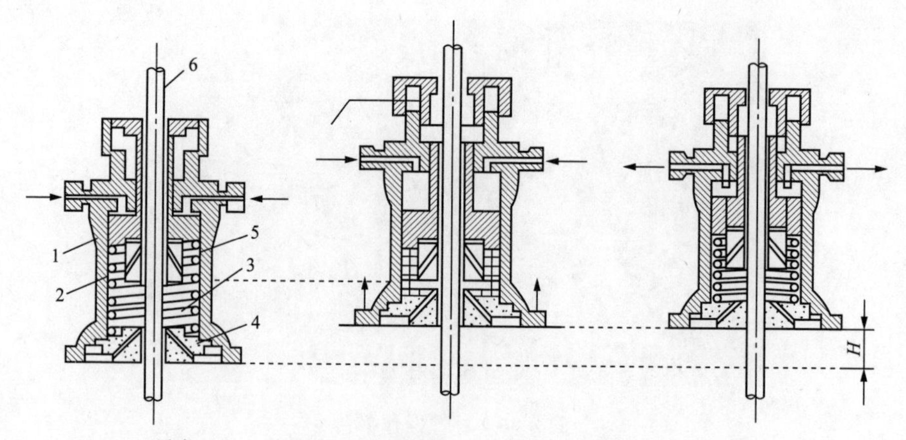

1—活塞；2—上卡头；3—排油弹簧；4—下卡头；5—缸体；6—支承杆。

图 8-33　液压千斤顶工作原理

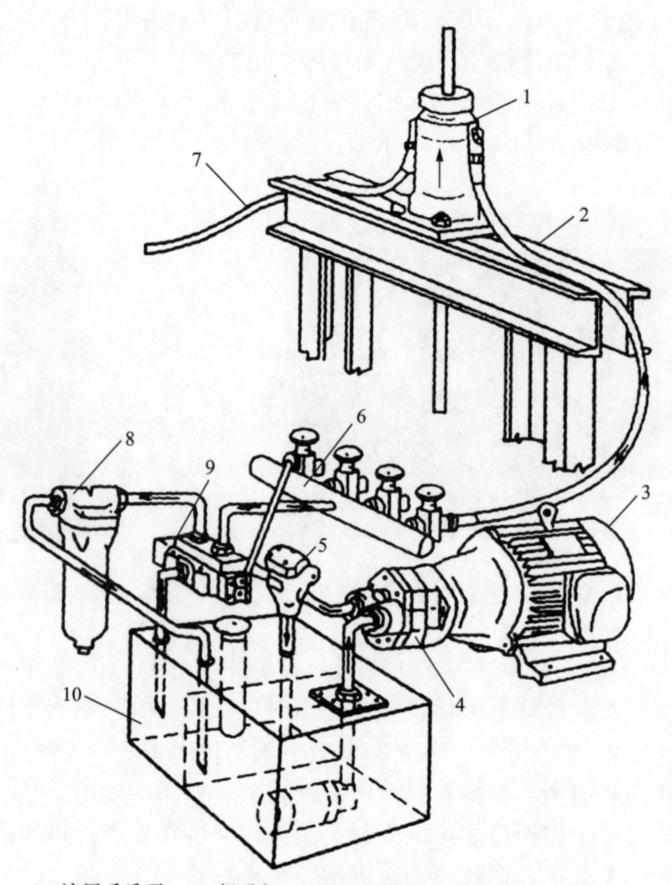

1—液压千斤顶；2—提升架；3—电动机；4—齿轮油；5—溢流阀；
6—液压分配器；7—油管；8—滤油器；9—换向阀；10—油箱。

图 8-34　液压传动系统示意图

4）油路系统是连接控制台到千斤顶使油液进行工作的通路，它主要由油管、管接头、液压分配器、截止阀等元、器件组成。

油管可采用高压胶管或无缝钢管制作。在一个工程的施工过程中，一般不使用油路，大都采用钢管；需要常拆改的油路，宜采用高压胶管。

二、模板安装

1. 一般要求

（1）模板安装必须按模板的施工设计进行，严禁随意变动。

（2）楼层高度超过 4m 或两层及两层以上的建筑物，安装和拆除钢模板时，周围应设安全网或搭设脚手架和加设防护栏杆。在临街及交通要道地区，尚应设警示牌，并设专人维持安全，防止伤及行人。

（3）现浇整体式的多层房屋和构筑物安装上层楼板及其支架时，应符合下列要求：

1）下层楼板混凝土强度达到 $1.2N/mm^2$ 以后，才能上料具。料具要分散堆放，不得过分集中。

2）如采用悬吊模板、桁架支模的方法，其支撑结构必须要有足够的强度和刚度。

3）下层楼板结构的强度要达到能承受上层模板、支撑系统和新浇筑混凝土的重量时，方可进行。否则下层楼板结构的支撑系统不能拆除，同时上下层支柱应在同一垂直线上。

4）模板及支撑系统在安装过程中，必须设置固定措施，以防倒塌。

5）在架空输电线路下面安装和拆除组合钢模板时，吊机起重臂、吊物、钢丝绳、外脚手架和操作人员等与架空线路的最小安全距离应符合表 8-4 的要求。如停电作业时，要有相应的防护措施。

表 8-4　操作人员与架空线路的最小安全距离

外电显露电压	1kV 以下	1～10kV	35～110kV	154～220kV	330～500kV
最小安全操作距离/m	4	6	8	10	15

6）模板的支柱纵横向水平、剪刀撑等均应按设计的规定布置，当设计无规定时，一般支柱的网距不宜大于 2m，纵横向水平的上下步距不宜大于 1.5m，纵横向的垂直剪刀撑间距不宜大于 6m。

当支柱高度小于 4m 时，应设上下两道水平撑和垂直剪刀撑。以后支柱每增高 2m 再增加一道水平撑，水平撑之间还需增加一道剪刀撑。

当楼层高度超过 10m 时，模板的支柱应选用长料，同一支柱的连接接头不宜超过两个。

7）安装组合模板时，应按规定确定吊点位置，先进行试吊，无问题后再进行吊运安装。

2. 施工注意事项

(1) 单片柱模板吊装时，应采用卸扣（卡环）和柱模连接，严禁用钢筋钩代替，以避免柱模翻转时脱钩造成事故，待模板立稳并拉好支撑后，方可摘除吊钩。

(2) 安装墙模板时，应从内、外角开始，向互相垂直的两个方向拼装，连接模板的U形卡要正反交替安装，同一道墙（梁）的两侧模板应同时组合，以便确保模板安装时的稳定。当模板采用分层支模时，第一层楼板拼装后，应立即将内外钢楞、穿墙螺栓、斜撑等全部安设紧固稳定。当下层楼板不能独立安设支承件时，必须采取可靠的临时固定措施，否则禁止进行上一层楼板的安装。

(3) 支设4m以上的立柱模板和梁模板时，应搭设工作台，不足4m的，可使用马凳操作，不准站在柱模板上和在梁底板上行走，更不允许利用拉杆、支撑攀登上下。

(4) 墙模板在未装对拉螺栓前，板面要向内倾斜一定角度并撑牢，以防倒塌。安装过程要随时拆换支撑或增加支撑，以保持墙板处于稳定状态。模板未支撑稳固前不得松动吊钩。

(5) 支撑应按工序进行，模板没有固定前，不得进行下道工序。

(6) 用钢管和扣件搭设双排立柱支架支承梁模时，扣件应拧紧，且应检查扣件螺栓的扭力矩是否符合规定，当扭力矩不能达到规定值时，可放两个扣件与原扣件挨紧。横杆步距按设计规定，严禁随意增大。

(7) 平面模板安装就位时，要在支架搭设稳固、板下楞与支架连接牢固后进行。U形卡要按设计规定安装，以增强整体性，确保横板结构安全。

三、模板拆除

1. 一般要求

(1) 模板拆除的顺序和方法，应按照配板设计的规定进行，遵循先支后拆，后支先拆，先非承重部位，后承重部位以及自上而下的原则。拆模时，严禁用大锤和撬棍硬砸硬撬。

(2) 组合大模板宜大块整体拆除。

(3) 支承件和连接件应逐件拆卸，模板应逐块拆卸传递，拆除时不得损伤模板和混凝土。

(4) 拆下的模板和配件不得抛扔，均应分类堆放整齐，附件应放在工具箱内。

2. 模板拆除

(1) 支架立柱拆除。

1) 当拆除钢楞、木楞、钢桁架时，应在其下面临时搭设防护支架，使所拆楞梁及桁架先落在临时防护支架上。

2）当立柱的水平拉杆超过两层时，应首先拆除两层以上的拉杆。当拆除最后一道水平拉杆时，应与拆除立柱同时进行。

3）当拆除 4～8m 跨度的梁下立柱时，应先从跨中开始，用对称的方式分别向两端拆除。拆除时，严禁采用连梁底板向旁侧一片拉倒的拆除方法。

4）对于多层楼板模板的立柱，当上层及以上楼板正在浇筑混凝土时，下层楼板立柱的拆除应根据下层楼板结构混凝土强度的实际情况，经过计算确定。

5）阳台模板应保持三层原模板支撑，不宜拆除后再加临时支撑。

6）后浇带模板应保持原支撑，如果因施工方法需要也应先加临时支撑支顶后拆模。

（2）普通模板拆除。

1）拆除条形基础、杯形基础、独立基础或设备基础的模板时，应符合下列要求：

①拆除前应先检查基槽（坑）土壤的安全状况，发现有松软、龟裂等不安全因素时，应在采取安全防范措施后，再进行作业。

②拆除模板时，应先拆内外木楞、再拆木面板；钢模板应先拆钩头螺栓和内外钢楞，后拆 U 形卡和 L 形插销。

③模板和支撑应随拆随运，不得在离槽（坑）上口边缘 1m 以内堆放。

2）拆除柱模应符合下列要求：

①柱模拆除可分别采用分片拆和分散拆两种方法。

②分片拆除的顺序为：拆除全部支撑系统→自上而下拆除柱箍及横楞→拆除柱角 U 形卡→分片拆除模板→原地清理→刷防锈油或脱模剂→分片运至新支模地点备用。

③分散拆除的顺序为：拆除拉杆或斜撑→自上而下拆除柱箍或横楞→拆除竖楞→自上而下拆除配件及模板→运走分类堆放→清理→拔钉→钢模维修→刷防锈油或脱模剂→入库备用。

3）拆除梁、板模板应符合下列要求。

①梁、板模板应先拆梁侧模，再拆板底模，最后拆除梁底模，并应分段分片进行，严禁成片撬落或成片拉拆。

②拆除模板时，严禁用铁棍或铁锤乱砸，已拆下的模板应妥善传递或用绳钩放至地面。

③待分片、分段的模板全部拆除后，应将模板、支架、零配件等按指定地点运出堆放，并进行拔钉、清理、整修、刷防锈油或脱模剂，最后入库备用。

4）拆除墙模应符合下列要求。

①墙模分散拆除顺序为：拆除斜撑或斜拉杆→自上而下拆除外楞及对拉螺

栓→分层自上而下拆除木楞或钢楞及零配件和模板→运走分类堆放→拔钉清理或清理检修后刷防锈油或脱模剂→入库备用。

②预组拼大块墙模拆除顺序为：拆除全部支撑系统→拆卸大块墙模接缝处的连接型钢及零配件→拧去固定埋设件的螺栓及大部分对拉螺栓→挂上吊装绳扣并略拉紧吊绳后拧下剩余对拉螺栓→用方木均匀敲击大块墙模立楞及钢模板，使其脱离墙体→用撬棍轻轻外撬大块墙模板使其全部脱离→起吊、运走、清理→刷防锈油或脱模剂备用。

③拆除每一大块墙模的最后两个对拉螺栓后，作业人员应撤离大模板下侧，之后的操作均应在上部进行。个别大块模板拆除后产生局部变形者应及时整修好。

④大块模板起吊时，速度要慢，应保持垂直，严禁模板碰撞墙体。

3. 施工注意事项

（1）拆模前应检查所使用的工具是否有效和可靠，扳手等工具必须装入工具袋或系挂在身上，并应检查拆模场所范围内的安全措施。

（2）模板的拆除工作应设专人指挥。作业区应设围栏，其内不得有其他工种作业，并应设专人负责监护。

（3）多人同时操作时，应明确分工、统一信号或行动，应具有足够的操作面，人员应站在安全处。

（4）高处拆除模板时，应符合有关高空作业的规定，应搭脚手架，并设防护栏杆，防止上下在同一垂直面操作。搭设的临时脚手架必须牢固。

（5）拆模必须拆除干净彻底，如遇特殊情况需中途停歇时，应将已拆松动、悬空、浮吊的模板或支架临时支撑牢固或相互连接稳固。对活动部件必须一次拆除。

（6）已拆除了模板的结构，应在混凝土强度达到设计强度值后方可承受全部设计荷载。在未达到设计强度以前且需在结构上加置施工荷载时，应另行核算，强度不足时，应加设临时支撑。

（7）遇六级或六级以上大风时，应暂停室外的高处作业。雨、雪、霜后应先清扫施工现场，方可进行工作。

（8）拆除有洞口的模板时，应采取防止操作人员坠落的措施。洞口模板拆除后，应及时进行防护。

四、模板施工质量标准与注意事项

1. 模板安装的质量要求

（1）各种预埋件、预留孔洞的规格、位置、数量及其固定情况，其允许偏差应符合表 8-5 的规定。

表 8-5　预埋件和预留孔洞的允许偏差

项目		允许偏差（mm）
预埋钢板中心线位置		3
预埋管、预留孔中心线位置		3
插筋	中心线位置	5
	外露长度	＋10，0
预埋螺栓	中心线位置	10
	外露长度	＋10，0
预留洞	中心线位置	10
	尺寸	＋10，0

注：检查中心线位置时，应沿纵、横两个方向量测，并取其中的较大值。

（2）现浇结构模板安装的允许偏差及检验方法应符合表 8-6 的规定。

表 8-6　现浇结构模板安装的允许偏差及检验方法

项目		允许偏差（mm）	检验方法
轴线位置（纵、横两个方向）		5	钢尺检查
底模上表面标高		±5	水准仪或拉线、钢尺检查
截面内部尺寸	基础	±10	钢尺检查
	柱、墙、梁	＋4，－5	钢尺检查
层高垂直度	不大于 5m	6	经纬仪或吊线、钢尺检查
	大于 5m	8	经纬仪或吊线、钢尺检查
相邻两板表面高低差		2	钢尺检查
表面平整度		5	2m 靠尺和塞尺检查

（3）预制构件模板安装的允许偏差及检验方法应符合表 8-7 的规定。

表 8-7　预制构件模板安装的允许偏差及检验方法

序号	项目		允许偏差/mm	检验方法
1	长度	板、梁	±5	钢尺量两角边，取其中较大值
2		薄腹梁、桁架	±10	
3		柱	0，－10	
4		墙板	0，－5	

续表

序号	项目		允许偏差/mm	检验方法
5	宽度	板、墙板	0，−5	钢尺量一端及中部，取其中较大值
6		梁、薄腹梁、桁架、柱	+2，−5	
7	高（厚）度	板	+2，−3	钢尺量一端及中部，取其中较大值
8		墙板	0，−5	
9		梁、薄腹梁、桁架、柱	+2，−5	
10	侧向弯曲	梁、板、柱	l/1000且≤15	拉线、钢尺量最大弯曲处
11		墙板、薄腹梁、桁架	l/1500且≤15	
12	板的表面平整度		3	2m靠尺和塞尺检查
13	相邻两板表面高低差		1	钢尺检查
14	对角线差	板	7	钢尺量两个对角线
15		墙板	5	
16	翘曲	板、墙板	l/1500	调平尺在两端量测
17	设计起拱	薄腹梁、桁架、梁	±3	拉线、钢尺量跨中

注：l为构件长度（mm）。

2. 模板拆除的质量要求

（1）底模及其支架拆除时的混凝土强度应符合表8-8的规定。

表8-8　底模拆除时的混凝土强度要求

序号	构件类型	结构跨度/m	达到设计的混凝土立方体抗压强度标准值的百分率/%
1	板	≤2	≥50
2		>2，≤8	≥75
3		>8	≥100
4	梁、拱、壳	≤	≥75
5		>8	≥100
6	悬壁构件	—	≥100

（2）对后张法预应力混凝土结构构件，侧模应在预应力张拉前拆除；底模支架的拆除应按施工技术方案执行，当无具体要求时，不应在结构构件建立预应力前拆除。

（3）后浇带模板的拆除和支顶应按施工技术方案执行。

第二节 钢筋工程

钢筋工程

扫码观看本视频

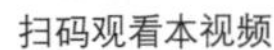

一、钢筋分类及用途

钢筋混凝土用钢筋主要有热轧光圆钢筋、热轧带肋钢筋、余热处理钢筋、冷轧带肋钢筋、冷拔螺旋钢筋、冷拔低碳钢丝等。

(1) 热轧(光圆、带肋)钢筋。

1) 热轧光圆钢筋。热轧光圆钢筋是经热轧成型,横截面通常为圆形,且表面光滑的成品钢筋。

2) 热轧带肋钢筋。热轧带肋钢筋是由热轧光圆钢筋经热轧成型,横截面通常为圆形,且表面带肋的混凝土结构用钢材,如图 8-35 所示。

图 8-35 热轧带肋钢筋

(2) 余热处理钢筋。余热处理钢筋是热轧后立即穿水,进行表面冷却控制,然后芯部余热自身完成回火处理所得的成品钢筋。

(3) 冷轧带肋钢筋。冷轧带肋钢筋是热轧盘条经过冷轧后,在其表面带有沿长度方向均匀分布的三面或两面横肋的钢筋。

(4) 冷拔螺旋钢筋。制造钢筋的盘条应根据《低碳钢热轧圆盘条》(GB/T 701—2008) 的有关规定。

(5) 冷拔低碳钢丝。拔丝用热轧圆盘条应符合《低碳钢热轧圆盘条》(GB/T 701—2008) 的有关规定。在冷拔过程中,不得酸洗和退火,冷拔低碳钢丝成品不允许对焊。

二、钢筋加工

1. 钢筋除锈

(1) 钢筋的表面应洁净。油渍、漆污和用锤敲击时能剥落的浮皮、铁锈等应在使用前清除干净。在焊接前，焊点处的水锈应清除干净。钢筋除锈可采用机械除锈和手工除锈两种方法。

1) 机械除锈可采用钢筋除锈机或钢筋冷拉、调直过程除锈。

对直径较细的盘条钢筋，可通过冷拉和调直过程自动去锈；粗钢筋采用圆盘铁丝刷除锈机除锈。

电动除锈机如图 8-36 所示。该机的圆盘钢丝刷有成品供应，其直径为 200～300mm、厚度为 50～100mm、转速一般为 1 000r/min，电动机功率为 1.0～1.5kW。为了减少除锈时灰尘飞扬，应装设排尘罩和排尘管道。

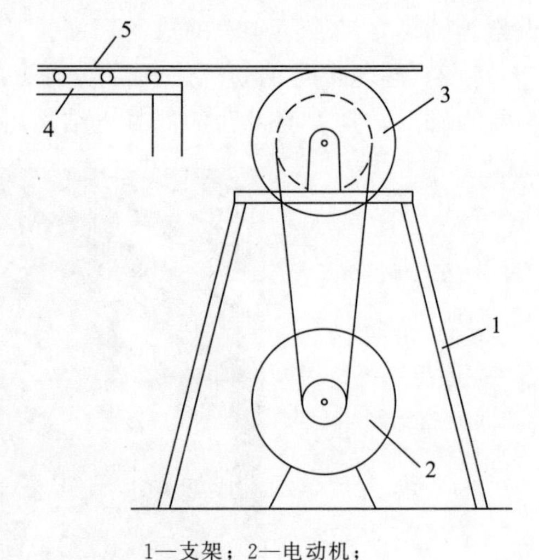

1—支架；2—电动机；
3—圆盘钢丝刷；4—滚轴台；5—钢筋。

图 8-36 电动除锈机

2) 手工除锈可采用钢丝刷、砂盘、喷砂等除锈或酸洗除锈。工作量不大或在工地设置的临时工棚中操作时，可用麻袋布擦或用钢丝刷子刷；对于较粗的钢筋，用砂盘除锈法，即制作钢槽或木槽，槽内放置干燥的粗砂和细石子，将有锈的钢筋穿进砂盘中来回抽拉。

(2) 对于有起层锈片的钢筋，应先用小锤敲击，使锈片剥落干净，再用砂盘或除锈机除锈；对于因麻坑、斑点以及锈皮去层而使钢筋截面损伤的钢筋，使用前应鉴定是否降级使用或做其他处置。

2. 钢筋切断

钢筋切断机具有断线钳、手压切断器、手动液压切断器、电动液压切断机、钢筋切断机等。

(1) 手动液压切断器。手动液压切断器如图 8-37 所示。其工作原理是：把放油阀按顺时针方向旋紧；揿动压杆使柱塞提升，随后吸油阀被打开，工作油进入油室；提起压杆，工作油便被压缩进入缸体内腔，压力油推动活塞前进，安装在活塞杆前部的刀片即可断料。切断完毕后立即按逆时针方向旋开放油阀，在回位弹簧的作用下，压力油又流回油室，刀头自动缩回缸内，如此重复动作，以实现钢筋的切断。

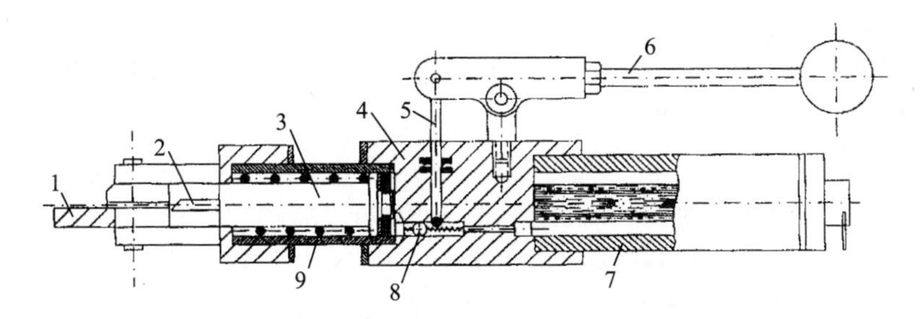

1—滑轨；2—刀片；3—活塞；4—缸体；5—柱塞；
6—压杆；7—贮油筒；8—吸油阀；9—回位弹簧。

图 8-37　手动液压切断器

（2）电动液压切断机。电动液压切断机如图 8-38 所示。

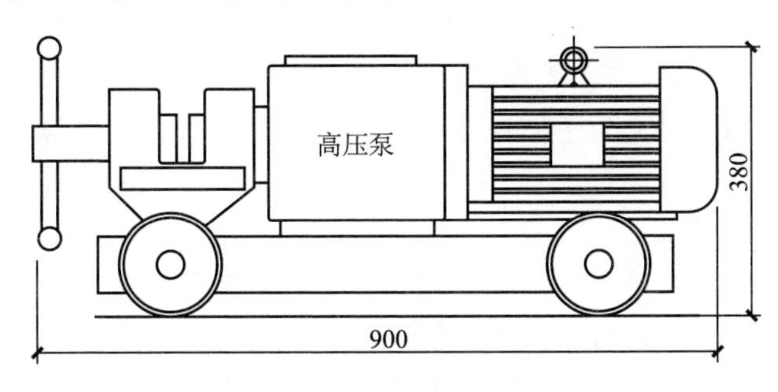

图 8-38　电动液压切断机（单位：mm）

（3）钢筋切断机。其切断工艺如下。

1）将同规格钢筋根据不同长度搭配，统筹排料。一般应先断长料，后断短料，以减少短头接头和损耗。

2）断料应避免用短尺量长料，以防止在量料中产生累计误差。为此，宜在工作台上标出尺寸刻度并设置控制断料尺寸用的挡板。

3）钢筋切断机的刀片应由工具钢热处理制成，刀片的形状如图 8-39 所示。使用前应检查刀片安装是否正确、牢固，润滑及空车试运转应正常。固定刀片与冲切刀片的水平间隙以 0.5～1mm 为宜；固定刀片与冲切刀片刀口的距离：对直径小于或等于 20mm 的钢筋宜重叠 1～2mm，对直径大于 20mm 的钢筋宜留 5mm 左右。

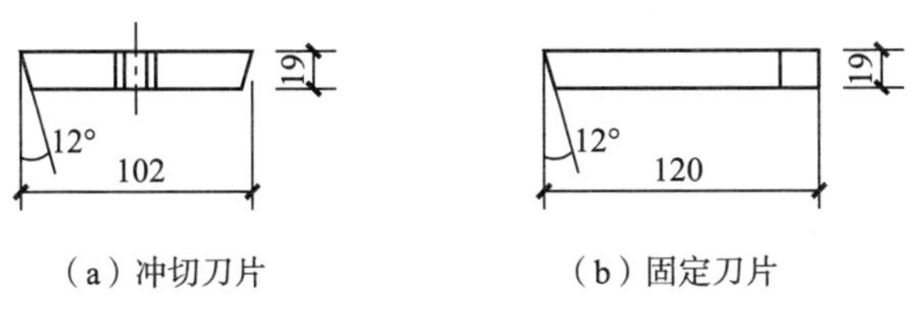

（a）冲切刀片　　（b）固定刀片

图 8-39　钢筋切断机的刀片形状（单位：mm）

4）向切断机送料时，应将钢筋摆直，避免弯成弧形。操作者应将钢筋握紧，并应在冲切刀片向后退时送进钢筋；切断较短钢筋时，宜将钢筋套在钢管内送料，防止发生人身或设备安全事故。

3. 钢筋弯曲

（1）画线。钢筋弯曲前，对形状复杂的钢筋（如弯起钢筋），根据钢筋料牌上标明的尺寸，用石笔将各弯曲点位置画出。画线时应注意如下情况。

1）根据不同的弯曲角度扣除弯曲调整值，其扣法是从相邻两段长度中各扣一半。

2）钢筋端部带半圆弯钩时，该段长度画线时增加 0.5d（d 为钢筋直径）。

3）画线工作宜从钢筋中线开始向两边进行；两边不对称的钢筋，也可从钢筋一端开始画线，如画到另一端有出入时，则应重新调整。

（2）钢筋弯曲成型。钢筋在弯曲机上成型时，如图 8-40 所示。心轴直径应是钢筋直径的 2.5～5.0 倍，成型轴宜加偏心轴套，以便适应不同直径的钢筋弯曲需要。弯曲细钢筋时，为了使弯弧一侧的钢筋保持平直，挡铁轴宜做成可变挡架或固定挡架（加铁板调整）。

（3）曲线形钢筋成型。弯制曲线形钢筋时，如图 8-41 所示，可在原有钢筋弯曲机的工作盘中央，放置一个十字架和钢套；另外在工作盘的四个孔内插上短轴和成型钢套（和中央钢套相切）。插座板上的挡轴钢套尺寸可根据钢筋曲线形状选用。钢筋成型过程中，成型钢套起顶弯作用，十字架只协助推进。

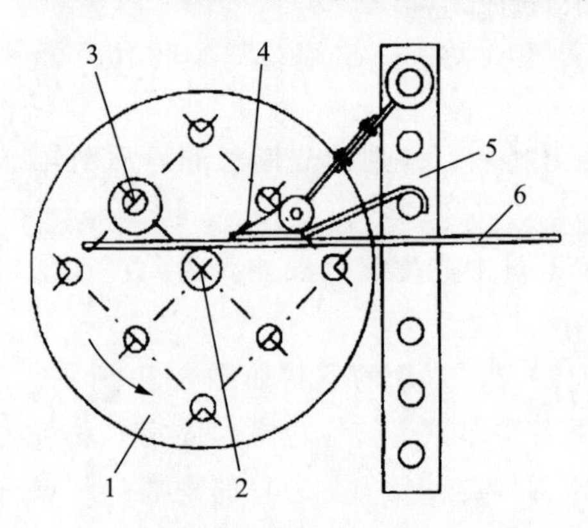

图 8-40　钢筋弯曲成型

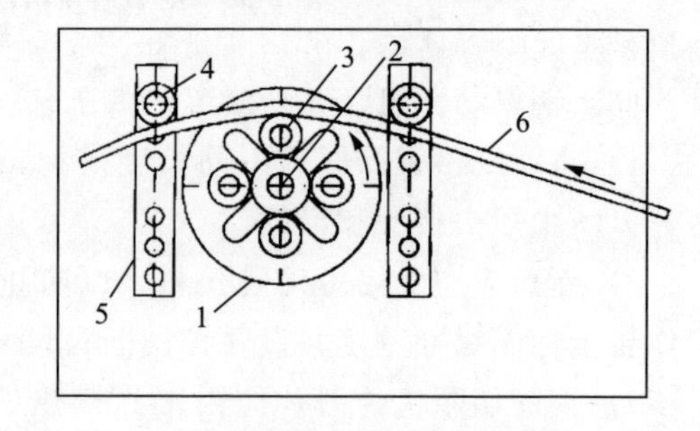

1—工作盘；2—十字撑及圆套；
3—桩柱及圆套；4—挡轴钢套；
5—插座板；6—钢筋。

图 8-41　曲线形钢筋成型

4. 钢筋冷拔

冷拔是使 ϕ6～ϕ9 的光圆钢筋通过钨合金的拔丝模来进行强力冷拔，如图 8-42 所示。钢筋通过拔丝模时，受到拉伸与压缩兼有的作用，使钢筋内部晶格变形而产生塑性变形，因而抗拉强度提高（可提高 50%～90%），塑性降低，呈硬钢性质。光圆钢筋经冷拔后称冷拔低碳钢丝。

冷拔低碳钢丝有时是经多次冷拔而成，不一定是一次冷拔就能达到总压缩率。每次冷拔的压缩率不宜太大，否则拔丝机的功率要大，拔丝模易损耗，且易断丝。一般前道钢丝和后道钢丝的直径之比以 1∶0.87 为宜。冷拔次数亦不宜过多，否则易使钢丝变脆。

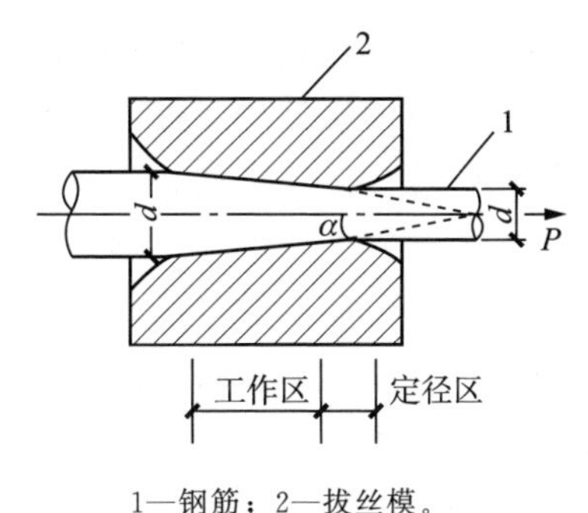

1—钢筋；2—拔丝模。

图 8-42　钢筋冷拔示意图

三、钢筋连接

钢筋连接有三种常用的连接方法：绑扎连接、焊接连接和机械连接。除个别情况外（如不准出现明火）应尽量采用焊接连接，以保证质量、提高效率和节约钢材。

1. 钢筋焊接连接

（1）钢筋焊接连接应符合下列规定。

1）细晶粒热轧钢筋 HRBF335、HRBF400、HRBF500 施焊时，可采用与 HRB335、HRB400、HRB500 钢筋相同的或者近似的，并经试验确认的焊接工艺参数。直径大于 28mm 的带肋钢筋，焊接参数应经试验确定；余热处理钢筋不宜焊接。

2）电渣压力焊适用于柱、墙、构筑物等现浇混凝土结构中竖向受力钢筋的连接；不得在竖向焊接后横置于梁、板等构件中作水平钢筋使用。

3）在正式焊接之前，参与该项施焊的焊工应进行现场条件下的焊接工艺试验，并经试验合格后，方可正式生产。试验结果应符合质量检验与验收时的要求，焊接工艺试验的资料应存于工程档案之中。

4）钢筋焊接施工之前，应清除钢筋、钢板焊接部位以及钢筋与电极接触处表面上的锈斑、油污、杂物等；当钢筋端部有弯折、扭曲时，应予以矫直或切除。

5）带肋钢筋采取闪光对焊、电弧焊、电渣压力焊和气压焊时，宜将纵肋对纵肋安放和焊接。

6）焊剂应存放在干燥的库房内，若受潮时，在使用前应经 250～350℃烘焙 2h。使用中回收的焊剂应清除熔渣和杂物，并应与新焊剂混合均匀后使用。

7）两根同牌号、不同直径的钢筋可进行闪光对焊、电渣压力焊或气压焊，闪光对焊时直径差不得超过 4mm，选用电渣压力焊或气压焊时，其直径差不得超过 7mm。焊接工艺参数可在大、小直径钢筋焊接工艺参数之间偏大选用，两根钢筋的轴线应在同一直线上。对接头强度的要求，应按较小直径钢筋计算。

8）当环境温度低于－20℃时，不宜进行各种焊接。雨天、雪天不宜在现场进行施焊；必须施焊时，应采取有效遮蔽措施。焊后未冷却的接头不得碰到冰雪。在现场进行闪光对焊或电弧焊且风力超过四级时，应采取挡风措施。在现场进行气压焊且风力超过三级时，应采取挡风措施。

9）焊机应经常维护保养和定期检修，确保正常使用。

（2）钢筋闪光对焊。闪光对焊广泛用于钢筋纵向连接及预应力钢筋与螺丝端杆的焊接。热轧钢筋的焊接宜优先用闪光对焊，不能实现时才用电弧焊。

钢筋闪光对焊的原理是利用对焊机使两段钢筋接触，通过低电压的强电流，待钢筋被加热到一定温度变软后，进行轴向加压顶锻，形成对焊接头，如图 8-43 所示。

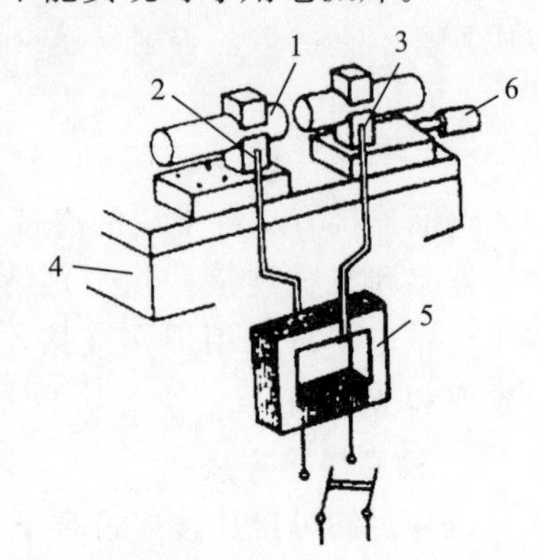

1—焊接的钢筋；2—固定电极；
3—可动电极；4—机座；
5—变压器；6—手动顶压机构。

图 8-43　钢筋闪光对焊原理

钢筋闪光对焊工艺可以分为连续闪光焊、预热闪光焊、闪光－预热－闪光焊，如图 8-44 所示。

1）连续闪光焊。连续闪光焊的工艺过程包括：连续闪光和顶锻过程，如图 8-44（a）所示。施焊时，先闭合一次电路，使两根钢筋端面轻微接触，此时端面的间隙中即喷射出火花般熔化的金属微粒——闪光，接着徐徐移动钢筋使两端面仍保持轻微接触，形成连续闪光。当闪光到预定的长度，使钢筋端头加热到将近熔点时，就以一定的压力迅速进行顶锻。先用带电顶锻，再用无电顶锻到预定的长度，焊接接头即告完成。

连续闪光焊的工艺参数为调伸长度、烧化留量、顶锻留量及变压器级数等，如图 8-45 所示。

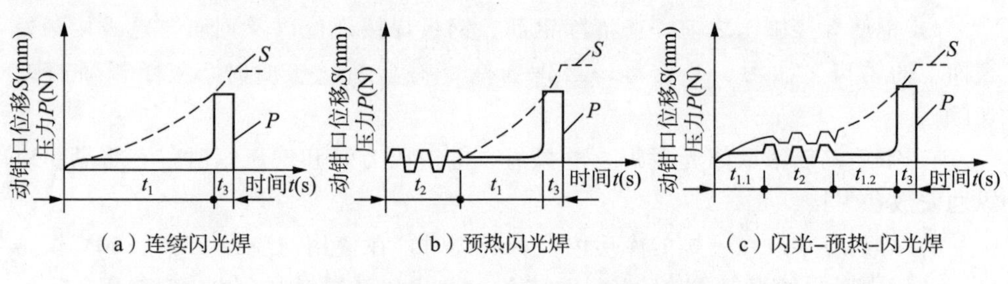

（a）连续闪光焊　（b）预热闪光焊　（c）闪光-预热-闪光焊

t_1—闪光时间；$t_{1.1}$—一次闪光时间；$t_{1.2}$—二次闪光时间；t_2—预热时间；t_3—顶锻时间。

图 8-44　钢筋闪光对焊工艺过程图解

2）预热闪光焊。预热闪光焊是在连续闪光焊前增加一次预热过程，以扩大焊接热影响区。其工艺过程包括：预热、闪光和顶锻过程，如图 8-44（b）所示。施焊时先闭合电源，然后使两根钢筋端面交替地接触和分开，这时钢筋端面的间隙中即发出断续的闪光，从而形成预热过程。当钢筋达到预热温度后进入闪光阶段，随后顶锻而成。

3）闪光－预热－闪光焊。闪光－预热－闪光焊是在预热闪光焊前加一次闪

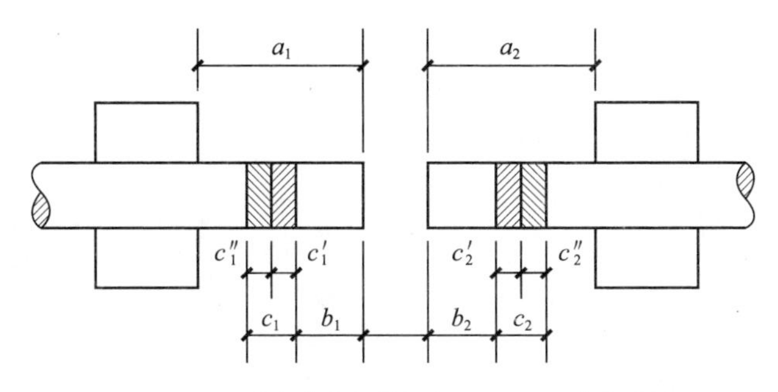

a_1、a_2—左、右钢筋的调伸长度；b_1+b_2—烧化留量；

c_1+c_2—顶锻留量；$c'_1+c'_2$—有电顶锻留量；$c''_1+c''_2$—无电顶锻留量。

图 8-45　调伸长度及留量

光过程，目的是使不平整的钢筋端面烧化平整，使其预热均匀。其工艺过程包括：一次闪光、预热、二次闪光及顶锻过程，如图 8-44（c）所示。施焊时首先连续闪光，使钢筋端部闪平，然后接下来的过程同预热闪光焊。

（3）钢筋电阻点焊。如图 8-46 所示，电阻点焊主要用于钢筋的交叉连接，如用来焊接钢筋网片、钢筋骨架等。它生产效率高，节约材料，应用广泛。

图 8-46　钢筋电阻点焊

常用的点焊机有单点点焊机、多头点焊机（一次可焊数点，用于宽大的钢筋网）、悬挂式点焊机（可焊钢筋骨架或钢筋网）、手提式点焊机（用于施工现场）。单点点焊机如图 8-47 所示。

电阻点焊的工作原理是：当钢筋交叉点焊时，接触点只有一点，且接触电阻较大，在接触的瞬间，电流产生的全部热量都集中在一点上，因而使金属受热而熔化，同时在电极加压下使焊点金属得到焊合，其工作原理如图 8-48 所示。

图 8-47　单点点焊机

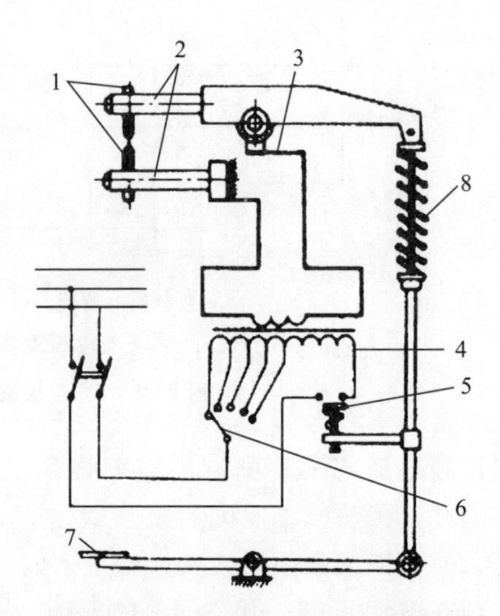

1—电极；2—电极臂；3—变压器的次级线圈；
4—变压器的初级线圈；5—断路器；
6—变压器的调节开关；7—踏板；8—压紧机构。

图 8-48　电焊机工作原理简图

(4) 钢筋电弧焊。如图 8-49 所示，电弧焊是利用弧焊机使焊条与焊件之间产生高温电弧，使焊条和电弧燃烧范围内的焊件熔化，待其凝固便形成焊缝或接头。电弧焊广泛应用于钢筋接头、钢筋骨架焊接、装配式结构接头的焊接、钢筋与钢板的焊接及各种钢结构焊接。

图 8-49　钢筋电弧焊

2. 钢筋机械连接

常用的钢筋机械连接主要有钢筋套筒挤压连接、钢筋毛镦粗直螺旋套筒连接和钢筋锥螺纹套管连接。

(1) 钢筋套筒挤压连接。钢筋套筒挤压连接是将需连接的变形钢筋插入特制的钢套筒内，利用液压驱动的挤压机进行径向或轴向挤压，使钢套筒产生塑性变形，最后使它紧紧咬住变形钢筋实现连接，如图 8-50 所示。

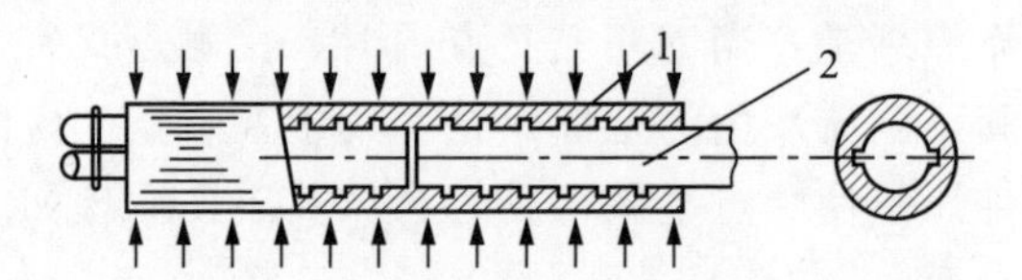

1—钢套筒；2—被连接的钢筋。

图 8-50　钢筋套筒挤压连接

它适用于竖向、横向及其他方向的较大直径变形钢筋的连接。与焊接相比，它具有节省电能、不受钢筋可焊性好坏影响、不受气候影响、无明火、施工简便和接头可靠度高等特点。

(2) 钢筋毛镦粗直螺旋套筒连接。钢筋毛镦粗直螺旋套筒连接由钢筋液压冷镦机、钢筋直螺纹套丝机、扭力扳手和量规等组成，如图 8-51 所示。

图 8-51　钢筋毛镦粗直螺旋套筒连接

(3) 钢筋锥螺纹套管连接。用于这种连接的钢套管内壁，用专用机床加工有锥螺纹，钢筋的对接端头亦在套丝机上加工有与套管匹配的锥螺纹。连接时，经对螺纹检查无油污和损伤后，先用手旋入钢筋，然后用扭矩扳手紧固至规定的扭矩即完成连接，如图 8-52 所示。它施工速度快、不受气候影响、质量稳定、对中性好。

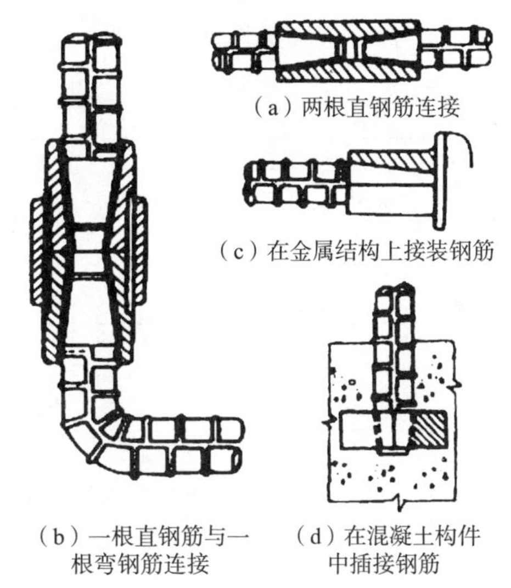

图 8-52　钢筋锥螺纹套管连接

目前，绑扎仍为钢筋连接的主要手段之一。钢筋绑扎时，钢筋交叉点应采用铁丝扎牢；板和墙的钢筋网，除外围两行钢筋的相交点全部扎牢外，中间部分交叉点可相隔交错扎牢，保证受力钢筋位置不产生偏移；梁和柱的箍筋应与受力钢筋垂直设置，弯钩叠合处应沿受力钢筋方向错开设置。钢筋绑扎搭接长度的末端与钢筋弯曲处的距离不得小于钢筋直径的十倍，且接头不宜在构件最大弯矩处。钢筋搭接处应在中部和两端用铁丝扎牢。

四、钢筋施工质量标准与注意事项

1. 原材料

(1) 主控项目。

1) 钢筋进场时，应按现行国家标准的规定抽取试件。

性能检验，其质量必须符合有关标准的规定。

检验方法：检查产品合格证、出厂检验报告和进场复验报告。

2) 对有抗震设防要求的框架结构，其纵向受力钢筋的强度应满足设计要求；当设计无具体要求时，对一、二级抗震等级检验所得的强度实测值应符合下列规定。

①钢筋的抗拉强度实测值与屈服强度实测值的比值不应小于1.25。

②钢筋的屈服强度实测值与强度标准值的比值不应大于1.3。

检验方法：检查进场复验报告。

3）当发现钢筋脆断、焊接性能不良或力学性能显著不正常等现象时，应对该批钢筋进行化学成分检验或其他专项检验。

检验方法：检查化学成分等专项检验报告。

（2）一般项目。

钢筋应平直、无损伤，表面不得有裂纹、油污、颗粒状或片状老锈。

检验方法：观察检查。

2. 钢筋加工与安装允许偏差值

钢筋加工与安装允许偏差值见表8-9和表8-10。

表8-9　钢筋加工允许偏差

项目	允许偏差（mm）	检查方法
受力钢筋顺长度方向全长的净尺寸	±10	尺量
弯起钢筋弯折位置	±10	尺量检查
箍筋外形尺寸	±3	尺量外包尺寸

表8-10　钢筋安装允许偏差

<table>
<tr><th colspan="3">项目</th><th>允许偏差（mm）</th><th>检验方法</th></tr>
<tr><td rowspan="2">绑扎钢筋网</td><td colspan="2">长、宽</td><td>±10</td><td>钢尺检查</td></tr>
<tr><td colspan="2">网眼尺寸</td><td>±20</td><td>钢尺量连续三档，取最大值</td></tr>
<tr><td rowspan="2">绑扎钢筋骨架</td><td colspan="2">长</td><td>±10</td><td>钢尺检查</td></tr>
<tr><td colspan="2">宽、高</td><td>±5</td><td>钢尺检查</td></tr>
<tr><td rowspan="5">受力钢筋</td><td colspan="2">间距</td><td>±10</td><td rowspan="2">钢尺量两端、中间各一点，取最大值</td></tr>
<tr><td colspan="2">排距</td><td>±5</td></tr>
<tr><td rowspan="3">保护层厚度</td><td>基础</td><td>±10</td><td>钢尺检查</td></tr>
<tr><td>柱、梁</td><td>±5</td><td>钢尺检查</td></tr>
<tr><td>板、墙、壳</td><td>±3</td><td>钢尺检查</td></tr>
<tr><td colspan="3">绑扎箍筋、横向钢筋间距</td><td>±20</td><td>钢尺量连续三档，取最大值</td></tr>
<tr><td colspan="3">钢筋弯起点位置</td><td>20</td><td>钢尺检查</td></tr>
<tr><td rowspan="2">预埋件</td><td colspan="2">中心线位置</td><td>5</td><td>钢尺检查</td></tr>
<tr><td colspan="2">水平标高</td><td>+3，0</td><td>钢尺和塞尺检查</td></tr>
</table>

注：1. 检查预埋件中心线位置时，应沿纵横两个方向测量，取其较大的。

2. 表中梁类、板类构件上部纵向受力钢筋保护层厚度的合格率应达到90%以上，且不得有超表中数值1.3倍尺寸的偏差。

3. 施工注意事项

（1）钢筋开料切断尺寸不准确，应根据结构钢筋的所在部位和钢筋切断后的误差情况，确定调整或返工。

（2）钢筋成型尺寸不准确，箍筋歪斜，外形误差超过质量标准允许值，对于Ⅰ级钢筋只能进行一次重新调直和弯曲，其他级别钢筋不宜重新调直和反复弯曲。

（3）钢筋骨架外形尺寸不准确，绑扎时宜将多根钢筋端部对齐，防止绑扎时某号钢筋偏离规定位置及骨架扭曲变形。

（4）保护层砂浆垫块厚度应准确，垫块间距应适宜，否则导致平板悬臂板面出现裂缝，梁底柱侧露筋。

（5）钢筋骨架吊将入模时，应力求平稳，钢筋骨架用“扁担”起吊，吊点应根据骨架外形预先确定，骨架各钢筋交点要绑扎牢固，必要时焊接牢固。

（6）钢筋骨架绑扎完成后，会出现斜向一方的情况，绑扎时铁线应绑成八字形。左右口绑扎发现箍筋遗漏、间距不对要及时调整好。

（7）柱子箍筋接头无错开放置，绑扎前要先检查；绑扎完成后再检查，若有错误应立即纠正。

（8）浇筑混凝土出现侧压钢筋位置位移时，应及时调整。

（9）同截面钢筋接头数量超过规范规定时：骨架未绑扎前要检查钢筋对焊接头数量，如超出规范要求，要作调整才可绑扎成型。

第三节　混凝土工程

一、混凝土的原材料

混凝土应采用水泥、砂、碎（卵）石、掺合料、外加剂和水配制而成。

1. 水泥

水泥是一种最常用的水硬性胶凝材料。水泥呈粉末状，加入适量水后，成为塑性浆体，既能在空气中硬化，又能在水中硬化，并能把砂、石散状材料牢固地胶结在一起。在土木工程中常用的水泥有硅酸盐水泥、普通硅酸盐水泥、矿渣硅酸盐水泥、火山灰质硅酸盐水泥、粉煤灰硅酸盐水泥、复合硅酸盐水泥等。其组分与强度等级见表 8-11。

表 8-11　水泥组分与强度等级

品种	标准编号	组分（质量分数，%）		代号	强度等级
		熟料＋石膏	混合材料		
硅酸盐水泥	GB 175—2007	100	—	P·Ⅰ	42.5、42.5R、52.5 52.5R、62.5、62.5R
		≥95	≤5	P·Ⅱ	

续表

品种	标准编号	组分（质量分数,%）		代号	强度等级
		熟料＋石膏	混合材料		
普通硅酸盐水泥	GB 175—2007	≥80 且<95	>5 且≤20	P·O	42.5、42.5R 52.5、52.5R
矿渣硅酸盐水泥	GB 175—2007	≥50 且 80	>20≤50	P·S·A	32.5、32.5R、42.5 42.5R、52.5、52.5R
		≥30 且<50	>50 且≤70	P·S·B	
火山灰质硅酸盐水泥	GB 175—2007	≥60 且<80	>20 且≤40	P·P	32.5、32.5R、42.5 42.5R、52.5、52.5R
粉煤灰硅酸盐水泥	GB 175—2007	≥60 且<80	>20 且≤40	P·F	32.5、32.5R、42.5 42.5R、52.5、52.5R
复合硅酸盐水泥	GB 175—2007	≥50 且<80	>20 且≤50	P·C	32.5、32.5R、42.5 42.5R、52.5、52.5R

水泥应根据工程设计、施工要求和工程所处环境而定，可按照表 8-12 选用。

表 8-12　水泥选用表

<table>
<tr><th colspan="2">混凝土工程特点或所处环境条件</th><th>优先选用</th><th>可以使用</th><th>不得使用</th></tr>
<tr><td rowspan="6">环境条件</td><td>在普通气候环境中的混凝土</td><td>普通硅酸盐水泥</td><td>矿渣硅酸盐水泥、火山灰质硅酸盐水泥、粉煤灰硅酸盐水泥</td><td>—</td></tr>
<tr><td>在干燥环境中的混凝土</td><td>普通硅酸盐水泥</td><td>矿渣硅酸盐水泥</td><td>火山灰质硅酸盐水泥、粉煤灰硅酸盐水泥</td></tr>
<tr><td>在高湿度环境中或永远处在水下的混凝土</td><td>矿渣硅酸盐水泥</td><td>普通硅酸盐水泥、火山灰质硅酸盐水泥、粉煤灰硅酸盐水泥</td><td>—</td></tr>
<tr><td>严寒地区的露天混凝土、寒冷地区处在水位升降范围内的混凝土</td><td>普通硅酸盐水泥</td><td>矿渣硅酸盐水泥</td><td>火山灰质硅酸盐水泥、粉煤灰硅酸盐水泥</td></tr>
<tr><td>受侵蚀性环境水或侵蚀性气体作用的混凝土</td><td colspan="3">根据侵蚀性介质的种类、浓度等具体条件按规定选用</td></tr>
<tr><td>厚大体积的混凝土</td><td>粉煤灰硅酸盐水泥、矿渣硅酸盐水泥</td><td>普通硅酸盐水泥、火山灰质硅酸盐水泥</td><td>硅酸盐水泥</td></tr>
</table>

2. 砂

砂根据加工方法的不同，分为天然砂、人工砂和混合砂，在施工过程中应选用天然砂。天然砂中含泥量、泥块含量应符合表 8-13 的规定；砂中有害物质限值应符合表 8-14 的规定。

表 8-13　砂中含泥量、泥块含量限值

混凝土强度等级	≥C30	＜C30
含泥量（按重量计%）	≤3.0	≤5.0
泥块含量（按重量计%）	≤1.0	≤2.0

表 8-14　砂中有害物质限值

项目	质量指标
云母含量（按重量计%）	≤2.0
轻物质含量（按重量计%）	≤1.0
硫化物及硫酸盐含量（折算成 SO_3，按重量计%）	≤1.0
有机物含量（用比色法试验）	颜色不应深于标准色，如深于标准色，则应按水泥胶砂强度试验方法，进行强度对比试验，按压强度比不应低于 0.95

3. 碎（卵）石

碎（卵）石由天然岩石或卵石经破碎、筛分而成。其中公称粒径大于 5.00mm 的岩石颗粒，称为碎石；由自然条件作用形成的，公称粒径大于 5.00mm 的岩石颗粒，称为卵石。

4. 掺合料

掺合料是混凝土的主要组成材料，它起着改善混凝土性能的作用。在混凝土中加入适量的掺合料，可以起到降低温度，改善工作性能，增进后期强度，改善混凝土内部结构，提高耐久性，节约资源的作用。

掺合料中的主要成分有粉煤灰、粒化高炉矿渣粉、沸石粉和硅灰等。其技术要求见表 8-15～表 8-18。

表 8-15　粉煤灰的技术要求

项目	技术要求			
	Ⅰ级	Ⅱ级	Ⅲ级	
细度（45μm 方孔筛筛余），不大于（%）	F 类粉煤灰	12.0	25.0	45.0
	C 类粉煤灰			

续表

项目		技术要求		
		Ⅰ级	Ⅱ级	Ⅲ级
需水量比，不大于（%）	F类粉煤灰	95	105	115
	C类粉煤灰			
烧失量，不大于（%）	F类粉煤灰	5.0	8.0	15.0
	C类粉煤灰			
含水量，不大于（%）	F类粉煤灰	1.0		
	C类粉煤灰			
三氧化硫，不大于（%）	F类粉煤灰	3.0		
	C类粉煤灰			
游离氧化钙，不大于（%）	F类粉煤灰	1.0		
	C类粉煤灰	4.0		
安定性雷氏夹沸煮后增加距离，不大于（mm）	C类粉煤灰	5.0		
放射性	F类粉煤灰	合格		
	C类粉煤灰			
碱含量	F类粉煤灰	由买卖双方协商确定		
	C类粉煤灰			

表 8-16 粒化高炉矿渣粉的技术要求

项目		技术要求		
		S105	S95	S75
密度（g/cm^3）		≥2.8		
比表面积（m^2/kg）		≥500	≥400	≥300
活性指数（%）	7天	≥95	≥75	≥55
	28天	≥105	≥95	≥75
流动度比（%）		≥95		
含水量（质量分数，%）		≤1.0		
三氧化硫（质量分数，%）		≤4.0		
氯离子（质量分数，%）		≤0.06		
烧失量（质量分数，%）		≤3.0		

续表

项目	技术要求		
	S105	S95	S75
玻璃体含量（质量分数,%）	≥85		
放射性	合格		

表 8-17　沸石粉的技术要求

项目	技术要求		
	Ⅰ级	Ⅱ级	Ⅲ级
吸铵值（mmol/100g）	≥130	≥100	≥90
细度（80um 筛筛余,%）	≤4.0	≤10	≤15
需水量比（%）	≤125	≤120	≤120
28 天抗压强度比（%）	≥75	≥70	≥62

表 8-18　硅灰的技术要求

项目	指标	项目	指标
固含量（液料）	按生产厂控制值的±2%	需水量比	≤125%
总碱量	≤1.5%	比表面积（BET 法）	≥15m²/g
SiO_2 含量	≥85.0%	活性指数（7d 快速法）	≥105%
氯含量	≤0.1%	放射性	I_{ra}≤1.0 和 I_r1.0
含水率（粉料）	≤3.0%	抑制碱骨料反应性	14 天膨胀率 降低值≥35%
烧失量	≤4.0%	抗氯离子渗透性	28 天电通量 之比≤40%

5. 外加剂

在混凝土拌和过程中掺入，并能按要求改善混凝土性能，一般不超过水泥质量的 5%（特殊情况除外）的材料称为混凝土外加剂。

外加剂可根据改变混凝土性能的要求，选用普通减水剂、高效减水剂、缓凝高效减水剂、早强减水剂、缓凝减水剂、引气减水剂、泵送剂、早强剂、缓凝剂和引气剂。外加剂的品种及其掺量由设计确定。

掺外加剂混凝土的减水率、泌水率比、含气量指标应符合表 8-19 的规定。

表 8-19　掺外加剂混凝土的减水率、泌水率比、含气量指标

外加剂品种及代号			减水率（%），不小于	泌水率比（%），不大于	含气量（%）
高性能减水剂	早强型	HPWR－A	25	50	≤6.0
	标准型	HPWR－S	25	60	≤6.0
	缓凝型	HPWR－R	25	70	≤6.0
高效减水剂	早强型	WR－A	8	95	≤4.0
	标准型	HWR－S	14	90	≤3.0
	缓凝型	HWR－R	14	100	≤4.5
普通减水剂	标准型	WR－S	8	100	≤4.0
	缓凝型	WR－R	8	100	≤5.5
引气减水剂		AEWR	10	70	≤3.0
泵送剂		PA	12	70	≤5.5
早强剂		Ac	—	100	—
缓凝剂		Re	—	100	—
引气剂		AE	6	70	≥3.0

6. 水

水应采用饮用水，地表水和地下水在首次使用前应进行检验，检验后方可使用。检验水质应符合表 8-20 的规定。

表 8-20　水质要求

项目	预应力混凝土	钢筋混凝土	素混凝土
pH 值	≥5.0	≥4.5	≥4.5
不溶物（mg/L）	≤2 000	≤2 000	≤5 000
可溶物（mg/L）	≤2 000	≤5 000	≤1 000
氯化物（以 CL^- 计，mg/L）	≤500	≤1 000	≤3 500
硫酸盐（以 SO_4^{2-} 计，mg/L）	≤600	≤2 000	≤2 700
碱含量（mg/L）	≤1 500	≤1 500	≤1 500

二、混凝土的配合比设计

混凝土配合比是指混凝土各组成材料之间用量的比例关系。一般按重量计，以水泥重量为 1，以水泥：砂：石子和水灰比来表示。

1. 混凝土配合比设计依据

（1）混凝土拌合物工作性能，如坍落度、扩展度、维勃稠度等。

（2）混凝土力学性能，如抗压强度、抗折强度等。

（3）混凝土耐久性能，如抗渗、抗冻、抗侵蚀等。

2. 混凝土配合比设计步骤

（1）计算混凝土配制强度。

为了使设计混凝土强度等级标准值 $f_{cu,k}$ 具有较高的强度保证率，配制强度 $f_{cu,o}$ 一定要比设计标准强度值 $f_{cu,k}$ 大。配制强度 $f_{cu,o}$ 的计算公式为：

$$f_{cu,o}=f_{cu,k}+1.645\sigma$$

式中：$f_{cu,o}$——混凝土施工配制强度，单位为 MPa；

$f_{cu,k}$——设计的混凝土强度标准值，单位为 MPa；

σ——施工单位的混凝土强度标准差，单位为 MPa。

施工单位的混凝土强度标准差 σ 按下式计算：

$$\sigma=\sqrt{\frac{\sum_{i=1}^{N}f_{cu,i}^{2}-N\mu_{f_{cu}}^{2}}{N-1}}$$

式中：$f_{cu,i}$——统计周期内同一品种混凝土第 i 组试件的强度值，单位为 MPa；

$\mu_{f_{cu}}$——统计周期内同一品种混凝土 N 组强度的平均值，单位为 MPa；

N——统计周期内同一品种混凝土试件的总组数，$N\geqslant25$。

“同一品种混凝土”系指混凝土强度等级相同，且生产工艺和配合比基本相同的混凝土。统计周期：对预拌混凝土厂和预制厂，为一个月；对现场拌制混凝土的施工单位，可根据实际情况确定，但不宜超过三个月。当混凝土强度等级为 C20 或 C25 时，如计算得到的 $\sigma<2.5$MPa，取 $\sigma=2.5$MPa；当混凝土强度等级高于 C25 时，如计算得到的 $\sigma<3.0$MPa，取 $\sigma=3.0$MPa。

（2）计算水灰比。

1）碎石混凝土：

$$f_{cu,o}=0.46f_{c}^{o}\left(\frac{C}{W}-0.52\right)$$

2）卵石混凝土：

$$f_{cu,o}=0.48f_{c}^{o}\left(\frac{C}{W}-0.61\right)$$

式中：$f_{cu,o}$——混凝土配制强度，单位为 MPa；

f_{c}^{o}——水泥实际强度，单位为 MPa；如未测出，取 $f_{c}^{o}=(1.0\sim1.13)f_{ck}^{o}$；

f_{ck}^{o}——水泥标准抗压强度，单位为 MPa；

$\frac{C}{W}$——水灰比，其倒数为水灰比。

按强度要求计算出的水灰比还应满足表 8-21 中耐久性的要求，如计算水灰比值大于表中规定的最大水灰比值时，则取表中规定的最大水灰比值。

表 8-21　混凝土的最大水灰比和最小水泥用量

项次	混凝土所处的环境条件	最大水灰比	最小水泥用量/(kg/m³)			
			普通混凝土		轻骨料混凝土	
			配筋	无筋	配筋	无筋
1	不受雨雪影响的混凝土	不作规定	250	200	250	225
2	①受雨雪影响的露天混凝土 ②位于水中及水位升降范围内的混凝土 ③在潮湿环境中的混凝土	0.70	250	225	275	250
3	①寒冷地区水位升降范围内的混凝土 ②受水压作用的混凝土	0.65	275	250	300	275
4	严寒地区水位升降范围内的混凝土	0.6	300	275	325	300

(3) 每立方米混凝土的用水量。干硬性和塑性混凝土的用水量根据粗骨料的品种、粒径及施工要求的混凝土拌合物稠度来确定，见表 8-22 和表 8-23。

表 8-22　干硬性混凝土的用水量

拌合物稠度		卵石最大粒径（mm）			碎石最大粒径（mm）		
项目	指标	10.0	20.0	40.0	16.0	20.0	40.0
维勃稠度(s)	16～20	175	160	145	180	170	155
	11～15	180	165	150	185	175	160
	5～10	185	170	155	190	180	165

表 8-23　塑性混凝土的用水量

所需坍落度/mm	卵石最大粒径/mm			碎石最大粒径/mm		
	10	20	40	15	20	40
10～30	190	170	160	205	185	170
30～50	200	180	170	215	195	180
50～70	210	190	180	225	205	190
70～90	215	195	185	235	215	200

(4) 计算水泥用量。水泥用量可根据已确定的水灰比值和用水量按下式计算：

$$C_0=\frac{C}{W}\times W_0$$

式中：C_0——每立方米混凝土中的水泥用量，单位为 kg；

W_0——每立方米混凝土中的用水量，单位为 kg；

$\frac{C}{W}$——水灰比。

（5）选取混凝土砂率。混凝土坍落度为 10～60mm 的混凝土砂率，可根据粗骨料品种、粒径及水灰比参照表 8-24 确定。坍落度大于 60mm 的混凝土砂率，按坍落度每增加 20mm，砂率增加 1％的幅度加以调整。

表 8-24　混凝土的砂率（％）

水灰比（W/C）	卵石最大粒径/mm			碎石最大粒径/mm		
	10	20	40	15	20	40
0.4	26～32	25～31	24～30	30～35	29～34	27～32
0.5	30～35	29～34	28～33	33～38	32～37	30～35
0.6	33～38	32－37	31～36	36～41	35～40	33～38
0.7	36～41	35～40	34～39	39～44	38～43	36～41

（6）计算粗、细骨料的用量。在已知混凝土用水量、水泥用量和砂率的情况下，按体积法或重量法求出粗、细骨料的用量，从而得出混凝土的初步配合比。

1）体积法又称绝对体积法。这个方法是假定混凝土组成材料绝对体积的总和等于混凝土的体积。其计算公式如下：

$$\frac{m_{c0}}{\rho_c}+\frac{m_{g0}}{\rho_g}+\frac{m_{s0}}{\rho_s}+\frac{m_{w0}}{\rho_w}+0.01\alpha=1$$

$$m_{s0}/(m_{g0}+m_{s0})\times 100\%=\beta_s$$

式中：m_{c0}——每立方米混凝土的水泥用量，单位为 kg/m^3；

m_{g0}——每立方米混凝土的粗骨料用量，单位为 kg；

m_{s0}——每立方米混凝土的细骨料用量，单位为 kg；

m_{w0}——每立方米混凝土的用水量，单位为 kg；

ρ_c——水泥的密度，单位为 kg/m^3，可取 2 900～3 100kg/m^3；

ρ_g——粗骨料的表观密度，单位为 kg/m^3；

ρ_s——细骨料的表观密度，单位为 kg/m^3；

ρ_w——水的密度，单位为 kg/m^3，可取 1 000；

α——混凝土的含气量百分数在不使用引气剂和外加剂时，α 可取为 1；

β_s——砂率，单位为％。

2）重量法计算原理是假定混凝土拌合物各组成材料为已知，从而求出单位体积混凝土的骨科重量，其公式为：

$$m_{c0}+m_{s0}+m_{g0}+m_{w0}=m_{cp}$$

$$m_{s0}/(m_{g0}+m_{s0})\times 100\%=\beta_s$$

式中：m_{cp}——每立方米混凝土拌合物的假定重量，单位为 kg，其值可取2 350～2 450kg。

3．施工配合比计算

施工现场存放的砂、石材料都含有一定水分，且含水率是经常变化的，因此试验室配合比不能直接用于施工，在现场配料时应随时根据实测的砂、石含水率进行配合比修正，即对砂、石和用水量作相应的调整，将试验配合比换算为适合实际砂、石含水情况的施工配合比。

砂、石含水率按下式计算：

$$\omega_0=\frac{G_1-G_2}{G_2}\times 100\%$$

式中：ω_0——砂、石含水率，单位为%；

G_1——砂、石未烘干前（天然状态）的重量，单位为 kg；

G_2——砂、石在烘干后（烘干状态）的重量，单位为 kg。

三、混凝土的搅拌与运输

1．混凝土的搅拌

混凝土的搅拌应在混凝土搅拌机中进行，常用的搅拌机有强制式搅拌机和自落式搅拌机两种。

混凝土搅拌的技术要求按下列规定执行。

（1）混凝土原材料按重量计的允许累计偏差，不得超过下列规定。

1）水泥、外掺料±1%。

2）粗细骨料±2%。

3）水、外加剂±1%。

（2）混凝土搅拌时间。搅拌时间是影响混凝土质量及搅拌机生产效率的重要因素之一。不同搅拌机类型及不同稠度的混凝土拌合物有不同搅拌时间。混凝土搅拌时间见表 8-25。

表 8-25　混凝土搅拌的最短时间

混凝土坍落度（mm）	搅拌机机型	搅拌机出料量（L）		
		＜250	250～500	＞500
≤40	强制式	60	90	120
＞40 且＜100	强制式	60	60	90
≥100	强制式	60		

注：1．混凝土搅拌的最短时间系指全部材料装入搅拌筒中起，到开始卸料止的时间。

2．当掺有外加剂与矿物掺合料时，搅拌时间应适当延长。

3．当采用其他形式的搅拌设备时，搅拌的最短时间应按设备说明书的规定或经试验确定。

4. 采用自落式搅拌机时，搅拌时间宜延长 30s。

(3) 混凝土投料顺序应从提高混凝土搅拌质量，减少叶片、衬板的磨损，减少拌合物与搅拌筒的粘结，减少水泥飞扬，改善工作环境，提高混凝土强度，节约水泥方面综合考虑确定。

2. 混凝土的运输

混凝土从搅拌机内卸料后，应以最少的转载次数和最短时间，从搅拌地点运到浇筑地点。

混凝土从搅拌机中卸出到浇筑完毕的延续时间不宜超过表 8-26 的规定。

表 8-26　混凝土从搅拌机中卸出到浇筑完毕的延续时间

混凝土强度等级	气温	
	不高于 25℃	高于 25℃
不高于 C30	120s	90s
高于 C30	90s	60s

四、混凝土施工

1. 混凝土浇筑

混凝土应分层浇筑。浇筑层厚度：当采用插入式振动器时，为振动器作用部分长度的 1.25 倍；当用表面式振动器时为 200mm。

混凝土浇筑时的坍落度应符合表 8-27 的规定。

表 8-27　混凝土浇筑时的坍落度

结构种类	坍落度/mm
基础或地面等的垫层、无配筋的大体积或配筋稀疏的结构	10～30
板、梁和大型及中型截面的柱等	30～50
配筋密列的结构	50～70
配筋特密的结构	70～90

浇筑混凝土时应分层分段进行，浇筑层厚度应根据混凝土的供应能力、一次浇筑方量、混凝土初凝时间、结构特点、钢筋疏密综合考虑决定。

在地基上浇筑混凝土前，对地基应事先按设计标高和轴线进行校正，并应清除淤泥和杂物。同时注意排除开挖出来的水和开挖地点的流动水。

2. 混凝土振捣

混凝土应能使模板内各个部位混凝土密实、均匀，不应漏振、欠振、过振等。

混凝土振捣可采用插入式振动棒、平板振动棒或附着振动器。其振动的间距、频率应符合相关规定的要求，梁和板同时浇筑混凝土，高度大于1m的梁等结构可单独浇筑混凝土。

3. 施工缝的处理

施工缝应按下列规定执行。

(1) 仔细清除施工缝处的垃圾、水泥薄膜、松动的石子以及软弱的混凝土层。对于达到强度、表面光洁的混凝土面层还应加以凿毛，用水冲洗干净并充分湿润，且不得积水。

(2) 要注意调整好施工缝位置附近的钢筋。要确保钢筋周围的混凝土不受松动和损坏，应采取钢筋防锈或阻锈等技术措施进行保护。

(3) 在浇筑前，为了保证新旧混凝土的结合，施工缝处应先铺一层厚度为1～1.5cm的水泥砂浆，其配合比与混凝土内的砂浆成分相同。

(4) 从施工缝处开始继续浇筑时，要注意避免直接向施工缝边投料。机械振捣时，宜向施工缝处渐渐靠近，并距80～100mm处停止振捣。且应保证对施工缝的捣实工作，使其结合紧密。

(5) 对于施工缝处浇筑完新混凝土后要加强养护。当施工缝混凝土浇筑后，新浇混凝土在12h以内就应根据气温等条件加盖草帘浇水养护。如果在低温或负温下则应该加强保温，还要覆盖塑料布阻止混凝土水分的散失。

(6) 水池、地坑等特殊结构要求的施工缝处理，要严格按照施工图纸要求和有关规范执行。

(7) 承受动力作用的设备基础的水平施工缝在继续浇筑混凝土前，应对地脚螺栓进行一次观测校准。

4. 混凝土养护

混凝土浇筑完毕后，宜采取自然养护，在混凝土表面铺上草帘、麻袋等定时浇水养护，或在混凝土表面覆盖塑料布进行保湿养护。

五、混凝土施工质量标准与注意事项

1. 现浇混凝土结构的允许偏差

现浇混凝土结构的允许偏差应符合表8-28的规定。

表8-28 现浇混凝土结构的允许偏差

单位：mm

项目		允许偏差
轴线位置	基础	15
	独立基础	10
	墙、柱、梁	8
	剪力墙	5

续表

项目			允许偏差
垂直度	层间	≤5m	8
		>5m	10
	全高		H/1 000 且≤30
标高	层高		±10
	全高		±30
截面尺寸			+8 −5
表面平整（2m长度上）			8
预埋设施中心线位置	预埋件		10
	预埋螺栓		5
	预埋管		5
预留洞中心线位置			15
电梯井	井筒长、宽对定位中心线		+25
			0
	井筒全高垂直度		H/1 000 且≤30

注：H 为结构全高。

2. 施工注意事项

混凝土的质量缺陷如下。

(1) 麻面。指构件表面上出现无数的小凹点，但没有钢筋暴露现象。多数是由于模板润湿不够，浇灌不严，振捣不足，或养护不好造成的。

(2) 蜂窝。指构件中形成蜂窝状的窟窿，骨料间有空隙存在。主要由于材料配合比不准确（浆少石多），搅拌不匀，浇灌方法不当，振捣不足以及模板严重漏浆等原因造成。

(3) 孔洞。指混凝土结构内存在着孔隙，局部或全部没有混凝土。主要由于混凝土捣空，混凝土内有泥块杂物，混凝土受冻等原因产生的。

(4) 露筋。指钢筋暴露在混凝土外面。主要是浇灌时垫块位移，保护层的混凝土振捣不密实，或模板湿润不够，吸水过多而造成掉角露筋。

(5) 裂缝。有温度裂缝、干缩裂缝和外力引起的裂缝。产生裂缝的主要原因是水泥在凝固过程中，模板有局部沉陷。此外还有对混凝土养护不好，表面水分蒸发过快等原因。

(6) 缝隙及夹层。指将混凝土构件分隔成几个不相连的部分，主要是施工缝、温度缝和收缩缝处理不当，以及混凝土因外来杂物而造成的夹层。

(7) 混凝土强度不足。主要是由混凝土配合比设计、搅拌、现场浇捣和养护四个方面的问题造成的。

混凝土质量缺陷的处理方式如下。

(1) 表面抹浆修补。对数量不多的小蜂窝、麻面、露筋的混凝土表面，采取措施保护钢筋和混凝土不受侵蚀，可以用1：1.5～1：2的水泥砂浆抹面修补。抹砂浆前，应用钢丝刷或加压水清洗润湿，抹浆初凝后要加强养护工作。当表面裂缝较细，数量不多时，可将裂缝处冲洗干净且抹补水泥浆。

(2) 细石混凝土填补。对数量不多的蜂窝比较严重或露筋较深时，应去掉附近不密实的混凝土和突出的骨料颗粒。用清水洗刷干净，充分湿润后，用比原标号高一级的细石混凝土填补并仔细捣实。

(3) 环氧树脂修补。当裂缝宽度在0.1mm以上时，可用环氧树脂灌浆修补，材料以环氧树脂为主要成分，加入增塑剂（邻苯二甲酸二丁酯）、稀释剂（二甲苯）和固化剂（乙二胺）等组成。修补时先用钢丝刷将混凝土表面的灰尘、浮渣及散层仔细清除，严重的用丙酮擦洗，使裂缝处保持干净；然后选择裂缝较宽处布设嘴子，嘴子的间距根据裂缝大小和结构形式而定，一般为30～60cm。嘴子用环氧树脂腻子封闭，待腻子干固后进行试漏检查以防止跑浆。最后对所有的钢嘴都灌满浆液。混凝土裂缝灌浆后，一般在7天后方可使用。

第四节　装配整体式混凝土结构工程

一、装配整体式混凝土结构材料与构件

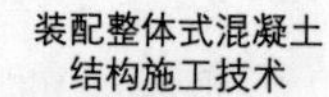

扫码观看本视频

1. 装配整体式混凝土结构的主要材料

装配整体式混凝土结构的主要材料有以下几种，如图8-53所示。

(1) 钢筋。

1) 结构钢材的破坏性。

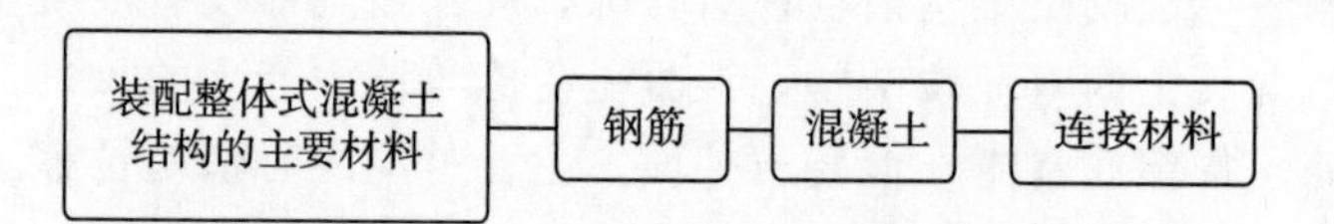

图8-53　装配整体式混凝土结构的主要材料

钢材有两种性质完全不同的破坏形式，即塑性破坏和脆性破坏。钢结构所用材料虽然具有较高的塑性和韧性，但是一般有发生塑性破坏的可能，在一定条件下，也具有脆性破坏的可能。

2）钢材的主要性能。

钢材的主要性能可分为强度和其他性能，如图 8-54 所示。

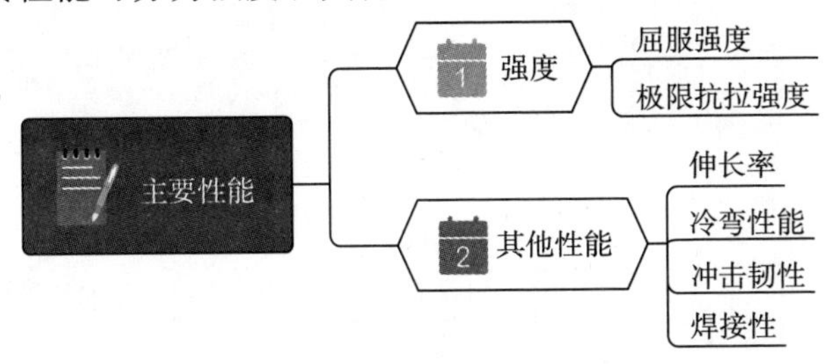

图 8-54 钢材的主要性能

（2）混凝土。

1）混凝土的分类。

①按胶凝材料分类。常用的胶凝材料如图 8-55 所示。

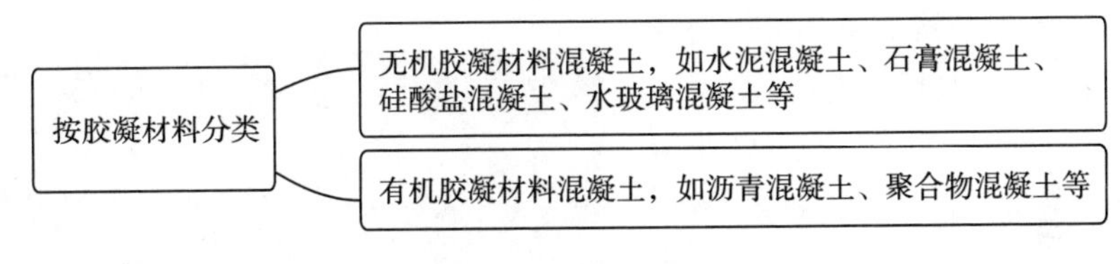

图 8-55 常用的胶凝材料

②按表观密度分类。按表观密度分类有以下几种材料，如图 8-56 所示。

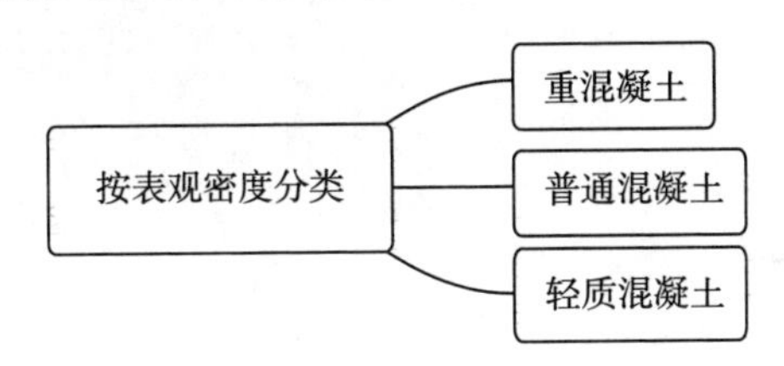

图 8-56 按表观密度分类的材料

③按使用功能分类。按使用功能可分为结构混凝土、保温混凝土、装饰混凝土、防水混凝土、耐火混凝土、道路混凝土、水工混凝土、海工混凝土、防辐射混凝土等。

2）混凝土的材料要求。

装配整体式结构中，对混凝土的材料要求应根据具体情况而定，混凝土的各项力学性能指标和有关结构耐久性的要求应符合现行国家标准《混凝土结构设计规范》（GB 50010—2010）的规定。

（3）连接材料。

装配整体式混凝土结构常用的连接材料有钢筋连接用灌浆套筒和钢筋连接用灌浆套筒灌浆料，如图 8-57 所示。

连接材料

- 钢筋连接用灌浆套筒：通过水泥基灌浆料的传力作用将钢筋对接连接所用的金属套筒，通常采用铸造工艺或机械加工工艺制造，包括全灌浆套筒和半灌浆套筒两种形式。前者两端均采用灌浆方式与钢筋连接，后者一端采用灌浆方式与钢筋连接，而另一端采用非灌浆方式与钢筋连接
- 钢筋连接用灌浆套筒灌浆料：以水泥为基本材料，配以适当的细骨料，以及混凝土外加剂和其他材料组成的干混料，加水搅拌后具有良好的流动性、早强、高强、微膨胀等性能，填充于套筒和带肋钢筋间隙内

图 8-57　装配整体式混凝土结构常用的连接材料

2. 装配整体式结构的基本构件

装配整体式结构的基本构件主要包括柱、梁、剪力墙、楼（屋）面板、楼梯、阳台、空调板、女儿墙等，以板、梁、楼梯等构件类型应用范围最广，以一字型、平面类构件为主，类型较单一。

图 8-58　预制混凝土实心柱

(1) 预制混凝土柱。

从制造工艺上看，预制混凝土柱包括预制混凝土实心柱和预制混凝土矩形柱壳两种形式，如图 8-58 和图 8-59 所示。从外观上看，预制混凝土柱多种多样，包括矩形、圆形和工字形等。

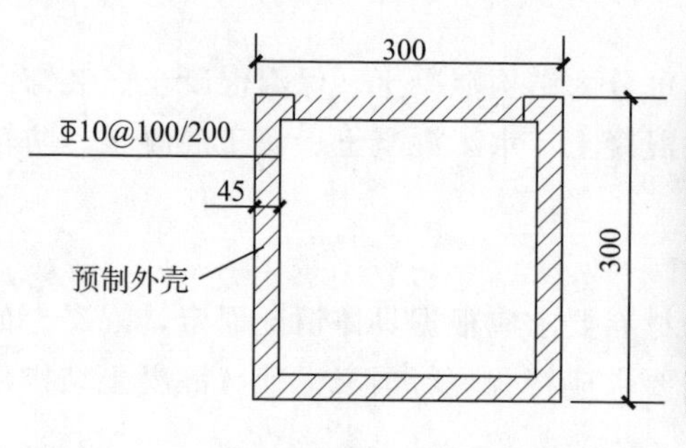

（a）预制混凝土矩形柱截面图

（b）预制混凝土矩形柱

图 8-59　预制混凝土矩形柱壳（单位：mm）

（2）预制混凝土梁。

根据制造工艺的不同，预制混凝土梁可分为预制实心梁、预制叠合梁两种，如图 8-60、图 8-61 所示。预制实心梁制作简单，其构件自重较大，多用于厂房和多层建筑中。预制叠合梁便于预制柱和叠合楼板之间的连接，其整体性较强，运用广泛。

图 8-60　搁置于柱上的预制 L 形实心梁

图 8-61　预制混凝土叠合梁

按是否采用预应力来划分，预制混凝土梁可分为预制预应力混凝土梁和预制非预应力混凝土梁。预制预应力混凝土梁具有节省钢筋、易于安装的优点，且生产效率高、施工速度快，在多层框架结构厂房中具有良好的经济性。

（3）预制混凝土剪力墙。

从受力性能角度看，预制混凝土剪力墙可分为预制实心剪力墙和预制叠合剪力墙。

1）预制实心剪力墙。

如图8-62所示，将混凝土剪力墙预制成实心构件，并通过预留钢筋与主体结构相连接。随着灌浆套筒在预制剪力墙中的使用，预制实心剪力墙的使用越来越广泛。

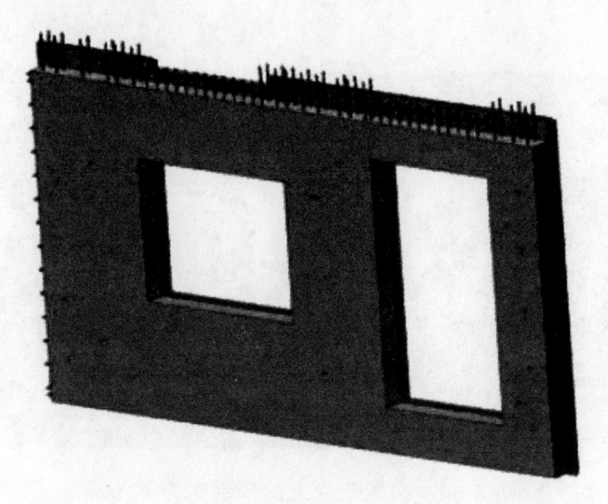

图8-62　预制实心剪力墙

2）预制叠合剪力墙。

如图8-63所示，预制叠合剪力墙是指一侧或两侧均为预制混凝土墙板，在另一侧或中间部位现浇混凝土形成共同受力的剪力墙结构。预制叠合剪力墙结构在欧洲，尤其在德国有着广泛的运用，且具有制作简单、施工方便的优势。

图8-63　预制叠合剪力墙

（4）预制混凝土楼面板。

按照制造工艺的不同，预制混凝土楼面板可分为预制混凝土叠合板、预制混凝土实心板、预制混凝土空心板、预制混凝土双 T 板等。

预制混凝土叠合板最常见的是桁架钢筋混凝土叠合板和预制带肋底板混凝土叠合楼板。桁架钢筋混凝土叠合板属于半预制构件，下部为预制混凝土板，外露部分为桁架钢筋，如图 8-64 所示。

图 8-64　桁架钢筋混凝土叠合板

预制混凝土实心板的制作较为简单，根据抗震构造等级的不同，预制混凝土实心板的连接设计也有所不同，如图 8-65 所示。

图 8-65　预制混凝土实心板

预制混凝土空心板和预制混凝土双 T 板通常适用于较大跨度的多层建筑，如图 8-66、图 8-67 所示。预应力双 T 板跨度可达 20m 以上，高强轻质混凝土可达 30m 以上。

图 8-66　预制混凝土空心板

图 8-67　预制混凝土双 T 板

(5) 预制混凝土楼梯。

预制混凝土楼梯避免了在现场支模、浇筑，节约了工期。预制简单的混凝土楼梯，其受力较为明确，安装后可直接做施工通道，即解决垂直运输问题，又保证了逃生通道的安全，如图 8-68 所示。

图 8-68　预制混凝土楼梯

3. 装配整体式结构的围护构件

围护构件是指围合、构成建筑空间，抵御环境不利影响的构件。外围护墙是用以抵御风雨、温度变化、太阳辐射等气候条件，还具有抗震性能、耐撞击性能、防火性能、水密性能、气密性能、隔声性能、热工性能和耐久性能的使用功能。

（1）外围护墙。

预制混凝土外围护墙板是指预制商品混凝土外墙构件，包括预制混凝土叠合（夹心）墙板、预制混凝土夹心保温外墙板和预制混凝土外墙挂板。外墙板除了应具有隔声与防火的功能外，还应具有隔热保温、抗渗、抗冻融、防碳化等作用，还能满足建筑艺术装饰的要求。外墙板可用轻集料单一材料制成，也可采用复合材料（结构层、保温隔热层和饰面层）制成。

预制混凝土外围护墙板具有施工周期短、质量可靠（对防止裂缝、渗漏等质量通病十分有效）、节能环保（耗材少，减少扬尘和噪声等）、工业化程度高及劳动力投入量少等优点，在国内外的住宅建筑上得到了广泛运用。

根据制作结构的不同，预制外墙结构分为预制混凝土夹心保温外墙板和预制混凝土外墙挂板。

1）预制混凝土夹心保温外墙板。

预制混凝土夹心保温外墙板是集承重、围护、保温、防水、防火等功能为一体的重要装配式预制构件，由内叶墙板、保温材料、外叶墙板三部分组成，如图8-69所示。

图 8-69　预制混凝土夹心保温外墙板

夹心保温外墙板宜采用平模工艺生产，生产时应先浇筑外叶墙板混凝土层，再安装保温材料和拉结件，最后浇筑内叶墙板混凝土，可以使保温材料与结构同寿命。

2）预制混凝土外墙挂板。

预制混凝土外墙挂板是在预制车间加工再运输到施工现场吊装的钢筋混凝土外墙板，在板底设置预埋铁件通过与楼板上的预埋螺栓连接使底部与楼板固定，再通过连接件使顶部与楼板固定，如图 8-70 所示。在工厂采用工业化生产，具有施工速度快、质量好、费用低等特点。

图 8-70 预制混凝土外墙挂板

（2）预制内隔墙。

预制内隔墙板按成型方式可分为挤压成型墙板和立（或平）模浇筑成型墙板。

1）挤压成型墙板。

也称预制条形内墙板，是在预制工厂使用挤压成型机将轻质材料、搅拌均匀的料浆通过进入模板（模腔）成型的墙板，如图 8-71 所示。按断面不同分空心板、实心板两类，在保证墙板承载和抗剪前提下可以将墙体断面做成空心，这样可以有效降低墙体的质量并通过墙体空心处空气的特性提高隔断房间内保温和隔声效果；门边板端部为实心板，实心宽度不得小于 100mm。

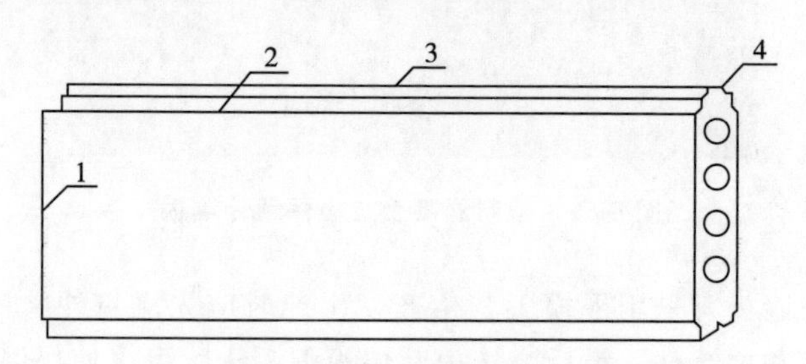

1—板端；2—板边；3—接缝槽；4—榫头。

图 8-71 挤压成型墙板（空心）结构图

没有门洞口的墙体，应从墙体一端开始沿墙长方向顺序排板；有门洞口的墙体，应从门洞口开始分别向两边排板。当墙体端部的墙板不足一块板宽时，应设计补空板。

2）立（或平）模浇筑成型墙板。

也称预制混凝土整体内墙板，是在预制车间按照所需样式使用钢模具拼接成型，浇筑或摊铺混凝土制成的墙体。

根据受力不同，内墙板使用单种材料或者多种材料加工而成。用聚苯乙烯泡沫板材、聚氨酯泡沫塑料、无机墙体保温隔热材料等轻质材料填充到墙体之中，可以减少混凝土用量，绿色环保，也可以减少室内热量与外界的交换，增强墙体的隔声效果，并通过墙体自重的减轻而降低运输和吊装的成本。

二、装配整体式混凝土结构工程施工

1. 施工流程

装配整体式框架结构的施工流程，如图 8-72 所示。

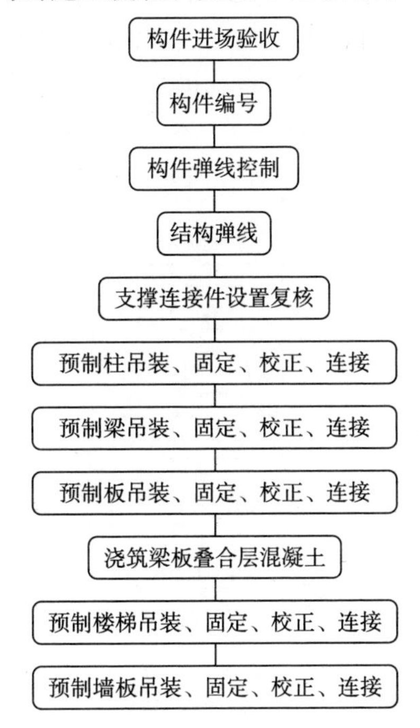

图 8-72　装配整体式框架结构的施工流程

2. 构件安装

(1) 预制柱施工。

1）预制框架柱吊装施工流程，如图 8-73 所示。

2）质量标准与注意事项。

①根据预制柱平面各轴的控制线和柱框线校核预埋套管位置的偏移情况，并做好记录，若预制柱有小距离的偏移需借助协助就位设备进行调整。

②检查预制柱进场的尺寸、规格，混凝土的强度是否符合设计和规范要求，检查柱上预留套管及预留钢筋是否满足图纸要求，套管内是否有杂物；同时做好记录，并与现场预留套管的检查记录进行核对，无问题方可进行吊装。

③吊装前在柱四角放置金属垫块，以利于预制柱的垂直度校正，按照设计标高，结合柱子长度对偏差进行确认。用经纬仪控制垂直度，若有少许偏差运用千斤顶等进行调整。

④柱初步就位时应将预制柱钢筋与下层预制柱的预留钢筋初步试对，无问题后准备固定。

⑤预制柱接头连接。预制柱接头连接采用套筒灌浆连接技术。

a. 柱脚四周采用坐浆材料封边，形成密闭灌浆腔，保证在最大灌浆压力（约 1MPa）下密封有效。

b. 若所有连接接头的灌浆口都未封堵，当灌浆口漏出浆液时，应立即用胶塞进行封堵牢固；若排浆孔事先封堵胶塞，应摘除其上的封堵胶塞，直至所有灌浆孔都流出浆液并已封堵后，等待排浆孔出浆。

c. 一个灌浆单元只能从一个灌浆口注入，不得同时从多个灌浆口注浆。

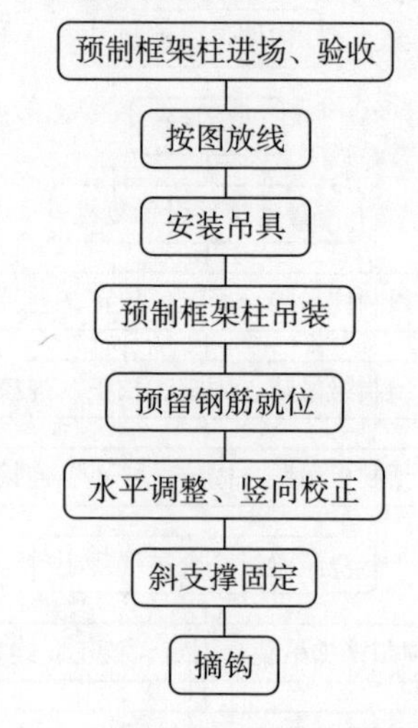

图 8-73　预制框架柱吊装施工流程

（2）预制梁施工。

1）预制梁吊装施工流程，如图 8-74 所示。

2）质量标准与注意事项。

①测出柱顶与梁底标高误差，在柱上弹出梁边控制线。

②在构件上标明每个构件所属的吊装顺序和编号，便于吊装工人辨认。

③梁底支撑采用立杆支撑＋可调顶托＋100mm×100mm 木方，预制梁的标高通过支撑体系的顶丝来调节。

④梁起吊时，用吊索钩住扁担梁的吊环，吊索应有足够的长度以保证吊索和

扁担梁之间的角度大于或等于60°。

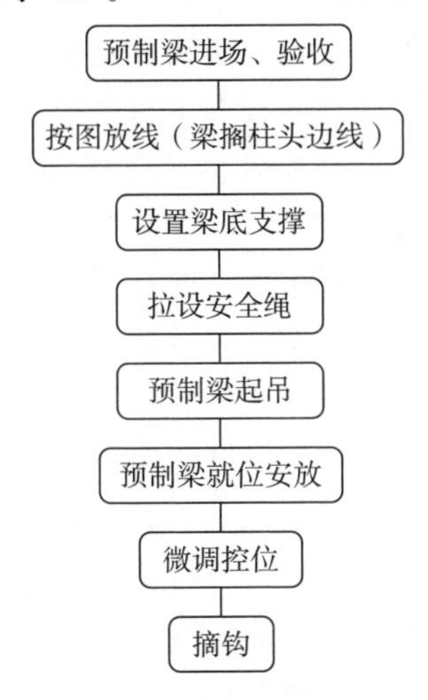

图 8-74 预制梁吊装施工流程

⑤当梁初步就位后，借助柱头上的梁定位线将梁精确校正，在调平的同时将下部可调支撑上紧，这时方可松去吊钩。

⑥主梁吊装结束后，根据柱上已放出的梁边和梁端控制线，检查主梁上的次梁缺口位置是否正确，如不正确，需做相应处理后方可吊装次梁，梁在吊装过程中要按柱对称吊装。

⑦预制梁板柱接头连接。

a. 键槽混凝土浇筑前应将键槽内的杂物清理干净，并提前24h浇水湿润。

b. 键槽钢筋绑扎时，为确保钢筋位置的准确，键槽预留U形开口箍，待梁柱钢筋绑扎完成后，在键槽上安装n形开口箍与原预留U形开口箍双面焊接5d（d为钢筋直径）。

（3）预制剪力墙施工。

1）预制剪力墙吊装施工流程，如图8-75所示。

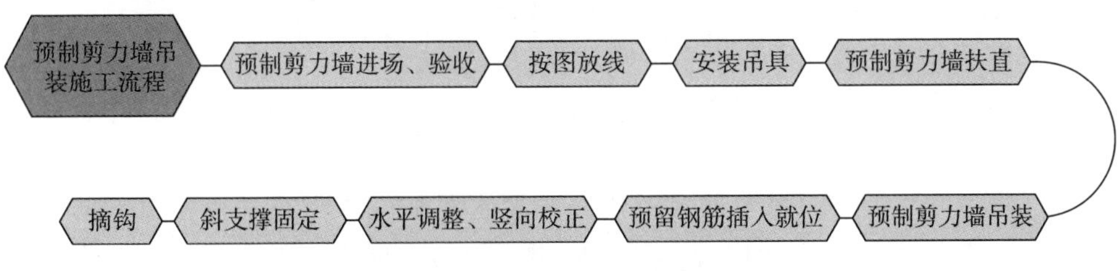

图 8-75 预制剪力墙吊装施工流程

2）质量标准与注意事项。

①承重墙板吊装准备：由于吊装作业需要连续进行，因此吊装前的准备工作

非常重要，首先在吊装就位之前将所有柱、墙的位置在地面弹好墨线，然后根据后置埋件布置图，采用后钻孔法安装预制构件定位卡具，并进行复核检查；同时对起重设备进行安全检查，并在空载状态下对吊臂角度、负载能力、吊绳等进行检查，对吊装困难的部件进行空载实际演练（必须进行），将导链、斜撑杆、膨胀螺栓、扳手、2m 靠尺、开孔电钻等工具准备齐全，且操作人员应对操作工具进行清点。最后检查预制构件预留灌浆套筒是否有缺陷、杂物和油污，保证灌浆套筒完好；提前架好经纬仪、激光水准仪并调平。填写施工准备情况登记表，施工现场负责人检查核对签字后方可开始吊装。

②起吊预制墙板：吊装时采用带倒链的扁担式吊装设备，加设缆风绳。

③顺着吊装前所弹墨线缓缓下放墙板，吊装经过的区域下方应设置警戒区，施工人员应撤离，由信号工指挥，就位时待构件下降至作业面 1m 左右高度时施工人员方可靠近操作，以保证操作人员的安全。墙板下放好垫块，垫块保证墙板底标高的正确（注：也可提前在预制墙板上安装定位角码，顺着定位角码的位置安放墙板）。

④墙板底部局部套筒若未对准时可使用倒链将墙板手动微调，重新对孔。底部没有灌浆套筒的外填充墙板直接顺着角码缓缓放下墙板。垫板造成的空隙可用坐浆方式填补。为防止坐浆料填充到外叶板之间，应在苯板处补充 50mm×20mm 的保温板（或橡胶止水条）堵塞缝隙。

⑤垂直坐落在准确的位置后使用激光水准仪复核水平方向是否有偏差，无误差后，利用预制墙板上的预埋螺栓和地面后置膨胀螺栓（将膨胀螺栓在环氧树脂内蘸一下，立即打入地面）安装斜支撑杆，用检测尺检测预制墙体垂直度及复测墙顶标高后，利用斜撑杆调节好墙体的垂直度，方可松开吊钩（注：在调节斜撑杆时必须两名工人同时间、同方向进行操作）。

⑥斜撑杆调节完毕后，再次校核墙体的水平位置、标高和垂直度，还有相邻墙体的平整度。检查工具：经纬仪、水准仪、靠尺、水平尺（或软管）、铅锤、拉线。

⑦预制剪力墙钢筋竖向接头连接采用套筒灌浆连接，具体要求如下。

a. 灌浆前应制定灌浆操作的专项质量保证措施。

b. 应按产品使用要求计量灌浆料和水的用量并搅拌均匀，灌浆料拌合物的流动度应满足现行国家相关标准和设计要求。

c. 将预制墙板底的灌浆连接腔用高强度水泥基坐浆材料进行密封（防止灌浆前异物进入腔内）；墙板底部采用坐浆材料封边，形成密封灌浆腔，保证在最大灌浆压力（1MPa）下密封有效。

d. 灌浆料拌合物应在制备后 0.5h 内用完；灌浆作业应采取压浆法从下口灌注，有浆料从上口流出时应及时封闭；宜采用专用堵头封闭，封闭后灌浆料不应有任何外漏。

e. 灌浆施工时宜控制环境温度，必要时，应对连接处采取保温加热措施。

f. 灌浆作业完成后的 12h 内，构件和灌浆连接接头不应受到振动或冲击。

(4) 预制楼（屋）面板施工。

1) 预制楼（屋）面板吊装施工流程，如图 8-76 所示。

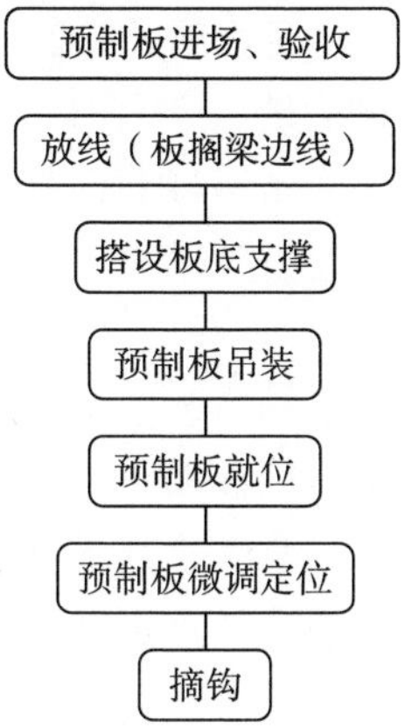

预制板进场、验收
↓
放线（板搁梁边线）
↓
搭设板底支撑
↓
预制板吊装
↓
预制板就位
↓
预制板微调定位
↓
摘钩

图 8-76　预制楼（屋）面板吊装施工流程

2) 预制楼（屋）的质量标准与注意事项。

①进场验收。

a. 进场验收主要检查资料及外观质量，防止在运输过程中发生损坏现象，验收应满足现行施工及验收规范的要求。

b. 预制板进入工地现场，堆放场地应夯实平整，并应防止地面不均匀下沉。预制带肋底板应按照不同型号、规格分类堆放。预制带肋底板应采用板肋朝上叠放的堆放方式，且严禁倒置，各层预制带肋底板下部应设置垫木，垫木应上下对齐，不得脱空。堆放层数不应大于七层，并有稳固措施。

②在每条吊装完成的梁或墙上测量并弹出相应预制板四周控制线，并在构件上标明每个构件所属的吊装顺序和编号，便于吊装工人辨认。

③在叠合板两端部位设置临时可调节支撑杆，预制楼板的支撑设置应符合以下要求。

a. 支撑架体应具有足够的承载能力、刚度和稳定性，应能可靠地承受混凝土构件的自重和施工过程中所产生的荷载及风荷载。

b. 确保支撑系统的间距及距离墙、柱、梁边的净距符合系统验算要求，上下层支撑应在同一直线上。板下支撑间距不大于 3.3m。

当支撑间距大于 3.3m 且板面施工荷载较大时，跨中需在预制板中间加设支撑，如图 8-77 所示。

图 8-77　叠合板跨中加设支撑

④在可调节顶撑上架设木方，调节木方顶面至板底设计标高，再开始吊装预制楼板。

预制带肋底板的吊点位置应合理设置，起吊就位应垂直平稳，两点起吊或多点起吊时吊索与板水平面所成夹角不宜小于60°，且不应小于45°，如图8-78所示。

⑤吊装应按顺序连续进行，板吊至柱上方3～6cm后，应调整板位置使锚固筋与梁箍筋错开便于就位，板边线基本与控制线吻合。将预制楼板坐落在木方顶面，及时检查板底与预制叠合梁的接缝是否到位，预制楼板钢筋入墙长度是否符合要求，直至吊装完成为止。

⑥当一跨板吊装结束后，要根据板四周边线及板柱上弹出的标高控制线对板标高及位置进行精确调整，将误差控制在2mm以内。

图8-78　叠合板吊装

(5) 预制楼梯施工。

1）预制楼梯安装施工流程，如图8-79所示。

2）质量标准与注意事项。

①楼梯间周边梁板叠合后，要测量并弹出相应楼梯构件端部和侧边的控制线。

②调整索具铁链长度，使楼梯段休息平台处于水平位置，试吊预制楼梯板，检查吊点位置是否准确，吊索受力是否均匀等；试起吊高度不应超过1m。

③楼梯吊至梁上方30～50cm后，调整楼梯位置使上下平台锚固筋与梁箍筋错开，板边线基本与控制线吻合。

④根据已放出的楼梯控制线，用就位协助设备等将构

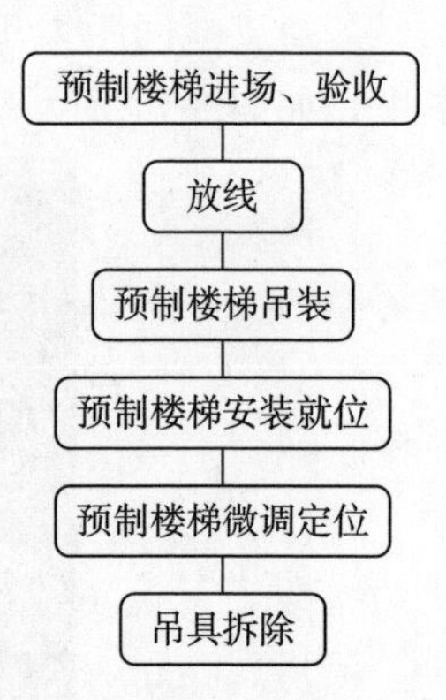

图8-79　预制楼梯安装施工流程

件根据控制线精确就位，先保证楼梯两侧精确就位，再使用水平尺和倒链调节楼梯水平。

⑤调节支撑板就位后调节支撑立杆，确保所有立杆全部受力，如图 8-80 所示。

图 8-80　楼梯吊装示意图

3. 钢筋套筒灌浆技术

灌浆套筒进场时，应抽取套筒采用与之匹配的灌浆料制作对中连接接头，并作抗拉强度检验，检验结果应符合《钢筋机械连接技术规程》（JGJ 107—2010）中Ⅰ级接头对抗拉强度的要求。

（1）灌浆套筒钢筋连接注浆工序，如图 8-81 所示。

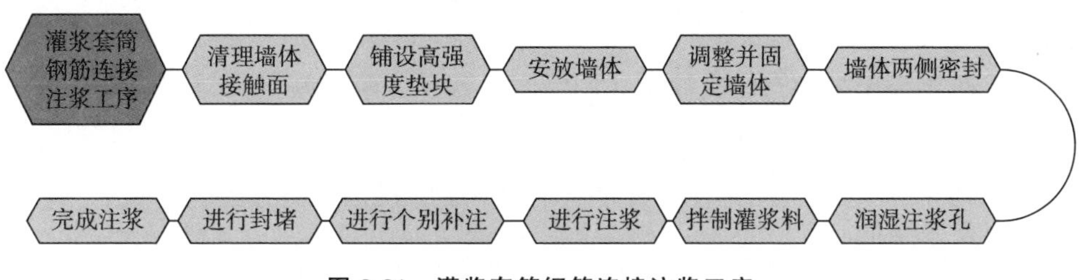

图 8-81　灌浆套筒钢筋连接注浆工序

（2）工序操作注意事项。

1）清理墙体接触面。墙体下落前应保持预制墙体与混凝土接触面无灰渣、无油污、无杂物。

2）铺设高强度垫块。采用高强度垫块将预制墙体的标高找好，使预制墙体标高得到有效的控制。

3）安放墙体。在安放墙体时应保证每个注浆孔通畅，预留孔洞满足设计要求，孔内无杂物。

4）调整并固定墙体。墙体安放到位后采用专用支撑杆件进行调节，保证墙体垂直度、平整度在允许误差范围内。

5）墙体两侧密封。根据现场情况，采用砂浆对两侧缝隙进行密封，确保灌浆料不从缝隙中溢出，减少浪费。

6）润湿注浆孔。注浆前应用水将注浆孔进行润湿，减少因混凝土吸水导致注浆强度达不到要求，且与灌浆孔连接不牢靠。

7）拌制灌浆料。搅拌完成后应静置3～5min，待气泡排除后方可进行施工。灌浆料流动度在200～300mm间为合格。

8）进行注浆。采用专用的注浆机进行注浆，该注浆机使用一定的压力，将灌浆料由墙体下部注浆孔注入，灌浆料先流向墙体下部20mm找平层，当找平层注满后，注浆料由上部排气孔溢出，此时便可视为该孔注浆完成，并用泡沫塞子进行封堵。该墙体所有上部注浆孔均有浆料溢出后视该面墙体注浆完成。

9）进行个别补注。完成注浆半个小时后检查上部注浆孔是否有因注浆料的收缩、堵塞不及时、漏浆造成个别孔洞不密实的情况。如有则用手动注浆器对该孔进行补注。

10）进行封堵。注浆完成后，通知监理进行检查，合格后进行注浆孔的封堵，封堵要求与原墙面平整，并及时清理墙面上、地面上的余浆。

（3）质量保证措施。

1）灌浆料的品种和质量必须符合设计要求和有关标准的规定。每次搅拌应由专人进行搅拌。

2）每次搅拌应记录用水量，严禁超过设计用量。

3）注浆前应充分润湿注浆孔洞，防止因孔内混凝土吸水导致灌浆料开裂的情况发生。

4）防止因注浆时间过长导致孔洞堵塞，若在注浆时造成孔洞堵塞应从其他孔洞进行补注，直至该孔洞注浆饱满。

5）灌浆完毕，立即用清水清洗注浆机、搅拌设备等。

6）灌浆完成后24h内禁止对墙体进行扰动。

7）待注浆完成一天后应逐个对注浆孔进行检查，发现有个别未注满的情况应进行补注。

4. 后浇混凝土

（1）竖向节点构件钢筋绑扎。

绑扎边缘构件及后浇段部位的钢筋，绑扎节点钢筋时需注意以下事项。

1）现浇边缘构件节点钢筋。

①调整预制墙板两侧的边缘构件钢筋，使构件吊装就位。

②绑扎边缘构件纵筋范围内的箍筋时，绑扎顺序是由下而上，然后将每个箍

筋平面内的甩出筋、箍筋与主筋绑扎固定就位。由于两墙板间的距离较为狭窄，制作箍筋时将箍筋做成开口箍状，以便于箍筋绑扎，如图 8-82 所示。

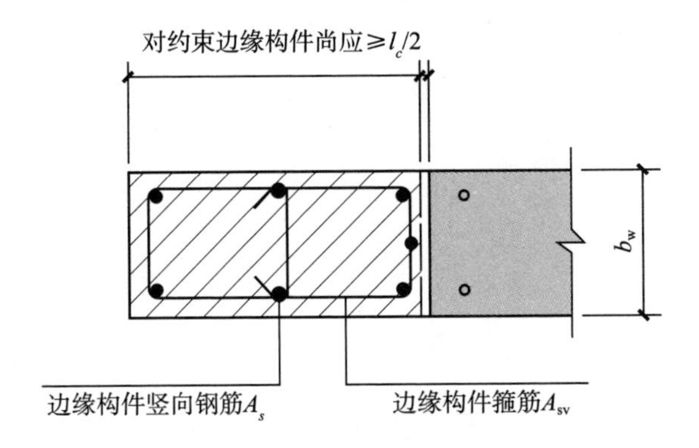

图 8-82 箍筋绑扎

③将边缘构件纵筋以上范围内的箍筋套入相应的位置，并固定于预制墙板的甩出钢筋上。

④安放边缘构件纵筋并将其与插筋绑扎固定。

⑤将已经套接的边缘构件箍筋安放调整到位，然后将每个箍筋平面内的甩出筋、箍筋与主筋绑扎固定就位。

2）竖缝处理。在绑扎节点钢筋前先将相邻外墙板间的竖缝封闭，如图 8-83 所示。

外墙板内缝处理：在保温板处填塞发泡聚氨酯（待发泡聚氨酯溢出后，视为填塞密实），内侧采用带纤维的胶带封闭。

外墙板外缝处理（外墙板外缝可以在整体预制构件吊装完毕后再行处理）：先填塞聚乙烯棒，然后在外皮打建筑耐候胶。

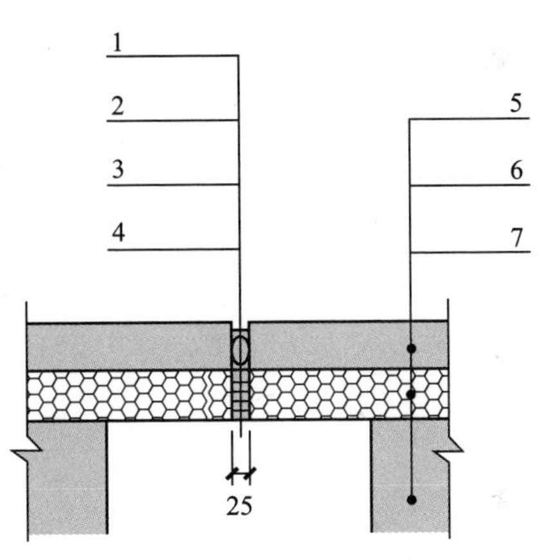

1—灌浆料密实；2—发泡芯棒；3—封堵材料；4—后浇段；5—外叶墙板；6—夹心保温层；7—内叶剪力墙板。

图 8-83 竖缝处理

（2）支设竖向节点构件模板。

支设边缘构件及后浇段模板时，应充分利用预制内墙板间的缝隙及内墙板上预留的对拉螺栓孔充分拉模以保证墙板边缘混凝土模板与后支钢模板（或木模板）连接紧固好，防止胀模。支设模板时应注意以下几点。

1）节点处模板应在混凝土浇筑时不产生明显变形漏浆，并不宜采用周转次数较多的模板。为防止漏浆污染预制墙板，模板接缝处应粘贴海棉条。

2）采取可靠措施防止胀模。设计时按钢模考虑，施工时也可使用木模，但要保障施工质量。

(3) 叠合梁板上部钢筋安装。

1）键槽钢筋绑扎时，为确保U形钢筋位置的准确，在钢筋上口加$\Phi 6$钢筋，卡在键槽当中作为键槽钢筋的分布筋。

2）叠合梁板上部钢筋施工。所有钢筋交错点均绑扎牢固，同一水平直线上相邻绑扣呈八字形，朝向混凝土构件内部。

(4) 浇筑楼板上部及竖向节点构件混凝土。

1）绑扎叠合楼板负弯矩钢筋和板缝加强钢筋网片，预留预埋管线、埋件、套管、预留洞等。

浇筑时，在露出的柱子插筋上做好混凝土顶标高标志，利用外圈叠合梁上的外侧预埋钢筋固定边模专用支架，调整边模顶标高至板顶设计标高，浇筑混凝土，利用边模顶面和柱插筋上的标高控制标志控制混凝土厚度和混凝土平整度。

2）当后浇叠合楼板混凝土强度符合现行国家及地方规范要求时，方可拆除叠合板下的临时支撑，以防止叠合梁发生侧倾或混凝土过早承受拉应力而使现浇节点出现裂缝。

第九章　预应力混凝土工程

第一节　预应力混凝土特点与要求

一、预应力混凝土的特点

普通钢筋混凝土构件的抗拉极限应变只有0.000 1～0.000 15。构件混凝土受拉不开裂时，构件中受拉钢筋的应力只有20～30MPa。即使允许出现裂缝的构件，因受裂缝宽度限制，受拉钢筋的应力也仅达到150～200MPa。因此，钢筋的抗拉强度未能充分发挥。

预应力混凝土是解决这一问题的有效方法，即在构件承受外荷载前，预先在构件的受拉区对混凝土施加预压应力。当构件在使用阶段的外荷载作用下产生了拉应力，首先要抵消预压应力，这就推迟了混凝土裂缝的出现并限制了裂缝的开展，从而提高了构件的抗裂度和刚度。

对混凝土构件受拉区施加预压应力的方法，是张拉受拉区中的预应力钢筋，通过预应力钢筋和混凝土间的黏结力或锚具，将预应力钢筋的弹性收缩力传递到混凝土构件上，并产生预压应力。

二、预应力筋的种类

常见的预应力筋有以下六种。

1. 冷拔低碳钢丝

冷拔低碳钢丝是由直径6～10mm的Ⅰ级钢筋在常温下通过拔丝模冷拔而成，一般拔至直径3～5mm。冷拔钢丝强度比原材料屈服强度显著提高，但塑性降低，是适用于小型构件的预应力筋。

2. 冷拉钢筋

冷拉钢筋是将Ⅱ～Ⅳ级热轧钢筋在常温下通过张拉到超过屈服点某一应力，使其产生一定的塑性变形后卸荷，再经时效处理而成。这样钢筋的塑性和弹性模量有所降低而屈服强度和硬度有所提高，可直接用做预应力筋。

3. 碳素钢丝

碳素钢丝由高碳钢盘条经淬火、酸洗、拉拔制成。为了消除钢丝拉拔过程中产生的内应力，还需经过矫直回火处理。钢丝直径一般为3～8mm，最大为

12mm，其中 3～4mm 直径钢丝主要用于先张法，5～8mm 直径钢丝主要用于后张法。钢丝强度高，表面光滑，用作先张法预应力筋时，为了保证高强钢丝与混凝土具有可靠的黏结，钢丝的表面需经过刻痕处理，如图 9-1 所示。

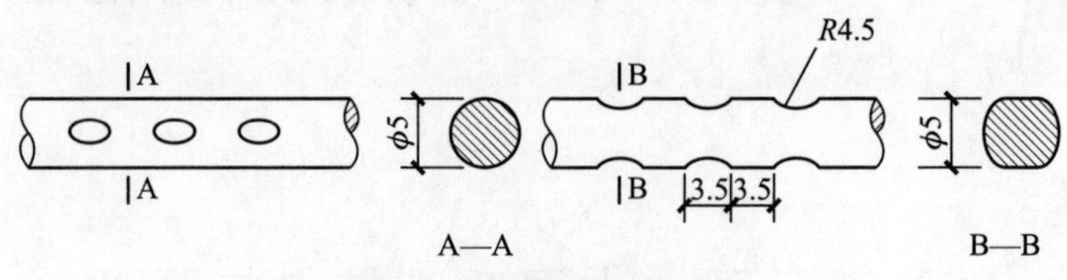

图 9-1　刻痕钢丝的外形

4. 钢绞线

钢绞线一般由 6 根碳素钢丝围绕一根中心钢丝在绞丝机上绞成螺旋状，再经低温回火制成。图 9-2 为预应力钢绞线的截面图。钢绞线的直径较大，一般为 9～15mm，比较柔软，施工方便，但价格比钢丝贵。

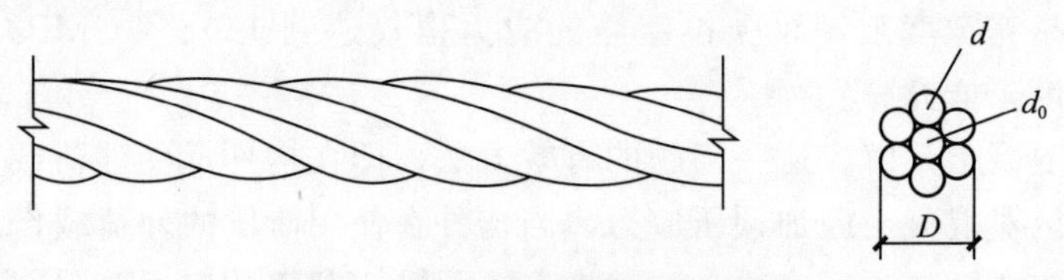

图 9-2　预应力钢绞线的截面图

5. 热处理钢筋

热处理钢筋由普通热轧中碳合金钢筋经淬火和回火调质热处理制成。热处理钢筋具有高强度、高韧性和高黏结力等优点，直径为 6～10mm。成品钢筋为直径 2m 的弹性盘卷，开盘后自行伸直，每盘长度为 100～120m。

热处理钢筋的螺纹外形有带纵肋和无纵肋两种，如图 9-3 所示。

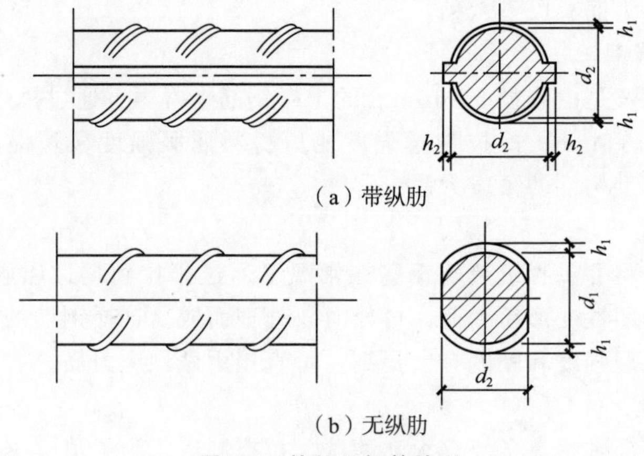

图 9-3　热处理钢筋外形

6. 精轧螺纹钢筋

精轧螺纹钢筋是用热轧方法在钢筋表面上轧出不带纵肋的螺纹外形，如图9-4所示。钢筋的接长用连接螺纹套筒，端头锚固用螺母。这种高强度钢筋具有锚固简单、施工方便、无须焊接等优点。目前国内生产的精轧螺纹钢筋品种有ϕ25 和 ϕ32，其屈服点为 750MPa 和 900MPa 两种。

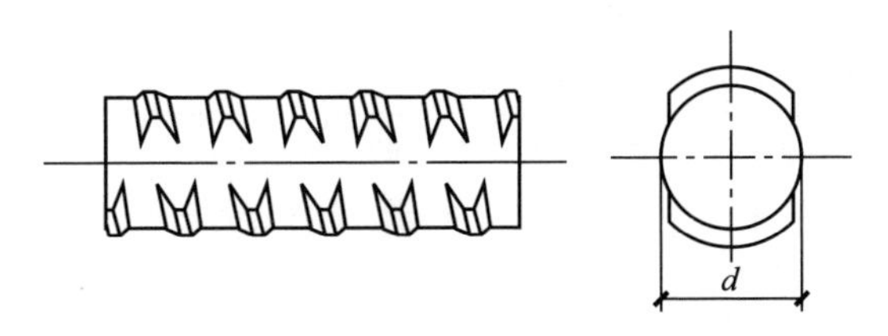

图 9-4　精轧螺纹钢筋的外形

三、预应力混凝土的要求

在预应力混凝土结构中，一般要求混凝土的强度等级不低于 C30。当采用碳素钢丝、钢绞线、V 级钢筋（热处理）作预应力筋时，混凝土的强度等级不宜低于 C40。目前，在一些重要的预应力混凝土结构中，已开始采用 C50～C60 的高强混凝土，并逐步向更高强度等级的混凝土发展。

在预应力混凝土构件生产中，不能掺用对钢筋有侵蚀作用的氯盐，如氯化钙、氯化钠等，否则会发生严重质量事故。

第二节　先张法施工

一、施工器具

先张法施工

扫码观看本视频

1. 台座

台座在先张法构件生产中是主要的承力设备，它承受预应力筋的全部张拉力。台座在受力状态下的变形、滑移会引起预应力的损失和构件的变形，因此台座应有足够的强度、刚度和稳定性。

台座一般由台面、横梁和承力结构组成。主要的台座形式有墩式台座和槽式台座。

（1）墩式台座。墩式台座由台墩、台面、横梁等组成，如图 9-5 所示。其长度一般为 50～150m，也可根据构件的生产工艺等选定。

（2）槽式台座。

槽式台座由端柱、传力柱、柱垫、上下横梁、砖墙和台面等组成，如图 9-6

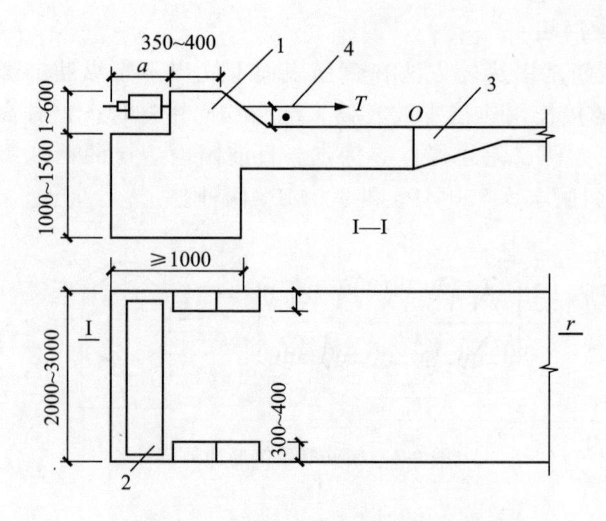

1—传力墩；2—横梁；3—台面；4—预应力筋。

图 9-5　墩式台座（单位：mm）

所示。它既可承受张拉力，又可作为蒸汽养护槽，适用于张拉吨位较高的大型构件，如吊车梁、屋架、薄腹梁等。

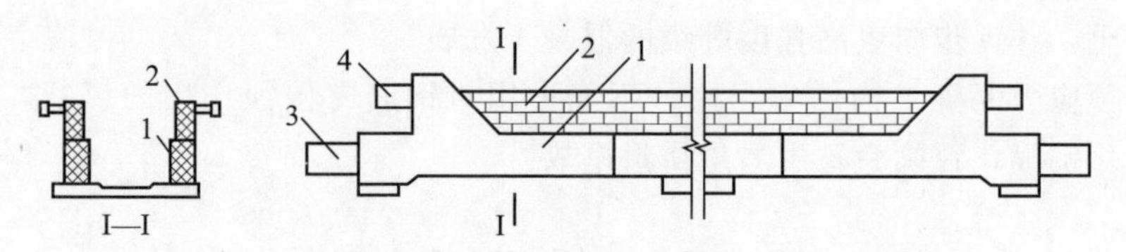

1—钢筋混凝土压杆；2—砖墙；3—下横梁；4—上横梁。

图 9-6　槽式台座

2. 夹具

夹具是先张法构件施工时保持预应力筋拉力，并将其固定在张拉台座（或设备）上的临时性锚固装置。按其工作用途不同可分为锚固夹具和张拉夹具。

钢筋锚固夹具。钢筋锚固常用圆套筒三片式夹具，由套筒和夹片组成。

张拉夹具是夹持住预应力筋后，与张拉机械连接起来进行预应力筋张拉的机具。常用的张拉夹具有钳式夹具、偏心式夹具、楔形夹具等，如图 9-7 所示，适用于张拉钢丝和直径 16mm 以下的钢筋。

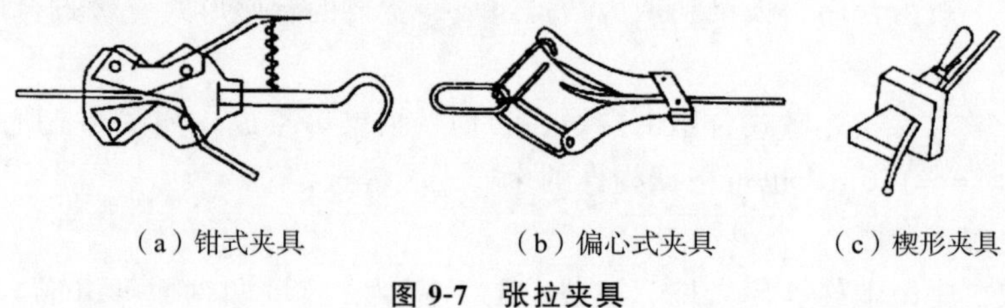

（a）钳式夹具　　（b）偏心式夹具　　（c）楔形夹具

图 9-7　张拉夹具

3. 张拉设备

钢丝张拉分为单根张拉和多根张拉两种形式。钢丝的张拉设备主要有卷扬机和电动螺旋杆张拉机，如图 9-8 和图 9-9 所示。

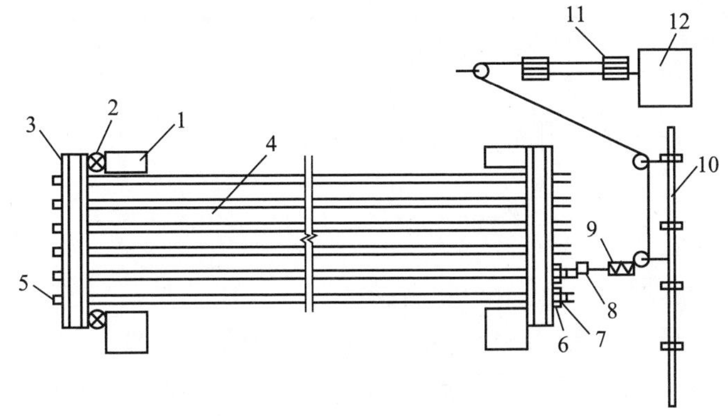

1—台座；2—放松装置；3—横梁；4—钢筋；5—镦头；6—垫块；7—穿心式夹具；
8—张拉夹具；9—弹簧测力计；10—固定梁；11—滑轮组；12—卷扬机。

图 9-8　卷扬机张拉设备

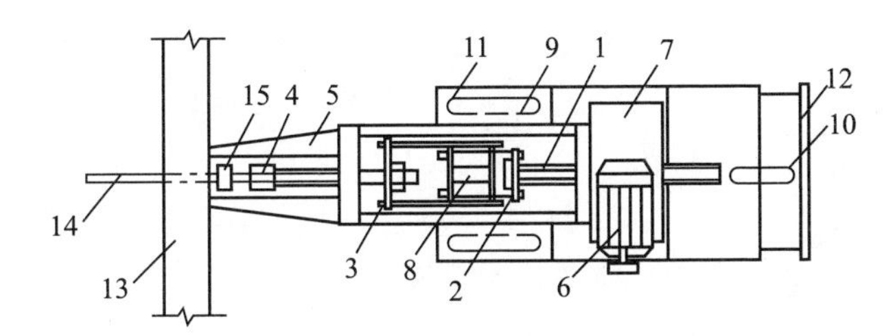

1—螺杆；2—承力架；3—拉力架；4—张拉夹具；5—顶杆；6—电动机；7—齿轮减速箱；
8—测力计；9，10—车轮；11—底盘；12—手把；13—横梁；14—钢筋；15—锚固夹具。

图 9-9　电动螺旋杆张拉机

二、施工工艺

1. 张拉法施工工艺

（1）张拉控制应力。张拉控制应力是指在张拉预应力筋时所达到的规定应力，应按设计规定采用。控制应力的数值直接影响预应力的效果。施工中为减少由于钢筋松弛变形造成的预应力损失，通常采用超张拉工艺，超张拉应力比控制应力提高 3%～5%，但其最大张拉控制应力不得超过表 9-1 的规定。

表 9-1　最大张拉控制应力允许值

钢种	张拉方法	
	先张法	后张法
碳素钢丝、刻痕钢丝、钢绞线	$0.80f_{ptk}$	$0.75f_{ptk}$
热处理钢筋、冷拔低碳钢丝	$0.75f_{ptk}$	$0.70f_{ptk}$

续表

钢种	张拉方法	
	先张法	后张法
冷拉钢筋	$0.95f_{ptk}$	$0.90f_{ptk}$

注：f_{ptk}——预应力筋极限抗拉强度标准值。

f_{pyk}——预应力筋屈服强度标准值。

(2) 张拉程序。预应力筋张拉程序有以下两种：

①$0\rightarrow105\%\sigma_{con}\xrightarrow{持荷2\ min}\sigma_{con}$

②$0\rightarrow103\%\sigma_{con}$

第①种张拉程序中，超张拉5%并持荷2min，其目的是为了在高应力状态下加速预应力松弛早期发展，以减少应力松弛引起的预应力损失。第②种张拉程序中，超张拉3%，其目的是为了弥补预应力筋的松弛损失，这种张拉程序施工简单，一般多被采用。以上两种张拉程序是等效的，可根据构件类型、预应力筋与锚具种类、张拉方法、施工速度等选用。采用第①种张拉程序时，千斤顶回油至稍低于σ_{con}，再进油至σ_{con}，以建立准确的预应力值。

第②种张拉程序中，超张拉3%是为了弥补应力松弛引起的损失。根据国家建设管理委员会建筑科学研究院“常温下钢筋松弛性能的试验研究”表明，一次张拉$0\rightarrow\sigma_{con}$，比超张拉持荷再回到控制应力$0\rightarrow1.05\sigma_{con}\rightarrow\sigma_{con}$，(持荷2min) 应力松弛大2%～3%，因此，一次张拉到$1.03\sigma_{con}$后锚固，是同样可以达到减少松弛效果的。且这种张拉程序施工简便，一般应用较广。

(3) 预应力筋的铺设长线台座面（或胎模）在铺放钢丝前，应清扫并涂刷隔离剂。一般涂刷皂角水溶性隔离剂，易干燥，污染钢筋易清除。涂刷要均匀不得漏涂，待其干燥后，铺没预应力筋，一端用夹具锚固在台座横梁的定位承力板上，另一端卡在台座张拉端的承力板上待张拉。在生产过程中，应防止雨水或养护水冲刷掉台面隔离剂。

2. 预应力筋张拉

(1) 张拉施工。

1) 张拉时应校核预应力筋的伸长值。实际伸长值与设计计算值的偏差不得超过±6%，否则应停拉。

2) 从台座中间向两侧进行（防偏心损坏台座）。

3) 多根成组张拉，初应力应一致（测力计抽查）。

4) 拉速平稳，锚固松紧一致，设备缓慢放松。

5) 拉完的筋位置偏差小于且等于5mm，且小于构件截面短边的4%。

6) 冬季张拉时，温度大于且等于15℃。

(2) 注意事项。

1) 在进行多根成组张拉时，应先调整各预应力筋的初应力，使其相互之间的应力一致，以保证张拉后各预应力筋的应力一致。

2）对于先张法构件，张拉过程中预应力钢材（钢丝、钢绞线或钢筋）断裂或滑脱的数量严禁超过结构同一截面预应力钢材总根数的5%，且严禁相邻两根断裂或滑脱，如在浇筑混凝土前断裂或滑脱必须予以更换。

3）预应力钢丝的应力可利用2CN－1型钢丝测力计测量，如图9-10所示。

（3）混凝土的浇筑与养护。

1）混凝土应一次浇完，混凝土强度大于且等于C30。

2）为防止较大徐变和收缩，应选收缩变形小的水泥，水灰小于0.5，级配良好，振捣密实。

3）混凝土未达到一定强度前，不允许碰撞或踩踏钢丝。

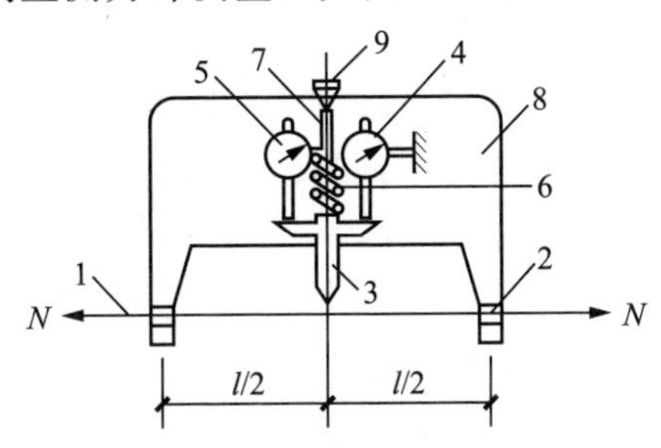

1—钢丝；2—挂钩；3—测头；
4—测挠度百分表；5—测力百分表；
6—弹簧；7—推杆；8—表架；9—螺丝。

图9-10　2CN－1型钢丝测力计

预应力混凝土可采用自然养护或湿热养护，自然养护不得少于14天。干硬性混凝土浇筑完毕后，应立即覆盖进行养护。当预应力混凝土采用湿热养护时，要尽量减少由于温度升高而引起的预应力损失。为了减少温差造成的应力损失，采用湿热养护时，在混凝土未达到一定强度前，温差不要太大，一般不超过20℃。

3. 预应力筋放张

预应力筋放张就是将预应力筋从夹具中松脱开，将张拉力传给混凝土，使其获得预压应力。放张的过程就是传递预应力的过程。预应力筋放张时，混凝土的强度应符合设计要求；如设计无规定，不应低于设计的混凝土强度标准值的75%。

（1）放张顺序。

预应力筋张放顺序应按设计与工艺要求进行。如无相应规定，可按下列要求进行。

1）轴心受预压的构件（如拉杆、桩等），所有预应力筋应同时放张。

2）偏心受预压的构件（如梁等），应先同时放张预压力较小区域的预应力筋，再同时放张预压力较大区域的预应力筋。

3）如不能满足以上两项要求时，应分阶段、对称、交错地放张，防止在放张过程中构件产生弯曲、裂纹和预应力筋断裂。

（2）放张方法。

预应力筋的放张，应采取缓慢释放预应力的方法进行，防止对混凝土结构的冲击。常用的放张方法如下。

1）千斤顶放张。用千斤顶拉动单根拉杆或螺杆，松开螺母。放张时由于混凝土与预应力筋已结成整体，松开螺母所需的间隙只能是最前端构件外露钢筋的伸长，因此，所施加的应力需超过控值。

采用两台台座式千斤顶整体缓慢放松，如图 9-11 所示。应力均匀，安全可靠。放张用台座式千斤顶可专用或与张拉合用。为防止台座式千斤顶长期受力，可采用垫块顶紧，替换千斤顶承受压力。

2）机械切割或氧炔焰切割。对先张法板类构件的钢丝或钢绞线，放张时可直接用机械切割或氧炔焰切割。放张工作宜从生产线中间处开始，以减少回弹量且有利于脱模；对每一块板，应从外向内对称放张，以免构件扭转而端部开裂。氧炔焰切割如图 9-12 所示。

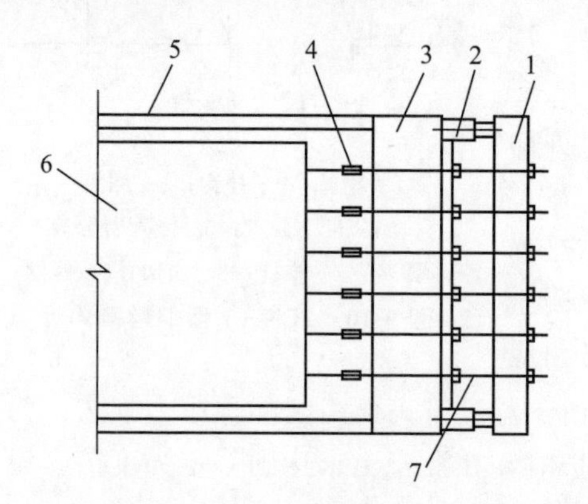

1—活动横梁；2—千斤顶；3—横梁；4—绞线连接器；5—承力架；6—构件；7—拉杆。

图 9-11　两台千斤顶放张

图 9-12　氧炔焰切割

三、施工质量标准与注意事项

(1) 为了检查构件放张时钢丝与混凝土的粘结是否可靠，切断钢丝时应测定钢丝往混凝土内的回缩数值。

钢丝回缩值的简易测试方法是在板端贴玻璃片和在靠近板端的钢丝上贴胶带纸用游标卡尺读数，其精度可达 0.1mm。

(2) 放张前，应拆除侧模，使放张时构件能自由变形，否则将损坏模板或使构件开裂。对有横肋的构件（如大型屋面板），其端横肋内侧面与板面交接处做出一定的坡度或做成大圆弧，以便预应力筋放张时端横肋能沿着坡面滑动。必要时在胎模与台面之间设置滚动支座。这样，在预应力筋放张时，构件与胎模可随着钢筋的回缩一起自由移动。

(3) 用氧炔焰切割时，应采取隔热措施，防止烧伤构件端部混凝土。

第三节　后张法施工

一、施工前的准备

1. 预应力筋制作

（1）钢绞线下料。钢绞线的下料，是指在预应力筋铺设施工前，将整盘的钢绞线根据实际铺设长度、曲线的影响情况和张拉端长度，切成不同的长度。如果是一端张拉的钢绞线，还要在固定端处预先挤压固定端锚具和安装锚座。钢绞线如图 9-13 所示。

（2）钢绞线固定端锚具的组装。挤压锚具组装通常是在下料时进行，然后再运到施工现场铺放，也可以将挤压机运至铺放施工现场进行挤压组装，如图 9-14 所示。

图 9-13　钢绞线

图 9-14　钢绞线固定端锚具

（3）预应力钢丝下料。消除应力钢丝开盘后，可直接下料。在下料过程中如发现有电接头或机械损伤，应随时剔除。钢丝下料可采用钢管限位法或用牵引索在拉紧状态下进行。钢管固定在木板上，钢管内径比钢丝直径大 3～5mm，钢丝穿过钢管至另一端角铁限位器时，用切断装置切断。限位器与切断器切口间的距离即为钢丝的下料长度。

2. 预留孔道

（1）预应力筋布置。预留孔道的位置和形状应根据设计要求而定，常见的形状有直线形、曲线形、折线形和 U 形等形状。

（2）预留孔道方法。常用的预留孔道方法一般有预埋管法、钢管抽芯法两种。

①预埋管法。预埋管可采用黑铁皮管、薄钢管与镀锌双波纹金属软管等。镀锌双波纹金属软管（简称波纹管）由镀锌薄钢带经压波后卷成，且有质量轻、刚度好、弯折方便、连接容易、与混凝土粘结良好等优点，可做成各种形状的孔

道，并可省去抽管工序。埋在混凝土中的孔道材料一次性永久地留在结构或构件中，如图 9-15 所示。

图 9-15　镀锌双波纹金属软管

②钢管抽芯法。钢管抽芯用于直线孔道。钢管表面必须圆滑，预埋前应除锈、刷油。钢管在构件中用钢筋“井”字架固定位置。两根钢管接头处可用长 30～40cm、0.5mm 厚的铁皮套管连接。钢管一端钻 15mm 小孔，以备插入钢筋棒，转动钢管。混凝土浇灌后每隔 10～15min 转动一次钢管，并在每次转管后对混凝土表面进行压实抹光，抽管在混凝土初凝以后、始凝以前进行，以用手指按压混凝土表面不显印痕时为合适。抽管要先上后下，平整稳妥，边拉边转，防止构件裂缝。

(3) 波纹管的铺设安装。波纹管铺设安装前，应按设计要求在箍筋上标出预应力筋的曲线坐标位置，点焊或绑扎钢筋马凳。马凳间距：对圆形金属波纹管宜为 1.0～1.5m，对塑料波纹管宜为 0.8～1.0m。波纹管安装后，应与一字形或井字形钢筋马凳用铁丝绑扎固定。

钢筋马凳应与钢筋骨架中的箍筋电焊或牢固绑扎。为防止钢筋马凳在穿预应力筋过程中受压变形，钢筋马凳材料应考虑波纹管和钢绞线的质量，可选择直径 10mm 以上的钢筋制成。

波纹管安装就位过程中，应避免大曲率弯管和反复弯曲，以防波纹管管壁开裂。同时还应防止电气焊施工烧破管壁或钢筋施工中扎破波纹管。浇筑混凝土时，在有波纹管的部位也应严禁用钢筋捣混凝土，防止损坏波纹管。

(4) 灌浆孔、出浆排气管和泌水管。在预应力筋孔道两端，应设置灌浆孔和出浆孔。灌浆孔通常位于张拉端的喇叭管处，灌浆时需要在灌浆口处外接一根金属灌浆管；如果在没有喇叭管处（如锚固端），可设置在波纹管端部附近利用灌浆管引至构件外。为保证浆液畅通，灌浆孔的内孔径一般不宜小于 20mm。

曲线预应力筋孔道的波峰和波谷处可间隔设置排气管，排气管实际上起到排气、出浆和泌水的作用，在特殊情况下还可作为灌浆孔用。波峰处的排气管伸出梁面的高度不宜小于 500mm，波底处的排气管应从波纹管侧面开口接出伸至梁上或伸到模板外侧。对于多跨连续梁，由于波纹管较长，如果从最初的灌浆孔到最后的出浆孔距离很长，则排气管也可兼用作灌浆孔用于连续接力式灌浆。其间距对于预埋波纹管孔道不宜大于 30m。为防止排气孔被混凝土挤扁，排气管通常由增强硬塑料管制成，管的壁厚应大于 2mm。

波纹管留灌浆孔（排气孔、泌水孔）的做法是在波纹管上开孔，直径在20～30mm，用带嘴的塑料弧形盖板与海绵垫覆盖，并用铁丝扎牢，塑料盖板的嘴口与塑料管用专业卡子卡紧，如图 9-16 所示。

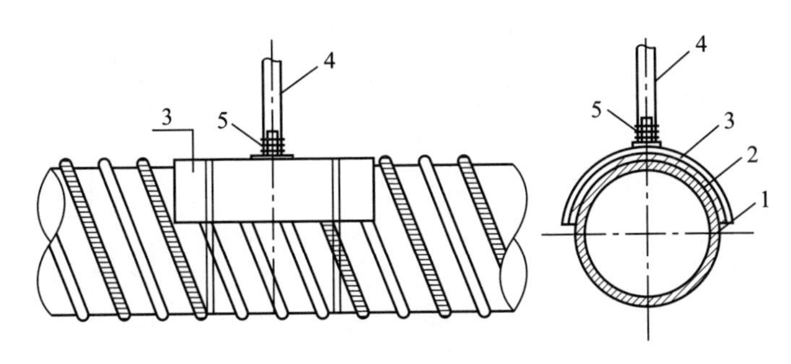

1—波纹管；2—海绵垫；3—塑料盖板；4—塑料管；5—固定卡子。

图 9-16　灌浆孔示意图

二、施工工艺

1. 张拉顺序

预应力筋的张拉顺序应使混凝土不产生超应力、构件不扭转与侧弯、结构不变位等，因此，对称张拉是一项重要原则。同时，还应考虑到尽量减少张拉设备的移动次数。

采用分批张拉时，先批张拉的预应力筋张拉应力应考虑后批预应力筋张拉时产生的混凝土弹性压缩的影响。在实际工作中，可采取以下方法解决。

（1）采用同一张拉值，逐根复拉补足。

（2）采用同一张拉值，在设计中扣除弹性压缩损失值。

（3）统一提高张拉力，即在张拉力中增加弹性压缩损失的平均值。

2. 张拉方法

曲线预应力筋长度大于 24m 的直线预应力筋应在两端张拉；长度等于或小于 24m 的直线预应力筋可在一端张拉，但张拉端宜分别设置在构件的两端。

张拉平卧重叠灌筑的构件时，宜先上后下逐层进行张拉。为了减少上下层构件间摩阻引起的预应力损失，可采用逐层加大张拉力，但底层张拉力不宜比顶层张拉力大 5%（钢丝、钢绞线及热处理钢筋），或 9%（冷拉Ⅱ、Ⅲ、Ⅳ级钢筋），如隔离层隔离效果好，也可采用同一张拉值。

当两端张拉同一束预应力筋时，为了减少预应力损失，应先在一端锚固，再在另一端补足张拉力后锚固。

3. 张拉伸长值校核

采用图解法计算伸长值时，图 9-17 以伸长值为横坐标、张拉力为纵坐标，将各级张拉力的实测伸长值标在图上，绘成张拉力与伸长值关系线 CAB，然后延长此线与横坐标交于 O' 点，OO' 段即为推算伸长值。

通过伸长值的校核，可以综合反映张拉力是否足够，孔道摩擦损失是否偏大，以及预应力筋是否有异常现象等。

根据设计要求，张拉伸长值的允许差值为－5％、＋10％。在施工中，如遇到张拉伸长值超过允许差值，则应暂停张拉，查明原因应采取措施予以调整后，再继续进行张拉。

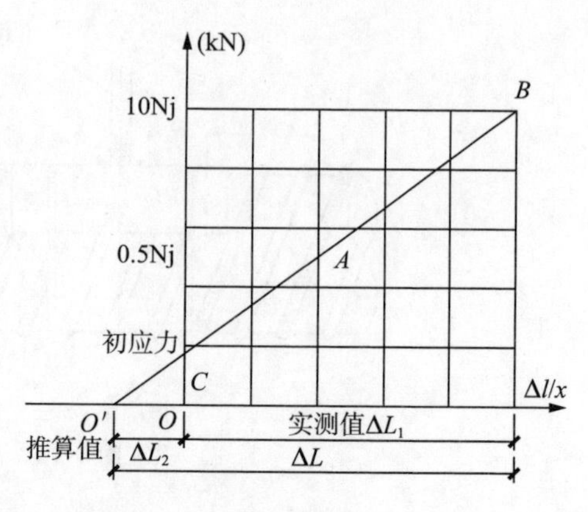

图 9-17 图解法计算伸长值

4. 注意事项

（1）在预应力张拉作业中，必须特别注意安全。因为预应力持有很大的能量，如果预应力筋被拉断或锚具与张拉千斤顶失效，巨大能量急剧释放，有可能造成很大危害。因此，在任何情况下作业人员不得站在顶应力筋的两端，同时在张拉千斤顶的后面应设立防护装置。

（2）操作千斤顶和测量伸长值的人员，应站在千斤顶侧面操作，严格遵守操作规程。油泵开动过程中，不得擅自离开岗位。如需离开，必须把油阀门全部松开或切断电路。

（3）采用锥锚式千斤顶张拉钢丝束时，先使千斤顶张拉缸进油，至压力表略有启动时暂停，检查每根钢丝的松紧并进行调整，然后再打紧楔块。

（4）钢丝束镦头锚固体系在张拉过程中应随时拧上螺母，以保证安全。锚固时如遇钢丝束偏长或偏短，应增加螺母或用连接器解决。

（5）工具锚夹片（图 9-18）应注意保持清洁和良好的润滑状态。工具锚夹片第一次使用前，应在夹片背面涂上润滑脂。以后每使用 5～10 次，应将工具锚上的夹片卸下，向工具锚板的锥形孔中重新涂上一层润滑剂，以防夹片在退锚时卡住。润滑剂可采用石墨、二硫化铝、石蜡或专用退锚润滑剂等。

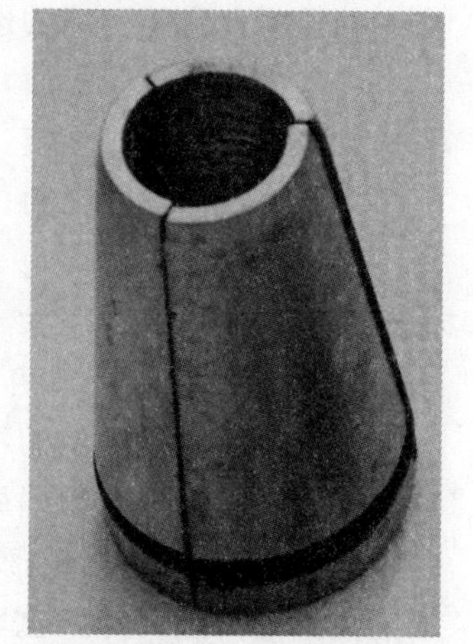

图 9-18 工具锚夹片

三、孔道灌浆

预应力张拉后利用灌浆泵将水泥浆压灌到预应力孔道中去，其作用：一是保护预应力筋以免锈蚀；二是使预应力筋与构件混凝土有效粘结，以控制超载时裂缝的间距与宽度并减轻梁端锚具的负荷。

1. 灌浆材料的要求

（1）孔道灌浆采用普通硅酸盐水泥和水拌制。水泥的质量应符合现行国家标准《通用硅酸盐水泥》（GB 175—2007）的规定。

（2）灌浆用水泥砂浆的水灰比一般不大于 0.4；搅拌后泌水率不宜大于 1％，

泌水应能在24h内全部重新被水泥浆吸收；自由膨胀率不应大于10%。

（3）水泥浆中宜掺入高性能外加剂。严禁掺入各种含氯盐或对预应力筋有腐蚀作用的外加剂。掺入外加剂后，水泥浆的水灰比可降为0.35～0.38。

（4）水泥浆的可灌性以流动度控制：采用流淌法测定时直径不应小于150mm，采用流锥法测定时应为12～18s。

（5）水泥浆应采用机械搅拌，应确保灌浆材料搅拌均匀。灌浆过程中应不断搅拌，以防泌水沉淀。水泥浆停留时间过长发生沉淀离析时，应进行二次灌浆。

2. 灌浆设备

灌浆设备包括：搅拌机、灌浆泵、贮浆桶、过滤网、橡胶管和灌浆嘴等。目前常用的电动灌浆泵有柱塞式、挤压式和螺旋式。柱塞式又分为带隔膜和不带隔膜两种形状。螺旋泵压力稳定。带隔膜的柱塞泵的活塞不易磨损，比较耐用。灌浆泵应根据液浆高度、长度、束形等选用，并配备计量校验合格的压力表。搅拌机如图9-19所示。

图9-19　搅拌机

3. 灌浆

灌浆前应检查构件孔道及灌浆孔、泌水孔、排气孔是否畅通。对于抽拔管成孔和预埋管成孔，可采用压力水清洗孔道。

灌浆应先从下层孔道灌起，再浇上层孔道。灌浆工作应缓慢进行，期间不得中断，并应排气通顺。在灌满孔道封闭排气孔后，应再继续加压至0.5～0.7MPa，稳压1～2min后封闭灌浆孔。

当发生孔道堵塞、串孔或中断灌浆时应及时冲洗管道或采取其他灌浆措施。当孔道直径较大，采用不掺微膨胀减水剂的水泥浆灌浆时，可采用下列措施。

（1）二次压浆法：二次压浆的时间间隔为30～45min。

（2）重力补偿法：在孔道最高点处400mm以上，连续不断补浆，直至浆体不下沉为止。

（3）对超长、超高的预应力筋孔道，宜采用多台灌浆泵接力灌浆，从前置灌浆孔灌浆至后置灌浆孔冒浆，后置灌浆孔方可继续灌浆。

（4）灌浆孔内的水泥浆凝固后，可将泌水管切割至构件表面；如管内有空隙，局部应仔细补浆。

（5）当室外温度低于5℃时，孔道灌浆应采取抗冻保温措施。当室外温度高于35℃时，宜在夜间进行灌浆。水泥浆灌入前的浆体温度不应超过35℃。

四、施工质量标准与注意事项

（1）灌浆用水泥浆的配合比应通过试验确定，施工中不得随意变更。每次灌浆作业至少测试两次水泥浆的流动度，并应在规定的范围内。

（2）灌浆试块采用边长70.7mm的立方体试件。其标准养护28天的抗压强度不应低于$30N/mm^2$。移动构件或拆除底模时，水泥浆试块强度不应低于$15N/mm^2$。

（3）孔道灌浆后，应检查孔道上凸部位灌浆密实性；如有空隙，应采取人工补浆措施。

（4）对孔道阻塞或孔道灌浆密实情况有怀疑时，可局部凿开或钻孔检查，但以不损坏结构为前提。

（5）锚具封闭后与周边混凝土之间不得有裂纹。

（6）灌浆后的孔道泌水孔、灌浆孔、排气孔等均应切平，并用砂浆填实补平。

第四节　无粘结施工

一、无粘结预应力筋制作

无粘结预应力筋由预应力钢丝束（钢绞线）、涂料层和外包层以及锚具等组成。

1. 材料选择

无黏结预应力筋的钢材，一般选用7根ϕS5高强钢丝组成钢丝束，也可选用7ϕS4或7ϕS5钢绞线。

涂料层的作用是使预应力筋与混凝土隔离，减少张拉时的摩擦损失，防止预应力筋腐蚀等。因此，对涂料要求有较好的化学稳定性、韧性；在－20～70℃温度范围内，不裂缝、不变脆、不流淌；并能更好地粘附在钢筋上，对钢筋和混凝土无腐蚀作用；不透水、不吸湿；润滑性好，摩擦阻力小。常用的涂料层有防腐沥青和防腐油脂。

2. 锚具

无粘结预应力构件中，锚具是把预应力筋的张拉力转递给混凝土的主要工具。因此，无粘结预应力筋的锚具不仅受力比有粘结预应力筋的锚具大，而且承受的是重复荷载。因而对无粘结预应力筋的锚具有更高的要求。无粘结筋的锚具性能应符合Ⅰ类锚具的规定。

无粘结预应力张拉端锚具的组装如图9-20所示。无粘结固定端锚具的组装如图9-21所示。

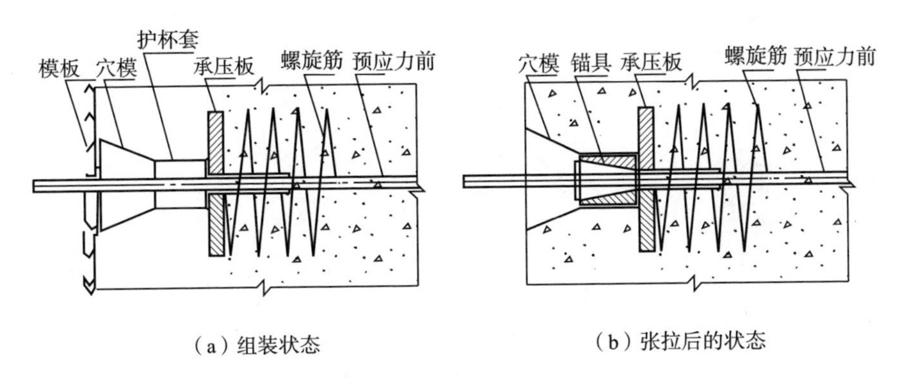

（a）组装状态　　（b）张拉后的状态

图 9-20　无粘结张拉端锚具组装图

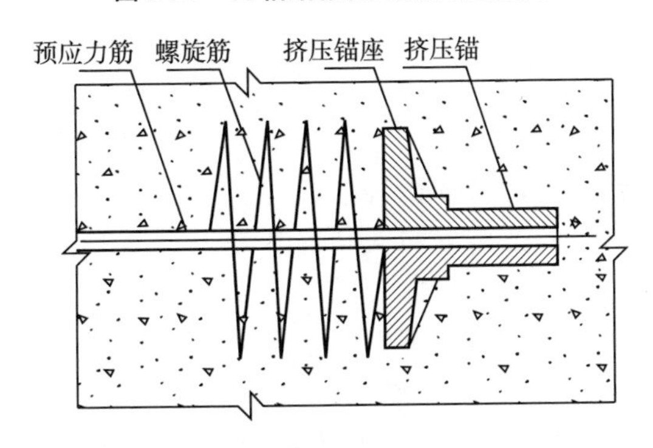

图 9-21　无粘结固定端锚具组装图

3. 无粘结预应力筋的制作

预应力筋一般采用缠纸工艺和挤压涂层工艺来制作。

（1）缠纸工艺。无粘结预应力筋制作的缠纸工艺是在缠纸机上连续作业，完成编束、涂油、镦头、缠塑料布和切断等工序。无粘结预应力缠纸机的工作流程如图 9-22 所示。

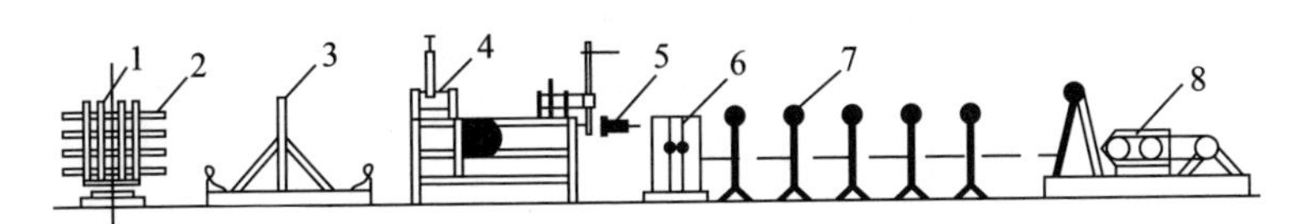

1—放线盘；2—盘圆钢丝；3—梳子板；4—油枪；5—塑料布卷；
6—切断机；7—滚道台；8—牵引装置。

图 9-22　无粘结预应力缠纸机工作流程图

（2）挤压涂层工艺。挤压涂层工艺制作无粘结预应力筋的工作流程如图 9-23 所示。挤压涂层工艺主要是钢丝通过涂油装置涂油，涂油钢丝束通过塑料挤压机涂刷塑料薄膜，再经冷却筒模成塑料套管。这种无粘结筋挤压涂层工艺与电线、电缆包裹塑料套管的工艺相似。无粘结预应力筋挤压涂层工艺的特点是效率高，质量好，设备性能稳定。

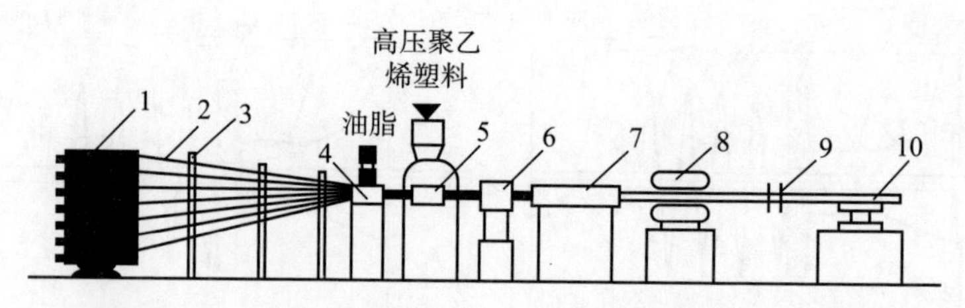

1—放线盘；2—钢丝；3—梳子板；4—给油装置；5—塑料挤压机机头；
6—风冷装置；7—水冷装置；8—牵引机；9—定位支架；10—收线盘。

图 9-23 挤压涂层工作流程

二、施工工艺

1. 无粘结预应力筋的铺放

（1）板中无粘结预应力筋的铺放。

1）单向板。单向预应力楼板的矢高控制是施工时的关键点。一般每跨板中预应力筋矢高控制点设置 5 处，最高点（2 处）、最低点（1 处）、反弯点（2 处）。预应力筋在板中最高点的支座处通常与上层钢筋绑扎在一起，在跨中最低点处与底层钢筋绑扎在一起。其他部位由支承件控制。

施工时当电管、设备管线和消防管线与预应力筋位置发生冲突时，应首先保证预应力筋的位置与曲线正确。

2）双向板。双向无粘结筋铺放时需要相互穿插，必须先编出无粘结筋的铺设顺序。其方法是在施工放样图上将双向无粘结筋各交叉点的两个标高标出，对交叉点处的两个标高进行比较，标高低的预应力筋应从交叉点下面穿过。按此规律找出无粘结筋的铺设顺序。

图 9-24 架立筋

（2）梁无粘结预应力筋的铺放。

1）设置架立筋。如图 9-24 所示，为保证预应力钢筋的矢高准确、曲线顺滑，按照施工图要求的位置，将架立筋就位并固定。架立筋的设置间距应不大于 1.4m。

2）铺放预应力筋。梁中的无粘结预应力筋成束设计，无粘结预应力筋在铺设过程中应防止绞扭在一起，保持预应力筋的顺直。无粘结预应力筋应绑扎固定，防止在浇筑混凝土过程中预应力筋移位。

3）梁柱节点张拉端设置。无粘结预应力筋通过梁柱节点处，张拉端设置在柱子上。根据柱子配筋情况可采用凹入式或凸出式节点构造。

2. 张拉端和固定端节点的安装

应按施工图中规定的无粘结预应力筋的位置在张拉端模板上钻孔。张拉端和锚固端预应力筋必须与承压板面垂直，曲线段的起点至张拉端的锚固点不应小于300mm。锚固段挤压锚具应放置在梁支座上。成束的预应力筋，锚固段应顺直散开放置。

3. 混凝土的浇筑和振捣

浇筑混凝土时应认真振捣，保证混凝土的密实，尤其是承压板、锚具周围的混凝土严禁漏振，不得有蜂窝和孔洞，保证密实性。

在施工完毕后2～3天对混凝土进行养护，并检查施工质量。如发现有孔洞或缺陷，应对小孔重新进行浇筑，为张拉做准备。

4. 无粘结预应力筋张拉

无粘结预应力筋的张拉与后张法带有螺丝端杆锚具的有粘结预应力钢丝束张拉相似。张拉程序一般采用 $0 \rightarrow 103\% \sigma_{con}$。由于无粘结预应力筋一般为曲线配筋，故应采用两端同时张拉。无粘结预应力筋法的张拉顺序，应根据其铺设顺序，先铺设的先张拉，后铺设的后张拉。

三、施工质量标准与注意事项

（1）当采用应力控制方法张拉时，应校核无粘结预应力筋的伸长值，当实际伸长值与设计计算伸长值相对偏差超过规定时，应暂停张拉，查明原因并采取措施予以调整后再继续张拉。

（2）预应力筋张拉前严禁拆除梁板下的支撑，待该梁板预应力筋全部张拉后方可拆除。

（3）对于两端张拉的预应力筋，两个张拉端应分别按程序张拉。

（4）无粘结曲线预应力筋的长度超过30m时，宜采取两端张拉。当筋长超过60m时采取分段张拉。如遇到摩擦损失较大，宜先预张拉一次再张拉。

（5）在梁板顶面或墙壁侧面的斜槽内张拉无粘结预应力筋时，宜采用变角张拉装置。

第十章　结构安装工程

第一节　单层工业厂房结构安装

一、吊装前的准备工作

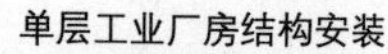

扫码观看本视频

1. 场地检查

场地检查包括起重机开行道路是否平整坚实，构件堆放场地是否平整坚实，起重机回转范围内有无障碍物，电源是否接通等等。

2. 基础准备

装配式钢筋混凝土柱基础一般设计成杯形基础，且在施工现场就地浇注。在浇注杯形基础时，应保持定位轴线及杯口尺寸准确。在吊装前要在基础杯口面上弹出建筑物的纵、横定位线和柱的吊装准线，作为柱对位、校正的依据。如吊装时发生有不便于下道工序的较大误差，应进行纠正。基础杯底标高，在吊装前应根据柱子制作的实际长度（从牛腿面或柱顶至柱脚尺寸）进行一次调整。调整方法是测出杯底原有标高（小柱测中间一点，大柱测四个角点），再量出柱的实际长度，结合柱脚底面制作的误差情况，计算出标底标高调整值，并在杯口内标出，然后用 1∶2 水泥砂浆或细石混凝土（调整值大于 20mm）将杯底垫平至标志处。

3. 构件准备

构件准备包括检查与清理、弹线与编号、运输与堆放、拼装与加固等。

4. 机具准备

机具准备包括起重机的选择和用具准备。起重机的选择根据施工结构的不同而定。

二、施工工艺

1. 柱子的吊装

（1）柱子绑扎。

由于柱子在工作状态下为压弯构件，吊装阶段为受弯构件，绑扎点的位置选择应引起注意，一般承重柱绑扎在牛腿下方，抗风柱则应以起吊时在自重作用下的正负弯矩相等确定其绑扎点。柱子的绑扎常用直吊绑扎法和斜吊绑扎法。

1）直吊绑扎法。直吊绑扎法就是先将平卧状态的柱子翻身，然后绑扎，柱子起吊后呈垂直状态插入杯口的绑扎方法，如图 10-1 所示。这种方法柱子易于插入杯口，但吊钩需高过柱顶，需要用铁扁担。适用于柱子宽面抗弯能力不足、起重机杆长且较大时的中小型柱子的绑扎。直吊绑扎法分为一点或两点绑扎。

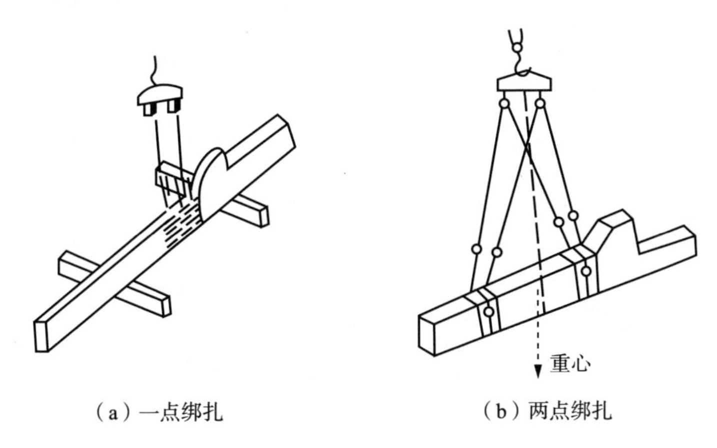

（a）一点绑扎 （b）两点绑扎

图 10-1 直吊绑扎法

2）斜吊绑扎法。斜吊绑扎法就是绑扎后，起重机能直接将柱子从平卧状态吊起，且吊起后呈倾斜状态的绑扎方法，如图 10-2 所示。这种方法吊钩可低于柱顶，适用于柱子的宽面抗弯能力满足受弯要求时的中小型柱，以及起重杆长度不足时采用。斜吊绑扎时，也可采用一点或两点绑扎。

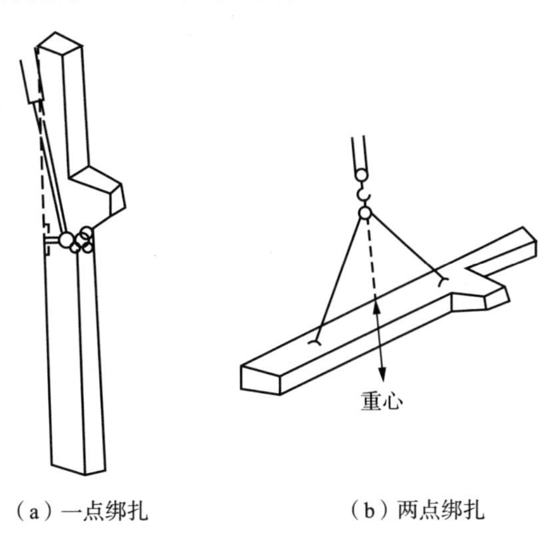

（a）一点绑扎 （b）两点绑扎

图 10-2 斜吊绑扎法

（2）柱子的吊升。

柱子的吊装方法，应根据柱子的重量、长度、起重机性能及现场条件等因素确定。当采用单机吊升时，可采用滑行法、旋转法和双机抬吊法进行吊升。

1）滑行法。滑行法即柱子在吊升时，起重机只升吊钩，起重杆不转动，使柱脚沿地面滑行逐渐直立而靠近杯口，然后插入杯中的方法，如图 10-3 所示。采用此法吊升时，柱子的绑扎点应靠近杯口，并与杯口中心在起重机的回转半径上，以便稍稍转动起重杆就可以将柱子插入杯内。

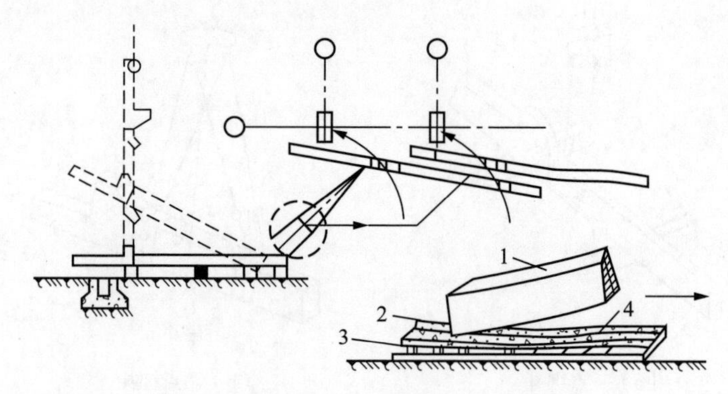

1—柱子；2—托木；3—滚筒；4—滑行道。

图 10-3　滑行法

2）旋转法。柱子在吊升过程中，吊车起吊点设置在柱重心上方，柱子根部着地，起吊时吊车起钩，将柱子吊起。在整个过程中，柱子绕根部点旋转。起重机是边回转起重杆边起钩，使柱子绕柱脚旋转而吊起插入杯口，这种方法称旋转法，如图 10-4 所示。采用旋转法吊升时，为保证柱子连续旋转吊起而插入杯口，要求起重机的回转半径为一定值，即起吊时起重杆不起伏，故在预制布置柱子时，应使柱子的绑扎点、柱脚中心和杯口中心三点共弧，该三点所确定的圆心即起重机的回转中心。

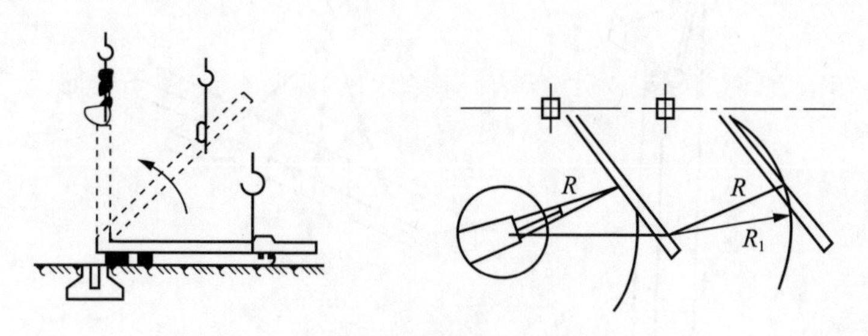

图 10-4　旋转法

如果柱子因条件的限制不能三点共弧时，也可以采用杯口与柱脚中心或绑扎点两点共弧，这种布置方法在吊升过程中，起重杆要不断地变幅，以保证柱吊升后靠近杯口而插入杯心，所以两点共弧起吊时工效低，且不够安全。

3）双机抬吊法。双机抬吊法，是塔类设备施工过程中的一种经常采用且十分重要的吊装方法，设备或构件采用两台起重机进行抬吊就位的方法，如图 10-5 所示。

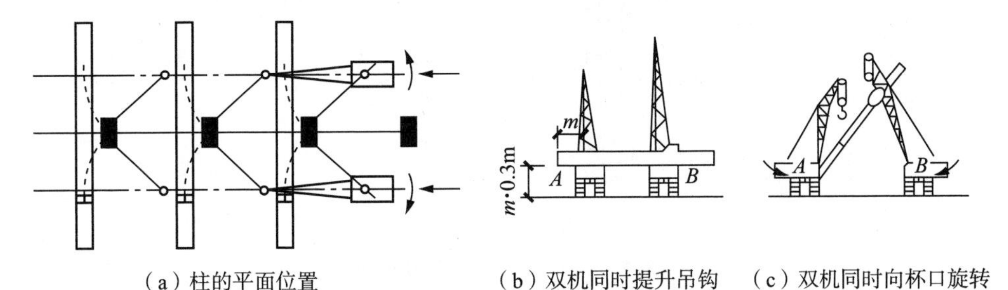

（a）柱的平面位置　（b）双机同时提升吊钩　（c）双机同时向杯口旋转

图 10-5　双机抬吊法

双机抬吊重物时，分配给单机的重量不得超过单机允许起重量的 80%，构件总重量不得高于两起重机械额定起重量之和的 75%，并要求统一指挥。抬吊时应先试抬，使操作者之间相互配合，动作协调，起重机各运转速度尽量一致。

（3）柱的对位与临时固定。

如用直吊法时，柱脚插入杯口后，应悬离杯底 30～50mm 处进行对位。若用斜吊法时，则需将柱脚基本送到杯底，然后在吊索一侧的杯口中插入两个楔子，再通过起重机回转使其对位。对位时，应先从柱子四周向杯口放入 8 口楔块，并用撬棍拨动柱脚，使柱的吊装准线对准杯口上的吊装准线，并使柱基本保持垂直。

柱子对位后，应先将楔块略微打紧，待松钩后观察柱子沉至杯底后的对中情况，若已符合要求即可将楔块略微打紧，使之临时固定，如图 10-6 所示。当柱基杯口深底与柱长之比小于 1/20，或具有较大牛腿的重型柱时，还应增设带花兰螺丝的缆风绳或加斜撑措施来加强柱临时固定的稳定性。

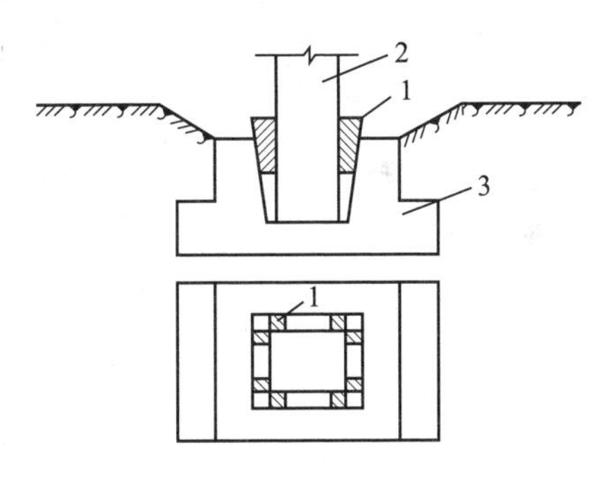

1—柱子；2—楔子；3—基础。

图 10-6　柱脚临时固定

（4）柱的校正及最后固定。

柱子的校正包括平面位置、标高和垂直度的校正。平面位置在对位和临时固定时已基本校正好，若有走动应及时采用敲打楔块的方法进行校正。标高的校正在杯底抄平时已经完成。

柱的垂直度偏差检测方法有经纬仪观测法和线锤检查法，如图 10-7 所示。

柱的垂直度校正直接影响吊车梁、屋架等吊装的准确性，必须认真对待。柱垂直度的校正方法有千斤顶校正法、钢管撑杆斜顶法，如图 10-8 和图 10-9 所示。

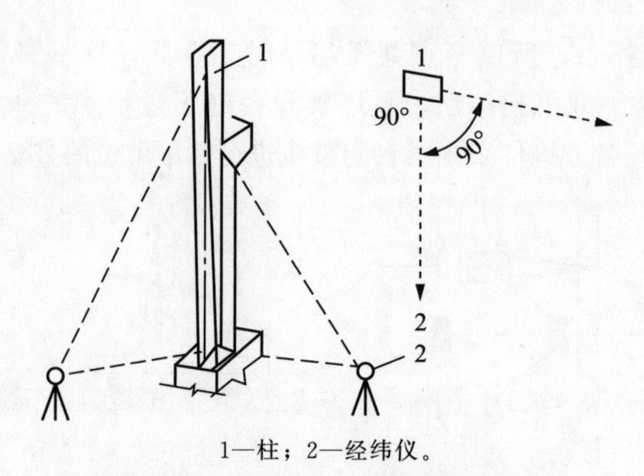

1—柱；2—经纬仪。

图 10-7　柱子校正时经纬仪的设置

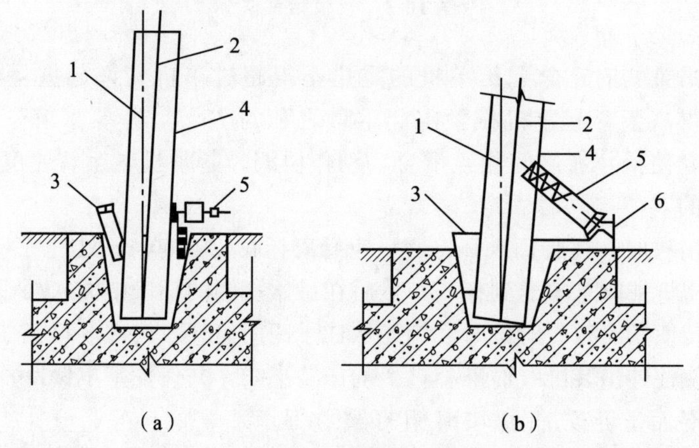

1—铅垂线；2—柱中线；3—楔子；4—柱子；5—螺旋千斤顶；6—千斤顶支座。

图 10-8　千斤顶校正法

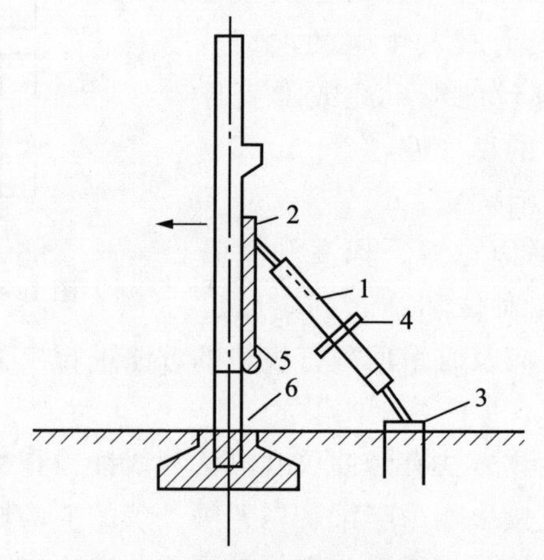

1—钢管；2—头部摩擦板；3—底板；4—转动手柄；5—钢丝绳；6—楔块。

图 10-9　钢管撑杆斜顶法

柱子校正后，应将楔块以每两个一组对称、均匀、分次地打紧，并立即进行最后固定。其方法是在柱脚与杯口的空隙中浇筑比柱子混凝土标号高一级的细石混凝土。混凝土的浇筑应分两次进行，第一次浇至楔块底面，待混凝土强度达到25％时，即可拔去楔块，再将混凝土浇满杯口，进行养护，待第二次浇筑混凝土强度达到70％后，方能安装上部构件。

2. 吊车梁的吊装

(1) 绑扎、起吊、对位。

吊车梁一般采用两点绑扎，绑扎点对称设置于梁的两端，以便起吊后梁身保持水平。梁的两端应设置拉绳，避免悬空时碰撞柱子。

吊车梁应缓慢降钩对位，使吊车梁端与牛腿面的横轴线对准。对位时不宜用撬棍顺纵轴方向撬动吊车梁，以免柱产生偏移和弯曲。

吊车梁的稳定性较好，无须采取临时固定措施，在一般情况下只需用垫铁垫平即可，但当梁的高宽比大于 4 时，要用钢丝将梁捆在柱上，以防倾倒。

(2) 校正与最后固定。

吊车梁的校正应在车间或一个伸缩缝区段内的全部结构构件安装完毕并经最后固定后进行。

吊车梁的校正包括标高、平面位置和垂直度。

标高的测定和调整已在做杯底的找平时基本完成，如仍有误差，可待安装吊车轨道时，用砂浆或垫铁调整即可。垂直度可用线锤靠尺检查，如图 10-10 所示。若超过允许偏差，则应在平面位置校正的同时，用垫铁在梁两端支座上纠正，且每叠垫铁不得超过三片。

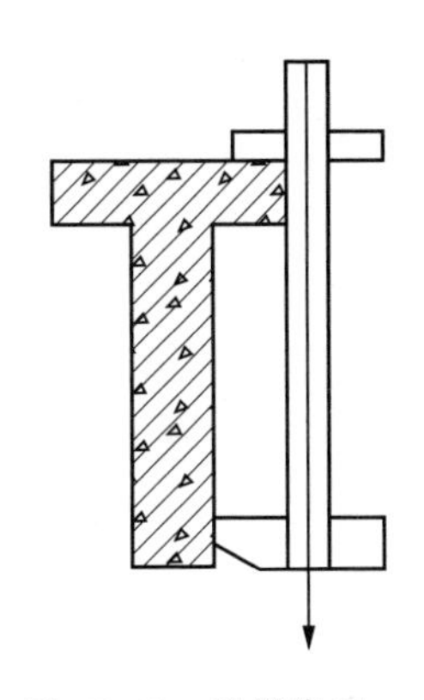

图 10-10　线锤靠尺

吊车梁平面位置的校正，常用通线法及平移轴线法。通线法是根据柱轴线用经纬仪和钢尺准确地校正好一跨内两端的四根吊车梁的纵轴线和轨距，再依据校正好的端部吊车梁沿其轴线拉上钢丝通线，逐根拨正。平移轴线法是根据柱和吊车梁的定位轴线间的距离（一般为 750mm），逐根拨正吊车梁的安装中心线。

(3) 屋架的吊装。

1) 屋架的扶直与就位。

按照起重机与屋架相对位置不同，屋架扶直可分为正向扶直与反向扶直。

①正向扶直。起重机位于屋架下弦一边，首先以吊钩对准屋架上弦中心，收紧吊钩，然后略微起臂使屋架脱模，随即起重机升钩并升臂使屋架以下弦为轴缓缓转为直立状态，如图 10-11 (a) 所示。

②反向扶直。起重机位于屋架上弦一边，首先以吊钩对准屋架上弦中心，接着升钩并降臂，使屋架以下弦为轴缓缓转为直立状态，如图 10-11 (b) 所示。

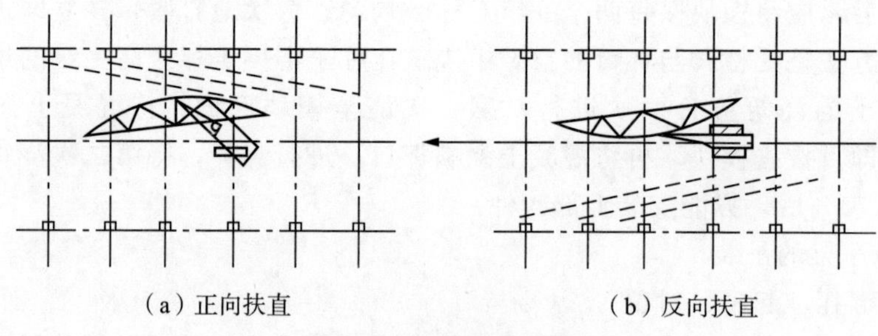

（a）正向扶直　　（b）反向扶直

图 10-11　屋架的扶直

正向扶直与反向扶直的最大区别在于扶直过程中，一为升臂，一为降臂。升臂比降臂易于操作且较安全，故应考虑到屋架安装顺序、两端朝向等问题。一般靠柱边斜放或以 3～5 榀为一组平行柱边纵向就位。屋架就位后，应用 8 号铁丝、支撑等与已安装的柱或已就位的屋架相互拉牢，以保持稳定。

2）屋架的绑扎。

屋架绑扎点应在屋架上弦节点处，对称于屋架重心，使屋架起吊后基本保持水平。绑扎时吊索的长度应保证与水平线的夹角不宜小于 45°，以免屋架承受过大的横向压力而使平面外弯曲。为了减少屋架吊索的高度及所受横向压力，可采用横吊梁。屋架两端应设拉绳，以防屋架在空中转动碰撞其他构件。屋面绑扎的要求如图 10-12 所示。

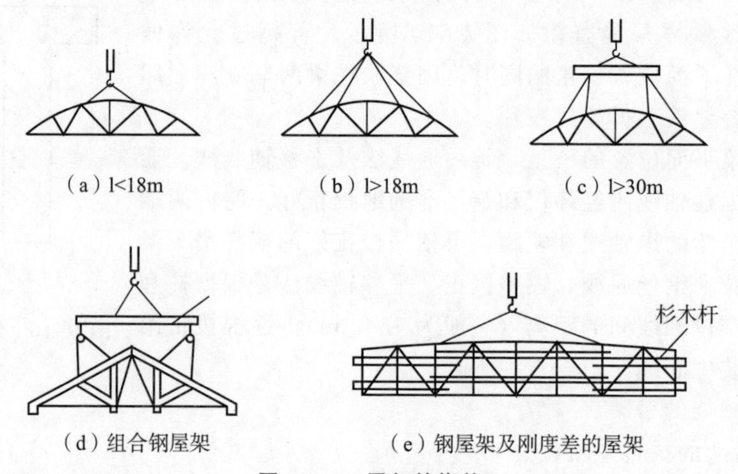

（a）l<18m　　（b）l>18m　　（c）l>30m

（d）组合钢屋架　　（e）钢屋架及刚度差的屋架

图 10-12　屋架的绑扎

3）吊升、对位与临时固定。

屋架吊起离地约 30cm 后，送到安装位置下方，再将其提升到柱顶以上，然后缓缓下降，使屋架的端头轴线与柱顶轴线重合。对位后进行临时固定，稳妥后才能脱钩。

第一榀屋架的临时固定必须牢固可靠。因为屋架为单片结构，且第二榀屋架的临时固定又是以第一榀为支撑的。第一榀屋架的临时固定，一般是用四根缆风绳从两边把屋架拉紧，如图 10-13 所示。其他各榀屋架可用工具式支撑撑在前一榀屋架上，待屋架校正，然后固定并安装若干屋面板后，再将支撑取下。

4）屋架的校正与固定。

屋架的竖向偏差可用锤球或经纬仪检查。用经纬仪的检查方法是在屋架上安装三个卡尺，一个安在上弦中点附近，另两个分别安在屋架两端。自屋架几何中心向外量出一定距离（一般为 500mm）并在卡尺上做出标志，然后在距离屋架中线同样距离（500mm）处安置经纬仪，观察三个卡尺上的标志是否在同一垂直面上。

用锤球检查屋架竖向偏差，与上述步骤相同，但标志距屋架几何中心距离可短些（一般为 300mm），在两端卡尺的标志处连一通线，自屋架顶卡尺的标志处向下挂锤球，检查三卡尺的标志是否在同一垂直面上，如图 10-14 所示。若发现卡尺标志不在同一垂直面上，即表示屋架存在竖向偏差，可通过转动工具式支撑上的螺栓加以纠正，并在屋架两端的柱顶上嵌入斜垫铁。

屋架校正垂直后，立即用电焊固定。焊接时，应在屋架两端同时对角施焊，避免两端同侧施焊。

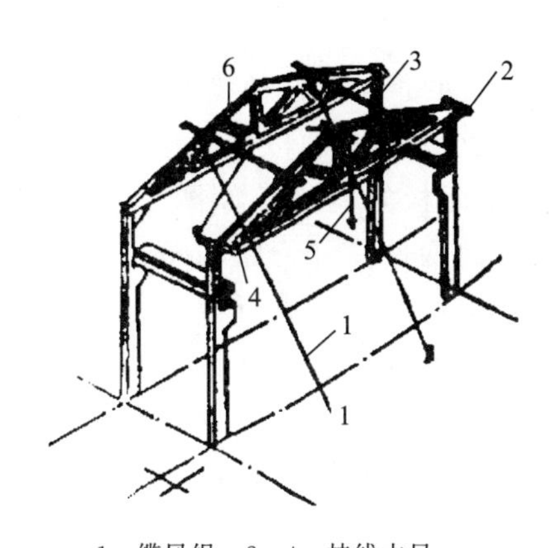

1—缆风绳；2，4—挂线木尺；
3—屋架校正器；5—线锤；6—屋架。

图 10-13　屋架的临时固定

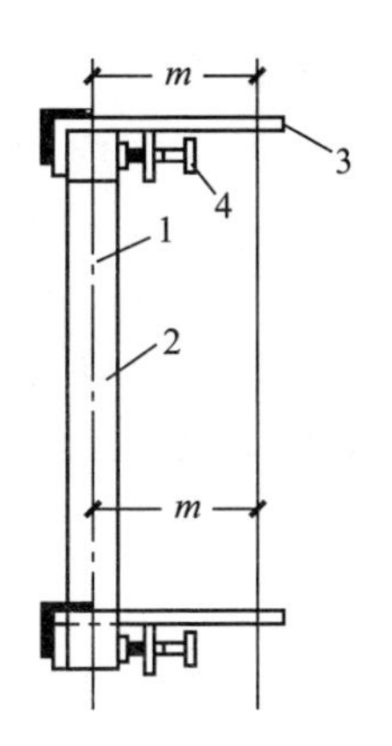

1—屋架轴线；2—屋架；
3—标尺；4—固定螺杆。

图 10-14　屋架垂直度校正

三、结构吊装方案

1. 起重机的选择

起重机的选择直接影响构件的吊装方法、构件平面布置等问题。首先应根据厂房跨度、构件重量、吊装高度以及施工现场条件和当地现有机械设备等确定机械类型。一般中小型厂房结构吊装多采用自行杆式起重机；当厂房的高度和跨度较大时，可选用塔式起重机吊装屋盖结构。在缺乏自行杆式起重机或受地形限制，自行杆式起重机难以到达的地方可采用拔杆吊装。对于大跨度的重型工业厂房，则可选用自行杆式起重机、重型塔吊、牵缆式起重机等进行吊装。

2. 结构吊装方法

单层工业厂房的吊装分为分件安装法和综合安装法。

（1）分件安装法。

起重机在车间内每开行一次仅安装一种或两种构件的方法称分件安装法。单层工业厂房起重机一般需三次开行才可安装完全部构件。

第一次开行，安装全部柱子，并对柱子进行校正和最后固定；

第二次开行，安装全部吊车梁、连系梁及柱间支撑，并进行屋架的扶直排放；

第三次开行，沿跨中分节间安装屋架、天窗架、屋面板及屋面支撑等屋盖构件。

分件安装法起重机每次开行基本都是安装同类构件，不需经常更换索具，操作易于熟练，工作效率高；构件供应与现场平面布置比较简单，可为构件校正、接头焊接、灌筑混凝土及养护提供充分的时间，保证了安装的质量。因此，目前装配式单层工业厂房大多采用分件安装法。

（2）综合安装法。

它是起重机在车间内的一次开行中，分节间安装完各种类型的构件的方法。具体的安装要求是：先安装 4～6 根柱子，并立即加以校正及最后固定，接下来安装连系梁、吊车梁屋架、天窗架、屋面板等构件，如图 10-15 所示。因此，起重机在每一个停机点都可以安装较多的构件，开行路线短；每一节间安装完毕后，可为后续工作提供工作面，使各工种能交叉平行流水作业，有利于加快施工速度，缩短工程工期；但构件平面布置复杂，构件校正和最后固定时间紧迫，且后安装的构件对先安装的构件影响增大，工程质量难以保证；只有当结构构件必须采用综合安装法及移动困难的桅杆式起重机进行安装时，才采用此法。

3. 构件的平面布置

（1）构件布置的要求。

构件布置时应遵守下列规定：

1）每跨构件尽可能布置在本跨内，如确有困难时，才考虑布置在跨外而便于吊装的地方。

2）构件布置方式应满足吊装工艺要求，尽可能布置在起重机的起重半径内，尽量减少起重机负重行驶的距离及起重臂的起伏次数。

3）应首先考虑重型构件的布置。

4）构件布置的方式应便于支模及混凝土的浇筑工作，预应力构件尚应考虑有足够的抽管、穿筋和张拉的操作场地。

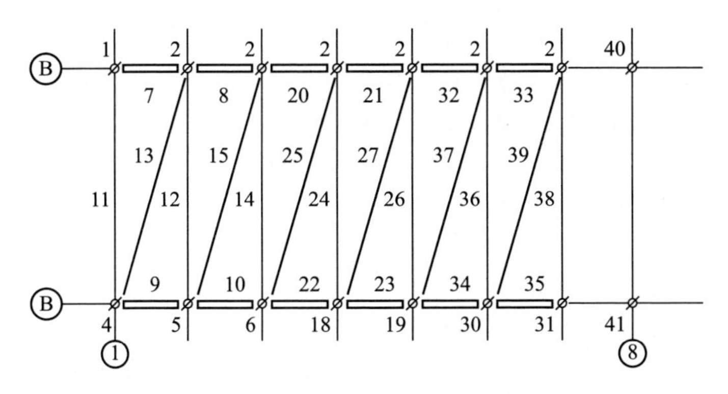

吊柱子 1～6 号、16～19 号、28～31 号、40～41 号；

安吊车梁 7～10 号、20～23 号、32～35 号；

安屋架 11～12 号、14 号、24 号、26 号，36 号、38 号；

安屋面板 13 号、15 号、25 号、27 号、39 号。

图 10-15　综合安装法构件吊装顺序

5）构件布置应力求占地最少，保证道路畅通，当起重机械回转时不致与构件相碰。

6）所有构件应布置在坚实的地基上。

7）构件的平面布置分预制阶段构件平面布置和吊装阶段构件就位布置，但两者之间有密切关系，需同时加以考虑，做到相互协调，有利吊装。

（2）柱的布置。

柱子在吊升时有旋转法和滑行法。为了保证柱子按这两种方法吊升，柱子在预制时常有以下两种布置方式。

1）柱的斜向布置如图 10-16 所示。

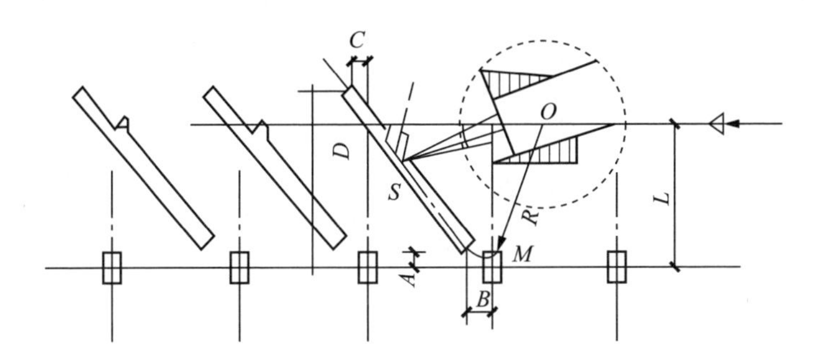

图 10-16　柱的斜向布置

柱子预制时与厂房纵轴线成一倾角。这种布置方式主要是为了配合旋转法，具有占地较少、起重机起吊方便等优点。斜向布置时，常采用三点共弧，其预制位置可采用作图法确定，作图步骤按下列要求进行。

①平行柱轴线作一平行线为起重机开行路线，起重机开行路线到柱基中心的

距离为 L，L 值与起重机吊装柱子的起重半径 R 有关，即：$L \leqslant R$。

②确定起重机的停机点。起重机安装柱子时应位于所吊柱子的横轴线稍后的位置，以便于司机看清柱子的状态和对位情况。停机点的确定方法是，以要安装的柱基础杯口中心为圆心，以所选定的起重半径为半径，画弧交开行路线于 O 点，O 点即为所安装柱子的停机点。

③在确定柱子的模板位置时，要注意牛腿的朝向。当柱布置在跨内时，牛腿应面向起重机；布置在跨外时，牛腿则应背向起重机。

如果柱子布置难以做到三点共弧时，也可按两点共弧布置，如图 10-17（a）所示。采用柱脚、杯口中心两点共弧时，S 点的确定方法是以柱脚 K 为圆心，柱脚到绑扎点的距离为半径画弧，同时以 O 为圆心，以起重机吊装柱子的安全起重半径为半径画弧，两弧的交点即吊点 S，连 KS 即柱中心线。如图 10-17（b）所示，是绑扎点、杯口中心两点共弧，S 点应靠近杯口，但上柱最好不在回填土上。

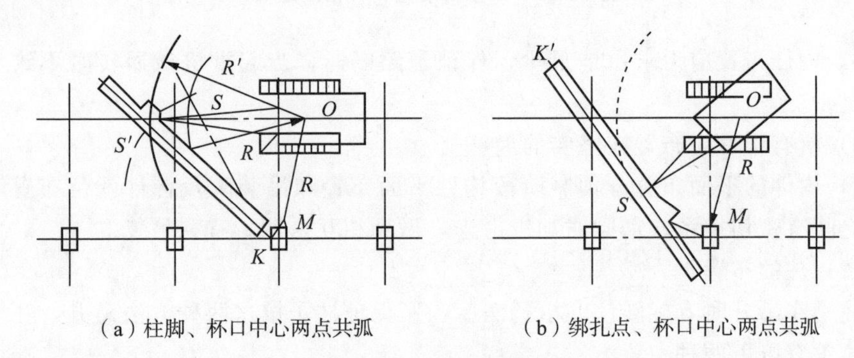

（a）柱脚、杯口中心两点共弧　　（b）绑扎点、杯口中心两点共弧

图 10-17　两点共弧布置法

2）柱的纵向布置。当柱采用滑行法吊装时，可以纵向布置，如图 10-18 所示，吊点靠近基础，吊点与柱基两点共弧。若柱长小于 12m，为节约模板和场地，两柱可以迭浇，排成一行；若柱长大于 12m，则可排成两行迭浇。起重机宜停在两柱基的中间，每停机一次可吊两根柱子。

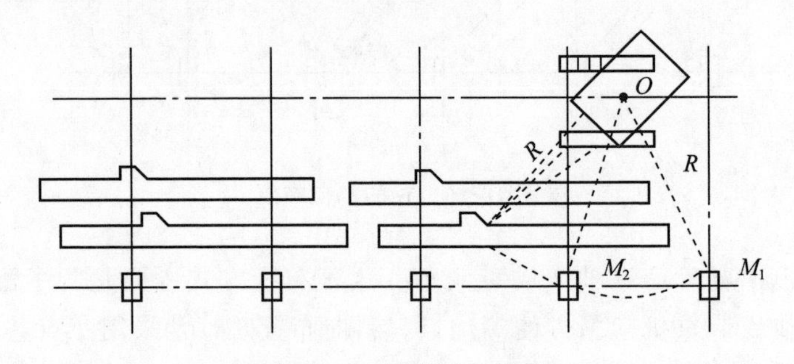

图 10-18　柱的纵向布置

（3）屋架的布置。

屋架一般在跨内平卧迭浇预制，每迭 3～4 榀，布置方式有三种：正面斜向布置、正反斜向布置及顺轴线正反向布置，如图 10-19 所示。

在上述三种布置形式中，应优先考虑正面斜向布置，因此种布置方式便于屋架的扶直就位。只有当场地受限制时，才采用其他两种形式。

在屋架预制布置时，还应考虑屋架扶直就位要求及扶直的先后顺序，应预先扶直后吊装的放在上层。同时也要考虑屋架两端的朝向，要符合吊装时朝向的要求。

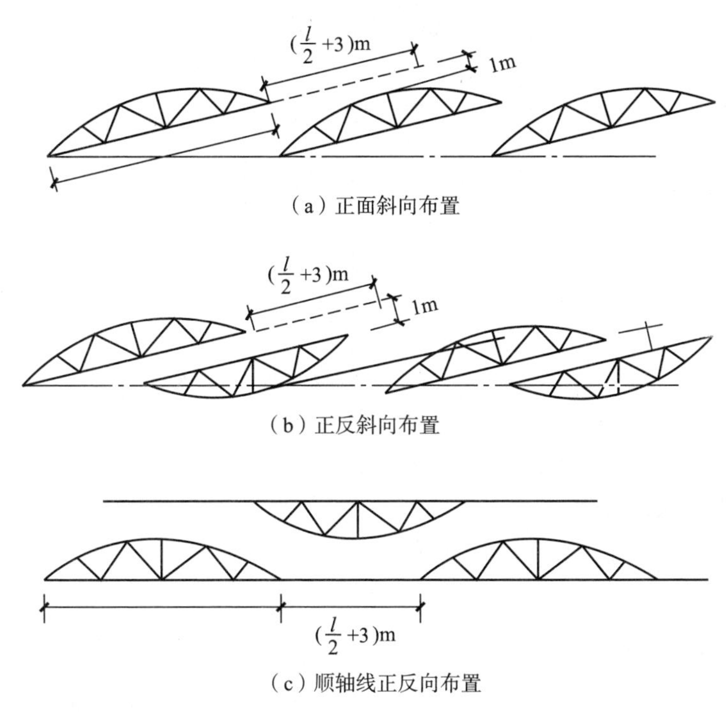

图 10-19　屋架布置形式

第二节　多层房屋结构吊装

一、起重机械的选择与布置

钢结构连接

扫码观看本视频

1. 起重机械的选择

自行式塔式起重机在低层装配式框架结构吊装中使用较广。其型号选择，主要根据房屋的高度与平面尺寸，构件重量及安装位置，以及现有机械设备而定。选择时，首先应分析结构情况，绘出剖面图，并在图上注明各种主要构件的重量 Q，及吊装时所需的起重半径 R；然后根据起重机械性能，验算其起重量、起重高度和起重半径是否满足要求，如图 10-20 所示。

多层房屋总高度在 25m 以下，宽度在 15m 以内，构件重量在 3t 以下，一般可选用 QTl－6 型塔式起重机、TQ60/80 型塔式起重机或具有相同性能的轻型塔式起重机。

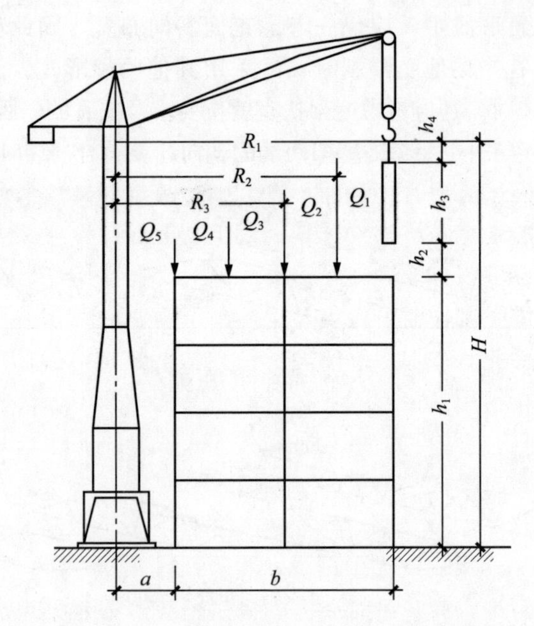

图 10-20　塔式起重机工作参数计算简图

2. 起重机械的布置

起重机械的布置一般有四种方式，如图 10-21 所示。

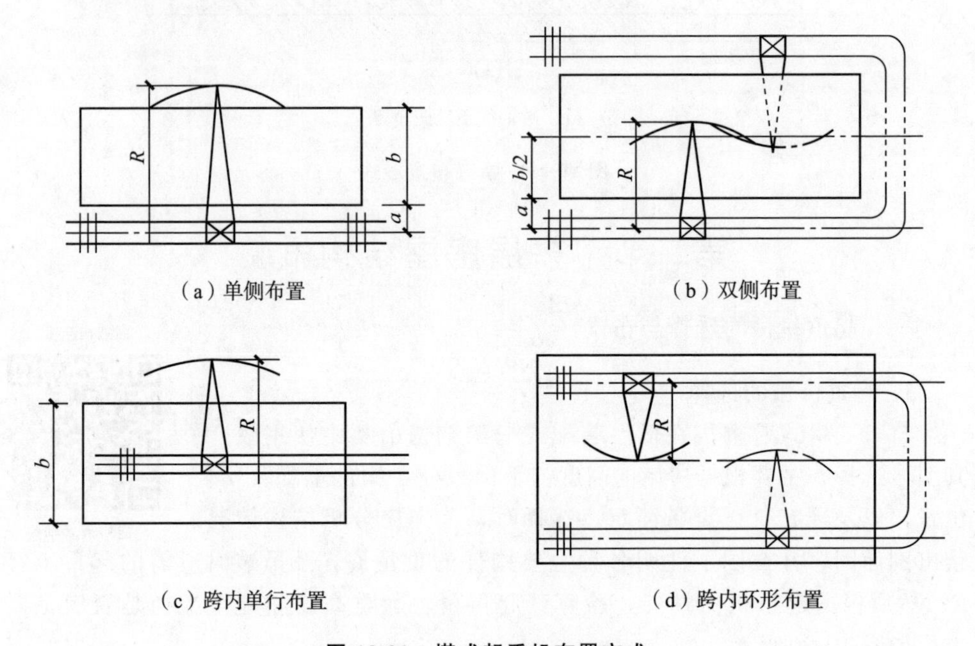

图 10-21　塔式起重机布置方式

二、结构吊装方案

1. 构件的布置

构件的现场布置原则如下：

（1）预制构件尽可能布置在起重机工作幅度内，避免二次搬运。

（2）重型构件尽可能靠近起重机布置，中小型构件可布置在重型构件外侧。对用人工地的小型构件，如直接堆放在起重机工作幅度内有困难时，可以分类集中布置在房屋附近，吊装时再用运输工具运到吊装地点。

（3）构件布置的地点与该构件吊装到建筑物上的位置应相配合，以便构件吊装时尽可能使起重机不需移动和变幅。

（4）构件现场重叠制作时，应满足构件由下至上的吊装顺序的要求，即安排需先吊装的下部构件放置在上层制作，后吊装的上部构件放置在下层浇制。

（5）同类构件应尽量集中堆放，同时，构件的堆放不能影响场内的通行。图10-22为塔式起重机跨内开行时的现场预制构件布置图，柱预制在靠近塔式起重机的一侧，因受塔式起重机工作幅度所限，故柱与房屋成垂直布置。主梁预制在房屋另一边，小梁和楼板等其他构件可在窄轨上用平台车运人，随吊随运。其优点是房屋内部不布置构件，只有柱和主梁预制在房屋的两侧，场地布置简单。缺点是主梁的起吊较困难，柱起吊时尚需副机协助，否则就需用滑行法起吊。

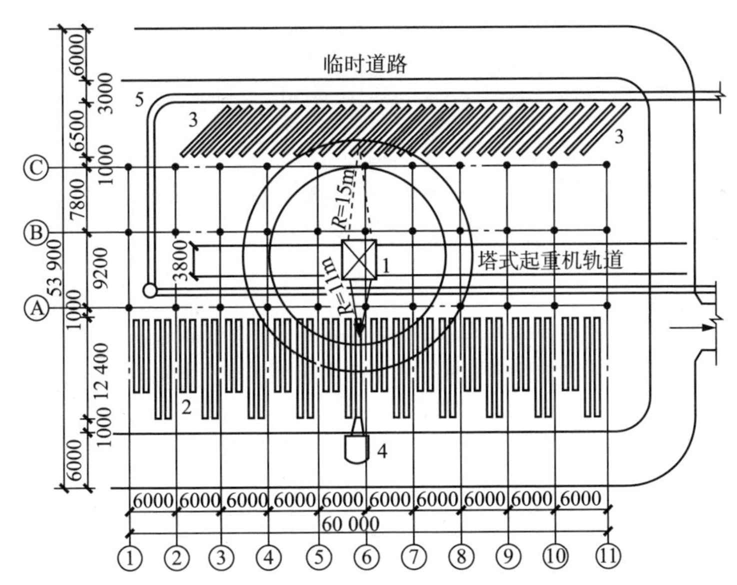

1—塔式起重机；2—现场预制柱；3—预制主梁；4—辅助起重机；5—轻便窄轨。

图 10-22　塔式起重机跨内开行时现场预制构件布置图（单位：mm）

2. 安装方法

多层框架结构的安装方法也可分为分件安装法与综合安装法两种。

(1) 分件安装法。

分件安装法按其流水方式的不同又分为分层分段流水安装法和分层大流水安装法。

分层分段流水安装法如图 10-23 所示，就是将多层房屋划分为若干施工层，并将每一施工层再划分若干安装段。起重机在每一段内按柱、梁、板的顺序分次进行安装，直至该段的构件全部安装完毕，再转移到另一段去。待一层构件全部安装完毕并固定后，再安装上一层构件。

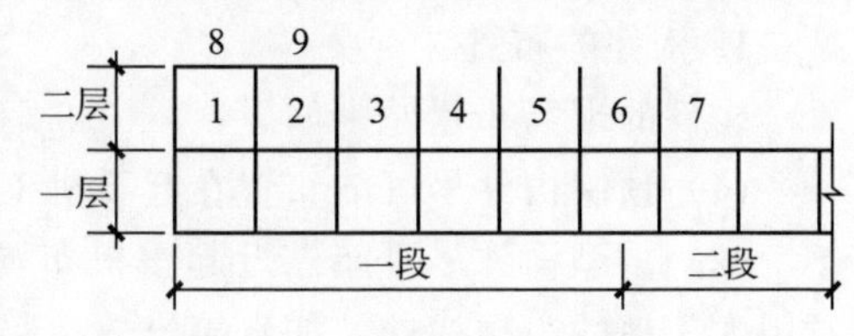

图 10-23　分层分段流水安装法

这种安装方法的优点是构件供应与布置较方便；每次吊同类型的构件，安装效率高；吊装、校正、焊接等工序之间易于配合。其缺点是起重机开行路线较长，临时固定设备较多。

分层大流水安装法与上述方法不同之处在于每一施工层上勿须分段，因此，所需临时固定支撑较多，只适于面积不大的房屋中采用。

(2) 综合安装法。

根据所采用吊装机械的性能及流水方式不同，又可分为分层综合安装法与竖向综合安装法。

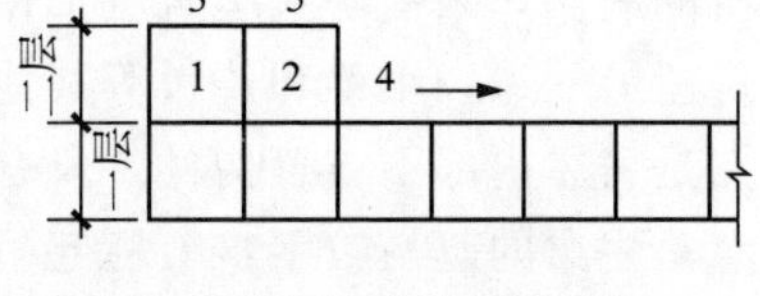

图 10-24　分层综合安装法

分层综合安装法如图 10-24 所示，就是将多层房屋划分为若干施工层，起重机在每一施工层中只进行一次，首先安装一个节间的全部构件，再依次安装第二节间、第三节间等。待一层构件全部安装完毕并最后固定后，再依次按节间安装上一层构件。

竖向综合安装法如图 10-25 所示，是把底层直至顶层的第一节间的构件全部安装完毕后，再依次安装第二节间、第三节间等各层的构件。

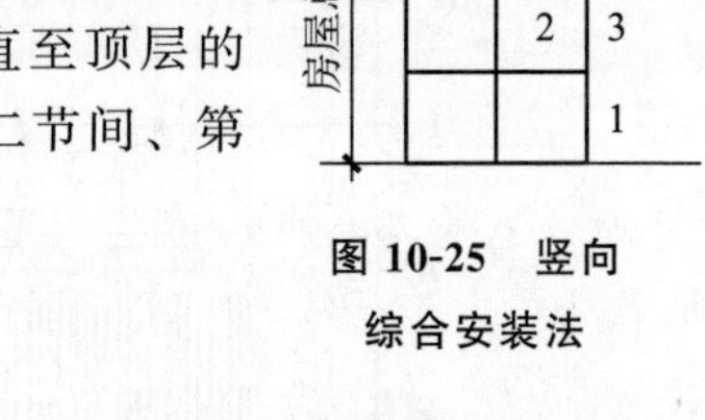

图 10-25　竖向综合安装法

3. 构件的吊装

(1) 柱的吊装。

多层混凝土结构的柱较长，一般都分成几节进行吊装，它的吊装方法与单层工业厂房的柱相同，多采用旋转法，上柱根部有外伸钢筋，吊装时必须采取保护措施，防止外伸钢筋弯曲。保护外伸钢筋的方法有以下两种。

1) 用钢管保护。在起吊柱子前，将两根钢管用两根短吊索套在柱子两侧。起吊时，钢管着地而使钢筋不受力。柱子将竖直时，钢管和短吊索即自动落下，如图 10-26 所示。此法适用于重量较轻的柱子。

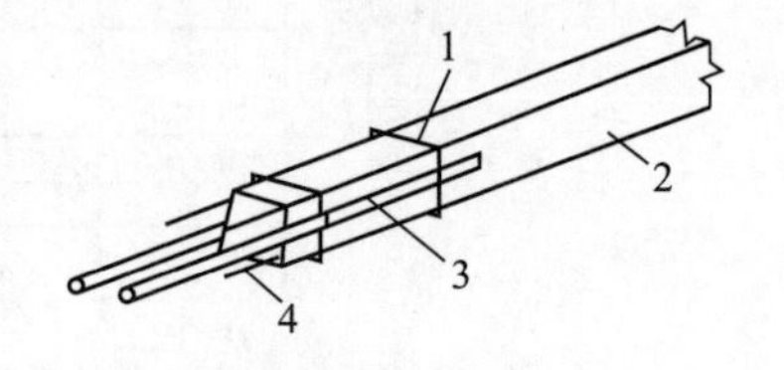

1—钢丝绳；2—柱；
3—钢管；4—外伸钢筋。

图 10-26　用钢管保护柱脚外伸钢筋

2）用垫木保护。用垫木保护榫式接头的外伸钢筋一般都比榫头短，在起吊柱子前，用垫木将榫头垫实，如图 10-27 所示。这样，柱子在起吊时将绕榫头的棱边转动，可使外伸钢筋不着地。

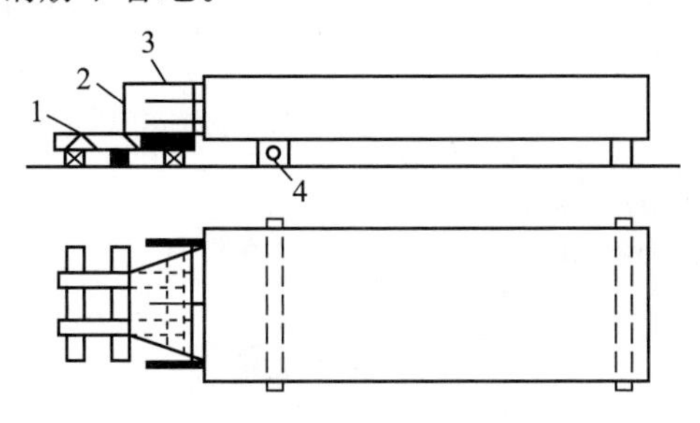

1—保护钢筋的垫木；2—柱子榫头；
3—外伸钢筋；4—原堆放柱子的垫木。

图 10-27　用垫木保护柱脚外伸钢筋

框架底层柱大多为插入基础杯口。上柱和下柱的对线方法，根据柱子是否统一长度预制而定。

（2）墙板的吊装方法和吊装顺序。

装配式墙板工程的安装方法主要有储运吊装法和直接吊装法两种。

1）储运吊装法。储运吊装法是将构件从生产场地按型号、数量配套，直接运往施工现场，在吊装机械起重半径范围内储存，然后进行安装。对于民用建筑，储存数量一般为 1～2 层的构配件。储运吊装法有充足的时间做好安装前的施工准备工作，可以保证墙板进行连续安装，但占用场地较多。

2）直接吊装法。直接吊装法是将墙板由生产场地按墙板安装顺序配套运往施工现场，由运输工具直接向建筑物上安装。直接吊装法可以减少构件的堆放设施，少占用场地，但需用较多的墙板运输车，同时要求有严密的施工组织管理。

第三节　装配式钢结构施工

一、常用材料与构件

1. 主体结构常用钢材

装配式钢结构主体结构常用钢材如图 10-28 所示。

2. 常用连接附件

装配式钢结构建筑常用连接附件如图 10-29 所示。

3. 常用焊接材料

装配式钢结构常用焊接材料如图 10-30 所示。

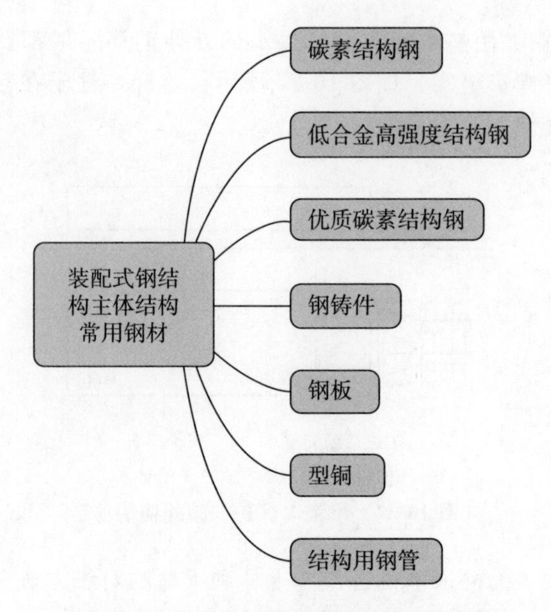

图 10-28　装配式钢结构主体结构常用钢材

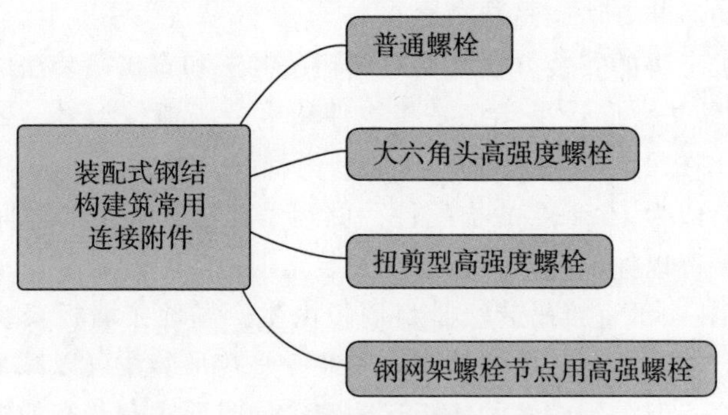

图 10-29　装配式钢结构建筑常用连接附件

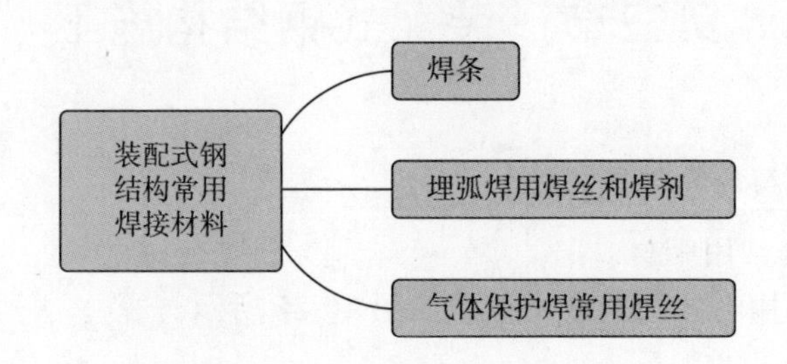

图 10-30　装配式钢结构常用焊接材料

4. 常用的防腐涂料与防火涂料

(1) 常用的防腐涂料。

常用防腐涂料的种类及主要性能见表 10-1。

表 10-1 常用防腐涂料的种类及主要性能

涂料种类	优点	缺点
油脂类	耐大气性较好；适用于室内外作打底罩面用；价廉；涂刷性能好，渗透性好	干燥较慢、膜软；力学性能差；水膨胀性大；不能打磨抛光；不耐碱
天然树脂漆	干燥比油脂漆快；短油度的漆膜整硬，好打磨；长油度的漆膜柔韧，耐大气性好	力学性能差；短油度的漆耐大气性差；长油度的漆不能打磨、抛光
酚醛树脂漆	漆膜坚硬；耐水性良好；纯酚醛树脂漆的耐化学腐蚀性良好；有一定的绝缘强度；附着力好	漆膜较脆；颜色易变深；耐大气性比醇酸漆差，易粉化；不能制白色或浅色漆
沥青漆	耐潮、耐水好；价廉；耐化学腐蚀性较好；有一定的绝缘强度；黑度好	色黑；不能制白色或浅色漆；对日光不稳定；有渗色性；自干漆；干燥不爽滑
醇酸漆	光泽较亮；耐候性优良；施工性能好，可刷、可喷、可烘；附着力较好	漆膜较软；耐水、耐碱性差；干燥较挥发性漆慢；不能打磨
氨基漆	漆膜坚硬，可打磨抛光；光泽亮，丰满度好；色浅，不易泛黄；附着力较好；有一定耐热性；耐候性好；耐水性好	需高温下烘烤才能固化；经烘烤过度，漆膜发脆
硝基漆	干燥迅速；耐油；坚韧；可打磨抛光	易燃；清漆不耐紫外光线；不能在 60℃以上温度使用；固体分低
纤维素漆	耐大气性、保色性好；可打磨抛光；个别品种有耐热，耐碱性、绝缘性也好	附着力较差；耐潮性差；价格高
过氯乙烯漆	耐候性优良；耐化学腐蚀性优良；耐水、耐油、防燃性好；“三防”性能较好	附着力较差；打磨抛光性较差；不能在 70℃以上高温使用；固体分低
乙烯漆	有一定的柔韧性；色泽浅淡；耐化学腐蚀性较好；耐水性好	耐溶剂性差；固体分低；高温易炭化；清漆不耐紫外光线
丙烯酸漆	漆膜色浅，保色性良好；耐候性优良；有一定的耐化学腐蚀性；耐热性较好	耐溶剂性差；固体分低

（2）常用的防火涂料。

钢结构防火涂料是施涂于建筑物及构筑物的钢结构表面的涂料，它能形成耐火隔热保护层，以提高钢结构的耐火极限。

钢结构防火涂料适用条件如下。

（1）用于制造防火涂料的原料应预先检验。

（2）涂层实干后不得有刺激性气味。

（3）防火涂料应呈碱性或偏碱性。

二、单层装配式钢结构安装

1. 施工前的准备

钢构件在进场时应有产品证明书，其焊接连接、紧固件连接、钢构件制作分项工程验收应合格。普通螺栓、高强度螺栓和焊接材料要提前准备好。

装配式钢结构的主体结构、地下钢结构及维护系统构件，吊车梁和钢平台、钢梯、防护栏杆等在吊装前，应根据设计要求对其制作、装配、运输进行检查，主要检查材料质量、钢结构构件的尺寸精度及构件制作质量，并予记录。验收合格后方准安装。

起重设备按装配式钢结构安装的不同进行选择，比如跨度大、较高的工业厂房宜选用塔式起重机。

正式吊装前应进行试吊，吊起一端高度为100～200mm时停吊，检查索具牢靠性和吊车稳定板位于安装基础时，可指挥吊车缓慢下降。

2. 施工工艺

单层装配式钢结构安装施工工艺流程为：基础验收→钢柱安装→钢吊车梁的安装→钢屋架安装→平面钢桁架安装。最后对钢柱、吊车梁和钢屋架进行校正。

（1）基础验收。

装配式钢结构安装前应对建筑物的定位轴线、基础轴线和标高、地脚螺栓位置、规格等进行检查，并应进行基础检测和办理交接验收。当基础工程分批进行交接时，每次交接验收不应少于一个安装单元的柱基基础。

（2）钢柱的安装。

一般钢柱的弹性和刚性都很好，吊装时为了便于矫正，一般采用一点吊装法，常用的钢柱吊装法有旋转阀、递送法和滑行法。其吊装方法如下。

1）吊装前应将杯底清理干净，不得有杂物。

2）操作人员在钢柱吊至杯口上方后，各自站好位置，稳住柱脚并将其插入杯口。

3）在柱子降至杯底时停止落钩，用撬棍撬柱子，使其中线对准杯底中线，然后缓慢将柱子落至底部。

4）拧紧柱脚螺旋。

(3) 钢吊车梁的安装。

钢吊车梁安装一般采用工具式吊耳或捆绑法进行吊装。工具式吊耳吊装如图 10-31 所示。

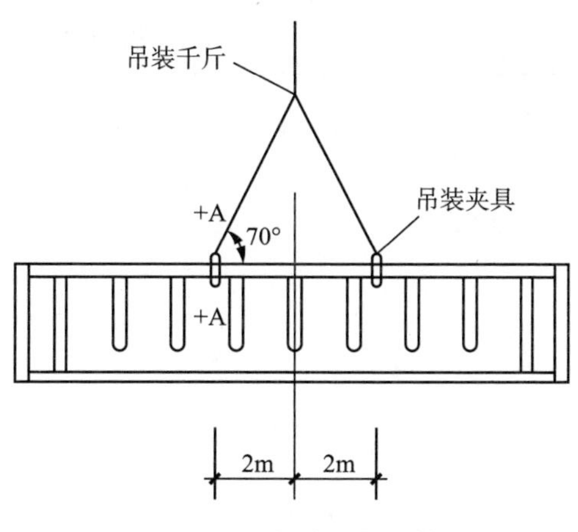

图 10-31 工具式吊耳吊装

吊车梁布置应接近安装位置，使梁重心对准安装中心，安装可由一端向另一端，或从中间向两端顺序进行。当梁吊至设计位置离支座面 20cm 时，用人力扶正，使梁中心线与支承面中心线对准，并使两端搁置长度相等，然后缓缓落下。

当梁高度与宽度之比大于 4 时，或遇五级大风时，脱钩前用 8 号铁丝将梁捆于柱上临时固定，以防倾倒。

(4) 钢屋架安装。

钢屋架吊装时应验算屋架平面外刚度。如刚度不足时，采取增加吊点或采用加铁扁担的施工方法吊装。

选择屋架的吊点除了要保证屋架的平面刚度，还需注意以下两点。

1) 屋架的重心位于内吊点的连线之下，否则应采取防止屋架倾倒的措施。

2) 对外吊点的选择应使屋架下弦处于受拉状态。

安装第一榀屋架时，在松开吊钩前，做初步校正，对准屋架基座中心线与定位轴线就位，并调整屋架垂直度并检查屋架侧向弯曲。安装就位后应在屋架上弦两侧对称设缆风绳固定，如图 10-32 所示。第二榀屋架同样吊装就位后，不要松钩，用绳索与第一榀屋架临时固定，然后安装支撑系统及部分檩条。从第三榀开始，在屋架脊点及上弦中点装上檩条即可将屋架固定。钢屋架安装的允许偏差见表 10-2。

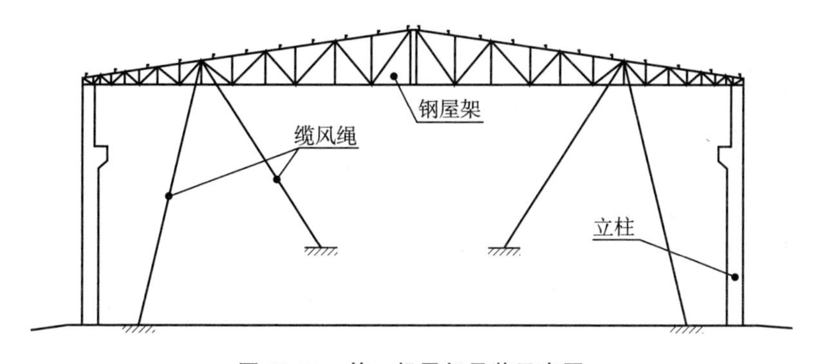

图 10-32 第一榀屋架吊装示意图

表 10-2　钢屋架允许偏差

项目	允许偏差		图例
跨中的垂直度	$h/250$，且不应大于 15.0		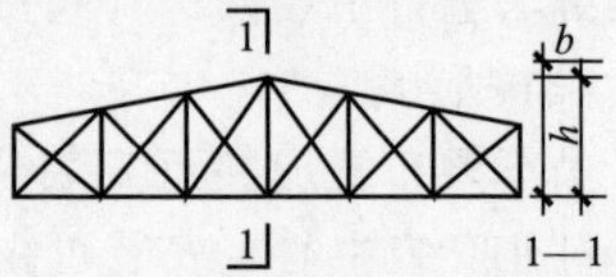
侧向弯曲矢高 f	$l<30$m	$l/1\,000$，且不应大于 10.0	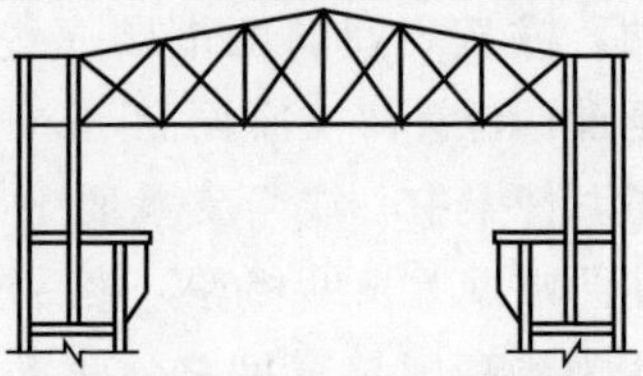
	30m$<l$ 60m	$l/1\,000$，且不应大于 30.0	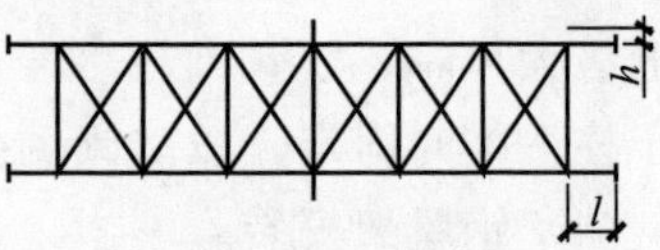
	$l>60$m	$l/1\,000$，且不应大于 50.0	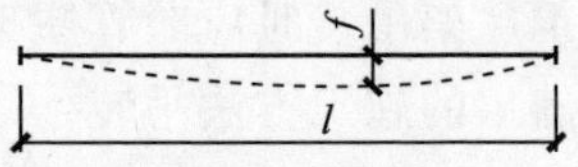

(5) 平面钢桁架的安装。桁架临时固定需用临时螺栓和冲钉，每个节点应穿入的数量应按计算进行。预应力钢桁架的安装按下列步骤进行。

1) 钢桁架现场拼装。

2) 在钢桁架下弦安装张拉锚固点。

3) 对钢桁架进行张拉。

4) 对钢桁架进行吊装。

3. 校正工作

(1) 钢柱的校正。

钢柱的校正工作一般包括平面位置、标高及垂直度三项内容。钢柱校正工作主要是校正垂直度和复查标高。

1) 校正工作需用测量工具，观测钢柱垂直度的工具是经纬仪或线坠。

2) 平面位置的校正。在起重机不脱钩的情况下将柱底定位线与基础定位轴线对准，缓慢落至标高位置。

3) 钢柱吊装柱脚穿入基础螺栓就位后，柱子校正工作主要是对标高进行调整和对垂直度进行校正。钢柱垂直度的校正，可采用起吊初校加千斤顶复校的办法。

(2) 吊车梁的校正。

吊车梁的校正包括标高调整、纵横轴线和垂直度的调整。注意，吊车梁的校正必须在结构形成刚度单元以后才能进行。

1）用经纬仪将柱子轴线投到吊车梁牛腿面等高处，据图纸计算出吊车梁中心线到该轴线的理论长度。

2）每根吊车梁测出两点，用钢尺和弹簧秤校核这两点到柱子轴线的距离，看实际距离是否等于理论距离，并以此对吊车梁纵轴进行校正。

3）当吊车梁纵横轴线误差符合要求后，复查吊车梁跨度。

4）吊车梁的标高和垂直度的校正应和吊车梁轴线的校正同时进行。

（3）钢屋架的校正。

钢屋架垂直度的校正方法如下：在屋架下弦一侧拉一根通长钢丝（与屋架下弦轴线平行），同时在屋架上弦中心线反出一个同等距离的标尺，用线坠校正。也可用一台经纬仪放在柱顶一侧，与轴线平移 a 距离，在对面柱子上同样有一距离为 a 的点，从屋架中线处用标尺挑出 a 距离，三点在一个垂面上即可使屋架垂直。

钢桁架的矫正方法同钢屋架的方法一致。

4. 质量标准与注意事项

装配式钢结构安装质量检验应参考表 10-3～表 10-7。

表 10-3 钢屋（托）架、桁架、梁及受压杆件的垂直度和侧向弯曲矢高的允许偏差

单位：mm

<table>
<tr><th>项目</th><th colspan="2">允许偏差</th><th>图例</th></tr>
<tr><td>跨中的垂直度</td><td colspan="2">$h/250$，且不大于 15.0</td><td>1
Δ
h
1
1—1</td></tr>
<tr><td rowspan="3">侧向弯曲矢高 f</td><td>$l \leqslant 30$m</td><td>$l/1\ 000$，且不应大于 10.0</td><td rowspan="3">f
l
f
l</td></tr>
<tr><td>30m$\leqslant l \leqslant$60m</td><td>$l/1\ 000$，且不应大于 30.0</td></tr>
<tr><td>$l>60$m</td><td>$l/1\ 000$，且应大于 50.0</td></tr>
</table>

表 10-4　整体垂直度和整体平面弯曲的允许偏差　　单位：mm

项目	允许偏差	图例
主体结构的整体垂直度	H/1 000，且不应大于 25.0	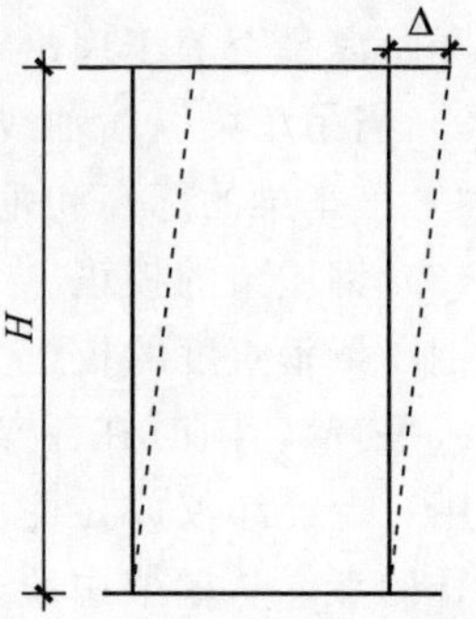 Δ H
主体结构的整体平面弯曲	L/1 500，且不应大于 25.0	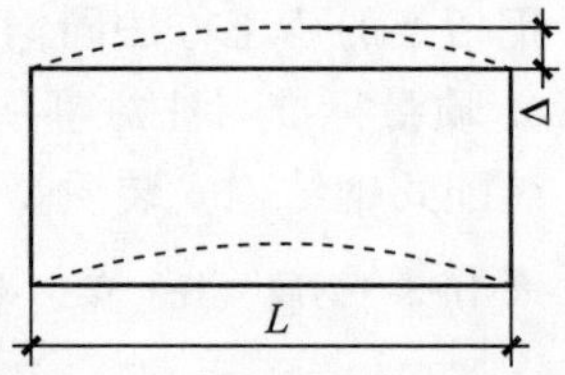 Δ L

表 10-5　钢柱安装的允许偏差　　单位：mm

项目		允许偏差	图例	检验方法
柱脚底座中心线对定位轴线的偏移		5.0	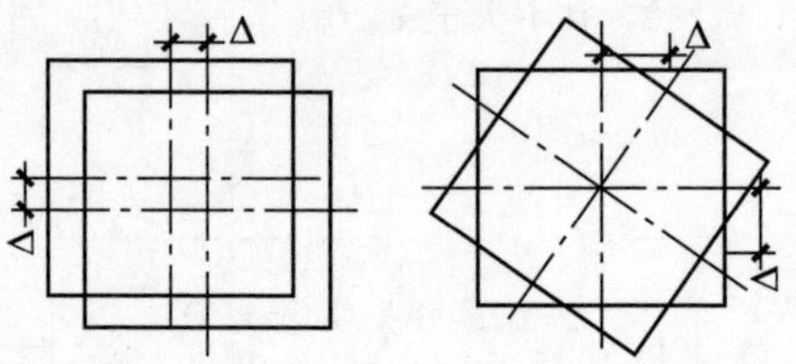 Δ	用吊线和钢尺检查
柱基准点标高	有吊车梁的柱	+3.0 −5.0	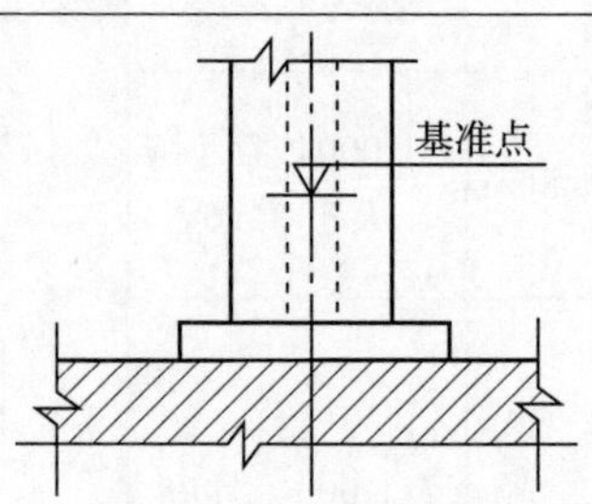 基准点	用水准仪检查
	无吊车梁的柱	+5.0 −8.0		
弯曲矢高		H/1 200，且不应大于 15.0		用经纬仪或拉线和钢尺检查

续表

项目			允许偏差	图例	检验方法
柱轴线垂直度	单层柱	$H\leqslant 10$m	$H/1\ 000$	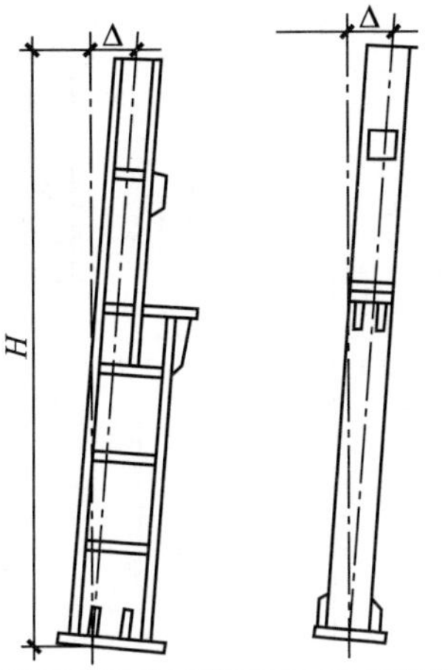	用经纬仪或吊线和钢尺检查
		$H>10$m	$H/1\ 000$，且不应大于 25.0		
	多节柱	单节柱	$H/1\ 000$，且不应大于 10.0		
		柱全高	35.0		

注：H 为柱全高。

表 10-6　钢吊车梁安装的允许偏差　　单位：mm

项目		允许偏差	图例	检验方法
梁的跨中垂直度		$h/500$	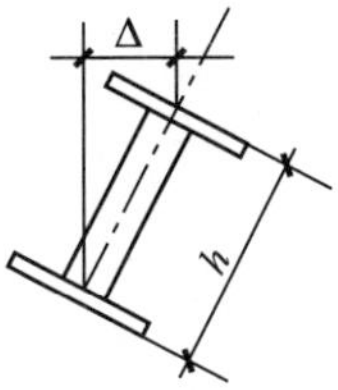	用吊线和钢尺检查
侧向弯曲矢高		$l/1\ 500$，且不应大于 10.0	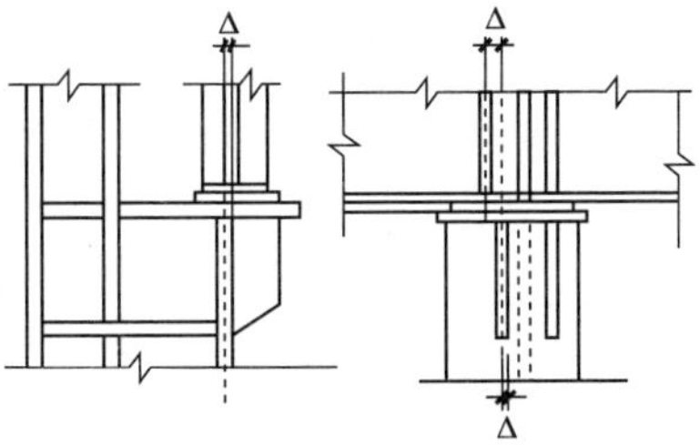	用拉线和钢尺检查
垂直上拱矢高		10.0		
两端支座中心位移	安装在钢柱上时，对“牛腿”中心的偏移	5.0		
	安装在混凝土柱上时，对定位轴线的偏移	5.0		
吊车梁支座加劲板中心与柱子承压加劲中心的偏移		$t/2$		用吊线和钢尺检查

续表

<table>
<tr><th colspan="2">项目</th><th>允许偏差</th><th>图例</th><th>检验方法</th></tr>
<tr><td rowspan="2">同跨间内同一横截面吊车梁顶面高差</td><td>支座处</td><td>10.0</td><td rowspan="3"></td><td rowspan="3">用经纬仪、水准仪和钢尺检查</td></tr>
<tr><td>其他处</td><td>15.0</td></tr>
<tr><td colspan="2">同跨间内同一横截面下挂式吊车梁底面高差</td><td>10.0</td></tr>
<tr><td colspan="2">同列相邻两柱间吊车梁顶面高差</td><td>$l/1\,500$，且不应大于10.0</td><td></td><td>用水准仪和钢尺检查</td></tr>
<tr><td rowspan="3">相邻两吊车梁接头部位</td><td>中心错位</td><td>3.0</td><td rowspan="3"></td><td rowspan="3">用钢尺检查</td></tr>
<tr><td>上承式顶面高差</td><td>1.0</td></tr>
<tr><td>下承式底面高差</td><td>1.0</td></tr>
<tr><td colspan="2">同跨间任一截面的吊车梁中心跨距</td><td>±10.0</td><td></td><td>用经纬仪和光电测距仪检查；跨度小时，可用钢尺检查</td></tr>
<tr><td colspan="2">轨道中心对吊车梁腹板轴线的偏移</td><td>$l/2$</td><td></td><td>用吊线和钢尺检查</td></tr>
</table>

注：t为板厚度。

表 10-7　檩条、墙架等次要构件安装的允许偏差　　单位：mm

<table>
<tr><th colspan="2">项目</th><th>允许偏差</th><th>检验方法</th></tr>
<tr><td rowspan="3">墙架立柱</td><td>中心线对定位轴线的偏移</td><td>10.0</td><td rowspan="2">用钢尺检查</td></tr>
<tr><td>垂直度</td><td>H/1 000，且不应大于 10.0</td></tr>
<tr><td>弯曲矢高</td><td>H/1 000，且不应大于 15.0</td><td>用经纬仪或吊线和钢尺检查</td></tr>
<tr><td colspan="2">抗风桁架的垂直度</td><td>h/250，且不应大于 15.0</td><td>用吊线和钢尺检查</td></tr>
<tr><td colspan="2">檩条、墙梁的间距</td><td>±5.0</td><td>用钢尺检查</td></tr>
<tr><td colspan="2">檩条的弯曲矢高</td><td>L/750，且不应大于 12.0</td><td>用拉线和钢尺检查</td></tr>
<tr><td colspan="2">墙梁的弯曲矢高</td><td>L/750，且不应大于 10.0</td><td>用拉线和钢尺检查</td></tr>
</table>

注：H 为墙架立柱的高度；h 为抗风桁架的高度；L 为檩条或墙梁的高度。

三、多层及高层装配式钢结构安装

1. 施工前的准备

施工前编制详细的设备、工具、材料进场计划，根据施工进度安排构件进场，并检查构件的完整度是否满足施工要求。根据总部提供的测量基准控制点，测放钢结构安装的主控轴线，并对所有钢柱定位轴线和标高进行放线测量、复查等。

2. 施工工艺

(1) 钢柱起吊与安装。

钢柱多采用实腹式，实腹钢柱截面多为工字形、箱形、十字形、圆形。钢柱多采用焊接对接接长，也有用高强度螺栓连接接长的。劲性柱与混凝土采用熔焊栓钉连接。

钢柱一般采用一点正吊。吊点设置在柱顶处，吊钩通过钢柱重心线，钢柱易于起吊、对线、校正。当受起重机臂杆长度、场地等条件限制时，吊点可放在柱长 1/3 处斜吊。

起吊时钢柱必须垂直，尽量做到回转扶直。起吊回转过程中应避免同其他已安装的构件相碰撞，吊索应预留有效高度。

钢柱扶直前应将登高爬梯和挂篮等挂设在钢柱预定位置并绑扎牢固，起吊就位后临时固定地脚螺旋栓、校正垂直度。钢柱接长时，钢柱两侧装有临时固定用的连接板上节钢柱对准下节钢柱柱顶中心线后，即用螺栓固定连接板临时固定。

钢柱安装到位，对准轴线、临时固定牢固后才能松开吊索。

(2) 钢梁安装。

钢梁安装顺序总体随钢柱的安装顺序进行，相邻钢柱安装完毕后，及时连接之间的钢梁使安装的构件及时形成稳定的框架，并且每天安装完的钢柱必须用钢梁连接起来，不能及时连接的应拉设缆风绳进行临时稳固。按先主梁后次梁、先下层后上层的安装顺序进行安装。

钢梁若没有预留吊装孔，可以使用钢丝绳直接绑扎在钢梁上。吊索角度不得小于45°。为确保安全，防止钢梁锐边割断钢丝绳，要对钢丝绳在翼板的绑扎处进行防护。

为了加快施工进度，提高工效，对于质量较轻的钢梁可采用一机多吊（串吊）的方法，如图10-33所示。

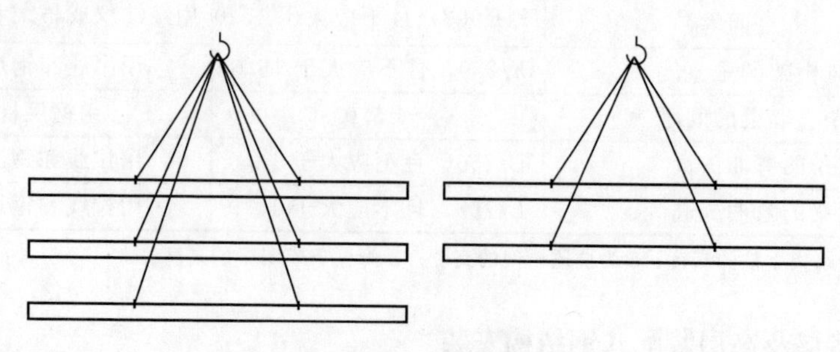

图10-33 钢梁串吊图

钢梁吊装前，应清理钢梁表面的污物；对产生浮锈的连接板和摩擦面在吊装前进行除锈。为保证结构的稳定，对多楼层的结构层，应首先进行固定顶层梁，再固定下层梁，最后固定中间梁。

(3) 斜撑安装。

斜撑的安装为嵌入式安装，即在两侧相连接的钢柱、钢梁安装完成后，再安装斜撑。为了确保斜撑的准确就位，斜撑吊装时应使用捯链进行配合，将斜撑调节至就位角度，确保快速就位连接。

(4) 桁架安装。

桁架是结构的主要受力和传力结构，一般截面较大，板材较厚，施工中应尽量不分段整体吊装，若必须要分段，也应在起重设备允许的范围内尽量少分段，以减少焊缝收缩对精度的影响。分段后桁架段与段之间的焊接应按照正确的流程和顺序进行施焊，先上下弦，再中间腹杆，由中间向两边对称进行施焊。散件高空组装顺序为先上弦、再下弦和竖向直腹杆，最后嵌入中间斜腹杆，然后进行整体校正焊接。同时，应根据桁架跨度和结构特点的不同设置胎架支撑，并按设计要求进行预起拱。

3. 校正工作

(1) 钢柱轴线调整。

上下柱连接保证柱中心线重合。如有偏差，采用反向纠偏回归原位的处理方法，在柱与柱的连接耳板的不同侧面加入垫板（垫板厚度为0.5～1.0mm），拧紧螺栓。另一个方向的轴线偏差通过旋转、微移钢柱，同时进行调整。钢柱中心线偏差调整每次在3mm以内，如偏差过大则分2～3次调整。上节钢柱的定位轴线不允许使用下一节钢柱的定位轴线，应从控制网轴线引至高空，保证每节钢柱的安装标准，避免过大的累积误差。

（2）钢柱顶标高检查。

首先在柱顶架设水准仪，测量各柱顶标高，根据标高偏差进行调整。可切割上节柱的衬垫板（3mm 内）或加高垫板（5mm 内），进行上节柱的标高偏差调整。若标高误差太大，超过了可调节的范围，则将误差分解至后几节柱中调节。

（3）钢柱垂直度调整。

在钢柱偏斜方向的一侧顶升千斤顶。在保证单节柱垂直度不超过规范要求的前提下，将柱顶偏移控制到零，最后拧紧临时连接耳板的高强度螺栓。临时连接板的螺栓孔可在吊装前进行预处理，比螺栓直径扩大约 4mm。

4. 质量标准与注意事项

（1）质量检查的一般要求。

1）多层及高层装配式钢结构安装工程可按楼层或施工段等划分为一个或若干个检验批。地下钢结构可按不同地下层划分检验批。

2）柱、梁、支撑等构件的长度尺寸应包括焊接收缩余量等变形值。

3）安装柱时，每节柱的定位轴线应从地面控制轴线直接引上，不得从下层柱的轴线引上。

4）结构的楼层标高可按相对标高或设计标高进行控制。

5）钢结构安装检验批应在进场验收和焊接连接、紧固件连接、制作等分项工程验收合格的基础上进行验收。

6）安装的测量校正、高强度螺栓安装、负温度下施工及焊接工艺等，应在安装前进行工艺试验或评定，并应在此基础上制定相应的施工工艺或方案。

7）安装偏差的检测，应在结构形成空间刚度单元并连接固定后进行。

8）安装时，必须控制屋面、楼面、平台的施工荷载，施工荷载和冰雪荷载等严禁超过梁、桁架、楼面板、屋面板、平台铺板等的承载能力。

9）在形成空间刚度单元后，应及时对柱底板和基础顶面的空隙进行细石混凝土、灌浆料等二次浇灌。

10）吊车梁或直接承受动力荷载的梁，其受拉翼缘、吊车桁架或直接承受动力荷载的桁架在受拉弦杆上，不得焊接悬挂物和卡具等。

（2）质量检验允许偏差。

多层及高层质量检验常用数据见表 10-8～表 10-10。

表 10-8 整体垂直度和整体平面弯曲允许偏差 单位：mm

项目	允许偏差	图例
主体结构的整体垂直度	（H/2 500＋10.0）且不应大于 50.0	Δ H

续表

项目	允许偏差	图例
主体结构的整体平面弯曲	L/1 500，且不应大于 25.0	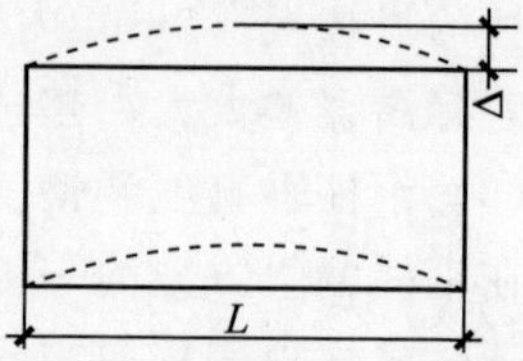 Δ L

表 10-9　钢构件安装允许偏差　　单位：mm

项目	允许偏差	图例	检验方法
上、下柱连接处的错口	3.0	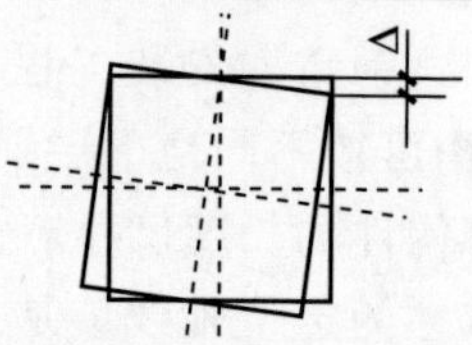 Δ	用钢尺检查
同一层柱的各柱顶的高度差	5.0	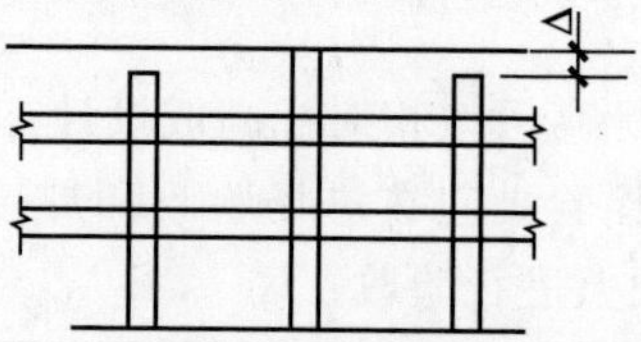 Δ	用水准仪检查
同一根梁两端顶面的高度差	l/1 000，且不应大于 10.0	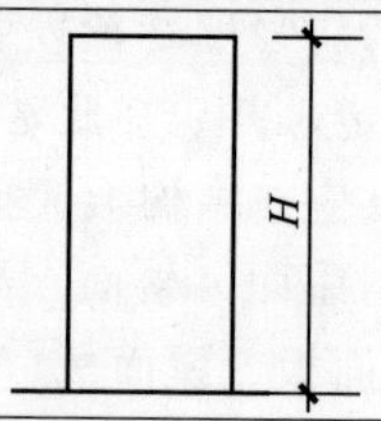 H	用水准仪检查
主梁与次梁表面的高度差	±2.0	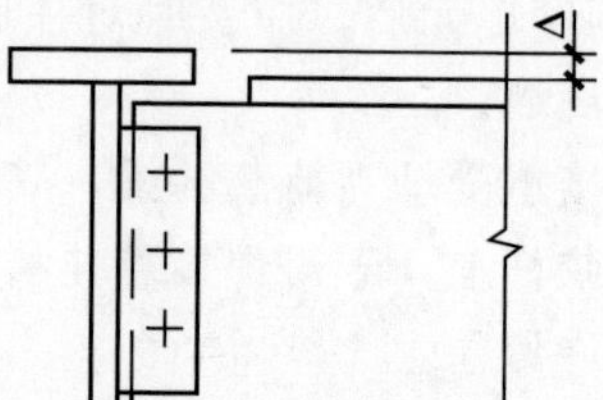 Δ	用直尺和钢尺检查
压型金属板在钢梁上相邻列的错位	15.00	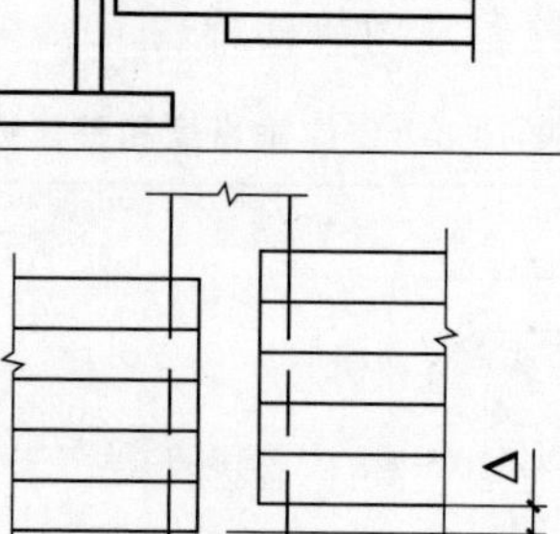 Δ	用直尺和钢尺检查

表 10-10　多层及高层钢结构的主体结构总高度的允许偏差　　单位：mm

项目	允许偏差	图例
用相对标高控制安装	$\pm\Sigma(\Delta_h+\Delta_z+\Delta_w)$	H
用设计标高控制安装	H/1 000，且不应大于 30.0 $-H$/1 000，且不应小于−30.0	

注：Δ_h 为每节柱子长度的制造允许偏差；Δ_z 为每节柱子长度受荷载后的压缩值；Δ_w 为每节柱子接头焊缝的收缩值。

第四节　结构安装质量标准及注意事项

一、结构安装质量标准

（1）装配式钢结构住宅建筑工程质量验收的分部工程应按表 10-11 进行划分，相应的分项工程和检验批应按表 10-10 所列的工程验收标准确定。国家现行标准没有规定的验收项目，应由建设单位组织设计、施工、监理等相关单位共同制定验收要求。

表 10-11　装配式钢结构住宅建筑工程质量验收的分部工程划分及验收标准

序号	分部工程	质量验收标准
1	地基与基础	《建筑地基基础工程施工质量验收标准》（GB 50202—2018）
2	主体结构	《钢结构工程施工质量验收标准》（GB 50205—2020） 《钢管混凝土工程施工质量验收规范》（GB 50628—2010） 《混凝土结构工程施工质量验收规范》（GB 50204—2015）
3	建筑装饰装修	《建筑装饰装修工程质量验收标准》（GB 50210—2018） 《住宅室内装饰装修工程质量验收规范》（JGJ/T 304—2013）
4	屋面及围护系统	《屋面工程质量验收标准》（GB 50207—2012） 《建筑节能工程施工质量验收标准》（GB 50411—2019） 经评审备案的企业产品及其技术标准
5	建筑给水排水及采暖	《建筑给水排水及采暖工程施工质量验收规范》（GB 50242—2002）
6	通风与空调	《通风与空调工程施工质量验收规范》（GB 50243—2016）
7	建筑电气	《建筑电气工程施工质量验收规范》（GB 50303—2015）
8	智能建筑	《智能建筑工程质量验收规范》（GB 50339—2013）
9	建筑节能	《建筑节能工程施工质量验收标准》（GB 50411—2019）
10	电梯	《电梯工程施工质量验收规范》（GB 50310—2002）

(2) 建筑主体结构分部验收，应符合下列规定：

1) 建筑定位轴线、基础轴线和标高、柱的支承面、地脚螺栓（锚栓）位置，应符合设计要求，当设计无要求时，允许偏差应符合表 10-12 的规定。

表 10-12　建筑定位轴线、基础轴线和标高、柱的支承面、地脚螺栓（锚栓）位置的允许偏差

<table>
<tr><th colspan="2">检验项目</th><th>允许偏差（mm）</th></tr>
<tr><td colspan="2">建筑定位轴线</td><td>$L/20\,000$，且不应大于 3.0</td></tr>
<tr><td colspan="2">基础定位轴线</td><td>1.0</td></tr>
<tr><td rowspan="2">支承面</td><td>标高</td><td>±3.0</td></tr>
<tr><td>水平度</td><td>$L/1\,000$</td></tr>
<tr><td colspan="2">基础上柱底标高</td><td>±2.0</td></tr>
<tr><td colspan="2">地脚螺栓（锚栓）位移</td><td>5.0</td></tr>
<tr><td colspan="2">预留孔中心偏移</td><td>10.0</td></tr>
</table>

2) 柱子安装的允许偏差，应符合表 10-13 的规定。

表 10-13　柱子安装的允许偏差

<table>
<tr><th colspan="3">检验项目</th><th>允许偏差（mm）</th></tr>
<tr><td colspan="3">底层柱柱底轴线对定位轴线偏移</td><td>3.0</td></tr>
<tr><td colspan="3">柱子定位轴线</td><td>1.0</td></tr>
<tr><td colspan="3">上下柱连接处的错口</td><td>3.0</td></tr>
<tr><td colspan="3">同一层柱的各柱顶高度差</td><td>5.0</td></tr>
<tr><td rowspan="4">单节柱的垂直度</td><td rowspan="2">单层柱</td><td>$H\leqslant 10$m</td><td>$H/1\,000$</td></tr>
<tr><td>$H>10$m</td><td>$H/1\,000$，且不应大于 10.0</td></tr>
<tr><td rowspan="2">多节柱</td><td>单节柱</td><td>$h/1\,000$，且不应大于 10.0</td></tr>
<tr><td>柱全高</td><td>15.0</td></tr>
</table>

注：H 为单层柱高度；h 为多节柱中单节柱的高度。

3) 主体结构的整体垂直度和整体平面弯曲偏差应符合现行国家标准《钢结构工程施工质量验收标准》(GB 50205—2020) 的规定。

(3) 外围护系统的施工质量应按一个分部工程验收，该分部工程应包含外墙、内墙、屋面和门窗等若干个分项工程。

(4) 外围护墙体质量检验，应符合下列规定。

1) 外围护墙体部品部（构）件出厂应有原材料质保书、原材料复验报告和出厂合格证，其性能应满足设计要求。

2) 外挂墙板安装尺寸允许偏差及检验方法应符合表 10-14 的规定。

表 10-14　外挂墙板安装尺寸允许偏差及检验方法

检验项目			允许偏差（mm）	检验方法
中心线对轴线位置			3.0	尺量
标高			±3.0	水准仪或尺量
垂直度	每层	≤3m	3.0	全站仪或经纬仪
		>3m	5.0	全站仪或经纬仪
	全高	≤10m	5.0	
		>10m	10.0	
相邻单元板平整度			2.0	钢尺、塞尺
板接缝	宽度		±3.0	尺量
	中心线位置			
门窗洞口尺寸			±5.0	尺量
上下层门窗洞口偏移			±3.0	垂线和尺量

3）内隔墙安装尺寸允许偏差及检验方法，应符合表 10-15 的规定。

表 10-15　内隔墙安装尺寸允许偏差及检验方法

项　次	检验项目	允许偏差（mm）	检验方法
1	墙面轴线位置	3.0	经纬仪、拉线、尺量
2	层间墙面垂直度	3.0	2m 托线板，吊垂线
3	板缝垂直度	3.0	2m 托线板，吊垂线
4	板缝水平度	3.0	拉线、尺量
5	表面平整度	3.0	2m 靠尺、塞尺
6	拼缝误差	1.0	尺量
7	洞口位移	±3.0	尺量

（5）墙体、楼板和门窗安装质量检验应符合下列规定。

1）应实测墙体、楼板的隔声参数数值以及楼板的自振频率。

2）应实测外墙及门窗的传热系数。

3）上述实测数值应符合设计规定。

（6）分项工程质量检验应符合下列规定。

1）各检验批应质量验收合格且质量验收文件齐全。

2）观感质量验收应合格。

3）结构材料进场检验资料应齐全，并应符合设计要求。

（7）单位工程质量验收应符合下列规定，可评定为合格，否则应评定为不合格。

1）分部及子分部工程的质量均应验收合格。

2）质量控制资料应完整。

3）分部工程中有关安全、节能、环境保护和主要使用功能的检验资料应完整。

4）主要使用功能的抽查结果应符合相关专业验收规范的规定。

5）观感质量应符合要求。

二、结构安装注意事项

（1）主体结构系统、外围护系统、设备管线系统和内装系统的构成、功能以及使用、检查和维护的要求。

（2）装修和装饰注意事项应包含允许业主或用户自行变更的部分与相关禁止行为。

（3）部品部（构）件生产厂、供应商提供的产品使用维护说明书，主要部品部件宜注明检查与使用维护年限。

（4）进行室内装饰装修及使用过程中，严禁损伤主体结构和外围护结构系统。装修和使用中发生下述行为之一者，应由原设计单位或者具有相应资质的设计单位提出技术方案，并应按设计规定的技术要求进行施工及验收。

1）装修和使用过程中出现超过设计文件规定的楼面装修荷载或使用荷载。

2）装修和使用过程中改变或损坏钢结构防火、防腐蚀保护层及构造措施。

3）装修和使用过程中改变或损坏建筑节能保温、外墙及屋面防水相关构造措施。

第十一章　防水工程

第一节　屋面卷材防水

卷材屋面的防水层是用胶结剂或热熔法逐层粘贴卷材而成的。其一般构造如图 11-1 所示。

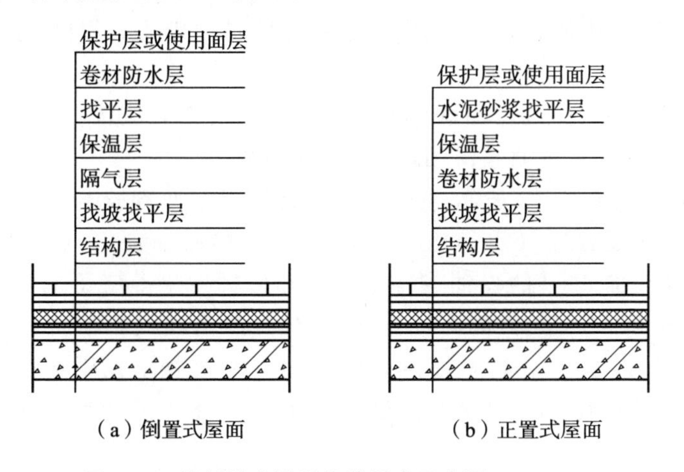

图 11-1　卷材防水屋面构造层次示意图

一、材料与工具要求

1. 防水材料

（1）卷材。

1）高聚物改性沥青卷材。如图 11-2 所示，不允许有孔洞、缺边、裂口；边缘不整齐不超过 10mm；不允许胎体露白、未浸透等现象；撒布材料粒度、颜色均匀；每一卷卷材的接头不超过 1 处，较短的一段不应小于 100mm，接头处应加长 150mm。

2）合成高分子防水卷材。如图 11-3 所示，卷材折痕每卷不超过 2 处，总长度不超过 20mm；不允许有大于 0.5mm 的颗粒杂质；胶块每卷不超过 6 处，每处面积不大于 $4mm^2$；凹痕每卷不超过 6 处，深度不超过本身厚度的 30%，树脂类卷材深度不超过15%；每卷的接头，橡胶类卷材每20m不超过1处，较短的一端不应小于3 000mm，接头处应加长150mm，树脂类20m内不允许有接头。

图 11-2 高聚物改性沥青卷材

图 11-3 合成高分子防水卷材

(2) 沥青。如图11-4所示，石油沥青油毡防水屋面常用60号道路石油沥青及30号、10号建筑石油沥青。一般不宜使用普通石油沥青，并不得使用煤沥青。

使用沥青时，应注意其来源、品种及牌号等。在贮存时，应按不同品种、牌号分别存放，避免雨水、阳光直接淋洒，并要远离火源。

(3) 冷底子油。如图11-5所示，冷底子油的作用是沥青胶与水泥砂浆找平层更好地粘结，其配合比（质量比）一般为40%的石油沥青（10号或30号，加热熔化脱水）加60%的煤油或轻柴油（称慢挥发生冷底子油，涂刷后12～18h可干）；也可采用30%的石油沥青加70%的汽油（称快挥发生冷底子油，涂刷后5～10h可干）。冷底子油可涂可喷。一般要求找平层完全干燥后施工。冷底子油干燥后，必须立即做油毡防水层，否则，冷底子油易粘灰尘，又得重刷。

图 11-4 石油沥青油毡

图 11-5 冷底子油

(4) 沥青胶。如图11-6所示，沥青胶是粘贴油毡的胶结材料。它是一种牌号的沥青或是两种以上牌号的沥青按适当的比例混合熬化而成；也可在熬化的沥青中掺入适当的滑石粉（一般为20%～30%）或石棉粉（一般为5%～15%）等填充材料拌和均匀，形成沥青胶（俗称玛脂）。掺入填料应以可以改善沥青胶的耐热度、柔韧性和粘结力这三项指标作为标准全面考虑，尤以耐热度最为重要，耐热度太高、冬季容易脆裂；太低，夏季容易流淌。熬制时，必须严格掌握配合比、残制温度和时间，遵守有关操作规程。沥青胶的熬制温度和使用温度见表 11-1。

图 11-6　沥青胶

表 11-1　沥青胶的加热温度和使用温度

沥青类别	残制温度	使用温度	熬制时间
普通石油沥青或掺配建筑石油沥青	不高于 280℃	不低于 240℃	以 3～4h 为宜，熬制时间过长，容易使沥青老化变质，影响质量
建筑石油沥青	不高于 240℃	不低于 190℃	

2. 施工工具

施工工具主要有搅拌机、手扳振捣器、木刮、水平尺、手推车、木抹子、检测工具等。

二、卷材施工工艺

1. 基层处理

基层的质量包括结构层和找平层的刚度、平整度、强度、表面完整程度及基层含水率等。

基层应具有足够的强度。基层若采用水泥砂浆找平时，强度要大于 5MPa。二次压光，充分养护。要求表面平整，用 2m 长的直尺检查，最大空隙不应超过 5mm，无松动、开裂、起砂、空鼓、脱皮等缺陷。如强度过低，防水层失去基层的依托，且易产生起皮、起砂的缺陷，使防水层难以粘结牢固，也会产生空鼓现象。基层表面平整度差，卷材不能平服地铺贴于基层，也会产生空鼓问题。

基层应干燥，如在潮湿的基层上施工防水层，防水层与基层粘结困难，易产生空鼓现象，立面防水层还会下坠。因此基层干燥是保证防水层质量的重要环节，基层干燥与否的检查方法是将 $1m^2$ 卷材平坦地干铺在基层上，静置 3～4h 后掀开，找平层覆盖部位与卷材上未见水印即为达到要求，可铺贴卷材。

2. 防水层施工

（1）卷材的铺贴。

卷材铺贴应符合以下要求。

1）卷材防水层施工应在屋面其他工程全部完工后进行。

2）铺贴多跨和有高低跨的房屋时，应按先高后低、先远后近的顺序进行。

3）在一个单跨房屋铺贴时，先铺贴排水比较集中的部位，按标高由低到高铺贴，坡与直面的卷材应由下向上铺贴，使卷材按流水方向搭接。

4）卷材铺贴方向一般视屋面坡度而定，当坡度在3%以内时，卷材宜平行于屋脊方向铺贴；坡度在3%～15%时，卷材可根据当地情况决定平行或垂直于屋脊方向铺贴，以免卷材溜滑。平行于屋脊的搭接缝，应顺流水方向搭接，垂直于屋脊的搭接缝应顺主导风向搭接，卷材铺贴搭接方向见表11-2。

表11-2 卷材铺贴搭接方向

屋面坡度	铺贴方向和要求
＞3%	卷材宜平行于屋脊方向，即顺平面长向为宜
3%～15%	卷材可平行于或垂直于屋脊方向铺贴
＞15%或受震动	沥青卷材应垂直于屋脊铺，改性沥青卷材宜垂直于屋脊铺；高分子卷材可平行或垂直于屋脊铺
＞25%	应垂直于屋脊铺，并应采取固定措施，固定点还应密封

5）卷材搭接宽度。卷材平行于屋脊方向铺贴时，长边搭接不小于70mm；短边搭接，平屋面不应小于100mm，坡屋面不应小于150mm，相邻两幅卷材短边接缝应错开不小于500mm；上下两层卷材应错开1/3或1/2幅度。卷材搭接宽度见表11-3。

表11-3 卷材搭接宽度 单位：mm

卷材类别		搭接宽度
合成高分子防水卷材	胶粘剂	80
	胶粘带	50
	单缝焊	60，有效焊接宽度不小于25
	双缝焊	80，有效焊接宽度为10×2＋空腔宽
高聚物改性沥青防水卷材	胶粘剂	100
	自粘	80

6）上下两层卷材不得相互垂直铺贴。

7）坡度超过25%的拱形屋面和天窗下的坡面上，应尽量避免短边搭接，如必须短边搭接时，搭接处应采取防止卷材下滑的措施。

（2）卷材铺贴方法。常用的卷材铺贴方法有满粘法、空铺法、条粘法和点粘法。

1）满粘法。满贴法又称全粘法，是一种传统的施工方法，热熔法、冷粘法、自粘法均可采用此种方法。其优缺点在于：当用于三毡四油沥青防水卷材时，每层均有一定厚度的玛蹄脂满粘，可提高防水性能。若找平层湿度较大或赋予面变形较大时，防水层易起鼓、开裂。适用条件：屋面面积较小，屋面结构变形较小，找平层干燥条件。

2）空铺法。卷材与基层仅在四周一定宽度内粘贴，其余部分不粘贴。铺贴时应在檐口、屋脊和层面转角处突出屋面的连接处，卷材与找平层应满粘，其粘贴宽度 80 mm，卷材与卷材搭接缝应满粘，叠层铺贴时，卷材与卷材之间应满贴。其优缺点：能减少基层变形对防水层的影响，有利于解决防水层起皱、开裂的问题。但由于防水层与基层不黏结，一旦渗漏，水会在防水层下窜流而不易找到。

3）条粘法。卷材与基层采用条状黏结，每幅卷材与基层粘贴面不少于 2 条，每条宽度不少于 150 mm，卷材与卷材搭接应满粘，叠层铺也应满粘。其优缺点：由于卷材与基层有一部分不黏结，故增大了防水层适应基层的变形能力，有利于防止卷材起鼓、开裂。其缺点是操作比较复杂，部分地方能减少用油，影响防水功能。

4）点粘法。卷材与基层采用点黏结，要求每平米至少有 5 个黏结点，每点面积不小于 100 mm×100 mm，卷材搭接处应满粘，防水层周边一定范围内也应与基层满粘。当第一层采用了打孔机时，也属于点黏结。其缺点是：增大了防水层适应基层变形的能力，有利于解决防水层起皱、开裂的问题。当第一层采用打孔卷材时，仅可用于卷材多叠层铺贴施工，操作比较复杂。

（3）施工方法。根据施工时粘结温度的高低分为冷粘法施工和热熔法施工。

1）冷粘法施工。冷粘法施工是指在常温下采用胶粘剂等材料进行卷材与基层、卷材与卷材间粘结的施工方法。一般合成高分子卷材采用胶粘剂、胶粘带粘贴施工，聚合物改性沥青采用冷玛碲脂粘贴施工。卷材采用自粘胶铺贴施工时，也可以使用冷粘法施工工艺。该工艺在常温下作业，不需要加热或明火，施工方便、安全，但要求基层干燥，胶粘剂的溶剂（或水分）充分挥发，否则不能保证粘结质量。

2）热熔法施工。热熔法施工是指高聚物改性沥青热熔卷材的铺贴方法。与冷粘法施工最大的不同是卷材施工时要使用喷枪对准卷材进行热喷，使热熔胶融化后能与基层相粘结。

卷材的铺贴方法和施工方法可参照冷粘法施工。

3. 细部构造

（1）天沟、檐沟防水构造应符合下列规定。

1）天沟、檐沟应增铺附加层。当采用沥青防水卷材时，应增铺一层卷材；当采用高聚物改性沥青防水卷材或合成高分子防水卷材时，宜设置防水涂膜附加层。

2）天沟、檐沟与屋面的附加处宜空铺，空铺宽度不应小于200m，如图11-7所示。

3）天沟、檐沟卷材收头处应固定密封。

4）高低跨内排水天沟与立墙交接处，应采取能适应变形的密封处理，如图11-8所示。

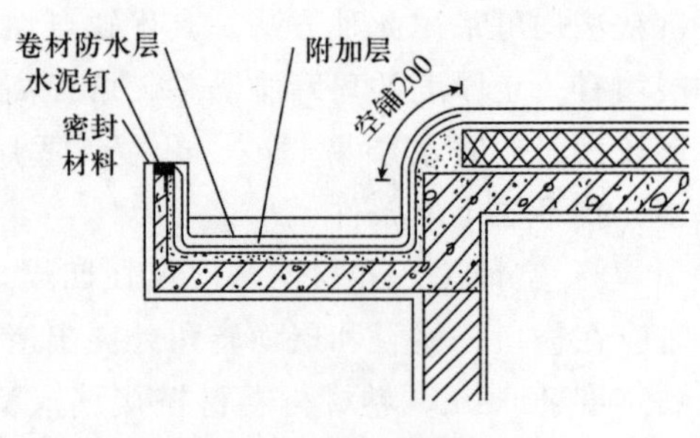

图11-7　屋面檐沟

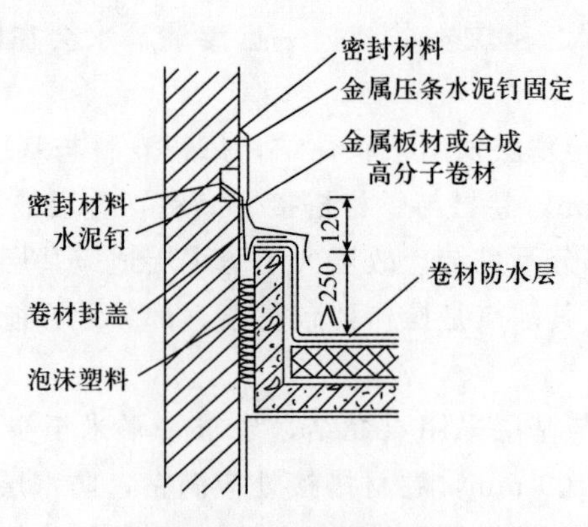

图11-8　高低跨内排水

(2) 无组织排水檐口800mm范围内的卷材应采用满粘法。卷材收头应固定密封，如图11-9所示，檐口下端应做滴水处理。

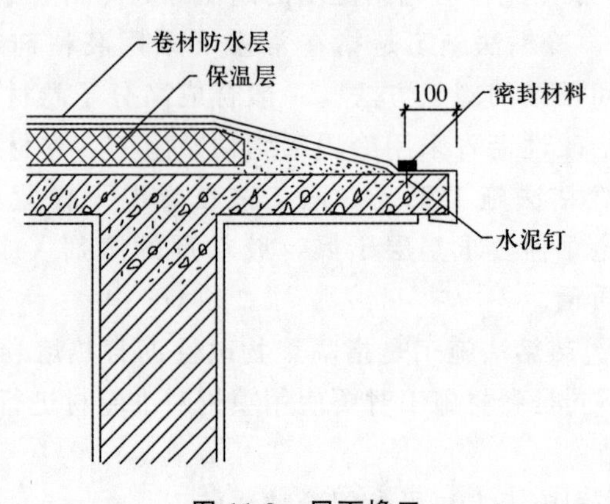

图11-9　屋面檐口

(3) 泛水防水构造应遵循以下规定。

1）铺贴泛水处的卷材应采用满粘法。泛水收头应根据泛水高度和泛水墙体材料确定其密封形式。

墙体为砖墙时，卷材收头可直接铺至女儿墙压顶下，用压条钉压固定并用密封材料封闭严密，压顶应做防水处理，如图 11-10 所示；卷材收头也可压入砖墙凹槽内固定密封，凹槽距屋面找平层高度不应小于 250mm，凹槽上部的墙体应做防水处理，如图 11-11 所示。

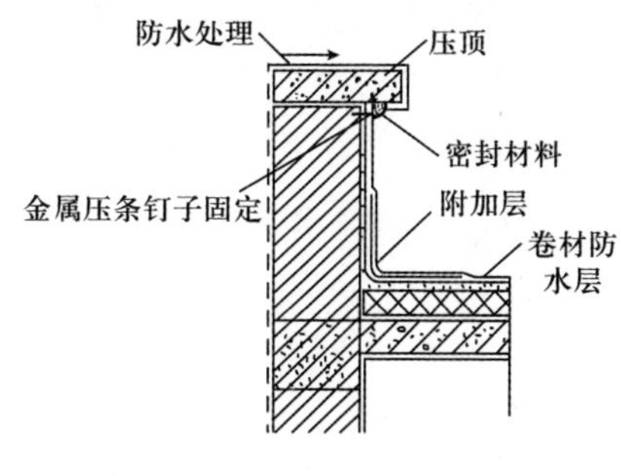

图 11-10　屋面泛水（一）

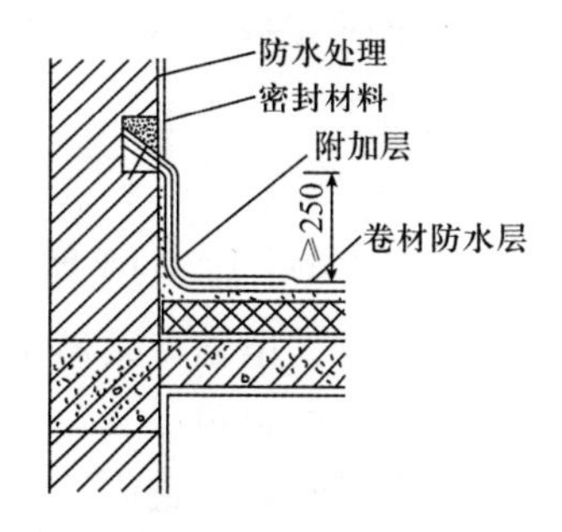

图 11-11　屋面泛水（二）（单位：mm）

墙体为混凝土时，卷材收头可采用金属压条钉压，并用密封材料封固，如图 11-12 所示。

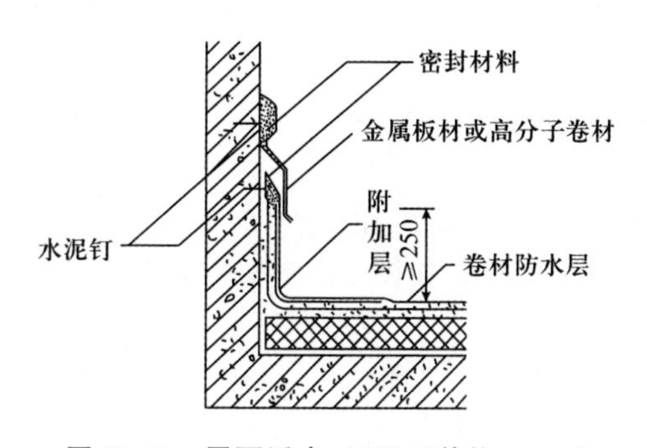

图 11-12　屋面泛水（三）（单位：mm）

2）泛水宜采取隔热防晒措施，可在泛水卷材面砌砖后浇筑细石混凝土保护，也可涂刷浅色材料进行保护。

（4）变形缝内宜填充泡沫塑料，上部放衬垫材料，并用卷材封盖，顶部再放混凝土盖板，如图 11-13 所示。

（5）水落口防水构造应符合下列要求。

1）水落口宜采用金属或塑料制品。

2）水落口埋设标高，应考虑水落口设防时增加的附加层和柔性密封层的厚度及排水坡度加大的尺寸。

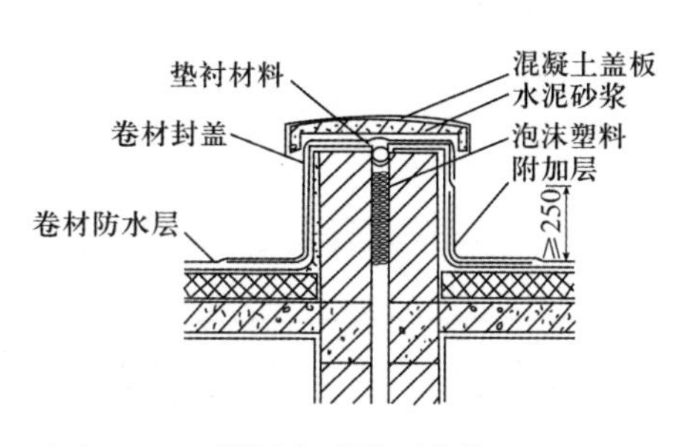

图 11-13　屋面变形缝（单位：mm）

3）水落口周围直径 500mm 范围内不应小于 5%，并应用防水涂料涂封，厚度不小于 2mm。水落口与基层接触处，应留宽 20mm、深 20mm 的凹槽，嵌填密封材料，如图 11-14 和图 11-15 所示。

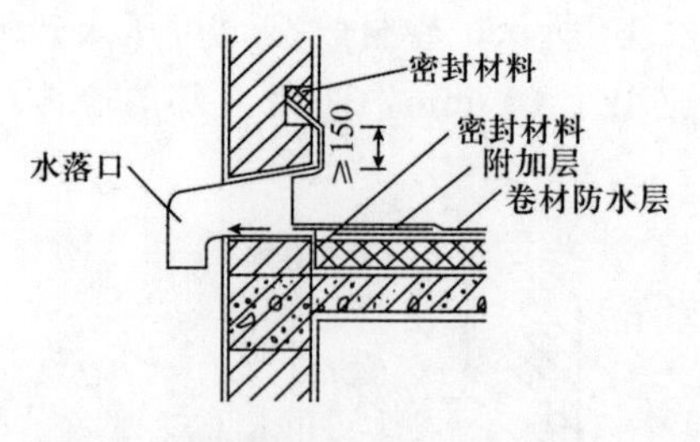

图1-14　屋面水落口（一）(单位：mm)

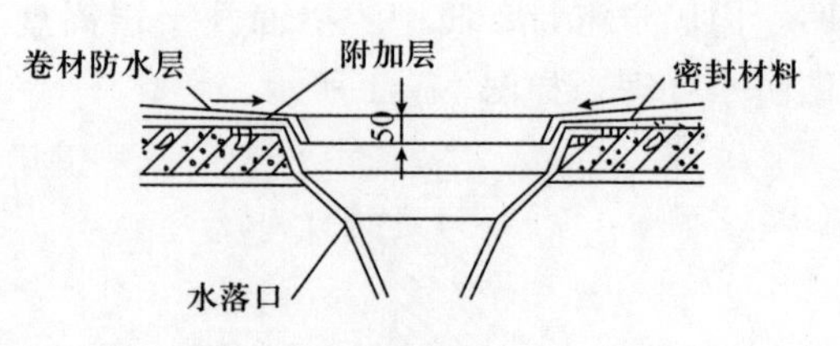

图 11-15　屋面水落口（二）

(6) 女儿墙、山墙可采用现浇混凝土或预制混凝土压顶，也可采用金属制品或合成高分子卷材封顶。

(7) 反梁过水孔构造应符合下列规定。

1) 根据排水坡度要求留设反梁过水孔，图纸应注明孔底标高。

2) 留置的过水孔高度不应小于 150mm，宽度不应小于 250mm，采用预埋管道时其管径不得小于 75mm。

3) 过水孔可采用防水涂料、密封材料防水。预埋管道两端周围与混凝土接触处应留凹槽，并用密封材料封严。

(8) 伸出屋面管道周围的找平层应做成圆锥台，管道与找平层间应留凹槽，并嵌填密封材料；防水层收头处应用金属箍箍紧，并用密封材料封严，如图 11-16 所示。

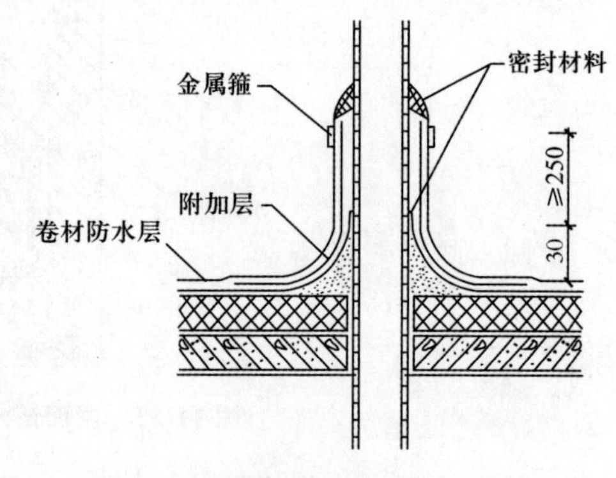

图 11-16　伸出屋面管道（单位：mm）

(9) 屋面垂直出入口防水层收头，应压在混凝土压顶圈下，如图 11-17 所示；水平出入口防水层收头，应压在混凝土踏步下，防水层的泛水应设护墙，如图 11-18 所示。

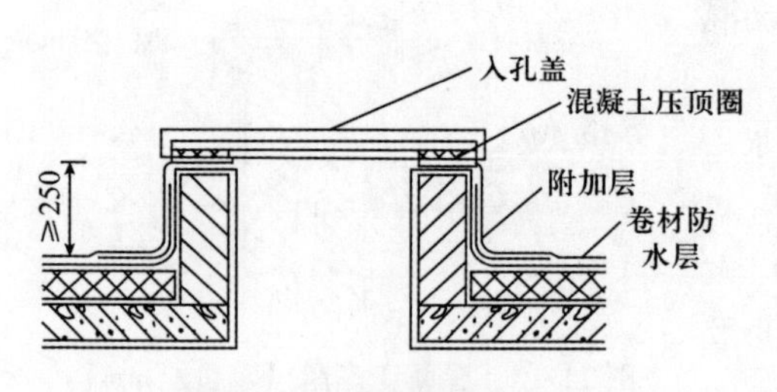

图 11-17　屋面垂直出入口

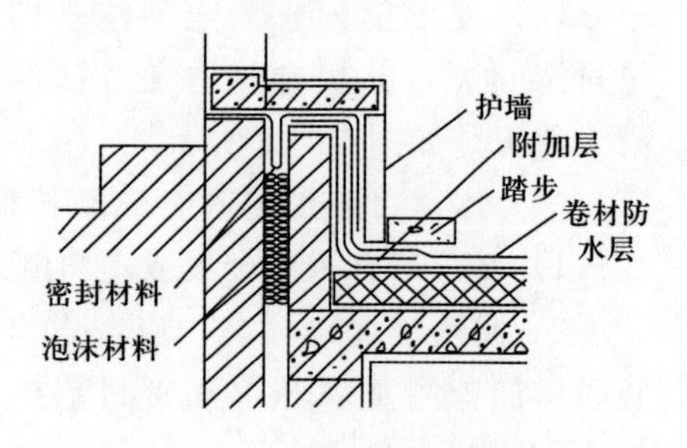

图 11-18　屋面水平出入口

三、保护层施工

1. 浅色涂层的做法

浅色涂层可在防水层上涂刷，涂刷面除干净外，还应干燥，涂膜应完全固化，刚性层应硬化干燥。涂刷时应均匀，不露底，不堆积，一般应涂刷两遍以上。

2. 绿豆砂保护层的做法

绿豆砂粒径 3～5mm，呈圆形的均匀颗粒，色浅，耐风化，经过筛洗。绿豆砂在铺撒前应在锅内或钢板上加热至 100℃。在油毡面上涂 2～3mm 厚的热沥青胶，立即趁热将预热过的绿豆砂均匀地撒在沥青胶上，边撒边推铺绿豆砂，使一般左右粒径嵌入沥青胶中，扫除多余的绿豆砂，不应露底油毡、沥青胶。

3. 混凝土、钢筋混凝土保护层的做法

混凝土、钢筋混凝土保护层施工前应在防水层上作隔离层，隔离层可采用低标号砂浆（石灰黏土砂浆）油毡、聚酯毡、无纺布等；隔离层应铺平，然后铺放绑扎配筋，支好分格缝模板，浇筑细石混凝土，也可以全部浇筑硬化后用锯切割混凝土缝，但缝中应填嵌密封材料。

第二节　屋面涂膜防水

一、材料要求

防水涂料按成膜物质的属性，可分为无机防水涂料和有机防水涂料两种；按成膜物质的主要成分，可将涂料分成高聚物改性沥青防水涂料和合成高分子防水涂料。施工时根据涂料品种和屋面构造形式的需要，可在涂膜防水层中增设胎体增强材料。涂料的主要物理性能指标见表 11-4 和表 11-5。胎体增强材料的质量要求见表 11-6。

表 11-4　高聚物改性沥青防水涂料的主要物理性能

项目	性能要求	
	水乳型	溶剂型
固体含量/%　≥	45	48
抗裂性/mm	—	基层裂缝 0.3mm，涂膜无裂纹
耐热度/℃	80，无流淌、气泡、滑动	
低温柔性/℃	－15，无裂纹	－15，无裂纹
不透水性 30min/MPa　≥	0.1	0.2
断裂伸长率/%　≥	600	—

表 11-5　合成高分子防水涂料的主要物理性能

项目	性能要求		
	反应固化型	挥发固化型	聚合物水泥涂料
固体含量/%	≥80（单组分），≥92（双组分）	≥65	≥65
拉伸强度/MPa	≥1.9（单组分、多组分）	≥1.0	≥1.2
断裂延伸率/%	≥550（单组分），≥450（多组分）	≥300	≥200
低温柔性/℃	−40（单组分），−35（多组分），无裂纹	−10，无裂纹	
不透水性 30min/MPa	0.3		

表 11-6　胎体增强材料的质量要求

项目		质量要求	
		聚酯无纺布	化纤无纺布
外观		均匀，无团状，平整无褶皱	
拉力（N/50mm）	纵向	≥150	≥45
	横向	≥100	≥35
延伸率（%）	纵向	≥10	≥20
	横向	≥20	≥25

二、涂膜防水层施工

以高聚物改性沥青防水涂膜为例，介绍防水层施工的主要步骤。高聚物改性沥青防水涂膜可采用涂刷、刮涂和喷涂的施工方法，涂膜需多遍涂布。

1. 涂料冷涂刷施工

要求每遍涂刷必须待前遍涂膜实干后才能进行，否则涂料的底层水分或溶剂被封固在上层涂膜下不能及时挥发，从而不能形成有一定强度的防水膜。后一遍涂料涂刷时，容易将前一遍涂膜刷皱、起皮而造成破坏。一旦遇雨，雨水渗入易冲刷或溶解涂膜层，破坏涂膜的整体性。涂层厚度是影响涂膜防水层质量的一个关键问题，涂刷时每个涂层要涂刷多遍才能完成。要通过手工准确控制涂层厚度比较困难。为此，涂膜防水层施工前，必须根据设计要求的每平方米涂料用量、涂膜厚度及涂料材性，事先试验确定每道涂料涂刷厚度及每个涂层需要涂刷的遍数。如一布二涂，即先涂底层，再加胎体增强材料，最后涂面层。施工时按试验的要求，每涂层涂刷几遍，而且面层至少应涂刷 2 遍以上。

铺胎体增强材料是在涂刷第二遍或第三遍涂料涂刷前，采用湿铺法或干铺法铺贴。

湿铺法就是在第二遍涂料或第三遍涂料涂刷时，边倒料、边涂布、边铺贴的操作方法。

干铺法与湿铺法的区别在于没有底层的涂料，即在上道涂层干燥后，先干铺胎体增强材料（可用涂料将边缘部位点粘固定，也可不用），然后在已展平的表面上用刮板均匀满刮一道涂料，接着再在上面满刮一道涂料，使涂料浸透网眼渗透到已固化的底层涂膜上而使得上下层涂膜及胎体形成一个整体。因比，渗透性较差的涂料与较密实的胎体增强材料尽量不采用干铺法施工。干铺法适用于无大风的情况下施工，能有效避免因胎体增强材料质地柔软、容易变形造成的铺贴时不易展开，经常出现褶皱、翘边或空鼓现象，较好地保证防水层质量。

2. 涂料热熔刮涂施工

涂料每遍涂刮的厚度控制在1～1.5mm。铺贴胎体增强材料应采用分条间隔施工法，在涂料刮涂均匀后立即铺贴胎体增强材料，然后再刮涂第二遍至设计厚度。表面需做粒料保护层时，应在最后一遍涂刮的同时撒布粒料；如做涂膜保护层时，宜在防水层完全固化后再涂刷保护层涂膜。

3. 涂料喷涂施工

涂料喷涂施工是将涂料加入加热容器中，加热至180～200℃，待全部熔化成流态后，启动沥青泵开始输送涂料并涂喷，具有施工速度快、涂层没有溶剂挥发等优点。

三、质量标准与注意事项

1. 主控项目

（1）防水涂料和胎体增强材料必须符合设计要求。

检验方法：检查出厂合格证、质量检验报告和现场抽样复验报告。

（2）涂膜防水层不得有渗漏或积水现象。

检验方法：雨后或淋水、蓄水检验。

（3）涂膜防水层在天沟、檐沟、檐口、水落口、泛水、变形缝和伸出屋面管道的防水构造，必须符合设计要求。

检验方法：观察检查和检查隐蔽工程验收记录。

2. 一般项目

（1）涂膜防水层的平均厚度应符合设计要求，最小厚度不应小于设计厚度的80％。

检验方法：针测法或取样量测。

（2）涂膜防水层与基层应黏结牢固，表面平整，涂刷均匀，无流淌、褶皱、鼓泡、露胎体和翘边等缺陷。

检验方法：观察检查。

（3）涂膜防水层上的撒布材料或浅色涂料保护层应铺撒或涂刷均匀，黏结牢固；水泥砂浆、块材或细石混凝土保护层与涂膜防水层间应设置隔离层；刚性保护层的分格缝留置应符合设计要求。

检验方法：观察检查。

第三节　屋面刚性防水

一、基本规定

刚性防水屋面的结构层宜为整体现浇钢筋混凝土。当采用预制混凝土屋面板时，应用细石混凝土灌缝，其强度等级不应小于C20，并宜掺微膨胀剂。当屋面板板缝宽度大于40mm或上窄下宽时，板缝内应设置构造钢筋，板端缝应进行密封处理。

刚性防水层与山墙、女儿墙以及与突出屋面结构的交接处，均应做柔性密封处理。

刚性防水屋面细部构造应符合有关规定的要求，分格缝的构造如图11-19所示；檐沟如图11-20所示；泛水构造如图11-21所示；变形缝构造如图11-22所示；伸出屋面管道防水构造如图11-23所示。

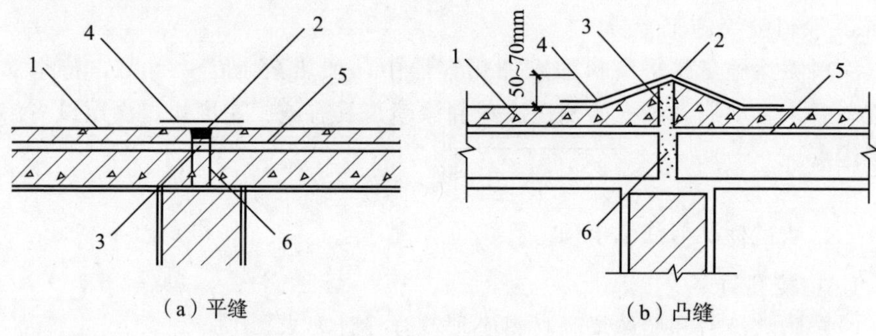

1—刚性防水层；2—密封材料；3—背衬材料；4—防水卷材；5—隔离层；6—细石混凝土。

图11-19　分格缝

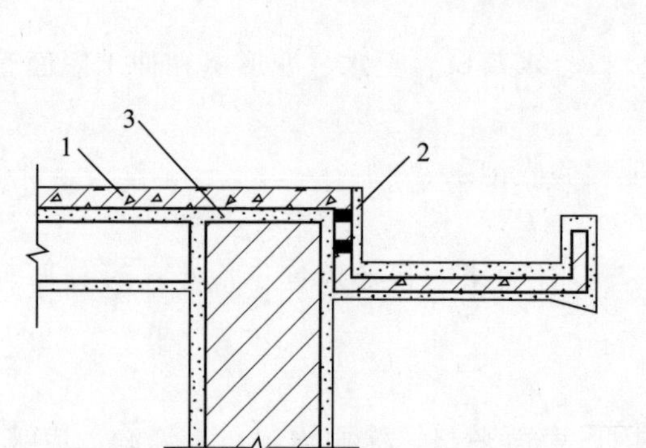

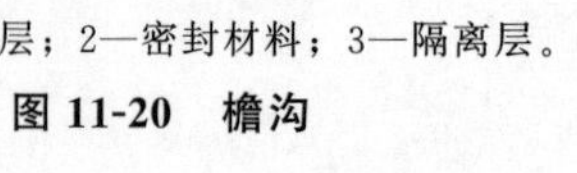

1—刚性防水层；2—密封材料；3—隔离层。

图11-20　檐沟

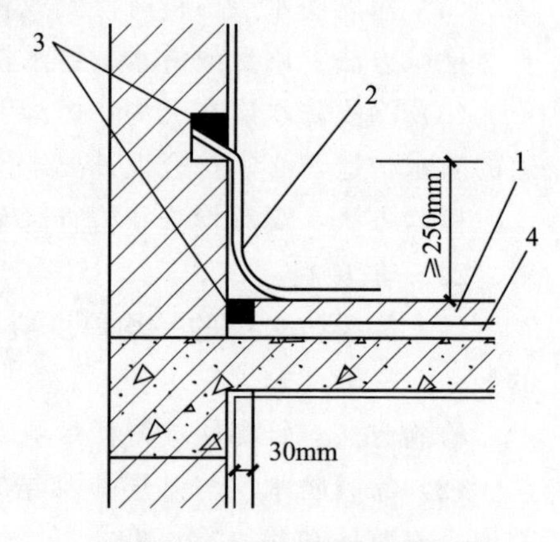

1—刚性防水层；2—防水卷材或涂膜；3—密封材料；4—隔离层。

图11-21　泛水构造

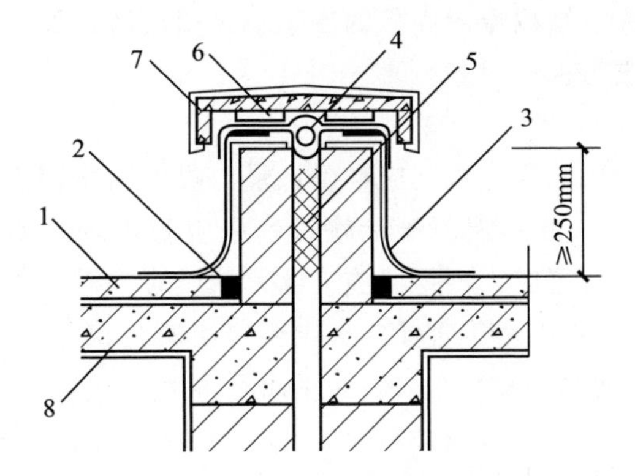

1—刚性防水层；2—密封材料；3—防水卷材或涂膜；4—衬垫材料；
5—沥青麻丝；6—水泥砂浆；7—混凝土盖板；8—隔离层。

图 11-22　变形缝构造

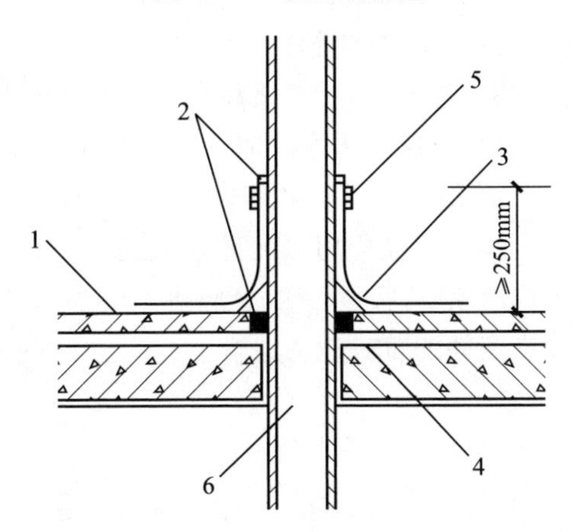

1—刚性防水层；2—密封材料；3—卷材（涂膜）防水层；4—隔离层；5—金属箍；6—管道。

图 11-23　伸出屋面管道防水构造

二、混凝土防水层施工

1. 砂浆要求

混凝土水灰比不应大于 0.55；每立方米混凝土不应小于 330kg；含砂率宜为 35%～40%；灰砂比宜为 2∶1，粗骨料的最大粒径不宜大于 15mm。

2. 绑扎钢筋网片

防水层中的钢筋网片，可采用冷拔低碳钢丝，间距为 100～200mm 的绑扎或点焊的双向钢筋网片。施工时应放置在混凝土中的上部，绑扎钢丝收口应向下弯，不得露出屋面防水层。钢筋的保护层厚度不应小于 10mm，钢丝必须调直。

钢筋网片要保证位置的准确性并且必须在分格缝处断开。

3. 分格缝的设置

分格缝的截面宜做成上宽下窄，分格条在起条时不得损坏分格缝边缘处的混凝土。分格缝应设置在结构层屋面板的支承端、屋面转折处、防水层与突出屋面结构的交接处，并应与板缝对齐。

4. 浇筑混凝土

混凝土中掺入减水剂或防水剂应准确计量，投料顺序得当，搅拌均匀；混凝土搅拌时间不应少于 2min；混凝土运输过程中应防止漏浆和离析；每个分格板块的混凝土应一次浇筑完成，不得留施工缝；抹压时不得在表面洒水、加水泥浆或撒干水泥；混凝土收水后应进行二次压光；混凝土浇筑 12～24h 后应进行养护，养护时间不应少于 14 天，养护初期屋面不得上人。

三、块体刚性防水施工

块体刚性防水层是由底层防水砂浆、块材和面层砂浆组成。水泥砂浆中防水剂的掺量应准确，并应用机械搅拌。

铺抹底层水泥砂浆防水层时应均匀连续，不得留施工缝。当块材为黏土砖时，铺砌前应浸水湿透；铺砌宜连续进行；缝内挤浆高度宜为块材厚度的 1/3～1/2。当铺砌必须间断时，块材侧面的残浆应清除干净。铺砌黏土砖应直行平砌并与基层板缝垂直，不得采用人字形铺设。块材铺设后，在铺砌砂浆终凝前不得上人踩踏。

面层施工时，块材之间的缝隙应用水泥砂浆灌满填实；面层水泥砂浆应二次压光，抹平压实；面层施工完成后 12～24h 应进行养护，养护方法可采用覆盖砂、草袋洒水的方法，有条件的可采用蓄水养护，养护时间不少于 7 天。养护初期屋面不得上人。

第四节　地下防水工程

一、防水混凝土防水

1. 普通防水混凝土

（1）原材料。

1）水泥。标号不宜低于 425 号，要求抗水性好、泌水小、水化热低，并具有一定的抗腐蚀性。

2）细骨料。要求颗粒均匀、圆滑、质地坚实，含泥量不大于 3％的中粗砂。砂的粗细颗粒级配适宜，平均粒径 0.4mm 左右。

3）粗骨料。要求组织密实、形状整齐，含泥量不大于 1％。颗粒的自然级配适宜，粒径 5～30mm，最大不超过 40mm，且吸水率不大于 1.5％。

（2）混凝土的配备。

1）水灰比。在保证振捣的密实前提下水灰比尽可能小，一般不大于 0.6。

2）坍落度。不宜大于 50mm。

3）水泥用量。在一定水灰比范围内，每立方米混凝土水泥用量一般不小于320kg，但亦不宜超过400kg/m³。

4）砂率。粗骨料选用卵石时砂率宜为35％，粗骨料为碎石时砂率宜为35％～40％。

5）灰砂比。水泥与砂的比例宜取1∶2～1∶2.5。

2.外加剂防水混凝土

常用的外加剂防水混凝土如下。

（1）三乙醇胺防水混凝土。

（2）减水剂防水混凝土。

（3）加气剂防水混凝土。

（4）氯化铁防水混凝土。

3.施工工艺

（1）注意事项。

1）保持施工环境干燥，避免带水施工。

2）模板支撑牢固、接缝严密。

3）防水混凝土浇筑前无泌水、离析现象。

4）防水混凝土浇筑时的自落高度不得大于1.5m。

5）防水混凝土应自然养护，养护时间不少于14天。

6）防水混凝土应采用机械振捣，并保证振捣密实。

（2）防水构造处理。施工缝的处理。地下建筑施工时应尽可能不留或少留施工缝，尤其是不得留垂直施工缝。在墙体中一般留设水平施工缝，其常用的防水构造处理方法如图11-24所示。

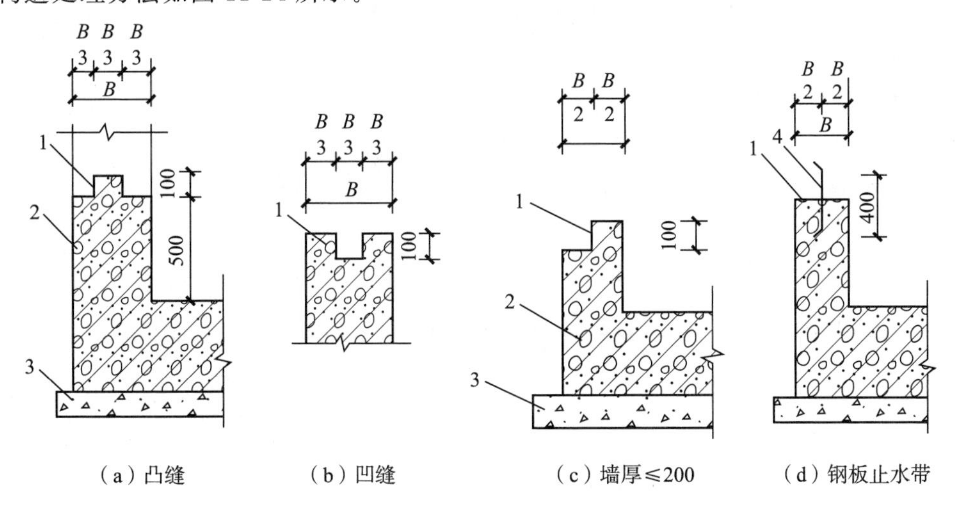

1—施工缝；2—构筑物；3—垫层；4—防水钢板。

图11-24 施工缝（单位：mm）

二、止水带防水

常见的止水带材料有橡胶止水带、塑料止水带、氯丁橡胶板止水带和金属止水带等。其中橡胶及塑料止水带均为柔性材料，抗渗、适应变形能力强，是常用的止水带材料；氯丁橡胶止水板是一种新的止水材料，具有施工简便、防水效果好、造价低且易修补的特点；金属止水带一般仅用于高温环境条件下，而无法采用橡胶止水带或塑料止水带。橡胶止水带如图 11-25 所示。

图 11-25　橡胶止水带

止水带不得长时间露天曝晒，防止雨淋，勿与污染性强的化学物质接触。施工过程中，止水带必须可靠固定，避免在浇注混凝土时发生位移，保证止水带在混凝土中的正确位置。固定止水带的方法有：利用附加钢筋固定、专用卡具固定、铅丝和模板固定等。如需穿孔时，只能选在止水带的边缘安装区，不得损伤其他部位。用户订货时应根据工程结构、设计图纸计算好产品长度，尽量在工厂中连成整体。

止水带的构造形式有粘贴式、可卸式、埋入式等。目前采用较多的是埋入式止水带，如图 11-26 所示。可卸式和埋入式止水带如图 11-27 和图 11-28 所示。根据防水设计的要求，有时在同一变形缝处，可采用数层、数种水带的构造形式。

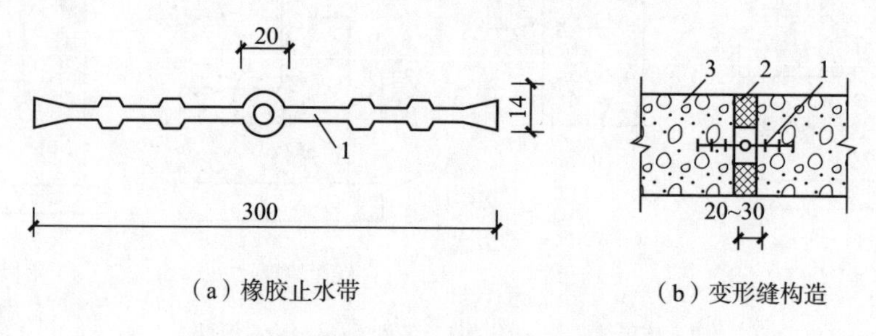

（a）橡胶止水带　　（b）变形缝构造

1—止水带；2—沥青麻丝；3—构筑物。

图 11-26　埋入式橡胶止水带（单位：mm）

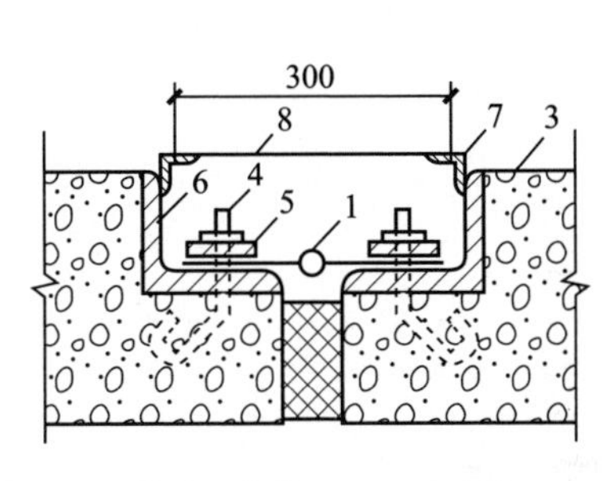

1—橡胶止水带；2—沥青麻丝；
3—构筑物；4—螺栓；
5—钢压条；6—角钢；
7—支撑角钢；8—钢盖板。

图 11-27　可卸式橡胶止水带变形构造（单位：mm）

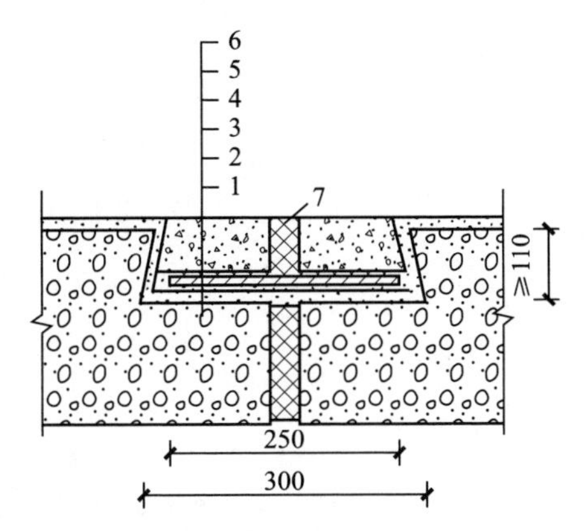

1—构筑物；2—刚性防水层；3—胶黏剂；
4—氯丁橡胶板；5—素灰层；
6—细石混凝土覆盖层；7—沥青麻丝。

图 11-28　粘贴式氯丁橡胶板变形缝构造（单位：mm）

三、表面防水层防水

1. 水泥砂浆防水层

水泥砂浆防水层是一种刚性防水层，它是通过提高砂浆层的密实性来达到防水要求的。这种防水层取材容易，施工方便，防水效果较好，成本低，适用于地下砖石结构的防水层或防水混凝土结构的加强层。但水泥砂浆防水层抵抗变形的能力较差，当结构产生不均匀下沉或受较强烈振动荷载时，易产生裂缝或剥落。对于受腐蚀、高温及反复冻融的砖砌体工程不宜采用。水泥砂浆防水层又分为刚性多层法防水层和刚性外加剂法防水层。

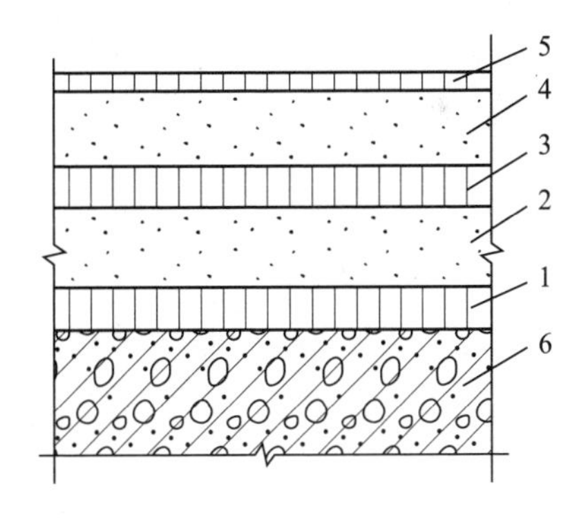

1，3—素灰层 2mm；2，4—砂浆层 4～5mm；
5—水泥浆 1mm；6—结构基层。

图 11-29　刚性多层法防水层

（1）刚性多层法防水层。利用素灰（即较稠的纯水泥浆）和水泥砂浆分层交叉抹面而构成的防水层，具有较高的抗渗能力，如图 11-29 所示。

（2）刚性外加剂法防水层。在普通水泥砂浆中掺入防水剂，使水泥砂浆内的毛细孔填充、胀实、堵塞，获得较高的密实度，提高抗渗能力，如图 11-30 所示。常用的外加剂有氯化铁防水剂、铝粉膨胀剂、减水剂等。

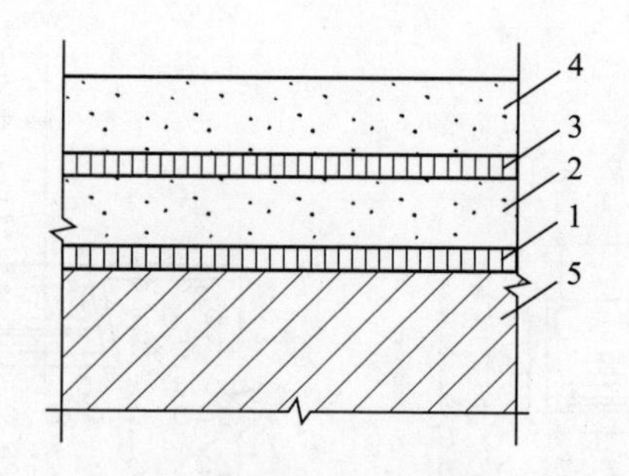

1，3—水泥浆一道；2—外加剂防水砂浆垫层；

4—防水砂浆面层；5—结构基层。

图 11-30　刚性外加剂法防水层

2. 卷材防水层

卷材防水层是用沥青胶结材料粘贴油毡而形成的一种防水层，属于柔性防水层。这种防水层具有良好的韧性和延伸性，可以适应一定的结构振动和微小变形，防水效果较好，目前仍作为地下工程的一种防水方案而被较广泛采用。其缺点是：沥青油毡吸水率大，耐久性差，机械强度低，直接影响防水层质量，而且材料成本高，施工工序多，操作条件差，工期较长，发生渗漏后修补困难。

卷材防水层施工的铺贴方法，按其与地下防水结构施工的先后顺序分为外贴法和内贴法两种。

(1) 外贴法。在地下建筑墙体做好后，直接将卷材防水层铺贴墙上，然后砌筑保护墙，如图 11-31 所示。

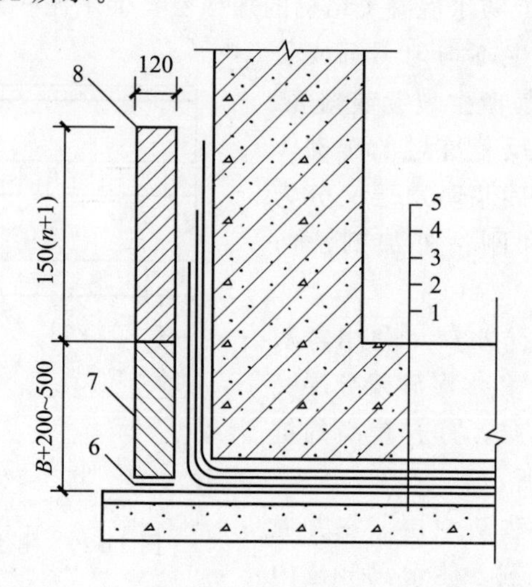

1—垫层；2—找平层；3—卷材防水层；4—保护层；

5—构筑物；6—油毡；7—永久保护墙；8—临时性保护墙。

图 11-31　外贴法（单位：mm）

（2）内贴法。在地下建筑墙体施工前先砌筑保护墙，然后将卷材防水层铺贴在保护墙上，最后施工并浇筑地下建筑墙体，如图 11-32 所示。

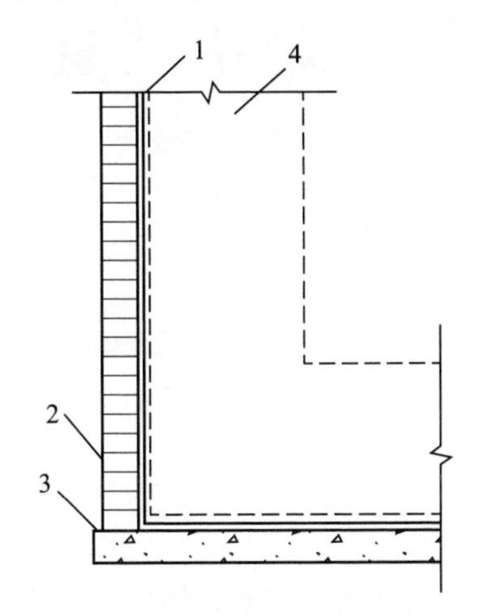

1—卷材防水层；2—保护墙；3—垫层；4—尚未施工的构筑物。

图 11-32　内贴法

第十二章 防腐蚀工程

第一节 基层处理

一、钢结构基层

1. 钢结构基层表面的基本要求

(1) 表面平整，施工前把焊渣、毛刺、铁锈、油污等清除干净并不破坏基层平整性。在清理铁锈、油污的过程中，不损坏基层强度。

(2) 保护已经处理的钢结构表面不再次受污染，受到二次污染时，重新进行表面处理。

(3) 已经处理的钢结构基层，及时涂刷底层涂料。

2. 基层处理方法

建筑防腐蚀工程常用的除锈方法有喷射或抛射除锈、手工和动力工具除锈，其质量要求如下。

(1) 喷射或抛射除锈：喷射或抛射除锈等级有Sa2级和$Sa2_{1/2}$级，其含义如下。

1) Sa2级：钢材表面无可见的油脂和污垢，并且氧化皮、铁锈和涂料等附着物已基本清除，其残留物是牢固可靠的。

2) $Sa2_{1/2}$级：钢材表面无可见的油脂、污垢、氧化皮、铁锈和涂料等附着物，任何残留的痕迹应仅是点状或条纹状的轻微色斑。

(2) 手工和动力工具除锈：手工和动力工具除锈等级有St2级和St3，其含义如下。

1) St2级：钢材表面无可见的油脂和污垢，并且没有附着不牢的氧化皮、铁锈和涂料等附着物。

2) St3级：钢材表面无可见的油脂和污垢，并且没有附着不牢的氧化皮、铁锈和涂料等附着物。除锈等级应比St2更为彻底，底材显露部分的表面具有金属光泽。

二、混凝土结构基层

1. 混凝土基层的基本要求

(1) 坚固、密实，有足够强度。表面平整、清洁、干燥，没有起砂、起壳、裂缝、蜂窝、麻面等现象。

（2）施工块材铺砌，基层的阴阳角应做成直角。进行其他类型防腐蚀施工时，基层的阴阳角处应做成斜面或圆角。

（3）施工前应清理干净基层表面的浮灰、水泥渣及疏松部位，有污染的部位用溶剂擦净并晾干。

（4）预先埋置或留设穿过防腐蚀层的管道、套管、预留孔、预埋件。

2. 基层处理方法

基层表面采用机械打磨、铣刨、喷砂、抛丸，手工或动力工具打磨处理，质量要求包括：

（1）检测强度符合设计要求并坚固、密实，没有地下水渗漏、不均匀沉陷，没有起砂、脱壳、裂缝、蜂窝、麻面等现象。

（2）基层表面平整，用2m直尺检查平整度。

1）当防腐蚀面层厚度大于5mm时，允许空隙不应大于4mm。

2）当防腐蚀面层厚度小于5mm时，允许空隙不应大于2mm。

（3）基层干燥，在深度为20mm的厚度层内，含水率不大于6%。采用湿固化型材料时，表面没有渗水、浮水及积水；当设计对湿度有特殊要求时，应按设计要求进行施工。

（4）检测基层坡度符合设计要求，允许偏差应为坡长的±0.2%，最大偏差值不大于30mm。

（5）采取措施使用大型清水模板或脱模剂不污染基层的钢模板，一次浇筑承重及结构件等重要部位混凝土。

1）用大型木质模板，减少模板拼缝。

2）两模板搭接处用胶带粘贴，避免漏浆。

3）采用水溶性材料作隔离剂，以利脱模和脱模后的清理。

（6）块材铺砌时，基层的阴阳角应做成直角；其他施工时，基点的阴阳角做成圆角 R=30～50mm，或45°斜角的斜面。

（7）经过养护的基层表面，去除白色析出物。防腐蚀层施工选用耐碱性良好的材料。

第二节　涂料类防腐蚀工程

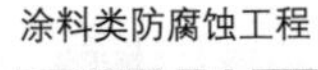

一、涂料种类及特性

常见的涂料品种主要有环氧树脂涂料、聚氨酯树脂涂料、玻璃鳞片涂料、丙烯酸树脂涂料、氯化橡胶涂料、有机硅涂料、醇酸树脂耐酸涂料、高氯化聚乙烯涂料喷涂型聚脲涂料、环氧自流

平地面涂料、防腐蚀耐磨洁净涂料等。

（1）环氧树脂涂料。这种涂料具有坚韧耐久，附着力好，耐水、抗潮性好等特点。环氧树脂底层涂料与环氧树脂鳞片涂料配套使用可提高涂膜防潮、防盐雾、防锈蚀的性能，并且能耐溶剂和碱腐蚀。适用于钢结构、地下管道、水下设施等混凝土表面的防腐蚀涂装。但是这类涂料耐候性能较差。

（2）聚氨酯树脂涂料。防锈性能优良，涂膜坚韧、耐磨、耐油、耐水、耐化学品，在室内混凝土结构防水、地下工程堵漏、水泥基面防水方面的性能优越。特别适合于钢结构的涂装保护。也可用作地面涂装、墙体及有色金属涂装。随着技术的提高，许多新品种综合性能更为优异。如：耐候防腐蚀脂肪族聚氨酯涂料、环保型水性聚氨酯涂料，不仅用于防水、堵漏，还广泛应用于复杂化工腐蚀环境、户外建构筑物保护、车间地面等。

水性聚氨酯是以水代替有机溶剂作为分散介质的新型无污染聚氨酯体系，包括单组分水性聚氨酯涂料、双组分水性聚氨酯涂料和特种涂料 3 大类。

（3）玻璃鳞片涂料。适用于腐蚀条件较为苛刻的环境。具有防腐蚀范围广、抗渗性突出、机械性能好、强度高、耐温度剧变、施工方便、修复容易等特点，是公认的长效重防腐蚀涂料。应用效果好的品种。

（4）丙烯酸树脂涂料。具有优异的耐候性、耐化学品腐蚀性；高光泽度，较强的抗洗涤剂性；气干性好，附着力好，硬度高。主要应用于各种腐蚀环境下建筑物内外墙壁、钢结构表面的防腐蚀工程。

（5）氯化橡胶涂料。主要特点是：耐候性好，抗渗透能力强，施工方便，耐紫外线性能显著，气干性好，低温可以施工，又可防水。常用于对室内外钢结构及混凝土结构的保护。

（6）有机硅涂料。附着力强，耐腐蚀、耐油、抗冲击、防潮。具有常温干燥或低温烘干，高温下使用的优点。能耐 400～600℃高温、适用于＜500℃高温的钢或镀锌基体。

（7）醇酸树脂耐酸涂料。普通防腐蚀涂料，工程中常选用耐候性突出的品种。涂层的耐久性较差，不宜作为长效涂料使用。

（8）高氯化聚乙烯涂料。高氯化聚乙烯（含氯量＞65％）为主要成膜物。其特点是：性能稳定，具有优异的抗老化性、耐盐雾性、防水性。对气态复杂介质具有优良的防腐蚀性；涂层含薄片状填料，具有独特的屏障结构，延缓了化学介质的渗透作用；良好的防霉性和阻燃性。适用于室内外钢结构涂装；防止工业大气腐蚀及酸、碱、盐等介质腐蚀。

（9）喷涂型聚脲涂料。喷涂聚脲防腐蚀材料包括芳香族聚脲和聚脲聚氨酯，其结构基本特征为：以端异氰酸脂基半预聚体、端氨基聚醚和胺扩链剂为基料，在设备内经高温高压混合喷涂而形成防护层。

良好的耐腐蚀能力和抗渗透能力且对腐蚀介质的适用性广，能耐稀酸、稀碱、无机盐、海水等的侵蚀。耐老化性、耐候性及耐温性比聚氨酯涂料优异。施工工艺性好，对施工环境的水分、湿气及温度的敏感度比一般涂料低，广泛适用于混凝土表面微裂纹抗渗。喷涂聚脲不含挥发溶剂，凝胶固化速度快，施工养护周期短，2～10s就能达到初凝状态，并且在任意型面、垂直面及顶部连续喷涂而不产生流挂现象，施工厚度一次喷涂可达1～3mm。

(10) 环氧自流平地面涂料。以无溶剂环氧树脂为主要成膜物，配合耐磨颜填料组成，可用于有环保、卫生、洁净、耐磨要求的食品、医药、医院等场合地面及建筑物表面涂装。

(11) 防腐蚀耐磨洁净涂料。以无机耐磨填料为主、配合涂层制作的无机材料地面。具备耐磨、洁净、防起尘、抗冲击和承载高的特种功能。表面平滑、整体无缝，强韧耐磨，适合各种有防尘、洁净要求的仓库等场所。其性能稳定，使用寿命长久。

二、施工要点

1. 聚氨酯涂料的施工

(1) 各组分按比例配好，混合均匀。

(2) 配好的涂料不宜放置太久。

(3) 水泥砂浆、混凝土基层，先用稀释的聚氨酯涂料打底，在金属基层上直接用聚氨酯底层涂料打底。涂料实干前即可进行下层涂料的施工。

(4) 聚氨酯涂料对水分、胺类、含有活泼氢的醇类都很敏感，除了使用纯度较高的溶剂外，容器、施工工具等都必须清洁、干燥。建筑物及构件表面要进行除污清理，保持混凝土干燥。

2. 树脂玻璃鳞片防腐蚀涂料的施工

(1) 配料时注意投料顺序，涂刷前需搅拌充分。

(2) 乙烯基酯树脂玻璃鳞片涂料采用环氧类底层涂料时，应做表面处理。

(3) 树脂玻璃鳞片涂料，不允许加稀释剂及其他溶剂。

(4) 常用的配套方案如下。

1) 钢结构表面：环氧富锌类底层涂料、环氧云铁类中间层涂料、树脂玻璃鳞片涂料。也可采用环氧铁红底层涂料、树脂玻璃鳞片涂料中间层涂料、树脂玻璃鳞片涂料。

2) 混凝土基层：树脂玻璃鳞片底层涂料、中间涂料（玻璃鳞片胶泥）、面层涂料。

3. 高氯化聚乙烯涂料的施工

高氯化乙烯涂料的成膜物“高氯化聚乙烯”兼有橡胶和塑料的双重特性，对各种类型的材质都具有良好的附着力。涂料为单组分，常温干燥，施工方便。

(1) 钢铁基层除锈要求不得低于St3级或Sa2级。

（2）施工时不需要加稀释剂，但必须充分搅拌均匀。

（3）涂料分普通型和厚膜型。

（4）钢材基层常用的配套方案：环氧铁红底层涂料、高氯化聚乙烯中间层涂料、面层涂料。

4. 喷涂型聚脲涂料的施工

（1）底层清理、修复：清除表面浮灰，底层涂料填补细小孔洞，形成表面连续结合层。

（2）立面和顶面施工：用环氧涂料滚刷一道，厚度20～40μm（干膜），将涂料渗透到基面，养护干燥2～8h后用环氧或丙烯酸修补，补孔率100%。干燥养护2～4h后打磨平整，去除浮灰。

（3）潮湿面的施工要求：清除积水、渗水，漏水处用快干材料堵漏。

（4）采用聚氨酯水性涂料满刮一道，干膜厚度一般为0.3～0.4mm，保证充分渗透，并且封闭基面细孔。大于且等于15℃，养护8～12h，或小于且等于15℃，养护16～24h，喷涂聚脲层。

（5）养护干燥后，检查是否有未封闭的细孔及底面渗水，若有则重复前述步骤。

第三节　树脂类防腐蚀工程

一、材料要求

1. 呋喃树脂

呋喃树脂的质量标准见表12-1。

表12-1　呋喃树脂的质量标准

项目	指标		
	糠酮型	糠醇糠醛型	糠酮糠醛型
树脂含量/%	＞94		
灰分/%	＜3		
含水率/%	＜1		
pH值	7		
黏度（涂黏度计，25℃）/s		20～30	50～80

注：1. 呋喃树脂的贮存期，不宜超过12个月。

2. 糠酮型呋喃树脂主要用于配制环氧呋喃树脂。

2. 不饱和聚酯树脂

不饱和聚酯树脂具有工艺性能良好、适宜的黏度，可以在室温下固化，常压下成型，颜色浅等性能，其主要品种及技术指标见表 12-2。

表 12-2　不饱和树脂品种的技术指标

项目名称	双酚 A 型 不饱和 聚酯树脂	二甲苯型 不饱和 聚酯树脂	对苯型 不饱和 聚酯树脂	间苯型 不饱和 聚酯树脂	邻苯型 不饱和 聚酯树脂
外观	浅黄色液体	淡黄色至 浅棕色液体	黄色浑浊液体	黄棕色液体	淡黄色 透明液体
黏度 Pa·s（25℃）	0.45±0.10	0.32±0.09	0.40±0.10	0.45±0.15	0.40±0.10
含固量（%）	62.5±4.5	63.0±3.0	62.0±3.0	63.5±2.5	66.0±2.0
酸值（mgKOH/g）	15.0±5.0	15.0±4.0	20.0±4.0.	23.0±7.0	25.0±3.0
凝胶时间（min） （25℃）	14.0±6.0	10.0±3.0	14.0±4.0	8.5±1.5	6.0±2.0
热稳定性（h） （80℃）	≥24	≥24	≥24	≥24	≥24

3. 酚醛树脂

酚醛树脂的质量标准见表 12-3。

表 12-3　酚醛树脂的质量标准

项目	指标
游离酚含量/%	<10
游离醛含量/%	<2
含水率/%	<12
黏度（落球黏度计，25℃）/s	45～65

4. E 型环氧树脂

E 型环氧树脂的质量标准见表 12-4。

表 12-4　E 型环氧树脂的质量标准

项目	E—44	E—42
环氧值/(当量/100g)	0.41～0.47	0.38～0.45
软化点/℃	12～20	21～47

5. 煤焦油

煤焦油的质量标准见表 12-5。

表 12-5　煤焦油的质量标准

项目	指标	
	一级	二级
密度/(g/cm^3)	≤1.12～1.20	≤1.13～1.22
含水率/%	≤4.0	≤4.0
灰分/%	≤0.15	≤0.15
游离碳/%	≤6.0	≤10.0
黏度（E80）	≤5.0	≤5.0

6. 粉料及细骨料

粉料及细骨料的质量标准见表 12-6。

表 12-6　粉料及细骨料的质量标准

材料类别	耐酸率/%	含水率/%	保积安定性	粒径及细度
粉料	≥95	≤0.5	合格	0.15mm 筛孔筛余量≤5%
细骨料	≥95	≤0.5	合格	0.09mm 筛孔筛余量为 10%～30%≤2mm

注：当使用酸性固化剂时，粉料及细骨料的耐酸率应不小于 98%。

二、树脂类防腐材料的配制

（1）环氧酚醛、环氧呋喃和环氧煤焦油树脂，应由环氧树脂与酚醛、呋喃树脂或煤焦油混合而成。其混合比例宜符合规定，见表 12-7。

表 12-7　不饱和聚酯玻璃钢胶料、胶泥和砂浆的施工配合比

材料名称		配合比（重量比）									
		双酚A型、二甲苯型或邻苯型树脂	50%过氧化环己酮二丁酯糊、过氧化苯甲酰二丁酯糊和过氧化甲乙酮	环烷酸钴苯乙烯液、二甲基苯胺苯乙烯液	苯乙烯	矿物颜料	苯乙烯石蜡液(100∶5)	粉料		细骨料	
								耐酸粉	重晶石粉	石英砂	重晶石砂
玻璃钢胶料	打底料	100	2～4	0.5～4	0～15			0～15			
	腻子料				0～10			200～350	(400～500)		
	衬布胶料与面层胶料					0～2		0～15			
	封面料						3～5				

续表

材料名称		配合比（重量比）									
		双酚A型、二甲苯型或邻苯型树脂	50%过氧化环己酮二丁酯糊、过氧化苯甲酰二丁酯糊和过氧化甲乙酮	环烷酸钴苯乙烯液、二甲基苯胺苯乙烯液	苯乙烯	矿物颜料	苯乙烯石蜡液（100∶5）	粉料		细骨料	
								耐酸粉	重晶石粉	石英砂	重晶石砂
胶泥	砌筑或勾缝料	100	2～4	0.5～4	0～10			200～300	（250～350）		
砂浆	打底料	100	2～4	0.5～4	0～15			0～15			
	砂浆料				0～10	0～2		150～200	（350～400）	300～400	（600～750）
	封面料						3～5				

注：1. 表中括号内的数据应用于耐氢氟酸工程。

2. 二甲苯型不饱和聚酯树脂的引发剂应采用过氧化苯甲酰二丁酯糊，促进剂应采用二甲基苯胺苯乙烯液；双酚A型或邻苯型不饱和聚酯树脂当引发剂。采用过氧化环已酮二丁酯糊或过氧化甲乙酮时，促进剂应采用环烷酸钴苯乙烯液。当引发剂采用过氧化苯甲酰二丁酯糊时，促进剂应采用二甲基苯胺苯乙烯液。

3. 减少胶泥内粉料用量，可用作灌缝或稀胶泥整体面层。

（2）各类树脂玻璃钢胶料、胶泥和砂浆的配合比见表12-8～表12-10。

表12-8 环氧类玻璃钢胶料、胶泥和砂浆的施工配合比

材料名称		配合比（质量比）								
		环氧树脂	环氧呋喃树脂	环氧酚醛树脂	环氧煤焦油树脂	稀释剂	乙二胺	矿物颜料	耐酸粉料	石英砂
玻璃钢胶料	打底料	100				40～60	6～8		0～20	
			100			10～15	4.2～5.6		0～15	
				100		40～60	4.2～5.6		0～20	
					100	10～15	3.5～4.0		0～15	
	腻子料	100				10～20	6～8		150～200	
			100			10～15	4.2～5.6		150～200	
				100		13～20	4.2～5.6		150～200	
					100	10～15	3.5～4.6		200～250	
	衬布胶料与面层胶料	100				10～20	6～8		0～20	
			100			10～15	4.2～5.6		0～15	
				100		13～25	4.2～5.6	0～2	0～20	
					100	10～15	3.5～4.0		0～15	

续表

材料名称		配合比（质量比）								
		环氧树脂	环氧呋喃树脂	环氧酚醛树脂	环氧煤焦油树脂	稀释剂	乙二胺	矿物颜料	耐酸粉料	石英砂
胶泥	砌筑或勾缝料	100				10～20	6～8		150～200	
			100			10～15	4.2～5.6		150～200	
				100		13～20	4.2～5.6		150～200	
					100	10～15	3.5～4.6		200～250	
砂浆	打底料	100				40～60	6～8		0～20	
					100	10～15	3.5～4.0		0～15	
	砂浆料	100					6～8			
			100			10～20	4.2～5.6	0～2	150～200	300～400
					100		3.5～4.0			
	面层胶料	同衬布胶料配方								

注：1. 环氧呋喃树脂的配方应为环氧树脂比呋喃树脂为 70∶30；环氧酚醛树脂的配方应为环氧树脂比酚醛树脂比 70∶30；环氧煤焦油树脂的配方应为环氧树脂比煤焦油为 50∶50。

2. 固化剂除了乙二胺外，还可用其他各种胺类固化剂，应优先选用低毒固化剂，用量可按产品说明书或经试验确定。

3. 减少胶泥内粉料用量可配制灌缝用或稀胶泥整体面层用胶泥。

表 12-9　呋喃树脂玻璃钢胶料、胶泥和砂浆的施工配合比

材料名称		配合比（质量比）							
		糠醇糠醛树脂	糠酮糠醛树脂	糠醇糠醛树脂玻璃钢粉	糠醇糠醛树脂胶泥粉	苯磺酸型固化剂	稀释剂	耐酸粉料	石英砂
玻璃钢胶料	打底料	同环氧类玻璃钢打底料							
	腻子料	100		40～50				100～150	
	衬布胶料与面层胶料	100		40～50					
胶泥	灌缝用	100			250～360				
	砌筑或勾缝料	100			250～400				
			100			15～18		200～400	
							0～10		

续表

材料名称		配合比（质量比）							
		糠醇糠醛树脂	糠酮糠醛树脂	糠醇糠醛树脂玻璃钢粉	糠醇糠醛树脂胶泥粉	苯磺酸型固化剂	稀释剂	耐酸粉料	石英砂
砂浆	打底料	同环氧类砂浆底料							
	砂浆料	100			250				250～300
			100			15～18		200	400

注：糠醇糠醛树脂玻璃钢粉和胶泥粉内已混有酸性固化剂。

表 12-10　酚醛玻璃钢胶料、胶泥的施工配合比

材料名称		配合比（质量比）			
		酚醛树脂	稀释剂	苯磺酰氯	耐酸粉料
玻璃钢胶料	打底料	同环氧类玻璃钢打底料			
	腻子料	100	0～510	8～10	120～180
	衬布胶料与面层胶料				0～15
胶泥	砌筑或勾缝料	100	0～15	8～10	150～200

三、施工要点

1. 玻璃钢的施工

（1）玻璃纤维材料的准备。玻璃钢成型用的玻璃纤维布要预先脱脂处理，在使用前保持不受潮、不沾染油污。玻璃纤维布不得折叠，以免因褶皱变形而产生脱层。

1）玻璃纤维布的经纬向强度不同，对要求各向同性的施工部位，应注意使玻璃纤维布纵横交替铺放。对特定方向要求强度较高时，则可使用单向布增强。

2）表面起伏很大的部位，有时需要在局部把玻璃纤维布剪开，但应注意尽量减少切口，并把切口部位层间错开。

3）玻璃纤维布搭接宽度一般为 50mm，在厚度要求均匀时，可采用错缝搭接。

4）糊制圆形结构部分时，玻璃布可沿径向 45°的方向剪成布条，以利用布在 45°方向容易变形的特点，糊成圆弧。剪裁玻璃纤维布块的大小，应根据现场作业面尺寸要求和操作难易来决定。布块小，接头多，强度低。因此，如果强度要求严格，尽可能采用大块布施工。

（2）施工要点。玻璃钢的施工有手糊法、模压法、喷射法等几种。建筑防腐蚀工程现场施工利用手糊法工艺较多。

施工前，首先应在基层上打底，即刷涂薄而均匀的一道环氧打底料，基层的凹陷不平处应用腻子修补填平，随即刷第二道环氧打底料，两道打底料间应保证有24h以上的固化时间。

玻璃布粘贴的顺序一般是先立面后平面，先局部（如沟道、孔洞处）后大面。立面铺粘由上而下，平面铺粘从低向高。玻璃布的搭接宽度不应少于50mm，且各层的搭接应互相错开，阴角和阳角处可增粘1～2层玻璃布。

面层料要求有良好的耐磨性和耐腐蚀性，表面要光洁。一般应在贴完最后一层玻璃布的第二天涂刷第一层面胶料，干燥后再涂第二层面胶料。当以玻璃钢做隔离层，其上采用树脂胶泥或树脂砂浆材料施工时，可不涂刷面层胶料。

树脂玻璃钢施工后常温下的养护时间比较长，以地面为例，环氧玻璃钢为7天，酚醛玻璃钢为10天，呋喃、聚酯及环氧煤焦油玻璃钢为15天。如为储槽，养护时间还要延长1倍。

树脂类防腐蚀工程在施工中要有防火防毒措施，在配制和使用苯、乙醇、丙酮等易燃物的现场应严禁烟火。乙二胺、苯类、酸类都有不同程度的毒性和刺激性，操作人员应穿戴好防护用具，并在作业后进行冲洗和淋浴。

2. 树脂胶泥、砂浆铺砌块材、勾缝和涂抹

当采用酸性固化剂配制的胶泥、砂浆铺砌块材之前，应在水泥砂浆、混凝土和金属基层先涂一道环氧打底料，以免基层受酸性腐蚀，影响黏结。由于环氧打底料有增强黏结的作用，故采用非酸性固化剂配制的胶泥、砂浆施工前，最好也应在基层上涂一层环氧打底料，并在干燥后进行块材铺砌。

块材的铺砌应采用揉挤法。第一步打灰，基层上（或已砌好的前一层块材上）和待砌的块材上都应满刮胶泥；第二步铺砌，在揉挤中将块材找正放平，并用刮刀刮去缝内挤出的胶泥。

块材铺砌时可用木条预留缝隙，勾缝可在胶泥、砂浆养护干燥后进行。先在缝内涂环氧打底料，干燥后用刮刀将胶泥填满缝隙，并随即将灰缝表面压实压光，不得出现气泡空隙。块材铺砌结合层厚度、灰缝宽度等要求可见表12-11。

表12-11 树脂结合层厚度、灰缝宽度和勾缝或灌缝的尺寸

块材种类	铺砌/mm		勾缝或灌缝/mm	
	结合层厚度	灰缝宽度	缝宽	缝深
标型耐酸砖、缸砖	4～6	2～4	6～8	15～20
平板形耐酸砖、耐酸陶板	4～6	2～3	6～8	10～12
铸石板	4～6	3～5	6～8	10～12
花岗石及其他条石块材	4～12	4～12	8～15	20～30

涂抹用的材料一般为环氧类胶泥或砂浆。涂抹之前，也应在基层上涂一层环

氧打底料。涂抹的方法与罩麻刀灰面层做法相同。抹前基层可用喷灯预热，并在涂抹时稍加压力使胶泥嵌入基层孔隙内，要求厚薄均匀，转角处做成圆角。涂抹胶泥面层厚2～3mm，并一次压光，涂抹砂浆面层厚5～7mm，待干燥至不发黏后，再在表面涂刷环氧面层料一遍即可。

四、质量标准与注意事项

树脂类材料及铺砌块材料的质量要求见表12-12和表12-13。

表12-12　树脂类材料制成品的质量要求

项目		环氧树脂 环氧酚醛树脂 环氧呋喃树脂	环氧煤焦油树脂	不饱和聚酯树脂		呋喃树脂	酚醛树脂
				双酚A型	邻苯型		
抗拉强度/MPa	胶泥	≥11	≥5	≥11	≥11	≥6	≥6
	砂浆	≥11	≥4	≥9	≥8	≥6	
	玻璃钢	≥100	≥60	≥100	≥90	≥80	≥60
黏结强度/MPa	小型砖	≥3～4	≥5.0	≥2.5	≥1.5	≥1.5	≥1
	标型砖	≥1.7	≥1.7	≥1.7		≥1.0	≥1.0

表12-13　树脂结合层厚度、灰缝宽度和勾缝或灌缝的尺寸

块材种类	铺砌/mm		勾缝或灌缝/mm	
	结合层厚度	灰缝宽度	缝宽	缝深
标型耐酸砖、缸砖	4～6	2～4	6～8	15～20
平板形耐酸砖、耐酸陶板	4～6	2～3	6～8	10～12
铸石板	4～6	3～5	6～8	10～12
花岗石及其他条石块材	4～12	4～12	8～15	20～30

第四节　水玻璃类防腐蚀工程

一、材料要求

1. 沥青胶泥的质量要求

沥青胶泥的质量要求见表12-14。

表 12-14　沥青胶泥的质量要求

项目	指标
密度（20℃）/(g/cm³)	1.44～1.47
氧化钠/%	≥10.2
二氧化硅/%	≥25.7
模数（M）	2.6～2.9

2. 氟硅酸钠及粉料质量要求

氟硅酸钠及粉料质量要求见表 12-15。

表 12-15　氟硅酸钠及粉料质量要求

原料	纯度/%	耐酸率/%	含水率/%	细度
氟硅酸钠	≥95	—	≤1	全部通过 0.15mm 筛
粉料	—	≥95	≤1	0.15mm 筛孔筛余量≤5%，0.09mm 筛孔筛余量为 10%～30%

3. 施工用水玻璃的密度指标

施工用水玻璃的密度指标见表 12-16。

表 12-16　施工用水玻璃的密度指标

用途	密度（20℃）/(g/cm³)
配制胶泥	1.4～1.43
配制砂浆	1.4～1.42
配制混凝土	1.38～1.42

4. 粗细骨料的质量标准

粗细骨料的质量标准见表 12-17。

表 12-17　粗细骨料的质量标准

骨料类别	耐酸率/%	浸酸安定性	含泥量/%	含水率/%	吸水率/%
粗骨料	≥95	合格	0	≤0.5	≤1.5
细骨料	≥95	—	≤1	≤1.0	

二、水玻璃类防腐材料的配制

1. 水玻璃胶泥、砂浆及混凝土的施工配合比

水玻璃胶泥、砂浆及混凝土的施工配合比见表 12-18。

表 12-18　水玻璃胶泥、砂浆及混凝土的施工配合比

材料名称	配方编号	配合比（质量比）					
		水玻璃	氟硅酸钠	粉料		骨料	
				铸石粉	铸石粉：石英粉＝1：1	细骨料	粗骨料
水玻璃胶泥	1	1.0	0.15～0.18	2.55～2.7			
	2				2.2～2.4		
水玻璃砂浆	1	1.0	0.15～0.17	2.0～2.2		2.5～2.7	
	2				20～2.2	2.5～2.6	
水玻璃混凝土	1	1.0	0.15～0.16	2.0～2.2		2.3	3.2
	2				1.8～2.0	2.4～2.5	3.2～3.3

注：表中氟硅酸钠用量是按水玻璃中氧化钠含量的变动而调整的，氟硅酸钠纯度按 100%计。

2. 混凝土粗骨料的颗粒级配

混凝土粗骨料的颗粒级配见表 12-19。

表 12-19　混凝土粗骨料的颗粒级配

筛孔/mm	最大粒径	1/2 最大粒径	5
累计筛余量/%	0～5	30～60	90～100

注：粗骨料最大粒径不得大于结构最小尺寸的 1/4。

3. 混凝土细骨料的颗粒级配

混凝土细骨料的颗粒级配见表 12-20。

表 12-20　混凝土细骨料的颗粒级配

筛孔/mm	5	1.25	0.315	0.16
累计筛余量/%	0～10	20～55	70～95	95～100

4. 改性水玻璃混凝土的施工配合比

改性水玻璃混凝土的施工配合比见表 12-21。

表 12-21　改性水玻璃混凝土的施工配合比

配方编号	配合比（质量比）					
	水玻璃	氟硅酸钠	铸石粉	石英砂	石英石	外加剂
1	100	15	180	250	320	糠醇单体 3～5
2	100	15	180	260	330	多羟醚化三聚氰胺 8

续表

配方编号	配合比（质量比）					
	水玻璃	氟硅酸钠	铸石粉	石英砂	石英石	外加剂
3	100	15	210	230	320	木质素磺酸钙 2、水溶性环氧树脂 3

注：1. 水玻璃的密度（g/cm^3）：配方 3 应为 1.42，其他配方应为 1.38～1.40。

2. 氟硅酸钠纯度以 100%计。

3. 糠醇单体应为淡黄色或微棕色液体，有苦辣气味，密度 1.13～1.14g/cm^3，纯度不应小于 98%。

4. 多羟醚化三聚氰胺应为微黄色透明液体，固体含量约 40%，游离醛不得大于 2%，pH 值应为7～8。

5. 环氧树脂水溶性应为黄色透明黏稠液体，固体含量不得小于 55%，水溶性（1∶10）呈透明。

6. 木质素磺酸钙应为黄棕色粉末，密度为 1.06g/cm^3，碱木素含量应大于 55%，pH 值应为 4～6，水不溶物含量应小于 12%，还原物含量小于 12%。

三、施工要点

1. 水玻璃类混凝土的施工

浇筑水玻璃混凝土的模板应支撑牢固，拼缝严密，表面应平整，并涂矿物油脱膜剂。如水玻璃混凝土内埋有金属嵌件时，金属件必须除锈，并涂刷防腐蚀涂料。

2. 水玻璃类材料的养护和酸化处理

水玻璃类材料的养护期见表 12-22。

表 12-22　水玻璃类材料的养护期

养护温度/℃	养护时间/昼夜
10～20	≥12
21～30	≥6
31≥35	≥3

注：养护后应采用浓度 20%～25%的盐酸或浓度 30%～40%的硫酸作表面处理，至无白色结晶钠盐析出为止。

3. 水玻璃材料硬化时间、施工温度和拌和时间的关系

水玻璃材料硬化时间和施工温度、拌和时间的关系见表 12-23。

表 12-23　水玻璃材料硬化时间、施工温度和拌和时间的关系

施工温度与硬化时间的大致关系（拌和时间约 2min）		拌和时间与硬化时间的大致关系（常温下拌和）	
施工温度/℃	硬化时间/min	拌和时间/min	硬化时间/min
10	41	1	29

续表

施工温度与硬化时间的大致关系（拌和时间约 2min）		拌和时间与硬化时间的大致关系（常温下拌和）	
施工温度/℃	硬化时间/min	拌和时间/min	硬化时间/min
15	34	2	22
20	24	3	18
25	21	4	15
30	14	5	12

四、质量标准与注意事项

1．水玻璃胶泥、砂浆整体面层质量检验

（1）水玻璃类材料的整体面层应平整洁净、密实，无裂缝、起砂、麻面、起皱等现象。面层与基层应结合牢固，无脱层、起壳等缺陷。

（2）水玻璃类材料整体面层的平整度采用 2m 直尺检查，其允许空隙不大于 4mm。坡度应符合设计要求，允许偏差为坡长的＋0.2％，最大偏差值不得大于 30mm。作泼水试验时，水应能顺利排除。

（3）水玻璃胶泥和砂浆混凝土的质量标准见表 12-24 和表 12-25。

表 12-24 水玻璃胶泥的质量标准

项目	指标	项目	指标
初凝时间/min	＞30	与耐酸砖黏结强度/MPa	≥1.0
终凝时间/h	＜8	煤油吸收率/％	＜16
抗拉强度/MPa	＞2.5		

表 12-25 水玻璃砂浆及混凝土的质量标准

性能	指标		
	砂浆	混凝土	改性混凝土
抗压强度/MPa	≥15	≥20	≥25
浸酸安定性	合格	合格	合格
抗渗性/MPa			≥1.2

（4）水玻璃胶泥或砂浆铺砌块材的结合层厚度和灰缝宽度应符合表 12-26 的规定。

表 12-26 水玻璃胶泥或砂浆铺砌块材的结合层厚度和灰缝宽度

块材种类	结合层厚度/mm		灰缝宽度/mm	
	水玻璃胶泥	水玻璃砂浆	水玻璃胶泥	水玻璃砂浆
标形耐酸砖、缸砖、铸石板	5～7	6～8	3～5	4～6
平板形耐酸砖、耐酸陶板	5～7	6～8	2～3	4～6
花岗石及其他条石块材		10～15		8～12

2. 水玻璃类材料块材铺砌层的质量检验

(1) 水玻璃胶泥或砂浆铺砌块材的结合层和灰缝应饱满密实，粘结牢固，无疏松、裂缝和起鼓现象。

(2) 块材面层的平整度和坡度、排列、缝的宽度应符合设计要求。

(3) 块材衬砌时要保证胶泥饱满，防止胶泥流淌和块材移位。

(4) 块材铺砌层的养护和热处理要符合热处理要求。

3. 水玻璃类材料块材铺砌层常见的缺陷和原因

水玻璃类材料块材铺砌层施工中常见的缺陷和原因见表 12-27，应根据所分析的原因采取相应的措施。

表 12-27 施工中常见的缺陷及处理方法

缺陷与现象	原因与处理	缺陷与现象	原因与处理
块材移动、胶泥固化速度慢、强度低	(1) 施工现场温度低 (2) 固化剂用量不足 (3) 水玻璃模数低 (4) 水玻璃密度小	粘结力差	(1) 被粘结表面没清洁 (2) 胶泥配方不当 (3) 胶泥不饱满，有空洞
固化速度快	(1) 施工现场温度高 (2) 固化剂加入量大 (3) 水玻璃模数高 (4) 水玻璃密度大	胶泥空隙率大	(1) 水玻璃密度小 (2) 填料细度级配不合适
		胶泥表面裂纹	(1) 施工时接触水 (2) 填料颗粒太细 (3) 固化速度太快

第五节 块材防腐蚀工程

一、材料要求

1. 耐腐蚀胶泥或砂浆

耐腐蚀块材砌筑用胶粘剂俗称胶泥或砂浆，常用的耐腐蚀胶泥或砂浆包括：树脂胶泥或砂浆（环氧树脂胶泥或砂浆、不饱和树脂胶泥或砂浆、环氧乙烯基酯树脂胶泥或砂浆、呋喃树脂胶泥)、水玻璃胶泥或砂浆（钠水玻璃、钾水玻璃)、聚合物水泥砂浆（氯丁胶乳水泥砂浆、聚丙烯酸酯乳液水泥砂浆和环氧乳液水泥砂浆）等。

各种胶泥的主要性能、特性见表 12-28。

表 12-28　各种胶泥的主要性能、特性

胶泥名称	性能、特征
环氧树脂胶泥	耐酸、耐碱、耐盐、耐热性能低于环氧乙烯基酯树脂和呋喃胶泥；粘结强度高；使用温度 60℃以下
不饱和聚酯树脂胶泥	耐酸、耐碱、耐盐、耐热及粘结性能低于环氧乙烯基酯树脂和呋喃胶泥；常温固化，施工性能好、品种多、选择余地大，耐有机溶剂性差
环氧乙烯基酯树脂胶泥	耐酸、耐碱、耐有机溶剂、耐盐、耐氧化性介质，强度高；常温固化，施工性能好，粘结力较强；品种多，耐热性好
呋喃树脂胶泥	耐酸、耐碱性能较好；不耐氧化性介质，强度高；抗冲击性能差；施工性能一般
水玻璃胶泥	耐温、耐酸（除氨氟酸）性能优良，不耐碱、水、氟化物及 300℃以上磷酸，空隙率大，抗渗性差
聚合物水泥砂浆	耐中低浓度碱、碱性盐；不耐酸、酸性盐；空隙率大，抗渗性差

2. 耐腐蚀块材

常用的耐腐蚀块材有耐酸砖、耐酸耐温砖和天然耐酸碱石材等。

(1) 耐酸砖。常用的耐酸砖制品是以黏土为主体，并适当地加入矿物、助熔剂等，按一定配方混合、成型后经高温烧结而成的无机材料。耐酸砖的主要化学成分是二氧化硅和氧化铝，根据原料的不同一般可分为陶制品和瓷制品。陶制品表面大多呈黄褐色，断面较粗糙，孔隙率大，吸水率高，强度低，耐热冲击性能好；瓷制品表面呈白色或灰白色，质地致密，孔隙率小，吸水率低，强度高，耐酸腐蚀性能优良，可耐酸、碱、盐类介质的腐蚀，但不耐含氟酸和熔融碱的腐蚀。一般用的耐酸砖和耐酸耐温砖均属此类。其物理化学性能见表 12-29。

表 12-29　耐酸砖的物理化学性能

项目	要求		
	1 类	2 类	3 类
吸水率（%）	≤0.5	≤2.0	≤4.0
弯曲强度（MPa）	≥39.2	≥29.8	≥19.6
耐酸度（%）	≥99.80	≥99.80	≥99.70

续表

项目	要求		
	1类	2类	3类
耐急冷急热性（℃）	100	130	150
	试验一次后，试样不得有裂纹、剥落等破损现象		

（2）耐酸耐温砖。耐酸耐温砖的耐温性能大大提高，其物理化学性能见表12-30。

表12-30　耐酸耐温砖的物理化学性能

项目	要求	
	NSW1类	NSW2类
吸水率（%）	≤5.0	5.0～8.0
耐酸度（%））	99.7	99.7
压缩强度（MPa）	≥80	≥60
耐急冷急热性	试验温差200℃	试验温差250℃
	试验1次后，试样不得有新生裂纹和破损剥落等现象	

（3）天然耐酸石材。天然耐酸石材常用的有花岗岩、安山岩等，其性能取决于化学组成和矿物组成。其物理、力学性能见表12-31。除了常用的这两种石材外，还会经常遇到其他各种耐酸碱石材，其组成及性能要求见表12-32。

表12-31　天然耐酸石材的物理、力学性能

项目	性能指标	
	花岗岩	安山岩
密度（g/cm^3）	2.5～2.7	2.7
抗压强度（MPa）	＞88.3	196
抗弯强度（MPa）		39.2
吸水率（%）	＜1	＜1
耐酸度（%）	＞96	＞98
热稳定性		600℃合格

表 12-32 其他各种耐酸碱石材的组成及性能

性能		花岗岩	石英岩	石灰岩	安山岩	文岩
组成		长石、石英及少量云母等组成的火成岩	石英颗粒被二氧化硅胶结而成的变质岩	次生沉积岩（才成岩）	长石（斜长石）及少量石英、云母组成的火成岩	由二氧化硅等主要矿物组成
颜色		呈灰、蓝或浅红色	呈白、淡黄或浅红色	呈灰、白、黄褐或黑褐色	呈灰、深灰色	呈灰白或肉红色
特性		强度高、抗冻性好，热稳定性差	强度高、耐火性好，硬度大，难于加工	热稳定性好，硬度较小	热稳定性好，硬度较小，加工比较容易	构造层理呈薄片状，质软易加工
主要成分		SiO_2：70%～75%	SiO_2：90%以上	CaO：61%～65%	SiO_2：61%～65%	SiO_2：60%以上
密度（g/cm^3）		2.5～2.7	2.5～2.8	—	2.3	2.8～2.9
抗压强度（MPa）		110～250	200～400	22～140	200	50～100
耐酸	硫酸（%）	耐	耐	不耐	耐	耐
	盐酸（%）	耐	耐	不耐	耐	耐
	硝酸（%）	耐	耐	不耐	耐	耐
耐碱		耐	耐	耐	较耐	不耐

二、施工要点

（1）块材铺砌前应对基层或隔离层进行质量检查，合格后再行施工。

（2）块材铺砌前应先试排。铺砌顺序应由低往高，先地沟、后地面再踢脚、墙裙。

（3）平面铺砌块材时，不宜出现十字通缝。立面铺砌块材时，可留置水平或垂直通缝，如图 12-1 所示。

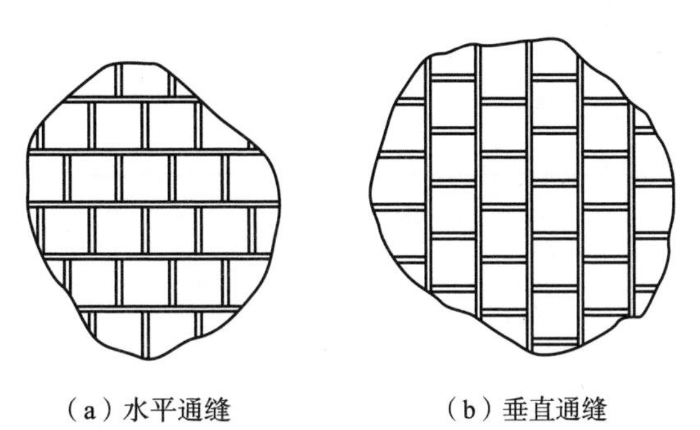

（a）水平通缝　（b）垂直通缝

图 12-1 耐酸砖板立面错缝排列顺序

（4）铺砌平面和立面的交角时，阴角处的立面块材应压住平面块材；阳角处的平面块材应压住立面块材。铺砌一层以上块材时，阴阳角的立面和平面块材应互相交错，不宜出现重叠缝，如图 12-2 所示。

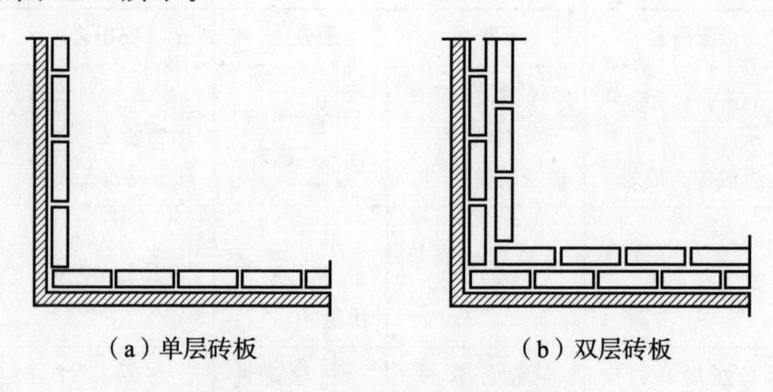

（a）单层砖板　　（b）双层砖板

图 12-2　转角处砖板排列形式

（5）块材铺砌时应拉线控制标高、坡度、平整度，并随时控制相邻块材的表面高差及灰缝偏差。

（6）块材防腐蚀工程根据其不同的胶结材料，可采用不同的方法进行施工。

（7）块材加工机械应有防护罩设备，操作人员应戴防护眼镜。

第十三章　保温隔热工程

第一节　整体保温隔热层

一、现浇水泥蛭石保温隔热层

1. 材料要求

现浇水泥蛭石保温隔热层，是以膨胀蛭石为集料，以水泥为胶凝材料，按一定配合比配制而成，一般用于屋面和夹壁之间。但不宜用于整体封闭式保温层，否则，应采取屋面排气措施。

（1）水泥。水泥在水泥蛭石保温隔热层中起骨架作用，因此应选用不低于325号的普通硅酸盐水泥，以用425号普通硅酸盐水泥为好，或选用早期强度高的水泥。

（2）膨胀蛭石。膨胀蛭石的技术性能及规格见表13-1，其颗粒可选用5～20mm的大颗粒级配，这样可使颗粒的总面积减少，以减少水泥用量，减轻容重增高强度，在低温环境中使用时，它的保温性能较好。存放要避风避雨，堆放高度不宜超过1m。

表13-1　膨胀蛭石的技术性能及规格

项次	项目	技术性能指标
1	密度	800～200kg/m^3
2	抗菌性	膨胀蛭石是一种无机材料，故不受菌类侵蚀，不会腐烂变质，不易被虫蛀、鼠咬
3	耐腐蚀性	膨胀蛭石耐碱，但不耐酸
4	耐冻耐热性	膨胀蛭石在－20～100℃温度下，本身质量不变
5	吸水性及吸湿率	膨胀蛭石的吸水性很大，与密度成反比。在相对湿度95%～100%环境下，其吸湿率（24h）为1.1%
6	热导率	0.047～0.07W/(m·K)
7	吸声系数	0.53～0.63（频率为512r/s）

续表

项次	项目	技术性能指标
8	隔声性能	当密度≤200kg/m³ 时，N＝13.5lgP＋13；当密度＞200kg/m³ 时，N＝23lgP－P
9	规格	一般按其叶片平面尺寸（也可称为粒径）大小的不同，分为4级；1级：粒径＞15mm；2级：粒径＝4～15mm；3级：粒径＝2～4mm；4级：粒径＜2mm。有的生产单位仅供应“混合料”，并不分级

2. 配合比

(1) 水泥和膨胀蛭石的体积比在一般工程施工中以1∶12为最合理的配合比。常用配合比见表13-2。

表13-2　水泥和膨胀蛭石参见的配合比及性能

配合比 水泥∶蛭石∶水 (体积比)	每立方米水泥蛭石浆用料数量		压缩率%	1∶3水泥砂浆找平层厚度/mm	养护时间/d	容重/(kg/m³)	热导率/[W/(m·K)]	抗压强度/MPa
	水泥/kg	膨胀蛭石/m³						
1∶12∶4	425号硅酸盐水泥:110	1.3	130	10	4	290	0.087	0.25
1∶10∶4	425号硅酸盐水泥:130	1.3	130	10	4	320	0.093	0.30
1∶12∶3.3	425号硅酸盐水泥:110	1.3	140	10	4	310	0.092	0.30
1∶10∶3	425号硅酸盐水泥:130	1.3	140	10	4	330	0.099	0.35
1∶12∶3	325号矿渣水泥:110	1.3	130	15	4	290	0.087	0.25
1∶12∶4	325号矿渣水泥:110	1.3	130	5	4	290	0.087	0.25
1∶10∶4	325号矿渣水泥:110	1.3	125	10	4	320	0.093	0.34

(2) 水灰比。由于膨胀蛭石的吸水率高，吸水速度快，水灰比过大，会造成施工水分排出时间过长和强度不高等结果。水灰比过小，又会造成找平层表面龟裂、保温隔热层强度降低等缺点。一般以2.4～2.6为宜（体积比）。现场检查方法是：将拌好的水泥蛭石浆用手紧捏成团不散，并稍有水泥浆滴下时为宜。

3. 施工要点

(1) 材料的拌和。拌和应采用人工拌和，机械搅拌时蛭石和膨胀珍珠岩颗粒破损严重，有的达50%，且极易粘于壁筒，影响保温性能和造成施工不便。采用人工拌和时又分为干拌和湿拌两种。

(2) 铺设保温隔热层。屋面铺设隔热保温层时，应采取“分仓”施工，每仓宽度为700～900mm。可采用木板分隔，亦可采用钢筋尺控制宽度和铺设厚度。隔热保温层结构如图13-1所示。

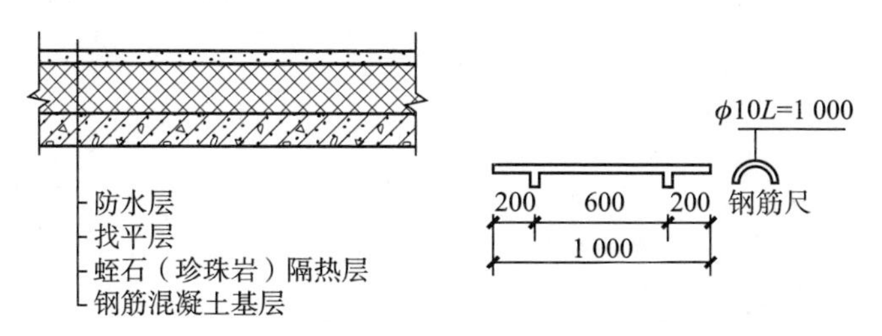

图13-1 现浇水泥蛭石隔热保温层结构（单位：mm）

(3) 铺设厚度。隔热保温层的虚设厚度一般为设计厚度的130%（不包括找平层），铺设后用木板拍实抹平至设计厚度。铺设时应尽可能使膨胀蛭石颗粒的层理平面与铺设平面平行。

(4) 找平层。水泥蛭石浆压实抹平后应立即抹找平层，两者不得分两个阶段施工。找平层砂浆配合比为425号水泥：粗砂：细砂=1：2：1，稠度为7～8cm（成粥状）。

(5) 施工检验。由于膨胀蛭石吸水较快，施工时，最好把原材料运至铺设地点，随拌随铺，以确保水灰比准确和工程质量。

整体保温层应有平整的表面。其平整度用2m直尺检查，直尺与保温层表面之间的空隙：当在保温层上直接设置防水层时，不应大于5mm；如在保温层上做找平层时，不应大于7mm，空隙只允许平缓变化。

(6) 膨胀蛭石的用量。膨胀蛭石的用量按下式计算：

$$Q=150X$$

式中：Q——100m^2隔热保温层中膨胀蛭石的用量，单位为m^2；

X——隔热保温层的设计厚度，单位为m。

二、水泥膨胀珍珠岩保温隔热层

1. 材料要求

水泥膨胀珍珠岩是以膨胀珍珠岩为集料，以水泥为胶凝材料，按一定比例配制而成，可用于墙面抹灰，亦可用于屋面或夹壁等处作现浇隔热保温层。珍珠岩粉的性能指标及规格见表13-3。用于墙面粉刷的珍珠岩灰浆的配合比和性能参见表13-4；用于屋面或夹壁的现浇保温隔热层灰浆的配合比见表13-5。

表 13-3　珍珠岩粉的性能指标及规格

热导率 [w/(m.K)]	吸声系数 /Hz	吸水率 /%	吸湿率 /%	安全使用温度/℃	抗冻性 (干燥状态)	电阻系数 /(Ω.cm)
常温下 <0.047	$\frac{0.12}{125}$、$\frac{0.13}{250}$、	重量吸水率：400；体积吸水率：29～30	0.006～0.08	800	－20℃时，15次冻融无变化	1.95～10^{6}～2.3×10^{10}
高温下 0.058～0.170	$\frac{0.67}{500}$、$\frac{0.68}{1\,000}$、					
低温下 0.028～0.038	$\frac{0.82}{2\,000}$、$\frac{0.92}{3\,000}$					

注：1. 耐酸碱性：耐酸较强，耐碱较弱。

2. 珍珠岩粉根据颗粒大小不同其密度分为一、二、三级；一般一级密度为 40～80kg/m³；二级为 80～150kg/m³；三级为 150～200kg/m³。

表 13-4　墙面粉刷的珍珠岩灰浆的配合比及性能

项次	用料规格		用料体积比 (水泥：珍珠岩：水)	容重/(kg/m³)	抗压强度/MPa	热导率/[W/(m·K)]
	膨胀珍珠岩	水泥				
1	容重：320～350 (kg/m³)	325 或 425 号普通硅酸盐水泥	1∶10∶1.55 1∶12∶1.6	480 430	1.1 0.8	0.081 0.074
2	容重：120～160 (kg/m³)	325 或 425 号普通硅酸盐水泥	1∶15∶1.7	335	0.9～1.0	0.065

表 13-5　现浇保温隔热层灰浆的配合比及性能

项次	用料体积比		容重/(kg/m³)	抗压强度/MPa	热导率/[W/(m·K)]
	硅酸盐水泥 (425 号)	膨胀珍珠岩 (容重：120～160kg/m³)			
1	1	6	548	1.7	0.121
2	1	8	510	2.0	0.085
3	1	10	380	1.2	0.080
4	1	12	260	1.1	0.074
5	1	14	351	1.0	0.071
6	1	16	315	0.9	0.064
7	1	18	300	0.7	0.059
8	1	20	296	0.7	0.055

2. 施工

水泥膨胀珍珠岩保温隔热层常见的施工方法主要有喷涂法和抹压法两种。

（1）喷涂法。喷涂设备包括混凝土喷射机一台，如图 13-2 所示，它由进料室、储料室和传动部件组成。为了防止混合料堵塞，在储料室设搅拌翅。储料室的底部与喷射口同一水平上设配料盘，其上有 12 个缺口，转速为 16r/min，作用是使混合料经缺口均匀喷出。喷涂设备还包括喷枪一支，它是由喷嘴、串水圈及连结管三部分组成的。另外还有空气压缩机一台，压力水罐一个以及输料、输水用压胶管等。

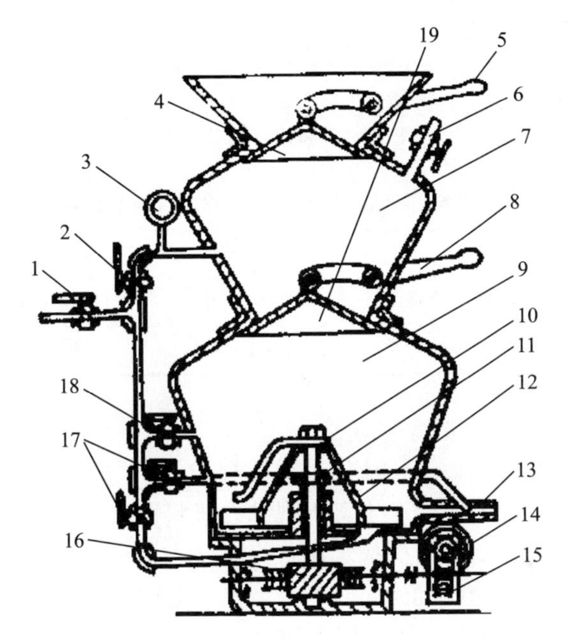

1—总进风阀；2—进料室进风阀；3—压力表；4—进料室顶盖；5—顶盖扳手；
6—排风阀；7—进料室；8—储料室顶盖扳手；9—储料室；10—搅拌翅；
11—主轴；12—分配盘；13—喷射口；14—电机；15—涡轮变速箱；
16—分配盘涡轮变速器；17—配料喷射口风阀；18—储料室风阀；19—储料室顶盖。

图 13-2 混凝土喷射机

喷涂法适用于砖墙和拱屋面。其施工工艺如图 13-3 所示。

喷前先将水泥和膨胀珍珠岩按一定比例干拌均匀，然后送入喷射机内进一步搅拌，在风压作用下经胶管送至喷枪，水与干物料在喷枪口混合后由喷嘴喷出。

喷涂时要随时注意调整风量、水量和喷射角度；当喷墙面、屋面时，喷枪与基层表面垂直为宜；喷射顶棚时，以 45°角为宜。一次喷涂可达 30mm，多次喷涂可达 80mm，喷涂墙面的比例一般为 1 ∶ 12（水泥与膨胀珍珠岩体积比，下同），喷涂屋面的比例一般为 1 ∶ 15。当采用水泥石灰膨胀珍珠岩灰浆时，宜分两遍喷涂，两遍喷涂时间相隔 24h，总厚度不宜超过 30mm，其配合比见表 13-6。

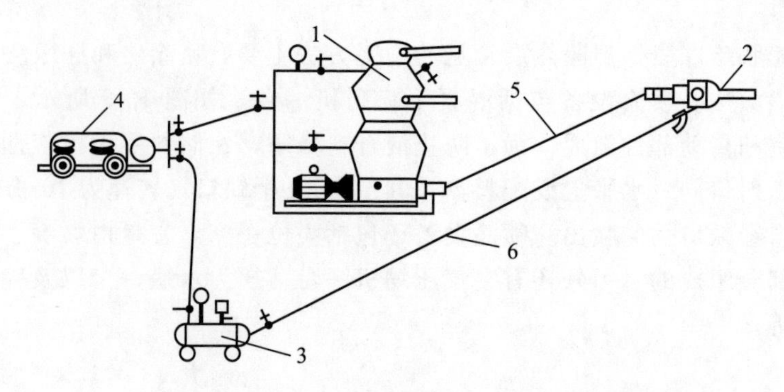

1—喷射机；2—喷枪；3—压力水罐；4—空气压缩机；
5—混合干料输送管；6—输水管。

图 13-3 喷涂法施工工艺

表 13-6 喷涂水泥石灰膨胀珍珠岩灰浆配比

项次	材料比	第一遍	第二遍	适用部位
1	水泥：石灰膏：珍珠岩	1：1：9	1：1：12	顶棚
2	水泥：石灰膏：珍珠岩	1：1：15	1：0.5：15	墙面

（2）抹压法。

1）将水泥和珍珠岩按一定配合比干拌均匀，然后加水拌和，水不宜过多，否则珍珠岩将由于体轻上浮而产生离析现象。灰浆稠度以外观松散，手握成团不散，挤不出水泥浆或只能挤出少量水泥浆为宜。

2）基层表面事先应洒水湿润。

3）墙面粉刷时用力要适当，用力过大，易影响隔热保温效果；用力过小，与基层黏结不牢，易产生脱落，一般掌握压缩比为 130%左右即可。

4）平面铺设时应分仓进行，铺设厚度一般为设计厚度的 130%左右，经拍实（轻度）至设计厚度。拍实后的表面，不能直接铺贴油毡防水层，必须先抹 1：2.5～3 的水泥砂浆找平层一层，厚度为 7～10mm。抹后一周内浇水养护。

5）整体保温层应有平整的表面，其平整度用 2m 直尺检查。直尺与保温层间的空隙：当在保温层上直接设置防水层时，不应大于 5mm；如在保温层上做找平层时，不应大于 7mm，空隙只允许平缓变化。

三、喷、抹膨胀蛭石灰浆

1. 材料要求

（1）水泥。水泥在水泥蛭石保温隔热层中起骨架作用，因此应选用不低于 325 号的普通硅酸盐水泥，以用 425 号普通硅酸盐水泥为好，或选用早期强度高的水泥。

（2）石灰膏。

（3）膨胀蛭石。颗粒粒径应在 10mm 以下，并以 1.2～5mm 为主，1.2mm 占 15%左右，小于 1.2mm 的不得超过 10%。机械喷涂时所选用的粒径不宜太大，以 3～5mm 为宜。其配合比及性能可参见表 13-7。

表 13-7　膨胀蛭石灰浆配合比及其性能

配合比及性能		灰浆类别		
		水泥蛭石浆	水泥石灰蛭石浆	石灰蛭石浆
体积配合比	水泥	1	1	—
	石灰膏	—	1	1
	膨胀蛭石	4～8	5～8	2.5～4
	水	1.4～2.6	2.33－3.75	0.962～1.8
主要技术性能指标	容重/(kg/m^3)	638～509	749～636	497～405
	热导率/［W/(m·K)］	0.184～0.152	0.194～0.161	0.154～0.164
	抗压强度/MPa	1.17～0.36	2.13～1.22	0.18～0.16
	抗拉强度/MPa	0.75～0.20	0.95～0.59	0.21～0.19
	黏结强度/MPa	0.37～0.23	0.24～0.12	0.02～0.01
	吸湿率/%	4.00～2.54	1.01～0.78	1.56～1.54
	吸水率/%	88.4～137.0	62.0～87.0	114.0～133.5
	平衡含水率/%	0.41～0.60	0.37～0.45	0.57～1.27
	线收缩/%	0.397～0.311	0.398～0.318	1.427～0.981

2. 施工要点

（1）清理基层。被喷抹的基层表面应清洗干净，并须凿毛，然后涂抹一道底浆，底浆用料配合比及适用部位见表 13-8。

表 13-8　底浆用料配合比以及使用部位

项次	名称	厚度/mm	适用部位
1	1∶1.5 水泥细砂浆	2～3	地下坑壁
2	1∶3 水泥细砂浆	2～3	墙面
3	水泥浆		顶棚

（2）膨胀蛭石灰浆的涂刷。膨胀蛭石灰浆可采用人工粉刷或机械喷涂，不论采用哪种方法，均应分底层和面层两层施工，防止一次喷抹太厚，产生龟裂。底层完工后须经一昼夜方可再做面层，总厚度不宜超过 30mm。采用机喷方法喷涂

水泥石灰蛭石浆的配合比见表13-9。

表13-9　水泥石灰蛭石浆配合比

项次	材料	底层配合比	面层配合比	适用部位
1	水泥：石灰膏：蛭石	1：1：5	1：1：6	墙面、地下坑壁
2	水泥：石灰膏：蛭石	1：1：12	1：1：10	墙面、顶棚

(3) 人工抹灰浆。采用人工抹蛭石灰浆的方法与抹普通水泥砂浆相同，抹时用力应适当。用力过大，易将水泥浆从蛭石缝中挤出，影响灰浆强度；用力过小，则与基层黏结不牢，且影响灰浆本身质量。

(4) 机械喷涂砂浆。可用隔膜式灰浆泵或自行改装专制的喷浆机进行施工。喷嘴大小以16～20mm为宜，喷射压力可根据具体情况决定，可在0.05～0.08MPa范围内进行调整。喷涂墙面时，喷枪与墙面应垂直，喷涂顶棚时，喷枪与顶棚成45°角为宜。喷嘴距基层表面300mm左右为好。喷涂后的面层可用抹子轻轻抹平。落地灰浆可回收再用。

(5) 塑化剂的配置。塑化剂的配制方法如下：先用固体烧碱15g和85g水制成100g碱溶液，再加入50g松香，加热搅拌成浓缩塑化剂。喷涂时，把浓缩的塑化剂加水稀释成20倍溶液即可使用。

(6) 施工的要求。蛭石灰浆应随拌随用，一边使用一边搅拌，使浆液保持均匀。一般从搅拌到用完不宜超过2h，否则因蛭石水化成粉末，影响隔热保温效果。室内过于潮湿及结露的基层，蛭石灰浆不易粘牢；过于干燥的环境，基层表面应先洒水润湿。喷抹蛭石灰浆应尽量避免在严冬和炎夏施工，否则应采取防寒或降温养护措施。

第二节　松散材料保温隔热层

一、材料要求

(1) 宜采用无机材料，如使用有机材料，应先做好材料的防腐处理。

(2) 材料在使用前必须检验其容重、含水率和热导率，使其符合设计要求。

(3) 常用的松散保温隔热材料应符合下列要求：炉渣和水渣，粒径一般为5～40mm，其中不应含有有机杂物、石块、土块、重矿渣块和未燃尽的煤块；膨胀蛭石，粒径一般为3～15mm；矿棉，应尽量少含小珠，使用前应加工疏松；锯木屑，不得使用腐朽的锯木屑。稻壳，宜用隔年陈谷新轧的干燥稻壳，不得含有糠麸、尘土等杂物；膨胀珍珠岩粒径小于0.15mm的含量不应大于8%。

(4) 材料在使用前必须过筛，含水率超过设计要求时，应予晾干或烘干。采用锯末屑或稻壳等有机材料时，应作防腐处理，常用的处理方法有钙化法和防腐法两种。

二、施工要点

（1）铺设保温隔热层的结构表面应干燥、洁净，无裂缝、蜂窝、空洞。接触隔热保温层的木结构应作防腐处理。如有隔气层屋面，应在隔气层施工完毕并经检查合格后进行。

（2）松散保温隔热材料应分层铺设，并适当压实，压实程度应事先根据设计容重通过试验确定。平面隔热保温层的每层虚铺厚度不宜大于150mm；立面隔热保温层的每层虚铺厚度不宜大于300mm。完工的保温层厚度允许偏差为＋10％或－5％。

（3）平面铺设松散材料时，为了保证保温层铺设厚度的准确，可在每隔800～1 000mm处放置一根木方（保温层经压实检查后，取出木方再填补保温材料）、砌半砖矮隔断或抹水泥砂浆矮隔断（按设计要求确定高度）一条，以解决找平问题。垂直填充矿棉时，应设置横隔断，间距一般不大于800mm。填充锯末屑或稻壳等有机材料时，应设置换料口。铺设时可先用包装的隔热材料将出料口封好，然后再填装锯末屑或稻壳，在墙壁顶段处松散材料不易填入时，可加以包装后填入。

（4）保温层压实后，不得直接在其上行车或堆放重物，施工人员宜穿平底软鞋。

（5）松铺膨胀蛭石时，应尽量使膨胀蛭石的层理平面与热流垂直，以达到更好的保温效果。

（6）搬运和铺设矿物棉时，工人应穿戴头罩、口罩、手套、鞋盖和工作服，以防止矿物棉纤维刺伤皮肤和眼睛或吸入肺部。

（7）下雨或刮大风时不宜施工。

第三节　板状材料保温隔热层

一、材料种类及要求

1. 沥青稻壳板

稻壳与沥青按1∶0.4的比例进行配置，如图13-4所示。

图13-4　沥青稻壳板

制作时，先将稻壳放在锅内适当加热，然后倒入200℃的沥青中拌和均匀，再倒入钢模（或木模）内压制成型。压缩比为1.4。采用水泥纸袋作隔离层时，加压后六面包裹，连纸再压一次脱模备用。

沥青稻壳板常用规格为 100mm×300mm×600mm 或 80mm×400mm×800mm。

2. 沥青膨胀珍珠岩板

如图 13-5 所示，膨胀珍珠岩应以大颗粒为宜，容重为 100～120kg/m^3，含水率 10%。沥青以 60 号石油沥青为宜。膨胀珍珠岩与沥青的配合比见表 13-10。

图 13-5　沥青膨胀珍珠岩板

表 13-10　膨胀珍珠岩与沥青配合比

材料名称	配合比（质量比）	每立方米用料	
		数量	单位
膨胀珍珠岩	1	1.84	m^3
沥青	0.7～0.8	128	kg

3. 聚苯乙烯泡沫塑料板

如图 13-6 所示，挤压聚苯乙烯泡沫塑料保温板（100mm）铺贴在防水层上，用作屋面保温隔热，性能很好，并克服了高寒地区卷材防水层长期存在的脆裂和渗漏的老难问题。在南方地区，如采用 30mm 厚的聚苯乙烯泡沫塑料做隔热层（其热阻已满足当地热工要求），材料费不高，而且屋面荷载大大减轻，施工方便，综合效益较为可观。经某工程测试，当室外温度为 34.3℃时，聚苯乙烯泡沫塑料隔热层的表面温度为

图 13-6　聚苯乙烯泡沫塑料板

53.7℃，而其下面防水层的温度仅为33.3℃。聚苯乙烯泡沫塑料的表观密度为30～130kg/m³，热导率为0.031～0.047 W/(m·K)，吸水率为2.5%左右。因而被认为是一种极有前途的“理想屋面”板材。

二、施工要点

1. 一般工程施工

（1）板状材料保温层可以采用干铺、沥青胶结料粘贴、水泥砂浆粘贴三种铺设方法。干铺法可在负温下施工，沥青胶结料粘贴宜在气温－10℃以上时施工，水泥砂浆粘贴宜在气温5℃以上时施工。如气温低于上述温度，要采取保温措施。

（2）板状保温材料板形应完整。因此，在搬运时要轻搬轻放，整顺堆码，堆放不宜过高，不允许随便抛掷，防止损伤、断裂、缺棱、掉角。

（3）铺设板状保温隔热层的基层表面应平整、干燥、洁净。

（4）板状保温材料铺贴时，应紧靠在需保温结构的表面上，铺平、垫稳，板缝应错开，保温层厚度大于60mm时，要分层铺设，分层厚度应基本均匀。用胶结材料粘贴时，板与基层间应满涂胶结料，以便相互黏结牢固，沥青胶结料的加热温度不应高于240℃，使用温度不宜低于190℃。沥青胶结材料的软化点：北方地区不低于30号沥青，南方地区不低于10号沥青。用水泥砂浆铺贴板状材料时，用1∶2的（水泥∶砂，体积比）水泥砂浆粘贴。

（5）铺贴时，如板缝大于6mm，则应用同类保温材料嵌填，然后用保温灰浆勾缝。保温灰浆配合比一般为1∶1∶10（水泥∶石灰∶同类保温材料的碎粒，体积比）。

（6）干铺的板状保温隔热材料，应紧贴在需保温隔热结构的表面上，铺平、垫稳。分层铺设的上下接缝要错开，接缝用相同材料来填嵌。

（7）施工完毕后打扫现场，保持干净。

2. 隔热保温屋盖及施工

（1）蛭石型隔热保温屋盖如图13-7所示。

首先将基层打扫干净，然后先刷1∶1的水泥蛭石（或珍珠岩）浆一道，以保证粘贴牢固。板状隔热保温层的胶结材料最好与找平层材料一致，粘铺完后应立即作好找平层，使之形成整体，防止雨淋受潮。

（2）预制木丝板隔热保温屋盖如图13-8所示。

施工时将木丝板（或其他有机纤维板）平铺于台座上，每块板钉圆钉4～6个，尖头弯钩，板面涂刷热沥青二道。然后支模，上部灌注混凝土使之成为一个整体。

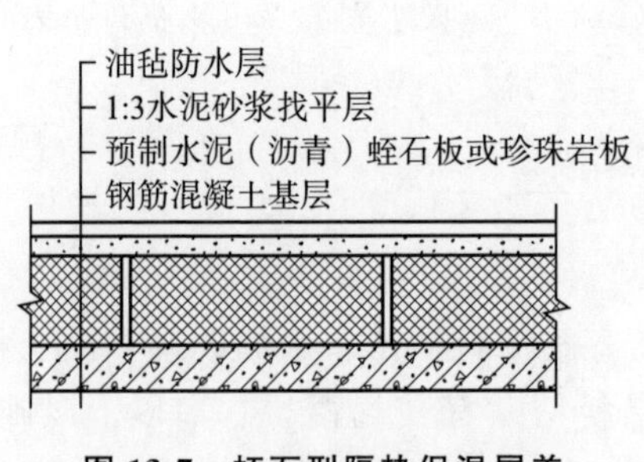

图 13-7　蛭石型隔热保温屋盖

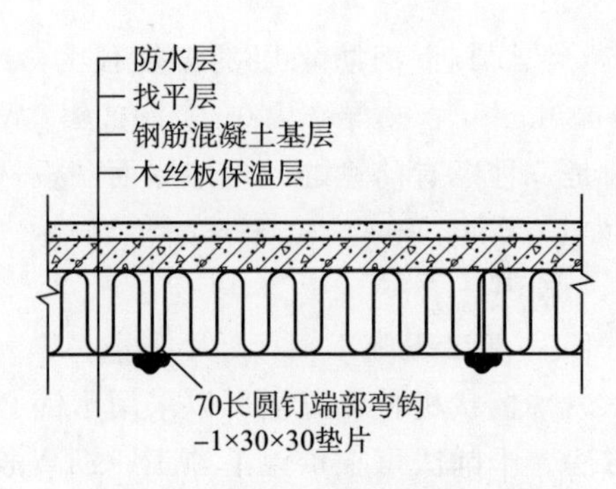

图 13-8　预制木丝板隔热保温屋盖

第四节　反射型保温隔热层

一、反射型保温隔热卷材

反射型保温隔热卷材又名反射型外护层保温卷材，是一种最新的、优良的保温隔热材料。它是以玻璃纤维布为基材，表面上加了一层真空镀铝膜而成，是一种真空镀铝膜玻纤织物复合材料。

1. 反射型保温隔热卷材的特点

(1) 表面具有与一般抛光铝板同样的银白色金属光泽，在某种情况下，可以代替铝皮、薄铝板使用，可以大量节约有色金属。

(2) 使用该卷材可以解决工矿企业“跑、冒、滴、漏”处最突出的散热损失问题。

(3) 由于在真空镀铝膜与玻璃纤维布复合过程之中，经过特殊技术处理，镀铝层不易氧化，故可长时间保持较小的黑度，反射性能强，对辐射热及红外线有良好的屏蔽作用。对波长 2～30μm 的热辐射具有较大的反射率和较低的辐射率。另外根据铝膜层厚度的不同，对可见光波长为 0.33～0.78μm 者，则有一定的透过率。

(4) 该卷材用作设备及管道的保温隔热外裹层材料时，可按各种设备、管道的外形形状、尺寸大小、管径粗细及现场条件要求等，整张敷贴，或作矩形、圆形围绕以及螺旋形裹扎，任意而为，非常方便。接缝处可用胶黏剂粘接，也可用涤纶胶带或布质胶带粘接。在室内无水淋湿情况下，还可用纸质胶带粘接。管道施工包扎时，应由下而上、由低而高进行搭缝连接，检修时可以将卷材卸下，若维护得当，可以重复多次使用。

(5) 该卷材以玻璃纤维增强，强度高。为建筑工程的保温隔热创造了广泛使用的条件。

2. 反射型保温隔热卷材的用途

(1) 可广泛用作建筑工程的保温隔热材料，墙体、屋面（不论夹层、面层）均可使用。

(2) 用作冷热设备及管网保温隔热的外层材料，单独或与其他保温材料复合，用于保温绝热工程。

(3) 可用作锅炉炉墙外表层的反射材料及管道保温隔热外裹层材料。它可使这些物件的表面温度下降2.5～4℃，以用该卷材每100m² 计算，每年减少热量损失折合标准煤为9～10t。

(4) 可代替覆面纸及铝箔两种材料，而且可以大大节约贴铝箔的人工费用。

(5) 还可广泛用于照明、太阳能、军事伪装、防盐雾工程、防潮湿外包装工程等。

二、铝箔波形纸板

1. 分类

以波形纸板为基层，铝箔做覆面层，贴在覆面纸上，经加工而成。常用的有三层铝箔波形纸板和五层铝箔波形纸板两种。前者系由两张覆面纸和一张波形纸组合而成，在覆面纸表面上裱以铝箔；后者系由三张覆面纸和两张波形纸组合而成，在上下覆面纸的表面上裱以铝箔。为了增强板的刚度，两层波形纸可以互相垂直放置。三层铝箔波形纸板和五层铝箔波形纸板构造示意图如图13-9所示。

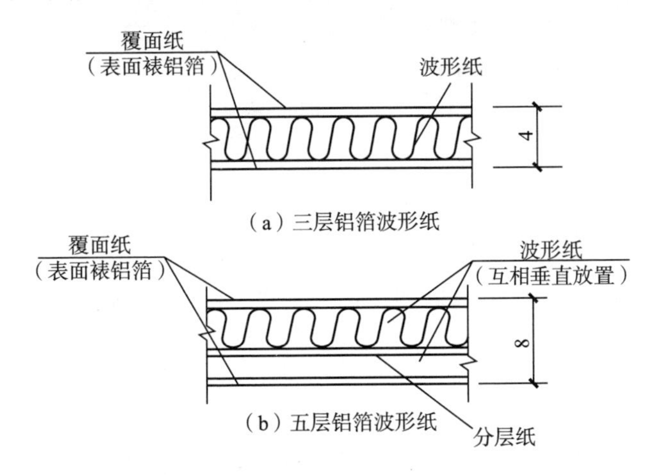

图13-9 铝箔波形纸板构造示意图

2. 材料要求

(1) 铝箔保温隔热纸板的每平方米用料见表13-11，纸板固定于钢筋混凝土屋面板下或木屋架下作保温隔热顶棚，亦可设置于双层墙中作冷藏、恒温室及其他类似房间的保温隔热墙体。

表 13-11　铝箔保温隔热纸板每平方米用料参考表

材料	规格	用量/kg
覆面纸（双面）	360g/m² 工业牛皮卡纸	0.80
波形纸（两张）	180g/m² 高强波形原纸	0.45
分层纸（一张）		0.22
黏结剂	40°Be 中性水玻璃	0.70
铝箔	厚 9μm	0.055

(2) 覆面纸用 360g/m² 工业牛皮卡纸，波形纸及分层夹芯纸用 180g/m² 高强波形原纸。为了提高纸材的防潮防蛀性能，可在纸板两面刷松香皂防潮剂和明矾防蛀剂。

(3) 采用以 A_{00} 铝锭加工的软质铝箔（即退火铝箔），其宽度≤450mm，厚度视用途而定，用于封闭间层为 0.010mm，用于外露表面为 0.020mm 比较合适。铝箔的表面应洁净、光滑、平整、无皱折、无破损痕迹。

3. 安装

安装应贴实、牢固，嵌缝应密实饱满，不得有漏钉、漏嵌、松动的现象。钉距不得大于 300mm。预埋木块必须小面向外，采用膨胀螺栓连接时，应预先打孔。木压条应事先油漆。膨胀螺栓规格为：聚丙烯胀管外径 $\phi10$，长 105mm；铁钉 $\phi4.5$，长 105mm；胀管及铁钉钻入钢筋混凝土内不小于 20mm。单层和双层铝箔纸板的安装方法见图 13-10。

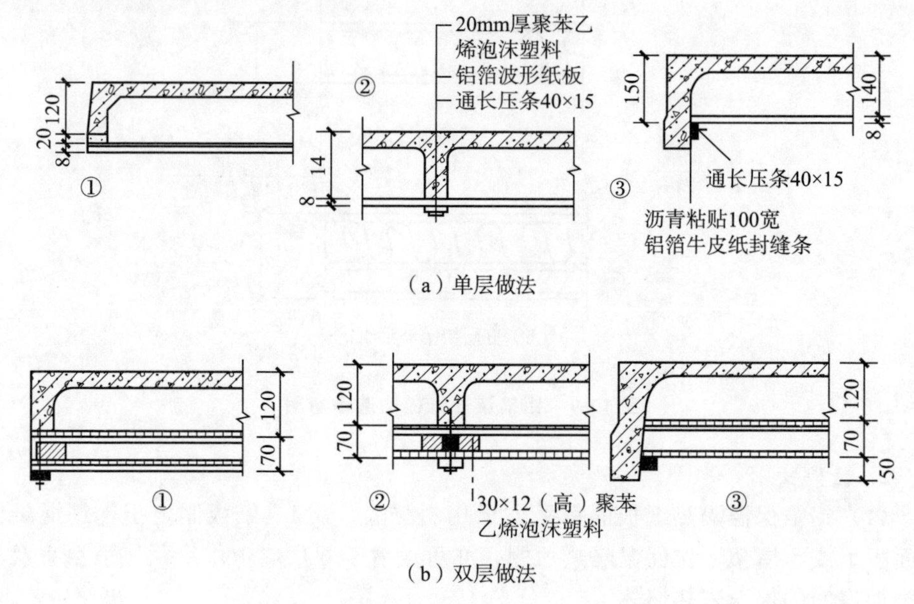

图 13-10　铝箔纸板安装方法（单位：mm）

第五节　保温隔热工程质量要求及注意事项

1. 一般规定

（1）铺设保温层的基层应平整、干燥和干净。

（2）保温材料在施工过程中应采取防潮、防水和防火等措施。

（3）保温与隔热工程的构造及选用材料应符合设计要求。

（4）保温与隔热工程质量验收除了应符合本章规定外，尚应符合现行国家标准《建筑节能工程施工质量验收规范》（GB 50411—2019）的有关规定。

（5）保温材料使用时的含水率，应相当于该材料在当地自然风干状态下的平衡含水率。

（6）保温材料的导热系数、表观密度或干密度、抗压强度或压缩强度、燃烧性能，必须符合设计要求。

（7）种植、架空、蓄水隔热层施工前，防水层均应验收合格。

（8）保温与隔热工程各分项工程每个检验批的抽检数量，应按屋面面积每100m^2抽查1处，每处应为10m^2，且不得少于3处。

2. 质量要求

（1）板状材料保温层采用干铺法施工时，板状保温材料应紧靠在基层表面上，应铺平垫稳；分层铺设的板块上下层接缝应相互错开，板间缝隙应采用同类材料的碎屑嵌填密实。

（2）板状材料保温层采用粘贴法施工时，胶粘剂应与保温材料的材性相容，并应贴严、粘牢；板状材料保温层的平面接缝应挤紧拼严，不得在板块侧面涂抹胶粘剂，超过2mm的缝隙应采用相同材料板条或片填塞严实。

（3）板状保温材料采用机械固定法施工时，应选择专用螺钉和垫片；固定件与结构层之间应连接牢固。

（4）纤维材料保温层施工应符合下列规定。

1）纤维保温材料应紧靠在基层表面上，平面接缝应挤紧拼严，上下层接缝应相互错开。

2）屋面坡度较大时，宜采用金属或塑料专用固定件将纤维保温材料与基层固定。

3）纤维材料填充后，不得上人踩踏。

（5）装配式骨架纤维保温材料施工时，应先在基层上铺设保温龙骨或金属龙骨，龙骨之间应填充纤维保温材料，再在龙骨上铺钉水泥纤维板。金属龙骨和固定件应经防锈处理，金属龙骨与基层之间应采取隔热断桥措施。

（6）保温层施工前应对喷涂设备进行调试，并应制备试样进行硬泡聚氨酯的性能检测。

（7）喷涂硬泡聚氨酯的配比应准确计量，发泡厚度应均匀一致。

（8）喷涂时喷嘴与施工基面的间距应由试验确定。

（9）一个作业面应分遍喷涂完成，每遍厚度不宜大于15mm；当日的作业面应当日连续地喷涂施工完毕。

（10）硬泡聚氨酯喷涂后20min内严禁上人；喷涂硬泡聚氨酯保温层完成后，应及时做保护层。

（11）在浇筑泡沫混凝土前，应将基层上的杂物和油污清理干净；基层应浇水湿润，但不得有积水。

（12）保温层施工前应对设备进行调试，并应制备试样进行泡沫混凝土的性能检测。

（13）泡沫混凝土的配合比应准确计量，制备好的泡沫加入水泥料浆中应搅拌均匀。

（14）浇筑过程中，应随时检查泡沫混凝土的湿密度。

（15）种植隔热层与防水层之间宜设细石混凝土保护层。

（16）种植隔热层的屋面坡度大于20%时，其排水层、种植土层应采取防滑措施。

（17）排水层施工应符合下列要求。

1）陶粒的粒径不应小于25mm，大粒径应在下，小粒径应在上。

2）凹凸形排水板宜采用搭接法施工，网状交织排水板宜采用对接法施工。

3）排水层上应铺设过滤层土工布。

4）挡墙或挡板的下部应设泄水孔，孔周围应放置疏水粗细骨料。

（18）过滤层土工布应沿种植土周边向上铺设至种植土高度，并应与挡墙或挡板粘牢；土工布的搭接宽度不应小于100mm，接缝宜采用粘合或缝合。

（19）种植土的厚度及自重应符合设计要求。种植土表面应低于挡墙高度100mm。

（20）架空隔热层的高度应按屋面宽度或坡度大小确定。设计无要求时，架空隔热层的高度宜为180mm～300mm。

（21）当屋面宽度大于10m时，应在屋面中部设置通风屋脊，通风口处应设置通风箅子。

（22）架空隔热制品支座底面的卷材、涂膜防水层，应采取加强措施。

（23）架空隔热制品的质量应符合下列要求。

1）非上人屋面的砌块强度等级不应低于MU7.5；上人屋面的砌块强度等级不应低于MU10。

2）混凝土板的强度等级不应低于C20，板厚及配筋应符合设计要求。

第十四章　装饰装修工程

第一节　抹灰工程

一、一般抹灰施工

1. 室内墙面抹灰施工

(1) 施工工艺流程。

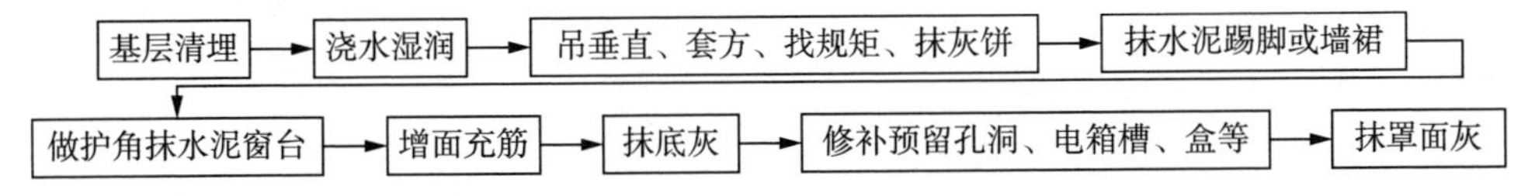

(2) 操作工艺。

1) 基层清理。为了使抹灰砂浆与基体表面黏结牢固，防止抹灰层产生空鼓现象，抹灰前应对基层进行必要的处理。对凹凸不平的基层表面应剔平，或用1∶3的水泥砂浆补平。对楼板洞、穿墙管道及墙面脚手架洞、门窗框与立墙交接缝隙处均应用1∶3的水泥砂浆或水泥混合砂浆（加少量麻刀）分层嵌塞密实。对表面上的灰尘、污垢和油渍等事先均应清除干净，并洒水润湿。墙面太光的要凿毛，或用掺加10%107胶的1∶1的水泥砂浆薄抹一层。不同材料相接处，如砖墙与木隔墙等，应铺设金属网，如图14-1所示，搭按宽度从缝边起两侧均不小于100mm，以防抹灰层因基体温度变化胀缩不一而产生裂缝。在内墙面的阳角和门洞口侧壁的阳角、柱角等易于碰撞之处，宜用强度较高的1∶2的水泥砂浆制作护角，其高度应不低于2m，每侧宽度不小于50mm。对砖砌体基体，应待砌体充分沉实后方抹底层灰，以防砌体沉陷拉裂灰层。

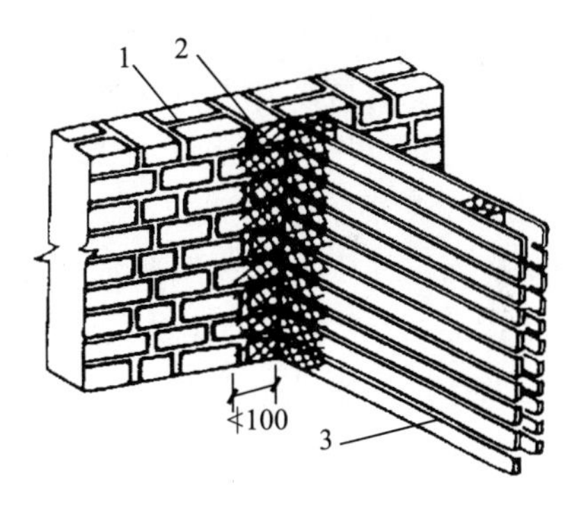

1—砖墙（基体）；2—钢丝网；3—板条墙。

图14-1　砖木交接处基体处理

(2) 浇水湿润。一般在抹灰前一天，用水管或喷壶顺墙自上而下浇水湿润。不同的墙体，不同的环境，需要不同的浇水量。浇水要分次进行，最终以墙体既湿润又不泌水为宜。

(3) 吊垂直、套方、找规矩、做灰饼。根据设计图纸要求的抹灰质量，根据基层表面平整垂直情况，用一面墙做基准，吊垂直、套方、找规矩，确定抹灰厚度，抹灰厚度不应小于 7mm。当墙面凹度较大时，应分层抹平。每层厚度不大于 7～9mm。操作时应先抹上灰饼，再抹下灰饼。抹灰饼时应根据室内抹灰要求，确定灰饼的正确位置，再用靠尺板找好垂直与平整。灰饼宜用 M15 水泥砂浆抹成 50mm 见方的形状，抹灰层总厚度不宜大于 20mm。

房间面积较大时应先在地上弹出十字中心线，然后按基层面平整度弹出墙角线，随后在距墙阴角 100mm 处吊垂线并弹出铅垂线，再按地上弹出的墙角线往墙上翻引弹出阴角两面墙上的墙面抹灰层厚度控制线，以此做灰饼，然后根据灰饼充筋。灰饼的做法如图 14-2 所示。

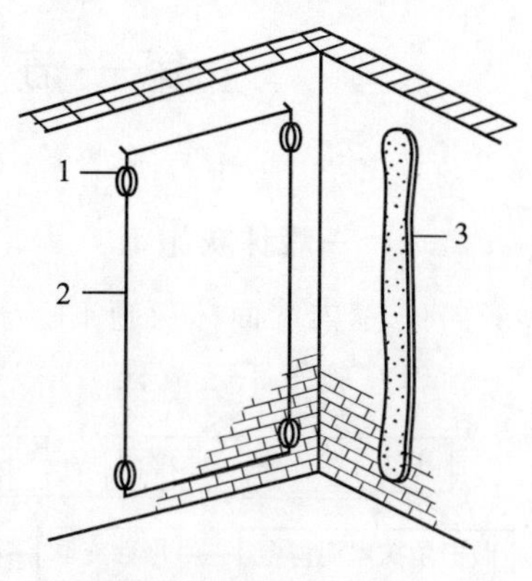

1—灰饼；2—引线；3—标筋。

图 14-2　灰饼

(4) 修抹预留孔洞、配电箱、槽、盒。堵缝工作要作为一道工序安排专人负责，把预留孔洞、配电箱、槽、盒周边的洞内杂物、灰尘等物清理干净，浇水湿润，然后用砖将其补齐砌严，用水泥砂浆将缝隙塞严，压抹平整、光滑。

(5) 抹水泥踢脚或墙裙。根据已抹好的灰饼充筋（此筋可以冲得宽一些，80～100mm 为宜，因此筋即为抹踢脚或墙裙的依据，同时也作为墙面抹灰的依据）。水泥踢脚、墙裙、梁、柱、楼梯等处应用 M20 水泥砂浆分层抹灰，抹好后用大杠刮平，木抹搓毛，常温第二天用水泥砂浆抹面层并压光，抹踢脚或墙裙厚度应符合设计要求，无设计要求时凸出墙面 5～7mm 为宜。凡凸出抹灰墙面的踢脚或墙裙上口必须保证光洁、顺直，踢脚或墙面抹好将靠尺贴在大面与上口平，然后用小抹子将上口抹平压光，凸出墙面的棱角要做成钝角，不得出现毛茬和飞棱。

(6) 做护角。墙、柱间的阳角应在墙、柱面抹灰前用 M20 以上的水泥砂浆做护角，其高度自地面以上不小于 2m，如图 14-3 所示。将墙、柱的阳角处浇水湿润，第一步在阳角正面立上八字靠尺，靠尺突出阳角侧面，突出厚度与成活抹灰面平。然后在阳角侧面，依靠尺边抹水泥砂浆，并用铁抹子将其抹平，按护角宽度（不小于 50mm）将多余的水泥砂浆铲除。第二步待水泥砂浆稍干后，将八字靠尺移至到抹好的护角面上（八字坡向外）。在阳角的正面，依靠尺边抹水泥砂浆，并用铁抹子将其抹平，按护角宽度将多余的水泥砂浆铲除。抹完后去掉八字靠尺，用素水泥浆涂刷护角尖角处，并用捋角器自上而下捋一遍，使其形成钝角。

(7) 抹水泥窗台。先将窗台基层清理干净，然后清理砖缝，松动的砖要重新

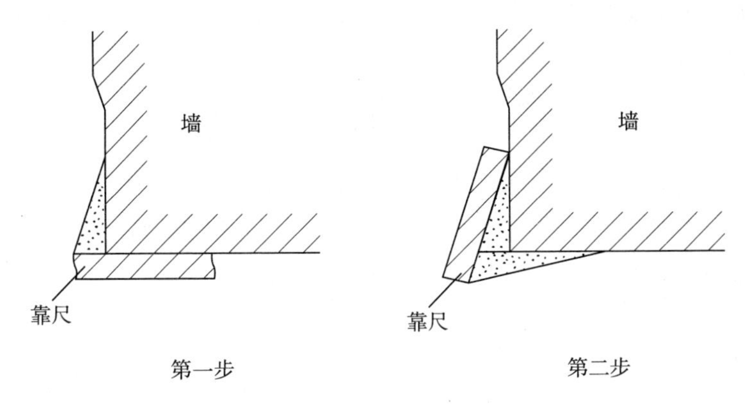

图 14-3　水泥护角做法

补砌好，用水润透，用 1∶2∶3 的豆石混凝土铺实，厚度宜大于 25mm，一般 1 天后抹1∶2.5 的水泥砂浆面层，待表面达到初凝后，浇水养护 2～3 天，窗台板下口抹灰要平直，没有毛刺。

(8) 墙面充筋。当灰饼砂浆达到七八成干时，即可用与抹灰层相同砂浆充筋，充筋根数应根据房间的宽度和高度确定，一般标筋宽度为 50mm。两筋间距不大于 1.5m。当墙面高度小于 3.5m 时宜做立筋。大于 3.5m 时宜做横筋，做横向充筋时做灰饼的间距不宜大于 2m。

(9) 抹底灰。在一般情况下充筋完成 2h 左右可开始抹底灰为宜，抹前应先抹一层薄灰，要求将基体抹严，抹时用力压实使砂浆挤入细小缝隙内，接着分层装档、抹与充筋平，用木杠刮找平整，用木抹子搓毛。全面检查底子灰是否平整，阴阳角是否方直、整洁，管道后与阴角交接处、墙顶板交接处是否光滑、平整、顺直，并用托线板检查墙面垂直与平整情况。抹灰面接槎应平顺，地面踢脚板或墙裙管道背后应及时清理干净，做到活完场清。

(10) 抹罩面灰。罩面灰应在底灰六七成干时开始抹罩面灰（抹时如底灰过干应浇水湿润），罩面灰两遍成活，每遍厚度约 2mm，操作时最好两人同时配合进行，一人先刮一遍薄灰，另一人随即抹平。依先上后下的顺序进行，然后赶实压光，压时要掌握火候，既不要出现水纹，也不可压活，压好后随即用毛刷蘸水，将罩面灰污染处清理干净。施工时整面墙不宜留施工槎；如遇有预留施工洞时，可甩下整面墙待抹为宜。

(11) 水泥砂浆抹灰 24h 后应喷水养护，养护时间不少于 7 天。

2. 室外墙面抹灰施工

(1) 施工工艺流程。

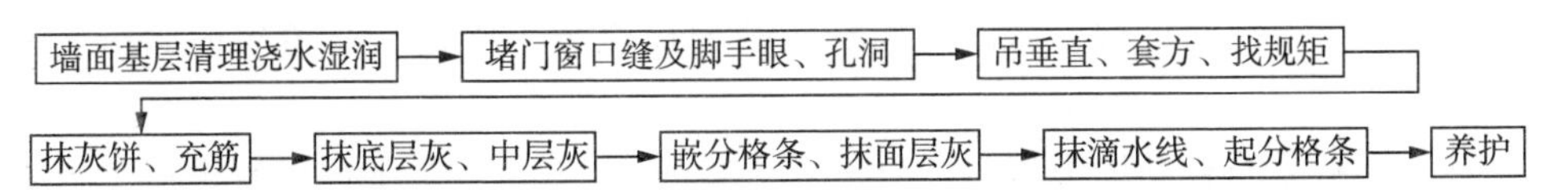

(2) 施工工艺。室外墙面抹灰与室内墙面抹灰基本相同，可参照室内抹灰进行施工。但应注意以下几点。

1) 根据建筑高度确定放线方法，高层建筑可利用墙大角、门窗口两边，用经纬仪打直线找垂直。多层建筑时，可从顶层用大线坠吊垂直，绷铁丝找规矩，横向水平线可依据楼层标高或施工＋500mm线为水平基准线进行交圈控制，然后按抹灰操作层抹灰饼，做灰饼时应注意横竖交圈，以便操作。每层抹灰时则以灰饼做基准充筋，使其保证横平竖直。

2) 抹底层灰、中层灰。根据不同的基体，抹底层灰前可刷一道胶粘性水泥浆，然后抹1∶3水泥砂浆（加气混凝土墙底层应抹1∶6水泥砂浆），每层厚度控制在5～7mm为宜。分层抹灰与充筋平时用木杠刮平找直，木抹子搓毛，每层抹灰不宜跟得太紧，以防收缩影响质量。

3) 抹面层灰、起分格条。待底灰呈七八成干时开始抹面层灰，将底灰墙面浇水均匀湿润，先刮一层薄薄的素水泥浆，随即抹罩面灰与分格条平，并用木杠横竖刮平，木抹子搓毛，铁抹子溜光、压实。待其表面无明水时，用软毛刷蘸水，垂直于地面向同一方向轻刷一遍，以保证面层灰颜色一致，避免出现收缩裂缝，随后将分格条起出，待灰层干后，用素水泥膏将缝勾好。难起的分格条不要硬起，防止棱角损坏，待灰层干透后补起，并补勾缝。

4) 抹滴水线。在抹檐口、窗台、窗眉、阳台、雨篷、压顶和突出墙画的腰线以及装凸线时，应将其上面作成向外的流水坡度，严禁出现倒坡。下面做滴水线（槽）。窗台上面的抹灰层应深入窗框下坎裁口内，堵塞密实，流水坡度及滴水线（槽）距外表面不小于40mm，滴水线深度和宽度一般不小于10mm，并应保证其流水坡度方向正确。

3. 顶棚抹灰施工

混凝土顶棚抹灰宜用聚合物水泥砂浆或粉刷石膏砂浆，厚度小于5mm的可以直接用腻子刮平。预制混凝土顶棚找平、抹灰厚度不宜大于10mm，现浇混凝土顶棚抹灰厚度不宜大于5mm。抹灰前在四周墙上弹出控制水平线，先抹顶棚四周，圈边找平，横竖均匀、平顺，操作时用力使砂浆压实，使其与基体粘牢，最后压实、压光。

4. 质量要求

(1) 表面质量应符合下列要求。

1) 普通抹灰表面应光滑、洁净、接槎平整、阴阳角顺直，分格缝应清晰。

2) 高级抹灰表面应光滑、洁净、颜色均匀、美观、无接槎痕，分格缝和灰线应清晰美观。

3) 护角、孔洞、槽、盒周围的抹灰表面应整齐、光滑；管道后面的抹灰表面应平整。

4) 抹灰层的总厚度应符合设计要求；水泥砂浆不得抹在石灰砂浆层上；罩

面石膏灰不得抹在水泥砂浆层上。

5）抹灰分格缝的设置应符合设计要求，宽度和深度应均匀，表面应光滑，棱角应整齐。

6）有排水要求的部位应做滴水线（槽）。滴水线（槽）应整齐顺直，滴水线应内高外低，滴水槽宽度和深度均不应小于 10mm。

（2）工程质量的允许偏差和检验方法。

工程质量的允许偏差和检验方法见表 14-1。

表 14-1　一般抹灰工程的允许偏差和检验方法

项次	项目	允许偏差（mm）		检验方法
		普通抹灰	高级抹灰	
1	立面垂直度	4	3	用 2m 垂直检测尺检查
2	表面平整度	4	3	用 2m 靠尺和塞尺检查
3	阴阳角方正	4	3	用直角检测尺检查
4	分格条（缝）直线度	4	3	用 5m 线，不足 5m 拉通线，用钢直尺检查
5	墙裙、勒脚上口直线度	4	3	拉 5m 线，不足 5m 拉通线，用钢直尺检查

二、装饰抹灰施工

装饰砂浆抹灰饰面工程可分为灰浆类饰面和石渣类饰面两大类。常用灰浆类饰面又有：拉毛灰、甩毛灰、仿面砖、拉条、喷涂、弹涂和硅藻泥饰面等。常用的石渣类饰面有：水刷石、干粘石、斩假石和水磨石等。

1. 喷涂和弹涂饰面

（1）喷涂饰面。

喷涂的做法：用挤压式灰浆泵或喷斗将聚合物水泥砂浆经喷枪均匀喷涂在墙面基层上。根据涂料的稠度和喷射压力的大小，以质感区分，可喷成砂浆饱满、呈波纹状的波面喷涂和表面布满点状颗粒的粒状喷涂。基层为厚 10～13mm 的 1∶3 水泥砂浆，喷涂前须喷或刷一道胶水溶液（107 胶∶水＝1∶3），使基层吸水率趋近于一致和喷涂层黏结牢固。喷涂层厚 3～4mm，粒状喷涂应连续三遍完成，波面喷涂必须连续操作，喷至全部泛出水泥浆但又不致流淌为好。在大面喷涂后，按分格位置用铁皮刮子沿靠尺刮出分格缝。喷涂层凝固后再喷罩一层有机硅疏水剂。质量要求表面平整，颜色一致，花纹均匀，不显接槎。

（2）弹涂饰面。

在基层上喷刷一遍掺有 107 胶的聚合物水泥色浆涂层，然后用弹涂器分几遍将不同色彩的聚合物水泥浆弹在已涂刷的涂层上，形成 1～3mm 大小的扁圆花点。通过不同颜色的组合和浆点所形成的质感，相互交错、互相衬托，有近似于干黏石的装饰效果，有做成单色光面、细麻面、小拉毛拍平等多种花色。

弹涂的做法：在1∶3水泥砂浆打底的底层砂浆面上，洒水润湿，待干至60%～70%时进行弹涂。先喷刷底色浆一道，弹分格线，贴分格条，弹头道色点，待稍干后即弹两道色点，最后进行个别修弹，再进行喷射树脂罩面层。

2. 水刷石施工

施工前准备好石渣、小豆石和颜料。

（1）施工工艺流程。

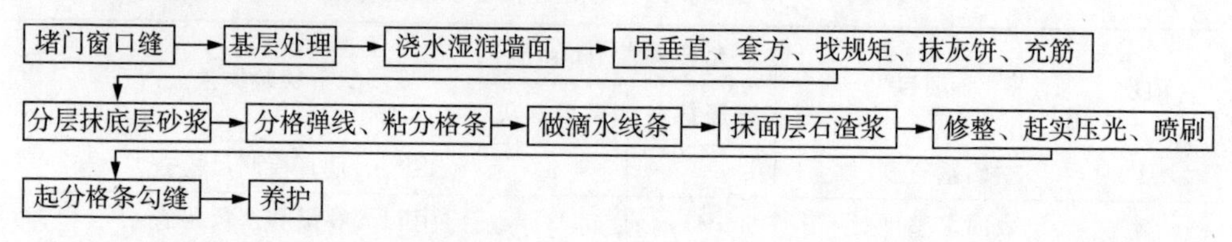

（2）施工工艺。

1）堵门窗口缝。抹灰前检查门窗口位置是否符合设计要求，安装牢固，四周缝用1∶3的水泥砂浆塞实抹严。

2）基层处理。混凝土的基层用钢钻子将混凝土墙面均匀凿出麻面，并将板面酥松部分剔除干净，用钢丝刷将粉尘刷掉，用清水冲洗干净，然后浇水湿润。用10%的火碱水将混凝土表面油污及污垢清刷除净，然后用清水冲洗晾干，采用涂刷素水泥浆或混凝土界面剂等处理方法均可。如采用混凝土界面剂施工时，应按所使用产品的要求使用。

砖墙基层是在抹灰前需将基层上的尘土、污垢、灰尘、残留砂浆、舌头灰等清除干净。

3）浇水润湿墙面。基层处理完毕，对墙面进行浇水润湿，一定要浇透湿透。

4）吊垂直、套方、找规矩、做灰饼、充筋。根据建筑高度确定放线方法，高层建筑可利用墙大角、门窗口两边，用经纬仪打直线找垂直。多层建筑时，可从顶层用大线坠吊垂直，绷铁丝找规矩，横向水平线可依据楼层标高或施工＋50cm线为水平基准线交圈控制，然后按抹灰操作层抹灰饼，做灰饼时应注意横竖交圈，以便操作。每层抹灰时则以灰饼做基准充筋，使其保证横平竖直。

5）分层抹底层砂浆。先刷一道胶粘性素水泥浆，然后用1∶3的水泥砂浆分层装档抹与筋平，然后用木杠刮平，木抹子搓毛或花纹。

6）弹线分格、粘分隔条。根据图纸要求弹线分格、粘分格条。分格条宜采用红松制作，粘前应用水充分浸透，粘时在条两侧用素水泥浆抹成45°八字坡形。粘分格条时注意竖条应粘在所弹立线的同一侧，防止左右乱粘，出现分格不均匀，条粘好后待底层灰呈七八成干后可抹面层灰。

7）做滴水线。如图14-4所示，在一般情况下充筋完成2h左右可开始抹底灰为宜，抹前应先抹一层薄灰，要求将基体抹严，抹时用力压实使砂浆挤入细小缝隙内，接着分层装档、抹与充筋平，用木杠刮找平整，用木抹子搓毛。然后全面检查底子灰是否平整，阴阳角是否方直、整洁，管道后与阴角交接处、墙顶板交接处是否光滑、平整、顺直，并用托线板检查墙面垂直与平整情况。抹灰面接槎应平顺，地面踢脚板或墙裙、管道背后应及时清理干净，做到活完场清。

图 14-4　滴水线

8）抹面层石渣浆。待底层灰六七成干时，首先将墙面润湿涂刷一层胶粘性素水泥浆，然后开始用钢抹子抹面层石渣浆。石渣浆配比按设计要求或根据使用要求及地理环境条件自下往上分两遍与分格条抹平，并及时用靠尺或小杠检查平整度（抹石渣层高于分格条 1mm 为宜），有坑凹处要及时填补，边抹边拍打揉平，抹好石渣灰后应轻轻拍压使其密实。

9）修整、赶实压光、喷刷。将抹好在分格条块内的石渣浆面层拍平压实，并将内部的水泥浆挤压出来，压实后尽量保证石渣大面朝上，再用铁抹子溜光压实，反复 3～4 遍。拍压时特别要注意阴阳角部位石渣饱满，以免出现黑边。待面层初凝时，用水刷子刷不掉石粒为宜。刷洗面层水泥浆，喷刷分两遍进行，第一遍先用毛刷蘸水刷掉面层水泥浆，露出石粒；第二遍紧随其后用喷雾器将四周相邻部位喷湿，然后自上而下顺序喷水冲洗，喷头一般距墙面 100～200mm，喷刷要均匀，使石子露出表面 1～2mm 为宜。最后用水壶从上往下将石渣表面冲洗干净，冲洗时不宜过快，同时注意避开大风天，以避免造成墙面污染发花。若使用白水泥砂浆做水刷石墙面时，在最后喷刷时，可用革酸稀释液冲洗一遍，再用清水洗一遍，墙面更显洁净、美观。

10）起分格条、勾缝。喷刷完成后，待墙面水分控干后，小心将分格条取出，然后根据要求用线抹子将分格缝溜平、抹顺直。

11）养护。面层达到一定强度进行养护，一般以 7 天为宜。

3. 干粘石施工

如图 14-5 所示，干粘石的施工可参照水刷石的施工工艺，但要注意以下几点。

（1）为保证粘结层粘石质量，抹灰前应用水湿润墙面，粘结层厚度以所使用石子粒径确定，抹灰时如果底面湿润有干得过快的部位应再补水湿润，然后抹粘结层。抹粘结层宜采用两遍抹成，第一道用同强度等级水泥素浆薄刮一遍，保证结合层粘牢，第二遍抹聚合物水泥砂浆。然后用靠尺测试，严格按照高刮低添的原则操作，否则，易使面层出现大小波浪造成表面不平整影响美观。在抹粘结层

图 14-5 干粘石

时宜使上下灰层厚度不同，并不宜高于分隔条，最好是在下部约 1/3 高度范围内比上面薄些。整个分格块面层比分格条低 1mm 左右，石子撒上压实后，不但可保证平整度，且条边整齐，而且可避免下部出现鼓包皱皮现象。

(2) 当抹完粘结层后，紧跟其后一手拿装石子的托盘，一手用木拍板向粘结层甩粘石子。要求甩严、甩均匀，并用托盘接住掉下来的石粒，甩完后随即用钢抹子将石子均匀地拍入粘结层，石子嵌入砂浆的深度应不小于粒径的 1/2 为宜。并应拍实、拍严。操作时要先甩两边，后甩中间，从上至下快速、均匀地进行，甩出的动作应快，用力均匀，不使石子下溜，并应保证左右搭接紧密、石粒均匀，甩石粒时要使拍板与墙面垂直平行，让石子垂直嵌入粘结层内，如果甩时偏上偏下、偏左偏右则效果不佳，石粒浪费也大。甩出用力过大，会使石粒陷入太紧，形成凹陷；用力过小则石粒粘结不牢，出现空白不宜填补；动作慢则会造成部分不合格，修整后易出接槎痕迹和“花脸”。阳角甩石粒，可将薄靠尺粘在阳角一边，选做邻面干粘石，然后取下薄靠尺抹上水泥腻子，一手持短靠尺在已做好的邻面上，一手甩石子并用钢抹子轻轻拍平、拍直，使棱角挺直。

(3) 拍平、修整要在水泥初凝前进行，按照顺序先拍边缘，后中间，拍压要轻重结合、均匀一致。

施工完成后，将分隔条、滴水线取出，最后进行喷水养护。

4. 质量检验

(1) 装饰抹灰施工表面质量要求。

1) 水刷石表面应石粒清晰、分布均匀、紧密平整、色泽一致，应无掉粒和接搓痕迹。

2) 干粘石表面应色泽一致、不露浆、不漏粘，石粒应粘结牢固、分布均匀，阳角处应无明显黑边。

3) 斩假石表面剁纹应均匀顺直、深浅一致，应无漏剁处；阳角处应横剁并留出宽窄一致的不剁边条，棱角应无损坏。

4）装饰抹灰分格条（缝）的设置应符合设计要求，宽度和深度应均匀，表面应平整光滑，棱角应整齐。

5）有排水要求的部位应做滴水线（槽）。滴水线（槽）应整齐顺直，滴水线应内高外低，滴水槽的宽度和深度均不应小于10mm。当抹灰总厚度大于或等于35mm时，应采取加强措施。不同材料基体交接处表面的抹灰，应采取防止开裂的加强措施。当采用加强网时，加强网与各基体的搭接宽度不应小于100mm。

（2）抹灰装饰工程质量的允许偏差和检验方法。

抹灰装饰工程质量的允许偏差和检验方法见表14-2。

表14-2 抹灰装饰工程的允许偏差和检验方法

项目	允许偏差（mm）				检验方法
	水刷石	斩假石	干粘石	假面砖	
立面垂直度	5	4	5	5	用2m靠尺和塞尺检查
表面平整度	3	3	5	4	用2m靠尺和塞尺检查
阳角方正	3	3	4	4	用直角检测尺检查
分格条（缝）直线度	3	3	3	3	用5m线，不足5m拉通线，用钢直尺检查
墙裙、勒脚上口直线度	3	3	—	—	用5m线，不足5m拉通线，用钢直尺检查

第二节 门窗安装工程

一、木门窗的安装

1. 施工工艺流程

找规矩弹线，找出门窗框安装位置→掩扇及安装样板→窗框、扇安装→门框安装→门扇安装。

2. 施工工艺

（1）找规矩弹线，找出门窗框安装位置。结构工程经过核验合格后，即可从项层开始用大线坠吊垂直，检查窗口位置的准确度，并在墙上弹出墨线，门窗洞口结构凸出窗框线时进行剔凿处理。

窗框安装的高度应根据室内＋50cm平线核对检查，使其窗框安装在同一标高上。

室外内门框应根据图纸位置和标高安装，并根据门的高度合理设置木砖数量，且每块木砖应钉2个10cm长的钉子并应将钉帽砸扁钉入木砖内，使门框安装牢固。

轻质隔墙应预设带木砖的混凝土块，以保证其门窗安装的牢固性。

(2) 掩扇及安装样板。把窗扇根据图纸要求安装到窗框上，此道工序称为掩扇。对掩扇的质量按验评标准检查缝隙大小、五金位置、尺寸及牢固度等，符合标准要求作为样板，以此作为验收标准和依据。

(3) 窗框、扇安装。弹线安装窗框扇应考虑抹灰层的厚度，并根据门窗尺寸、标高、位置及开启方向，在墙上画出安装位置线。有贴脸的门窗、立框时应与抹灰面平，有预制水磨石板的窗，应注意窗台板的出墙尺寸，以确定立框位置。

窗框的安装标高，以墙上弹＋50cm 平线为准，用木楔将框临时固定于窗洞内。为保证与相隔窗框的平直，应在窗框下边拉小线找直，并用铁水平尺将平线引入洞内作为立框时的标准，再用线坠校正吊直。

(4) 门框安装。应在地面工程施工前完成，门框安装应保证牢固，门框应用钉子与木砖钉牢，一般每边不少于 2 个固定点，间距不大于 1.2m。若隔墙为加气混凝土条板时，应按要求间距预留 45mm 的孔，孔深 7～10cm，并在孔内预埋木橛粘 107 胶水泥浆加入孔中（木橛直径应大于孔径 1mm 以使其打入牢固）。待其凝固后再安装门框。

(5) 门扇安装。

1) 先确定门的开启方向及小五金型号和安装位置，对开门扇扇口的裁口位置开启方向，一般右扇为盖口扇。

2) 检查门口尺寸是否正确，边角是否方正，有无窜角；检查门口宽度应量门口的上、中、下三点并在扇的相应部位定点画线；检查门口高度应量门的两侧。

3) 将门扇靠在门框上画出相应的尺寸线，如果扇大，则应根据框的尺寸将大出的部分刨去；若扇小，应绑木条，且木条应绑在装合页的一面，用胶粘后并用钉子打牢，钉帽要砸扁，顺木纹送入框内 1～2mm。

4) 第一修刨后的门扇应以能塞入口内为宜，塞好后用木楔顶住临时固定。按门扇与口边缝宽合适尺寸，画第二次修刨线，标上合页槽的位置（距门扇的上下端 1/10 处，且避开上、下冒头)。同时应注意口与扇安装的平整。

5) 门扇二次修刨，缝隙尺寸合适后即安装合页。应先用线勒子勒出合页的宽度，根据上、下冒头 1/10 的要求，钉出合页安装边线，分别从上、下边线往里量出合页长度，剔合页槽时应留线，不应剔得过大、过深。

6) 合页槽剔好后，即安装上、下合页，安装时应先拧一个螺丝，然后关上门检查缝隙是否合适，口与扇是否平整，无问题后方可将螺丝全部拧上拧紧。木螺丝应先钉入全长 1/3，再拧入 2/3。如门窗为黄花松或其他硬木时，安装前应先打眼。眼的孔径为木螺丝的 0.9 倍，眼深为螺线长的 2/3，打眼后再拧螺丝，以防安装劈裂或螺丝拧断。

7）安装玻璃门时，一般玻璃裁口在走廊内，厨房、厕所玻璃裁口在室内。

3. 质量检验

木门窗安装允许偏差见表 14-3。

表 14-3　木门窗安装的允许偏差

项次	项目	允许偏差/mm	
		Ⅰ级	Ⅱ、Ⅲ级
1	框的正、侧面垂直度	3	
2	框对角线长度	2	3
3	框与扇接触面平整度	2	

二、铝合金门窗的安装

1. 施工工艺流程

划线定位→防腐处理→铝合金窗户的安装就位→固定铝合金窗→处理窗框与墙体间缝隙→安装窗扇及窗玻璃→安装五金配件。

2. 施工工艺

(1) 划线定位。

根据设计图纸中窗户的安装位置、尺寸，依据窗户中线向两边量出窗户边线。多层地下结构时，以顶层窗户边线为准，用经纬仪将窗边线下引，并在各层窗户口处划线标记，对个别不直的窗口边应及时处理。

窗户的水平位置应以楼层室内＋50cm 的水平线为准，量出窗户下皮标高，弹线找直。每一层同标高窗户必须保持窗下皮标高一致。

(2) 防腐处理。

窗框四周外表面的防腐处理应按设计要求进行。如设计无要求时，可涂刷防腐涂料或粘贴塑料薄膜进行保护，以免水泥砂浆直接与铝合金门窗表面接触，产生电化学反应，腐蚀铝合金门窗。

安装铝合金窗户时，如果采用连接铁件固定，则连接铁件、固定件等安装用金属零件应优先选用不锈钢件，否则必须进行防腐处理，以免产生电化学反应，腐蚀铝合金窗户。

(3) 铝合金窗户的安装就位。

根据划好的窗户定位线，安装铝合金窗框，并及时调整好窗框的水平、垂直及对角线长度等符合质量标准，然后用木楔临时固定窗框。

(4) 固定铝合金窗。

当墙体上预埋有铁件时，可把铝合金窗框上的铁脚直接与墙体上的预埋铁件焊牢；当墙体上没有预埋铁件时，可用金属膨胀螺栓或塑料膨胀螺栓将铝合金窗的铁脚固定到墙上。混凝土墙体可用射钉枪把铝合金窗的铁脚固定到墙体上；当墙体上没有预埋件时，也可用电锤在墙体上钻 80mm 深、直径为 ϕ6mm 的孔，用 L 型 80mm×50mm 的 ϕ6mm 钢筋，在长的一端粘涂 107 胶水泥浆，然后打入孔中。待 107 胶水泥浆终凝后，再将铝合金门窗的铁脚与埋置的 ϕ6mm 钢筋焊牢。

铝合金门窗常用的固定方法如图 14-6 所示。

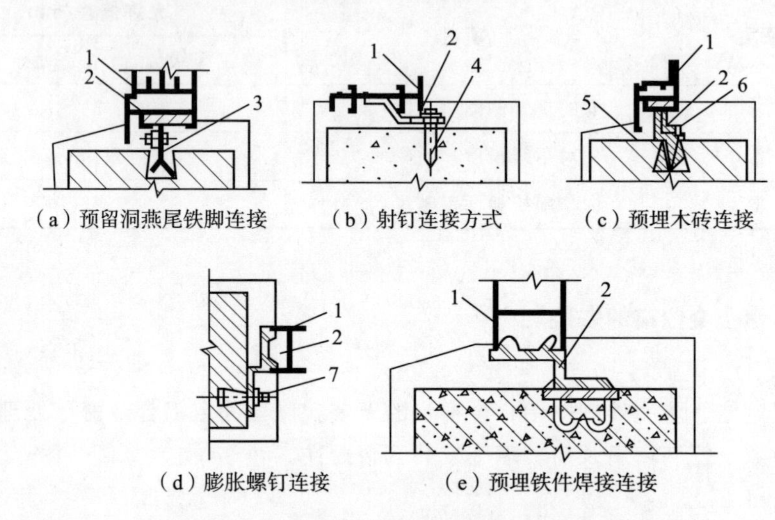

（a）预留洞燕尾铁脚连接　（b）射钉连接方式　（c）预埋木砖连接

（d）膨胀螺钉连接　（e）预埋铁件焊接连接

1—门窗框；2—连接铁件；3—燕尾铁脚；4—射（钢）钉

5—木砖；6—木螺钉；7—膨胀螺钉。

图 14-6　铝合金门窗常用固定方法

(5) 窗框与墙体间缝隙的处理。

铝合金窗安装固定后，应先进行隐蔽工程验收。合格后及时按设计要求处理窗框与墙体之间的缝隙。

如果设计没有要求时，可采用矿棉或玻璃棉毡条分层填塞门窗框与墙体间的缝隙，外表面留 5～8mm 深槽口填嵌密封胶，严禁用水泥砂浆填塞。

(6) 安装窗扇及窗玻璃。

窗扇和窗户玻璃应在洞口墙体表面装饰完工后安装；平开窗户在框与扇格架组装上墙，安装固定好后再安玻璃，即先调整好框与扇的缝隙，再将玻璃安入框、扇并调整好位置，最后镶嵌密封条、填嵌密封胶。

(7) 安装五金配件。

五金配件与窗户连接用镀锌螺钉。安装的五金配件应结实牢固，使用灵活。

三、塑钢门窗的安装

1. 施工工艺流程

弹控制线→立塑钢门窗→校正→门窗框固定→安装五金零件→安装纱门窗。

2. 施工工艺

(1) 弹控制线。

门窗安装前应弹出离楼地面 500mm 高的水平控制线，按门窗安装标高、尺寸和开启方向，在墙体预留洞口四周弹出门窗就位线。

(2) 立塑钢门窗、校正。

塑钢门窗采用后塞框法施工，安装时先用木楔块临时固定，木楔块应塞在四角和中梃处；然后用水平尺、对角线尺、线锤校正其垂直于水平。框扇配合间隙在合页面不应大于 2mm，安装后要检查开关灵活、无阻滞和回弹现象。

(3) 门窗框固定。

门窗位置确定后，将铁脚与预埋件焊接或埋入预留墙洞内，用 1∶2 的水泥砂浆或细石混凝土将洞口缝隙填实；养护 3 天后取出木楔，用 1∶2 的泥砂浆嵌填框与墙之间的缝隙。钢窗铁脚的形状如图 14-7 所示，每隔 500～700mm 设置一个，且每边不少于 2 个。

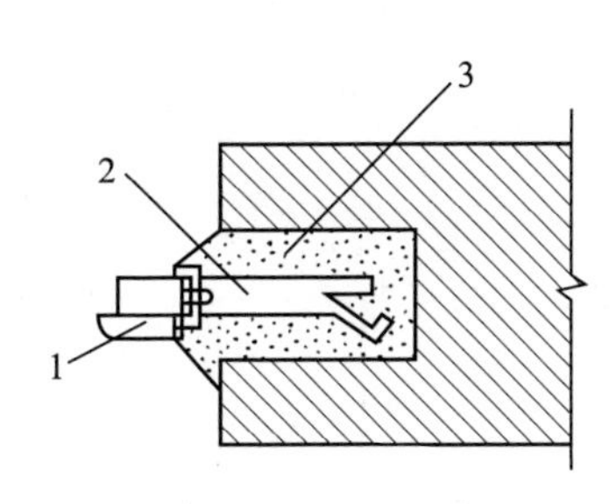

1—窗框；2—铁脚；
3—留洞 60×60×100。

图 14-7　钢窗预埋铁脚

(4) 安装五金零件。

安装五金零件宜在内外墙装饰结束后进行。安装五金零件前，应检查门窗在洞口内是否牢固，开启应灵活，关闭要严密。五金零件应按生产厂家提供的装配图试装合格后，方可进行全面安装。密封条应在钢门窗涂料干燥后按型号安装压实。各类五金零件的转动和滑动配合处应灵活，无卡阻现象。装配螺钉拧紧后不得松动，埋头螺钉不得高于零件表面。钢门窗上的渣土应及时清除干净。

(5) 安装纱门窗。

高度或宽度大于 1 400mm 的纱窗，装纱前应在纱扇中部用木条临时支撑。检查压纱条和扇配套后，将纱裁成比实际尺寸宽 50mm 的纱布，绷纱时先用螺丝拧入上下压纱条再装两侧压纱条，切除多余纱头。金属纱装完后集中刷油漆，交工前再将门窗扇安在塑钢门窗框上。

3. 质量检验

塑钢门窗安装的允许偏差见表 14-4。

表 14-4　塑钢门窗安装允许偏差

项目	允许偏差/mm	检查方法
框的垂直度	3	吊 1m 线
框的对角线长度差	3	用尺量对角线

第三节　吊顶工程

吊顶由吊筋、龙骨和面层三部分组成。

一、吊筋

吊筋主要承受吊顶棚的重力，并将这一重力直接传递给结构层。同时还能用来调节吊顶的空间高度。

现浇钢筋混凝土楼板吊筋做法如图 14-8 所示。预制板缝中设吊筋如图 14-9 所示。

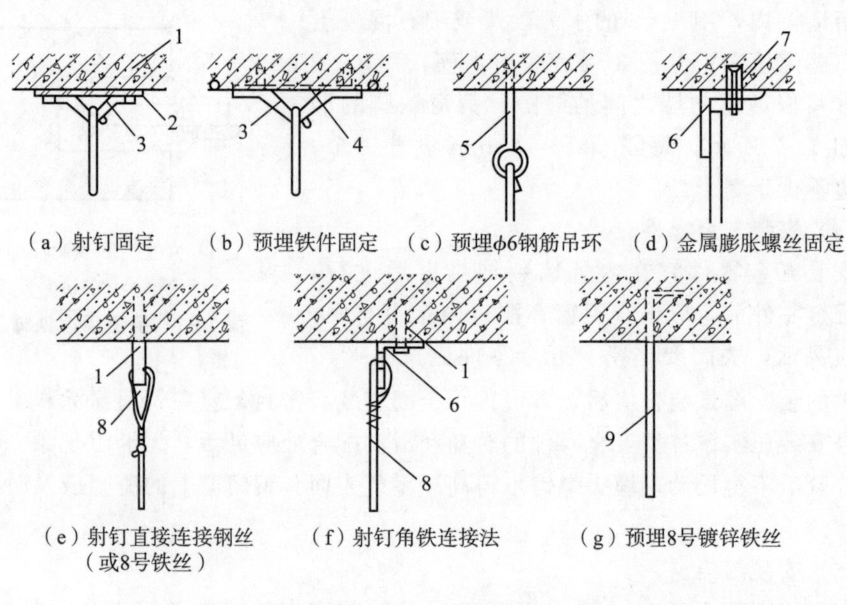

1—射钉；2—焊板；3—ϕ10 钢筋吊环；4—预埋钢板；5—ϕ6 钢筋；6—角钢；7—金属膨胀螺丝；8—铝合金丝（8 号、12 号、14 号）；9—8 号镀锌钢丝。

图 14-8　吊筋固定方法

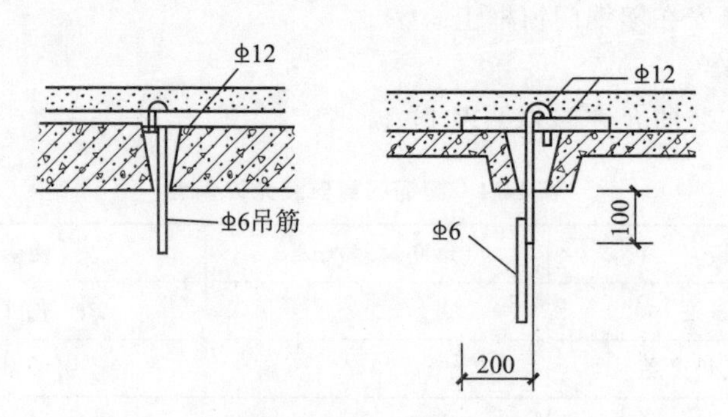

图 14-9　预制板中设吊筋的方法（单位：mm）

二、龙骨安装

按制作材料的不同，可分为木龙骨、轻钢龙骨和铝合金龙骨。

1. 木龙骨

吊顶骨架采用木骨架的构造形式。使用木龙骨的优点是加工容易、施工也较方便，容易做出各种造型，但因其防火性能较差只能适用于局部空间内使用。木龙骨系统又分为主龙骨、次龙骨、横撑龙骨，木龙骨规格范围为 60mm×80mm～20mm×30mm。在施工中应作防火、防腐处理。木龙骨吊顶的构造形式如图 14-10 所示。

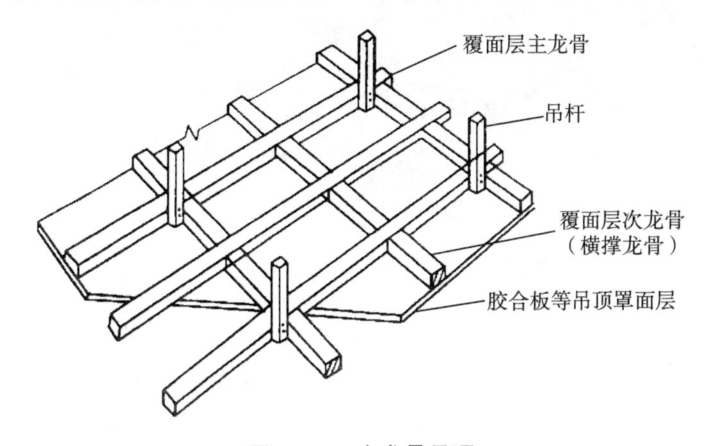

图 14-10　木龙骨吊顶

主龙骨沿房间短向布置，用事先预埋的钢筋圆钩穿上 8 号镀锌铁丝将龙骨拧紧，或用 ϕ6 或 ϕ8 螺栓与预埋钢筋焊牢，穿透主龙骨上紧螺母。吊顶的起拱一般为房间短向的 1/200。次龙骨安装时，按照墙上弹出的水平线，先钉四周小龙骨，然后按设计要求分档划线钉次龙骨，最后横撑龙骨。

2. 轻钢龙骨

吊顶骨架采用轻钢龙骨的构造形式。轻钢龙骨有很好的防火性能，再加上轻钢龙骨都是标准规格且都有标准配件，施工速度快，装配化程度高，轻钢骨架是吊顶装饰最常用的骨架形式。轻钢龙骨按断面形状可分为 U 型、C 型、T 型、L 型等几种类型；按荷载类型分有 U60 系列、U50 系列、U38 系列等几类。每种类型的轻钢龙骨都应配套使用。轻钢龙骨的缺点是不容易做成较复杂的造型，轻钢龙骨构造形式如图 14-11 所示。

3. 铝合金龙骨

铝合金龙骨常与活动面板配合使用，其主龙骨多采用 U60、U50、U38 系列及厂家定制的专用龙骨，其次龙骨则采用 T 型及 L 型的合金龙骨，次龙骨主要承担着吊顶板的承重功能，又是饰面吊顶板装饰面的封压条。合金龙骨因其材质特点不易锈蚀，但刚度较差容易变形。

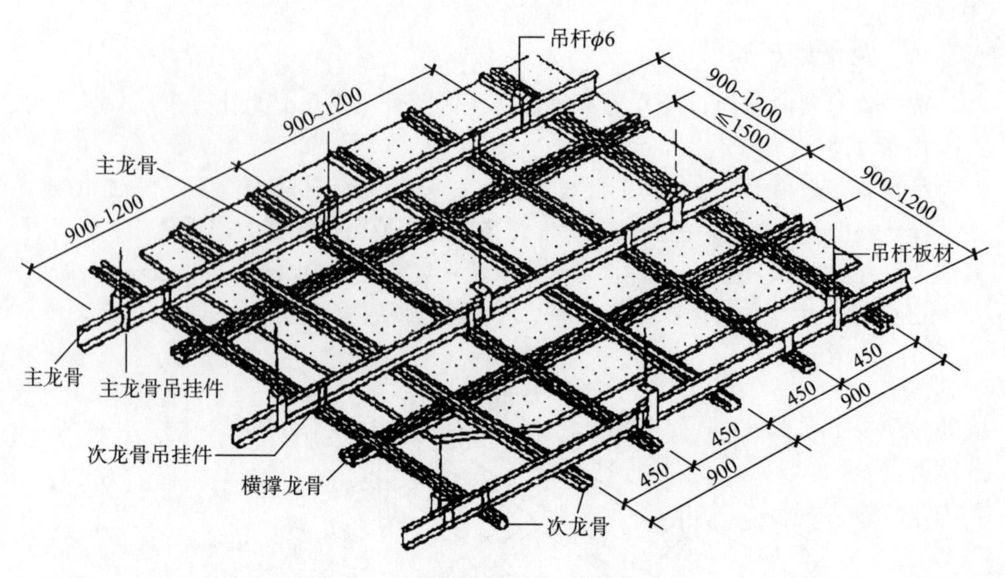

图 14-11　轻钢龙骨吊顶（单位：mm）

4. 安装程序

龙骨的安装顺序是：弹线定位→固定吊杆→安装主龙骨→安装次龙骨→横撑龙骨。

（1）弹线定位。

根据楼层标高水平线，用尺竖向量至顶棚设计标高，沿墙四周弹出顶棚标高水平线（水平允许偏差±5mm），并沿顶棚标高水平线在墙上划好龙骨分档位置线。

（2）固定吊杆。

按照墙上弹出的标高线和龙骨位置线，找出吊点中心，将吊杆焊接在预埋件上。未设预埋件时，可在吊点中心用射钉固定吊杆或铁丝，计算好吊杆的长度，确定吊杆下端的杆高。与吊挂件连接一端的套丝长度应留好余地，并配好螺母。

（3）安装主龙骨。

吊杆安装在主龙骨上，根据龙骨的安装程序，主龙骨在上，吊件同主龙骨相连，再将次龙骨用连接件与主龙骨固定。在主、次龙骨安装程序上，可先将主龙骨与吊杆安装完毕，再安装次龙骨；也可主、次龙骨一齐安装；然后调平主龙骨，拧动吊杆螺栓，升降调平。

（4）固定次龙骨。

次龙骨垂直于主龙骨布置，交叉点用次龙骨吊挂件将其固定在主龙骨上。吊挂件上端挂在主龙骨上，挂件 U 型腿用钳子扣入主龙骨内，次龙骨的间距因饰面板是密缝安装还是离缝安装而异。次龙骨中距应计算准确，并要翻样而定。次龙骨的安装程序是预先弹好位置，从一端依次安装到另一端。

（5）固定横撑龙骨。

横撑龙骨应用次龙骨截取。安装时，将截取的次龙骨的端头插入支托，扣在次龙骨上，并用钳子将挂搭弯入次龙骨内。组装好后的次龙骨和横撑龙骨底面要求平齐。

三、饰面板安装

1. 板面的接缝处理

（1）密缝法。

指板之间在龙骨处对接，也叫对缝法。板与龙骨的连接多为粘接和钉接。接缝处易产生不平现象，需在板上不超过200mm间距用钉或胶黏剂连接，并对不平处进行修整。

（2）离缝法。

1）凹缝。两板接缝处利用板面的形状和长短做出凹缝，有V型缝和矩型缝两种，缝的宽度不小于10mm。由板的形状形成的凹缝可不必另加处理；利用板厚形成的凹缝中，可涂颜色，以强调吊顶线条的立体感。

2）盖缝。板缝不直接暴露在外，而用次龙骨或压条盖住板缝，这样可避免缝隙宽窄不均，使饰面的线型更为强烈。

饰面板的边角处理，根据龙骨的具体形状和安装方法有直角、斜角、企口角等多种形式。

2. 饰面板与龙骨连接

（1）黏结法。用各种胶黏剂将板材粘贴于龙骨上或其他基板上。

（2）钉接法。用铁钉或螺钉将饰面板固定于龙骨上。木龙骨以铁钉钉接，型钢龙骨以螺钉连接，钉距视材料而异。

适用于钉接的饰面板有胶合板、纤维板、木板、铝合金板、石膏板、矿棉吸声板和石棉水泥板等。

（3）挂牢法。利用金属挂钩将板材挂于龙骨下的方法。

（4）搁置法。将饰面板直接搁于龙骨翼缘上的做法。

（5）卡牢法。利用龙骨本身或另用卡具将饰面板卡在龙骨上的做法。常用于以轻钢、型钢龙骨配以金属板材等。

3. 质量检验

吊顶龙骨安装工程质量要求及检验方法见表14-5所示。吊顶饰面板安装允许偏差和检验方法见表14-6。

表 14-5 吊顶龙骨安装工程质量要求及检验方法

项次	项目	质量要求		检验方法
1	钢木龙骨的吊杆、主梁、搁栅（立筋、横撑）外观	合格	有轻度弯曲，但不影响安装	观察检查
		优良	木吊杆无劈裂顺直、无弯曲、无变形、木吊杆无劈裂	
2	吊顶内填充料	合格	用料干燥、铺设厚度符合要求	观察、尺量、检查
		优良	用料干燥，铺设厚度符合要求，且均匀一致	
3	轻钢龙骨、铝合金龙骨外观	合格	角缝吻合、表面平整、无翘曲、无锤印	观察检查
		优良	角缝吻合、表面平整、无翘曲、无锤印、接缝均匀一致，周围与墙面密合	

表 14-6 吊顶饰面板安装的允许偏差和检验方法

项次	项目	允许偏差/mm										检验方法
		石膏板			矿棉装饰吸声板	木质板		塑料板		纤维水泥加压板	金属装饰板	
		石膏装饰板	深浮雕嵌式装饰石膏板	纸面石膏板		胶合板	纤维板	钙塑装饰板	聚氯乙烯塑料天花板			
1	表面平整	3	3	3	2	2	3	3	2		2	用 2m 靠尺和楔形塞尺检查
2	接缝平直	3	3	3	3	3	3	4	3		<1.5	接线 5m 长或通线、尺量检查
3	压条平直	3	3	3	3	3	3	3	3	3	3	接线 5m 长或通线、尺量检查
4	接缝高低	1	1	1	1	0.5	0.5	1	1	1	1	用直尺和楔形塞尺检查
5	压条间距	2	2	2	2	2	2	2	2	2	2	尺量检查

第四节　隔墙工程

一、砖隔墙

砌筑隔墙一般采用半砖顺砌。砌筑底层时，应先做一个小基础；楼层砌筑时，必须砌在梁上，梁的配筋要经过计算。不得将隔墙砌在空心板上。隔墙用M2.5以上的砂浆砌筑，隔墙的接搓如图14-12所示。

半砖隔墙两面都要抹灰，但为了不使抹灰后墙身太厚，砌筑两面应较平整。隔墙长度超过6m时，中间要设砖柱；高度超过4m时，要设钢筋混凝土拉结带。隔墙到顶时，不可将最上面一皮砖紧顶楼板，应预留30mm的空隙，抹灰时将两面封住即可。

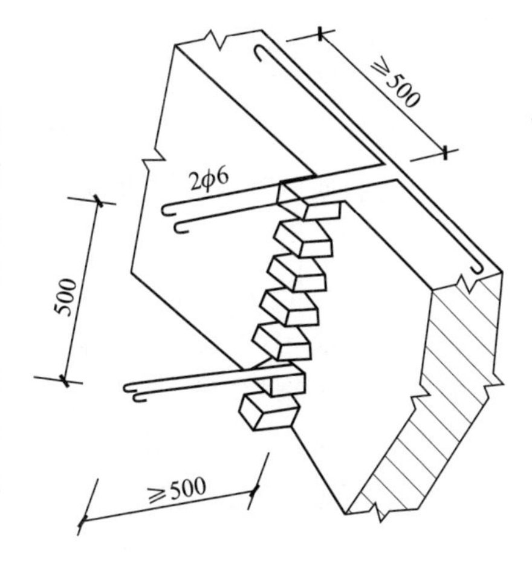

图14-12　隔墙的接搓（单位：mm）

二、玻璃隔墙

1. 施工工艺流程

定位放线→固定隔墙边框架→玻璃板安装→压条固定。

2. 施工工艺

（1）定位放线。根据图纸墙位放墙体定位线。基底应平整、牢固。

（2）固定框架。根据设计要求选用龙骨，木龙骨含水率必须符合规范规定。金属框架时，多选用铝合金型材或不锈钢型材。采用钢架龙骨或木制龙骨，均应做好防火防腐处理，安装牢固。

（3）玻璃板安装及压条固定。把已裁好的玻璃按部位编号，并分别竖向堆放待用。安装玻璃前，应对骨架、边框的牢固程度、变形程度进行检查，如有不牢固应予以加固。玻璃与基架框的结合不宜太紧密，玻璃放入框内后，与框的上部和侧边应留有3～5mm左右的缝隙，防止玻璃由于热胀冷缩而开裂。

三、活动式隔墙

1. 施工工艺流程

定位放线→隔墙板两侧藏板房施工→上下导轨安装→隔扇制作→隔扇安装→密封条安装→调试验收。

2. 施工工艺

（1）定位放线。按设计确定的隔墙位置，在楼地面弹线，并将线引测至顶棚和侧墙。

(2) 隔墙板两侧藏板房施工。根据现场情况和隔断样式设计藏板房及轨道走向，以方便活动隔板收纳，藏板房外围护装饰按照设计要求施工。

(3) 上下导轨安装。

1) 上轨道安装。为装卸方便，隔墙的上部有一个通长的上槛，一般上槛的形式有两种：一种是槽形，一种是T形。都是用钢、铝制成的。顶部有结构梁的，通过金属胀栓和钢架将轨道固定于吊顶上，无结构梁的固定于结构楼板上，做型钢支架安装轨道，多用于悬吊导向式活动隔墙。

滑轮设在隔扇顶面正中央，由于支撑点与隔扇的重心位于同一条直线上，楼地面上就不必再设轨道。上部滑轮的形式较多。隔扇较重时，可采用带有滚珠轴承的滑轮；隔扇较轻时，以用带有金属轴套的尼龙滑轮或滑钮。

作为上部支承点的滑轮小车组，与固定隔扇垂直轴要保持自由转动的关系，以便隔扇能够随时改变自身的角度。垂直轴内可酌情设置减震器，以保证隔扇能在不大平整的轨道上平稳地移动。

2) 下轨道安装。

一般用于支承型导向式活动隔墙。当上部滑轮设在隔扇顶面的一端时，楼地面上要相应地设轨道，隔扇底面要相应地设滑轮，构成下部支承点。这种轨道断面多数是T形的。如果隔扇较高，可在楼地面上设置导向槽，在楼地面相应地设置中间带凸缘的滑轮或导向杆，防止在启闭的过程中侧摇摆。

(4) 隔扇制作。移动式活动隔墙的隔扇采用金属及木框架，两侧贴有木质纤维板或胶合板，根据设计要求覆装饰面。隔音要求较高的隔墙，可在两层板之间设置隔音层，并将隔扇的两个垂直边做成企口缝，以便使相邻隔扇能紧密地咬合在一起，达到隔音的目的。

隔扇的下部按照设计做踢脚。

隔墙板两侧做成企口缝等盖缝、平缝。活动隔墙的端部与实体墙相交处通常要设一个槽形的补充构件，以便调节隔墙板与墙面间距离误差和便于安装和拆卸隔扇，并可有效遮挡隔扇与墙面之间的缝隙。隔音要求高的，还要根据设计要求在槽内填充隔音材料。

隔墙板上侧采用槽形时，隔扇的上部可以做成平齐的；采用T形时，隔扇的上部应设较深的凹槽，以使隔扇能够卡到T形上槛的腹板上。

(5) 隔扇的安放与连接。分别将隔扇两端嵌入上下槛导轨槽内，利用活动卡子连接固定，同时拼装成隔墙，不用时可打开连接重叠置入藏板房内，以免占用使用面积。隔扇的顶面与平顶之间保持50mm左右的空隙，以便于安装和拆卸。

(6) 密封条安装。隔扇的底面与楼地面之间的缝隙用橡胶或毡制密封条遮盖。隔墙板上下预留有安装隔音条的槽口，将产品配套的隔音条背筋塞入槽口内，当楼地面上不设轨道时，可在隔扇的底面设一个富有弹性的密封垫，并相应地采取专门装置，使隔墙于封闭状态时能够稍稍下落，从而将密封垫紧紧地压在楼地面上，确保隔音条能够将缝隙较好地密闭。

3. 质量检验

（1）活动隔墙表面应色泽一致、平整光滑、洁净，线条应顺直、清晰。

（2）活动隔墙上的孔洞、槽、盒应位置正确、套割吻合、边缘整齐。

（3）活动隔墙推拉应无噪声。

（4）活动隔墙安装的允许偏差和检验方法应符合表14-7的规定。

表14-7　活动隔墙安装的允许偏差和检验方法

项次	项目	允许偏差/mm	检验方法
1	立面垂直度	3	用2m垂直检测尺检查
2	表面平整度	2	用2m靠尺和塞尺检查
3	接缝直线度	3	拉5m线，不足5m拉通线，用钢直尺检查
4	接缝高低差	2	用钢直尺和塞尺检查
5	接缝宽度	2	用钢直尺检查

第五节　楼地面工程

一、基层施工

（1）抄平弹线统一标高。检查墙、地、楼板的标高，并在各房间内弹离楼地面高500mm的水平控制线，房间内一切装饰都以此为基准。

（2）楼面的基层是楼板，对于预制板楼板，应做好板缝灌浆、堵塞和板面清理工作。

（3）地面基层为土质时，应是原土和夯实回填土。回填土夯实同基坑回填土夯实要求。

二、垫层施工

（1）碎砖垫层。

碎砖料不得采用风化、酥松的砖，并不得夹有瓦片及有机杂质；碎砖粒径不大于60mm，不得在已铺好的垫层上用锤击方法进行碎砖加工。

碎砖料应分层铺均匀，每层虚铺厚度不大于200mm，适当洒水后进行夯实。碎砖料可用人工或机械方法夯实，夯打应密实，表面平整。

（2）三合土垫层。

三合土垫层是用石灰、砾石和砂的拌和料铺设而成，其厚度一般不小于100mm。

石灰应用消石灰；拌和物中不得含有有机杂质；三合土的配合比（体积比），一般采用1∶2∶4或1∶3∶6（消石灰∶砂∶砾石）。

拌和均匀后，每层虚铺厚度不大于150mm，铺平后夯实，夯实厚度一般为虚铺厚度的3/4。三合土可用人工或机械方法夯实，夯打应密实，表面平整。最后一遍夯打时，宜浇浓石灰浆，待表面灰浆晾干后进行下一道工序施工。

（3）混凝土垫层。

混凝土垫层用厚度不小于60mm，等级不低于C10的混凝土铺设而成。

混凝土的配合比由计算确定，坍落度宜为10～30mm，要拌和均匀。混凝土采用表面振动器捣实，浇筑完后，应在12h内覆盖浇水，养护不少于7昼夜。混凝土强度达到1.2MPa以后，才能进行下道工序施工。

三、面层施工

1.整体面层施工

（1）水泥砂浆地面。

水泥砂浆地面面层的厚度为20mm，用不低于325号水泥和中粗砂拌和配制，配合比为1∶2或1∶2.5。

施工时，应清理基层，同时将垫层湿润，刷一道素水泥浆，用刮尺将满铺水泥砂浆按控制标高刮平，用木抹子拍实，待砂浆终凝前，用铁抹子原浆收光，不允许撒干灰赶时抹压。终凝后覆盖浇水养护，这是水泥砂浆面层不起砂的重要保证措施。

（2）水磨石地面。

水磨石面层做法是：1∶3的水泥砂浆找平层，厚10～15mm；1∶1.5～1∶2的水泥白石子浆，厚10～15mm。面层分格条按设计要求的图案施工。

2.板块面层施工

（1）地砖、马赛克施工。

铺设马赛克所用水泥标号不低于325号，采用硅酸盐水泥、普通硅酸盐水泥或矿渣硅酸盐水泥；砂采用中粗砂；水泥砂浆铺设时的配合比为1∶2。

铺设前，将结合层按一般抹灰要求施工，清理找平层。铺设顺序是：单门、两连通房间从门口中间拉线，先铺一张后再往两边铺；有图案的从图案开始铺贴。

铺设时，在找平层上均匀刷水泥浆，马赛克背面抹水泥砂浆，直接铺在地面后，用木锤仔细拍打密实，使表面平整，用靠尺靠平找正；完成部分铺贴时，淋水湿润半小时后揭开护面纸，用刀拨缝均匀，边拨边拍实，用直尺复平，最后用1∶1的水泥砂或素水泥浆扫缝嵌实打平，用棉纱擦洗干净。

地砖地面的施工同马赛克地面施工要求。铺贴时，应清理基层，浇水湿润，抄平放线；然后扫素水泥浆，用 1∶3 的水泥砂浆打底找平；地砖应浸水 2～3h，取出阴干后使用。地砖铺贴从门口开始，出现非整块砖时进行切割。铺砌后用素水泥浆擦缝，并将砂浆清洗干净。养护时间为 3～4 天，养护期间不得上人。

马赛克（陶瓷锦砖）常用于游泳池、浴室、厕所、餐厅等面层，具有耐酸碱、耐磨、不渗水、易清洗、色泽多样等优点。

（2）木板面层施工。

木板面层多用于室内高级装修地面。该地面具有弹性好，耐磨性好，不易老化等特点。木板面层有单层和双层两种。单层是在木格栅上直接钉企口板；双层是在木格栅上先钉一层毛地板，再钉一层企口板。木格栅有空铺和实铺两种形式。

实铺式地面是将木格栅铺于钢筋混凝土楼板上，木格栅之间填以炉渣隔音材料。木地板拼缝用得较多的是企口缝、截口缝、平头接缝等，其中以企口缝最为普遍，如图 14-13 所示。

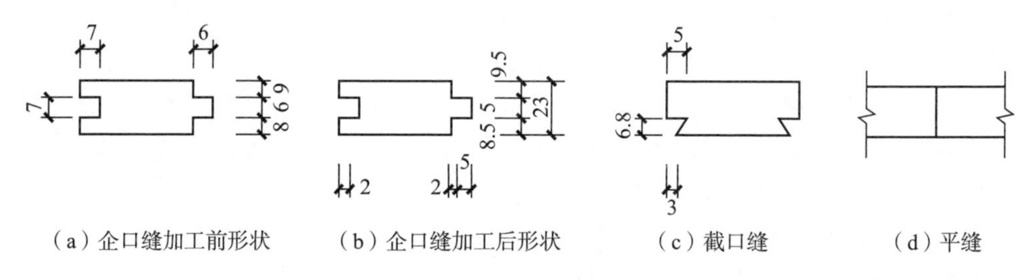

图 14-13　木板拼缝处理（单位：mm）

第六节　饰面工程

一、饰面砖施工

1. 陶瓷锦砖

如图 14-14 所示，陶瓷锦砖又称马赛克，是将小块的陶瓷砖面层贴在一张 3 000mm^2 的纸板上。陶瓷锦砖施工是采用粘贴法，将锦砖镶贴到基层上。施工时先用 1∶3 水泥砂浆做底层，厚为 12mm，找平划毛，洒水养护。镶贴前弹出水平、垂直分格线，找好规矩。然后在湿润的底层上刷一道水泥浆，再抹一层厚 2～3mm、1∶0.3 的水泥纸筋灰或厚 3mm、1∶1 的

图 14-14　陶瓷锦砖

水泥砂浆（砂须过筛）黏结层，用靠尺刮平，同时将锦砖底面向上铺在木垫板上，缝灌细砂（或刮白水泥浆），并用软毛刷刷净底面浮砂，再在底面上薄涂一层黏结灰浆。然后逐张将陶瓷锦砖沿线由下往上、对齐接缝粘贴于墙上。粘贴时应仔细拍实，使其表面平整。待水泥初凝后，用软毛刷将护纸蘸水湿润，半小时后揭纸，并检查缝的平直大小，随手拨正。粘贴 48h 后，取出分格条，大缝用 1∶1 的水泥砂浆嵌缝，其他小缝均用素水泥浆嵌平。待嵌缝材料硬化后，用稀盐酸溶液刷洗，随即再用清水冲洗干净。

2. 釉面瓷砖

如图 14-15 所示，釉面瓷砖的施工采用镶贴方法，将瓷砖镶贴到基层上。镶贴前应经挑选、预排，使规格、颜色一致，灰缝均匀。基层应清扫干净，浇水湿润，用 1∶3 的水泥砂浆打底，厚度 6～10mm，找平划毛，打底 3～4 天后开始镶贴瓷砖。镶贴前找好规矩，按砖的实际尺寸弹出横竖控制线，定出水平标准和皮数。接缝宽度应符合设计要求，一般为 1～1.5mm。然后用废瓷砖按黏结层厚度用混合砂浆贴灰饼，找出标准。灰饼间距一般为 1.5～1.6mm。阳角处要两面挂直。镶贴时先润湿底层，根据弹线稳好水平尺板，作为第一皮瓷砖镶贴的依据，由下往上逐层粘贴。为确保黏结牢固，瓷砖的吸水率不得大于 18%，且在镶贴前应浸水 2h 以上，取出晾干备用。采用聚合物水泥砂浆为黏结层时，可抹一行（或数行）贴一行（或数行）；采用厚 6～10mm、1∶2 的水泥砂浆（或掺入水泥重量 15%的石灰膏）作黏结层时，则将砂浆均匀刮抹在瓷砖背面，放在水平尺板上口贴于墙面，并将挤出的砂浆随时擦净。镶贴后轻敲瓷砖，使其黏结牢固，并用靠尺靠平，修正缝隙。

图 14-15　釉面瓷砖

室外接缝应用水泥浆或水泥砂浆嵌缝；室内接缝宜用与瓷砖相同颜色的石灰膏或水泥浆嵌缝。待整个墙面与嵌缝材料硬化后，用棉纱擦干净或用稀盐酸溶液刷洗，然后用清水冲洗干净。

二、饰面板施工

大理石和水磨石饰面板分为小规格板块（边长＜400mm）和大规格板块（边长＞400mm）两种。在一般情况下，小规格板块多采用粘贴法安装；大规格板块或高度超过 1m 时，多采用安装法施工。

墙面与柱面粘贴或安装饰面板，应先抄平，分块弹线，并按弹线尺寸及花纹图案预拼和编号。安装时应找正吊直后采取临时固定措施，再校正尺寸，以防灌注砂浆时板位移动。

1. 小板块施工

小规格的大理石和水磨石板块施工时，首先采用 1∶3 的水泥砂浆做底层，厚度约 12mm，要求刮平，找出规矩，并将表面划毛。底层浆凝固后，将湿润的大理石或水磨石板块抹上厚度 2～3mm 的素水泥浆粘贴到底层上，随手用木槌轻敲、用水平尺找平找直。大理石或水磨石板块使用前应在清水中浸泡2～3h后阴干备用。整个大理石或水磨石饰面工程完工后，应用清水将表面冲洗干净。

2. 大板块施工

大规格的大理石和水磨石采用安装法施工，如图 14-16 所示。施工时首先在基层的表面上绑扎 $\phi6$ 的钢筋骨架与结构中的预埋件固定。安装前大理石或水磨石板块侧面和背面应清扫干净并修边打眼，每块板材上、下边打眼数量均不少于两个，然后穿上铜丝或铅丝把板块固定在钢筋骨架上，离墙保持 20mm 空隙，用托线板靠直靠平，要求板块交接处四角平整。水平缝中插入木楔控制厚度，上下口用石膏临时固定（较大的板块则要加临时支撑）。板块安装由最下一行的中间或一端开始，依次安装。每铺完一行后，用 1∶2.5 的水泥砂浆分层灌浆，每层灌浆高度为 150～200mm，并插捣密实，待其初凝后再灌上一层浆，至距上口 50～100mm 处停止。安装第二行板块前，应将上口临时固定的石膏剔掉并清理干净缝隙。

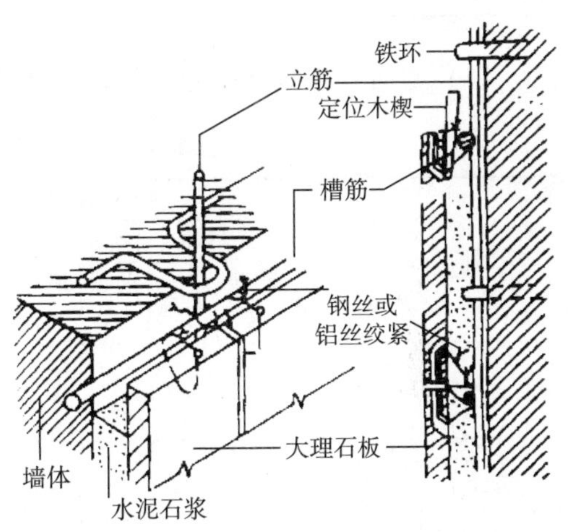

图 14-16　大理石安装法

采用浅色的大理石或水磨石饰面板时，灌浆须用白水泥和白石碴，以防变色，影响质量。完工后，表面应清洗干净，晾干后方可打蜡、擦亮。

3. 质量检验

（1）采用由上往下的铺贴方式，应严格控制好时间和顺序，否则易出现锦砖下坠而造成缝隙不均或不平整的现象。

（2）饰面工程的表面不得有变色、起碱、污点、砂浆流痕和显著的光泽受损处，不得有歪斜、翘曲、空鼓、缺棱、掉角、裂缝等缺陷。

（3）饰面工程的表面颜色应均匀一致，花纹线条应清晰、整齐、深浅一致，不显接槎，表面平整度的允许偏差小于 4mm。

（4）饰面板的接缝宽度若无设计要求时，应符合表 14-8 的规定。

表 14-8　饰面板的接缝宽度

项次	名称		接缝宽度/mm
1	天然石	光面、镜面	1
2		粗磨面、麻面、条纹面	5
3		天然面	10
4	人造石	水磨石	2
5		水刷石	10
6		大理石、花岗石	1

（5）饰面工程质量的允许偏差见表 14-9。

表 14-9　饰面工程质量允许偏差

项目	允许偏差/mm											检验方法
	天然石						人造石		饰面砖			
	光面	镜面	粗磨面	麻面	条纹面	天然面	水磨石	水刷石	外墙面砖	釉面砖	陶瓷锦砖	
表面平整	1		3			—	2	4	2			用 2m 直尺和楔形塞尺检查
立面垂直	2		3			—	2	4	2			用 2m 托线板检查
阳角方正	2		4			—	2	—	2			用 200mm 方尺检查
接缝高低	2		4			5	3	4	32			5m 接线检查，不足 5m 拉通线检查
墙裙上口平直	2		3			3	2	3	2			
接缝高低	0.3		3			—	0.5	3	室外 1、室内 0.5			用直尺和楔形塞尺检查
接缝宽度	0.5		1			2	0.5	2	—			用直尺检查

第七节　涂饰与裱糊工程

一、涂饰施工

各种建筑涂料的施工过程大同小异，大致上包括基层处理、刮腻子与磨平、涂料施涂三个阶段的工作。

1. 基层处理

（1）混凝土及砂浆的基层处理。

为保证涂膜能与基层牢固粘结在一起，基层表面必须干净、坚实，无酥松、脱皮、起壳、粉化等现象，基层表面的泥土、灰尘、污垢、粘附的砂浆等应清扫干净，酥松的抹灰层全部铲除。为保证基层表面平整，缺棱掉角处应用1∶3的水泥砂浆（或聚合物水泥砂浆）修补，表面的麻面、缝隙及凹陷处应用腻子填补修平。

（2）木材与金属基层的处理。

为保证涂抹与基层粘接牢固，木材表面的灰尘、污垢和金属表面的油渍、鳞皮、锈斑、焊渣、毛刺等必须清除干净。木料表面的裂缝等在清理和修整后应用石膏腻子填补密实、刮平收净，用砂纸磨光以使表面平整。木材基层缺陷处理好后表面上应作打底子处理，使基层表面具有均匀吸收涂料的性能，以保证面层的色泽均匀一致。金属表面应刷防锈漆，涂料施涂前被涂物件的表面必须干燥，以免水分蒸发造成涂膜起泡，一般木材含水率不得大于12%，金属表面不得有湿气。

2. 刮腻子与磨平

涂膜对光线的反射比较均匀，因而在一般情况下不易觉察基层表面细小的凹凸不平和砂眼，在涂刷涂料后由于光影作用都将显现出来，影响美观。所以基层必须刮腻子数遍予以找平，并在每遍所刮腻子干燥后用砂纸打磨，保证基层表面平整光滑。需要刮腻子的遍数视涂饰工程的质量等级，以及基层表面的平整度和所用的涂料品种而定。

3. 涂料的施涂

（1）一般规定。

涂料在施涂前及施涂过程中，必须充分搅拌均匀，用于同一表面的涂料，应注意保证颜色一致。涂料粘度应调整合适，使其在旋涂时不流坠、不显刷纹，如需稀释应用该种涂料所规定的稀释剂稀释。涂料的施涂遍数应根据涂料工程的质量等级而定。施涂溶剂型涂料时，后一遍涂料必须在前一遍涂料干燥后进行；施涂乳液型和水溶性涂料时后一遍涂料必须在前一遍涂料表干后进行。每一遍涂料不宜施涂过厚，应施涂均匀，各层必须结合牢固。

（2）施涂的基本方法。涂料的施涂方法有刷涂、滚涂、刮涂、弹涂和喷涂等。

1）刷涂。它是用油漆刷、排笔等将涂料刷涂在物体表面上的一种施工方法。此法操作方便，适应性广，除极少数流平性较差或干燥太快的涂料不宜采用外，大部分薄涂料或云母片状厚质涂料均可采用。刷涂顺序是先左后右、先上后下、先难后易。

2）滚涂。它是利用滚筒（或称辊筒、涂料辊）蘸取涂料并将其涂布到物体表面上的一种施工方法。滚筒表面有的是粘贴合成纤维长毛绒，也有的是粘贴橡胶（称之为橡胶压辊），当绒面压花滚筒或橡胶压花压辊表面为凸出的花纹图案时，即可在涂层上滚压出相应的花纹。

3）刮涂。它是利用刮板将涂料厚浆均匀地批刮于饰涂面上，形成厚度为1～2mm 的厚涂层。常用于地面厚层涂料的施涂。

4）弹涂。它是利用弹涂器通过转动的弹棒将涂料以圆点形状弹到被涂面上的一种施工方法。若分数次弹涂，每次用不同颜色的涂料，被涂面由不同色点的涂料装饰，相互衬托，可使饰面增加装饰效果。

5）喷涂。它是利用压力或压缩空气将涂料涂布于物体表面上的一种施工方法。涂料在高速喷射的空气流带动下，呈雾状小液滴喷到基层表面上形成涂层。喷涂的涂层较均匀，颜色也较均匀，施工效率高，适用于大面积施工。可使用各种涂料进行喷涂，尤其是外墙涂料用得较多。

二、裱糊施工

纸基塑料墙纸的裱糊工艺过程如下：基层处理→安排墙面分幅和划垂直线→裁纸→润湿→墙纸上墙→对缝→赶大面→整理纸缝→擦净纸面。

（1）基层处理。

要求基层基本干燥，混凝土和抹灰层的含水率不得大于 8%，基体或基层表面应坚实、平滑、无毛刺、无砂粒。对于局部麻点须先批腻子找平，并满批腻子，砂纸磨平。腻子涂抹于基层上应坚实牢固，故常用聚醋酸乙烯乳胶腻子。然后，在表面上满刷一遍用水稀释的聚乙烯醇缩甲醛胶作为底胶，使基层吸水不致太快，以免引起胶黏剂脱水而影响墙纸与基础的黏结。待底胶干后，在墙面上弹垂直线，作为裱糊第一幅墙纸时的准线。

（2）裁纸。

裱糊墙纸时纸幅必须垂直，才能使墙纸之间的花纹、图案、纵横连贯一致。分幅拼花裁切时，要照顾主要墙面花纹的对称完整，对缝和搭缝按实际尺寸统筹规划裁纸，纸幅应编号，按顺序粘贴。

（3）墙纸润湿和刷浆。

纸基塑料墙纸裱糊吸水后，在宽度方面能胀出约 1%。准备上墙裱糊的塑料墙纸，应先浸水 3min，再抖掉余水，静置 20min 待用。这样，刷浆后裱糊，可避免出现褶皱。在纸背和基层表面上刷胶要求薄而均匀。裱糊用的胶黏剂应按墙纸的品种选用，塑料墙纸的胶黏剂可选用聚乙烯醇缩甲醛胶（甲醛含量 45%）：羧甲基纤维素（2.5%溶液）：水＝100：30：50（重量比）或聚乙烯醇缩甲醛胶：水＝1：1（重量比）。

（4）裱糊。

墙纸纸面对褶上墙面，纸幅要垂直，先对花、对纹拼缝，由上而下赶平、压实。多余的胶黏剂挤出纸边，及时揩净以保持整洁。

以上先裁边后粘贴拼缝的施工工艺，其缺点是裁时不易平直，粘贴时拼缝费工且不易使缝合拢，易产生的通病是翘边和拼缝明显可见。经实践，可采取先粘贴后裁边的“搭接裁缝”法，即相邻两张墙纸粘贴时，纸边搭接重叠 20mm；然后用裁切刀沿搭接的重叠部位中心裁切；再撕去重叠的多余纸边，经滚压平服而成的施工方法。“搭接裁缝”法的优点是接缝严密，可达到或超过施工规范的要求。

塑料墙纸裱糊的质量要求：墙纸表面应色泽一致，无气泡、空鼓、翘边、褶皱和斑褥，斜视无胶痕，拼接无露缝，距墙面 1.5m 处正视不显拼缝。如局部黏结不牢，可补刷聚乙烯醇缩甲醛胶黏结。裱糊过程和干燥时，应防止穿堂风的直接作用和温度的剧烈变化。施工温度不应低于 5℃。

第八节　装饰装修质量要求及注意事项

一、装饰装修质量要求

（1）建筑装饰装修工程必须进行设计，并出具完整的施工图设计文件。

（2）建筑装饰装修工程设计必须保证建筑物的结构安全和主要使用功能。当涉及主体和承重结构改动或增加荷载时，必须由原结构设计单位或具备相应资质的设计单位核查有关原始资料，对既有建筑结构的安全性进行核验、确认。

（3）建筑装饰装修所使用的材料应按设计要求进行防火、防腐和防虫处理。

（4）建筑装饰装修工程施工中，严禁违反设计文件擅自改变建筑主体、承重结构或主要使用功能；严禁未经设计确认和有关部门批准擅自拆改水、暖、电、燃气、通信等配套设计。

（5）施工单位应遵守有关环境保护的法律法规，并应采取有效措施控制施工现场的各种粉尘、废气、废弃物、噪声、振动等对周围环境造成的污染和危害。

（6）外墙和顶棚的抹灰层与基层之间及各抹灰层之间必须粘贴牢固。

（7）建筑外门窗的安装必须牢固。在砌体上安装门窗严禁用射钉固定。

（8）重型灯具、电扇及其他重型设备严禁安装在吊顶工程的龙骨上。

（9）饰面安装工程的预埋件（或后置埋件）、连接件的数量、规格、位置、连接方法和防腐处理必须符合设计要求。后置埋件的现场拉拔强度必须符合设计要求。饰面板安装必须牢固。

（10）饰面砖粘贴必须牢固。

（11）隐框、半隐框幕墙所采用的结构粘结材料必须是中性硅酮结构密封胶，其性能必须符合《建筑用硅酮结构密封胶》（GB 16776—2005）的规定；硅酮结构密封必须在有效期内使用。

（12）主体结构与幕墙连接的各种预埋件，其数量、规格、位置和防腐处理必须符合要求。

（13）幕墙的金属框架与主体结构预埋件的连接、立柱与横梁的连接及幕墙面板的安装必须符合设计要求，安装必须牢固。

（14）护栏高度、栏杆间距、安装位置必须符合设计要求。护栏安装必须牢固。

二、装饰装修注意事项

（1）公共区域保护：进场首先将公共区域地面清扫干净，用影像记录入场前的地面破损情况，然后铺一层珍珠棉再附一层彩条布最好铺一层九厘板。墙面用彩条布遮挡 1.2 米高，突出部位与电梯门套重点用板材防护，注意墙面与地面岬角，要使墙面遮盖地面 10cm，避免泥沙进入造成地面瓷片划痕。

（2）文明施工用语：在公共可视墙面张贴公司铭牌及温馨警示。

（3）室内地板未拆除的，清扫后铺一层珍珠棉再铺一层彩条布，可将拆除的成品柜放在已做保护的地板上，和施工面临界的所有物品要全封闭防护，对已入住业主的贵重大型物品要重点防护。

（4）卫生间拆除的洁具（座便、洗手盆）必须将拆除的配件连同主体一起包装并妥善安置。由于空间狭小，所以卫生间施工尽量用小型电动工具，避免对其他物品造成损伤。

（5）门与门套的防护：入户门是管理室内施工的一道屏障，因不能拆卸所以要进行很好的防护，每天施工时用木版构件将容易碰撞部位小心呵护。室内房门需要拆卸的一定要安排专业人员将板门拆卸下来，并对锁具及铰链进行包装防护，横向接近垂直靠立墙面，门套附膜后用木板构件捆绑防护。注意安装玻璃的门与施工面临界的要用木板遮挡防护。铝合金门可以拆卸下来放置在阳台上对铝合金下槛附膜后用木板构件保护，防止水泥砂浆污染，立框用胶带粘贴防护。

第十五章　季节性施工

第一节　冬期施工

冬期施工

扫码观看本视频

一、地基基础工程施工

1. 土方工程

（1）冻土的挖掘。

冻土的挖掘根据冻土层厚度可采用人工、机械和爆破方法。人工挖掘冻土可采用锤击铁楔子劈冻土的方法分层进行挖掘。楔子的长度视冻土层厚度确定，宜为 300～600mm；机械挖掘冻土可根据冻土层厚度选用推土机松动、挖掘机开挖或重锤冲击破碎冻土等方法，其设备可按表 15-1 选用。

表 15-1　冻土挖掘设备选择

冻土厚度（mm）	选择机械
＜500	铲运机、推土机、挖掘机
500～1 000	大马力推土机、松土机、挖掘机
1 000～1 500	重锤或重球

（2）冻土的融化。

冻土融化的方法应视其工程量大小、冻结深度和现场施工条件等因素确定。可选择烟火烘烤、蒸汽融化、电热等方法，并应确定施工顺序。

工程量小的工程可采用烟火烘烤法，其燃料可选用刨花、锯末、谷壳、树枝皮及其他可燃废料。在拟开挖的冻土上应将铺好的燃料点燃，并用铁板覆盖，火焰不宜过高，并应采取可靠的防火措施。

2. 地基处理

（1）同一建筑物基槽（坑）开挖应同时进行，基底不得留冻土层。

（2）基础施工应防止地基土被融化的雪水或冰水浸泡。

（3）在寒冷地区的工程地基处理中，为解决地基土防冻胀、消除地基土湿陷性等问题，可采用强夯法施工。

1）强夯法冬期施工适用于各种条件的碎石土、砂土、粉土、黏性土、湿陷性土、人工填土等。当建筑场地地下水位距地表面在2m以下时，可直接施夯；当地下水位较高不利施工或表层为饱和黏土时，可在地表铺填0.5～2m的中（粗）砂、片石，也可以根据地区情况，回填含水量较低的黏性土、建筑垃圾、工业废料等再进行施夯。

2）强夯施工技术参数应根据加固要求与地质条件在场地内经试夯确定，试夯可作2～3组破碎冻土的试验，并应按相关规定进行。

3）冻土地基强夯施工时，应对周围建筑物及设施采取隔振措施。

4）强夯施工时，回填时严格控制土或其他填料质量，凡夹杂的冰块必须清除。填方之前地表表层有冻层时也需清除。

5）黏性土或粉土地基的强夯，宜在被夯土层表面铺设粗颗粒材料，并应及时清除黏结于锤底的土料。

3. 桩基础

(1) 冻土地基可采用非挤土桩（干作业钻孔桩、挖孔灌注桩等）或部分挤土桩（沉管灌注桩、预应力混凝土空心管桩等）施工。

(2) 非挤土桩和部分挤土桩施工时，当冻土层厚度超过500mm，冻土层宜选用钻孔机引孔，引孔直径应大于桩径50mm。

(3) 振动沉管成孔应制定保证相邻桩身混凝土质量的施工顺序；拔管时，应及时清除管壁上的水泥浆和泥土。当成孔施工有间歇时，宜将桩管埋入桩孔中进行保温。

(4) 钻孔机的钻头宜选用锥形钻头并镶焊合金刀片。钻进冻土时应加大钻杆对土层的压力，并防止摆动和偏位。钻成的桩孔应及时覆盖保护。

(5) 预应力混凝土空心管桩施工应符合下列要求。

1）施工前，桩表面应保持干燥与清洁。

2）起吊前，钢丝绳索与桩机的夹具应采取防滑措施。

3）沉桩施工应连续进行，施工完成后应采用袋装保温材料覆盖于桩孔上保温。

4. 基坑支护

(1) 基坑支护冬期施工宜选用排桩和土钉墙的方法。

(2) 采用液压高频锤法施工的型钢或钢管排桩基坑支护工程，应考虑对周边建筑物、构筑物和地下管道的振动影响。

(3) 钢筋混凝土灌注桩的排桩施工应符合下列要求。

1）基坑土方开挖应待桩身混凝土达到设计强度时方可进行，且不宜低于C25。

2）基坑土方开挖前，排桩上部的自由端和外侧土应进行保温。

3）桩身混凝土施工可选用氯盐型防冻剂。

二、钢筋工程施工

1. 钢筋负温冷拉和冷弯

(1) 冷拉钢筋应采用热轧钢筋加工制成，钢筋冷拉温度不宜低于－20℃，预应力钢筋张拉温度不宜低于－15℃。

(2) 钢筋负温冷拉方法可采用控制应力方法或控制冷拉率方法。用作预应力混凝土结构的预应力筋，宜采用控制应力方法；不能分炉批的热轧钢筋冷拉，不宜采用控制冷拉率的方法。

(3) 在负温条件下采用控制应力方法冷拉钢筋时，由于钢筋强度提高，伸长率随温度降低而减少，如控制应力不变，则伸长率不足，钢筋强度将达不到设计要求，因此在负温下冷拉的控制应力应较常温提高。冷拉率的确定应与常温时相同。

(4) 在负温下冷拉后的钢筋，应逐根进行外观质量检查，其表面不得有裂纹和局部颈缩。

(5) 钢筋冷拉设备仪表和液压工作系统油液应根据环境温度选用，并应在使用温度条件下进行配套校验。

(6) 当温度低于－20℃时，不得对HRB335、HRB400钢筋进行冷弯操作，以避免在钢筋弯点处发生强化，造成钢筋脆断。

2. 钢筋负温焊接

(1) 负温闪光对焊。

1) 负温闪光对焊。

适用于热轧HPB235、HRB335、HRB400级钢筋，直径10～40mm；热轧HRB500级钢筋，直径10～25mm；余热处理钢筋，直径10～25mm。

2) 热轧钢筋负温闪光对焊。宜采用预热闪光焊或闪光—预热—闪光焊工艺。钢筋端面比较平整时，宜采用预热闪光焊；端面不平整时，宜采用闪光—预热—闪光焊。

3) 钢筋负温闪光对焊参数，在施焊时可根据焊件的钢种、直径、施焊温度和焊工技术水平灵活选用。

4) 闪光对焊接头处不得有横向裂纹，与电极接触的钢筋表面，不得有烧伤。接头处弯折角度不应大于3°，轴线偏移不应大于直径的0.1倍，且不应大于2mm。

(2) 负温电弧焊。

1) 钢筋负温电弧焊时，可根据钢筋级别、直径、接头形式和焊接位置，选择焊条和焊接电流。焊接时应采取措施，防止产生过热、烧伤、咬肉和裂纹等缺陷，在构造上应防止在接头处产生偏心受力状态。

2) 在进行帮条或搭接电弧焊、平焊时，第一层焊缝，先从中间引弧，再向两端运弧；立焊时，先从中间向上方运弧，再从下端向中间运弧，使接头端部的钢筋达到一定的预热效果，降低接头热影响区的温度差。焊接时，第一层焊缝应具有足够的熔深，焊缝应熔合良好。以后各层焊缝焊接时，应采取分层控温施焊，层间温度宜控制在150～350℃之间，以起到缓冷作用，防止出现冷脆性。

3. 钢筋负温机械连接

钢筋机械连接主要有带肋钢筋套筒挤压连接、钢筋剥肋滚轧直螺纹套筒连接。

(1) 带肋钢筋套筒挤压连接。

1) 带肋钢筋套筒挤压连接施工时，当冬期施工环境温度低于－10℃时，应对挤压机的挤压力进行专项标定，在标定时应根据负温度和压力表读数之间的关系，画出“温度—压力标定”曲线，以便于在温度变动时查用。通常在常温下施工时，压力表读数一般在55～80MPa之间，负温时可参考进行标定。

2) 由于钢材的塑性随着温度降低而降低，当环境温度低于－20℃时，应进行负温下工艺、参数专项试验，确认合格后才能大批量连接生产。

3) 挤压前，应提前将钢筋端头的锈皮、沾污的冰雪、污泥、油污等清理干净；检查套筒的外观尺寸，清除沾污的污泥、冰雪等。

(2) 钢筋剥肋滚轧直螺纹套筒连接。

1) 加工钢筋螺纹时，应采用水溶性切削冷却液，当气温在0℃以下时，应掺入15%～20%的亚硝酸钠溶液，不应使用油性液体作为润滑液或不加润滑液。

2) 冬期施工过程中，钢筋丝头不得沾污冰雪、污泥冻团，应清洁干净。

3) 钢筋连接用的力矩扳手应根据气温情况，进行负温标定修正。

三、混凝土工程施工

1. 混凝土原材料的加热

(1) 冬期施工混凝土原材料一般需要加热，加热时优先采用加热水的方法。加热温度根据热工计算确定，但不得超过表15-2的规定。如果将水加热到最高温度，还不能满足混凝土温度要求，再考虑加热骨料。

表15-2 拌和水及骨料加热的最高温度

项次	水泥强度等级	拌和水	骨料
1	小于42.5R	80℃	60℃
2	42.5R、42.5R及以上	60℃	40℃

(2) 加热方法。水泥不得直接加热，使用前宜运入暖棚内存放。水加热宜采用蒸汽加热、电加热或汽水加热等方法。加热水使用的水箱或水池应予保温，其容积应能使水达到规定的使用温度要求。砂加热应在开盘前进行，并应掌握各处加热均匀。当采用保温加热料斗时，宜配备两个，交替加热使用。每个料斗容积

根据机械可装高度和侧壁斜度等要求进行设计，每一个斗的容量不宜小于 3.5m³。

2. 混凝土的运输与浇筑

在运输过程中，要注意防止混凝土热量散失、表面冻结、混凝土离析、水泥浆流失、坍落度变化等现象。混凝土浇筑时，入模温度除了与拌合物的出机温度有关外，还取决于运输过程中的蓄热程度。因此，运输速度要快，距离要短，倒运次数要少，保温效果要好。同时要注意以下几点。

(1) 冬期不得在强冻胀性地基土上浇筑混凝土，在弱冻胀性地基土上浇筑时，基土应进行保温，以免遭冻。

(2) 混凝土在浇筑前，应清除模板和钢筋上的冰雪和污垢。运输和浇筑混凝土用的容器应有保温措施。

(3) 混凝土拌合物入模浇筑，必须经过振捣，使其内部密实，并能充分填满模板各个角落，制成符合设计要求的构件，木模板更适合混凝土的冬期施工。模板各棱角部位应注意加强保温。

(4) 冬期振捣混凝土要采用机械振捣，振捣要迅速，浇筑前应做好必要的准备工作。混凝土浇筑前宜采用热风机清除冰雪和对钢筋、模板进行预热。

(5) 浇筑基础大体积混凝土时，施工前要对地基进行保温以防止冻胀。新拌混凝土的入模温度以 7～12℃为宜。混凝土内部温度与表面温度之差不得超过 20℃。必要时应做保温覆盖。

(6) 分层浇筑厚大的整体式结构混凝土时，已浇筑层的混凝土温度在未被上一层混凝土覆盖前不得低于 2℃。采用加热养护时，养护前的温度不得低于 2℃。

(7) 浇筑承受内力接头的混凝土（或砂浆），宜先将结合处的表面加热到正温。浇筑后的接头混凝土（或砂浆）在温度不超过 45℃的条件下，应养护至设计要求的强度，当设计无要求时，其强度不得低于设计强度的 70%。

3. 暖棚法养护

暖棚法施工适用于地下结构工程和混凝土量比较集中的结构工程。

暖棚通常以脚手架材料（钢管或木杆）为骨架，用塑料薄膜或帆布围护。塑料薄膜可使用厚度大于 0.1mm 的聚乙烯薄膜，也可使用以聚丙烯编织布和聚丙烯薄膜复合而成的复合布。塑料薄膜不仅质量轻，而且透光，白天不需要人工照明，吸收太阳能后还能提高棚内温度。加热用的能源一般为煤或焦炭，也可使用以电、燃气、煤油或蒸汽为能源的热风机或散热器。

采用暖棚法施工时要注意以下几点。

(1) 当采用暖棚法施工时，棚内各测点温度不得低于 5℃，并应设专人检测混凝土及棚内温度。暖棚内测温点应选择具有代表性的位置进行布置，在离地面 500mm 高度处必须设点，每昼夜测温不应少于 4 次。

(2) 养护期间应测量棚内湿度，混凝土不得有失水现象。当有失水现象时，应及时采取增湿措施或在混凝土表面洒水养护。

(3) 暖棚的出入口应设专人管理，并应采取防止棚内温度下降或引起风口处混凝土受冻的措施。

(4) 在混凝土养护期间应将烟或燃烧气体排至棚外，注意采取防止烟气中毒和防火措施。

四、屋面工程施工

1. 保温层施工

(1) 冬期施工采用的屋面保温材料应符合设计要求，并不得含有冰雪、冻块和杂质。

(2) 干铺的保温层可在负温度下施工，采用沥青胶结的整体保温层和板状保温层应在气温不低于−10℃时施工；采用水泥、石灰或乳化沥青胶结的整体保温层和板状保温层，应在气温不低于5℃时施工。如气温低于上述要求，应采取保温、防冻措施。

(3) 采用水泥砂浆粘贴板状保温材料以及处理板间缝隙，可采用掺有防冻剂的保温砂浆。防冻剂掺量应通过试验确定。

(4) 干铺的板状保温材料在负温施工时，板材应在基层表面铺平垫稳，分层铺设。板块上下层缝隙应相互错开，缝隙应采用同类材料的碎屑填嵌密实。

(5) 雪天和五级风及以上天气不得施工。

(6) 当采用倒置式屋面进行冬期施工时，应符合以下要求。

1) 倒置式屋面冬期施工，应选用憎水性保温材料，施工之前应检查防水层平整度及有无结冰、霜冻或积水现象，合格后方可施工。

2) 当采用EPS板或XPS板做倒置式屋面的保温层时，可用机械方法固定，板缝和固定处的缝隙应用同类材料碎屑和密封材料填实。表面应平整无瑕疵。

3) 倒置式屋面的保温层上应按设计要求做覆盖保护。

2. 找平层施工

(1) 屋面应牢固坚实，表面无凹凸、起砂、起鼓现象。如有积雪、残留冰霜、杂物等应清扫干净，并且找平层施工应符合下列规定。

1) 找平层保持干燥。

2) 找平层与女儿墙、立墙、天窗壁、变形缝、烟囱等突出屋面结构的连接处，以及找平层的转角处、水落口、檐口、天沟、檐沟、屋脊等均应做成圆弧。采用沥青防水卷材的圆弧，半径宜为100～150mm；采用高聚物改性沥青防水卷材，圆弧半径宜为50mm；采用合成高分子防水卷材，圆弧半径宜为20mm。

(2) 采用水泥砂浆或细石混凝土找平层时，应符合下列规定。

1) 应依据气温和养护温度要求掺入防冻剂，且掺量应通过试验确定。

2）采用氯化钠作为防冻剂时，宜选用普通硅酸盐水泥或矿渣硅酸盐水泥，不得使用高铝水泥。施工温度不应低于－7℃。

（3）找平层宜留设分格缝，缝宽宜为 20mm，并应填充密封材料。当分格缝兼作排汽屋面的排汽道时，可适当加宽，并应与保温层连通。找平层表面宜平整，平整度不应超过 5mm，且不得有酥松、起砂、起皮现象。

3. 屋面防水层施工

（1）冬期施工的屋面防水层采用卷材时，可用热熔法和冷黏法施工。防水材料施工的环境温度见表 15-3。

表 15-3 防水材料施工环境气温要求

防水材料	施工环境气温
高聚物改性沥青防水卷材	热熔法不低于－10℃
合成高分子防水卷材	冷粘法不低于 5℃，焊接法不低于－10℃，
高聚物改性沥青防水涂料	溶剂型不低于 5℃；热熔型不低于－10℃
合成高分子防水涂料	溶剂型不低于－5℃
防水混凝土、防水砂浆	符合混凝土、砂浆相关规定
改性石油沥青密封材料	不低于 0℃
合成高分子密封材料	溶剂型不低于 0℃

（2）当采用涂料做屋面防水层时，应选用合成高分子防水涂料（溶剂型），施工时环境气温不宜低于－5℃，在雨、雪天及五级风及以上时不得施工。

五、砌体工程施工

1. 材料要求

（1）普通砖、空心砖、灰砂砖、混凝土小型空心砌块、加气混凝土砌块和石材在砌筑前，应清除表面的冰雪、污物等，严禁使用遭水浸泡和冻结的砖或砌块。

（2）砌筑砂浆宜优先选用干粉砂浆和预拌砂浆，水泥优先采用普通硅酸盐水泥，冬期砌筑不得使用无水泥拌制的砂浆。

（3）石灰膏等宜保温防冻，当遭冻结时，应融化后才能使用。

（4）拌制砂浆所用的砂，不得含有直径大于 10mm 的冻结块和冰块。

（5）拌和砂浆时，水温不得超过 80℃，砂的温度不得超过 40℃。砂浆稠度，应比常温时适当增加 10～30mm。当水温过高时，应调整材料添加顺序，应先将水加入砂内搅拌，后加水泥，防止水泥出现假凝现象。冬期砌筑砂浆的稠度见表 15-4。

表 15-4　冬期砌筑砂浆的稠度

砌体种类	常温时砂浆稠度（mm）	冬期时砂浆稠度（mm）
烧结砖砌体	70～90	90～110
烧结多孔砖、空心砖砌体	60～80	80～100
轻骨料小型空心砌块砌体	60～90	80～110
加气混凝土砌块砌体	50～70	80～100
石材砌体	30～50	40～60

2. 施工方法

常见的施工方法有外加剂法和暖棚法。

（1）外加剂法。

1）采用外加剂法施工时，砌筑时砂浆温度不应低于 5℃，当设计无要求且最低气温等于或低于－15℃时，砌筑承重砌体时，砂浆强度等级应比常温施工提高一级。

2）在拌和水中掺入如氯化钠（食盐）、氯化钙或亚硝酸钠等抗冻外加剂，使砂浆砌筑后能够在负温条件下继续增长强度，继续硬化，可不必采取防止砌体冻胀沉降变形的措施。砂浆中的外加剂掺量及其适用温度应事先通过试验确定。

3）当施工温度在－15℃以上时，砂浆中可单掺氯化钠，当施工温度在－15℃以下时，单掺低浓度的氯化钠溶液降低冰点效果不佳，可与氯化钙复合使用，其比例为氯化钠：氯化钙＝2：1，总掺盐量不得大于用水量的 10%，否则会导致砂浆强度降低。

4）当室外大气温度在－10℃以上时，掺盐量在 3%～5%时，砂浆可以不加热；当低于－10℃时，应加热原材料。首先应加热水，当满足不了温度需要时，再加热砂子。

5）通常情况固体食盐仍含有水分，氯化钠的纯度在 91%左右，氯化钙的纯度在 83%～85%之间。

6）盐类应溶解于水后再掺入并进行搅拌，如要再掺加微沫剂，应按照先加盐类溶液后加微沫剂溶液的顺序掺加。

7）氯盐对钢筋有腐蚀作用，采用掺盐砂浆砌筑配筋砌体时，应对钢筋采取防腐蚀措施，常用方法有涂刷樟丹、沥青漆和刷防锈涂料等。

（2）暖棚法。

暖棚法是将需要保温的砌体和工作面，利用简单或廉价的保温材料，进行临时封闭，并在棚内加热，使其在正温条件下砌筑和养护。由于暖棚搭设投入大，效率低，宜少采用。在寒冷地区的地下工程、基础工程等便于围护的部位，量小且又急需使用的砌体工程，可考虑采用暖棚法施工。

暖棚的加热，可根据现场条件，应优先采用热风装置或电加热等方式，若采用燃气、火炉等，应加强安全防火、防中毒措施。

采用暖棚法施工时，砖石和砂浆在砌筑时的温度均不得低于5℃，而距所砌结构底面0.5m处的棚内气温也不应低于5℃。

在确定暖棚的热耗时，应考虑围护结构材料的热量损失，地基土吸收的热量和在暖棚内加热或预热材料的热量损耗。

砌体在暖棚内的养护时间根据暖棚内的温度决定，见表15-5。

表15-5　暖棚法砌体的养护时间

暖棚内温度（℃）	5	10	15	20
养护时间（d）	≥6	≥5	≥4	≥3

第二节　雨期施工

一、施工准备

（1）雨期到来之前应编制雨期施工方案。

（2）雨期到来之前应对所有施工人员进行雨期施工安全、质量交底，并做好交底记录。

（3）雨期到来之前，应组织一次全面的施工安全、质量大检查，主要检查雨期施工措施落实情况，物资储备情况，清除一切隐患，对不符合雨期施工要求的要限期整改。

（4）做好项目的施工进度安排，室外管线工程、大型设备的室外焊接工程等应尽量避开雨期。露天堆放的材料及设备要垫离地面一定的高度，防潮设备要有毡布覆盖，防止日晒雨淋。施工道路要用级配砂石铺设，防止雨期道路泥泞，交通受阻。

（5）施工机具要统一规划放置，要搭设必要的防雨棚、防雨罩，并垫起一定高度，防止受潮而影响生产。雨期施工，所有用电设备不允许放在低洼的地方，防止被水浸泡。雨期前对现场配电箱、闸箱、电缆临时支架等仔细检查，需加固的及时加固，缺盖、罩、门的及时补齐，确保用电安全。

二、设备材料防护

1．土方工程

（1）排水要求。

坡顶应做散水及挡水墙，四周做混凝土路面，保证施工现场水流畅通，不积水，周边地区不倒灌；基坑内，沿四周挖砌排水沟、设集水井，泵抽至市政排水系统，排水沟设置在基础轮廓线以外，排水沟边缘应离开坡脚大于等于 0.3m。排水设备优先选用离心泵，也可用潜水泵。

（2）土方开挖。

土方开挖施工中，基坑内临时道路上铺渣土或级配砂石，保证雨后通行不陷。雨期时加密对基坑的监测周期，确保基坑安全。雨期土方工程需避免浸水泡槽，一旦发生泡槽现象，必须进行处理。

（3）土方回填。

土方回填应避免在雨天进行施工。回填过程中如遇雨，用塑料布覆盖，防止雨水淋湿已夯实的部分。雨后回填前认真做好填土含水率测试工作，含水率较大时将土铺开晾晒，待含水率测试合格后方可回填。严格控制土方的含水率，含水率不符合要求的回填土严禁进行回填，暂时存放在现场的回填土用塑料布覆盖防雨。

2. 钢筋工程

（1）钢筋的进场运输应尽量避免在雨天进行。

（2）大雨时应避免进行钢筋焊接施工。小雨时如有必须施工部位应采取防雨措施以防触电事故发生，可采用雨布或塑料布搭设临时防雨棚，不得让雨水淋在焊点上，待完全冷却后，方可撤掉遮盖，以保证钢筋的焊接质量。

（3）若遇连续时间较长的阴雨天，对钢筋及其半成品等需采用塑料薄膜进行覆盖。

（4）雨后钢筋视情况进行防锈处理，不得把锈蚀的钢筋用于结构上。

（5）雨后要检查基础底板后浇带，清理干净后浇带内的积水，避免钢筋锈蚀。

3. 混凝土工程

（1）雨期搅拌混凝土要严格控制用水量，应随时测定砂、石的含水率，及时调整混凝土配合比，严格控制水灰比和坍落度。雨天浇筑混凝土应适当减小坍落度，必要时可将混凝土强度等级提高半级或一级。

（2）随时接听、搜集气象预报及有关信息，应尽量避免在雨天进行混凝土浇筑施工，大雨和暴雨天不得浇筑混凝土。小雨可以进行混凝土浇筑，但浇筑部位应进行覆盖。

（3）底板大体积混凝土施工应避免在雨天进行。如突然遇到大雨或暴雨，不能浇筑混凝土时，应将施工缝设置在合理位置，并采取适当措施，已浇筑的混凝土用塑料布覆盖。

（4）雨期期间如果高温、阴雨造成温差变化较大，要特别加强对混凝土振捣和拆模时间的控制。依据高温天气混凝土凝固快、阴雨天混凝土强度增长慢的特点，适当调整拆模时间，以保证混凝土施工质量的稳定性。

（5）雨后应将模板表面淤泥、积水及钢筋上的淤泥清除掉，施工前应检查板、墙模板内是否有积水，若有积水应清理后再浇筑混凝土。

(6) 混凝土中掺加的粉煤灰应注意防雨、防潮。

4. 脚手架工程

(1) 脚手架基础座的基土必须坚实，立杆下应设垫木或垫块，并有可靠的排水设施，防止积水浸泡地基。

(2) 遇风力六级以上（含六级）强风和高温、大雨、大雾、大雪等恶劣天气，应停止脚手架搭设与拆除作业。风、雨、雾、雪过后要检查所有的脚手架、井架等架设工程的安全情况，发现倾斜、下沉、松扣、崩扣要及时修复，合格后方可使用。每次大风或大雨后，必须组织人员对脚手架、龙门架及基础进行复查，有松动应及时处理。

(3) 要及时对脚手架进行清扫，并采取防滑和防雷措施，钢脚手架、钢垂直运输架均应可靠接地，防雷接地电阻不大于 10Ω。高于四周建筑物的脚手架应设避雷装置。

(4) 雨期要及时排除架子基底积水，大风暴雨后要认真检查，发现立杆下沉、悬空、接头松动等问题应及时处理，并经验收合格后方可使用。

5. 模板工程

(1) 雨天使用的木模板拆下后应放平，以免变形。钢模板拆下后应及时清理、刷脱模剂（遇雨应覆盖塑料布），大雨过后应重新刷一遍。

(2) 模板拼装后应尽快浇筑混凝土，防止模板遇雨变形。若模板拼装后不能及时浇筑混凝土，又被雨水淋过，则浇筑混凝土前应重新检查、加固模板和支撑。

(3) 制作模板用的多层板和木方要堆放整齐，且须用塑料布覆盖防雨，防止被雨水淋而变形，影响其周转次数和混凝土的成型质量。

6. 屋面工程

(1) 保温材料应采取防雨、防潮的措施，并应分类堆放，防止混杂。

(2) 金属板材堆放地点宜选择在安装现场附近，堆放应平坦、坚实且便于排除地面水。

(3) 保温层施工完成后，应及时铺抹找平层，以减少受潮和浸水，尤其在雨期施工，要采取遮盖措施。

(4) 雨期不得施工防水层。油毡瓦保温层严禁在雨天施工。材料应在环境温度不高于 45℃的条件下保管，应避免雨淋、日晒、受潮，并应注意通风和避免接近火源。

7. 装饰装修工程

(1) 外墙贴面砖工程。基层应清洁，含水率小于 9%。外墙抹灰遇雨冲刷后，继续施工时应将冲刷后的灰浆铲掉，重新抹灰。水泥砂浆终凝前遇雨冲刷，应全面检查砖黏结程度。

(2) 外墙涂料工程。涂刷前应注意基层含水率（小于8%）；环境温度不宜低于10℃，相对湿度不宜大于60%。腻子应采用耐水性腻子。使用的腻子应坚实牢固，不得有粉化、起皮和裂纹现象。施涂工程的过程中应注意气候变化。当遇有大风、雨、雾情况时不可施工。当涂刷完毕，但漆膜未干即遇雨时应在雨后重新涂刷。

三、防雷措施

1. 避雷针

当施工现场位于山区或多雷地区，变电所、配电所应装设独立避雷针。正在施工建造的建筑物，当高度在20m以上应装设避雷针。施工现场内的塔式起重机、井字架及脚手架机械设备，若在相邻建筑物、构筑物的防雷设置的保护范围以外，则应安装避雷针。若最高机械设备上安装了避雷针，且其最后退出现场，则其他设备可不设避雷针。

2. 避雷器

装设避雷器是防止雷电侵入波的主要措施。

高压架空线路及电力变压器高压侧应装设避雷器，避雷器的安装位置应尽可能靠近变电所。避雷器宜安装在高压熔断器与变压器之间，以保护电力变压器线路免于遭受雷击。避雷器可选用FS－10型阀式避雷器，杆上避雷器应排列整齐、高低一致。10kV避雷器安装的相间距离不小于350mm。避雷器引线应力求做到短直、张弛适度、连接紧密，其引上线一般采用16mm^{2}的铜芯绝缘线，引下线一般采用25mm^{2}的钢芯绝缘线。

避雷器防雷接地引下线采用“三位一体”的接线方式，即：避雷器接地引下线、电力变压器的金属外壳接地引下线和变压器低压侧中性点引下线三者连接在一起，然后共同与接地装置相连接。这样，当高压侧落雷使避雷器放电时，变压器绝缘上所承受的电压，即为避雷器的残压，将无损于变压器绝缘。

在多雷区变压器低压出线处，应安装一组低压避雷器，以用来防止由于低压侧落雷或由于正、反变换电压波的影响而造成低压侧绝缘击穿事故。低压避雷器可选用FS系列低压阀式避雷器或FYS型低压金属氧化物避雷器。

尚应注意，避雷器在安装前及在用期的每年三月份应作预防性试验。经检验证实处于合格状态方可投入使用。

3. 接地装置

众所周知，避雷装置由接闪器（或避雷器）、引下线的接地装置组成。而接地装置由接地极和接地线组成。

独立避雷针的接地装置应单独安装，与其他保护的接地装置的安装要分开，且保持3m以上的安全距离。

除独立避雷针外，在接地电阻满足要求的前提下，防雷接地装置可以和其他接地装置共用。接地极宜选用角钢，其规格为 40mm×40mm×4mm 及以上；若选用钢管，直径应不小于 50mm，其壁厚不应小于 3.5mm。垂直接地极的长度应为 2.5m；接地极间的距离为 5m；接地极埋入地下深度，接地极顶端要在地下 0.8m 以下。接地极之间的连接是通过规格为 40mm×4mm 的扁钢焊接。焊接位置距接地极顶端 50mm。焊接采用搭接焊。扁钢搭接长度为宽度的 2 倍，且至少有 3 个棱边焊接。扁钢与角钢（或钢管）焊接时，为了保证连接可靠，应事先在接触部位将扁钢弯成直角形（或弧形），再与角钢（或钢管）焊接。

接地极与接地线宜选用镀锌钢材，其将埋于地下的焊接处应涂沥青防腐。

第三节　高温季节施工

一、高温季节混凝土工程施工

暑期高温天气会对混凝土浇筑施工造成负面影响，消除这些负面影响的施工措施，要着重对混凝土分项工程施工进行计划与安排。

1. 高温天气对混凝土的影响

（1）对混凝土搅拌的影响主要有：混凝土凝固速率增加，从而增加了摊铺、压实及成形的困难；混凝土流动性下降快，因而要求现场施工水量增加；拌和水量增加；控制气泡状空气存在于混凝土中的难度增加。

（2）对混凝土固化过程的影响主要有：较高的含水量、较高的混凝土温度，将导致混凝土 28 天和后续强度的降低，或混凝土凝固过程中及初凝过程中混凝土强度的降低；整体结构冷却或不同断面温度的差异，使得固化收缩裂缝以及温度裂缝产生的可能性增加；水合速率或水中黏性材料比率的不同会导致混凝土表面摩擦度的变化，如颜色差异；高含水量、不充分的养护、碳酸化、轻骨料或不适当的骨料混合比例可导致混凝土渗透性增加。

2. 混凝土浇筑施工措施

（1）粗骨料的冷却。粗骨料冷却的有效方法是用冷水喷洒或用大量的水冲洗。由于粗骨料在混凝土搅拌过程中占有较大的比例，降低粗骨料大约 1±0.5℃的温度，混凝土的温度可以降低 0.5℃。由于粗骨料可以被集中在筒仓内或箱柜容器内，因此粗骨料的冷却可以在很短的时间内完成，在冷却过程中要控制水量的均匀性，以避免不同批次之间形成的温度差异。骨料的冷却也可以通过向潮湿的骨料内吹空气来实现。粗骨料内空气流动可以加大其蒸发量，从而使粗骨料降温在 1℃温度范围内。该方法的实施效果与环境温度、相对湿度和空气流动的速度有关。如果用冷却后的空气代替环境温度下的空气，可以使粗骨料降低 7℃。粗骨料如图 15-1 所示。

（2）用冰代替部分拌和水。用冰替代部分拌和水可以降低混凝土温度，其降低温度的幅度受到用冰替代拌和水数量的限制，对于大多数混凝土，可降低的最大温度为11℃。为保证正确的配合比，应对加入混凝土中冰的质量进行称重。如果采用冰块进行冷却，需要使用粉碎机将冰块粉碎，然后加入混凝土搅拌器中。

(3) 混凝土的搅拌与运输。混凝土拌制时应采取措施控制混凝土的升温，并一次控制附加水量，减小坍落度损失，减少塑性收缩开裂。在混凝土拌制、运输过程中可以采取以下措施。

图 15-1　粗骨料

1) 使用减水剂或以粉煤灰取代部分水泥以减少水泥用量，同时在混凝土浇筑条件允许的情况下增大骨料粒径。

2) 如果混凝土运输时间较长，可以用缓凝剂控制混凝土的凝结时间，但要注意混凝剂的用量。

3) 如需要较高坍落度的混凝土拌合物，应使用高效减水剂。有些高效减水剂产生的拌合物其坍落度可维持2h。高效减水剂还能够减少拌和过程中骨料颗粒之间的摩擦，减缓拌和筒中的热积聚。

4) 在混凝土浇筑过程中，始终保持搅拌车的搅拌状态。为防止泵管暴晒，可以用麻袋或草袋覆盖，同时在覆盖物上浇水，以降低混凝土的入模温度。

(4) 施工方法。

1) 检测运到工地上的混凝土的温度，必要时可以要求搅拌站予以调节。

2) 暑期混凝土施工时，振动设备较易发热损坏，故应准备好备用振动器。

3) 与混凝土接触的各种工具、设备和材料等，如浇筑溜槽、输送机、泵管、混凝土浇筑导管、钢筋和手推车等，不要直接受到阳光曝晒，必要时应洒水冷却。

4) 浇筑混凝土地面时，应先湿润基层和地面边模。

5) 夏季浇筑混凝土应精心计划，混凝土应连续、快速地浇筑。混凝土表面如有泌水时，要及时进行修整。

6) 根据具体气候条件，发现混凝土有塑性收缩开裂的可能性时，应采取措施（如喷洒养护剂、麻袋覆盖等），以控制混凝土表面的水分蒸发。混凝土表面当水分蒸发速度超过 $0.5kg/(m^2/h)$ 时就可能出现塑性收缩裂缝；当超过 $1.0kg/(m^2/h)$ 就需要采取适当措施，如冷却混凝土、向表面喷水或采用防风措施等，以降低表面蒸发速度。

7) 应做好施工组织设计，以避免在日最高气温时浇筑混凝土。在高温干燥季节，晚间浇筑混凝土受风和温度的影响相对较小，且可在接近日出时终凝，而此时的相对湿度较高，因而早期干燥和开裂的可能性最小。

（5）混凝土养护。夏季浇筑的混凝土必须加强对混凝土的养护。

1）在修整作业完成后或混凝土初凝后立即进行养护。

2）优先采用麻袋覆盖养护方法，连续养护。在混凝土浇筑后的1～7天，应保证混凝土处于充分湿润的状态，并应严格遵守规范规定的养护龄期。

3）当完成规定的养护时间后拆模时，最好为其表面提供潮湿的覆盖层。

二、防暑降温措施

（1）在工程施工开始前对施工人员进行夏季防暑降温知识的教育培训工作。培训的内容主要有：夏季防暑常识、防暑要求的使用方法、中毒的症状、中暑的急救措施等。

（2）合理安排高温作业时间、职工的劳动和休息时间，减轻劳动强度，缩短或避开高温环境的作业时间。

（3）上级管理人员应向施工队发放清凉油、风精油等防暑降温药品，并保证发放到每个施工人员手中，并每天携带。

（4）加强夏季食堂管理，注意饮食卫生，食物应及时放到冰柜中，防止因天气炎热而导致食物变质腐烂，造成食物中毒。食堂炊事员合理安排夏季饮食，增加清淡有营养的食物。

（5）对现场防暑降温组织进行不定期的安全监督检查。其内容包括：检查各施工作业队防暑降温方案的执行和落实情况；检查药品的发放情况；检查施工队的工作时间和休息时间是否合理等。

（6）员工宿舍的设置做到卫生、整洁、通风，并安装空调，保证员工在夏季施工能有一个良好的休息环境。

第十六章　施工管理

第一节　施工计划管理

一、施工进度计划

1. 条形进度计划表

用粗的横道线表示工程各项目的开工与竣工日期，延续时间。由于这种进度计划表简单易画，明了易懂，无论过去还是现在均为一种运用最广泛的表述进度计划的方法。即使普及了网络计划，最终的工作进度表或编制轮廓性进度计划时，仍然是要采用条形进度计划表的形式。

2. 网络进度计划表

用一个网络图来模拟一项工程施工进度中各工作项目的相互联系和相互制约的逻辑关系，并通过计算，找出关键线路，通过网络计划的调整，选择最优方案。在执行过程中，不断根据主客观条件的变化信息，进行有效控制和监督，使计划任务能最合理地使用资源，能更好地完成计划。

二、计划管理的任务、特点

1. 计划管理的任务

主要是在总工期的约束下，在进行综合平衡基础上，确定各阶段、各工序之间的施工进度，协调各方面的关系，从而保证工程项目能符合计划要求和质量标准，各项工程能成套、按期地交付生产使用。

2. 计划管理的特点

(1) 计划的被动性。由于建筑工程施工是按照投资者合同和工程设计要求进行建造，这就使施工计划具有被动性，而不像工业生产那样具有较大的自主性。

(2) 计划的多变性。建筑工程形式多样，结构复杂多变，受自然条件影响较大。

(3) 计划的不均衡性。由于建筑工程施工受工程开工、竣工时间和季节性施工以及施工过程中各阶段工作面大小不一的影响，施工工期又较长，所以使年度、季度、月度计划之间较难做到均衡性。

(4) 计划的周期长。建筑产品的工程量大，生产周期长，它需要长时间占用和消耗人力、物力、财力，一直到生产性消费的终了之日，才是出产品之时。

三、施工进度的检查

1. 条形计划检查

在图 16-1 中，细线表示计划进度，而上面的粗线表示实际进度。图中显示，工序 G 提前 0.5 天完成，而整个计划拖后 0.5 天完成。

2. 利用网络计划检查

(1) 记录实际作业时间。例如某项工作计划为 8 天，实际进度为 7 天，如图 16-2 所示，将实际进度记录于括号中，显示进度提前 1 天。

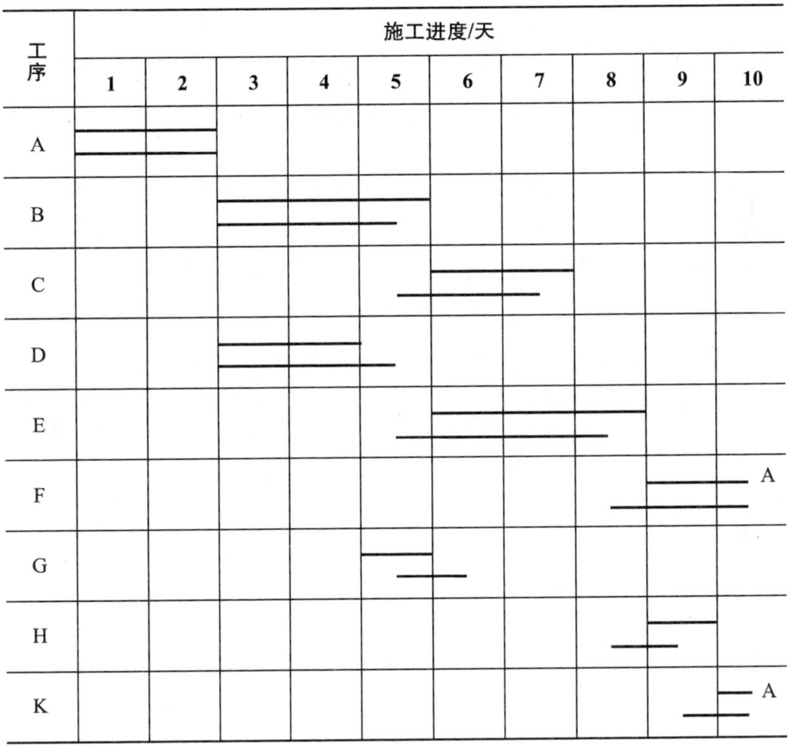

工序	施工进度/天									
	1	2	3	4	5	6	7	8	9	10
A										
B										
C										
D										
E										
F										A
G										
H										
K										A

图 16-1　利用横道计划记录施工进度

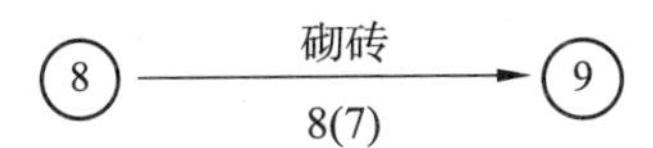

图 16-2　实际作业时间记录

(2) 对工作的开始日期和结束日期进行检查。如图 16-3 所示，某项工作计划为 8 天，实际进度为 7 天，如图中标法记录，亦表示实际进度提前 1 天。

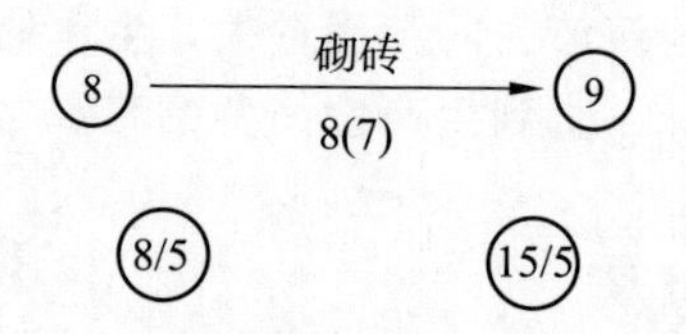

图 16-3　工作实际开始和结束日期记录

（3）标注已完工作。可以在网络图上用特殊的符号、颜色记录其已完成部分，如图 16-4 所示，阴影部分为已完成部分。

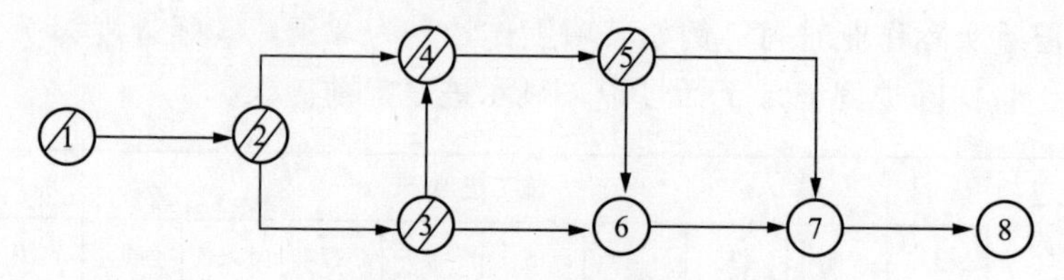

图 16-4　已完工作的记录

（4）当采用时标网络计划时，可以用“实际进度前锋线”记录实际进度，如图 16-5 所示。图中的折线是实际进度前锋的连线，在记录日期右方的点，表示提前完成进度计划，在记录日期左方的点，表示进度拖期。进度前锋点的确定可采用比例法，这种方法形象、直观，便于采取措施。

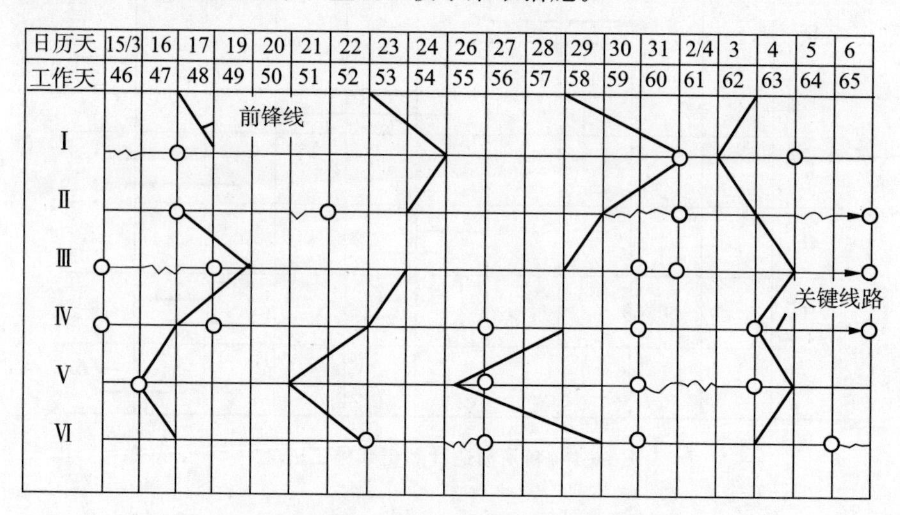

图 16-5　用“实际进度前锋线”记录实际进度

（5）用切割线进行实际进度记录。如图 16-6 所示，点划线称为“切割线”。到第 10 天进行记录时，D 工作尚需 1 天（括号内的数）才能完成，G 工作尚需 8 天才能完成，L 工作尚需 2 天才能完成。这种检查方法可利用表 16-1 进行分析。经过计算，判断进度进行情况是 D、L 工作正常，G 拖期 1 天。由于 G 工作是关键工作，所以它的拖期很有可能导致整个计划拖期，故应调整计划，追回损失的时间。

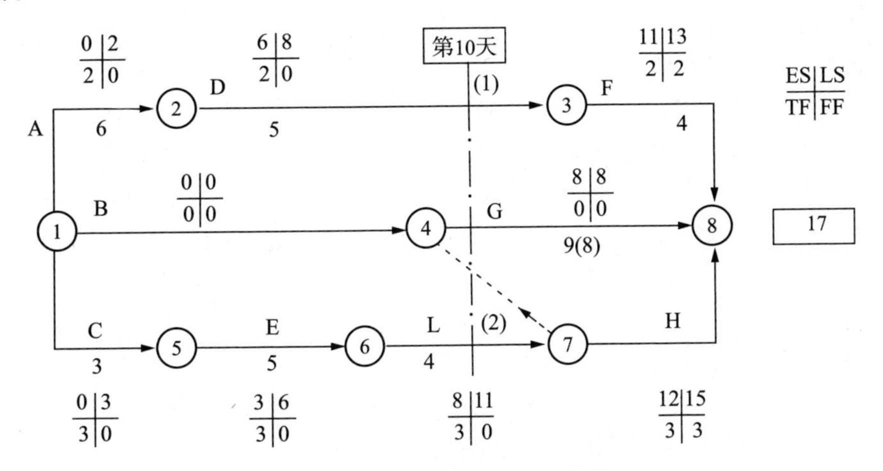

图 16-6　用切割线记录实际进度

表 16-1　网络计划进行到第 10 天的检查结果

工作编号	工作代号	检查时尚需时间	到计划最迟完成前尚有时间	原有总时差	尚有时差	情况判断
2～3	D	1	13－10＝3	2	3－1＝2	正常
4～8	G	8	17－10＝7	0	7－8＝－1	拖期 1 天
6～7	L	2	15－10＝5	3	5－2＝3	正常

3. 利用“香蕉”曲线进行检查

图 16-7 是根据计划绘制的累计完成数量与时间对应关系的轨迹。A 线是按

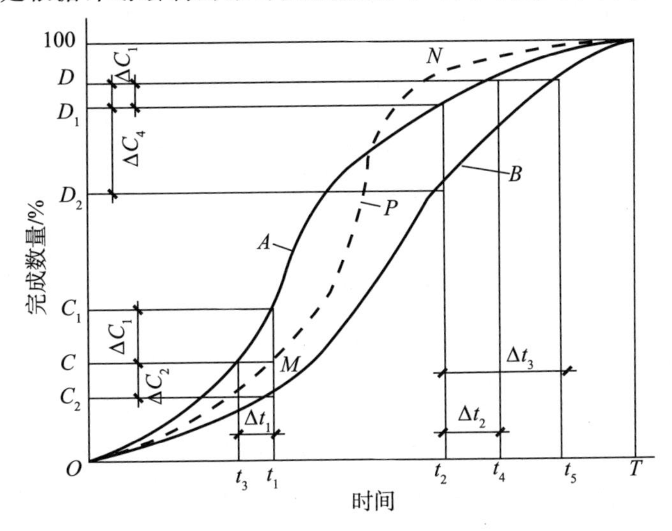

图 16-7　“香蕉”曲线图

最早时间绘制的计划曲线，B 线是按最迟时间绘制的计划曲线，P 线是实际进度记录线。由于一项工程开始、中间和结束时曲线的斜率不相同，总的呈 S 形，故称 S 形曲线或香蕉曲线。

检查方法是：当计划进行到时间 t_1 时，实际完成数量记录在 M 点。这个进度比最早时间计划曲线 A 的要求少完成 $\Delta C_1 = OC_1 - OC$，比最迟时间计划曲线 B 的要求多完成 $\Delta C_2 = OC - OC_2$。由于它的进度比最迟时间要求提前，故不会影响总工期，只要控制得好，有可能提前 $\Delta t_1 = Ot_1 - Ot_3$ 完成全部计划。同理可分析 t_2 时间的进度状况。

四、利用网络计划调整进度

利用网络计划对进度进行调整，一种较为有效的方法是采用“工期—成本”优化原理，就是当进度拖期以后，进行赶工时，要逐次缩短那些有压缩可能，且费用最低的关键工作，以图 16-8 为例。

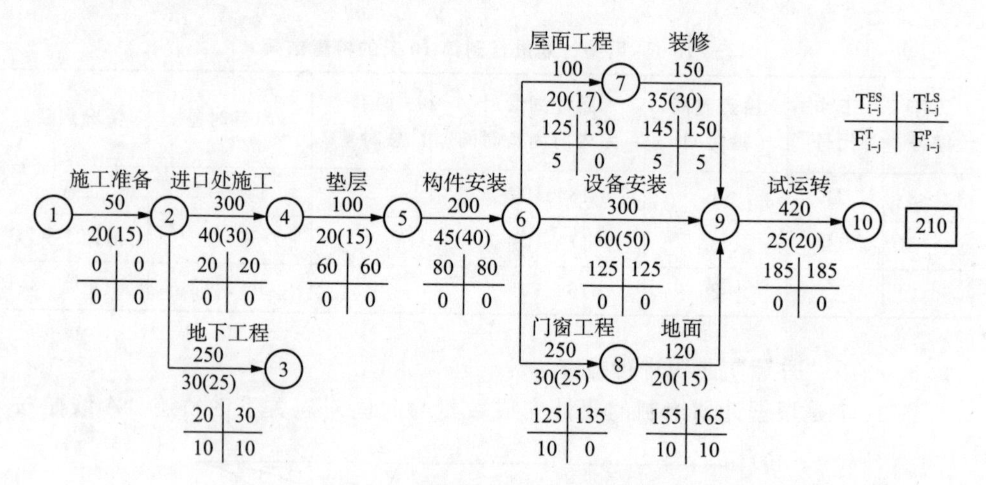

图 16-8　单项工程网络进度计划

如图 16-8 所示，箭线上数字为缩短一天需增加的费用（元/天）；箭线下括号外数字为工作正常施工时间；箭线下括号内数字为工作最快施工时间。原计划工期是 210 天。假设在第 95 天进行检查，工作④—⑤（垫层）前已全部完成，工作⑤—⑥（构件安装）刚开工，即拖后了 15 天开工。因为工作⑤—⑥是关键工作，它拖后 15 天，将可能导致总工期延长 15 天。于是便应当进行计划调整，使其按原计划完成。根据上述结论，得出办法为缩短工作⑤—⑥以后的计划工作时间，所以按以下步骤进行调整。

第一步：先压缩关键工作中费用增加率最小的工作，压缩量不能超过实际可能压缩值。从图 16-8 中可以看出，三个关键工作⑤—⑥、⑥—⑨、⑨—⑩中，赶工费最低的是 $a_{⑤-⑥} = 200$，因此先压缩工作⑤～⑥5 天。于是需支出压缩费

5×200=1 000（元）。至此，工期缩短了 5 天，但⑤—⑥不能再压缩了。

第二步：删去已压缩的工作，按上述方法，压缩未经调整的各关键工作中费用增加率最低者。比较⑥—⑨和⑨—⑩两个关键工作，$a_{⑥-⑨}$=300 元为最小，所以压缩⑥—⑨。但压缩⑥—⑨工作必须考虑与其平行的作业工作，它们最小时差为 5 天，所以只能先压缩 5 天，增加费用 5×300=1 500（元），至此工期共压缩 10 天。此时⑥—⑦与⑦—⑨也变成关键工作。如⑥—⑨再压缩还需考虑⑥—⑦或⑦—⑨同时压缩，不然不能缩短工期。

第三步：⑥—⑦与⑥—⑨同时压缩，但压缩量是⑥—⑦小，只有 3 天，故先各压缩 3 天，费用增加了 3×100+3×300=1 200（元），至此工期共压缩 13 天。

第四步：分析仍能压缩的关键工作，⑥—⑨与⑦—⑨同时压缩每天费用增加为 $a_{⑥-⑨}+a_{⑦-⑨}$=300+150=450，而⑨—⑩工作较节省，压缩⑨—⑩2 天，费用增加为 2×420=840（元），至此工期共压缩 15 天，完成任务。总增加费用为 1 000+1 500+1 200+840=4 540（元）。

调整后工期仍是 210 天，但各工作的开工时间和部分工作作业时间有变动。劳动力、物资、机械计划及平面布置按调整后的进度计划做相应的调整。

第二节　施工现场管理

一、施工作业计划

1. 施工作业计划概述

编制施工作业计划的目的是要组织连续均衡生产，以取得较好的经济效果。因此编制施工作业计划必须从实际出发，充分考虑施工特点和各种影响因素。

施工作业计划，可分为月作业计划和旬作业计划。月作业计划的内容要能体现月度应完成的施工任务，即分部分项实物工作量，实物形象进度，开始和完成日期，劳动力需求平衡计划，材料、预制品、构件及混凝土的需要计划，大型机械和运输平衡计划及技术措施计划等。旬计划的内容基本与月计划相同，只是更加具体，应排出日施工进度计划，班组施工进度计划，还要编制出机械运输设备需用计划，混凝土及预制构件进场计划，材料需用量进场计划及劳动力需要计划等。

2. 编制施工作业计划的主要作用

（1）把施工任务层层落实。具体地分配给车间、班组和各个业务部门，使全体职工在日常施工中有明确的奋斗目标，组织有节奏地、均衡地施工，以保证全面完成年度、季度各项技术经济指标。

（2）及时地、有计划地指导劳动力、材料和机具设备的准备和供应。

（3）施工作业计划是开展劳动竞赛和实行物质奖励的依据。

(4) 指导调度部门，据以监督、检查和进行调度工作。月度施工作业计划的编制以分公司为主，施工队参加。计划编制一般要经过指标下达、计划编制和平衡审批三个阶段，都应在执行月度前完成。在计划月前15天施工队将各类计划报各供应单位和分公司，并于计划月前5天召开平衡会，将平衡结果汇总，报公司领导审批下达。

二、施工任务书

1. 施工任务书的概述

施工任务书（单）是施工企业中施工队向生产班组下达施工任务的一种工具。它是向班组下达作业计划的有效形式，也是企业实行定额管理、贯彻按劳分配、实行班组经济核算的主要依据。通过施工任务书，可以把企业生产、技术、质量、安全、降低成本等各项技术经济指标分解为小组指标落实到班组和个人，使企业各项指标的完成同班组和个人的日常工作和物质利益紧密地连在一起，达到多快好省和按劳分配的目的。

2. 施工任务书的一般内容

(1) 任务书。是班组进行施工的主要依据，内容有工程项目、工程数量、劳动定额、计划用工数、开完工日期、质量及安全要求等。

(2) 班组记工单。是班组的考勤记录，也是班组分配计件工资或奖金的依据。

(3) 限额领料单。是班组完成一定的施工任务所必需的材料限额，是班组领退材料和节约材料的凭证。

3. 施工任务书的一般要求

(1) 施工任务书必须以施工作业计划为依据，按分部分项工程进行签发，任务书一经签发，中途不宜变更，签发时间一般在施工前2～3天，以便班组进行施工准备。

(2) 任务书的计划人工和材料数量必须根据现行全国统一劳动定额和企业规定的材料消耗定额计算。

(3) 向班组下达任务书时要做好交底工作，要交任务、交操作规程、交施工方法、交定额、交质量与安全，做到任务明确，责任到人。

(4) 施工任务书又是核算文件，所以要求数字准确，包括工程量、套用定额、估工、考勤、统计取量与结算用工、用料和成本，都要准确无误。

(5) 任务书在执行过程中，各业务部门必须为班组创造正常施工条件，帮助工人达到和超额完成定额。

(6) 施工任务书可以按工人班组签发，也可以按承包专业队签发（大任务书），目前各企业正在推行单位工程，分部分项工程承包及包工、包料、包清工等不同类型的多种经济承包责任制。

（7）一份施工任务书的工期以半个月至一个月为宜，太长则易与计划脱节，与施工实际脱节，太短则又增加工作量。

（8）班组完成任务后应进行自检，工长与定额员在班组自检的基础上，及时验收工程质量、数量和实际做工日数，计算定额完成数字。

劳动部门将经过验收的任务书回收登记，汇总核实完成任务的工时，同时记载有关质量、安全、材料节约等情况，作为结算和核发奖金的依据。

三、现场施工调度

1. 现场施工调度的概述

由于施工的可变因素多，计划也不可能十分准确和一成不变，原订计划的平衡状态在施工中总会出现不协调和新的不平衡。为解决新出现的不协调和不平衡而进行的及时调整、平衡、解决矛盾、排除障碍，使之保持正常的施工秩序的工作，就是现场调度工作。

2. 现场施工调度的内容

（1）监督、检查计划和工程合同的执行情况，掌握和控制施工进度，及时进行人力、物力平衡，调配人力，督促物资、设备的供应，促进施工的正常进行。

（2）及时解决施工现场出现的矛盾，协调各单位及各部门之间的协作配合。

（3）监督工程质量和安全施工。

（4）检查后续工序的准备情况，布置工序之间的交接。

（5）定期组织施工现场调度会，落实调度会的决定。

（6）及时公布天气预报，做好预防准备。

3. 现场施工调度的要求

（1）调度工作的依据要正确，这些依据来自施工过程中发现的和检查中发现的问题、计划文件、设计文件、施工组织设计、有关技术组织措施、上级的指示文件等。

（2）调度工作要做到“三性”，即及时性（指反映情况及时、调度处理及时）、准确性（指依据准确、了解情况准确、分析问题原因准确、处理问题的措施准确）、预防性（即对工程中可能出现的问题，在调度上要提出防范措施和对策）。

（3）采用科学的调度方法，即逐步采用新的现代调度方法和手段，广泛应用电子计算机技术。

（4）建立施工调度机构网，由各级主管生产的负责人兼调度机构的负责人。

（5）为了加强施工的统一指挥，必须给调度部门和调度人员应有的权力。

（6）调度部门无权改变施工作业计划的内容，但在遇到特殊情况无法执行原计划时，可通过一定的批准手续，经技术部门同意，按下列原则进行调度。

1）一般工程服从于重点工程和竣工工程。

2）交用期限迟的工程，服从于交用期限早的工程。

3）小型或结构简单的工程，服从于大型或结构复杂的工程。

四、现场平面管理

1. 现场平面管理概述

施工现场平面管理是现场施工管理的重要组成部分，当前建筑施工现场存在由工期较紧、场地狭小、交叉作业多而引起的施工材料乱放、加工厂距离施工现场远等场地平面布置不当的问题，因此在施工现场管理中要根据工程特点和实际情况对现场布置进行科学组织，以满足施工的需求，加大周转效益，保证工程质量。

2. 现场平面管理的内容

（1）建立统一的平面管理制度，以施工总平面规划为依据，进行经常性的管理工作，若有总包，则应根据工程进度情况，由总包单位负责施工总平面图的调整、补充修改工作，以满足各分包单位不同时间的需要。进入现场的各单位应尊重总包单位的意见，服从总包单位的指挥。

（2）施工总平面的统一管理和区域管理密切地结合起来。在施工现场施工总平面管理部门统一领导下，划分各专业施工单位或单位工程区域管理范围，确定各个区域内部有关道路、动力管线、排水沟渠及其他临时工程的维修养护责任。

（3）做好现场平面管理的经常性工作；做好土石方的平衡工作；审批各单位在规定期限内，对清除障碍物，挖掘道路，断绝交通，断绝水电动力线路等的申请报告；对运输大宗材料的车辆，做出妥善安排；大型施工现场在施工管理部门内，应设专职组，负责平面管理工作，一般现场也应指派专人掌握此项工作。

五、施工机具管理

1. 施工机具的分类及装配的原则

施工机具是建筑生产力的重要组成因素，现代建筑企业是运用机器和机械体系进行工程施工的，施工机具是建筑企业进行生产活动的技术装备。加强施工机具的管理，使其处于良好的技术状态，是减轻工人劳动强度、提高劳动生产率、保证建筑施工安全快速进行、提高企业经济效益的重要环节。

施工机具管理就是按照建筑生产的特点和机械运转的规律，对机械设备的选择评价、有效使用、维护修理、改造更新的报废处理等管理工作的总称。

2. 施工机具的选择、使用、保养和维修

（1）施工机具的选择。

对于建筑工程而言，施工机具的来源有购置、制造、租赁和利用企业原有设备四种方式，正确选择施工机具是降低工程成本的一个重要环节。

1）购置。购置新施工机具是较常采用的方式，其特点是需要较高的初始投资，但选择余地大，质量可靠，其维修费用小，使用效率较稳定、故障率低。企业购置施工机具应当由企业设备管理机构或设备管理人员提出有关设备的可靠性和有利于设备维修等要求。进口的设备到达后，应认真验收，及时安装、调试和投入使用，发现问题应当在索赔期内提出索赔。

2）制造。企业自制设备，应当组织设备管理、维修、使用方面的人员参加设计方案的研究和审查工作，并严格按照设计方案做好设备的制造工作。大型或通用性强的设备一般不采用此法。

3）租赁。根据工程需要，向租赁公司或有关单位租用施工机具。当前发达的资本主义国家的建筑企业有三分之二左右的设备靠租赁，我国也不例外。

4）利用。利用企业原有的施工机具，实际是租赁的延伸方式。项目部向公司租赁施工机具，并向公司支付一定的租金，我国比较普遍。

根据以上四种方式分别计算施工机具的等值年成本，从中挑选等值年成本最低的方式作为选择的对象，总的选择原则为：技术安全可靠、费用最低。

（2）施工机具的使用。

使用是施工机具管理中的一个重要环节。正确、合理地使用施工机具可以减轻磨损，保持良好的工作性能和应有的精度。为把施工机具用好、管好，企业应当建立健全设备的操作、使用、维修规程和岗位责任制。

1）定人定机定岗位。

定人定机定岗位、机长负责制的目的，是把人机关系相对固定，把使用、维修、保管的责任落实到人，其具体形式如下。

①多人操作或多班作业的设备，在定人的基础上，任命一位机长全面负责。

②一人使用保管一台设备或一人管理多台设备者，即为机长，对所管设备负责。

③掌握有中、小型机械设备的班组，不便于定人定机时，应任命机组长对所管设备负责。

2）合理使用施工机具。

合理使用就是要正确处理好管、用、养、修四者的关系，科学地使用施工机具，具体形式如下。

①新购、新制、经改造更新或大修后的机械设备，必须按技术标准进行检查、保养和试运转等技术鉴定，确认合格后，方可使用。

②对选用机械设备的性能、技术状况和使用要求等应作技术交底。要求严格按照使用说明书的具体规定正确操作，严禁超载、超速等拼设备的野蛮作业。

③任何机械都要按规定执行检查保养。机械设备的安全装置、指示仪表，要确保完好有效，若有故障应立即排除，不得带病运转。

④机械设备停用时，应放置在安全位置。设备上的零部件、附件不得任意拆卸，并保证完整配套。

3）建立安全生产制度。

为确保施工机具在施工作业中安全生产，应做到如下要求。

①认真执行定人定机定岗位、机长负责制。机械操作人员持有操作证方可上岗操作。

②按使用说明书上各项规定和要求，认真执行试运转、安全装置试验等工作，严禁违章作业。

③在设备大检查和保养修理中，要重点检查各种安全、保护和指示装置的灵敏可靠性。对于自制、改造更新或大修后的机械设备，检验合格后方可使用。

4）建立设备事故处理制度。

事故发生后，应立即停机并保持现场，事故情况要逐级上报，主管人员应立即深入现场调查分析事故原因，进行技术鉴定和处理；同时要制定出防止类似事故再发生的措施，并按事故性质严肃处理和如实上报。

5）建立健全施工机具的技术档案。

主要的机械设备必须逐台建立技术档案，内容包括：使用（保修）说明书、附属装置及工具明细表、出厂检验合格证、易损件图册及有关制作图等原始资料；机械技术试验验收记录和交接清单；机械运行、消耗等汇总记录；历次主要修理和改装记录以及机械事故记录等。

（3）施工机具的保养及维修。

1）施工机具的检查。

通过检查可全面地掌握实况、查明隐患、发现问题，以便改进维修工作、提高修理质量和缩短修理时间。

按检查的时间间隔可分为。

①日常检查。主要由操作工人对机械设备每天进行检查，并与日常保养结合。若发现不正常情况，应及时排除或上报。

②定期检查。在操作人员参与下，按检查计划由专职维修人员定期执行。要求全面、准确地掌握设备性能及实际磨损程度，以便确定修理的时间和种类。

按检查的技术性能可分为：

①机能检查。对设备的各项机能进行检查和测定，如漏油、漏水、漏气、防尘密封等，以及零件耐高温、高速、高压的性能等。

②精度检查。对设备的精度指数进行检查和测定，为设备的验收、修理和更新提供较为科学的依据。

2）施工机具的保养。

保养是预防性的措施，其目的是使机械保持良好的技术状况，提高其运转的可靠性和安全性，减少零部件的磨损以延长使用寿命、降低消耗，提高机械施工的经济效益。

①日常保养。由操作人员每日按规定项目和要求进行保养，主要内容是清

洁、润滑、紧固、调整、防腐及更换个别零件。

②定期保养。每台设备运转到规定的期限，不管其技术状态如何，都必须按规定进行检查保养。一般分为一、二、三级保养；个别大型机械可实行四级保养。

一级保养。操作工为主，维修工为辅。不仅要普遍地进行紧固、清洁、润滑，还要部分地进行调整。

二级保养。维修工为主，主要是进行内部清洁、润滑、局部解体检查和调整。

三级保养。要对设备的主体部分进行解体检查和调整工作，并更换达到磨损极限的零件，还要对主要零部件的磨损情况作检测，记录数据，以此作为修理计划的依据。

四级保养。对大型设备要进行四级保养，修复和更换磨损的零件。

3）施工机具的修理。

设备的修理是修复因各种因素而造成的设备损坏，通过修理和更换已磨损或腐蚀的零部件，使其技术性能得到恢复。

①小修。以维修工人为主，对设备进行全面清洗、部分解体检查和局部修理。

②中修。要更换与修复设备的主要零件和数量较多的其他磨损零件，并校正设备的基准，以恢复和达到规定的精度、功率和其他技术要求。

③大修。对设备进行全面解体，并修复和更换全部磨损零部件，恢复设备原有的精度、性能和效率，其费用由大修基金支付。

施工材料管理

扫码观看本视频

六、施工材料管理

1. 材料的分类

（1）按其在建筑工程中所起的作用分类。

1）主要材料。指直接用于建筑物上能构成工程实体的各项材料（如：钢材、水泥）。

2）结构件。指事先对建筑材料进行加工，经安装后能够构成工程实体一部分的各种构件（如：屋架、梁、板）。

3）周转材料。指在施工中能反复多次周转使用，而又基本上保持其原有形态的材料（如：模板、脚手架）。

4）机械配件。指修理机械设备需用的各种零件、配件（如：曲轴、活塞）。

5）其他材料。指虽不构成工程实体，但间接地有助于施工生产进行和产品形成的各种材料（如：燃料、润滑油料）。

6）低值易耗品。指单位价值不到规定限额或使用期限不到一年的劳动资料（如：小工具、防护用品）。

（2）按材料的自然属性分类。

1）金属材料。指钢筋、型钢、钢脚手架管、铸铁管等和有色金属材料等。

2）非金属材料。指木材、橡胶、塑料和陶瓷制品等。

（3）按材料的价值在工程中所占比重分类。

建筑工程需要的材料种类繁多，资金占用差异极大。有的材料品种数量小，但用量大，资金占用量也大；有的材料品种很多，但占用资金的比重不大；另一种介于这两种之间。根据企业材料占用资金的大小把材料分为A、B、C三类，见表16-2。

表16-2　A、B、C分类法示意表

物资分类	占全部品种百分比/(%)	占用资金百分比/(%)
A类	10～15	80
B类	20～30	15
C类	60～65	5
合计	100	100

从表中可以看出，C类材料虽然品种繁多，但资金占用却较少，而A类、B类品种虽少，但用量大，占用资金多，因此把A类及B类材料购买及库存控制好，对资金节约将起关键性的作用。所以材料库存决策和管理应侧重于A类和B类两类物资上。

2. 材料的采购、存储、收发和使用

（1）材料订购和采购。

1）订购和采购的原则。材料订购和采购是实现材料供应的首要环节。在材料订购和采购中应做到货比三家，“三比一算”。

供货单位落实以后，应签订材料供需合同，以明确双方经济责任。合同的内容应符合合同法规定，一般应包括：材料名称品种、规格、数量、质量、计量单位、单价及总价、交货时间、交货地点、供货方式、运输方法、检验方法、付款方式和违约责任等条款。

2）材料订货的方式。

①定期订货。它是按事先确定好的订货时间组织订货，每次订货数量等于下次到货并投入使用前所需材料数量，减去现有库存量。

②定量订货。它是在材料的库存量由最高储备降到最低储备之前的某一储备量水平时，提出订货的一种订货方式。订货的数量是一定的，一般是批量供给，是一种不定期的订货方式。

3）材料经济订货量的确定。所谓材料的经济订货量是指用料企业从自己的经济效果出发，确定材料的最佳订货批量，以使材料的存储费达到最低。材料存储总费用主要包括以下费用。

①订购费。主要是指与材料申请、订货和采购有关的差旅费、管理费等费用。它与材料的订购次数有关，而与订购数量无关。

②保管费。主要包括被材料占用资金应付的利息、仓库和运输工具的维修折旧费、物资存储损耗等费用。它主要与订购批量有关，而与订购次数无关。从节约订购费出发，应减少订购次数增加订购批量；从降低保管费出发则应减少订购批量，增加订购次数，因此，应确定一个最佳的订货批量，使得存储总费用最小。

采用经济批量法确定材料订购量，要求企业能自行确定采购量和采购时间，订购批量与费用的关系如图 16-9 所示。

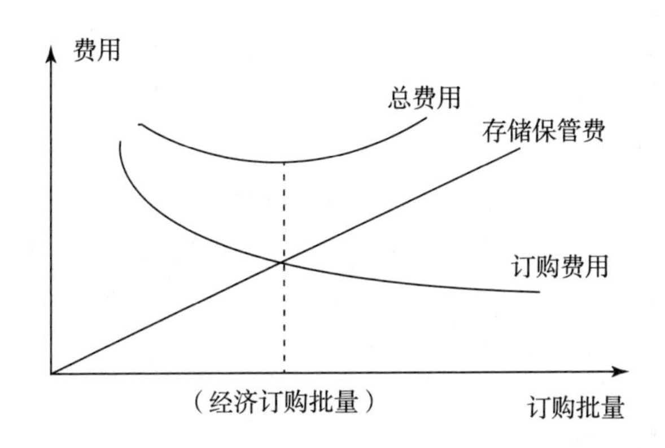

图 16-9　订购批量与费用的关系

（2）材料的储备及管理。

1）材料储备。建筑材料在施工过程中是逐渐消耗的，而各种材料又是间断的、分批进场的，为保证施工的连续性，施工现场必须有一定合理的材料储备量，这个合理储备量就是材料中的储备定额。材料储备应考虑经常储备、保险储备和季节性储备等。

①经常储备。在正常的情况下，为保证施工生产正常进行所需要的合理储备量，这种储备是不断变化的。

②保险储备。企业为预防材料未能按正常的进料时间到达或进料不符合要求等情况下，为保证施工生产顺利进行而必须储备的材料数量。这种储备在正常情况下是不动用的，它固定地占用一笔流动资金。

③季节性储备。某种材料受自然条件的影响，使材料供应具有季节性限制而必须储备的数量。对于这类材料储备，必须在供应发生困难前及早准备好，以便在供应中断季节内仍能保证施工生产的正常需要。

2）仓库管理。对仓库管理工作的基本要求：保管好材料，面向生产第一线，主动配合完成施工任务，积极处理和利用库存闲置材料和废旧材料。

仓库管理的基本内容如下。

①按合同规定的品种、数量、质量要求验收材料。

②按材料的性能和特点，合理存放，妥善保管，防止材料变质和损耗。

③组织材料发放和供应。

④组织材料回收和修旧利废。

⑤定期清仓，做到账、卡、物三相符。做好各种材料的收、发、存记录，掌握材料使用动态和库存动态。

3）现场材料管理。现场材料管理是对工程施工期间及其前后的全部料具管理。包括施工前的料具准备，施工过程中的组织供应，现场堆放管理和耗用监督，竣工后组织清理、回收、盘点、核算等内容。

七、现场场容管理

1. 现场场容管理概述

施工现场场容管理，实际上是根据施工组织设计的施工总平面图，对施工现场进行的管理。搞好施工现场场容管理，不但可以清洁城市，还可以为建设者创造良好的劳动环境、工作环境和生活环境，振奋职工精神，从而保证工程质量，提高劳动生产率。

2. 现场场容管理的内容

（1）施工现场用地。

施工现场用地应以城市规划管理部门批准的工程建设用地的范围为准，也就是通常所说的建筑红线以内。如果建筑红线以内场地过于狭小，无法满足施工需要，需在批准的范围以外临时占地时，应会同建设单位按规定分别向规划、公安交通管理部门另行报批。

（2）围挡与标牌。

原则上所有施工现场均应设围挡，禁止行人穿行及无关人员进入。根据工程性质和所在地区的不同情况，可采用不同标准的围挡措施，但均应封闭严密、完整、牢固、美观，上口要平，外立面要直，高度不得低于1.8m。施工现场必须设置明显的标牌，标牌面积不得小于0.7m×0.5m，下沿距自然地坪不得低于1.2m。

（3）现场整洁。

施工现场要加强管理，文明施工。整个施工现场和门前及围墙附近应保持整洁，不得有垃圾、废弃物。对已产生的施工垃圾要及时清理集中，及时运出。

（4）道路与场地。

施工现场的道路与场地是施工生产的基本条件之一。开工前现场应具备三通一平（水通、电通、路通、场地平整）的基本条件。

（5）临设工程。

现场的临时设施应根据施工组织设计进行搭设，是直接为工程施工服务的设施，不得改变用途，移做他用。施工现场的各种临设工程应根据工程进展逐步拆除；遇有市政工程或其他正式工程施工时，必须及时拆除；全部工程竣工交付使用后，即将其拆除干净，最迟不得超过一个半月。

（6）成品保护。

施工现场应有严格的成品保护措施和制度。凡成型后不再抹灰的预制楼梯板在安装以后即应采取护角措施。每一道工序都要为下一道工序以至最终产品创造质量优良的条件。已竣工待交付建筑中的厕所、卫生间等一律不得使用。

（7）环境保护。

施工中要注意环境保护，不得乱扔乱倒废弃物，不得随地吐痰、大小便，不得乱泼、乱倒脏水。注意控制和减少噪声扰民。

（8）保护绿地与树木。

城镇中的绿地和树木花草一定要加以爱护，不得任意破坏、砍伐。当因建设需要占用绿地和砍伐、移植、更新，影响和改变环境面貌时，必须经城市园林部门和城市规划管理部门同意并报市政府批准。

（9）保护文物。

埋藏在地下、水域中的一切文物，都属于国家，施工时，必须注意对文物进行保护。

3. 现场场容管理的责任制

（1）落实领导责任制。施工现场场容管理是一项涉及面广、工作难度大、综合性很强的工作，由哪一个业务部门单独负责都无法达到预期的效果，必须由各级领导负责，组织和协调各部门共同加强施工现场场容管理。

（2）实行区域责任制。施工现场场容管理实行区域责任制，即将施工现场划分为若干区域，将每个区域的场容责任落实到有关班组，分片包干。在划分区域时，应在平面图上标明界限，并不得遗漏，使整个施工现场区域划分责任明确，而任何一个角落都有人负责。

（3）分口负责，共同管理。施工现场场容管理涉及生产、技术、材料、机械、安全、消防、行政、卫生等各部门，可由生产部门牵头，进行场容管理的各项组织工作，但并不是由生产部门替代其他各个业务部门。

（4）做到制度化、标准化、经常化。加强现场场容管理就必须加强日常的管理工作，从每一个部门、每一个班组、每一个人做起，抓好每一道工序、每一个环节，从而提高劳动生产率，减少浪费，降低成本，实现文明施工，更好地完成施工生产任务。

（5）落实奖罚责任制。有奖有罚，奖罚分明。

八、施工日志

1. 施工日志概述

施工日志是施工过程的真实记录，也是技术资料档案的主要组成部分。它能有效地发挥记录工作、总结工作、分析工作效果的作用。

2. 施工日志的内容

（1）工程的准备工作，包括现场准备，熟悉施工组织设计，各级技术交底要求，研究图纸中的重要问题、关键部位和应抓好的措施，向班组交底的日期、人员和主要内容，有关计划安排等。

（2）进入施工以后，对班组自检活动的开展情况及效果，组织互检的交接检的情况及效果，施工组织设计和技术交底的执行情况及效果的记录和分析。

（3）项目的开竣工日期以及主要分部分项工程的施工起讫日期，技术资料供应情况。

（4）临时变动的设计，含设计单位在现场解决的设计问题和对施工图修改的记录，或在紧急情况下采取的特殊措施和施工方法。

（5）质量、安全事故的记录，包括原因调查分析、责任者、研究情况、处理结论等。对人、财、物损失均需记录清楚，重要工程的特殊质量要求和施工方法。

（6）分项工程质量评定，隐蔽工程验收、预检及上级组织的检查活动等技术性活动的日期、结果、存在问题及处理情况的记录。

（7）原材料检验结果、施工检验结果的记录，包括日期、内容、达到效果及未达到要求问题的处理情况及结论。

（8）气候、气温、地质以及其他特殊情况（如停电、停水、停工待料）的记录等。

（9）有关新工艺、新材料的推广使用情况，以及小改、小革、小窍门活动的记录，包括项目、数量、效果及有功人员。

（10）有关领导或部门对工程所做的生产、技术方面的决定或建议。

（11）有关归档技术资料的转交时间、对象及主要内容的记录。

（12）施工过程中组织的有关会议、参观学习、主要收获、推广效果。

九、施工项目竣工验收

1. 施工项目竣工验收条件和标准

（1）施工项目竣工验收条件。

1）完成建设工程设计和合同规定的各项内容。

2）有完整的技术档案和施工管理资料。

3）有工程使用的主要建筑材料、建筑构配件和设备的进场试验报告。

4）有勘察、设计、施工、工程监理等单位分别签署的质量合格文件。

5）有施工单位签署的工程保修书。

（2）施工项目竣工验收标准。

建筑施工项目的竣工验收标准有三种情况。

1）生产性或科研性建筑工程施工项目验收标准：土建工程、水、暖、电气、卫生、通风工程（包括其室外的管线）和属于该建筑物组成部分的控制室、操作室、设备基础、生活间及烟囱等，均已全部完成，即只有工艺设备尚未安装，即可视为房屋承包单位的工作达到竣工标准，可进行竣工验收。

2）民用建筑（即非生产、科研性建筑）和居住建筑施工项目验收标准：土建工程、水、暖、电气、通风工程（包括其室外的管线），均已全部完成；电梯等设备亦已完成，达到水到灯亮，具备使用条件，即达到竣工标准，可以组织竣工验收。

3）具备下列条件的建筑工程施工项目，亦可按达到竣工标准处理。

①房屋室外或小区内管线已经全部完成，但属于市政工程单位承担的干管干线尚未完成，因而造成房屋尚不能使用的建筑工程，房屋承包单位可办理竣工验收手续。

②房屋工程已经全部完成，只是电梯尚未到货或晚到货而未安装，或虽已安装但不能与房屋同时使用，房屋承包单位亦可办理竣工验收乎续。

③生产性或科研性房屋建筑已经全部完成，只是因为主要工艺设计变更或主要设备未到货，因而剩下设备基础未做的，房屋承包单位亦可办理竣工验收手续。

2. 竣工验收管理程序

竣工验收准备→编制竣工验收计划→组织现场验收→进行竣工结算→移交竣工资料→办理竣工手续。

3. 竣工验收准备

（1）建立竣工收尾工作小组，做到因事设岗，以岗定责，实现收尾的目标。该小组由项目经理、技术负责人、质量人员、计划人员和安全人员组成。

（2）编制一个切实可行、便于检查考核的施工项目竣工收尾计划，该计划可按表 16-3 进行编制。

表 16-3　施工项目竣工收尾计划表

序号	收尾工程名称	施工简要内容	收尾完工时间	作业班组	施工负责人	完成验证

项目经理：　　　　技术负责人：　　　　编制人：

（3）项目经理部要根据施工项目竣工收尾计划，检查其收尾的完成情况，要求管理人员做好验收记录，对重点内容重点检查，不使竣工验收留下隐患和遗憾而造成返工损失。

（4）项目经理部完成各项竣工收尾计划，应向企业报告，提请有关部门进行质量验收评定，对照标准进行检查。各种记录应齐全、真实、准确。需要监理工程师签署的质量文件应提交其审核签认。实行总分包的项目，承包人应对工程质量全面负责，分包人应按质量验收标准的规定对承包人负责，并收分包工程验收结果及有关资料交结承包人。承包人与分包人对分包工程质量承担连带责任。

（5）承包人经过验收，确认可以竣工时，应向发包人发出竣工验收函件，报告工程竣工准备情况，具体约定交付竣工验收的方式及有关事宜。

4.施工项目竣工验收的步骤

（1）竣工自验。

1）施工单位自验的标准与正式验收一样，主要是工程要符合国家（或地方政府主管部门）规定的竣工标准和竣工规定；工程完成情况是否符合施工图纸及设计的使用要求；工程质量是否符合国家和地方政府规定的标准和要求；工程是否达到合同规定的要求和标准等。

2）参加自验的人员，应由项目经理组织生产、技术、质量、合同、预算以及有关作业队长（或施工员、工程负责人）等共同参加。

3）自验的方式，应分层分段、分房间地由上述人员按照自己主管的内容逐一检查，并做好记录。

4）复检。在基层施工单位自我检查的基础上，查出的问题全部修补完毕后，项目经理进行复检，检查完毕无问题后，为正式验收做好充分准备。

（2）正式验收。

施工单位应于正式竣工验收前10日，向建设单位发送《工程竣工报告》，然后组织验收工作。

5.施工项目竣工资料

（1）综合管理类。包括决定、通知、报告、来往函件、会议纪要等。

（2）商务管理类。包括各类工程预算、结算文件、合同等。

（3）项目工程资料。包括建设工程中的勘察资料、施工管理、技术等各类记录资料。

第三节　安全生产管理

监理人员的职业素质

扫码观看本视频

一、安全生产的基本概念

安全生产就是在工程施工中不出现伤亡事故、重大的职业病和中毒现象。就是说在工程施工中不仅要杜绝伤亡事故的发生，还要预防职业病和中毒事件的发生。

二、建设工程安全生产管理，坚持安全第一、预防为主的方针

建设单位、勘察单位、设计单位、施工单位、工程监理单位及其他与建设工程安全生产有关的单位，必须遵守安全生产法律、法规的规定，保证建设工程安全生产，依法承担建设工程安全生产责任。

三、安全责任

（1）从事建设工程的新建、扩建、改建和拆除等活动，应当具备国家规定的注册资本、专业技术人员、技术装备和安全生产等条件，依法取得相应等级的资质证书，并在其资质等级许可的范围内承揽工程。

（2）主要负责人依法对本单位的安全生产工作全面负责。应当建立健全安全生产责任制度和安全生产教育培训制度，制定安全生产规章制度和操作规程，保证本单位安全生产条件所需资金的投入，对所承担的建设工程进行定期和专项安全检查，并做好安全检查记录。

（3）对列入建设工程概算的安全作业环境及安全施工措施所需费用，应当用于施工安全防护用具及设施的采购和更新、安全施工措施的落实、安全生产条件的改善，不得挪作他用。

（4）应当设立安全生产管理机构，配备专职安全生产管理人员。

（5）建设工程实行施工总承包的，由总承包单位对施工现场的安全生产负总责。

（6）垂直运输机械作业人员、安装拆卸工、爆破作业人员、起重信号工、登高架设作业人员等特种作业人员，必须按照国家有关规定经过专门的安全作业培训，并取得特种作业操作资格证书后，方可上岗作业。

（7）应当在施工组织设计中编制安全技术措施和施工现场临时用电方案，对达到一定规模的危险性较大的分部分项工程编制专项施工方案，并附有安全验算结果，经施工单位技术负责人、总监理工程师签字后实施，由专职安全生产管理人员进行现场监督。

（8）建设工程施工前，负责项目管理的技术人员应当对有关安全施工的技术要求向施工作业班组、作业人员做出详细说明，并由双方签字确认。

（9）应当在施工现场入口处、施工起重机械、临时用电设施、脚手架、出入通道口、楼梯口、电梯井口、孔洞口、桥梁口、隧道口、基坑边沿、爆破物及有害危险气体和液体存放处等危险部位，设置明显的安全警示标志。安全警示标志必须符合国家标准。

（10）应当将施工现场的办公区、生活区与作业区分开设置，并保持安全距离；办公区、生活区的选址应当符合安全性要求。职工的膳食、饮水、休息场所

等应当符合卫生标准。不得在尚未竣工的建筑物内设置员工集体宿舍。

(11) 对因建设工程施工可能造成损害的毗邻建筑物、构筑物和地下管线等，应当采取专项保护措施。

(12) 应当在施工现场建立消防安全责任制度，确定消防安全责任人，制定用火、用电、使用易燃易爆材料等各项消防安全管理制度和操作规程，设置消防通道、消防水源，配备消防设施和灭火器材，并在施工现场入口处设置明显标志。

(13) 应当向作业人员提供安全防护用具和安全防护服装，并书面告知危险岗位的操作规程和违章操作的危害。

(14) 作业人员应当遵守安全施工的强制性标准、规章制度和操作规程，正确使用安全防护用具、机械设备等。

(15) 采购、租赁的安全防护用具、机械设备、施工机具及配件，应当具有生产（制造）许可证、产品合格证，并在进入施工现场前进行查验。

(16) 在使用施工起重机械和整体提升脚手架、模板等自升式架设设施前后，都应当组织有关单位进行验收，也可以委托具有相应资质的检验检测机构进行验收；使用承租的机械设备和施工机具及配件的，由施工总承包单位、分包单位、出租单位和安装单位共同进行验收，验收合格的方可使用。

(17) 施工单位的主要负责人、项目负责人、专职安全生产管理人员应当经建设行政主管部门或者其他有关部门考核合格后方可任职。

(18) 作业人员进入新的岗位或者新的施工现场前，应当接受安全生产教育培训。未经教育培训或者教育培训考核不合格的人员，不得上岗作业。

(19) 应当为施工现场从事危险作业的人员办理意外伤害保险。

四、生产安全事故的应急救援和调查处理

(1) 县级以上地方人民政府建设行政主管部门应当根据本级人民政府的要求，制定本行政区域内建设工程特大生产安全事故应急救援预案。

(2) 应当制定本单位生产安全事故应急救援预案，建立应急救援组织或者配备应急救援人员，配备必要的应急救援器材、设备，并定期组织演练。

(3) 应当根据建设工程施工的特点、范围，对施工现场易发生重大事故的部位、环节进行监控，制定施工现场生产安全事故应急救援预案。实行施工总承包的，由总承包单位统一组织编制建设工程生产安全事故应急救援预案，工程总承包单位和分包单位按照应急救援预案，各自建立应急救援组织或者配备应急救援人员，配备救援器材、设备，并定期组织演练。

(4) 发生生产安全事故，应当按照国家有关伤亡事故报告和调查处理的规定，及时、如实地向负责安全生产监督管理的部门、建设行政主管部门或者其他有关部门报告；特种设备发生事故的，还应当同时向特种设备安全监督管理部门

报告。接到报告的部门应当按照国家有关规定，如实上报。

实行施工总承包的建设工程，由总承包单位负责上报事故。

（5）发生生产安全事故后，应当采取措施防止事故扩大，保护事故现场。需要移动现场物品时，应当做出标记和书面记录，妥善保管有关证物。

（6）建设工程生产安全事故的调查、对事故责任单位和责任人的处罚与处理，按照有关法律、法规的规定执行。

参考文献

[1] 中华人民共和国国务院．中华人民共和国标准化法［M］．北京：中国民主法制出版社，2008.

[2] 中华人民共和国国务院．中华人民共和国建筑法［M］．北京：中国法制出版社，2010.

[3] 史耀武．焊接技术手册［M］．北京：化学工业出版社，2009.

[4] 中华人民共和国住房和城乡建设部．关于进一步强化住宅工程质量管理和责任的通知［S］．北京：住房和城乡建设部，2010.

[5] 中华人民共和国住房和城乡建设部．建设工程施工合同（示范文本）［M］．北京：中国法制出版社，2013.

[6] 中华人民共和国住房和城乡建设部．建设工程监理合同（示范文本）［M］．北京：中国建筑工业出版社，2013.

[7] 中华人民共和国住房和城乡建设部．JGJ 166—2008 建筑施工碗扣式钢管脚手架安全技术规范［S］．北京：中国建筑工业出版社，2010.

[8] 中华人民共和国住房和城乡建设部．建筑施工手册［M］．5 版．北京：中国建筑工业出版社，2012.

[9] 中华人民共和国国务院．建设工程安全生产管理条例［M］．北京：中国建筑工业出版社，2010.

[10] 李伟．防水工程［M］．北京：中国铁道出版社，2012.

[11] 张婧芳．防水工程施工技术［M］．北京：中国铁道出版社，2012.

[12] 张蒙．建筑防水工程［M］．北京：中国铁道出版社，2013.

[13] 梁立峰．建筑工程安全生产管理及安全事故预防［M］．广州：广东建材出版社，2011.

[14] 孙曾武，刘亚丽．工程项目建设管理优化［M］．太原：山西经济出版社，2005.

[15] 丛培经．工程项目管理［M］．北京：中国建筑工业出版社，2008.

[16] 俞宗卫．监理工程师实用指南［M］．北京：中国建筑工业出版社，2004.

[17] 杨茂森，郭清燕，梁利生．混凝土与砌体结构［M］．北京：北京理工大学出版社，2009.

[18] 徐占发，许大江．砌体结构［M］．北京：中国建筑工业出版社，2010.